职业技能培训鉴定教材

ZHIYE JINENG PEIXUN JIANDING JIAOCAI

建筑类

建筑电工

JIANZHU DIANGONG

主　编　李永忠　田敏霞

编　者　朱　军　李红丽　金晓娟

中国劳动社会保障出版社

图书在版编目(CIP)数据

建筑电工/人力资源和社会保障部教材办公室组织编写. —北京：中国劳动社会保障出版社，2012

职业技能培训鉴定教材

ISBN 978-7-5045-9908-7

Ⅰ.①建… Ⅱ.①人… Ⅲ.①建筑工程-电工技术-职业技能-鉴定-教材 Ⅳ.①TU85

中国版本图书馆 CIP 数据核字(2012)第 266925 号

中国劳动社会保障出版社出版发行

（北京市惠新东街1号　邮政编码：100029）

出版人：张梦欣

*

北京世知印务有限公司印刷装订　新华书店经销

787 毫米×1092 毫米　16 开本　27 印张　590 千字

2012 年 11 月第 1 版　2012 年 11 月第 1 次印刷

定价：49.00 元

读者服务部电话：010-64929211/64921644/84643933

发行部电话：010-64961894

出版社网址：http://www.class.com.cn

内容简介

本教材由人力资源和社会保障部教材办公室组织编写。教材紧紧围绕“以企业需求为导向，以职业能力为核心”的编写理念，力求突出职业技能培训特色，满足职业技能培训与鉴定考核的需要。

本教材详细介绍了建筑电工要求掌握的最新实用知识和技术。全书分为11个模块单元，主要内容包括：电工基础知识、建筑电工基本操作技能、供配电设备安装、室外线路安装、建筑供电干线工程施工、电气照明工程施工、动力配电工程施工、应急电源安装、防雷及接地工程施工、建筑施工现场供电、建筑电气安全等。每一单元后安排了单元测试题及答案，书末提供了理论知识模拟试卷样例，供读者巩固、检验学习效果时参考使用。

本教材是建筑电工职业技能培训与鉴定考核用书，也可供相关人员参加在职培训、岗位培训使用。

前　言

1994年以来，原劳动和社会保障部职业技能鉴定中心、教材办公室和中国劳动社会保障出版社组织有关方面专家，依据《中华人民共和国职业技能鉴定规范》，编写出版了职业技能鉴定教材及其配套的职业技能鉴定指导200余种，作为考前培训的权威性教材，受到全国各级培训、鉴定机构的欢迎，有力地推动了职业技能鉴定工作的开展。

原劳动保障部从2000年开始陆续制定并颁布了国家职业标准。同时，社会经济、技术不断发展，企业对劳动力素质提出了更高的要求。为了适应新形势，为各级培训、鉴定部门和广大受培训者提供优质服务，人力资源和社会保障部教材办公室组织有关专家、技术人员和职业培训教学管理人员、教师，依据国家职业标准和企业对各类技能人才的需求，研发了职业技能培训鉴定教材。

新编写的教材具有以下主要特点：

在编写原则上，突出以职业能力为核心。教材编写贯穿“以职业标准为依据，以企业需求为导向，以职业能力为核心”的理念，依据国家职业标准，结合企业实际，反映岗位需求，突出新知识、新技术、新工艺、新方法，注重职业能力培养。凡是职业岗位工作中要求掌握的知识和技能，均作详细介绍。

在使用功能上，注重服务于培训和鉴定。根据职业发展的实际情况和培训需求，教材力求体现职业培训的规律，反映职业技能鉴定考核的基本要求，满足培训对象参加各级各类鉴定考试的需要。

在编写模式上，采用分级模块化编写。纵向上，教材按照国家职业资格等级单独成册，各等级合理衔接、步步提升，为技能人才培养搭建科学的阶梯型培训架构。横向上，教材按照职业功能分模块展开，安排足量、适用的内容，贴近生产实际，贴近培训对象需要，贴近市场需求。

在内容安排上，增强教材的可读性。为便于培训、鉴定部门在有限的时间内把最重要的知识和技能传授给培训对象，同时也便于培训对象迅速抓住重点，提高学习效率，在教材中精心设置了“培训目标”等栏目，以提示应该达到的目标，需要掌握的重点、难点、鉴定点和有关的扩展知识。另外，每个学习单元后安排了单元测试题，每个级别的教材都提供了理论知识模拟试卷样例，方便培训对象及时巩固、检验学习效果，并对本职业鉴定考核形式有初步的了解。

编写教材有相当的难度，是一项探索性工作。由于时间仓促，不足之处在所难免，恳切希望各使用单位和个人对教材提出宝贵意见，以便修订时加以完善。

人力资源和社会保障部教材办公室

目录

第1单元

电工基础知识

第一节　电路的基本概念

→ 了解电路组成
→ 熟记电路各基本物理量名称及符号
→ 能够熟练进行电路各物理量单位换算

建筑电工所接触的各种具体工程，其基本构成都是电路，了解电路的知识，有助于建筑电工理解专业知识，灵活处理工程中的各种电路问题。

电路就是电流通过的途径，如图1—1所示为最简单的电路，电路的主要功能有两类：一类是进行能量的转换、传输和分配，如供电电路可将发电机发出的电能经输电线传输到各个用电设备，再由用电设备转换成热能、光能、机械能等。另一类是实现信息的传递和处理，例如计算机电路、电话电路、扩音机电路等。

一、电路的组成

1. 电路的组成

一个完整的电路由电源、负载、导线和控制装置四部分组成，如图1—1所示。

(1) 电路各部分的作用

1) 电源。电源是把非电能转换成电能、向负载提供电能的装置。如蓄电池、柴油发电机等。

2) 负载。负载是把电能转换为其他形式能量的元器件或设备。如电灯将电能转换为光能，电炉及电烙铁将电能转换为热能，电动机将电能转换为机械能等。

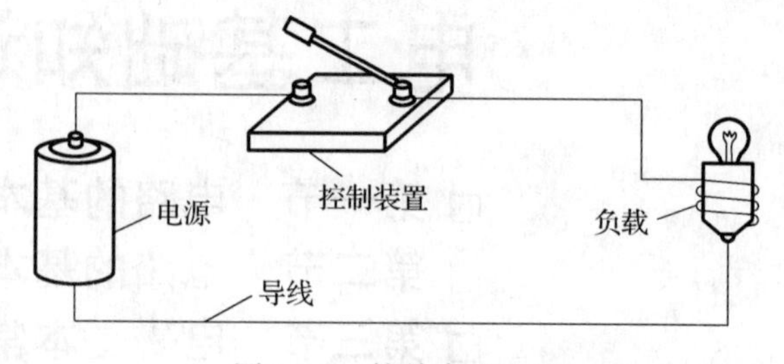

图1—1　简单直流电路

3) 导线。导线负责在电路中传输和分配电能或电信号。在建筑电气工程中所用到的导线类型繁多，施工技术要求各有不同，但从根本上说，它们的功能是一样的。

4) 控制装置。控制装置是指在电路中实现对电能或电信号进行控制的基本组成部分。在实际建筑电气工程中，控制装置的外形可能千差万别，如各种开关，但其本质功能都是实现对电路的控制。

(2) 电路的类型

1) 根据电源类型分类。根据电源类型，电路分为直流电路、交流电路。

2) 根据传输内容分类。根据传输内容，电路分为电力电路、电子电路。

3) 根据负载连接方式分类。根据负载连接方式，电路分为简单电路、复杂电路。

2. 电路图

用导线将电源、开关、用电器、电流表、电压表等连接起来组成电路，再按照规定的电气符号（见表 1—1）将它们表示出来，这样绘制出的简图就称为电路图。

表 1—1　　常见电路元件符号

图形符号	文字符号	名称	图形符号	文字符号	名称
	S或SA	开关		C	电容器
	GB	蓄电池		PW	功率表
	R	电阻器		PV	电压表
	RP	电位器		PA	电流表
	VD	二极管		X	端子
	U_s	电压源			接地
	I_s	电流源			连接导线
		架空导线			接机壳
	FU	熔断器		L	电感器，线圈，绕组
	HL	指示灯，信号灯		L	带磁心的电感器

通过电路图可以知道实际电路的情况。这样，分析电路时，不必翻来覆去地研究实物，只用一张图纸即可；设计电路时，可以在纸上或计算机上进行，确认完善后再进行实际安装，通过调试、改进，直至成功；现在更可以应用先进的计算机软件来进行电路的辅助设计，甚至进行虚拟的电路仿真实验，大大提高了工作效率。图 1—1 所示的实际电路可用图 1—2 所示的电路图来表示。

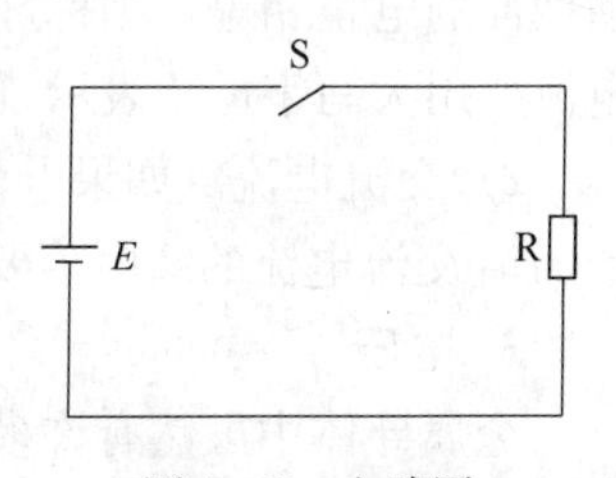

图 1—2　电路图

读懂电路图的关键是要将电路图中的符号和实际电气元件对应起来，这样才可以通过对电路图的分析将实际电路规律了解清楚。

二、电路基本物理量

1. 电荷量（电量）

（1）定义。物体含有电荷的多少叫电荷量，用符号“Q”表示。

一个电子所带电量用 e 表示，$1e=1.60\times10^{-19}$ C 。电荷量越大，电荷定向移动传导的电能将会越大。

（2）单位。电荷量的国际单位是库仑，符号为 C。

2. 电流

（1）电流的形成。电路中电荷沿着导体进行定向运动形成电流，移动的电荷又称为载流子。载流子是多种多样的，例如，金属导体中的自由电子，电解液中的离子等。

（2）电流的方向。习惯上规定正电荷流动的方向为电流的方向，因此电流的方向实际上与电子移动的方向相反。

在分析和计算较为复杂的直流电路时，经常会遇到某一电流的实际方向难以确定的情况，这时可先任意假定一个电流的参考方向，然后根据电流的参考方向列方程求解。如果计算结果 $I>0$，表明电流的实际方向与参考方向相同；如果计算结果 $I<0$，表明电流的实际方向与参考方向相反。

（3）电流的大小。在单位时间内通过导体横截面的电荷量，称为电流强度（简称电流），用符号 I 表示。

若在 t 时间内，通过导体横截面的电荷量为 Q，则在 t 时间内的电流强度可用数学公式表示为：

$$I=\frac{Q}{t}$$

（4）单位

1）国际单位。安培，符号为 A。

2）常用其他单位。毫安（mA）、微安（μA）、千安（kA）。

它们与安培的换算关系为：

$$1\ \text{mA}=10^{-3}\ \text{A}\quad 1\ \mu\text{A}=10^{-6}\ \text{A}\quad 1\ \text{kA}=10^{3}\ \text{A}$$

（5）直流电流与交流电流

1）直流电流。如果电流的大小及方向都不随时间变化，即在单位时间内通过导体横截面的电量相等，则称之为稳恒电流或恒定电流，简称为直流，记为 DC 或 dc，直流电流要用大写字母 I 表示。

2）交流电流。如果电流的大小及方向均随时间变化，则称为交流电流。记为 AC 或 ac，交流电流的瞬时值要用小写字母 i 表示。

3. 电压

金属导体中虽然有许多自由电子，但只有在外加电场作用下，这些自由电子才能有规则的定向移动而形成电流。

（1）定义。电压也称作电势差或电位差，是衡量单位电荷在静电场中由于电势不同所产生的能量差的物理量。其大小等于单位正电荷因受电场力作用从 A 点移动到 B 点所做的功，用符号 U_{AB} 表示。

图 1—3 所示装置中，由于用水泵不断将水槽乙中的水抽送到水槽甲中，使 A 处比 B 处水位高，即 A、B 之间形成了水压，水管中的水便由 A 处向 B 处流动，形成水流，从而推动水车旋转。

图 1—4 所示电路中，由于电源的正、负极间存在着电压，电路中便有电荷在电源两极之间流动，形成电流，从而使电灯发光。

（2）方向。电压的实际方向即为正电荷在电场中移动的方向。而在计算较复杂的电路时，常常需要设定电压的参考方向。原则上电压的参考方向可任意选取，但如果已知电流参考方向，则电压的参考方向最好选择与电流一致，称为关联参考方向。当计算出电压为正时，说明该电路中电压实际方向与参考方向相同；计算结果为负时，电压实际方向与参考方向相反。

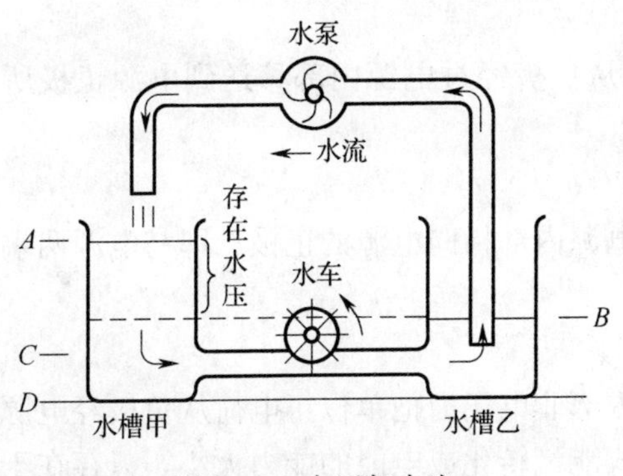

图 1—3　水压与水流

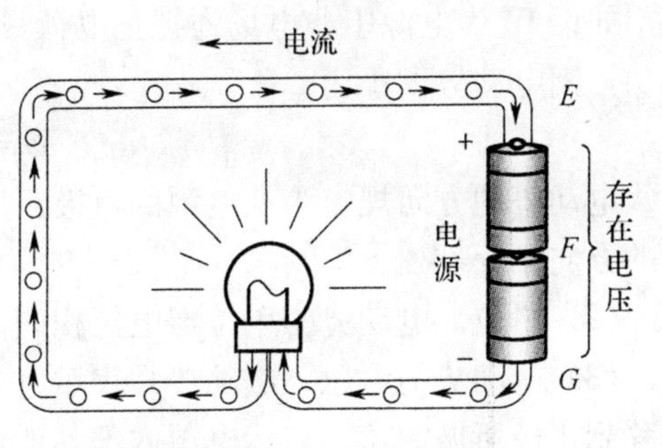

图 1—4　电压与电流

(3) 单位

1) 国际单位。伏特，符号为 V。

2) 常用的单位。毫伏（mV)、微伏（μV)、千伏（kV）等。

它们与伏特的换算关系为：

$$1\ \text{mV}=10^{-3}\ \text{V}\quad 1\ \mu\text{V}=10^{-6}\ \text{V}\quad 1\ \text{kV}=10^{3}\ \text{V}$$

(4) 直流电压与交流电压。如果电压的大小及方向都不随时间变化，则称之为稳恒电压或恒定电压，简称为直流电压，用大写字母 U 表示。

如果电压的大小及方向随时间变化，则称为交流电压。交流电压的瞬时值要用小写字母 u 表示。

(5) 电压与电位

1) 电位定义。电位（电势）是表征电场能量的一个物理量。静电场中某点的电位，等于单位正电荷在该点具有的位能（势能）。“零点电位”（有时也称为参考点）即在分析电路时假设电位为零的电路中的某点，可以任意选择，为了便于分析计算，在电力电路中常以大地作为参考点，电路符号为“⏚”；在电子电路中常以多条支路汇集的公共点或金属底板、机壳等作为参考点。高于参考点的电位为正电位，低于参考点的电位为负电位。电路中各点的电位数值会因为参考点选择的不同而发生变化，而电路中任意两点之间的电压却不会因为参考点的不同而发生变化。

电位单位和电压相同，均为伏特。

2) 电压与电位的关系。对于同一个电路，电路中任意两点之间的电压就等于这两点的电位之差，因此电压又被称为电位差。

同时，电压的正方向可以理解为由高电位指向低电位。

4. 电动势

如图 1—3 所示，水泵的作用是不断地把水从乙水槽抽送到甲水槽，从而使 A、B 之间始终保持一定的水位差，这样水管中才能有持续的水流。如图 1—4 所示，电源的作用与水泵相似，它不断把电荷从电源一端经过电源内部移动到另一端，从而使电源的正、负极之间始终保持着一定的电压，这样电路中才有持续的电流。

(1) 定义。电源将单位正电荷从电源的负极，经过电源内部移到电源正极所做的功，称为电源电动势，用符号 E 表示。

如设 W 为电源中非电场力把正电荷量 q 从负极经过电源内部移送到电源正极所做的功，则电动势大小为：

$$E=W/q$$

电动势的方向规定为从电源的负极经过电源内部指向电源的正极，即与电源两端电压的方向相反。

（2）单位。电动势的单位与电压相同。

（3）电动势与电压。电动势是表示电源内部非电场力把单位正电荷从负极经电源内部移到正极所做的功，表示电源内部其他形式能量转化成电能的能力大小，只存在于电源内部；而电压则是表示电场力把单位正电荷从电场中的某一点移到另一点所做的功，表示电源外部电场力做功能力大小的物理量。它们是完全不同的两个概念。

5. 电阻

（1）定义。当电流通过导体时，由于做定向移动的电荷会和导体内的带电粒子发生碰撞，所以导体在通过电流的同时也对电流起着阻碍作用，这种对电流的阻碍作用称为电阻，用字母 R 或 r 表示。很多电路元件都有电阻，如灯泡、电热丝等。

（2）单位

1）国际单位。欧姆，用字母 Ω 表示。

2）常用其他单位。千欧（kΩ）、兆欧（MΩ）、毫欧（mΩ）。

$$1\ \text{k}\Omega=10^3\ \Omega\quad 1\ \text{M}\Omega=10^6\ \Omega\quad 1\ \text{m}\Omega=10^{-3}\ \Omega$$

（3）电阻定律。值得注意的是，导体的电阻是客观存在的，即便导体两端没有电压，导体仍然有电阻。实验证明，导体的电阻跟导体的长度成正比，跟导体的截面积成反比，并与导体的材料有关。这个规律就是电阻定律，可用以下公式表示：

$$R=\rho\frac{l}{S}$$

式中 ρ——制成电阻的材料的电阻率，Ω·m；

l——导体的长度，m；

S——导体的横截面积，m^2；

R——电阻值，Ω。

电阻率表示物体导电能力，电阻率小，物体容易导电，称为导体；电阻率大，物体不容易导电，称为绝缘体；导电能力介于导体和绝缘体之间的物体称为半导体。各种材料电阻率如图 1—5 所示。

（4）电阻与温度的关系。电阻元件的电阻值大小一般与温度有关，衡量电阻受温度影响大小的物理量是温度系数，其定义为温度每升高 1℃时电阻值发生变化的百分数。

如果设任一电阻元件在温度 t_1 时的电阻值为 R_1，当温度升高到 t_2 时电阻值为 R_2，则该电阻在 $t_1 \sim t_2$ 温度范围内的（平均）温度系数为：

$$\alpha=\frac{R_2-R_1}{R_1(t_2-t_1)}$$

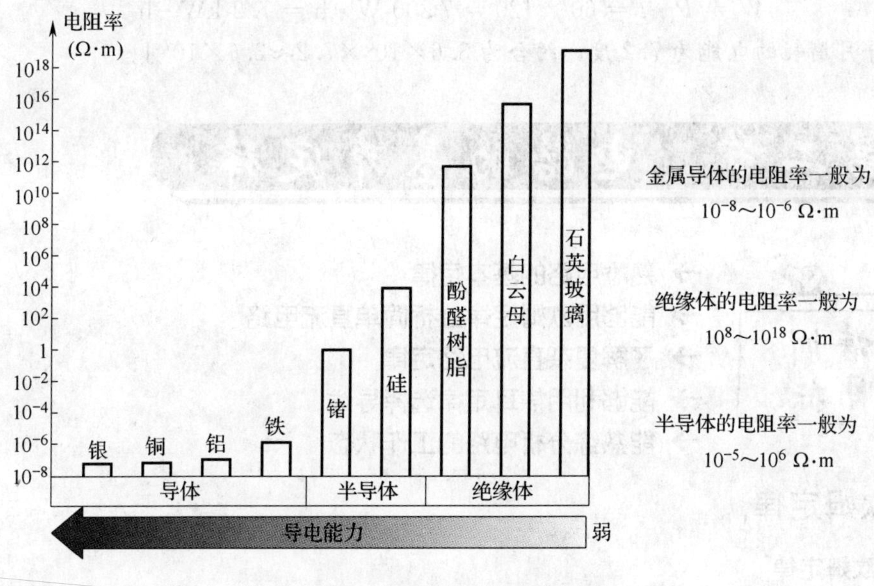

图 1—5　各种材料电阻率

如果 $R_2>R_1$，则 $\alpha>0$，将 R 称为正温度系数电阻，即电阻值随着温度的升高而增大；如果 $R_2<R_1$，则 $\alpha<0$，将 R 称为负温度系数电阻，即电阻值随着温度的升高而减小。显然 α 的绝对值越大，表明电阻受温度的影响也越大。实际应用中常利用电阻的这个特性制成各种热敏电阻，广泛应用于各种要求对温度进行控制的自动控制电路中。

6. 电功率

电功率（简称功率）表示电路元件或设备在单位时间内吸收或发出的电能，也就是电流做功的快慢。两端电压为 U、通过电流为 I 的电阻的功率大小为：

$$P=UI$$

功率的国际单位为瓦特（W），常用的单位还有毫瓦（mW）、千瓦（kW），它们与 W 的换算关系是：

$$1\ \text{mW}=10^{-3}\ \text{W}\quad 1\ \text{kW}=10^{3}\ \text{W}$$

7. 电能

电能是指在一定的时间内电路元件或设备吸收或发出的电能，用符号 W 表示，其国际单位制为焦耳（J），电能的计算公式为：

$$W=P\cdot t=UIt$$

通常电能用千瓦小时（kW·h）来表示大小，也叫做度（电）：

$$1\ \text{度(电)}=1\ \text{kW}\cdot\text{h}=3.6\times10^{6}\ \text{J}$$

即功率为1 000 W 的供能或耗能元件，在 1 h 的时间内所发出或消耗的电能为 1 度。

【例 1—1】　有一功率为 60 W 的电灯，每天使用它照明的时间为 4 h，如果平均每月按 30 天计算，那么每月消耗的电能为多少度？合为多少 J？

解：该电灯平均每月工作时间 $t=4\times30=120$ h，则：

单元
1

$$W = P \cdot t = 60 \times 120 = 7\,200\ \mathrm{W \cdot h} = 7.2\ \mathrm{kW \cdot h}$$

即每月消耗的电能为7.2度，约合为$3.6 \times 10^6 \times 7.2 \approx 2.6 \times 10^7$ J。

第二节　电路的基本定律

- 熟悉电路的基本定律
- 能够用欧姆定律分析简单直流电路
- 了解复杂直流电路定律
- 能够利用焦耳定律选择导线
- 能熟练分析电路的工作状态

一、欧姆定律

1. 欧姆定律

含有电源的闭合电路称为全电路，如图1—6所示。电源外部由用电器和导线组成的电路叫外电路，外电路的电阻称为外电阻。电源的内部电路称为内电路，如电池内的溶液或线圈等，电源内部的电阻称为内电阻，简称内阻。在外电路中，沿电流方向电位降低。

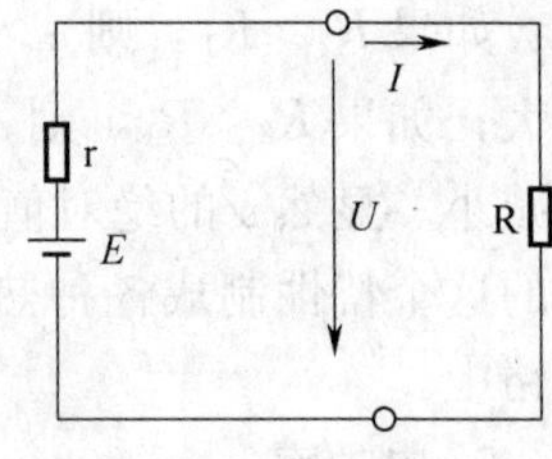

图1—6　简单的全电路

部分电路是完整电路中的任意一部分。

（1）全电路欧姆定律。在闭合电路中，电路中的电流与电源电动势成正比，与电路中负载电阻及电源内阻之和成反比，称全电路欧姆定律。公式为：

$$I = \frac{E}{R + r}$$

式中　R——外电阻；

r——内电阻；

E——电动势。

由上式可得：

$$E = IR + Ir = U_{内} + U$$

式中　$U_{内}$——内电路的电压降；

U——外电路的电压降，也是电源两端之间的电压，简称电源端电压。

当外电阻R增大时，根据$I = E/(R+r)$可知，电流I减小（E和r为定值），内电压Ir减小，根据$U=E-Ir$可知电源端电压U增大。

特例：当外电路断开时，$R=\infty$，$I=0$，$Ir=0$，$U=E$。即电源电动势在数值上等于外电路开路时的电源端电压。

当外电阻R减小时，根据$I = E/(R+r)$可知，电流I增大（E和r为定值），内电压Ir增大，根据$U=E-Ir$可知电源端电压U减小。

特例：当外电阻 $R=0$（短路）时，$I=E/r$，内电压 $Ir=E$，电源端电压 $U=0$（实际使用时要注意防止发生短路事故）。

（2）部分电路欧姆定律。如图 1—7 所示部分电路中，通过导体的电流，与导体两端所加的电压成正比，与导体电阻成反比，称为部分电路欧姆定律。

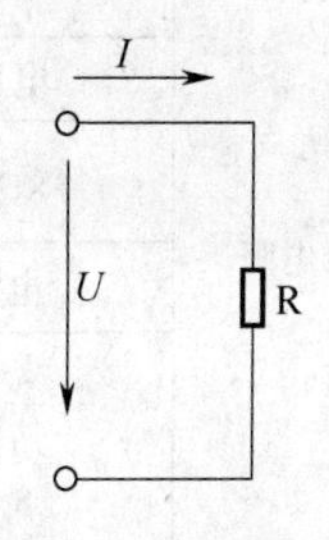

图 1—7　部分电路

公式为：

$$I=\frac{U}{R}\quad R=\frac{U}{I}\quad U=IR$$

如果以电压为横坐标，电流为纵坐标，可画出电阻的 U/I 关系曲线，称为伏安特性曲线。伏安特性曲线是直线的电阻元件，称为线性电阻（见图 1—8），其电阻值在温度一定时，可认为是不变的常数。伏安特性曲线不是直线的电阻元件，则称为非线性电阻（见图 1—9）。

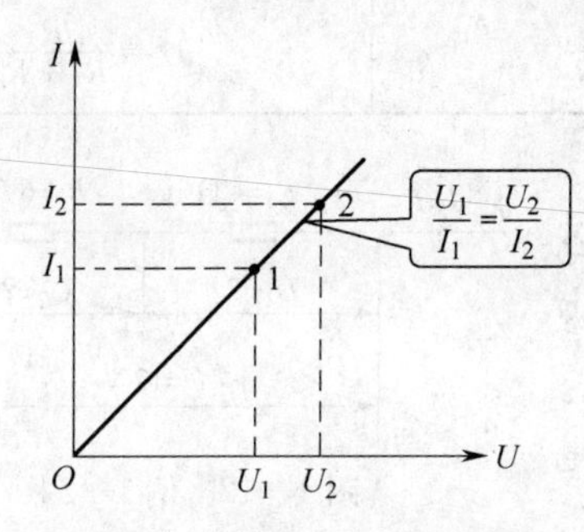

图 1—8　线性电阻的伏安特性

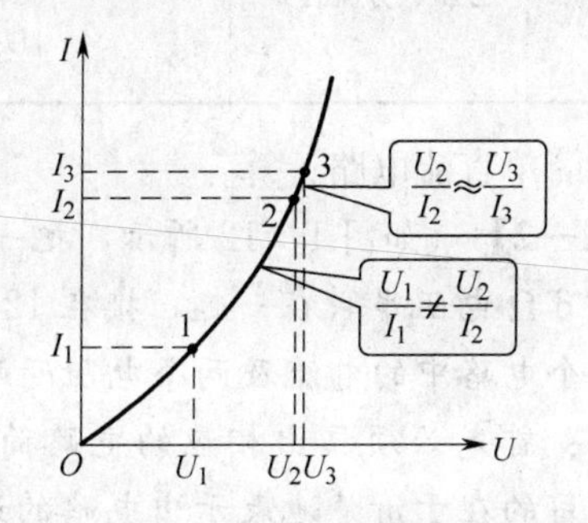

图 1—9　非线性电阻的伏安特性

一般所讨论的电阻通常不涉及非线性电阻，但在电子电路中将会遇到晶体二极管、三极管等元件，其电阻常常为非线性电阻。

2. 电路分析

（1）电阻串并联电路的特点。简单直流电路中，外电路中电阻往往不止一个，它们由若干个电阻串联（见图 1—10）或并联（见图 1—11）组成，串并联电路的特点及规律见表 1—2。

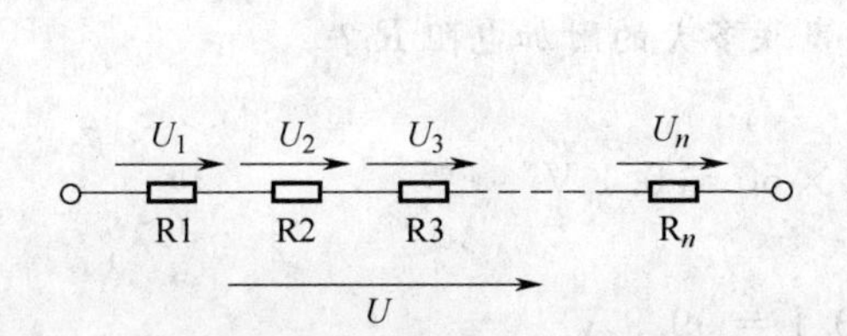

图 1—10　*n* 个电阻串联电路

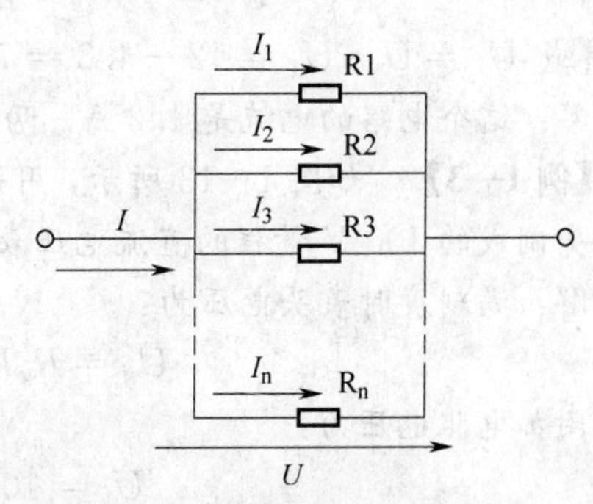

图 1—11　*n* 个电阻并联电路

表 1—2　　电阻串并联电路的特点

		串联	并联
多个电阻	电压 U	$U=U_1+U_2+U_3+\cdots+U_n$	各电阻上电压相同
	等效电阻 R	$R=R_1+R_2+R_3\cdots+R_n$	$\frac{1}{R}=\frac{1}{R_1}+\frac{1}{R_2}+\frac{1}{R_3}+\cdots+\frac{1}{R_n}$
	电流 I	各电阻中电流相同	$I=I_1+I_2+I_3+\cdots+I_n$
	功率 P	$P=P_1+P_2+P_3+\cdots+P_n$ $=I^2R_1+I^2R_2+I^2R_3+\cdots I^3R_n$	$P=P_1+P_2+P_3\cdots+P_n$ $=\frac{U^2}{R_1}+\frac{U^2}{R_2}+\frac{U^2}{R_3}+\cdots+\frac{U^2}{R_n}$
两个电阻	等效电阻 R	$R=R_1+R_2$	$R=\frac{R_1R_2}{R_1+R_2}$
	分压、分流公式	$\begin{cases}U_1=\frac{UR_1}{R_1+R_2}\\U_2=\frac{UR_2}{R_1+R_2}\end{cases}$	$\begin{cases}I_1=\frac{IR_2}{R_1+R_2}\\I_2=\frac{IR_1}{R_1+R_2}\end{cases}$

(2) 简单直流电路计算

【例 1—2】　如图 1—12 所示，把一个 4 Ω 电阻和一个 6 Ω 电阻串联在一起，接在 12 V 的电源上，求这个电路中的电流及两个电阻两端的电压。

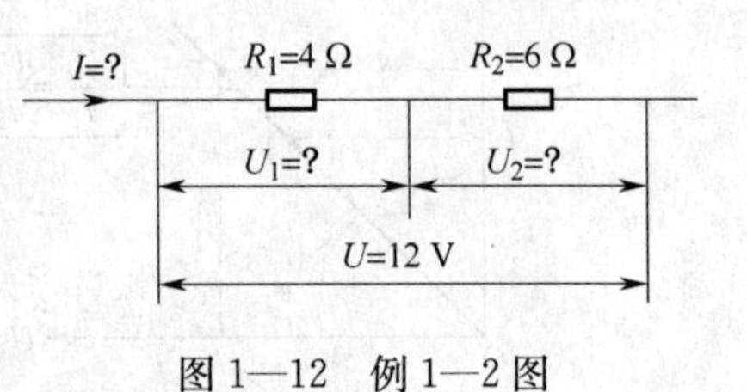

图 1—12　例 1—2 图

分析：首先必须画出相应的电路简图（画电路简图的目的在于清楚地表示出电路的连接方式、已知条件、所求条件，将题目中的叙述内容直观地用图表示出来）。

解：

$$R=R_1+R_2=4+6=10\ (\Omega)$$

$$I=\frac{U}{R}=\frac{12}{10}=1.2\ (\text{A})$$

由 $I=\frac{U}{R}$

可得　$U_1=I_1R_1=IR_1=1.2\times4=4.8(\text{V})$

$U_2=I_2R_2=IR_2=1.2\times6=7.2(\text{V})$

[或: $U_2=U-U_1=12-4.8=7.2(\text{V})$]

答：这个电路的电流是 1.2 A，两电阻两端电压分别为 4.8 V，7.2 V。

【例 1—3】　如图 1—13 所示，用一个满刻度偏转电流为 50 μA，电阻 R_g 为 2 kΩ 的表头制成的 100 V 量程的直流电压表，应串联多大的附加电阻 R_f？

解：满刻度时表头电压为：

$$U_g=R_gI=2\times50=0.1\text{ V}$$

附加电阻电压为：

$$U_f=100-0.1=99.9\text{ V}$$

解得：

$$R_f=1\,998\text{ k}\Omega$$

【例 1—4】　进行电工实验时，常用滑线变阻器接成分压器电路来调节负载电阻上电压的高低。图 1—14 中 R1 和 R2 都是滑线变阻器的一部分，R_L 是负载电阻。已知滑线变阻器额定值是 100 Ω、3 A，端钮 a、b 上的输入电压 $U_1=220$ V，$R_L=50$ Ω。试问：

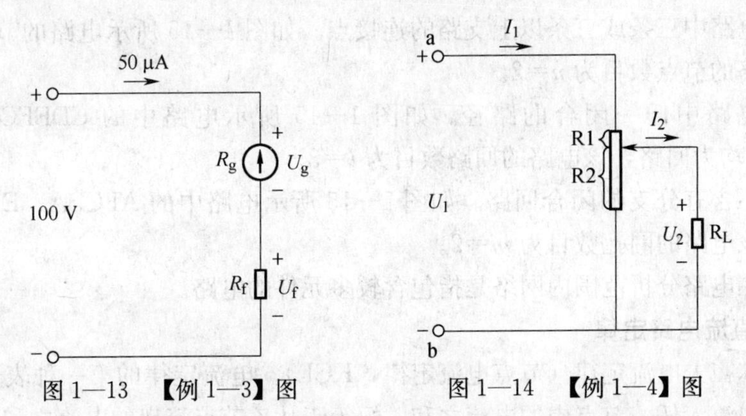

图 1—13　【例 1—3】图　　图 1—14　【例 1—4】图

①当 $R_2=50$ Ω 时，输出电压 U_2 是多少？

②当 $R_2=75$ Ω 时，输出电压 U_2 是多少？滑线变阻器能否安全工作？

解：①当 $R_2=50$ Ω 时，R_{ab} 为 R_2 和 R_L 并联后与 R_1 串联而成，故端钮 a、b 的等效电阻：

$$R_{ab}=R_1+\frac{R_2R_L}{R_2+R_L}=50+\frac{50\times50}{50+50}=75\ \Omega$$

滑线变阻器 R_1 段流过的电流：

$$I_1=\frac{U_1}{R_{ab}}=\frac{220}{75}=2.93\ \text{A}$$

负载电阻流过的电流：

$$I_2=\frac{R_2}{R_2+R_L}\times I_1=\frac{50}{50+50}\times2.93=1.47\ \text{A}$$

$$U_2=R_LI_2=50\times1.47=73.5\ \text{V}$$

(2) 当 $R_2=75$ Ω 时，R_{ab} 为 R_2 和 R_L 并联后与 R_1 串联而成，故端钮 a、b 的等效电阻

$$R_{ab}=R_1+\frac{R_2R_L}{R_2+R_L}=50+\frac{75\times50}{75+50}=80\ \Omega$$

滑线变阻器 R_1 段流过的电流

$$I_1=\frac{U_1}{R_{ab}}=\frac{220}{80}=2.75\ \text{A}$$

负载电阻流过的电流

$$I_2=\frac{R_2}{R_2+R_L}\times I_1=\frac{75}{75+50}\times2.75=1.65\ \text{A}$$

$$U_2=R_LI_2=50\times1.25=62.5\ \text{V}$$

滑线变阻器能正常工作。

二、复杂直流电路定律

1. 复杂直流电路

电阻的连接关系不是串并联或混联的直流电路称为复杂直流电路。

支路：电路中具有两个端钮且通过同一电流的无分支电路。如图 1—15 所示电路中的 ED、AB、FC 均为支路，该电路的支路数目为 $b=3$。

节点：电路中三条或三条以上支路的连接点。如图 1—15 所示电路的节点为 A、B 两点，该电路的节点数目为 $n=2$。

回路：电路中任一闭合的路径。如图 1—15 所示电路中的 CDEFC、AFCBA、EABDE 路径均为回路，该电路的回路数目为 $l=3$。

网孔：不含有分支的闭合回路。如图 1—15 所示电路中的 AFCBA、EABDE 回路均为网孔，该电路的网孔数目为 $m=2$。

网络：在电路分析范围内网络是指包含较多元件的电路。

2. 复杂直流电路定律

（1）基尔霍夫电流定律（节点电流定律，KCL）。电流定律的第一种表述：在任何时刻，电路中流入任一节点中的电流之和，恒等于从该节点流出的电流之和，即：

$$\sum I_{流入}=\sum I_{流出}$$

如图 1—16 所示，在节点 A 上：$I_1+I_3=I_2+I_4+I_5$

电流定律的第二种表述：在任何时刻，电路中任一节点上的各支路电流代数和恒等于零，即：

$$\sum I=0$$

一般可在流入节点的电流前面取“+”号，在流出节点的电流前面取“－”号，反之亦可。例如在图 1—16 中，在节点 A 上：$I_1-I_2+I_3-I_4-I_5=0$。

在使用电流定律时，必须注意：

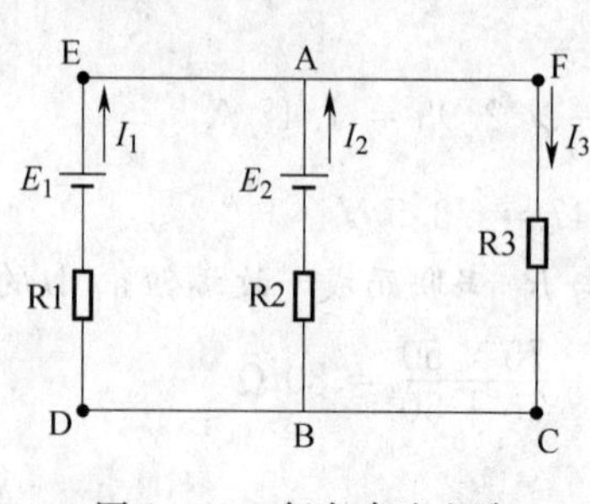

图 1—15　复杂直流电路

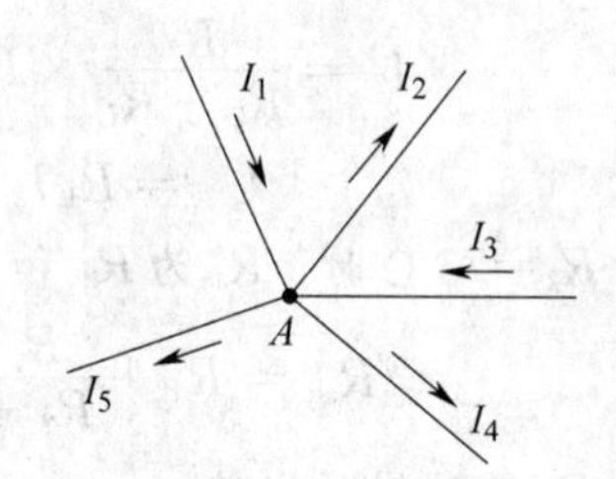

图 1—16　电流定律的举例说明

1）对于含有 n 个节点的电路，只能列出 $(n-1)$ 个独立的电流方程。

2）列节点电流方程时，只需考虑电流的参考方向，然后再代入电流的数值。

（2）KCL 的应用举例

1）对于电路中任意假设的封闭面来说，电流定律仍然成立。如图 1—17 所示，对于封闭面 S 来说，有 $I_1+I_2=I_3$。

2）对于网络（电路）之间的电流关系，仍然可由电流定律判定。如图 1—18 中，流入电路 B 中的电流必等于从该电路中流出的电流。

3）若两个网络之间只有一根导线相连，那么这根导线中一定没有电流通过。

4）若一个网络只有一根导线与地相连，那么这根导线中一定没有电流通过。

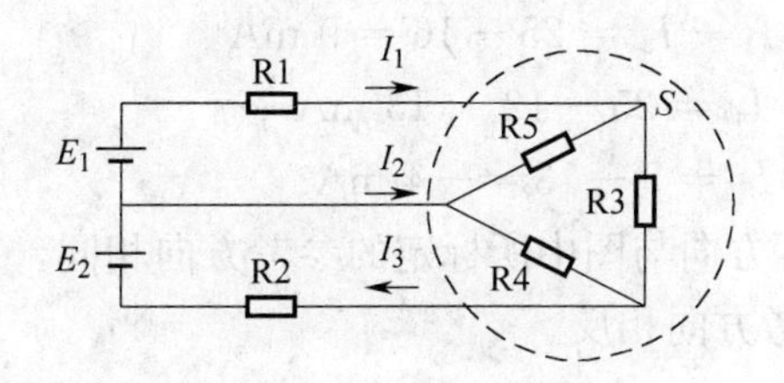

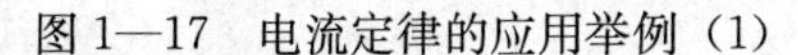

图 1—17　电流定律的应用举例（1）

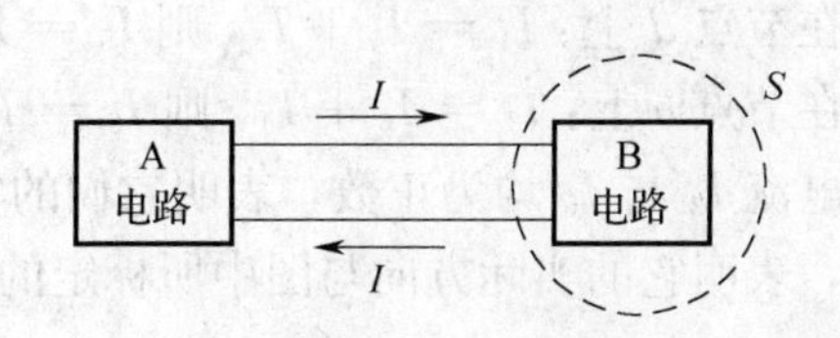

图 1—18　电流定律的应用举例（2）

（3）基夫尔霍电压定律（回路电压定律）

1）电压定律（KVL）内容。在任何时刻，沿着电路中的任一回路绕行方向，回路中各段电压的代数和恒等于零，即

$$\sum U = 0$$

以图 1—19 电路说明基夫尔霍电压定律。沿着回路 abcdea 绕行方向，有：

$$U_{ac} = U_{ab} + U_{bc} = R_1 I_1 + E_1,\ U_{ce} = U_{cd} + U_{de} = -R_2 I_2 - E_2,\ U_{ea} = R_3 I_3$$

则：
$$U_{ac} + U_{ce} + U_{ea} = 0$$

即：
$$R_1 I_1 + E_1 - R_2 I_2 - E_2 + R_3 I_3 = 0$$

上式也可写成：

$$R_1 I_1 - R_2 I_2 + R_3 I_3 = -E_1 + E_2$$

对于电阻电路来说，任何时刻，在任一闭合回路中，各段电阻上的电压降代数和等于各电源电动势的代数和，即

$$\sum RI = \sum E$$

2）利用$\sum RI = \sum E$列回路电压方程的原则

①标出各支路电流的参考方向并选择回路绕行方向（既可沿着顺时针方向绕行，也可沿着反时针方向绕行）。

②电阻元件的端电压为$\pm RI$，当电流 I 的参考方向与回路绕行方向一致时，选取“+”号；反之，选取“−”号。

③电源电动势为$\pm E$，当电源电动势的标定方向与回路绕行方向一致时，选取“+”号；反之应选取“−”号。

3. 电路分析

【例 1—5】　如图 1—20 所示电桥电路，已知 $I_1 = 25$ mA，$I_3 = 16$ mA，$I_4 = 12$ A，试求其余电阻中的电流 I_2、I_5、I_6。

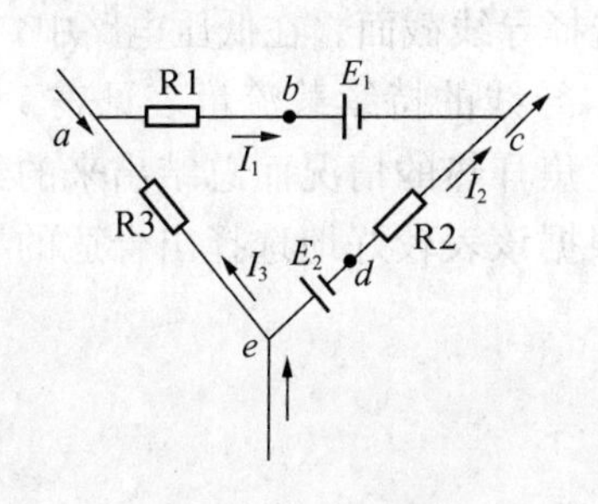

图 1—19　电压定律的举例说明

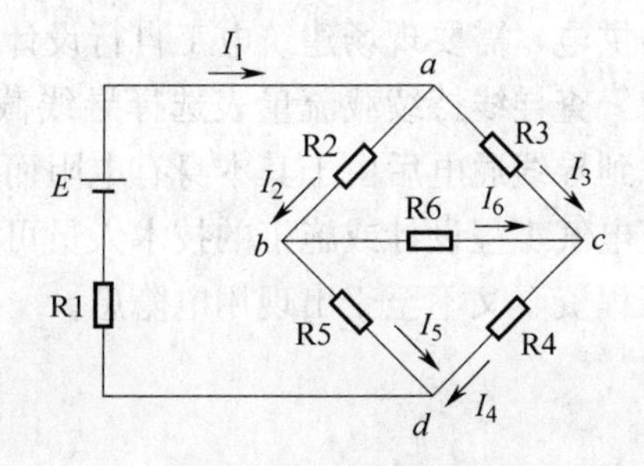

图 1—20　例 1—5 图

单元 1

解：在节点 a 上：$I_1 = I_2 + I_3$，则 $I_2 = I_1 - I_3 = 25 - 16 = 9$ mA

在节点 d 上：$I_1 = I_4 + I_5$，则 $I_5 = I_1 - I_4 = 25 - 12 = 13$ mA

在节点 b 上：$I_2 = I_6 + I_5$，则 $I_6 = I_2 - I_5 = 9 - 13 = -4$ mA

电流 I_2 与 I_5 均为正数，表明它们的实际方向与图中所标定的参考方向相同，I_6 为负数，表明它的实际方向与图中所标定的参考方向相反。

三、焦耳定律

1. 焦耳定律

电流通过导体时产生的热量（焦耳热）为：

$$Q = I^2Rt$$

式中 I——通过导体的直流电流或交流电流的有效值，A；

R——导体的电阻值，Ω；

t——通过导体电流持续的时间，s；

Q——焦耳热，J。

2. 额定值

为了保证电气设备和电路元件能够长期安全地正常工作，规定了额定电压、额定电流、额定功率等铭牌数据，称为电气设备的额定值。

（1）额定电压。电气设备或元器件在正常工作条件下允许施加的最大电压。

（2）额定电流。电气设备或元器件在正常工作条件下允许通过的最大电流。

（3）额定功率。在额定电压和额定电流下消耗的功率，即允许消耗的最大功率。

（4）额定工作状态。电气设备或元器件在额定功率下的工作状态，也称满载状态。

（5）轻载状态。电气设备或元器件在低于额定功率时的工作状态，轻载时电气设备不能得到充分利用或根本无法正常工作。

（6）过载（超载）状态。电气设备或元器件在大于额定功率时的工作状态，过载时电气设备很容易被烧坏或造成严重事故。

过载是不正常的工作状态，一般是不允许出现的。

3. 导线的选择

在建筑电工实际工作中，经常面临选择导线截面的问题。尤其是在施工现场进行临时建筑的供电，需要现场建筑电工自行设计并选择导线截面。在低压电路中，确定导线的类型后，查导线持续载流量表选择导线截面，导线的持续载流量表见表 1—3，该表是在考虑到导线通电后由于其本身有电阻而产生焦耳热的情况而总结出来的经验表格，从事建筑电气工程设计或施工的技术人员可以根据该表较好地选择出合适的导线截面，既节省工程资金又不至于出现用电隐患。

表 1—3　常见导线持续载流量表

型号	BV ZR−BV														
额定电压（kV）	0.45/0.75														
导体工作温度（℃）	70														
环境温度（℃）	30	35	40	30				35				40			
导线排列	├S┼S┤														
导线根数				2～4	5～8	9～12	12以上	2～4	5～8	9～12	12以上	2～4	5～8	9～12	12以上
标称截面（mm^2）	明敷载流量（A）			导线穿管敷设载流量（A）											
1.5	23	22	20	13	9	8	7	12	9	7	6	11	8	7	6
2.5	31	29	27	17	13	11	10	16	12	10	9	15	11	9	8
4	41	39	36	24	18	15	13	22	17	14	12	21	15	13	11
6	53	50	46	31	23	19	17	29	21	18	16	28	20	16	15
10	74	69	64	44	33	28	25	41	31	26	23	38	29	24	21
16	99	93	86	60	45	38	34	57	42	35	32	52	39	32	29
25	132	124	115	83	62	52	47	77	57	48	43	70	53	44	39
35	161	151	140	103	77	64	58	96	72	60	54	88	66	55	49
50	201	189	175	127	95	79	71	117	88	73	66	108	81	67	60
70	259	243	225	165	123	103	92	152	114	95	85	140	105	87	78
95	316	297	275	207	155	129	116	192	144	120	108	176	132	110	99
120	374	351	325	245	184	153	138	226	170	141	127	208	156	130	117
150	426	400	370	288	216	180	162	265	199	166	149	244	183	152	137
185	495	464	430	335	251	209	188	309	232	193	174	284	213	177	159
240	592	556	515	396	297	247	222	366	275	229	206	336	252	210	189

四、电路的基本状态

电路在不同的条件下会有不同的工作状态。

1. 通路

电源与负载接通，电路中有电流通过，电气设备或元器件获得一定的电压和电功率，进行能量转换。

2. 开路

电路中没有电流通过，又称为空载状态或断路状态。

3. 短路

电源两端的导线直接相连接称为短路。短路时输出电流过大对电源来说属于严重过载，如没有保护措施，电源或电器会被烧毁或发生火灾，所以通常要在电路或电气设备中安装熔断器等保护装置，以避免发生短路时出现不良后果。

第三节 电磁基本常识

- 了解电磁学基本概念
- 熟记磁路基本物理量及单位
- 掌握磁路欧姆定律
- 掌握电磁之间的关系（电流的磁场、电磁感应、通电导体在磁场中的作用）

一、磁的基本知识

1. 磁场的基本知识

（1）磁体及其性质。某些物体能够吸引铁、钴、镍等物质，这种性质称为磁性。具有磁性的物体称为磁体。磁体分为天然磁体和人造磁体两大类，如图 1—21 所示。

磁体两端磁性最强的部分称为磁极。分别称为北极（N 极）和南极（S 极），任何磁体都具有两个磁极，而且无论把磁体怎样分割总保持有两个异性磁极，也就是说，N 极和 S 极总是成对出现，如图 1—22 所示。

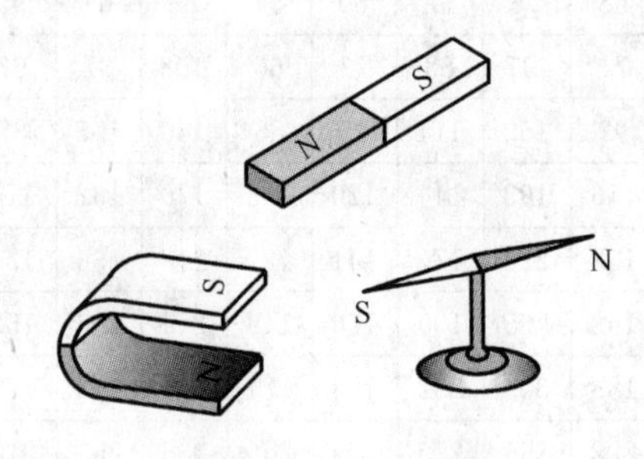

图 1—21　人造磁体

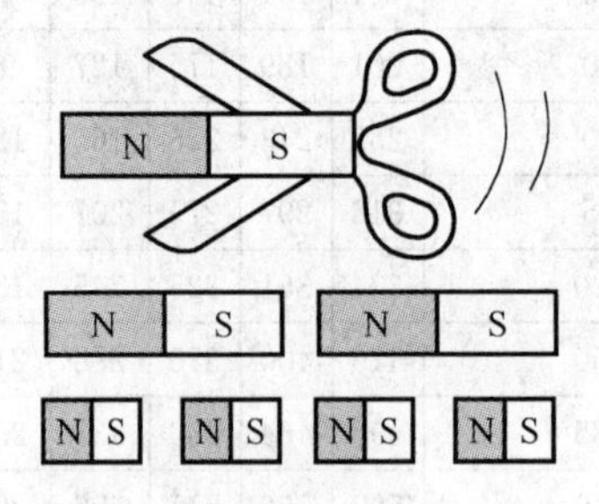

图 1—22　磁极总是成对出现

与电荷间的相互作用力相似，当两个磁极靠近时，它们之间也会产生相互作用：同名磁极相互排斥，异名磁极相互吸引。

（2）磁场与磁感线

1）磁场。磁体周围存在的一种特殊的物质叫磁场。磁体间的相互作用力是通过磁场传送的。磁体间的相互作用力称为磁场力，同名磁极相互排斥，异名磁极相互吸引。

磁场具有力的性质和能量性质。

在磁场中某点放一个可自由转动的小磁针，其 N 极所指的方向即为该点的磁场方向。

2）磁感线。在磁场中画一系列曲线，使曲线上每一点的切线方向都与该点的磁场方向相同，这些曲线称为磁感线。如图 1—23 所示。

磁感线的切线方向表示磁场方向，其疏密程度表示磁场的强弱。

磁感线是闭合曲线，在磁体外部，磁感线由 N 极出发，绕到 S 极；在磁体内部，磁感线的方向由 S 极指向 N 极。

任意两条磁感线不相交。

说明：磁感线是为研究问题方便人为引入的假想曲线，实际上并不存在。

如图 1—24 所示为条形磁铁的磁感线的形状。

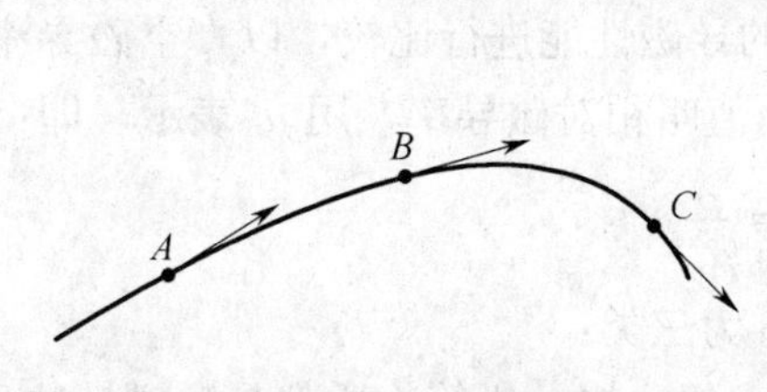

图 1—23　磁感线

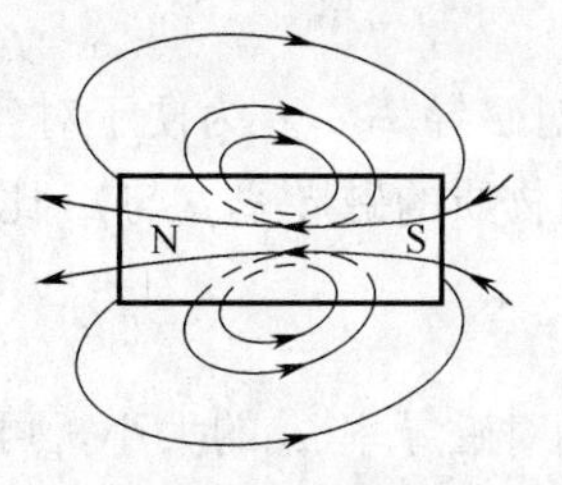

图 1—24　条形磁铁的磁感线

3）匀强磁场。在磁场中某一区域，若磁场的大小和方向都相同，这部分磁场称为匀强磁场。匀强磁场的磁感线是一系列疏密均匀、相互平行的直线。

2. 磁场的基本物理量

（1）磁感应强度。磁场中垂直于磁场方向的通电直导线，所受的磁场力 F 与电流 I 和导线长度 L 的乘积 IL 的比值，叫做通电直导线所在处的磁感应强度 B，即：

$$B=\frac{F}{IL}$$

磁感应强度是描述磁场强弱和方向的物理量。

磁感应强度是一个矢量，它的方向即为该点的磁场方向。在国际单位制中，磁感应强度的单位是：特斯拉（T）。

用磁感线可形象的描述磁感应强度 B 的大小，B 较大的地方，磁场较强，磁感线较密；B 较小的地方，磁场较弱，磁感线较稀；磁感线的切线方向即为该点磁感应强度 B 的方向。

匀强磁场中各点的磁感应强度大小和方向均相同。

（2）磁通。在磁感应强度为 B 的匀强磁场中取一个与磁场方向垂直，面积为 S 的平面，则 B 与 S 的乘积，叫做穿过这个平面的磁通量 Φ，简称磁通，即：

$$\Phi=BS$$

磁通的国际单位是韦伯（Wb）。

由磁通的定义式，可得：

$$B=\frac{\Phi}{S}$$

即磁感应强度 B 可看作是通过单位面积的磁通，因此磁感应强度 B 也常叫做磁通密度，并用 Wb/m^2 作单位。

（3）磁导率

1）磁导率 μ_0 磁场中各点的磁感应强度 B 的大小不仅与产生磁场的电流和导体有关，还与磁场内媒介质（又叫做磁介质）的导磁性质有关。在磁场中放入磁介质时，介质的磁感应强度 B 将发生变化，磁介质对磁场的影响程度取决于它本身的导磁性能。

单元 1

物质导磁性能的强弱用磁导率 μ 来表示。μ 的单位是：亨利/米（H/m）。不同的物质磁导率不同。在相同的条件下，μ 值越大，磁感应强度 B 越大，磁场越强；μ 值越小，磁感应强度 B 越小，磁场越弱。

真空中的磁导率是一个常数，用 μ_0 表示：

$$\mu_0 = 4\pi \times 10^7 \text{ H/m}$$

2）相对磁导率 μ_r。为便于对各种物质的导磁性能进行比较，以真空磁导率 μ_0 为基准，将其他物质的磁导率 μ 与 μ_0 比较，其比值叫相对磁导率，用 μ_r 表示，即：

$$\mu_r = \frac{\mu}{\mu_0}$$

根据相对磁导率 μ_r 的大小，可将物质分为三类：

顺磁性物质：μ_r 略大于 1，如空气、氧、锡、铝、铅等物质都是顺磁性物质。在磁场中放置顺磁性物质，磁感应强度 B 略有增加。

反磁性物质：μ_r 略小于 1，如氢、铜、石墨、银、锌等物质都是反磁性物质，又叫做抗磁性物质。在磁场中放置反磁性物质，磁感应强度 B 略有减小。

铁磁性物质：$\mu_r \gg 1$，且不是常数，如铁、钢、铸铁、镍、钴等物质都是铁磁性物质。在磁场中放入铁磁性物质，可使磁感应强度 B 增加几千甚至几万倍。

表 1—4 列出了几种常用的铁磁性物质的相对磁导率。

表 1—4　　几种常用铁磁性物质的相对磁导率

材料	相对磁导率	材料	相对磁导率
钴	174	已经退火的铁	7 000
未经退火的铸铁	240	变压器钢片	7 500
已经退火的铸铁	620	在真空中熔化的电解铁	12 950
镍	1 120	镍铁合金	60 000
软钢	2 180	“C”型玻莫合金	115 000

（4）磁场强度。在各向同性的媒介质中，某点的磁感应强度 B 与磁导率 μ 之比称为该点的磁场强度，记做 H，即：

$$H = \frac{B}{\mu}$$

$$B = \mu H = \mu_0 \mu_r H$$

磁场强度 H 也是矢量，其方向与磁感应强度 B 同向，国际单位是：安培/米（A/m）。

必须注意：磁场中各点的磁场强度 H 的大小只与产生磁场的电流 I 的大小和导体的形状有关，与磁介质的性质无关。

本来不具备磁性的物质，由于受磁场的作用而具有磁性的现象称为该物质被磁化。只有铁磁性物质才能被磁化。铁磁性物质是由许多被称为磁畴的磁性小区域组成的，每一个磁畴相当于一个小磁铁。当无外磁场作用时，磁畴排列杂乱无章，磁性相互抵消，对外不显磁性；当有外磁场作用时，磁畴将沿着磁场方向作取向排列，形成附加磁场，使磁场显著加强。有些铁磁性物质在撤去磁场后，磁畴的一部分或大部分仍然保持取向一致，对外仍显磁性，即成为永久磁铁。

磁化曲线是用来描述铁磁性物质的磁化特性的。铁磁性物质的磁感应强度 B 随磁场强度 H 变化的曲线，称为磁化曲线，也叫 $B—H$ 曲线。

图 1—25 给出了几种不同铁磁性物质的磁化曲线，从曲线上可看出，在相同的磁场强度 H 下，硅钢片的 B 值最大，铸铁的 B 值最小，说明硅钢片的导磁性能比铸铁要好得多。

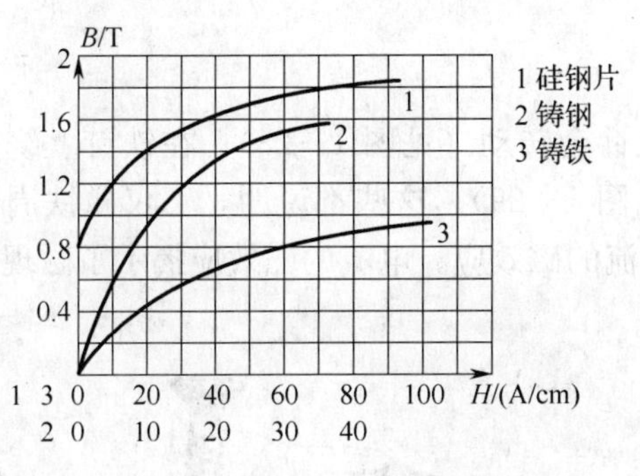

图 1—25 几种铁磁性物质的磁化曲线

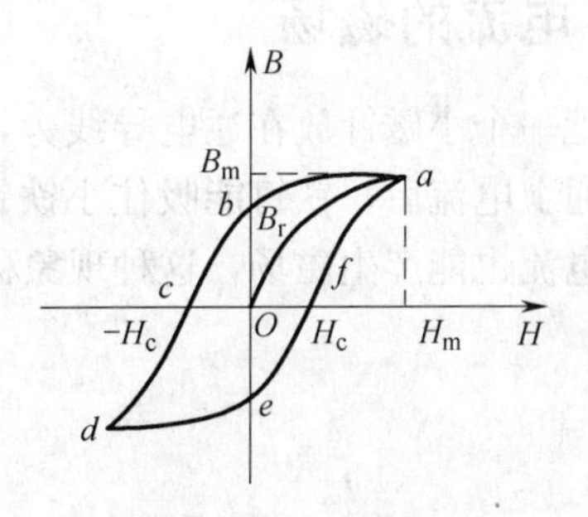

图 1—26 磁滞回线

磁化曲线只反映了铁磁性物质在外磁场由零逐渐增强的磁化过程，而很多实际应用中，铁磁性物质是工作在交变磁场中的。所以，必须研究铁磁性物质反复交变磁化的问题。

1）当 B 随 H 沿起始磁化曲线达到饱和值以后，逐渐减小 H 的数值，如图 1—26 所示，B 并不沿起始磁化曲线减小，而是沿另一条在它上面的曲线 ab 下降。

2）当 H 减小到零时，$B\neq0$，而是保留一定的值称为剩磁，用 B_r 表示。永久性磁铁就是利用剩磁很大的铁磁性物质制成的。

3）为消除剩磁，必须加反向磁场，随着反向磁场的增强，铁磁性物质逐渐退磁，当反向磁场增大到一定值时，B 值变为 0，剩磁完全消失，如图 bc 段。bc 段曲线叫退磁曲线，这时 H 值是为克服剩磁所加的磁场强度，称为矫顽磁力，用 H_C 表示。矫顽磁力的大小反映了铁磁性物质保存剩磁的能力。

4）当反向磁场继续增大时，B 值从 0 起改变方向，沿曲线 cd 变化，并能达到反向饱和点 d。

5）使反向磁场减弱到 0，$B—H$ 曲线沿 de 变化，在 e 点 $H=0$，再逐渐增大正向磁场，$B—H$ 曲线沿 efa 变化，完成一个循环。

(5) 从整个过程看，B 的变化总是落后于 H 的变化，这种现象称为磁滞现象。经过多次循环，可得到一个封闭的对称于原点的闭合曲线（$abcdefa$），称为磁滞回线。

改变交变磁场强度 H 的幅值，可相应得到一系列大小不一的磁滞回线，如图 1—27 所示。连接各条对称的磁滞回线的顶点，得到一条磁化曲线，叫基本磁化曲线。

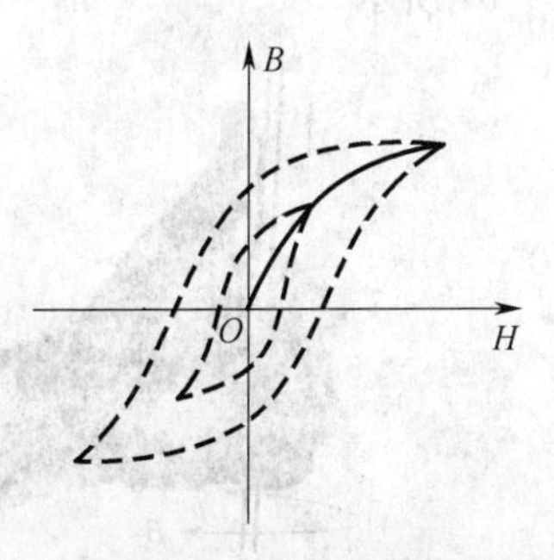

图 1—27 基本磁化曲线

铁磁性物质在交变磁化时，磁畴要来回翻转，在这个过程中，产生了能量损耗，称为磁滞损耗。磁滞回线包围的面积越大，磁滞损耗就越大，所以剩磁和矫顽磁力越大的铁磁性物质，磁滞损耗就越大。

因此，根据磁滞回线的形状，磁性材料可分为三种：软磁材料（磁滞回线窄长，常用作电动机、变压器等设备的铁心等）；硬磁材料（磁滞回线宽，常用作永久磁铁）；矩磁材料（磁滞回线接近矩形，可用作记忆元件）。

二、电流的磁场

把一个小磁针放在通电导线旁，小磁针会转动（见图 1—28）；在铁钉上绕上漆包线，通上电流后，铁钉能吸住小铁钉（见图 1—29）。这些都说明，不仅磁铁周围有磁场，电流也能产生磁场，这种现象称为电流的磁效应。电流的磁效应揭示了磁现象的电本质。

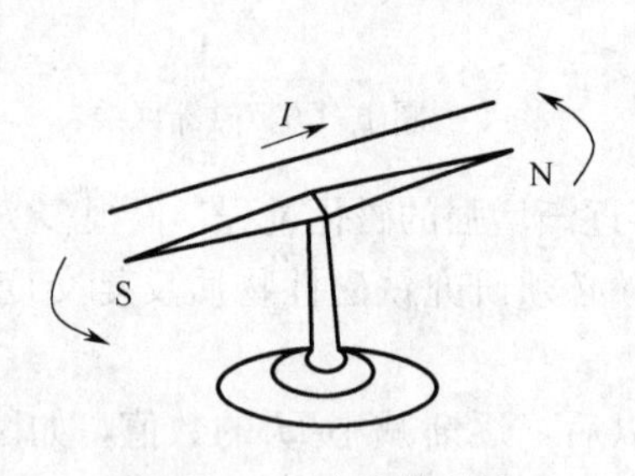

图 1—28 电流的磁场

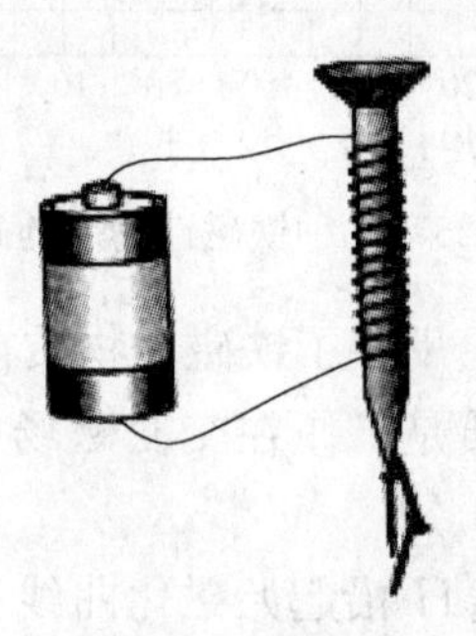

图 1—29 绕通电漆包线铁钉的磁场

单元 1

电流所产生磁场的方向可用右手螺旋定则来判断。

1. 通电直导体的磁场

直流电流所产生的磁场方向可用安培定则来判定，方法是：用右手握住导线，让拇指指向电流方向，四指所指的方向就是磁感线的环绕方向，如图 1—30 所示。

2. 通电线圈的磁场

（1）通电线圈的磁场方向。螺线管通电后，磁场方向仍可用安培定则来判定：用右手握住螺线管，四指指向电流的方向，拇指所指的就是螺线管内部的磁感线方向，如图 1—31 所示。

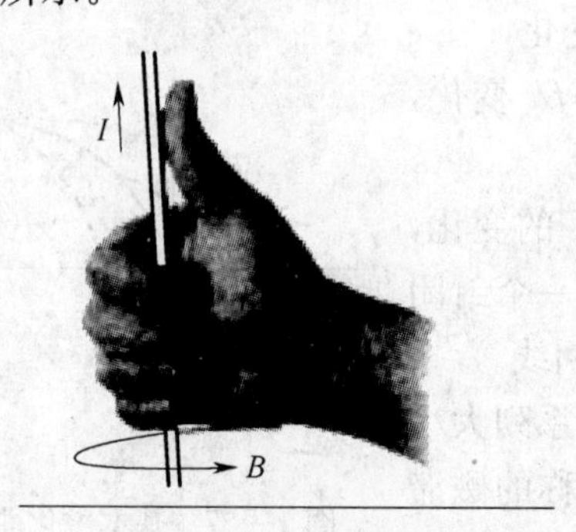

图 1—30 通电直导体的磁场判断

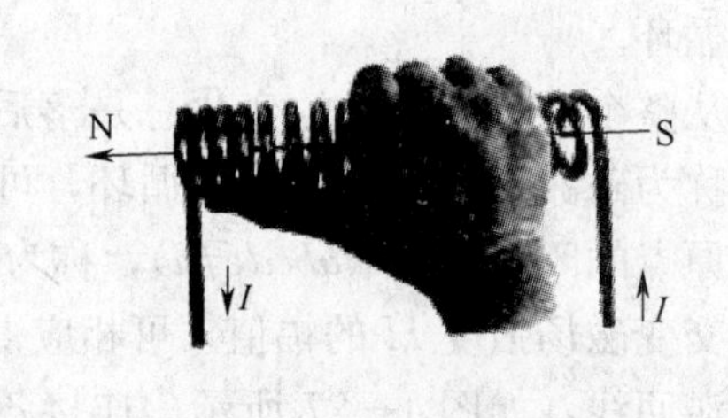

图 1—31 通电螺线管的磁场判断

（2）磁路。如图 1—32 所示，当线圈中通以电流后，大部分磁感线沿铁心、衔铁和工作气隙构成回路，这部分磁通称为主磁通；还有一部分磁通，没有经过气隙和衔铁，而是经空气自成回路，这部分磁通称为漏磁通。

1）基本概念。磁通经过的闭合路径叫磁路。磁路和电路一样，分为有分支磁路和无分支磁路两种类型。图 1—32 给出了无分支磁路，图 1—33 给出了有分支磁路。在无分支磁路中，通过每一个横截面的磁通都相等。

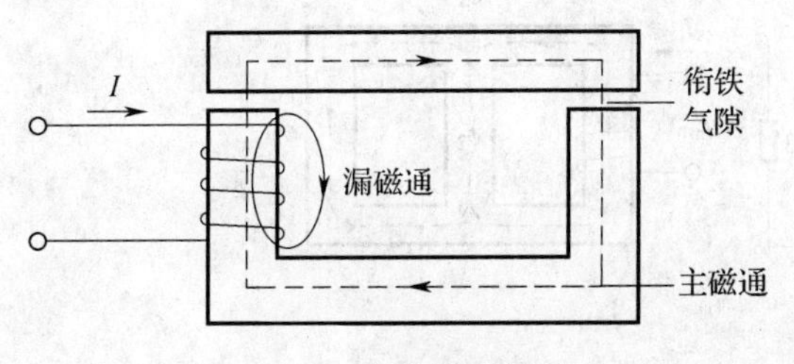

图 1—32　主磁通和漏磁通

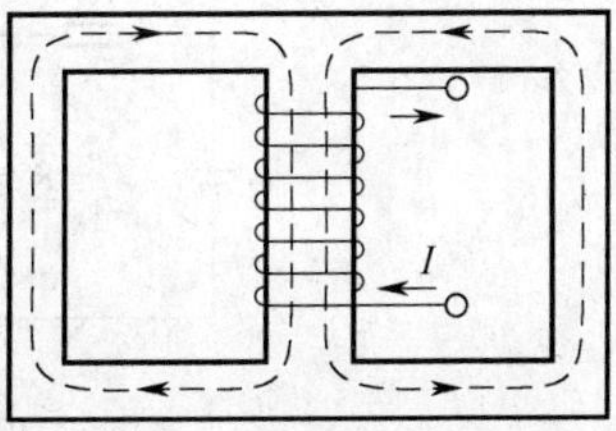

图 1—33　有分支磁路

通电线圈产生的磁通 Φ 与线圈的匝数 N 和线圈中所通过的电流 I 的乘积成正比。

通过线圈的电流 I 与线圈匝数 N 的乘积，称为磁动势，也叫磁通势，即：

$$E_m = NI$$

式中　E_m——磁动势，A。

磁阻就是磁通通过磁路时所受到的阻碍作用，用 R_m 表示。磁路中磁阻的大小与磁路的长度 l 成正比，与磁路的横截面积 S 成反比，并与组成磁路的材料性质有关。因此有：

$$R_m = \frac{l}{\mu S}$$

式中　μ——磁导率，H/m；

l——长度，m；

S——截面积，m^2；

R_m——磁阻，1/亨（H^{-1}）。

由于磁导率 μ 不是常数，所以 R_m 也不是常数。

2）磁路欧姆定律。通过磁路的磁通与磁动势成正比，与磁阻成反比，即

$$\Phi = \frac{E_m}{R_m}$$

上式与电路的欧姆定律相似，磁通 Φ 对应于电流 I，磁动势 E_m 对应于电动势 E，磁阻 R_m 对应于电阻 R。因此，这一关系称为磁路欧姆定律。

3）磁路与电路的对应关系。磁路中的某些物理量与电路中的某些物理量有对应关系，同时磁路中某些物理量之间与电路中某些物理量之间也有相似的关系。电路与磁路的对应关系如图 1—34 所示。

表 1—5 列出了电路与磁路对应的物理量及其关系式。

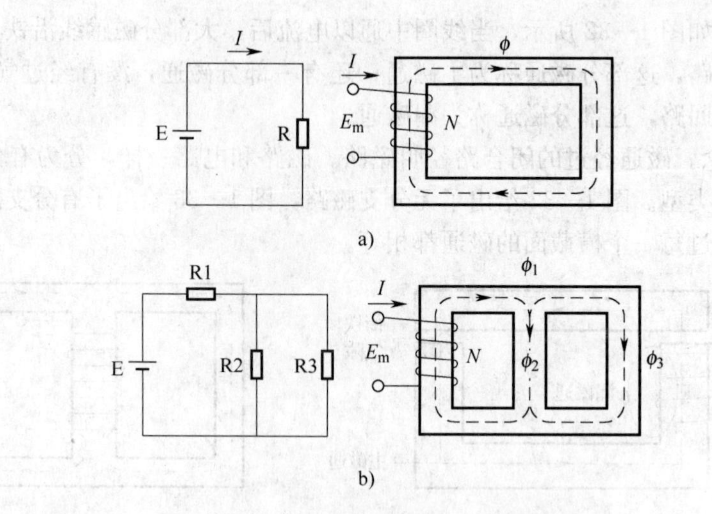

图 1—34　电路与磁路的对应关系

表 1—5　　磁路和电路中对应的物理量及其关系式

电路		磁路	
电流	I	磁通	Φ
电阻	$R=\rho\dfrac{l}{S}$	磁阻	$R_m=\dfrac{l}{\mu S}$
电阻率	ρ	磁导率	μ
电动势	E	磁动势	$E_m=IN$
电路欧姆定律	$I=\dfrac{E}{R}$	磁路欧姆定律	$\Phi=\dfrac{E_m}{R_m}$

三、电磁感应

1. 电磁感应现象

在一定条件下，由磁产生电的现象，称为电磁感应现象，产生的电流叫感应电流。

当闭合回路中一部分导体在磁场中做切割磁感线运动时，回路中就有感应电流产生。当穿过闭合线圈的磁通发生变化时，线圈中也有感应电流产生。

产生电磁感应的条件是：当穿过闭合回路的磁通发生变化时，回路中就有感应电流产生。

2. 电磁感应定律

电磁感应现象中，闭合回路中产生了感应电流，说明回路中有电动势存在。在电磁感应现象中产生的电动势叫感应电动势。产生感应电动势的那部分导体，就相当于电源，如在磁场中切割磁感线的导体和磁通发生变化的线圈等。

（1）楞次定律。楞次定律指出了磁通的变化与感应电动势在方向上的关系，即：感应电流产生的磁通总是阻碍原磁通的变化。

（2）法拉第电磁感应定律。大量的实验表明：线圈中感应电动势的大小与线圈中的磁通变化率成正比。这就是法拉第电磁感应定律。

单匝线圈中产生的感应电动势的大小，与穿过线圈的磁通变化率 $\Delta\Phi/\Delta t$ 成正比，即：

$$E = \frac{\Delta\Phi}{\Delta t}$$

对于 N 匝线圈，有

$$E = N\frac{\Delta\Phi}{\Delta t} = \frac{N\Phi_2 - N\Phi_1}{\Delta t}$$

式中 $N\Phi$ 表示磁通与线圈匝数的乘积，称为磁链，用 Ψ 表示，即：

$$\Psi = N\Phi$$

于是对于 N 匝线圈，感应电动势为：

$$E = \frac{\Delta\Psi}{\Delta t}$$

【例 1—6】 在一个 B＝0.01 T 的匀强磁场里，放一个面积为 0.001 m^2 的线圈，线圈匝数为 500 匝。在 0.1 s 内，把线圈平面从与磁感线平行的位置转过 90°，变成与磁感线垂直，求这个过程中感应电动势的平均值。

解：在 0.1 s 时间内，穿过线圈平面的磁通变化量为

$$\Delta\Phi = \Phi_2 - \Phi_1 = BS - 0 = 0.01 \times 0.001 = 1 \times 10^{-5}\ \text{Wb}$$

感应电动势为

$$E = N\frac{\Delta\Phi}{\Delta t} = 500 \times \frac{1 \times 10^{-5}}{0.1} = 0.05\ \text{V}$$

3. 自感

当线圈中的电流变化时，线圈本身就产生了感应电动势，这个电动势总是阻碍线圈中电流的变化。这种由于线圈本身电流发生变化而产生电磁感应的现象叫自感现象，简称自感。在自感现象中产生的感应电动势，叫自感电动势。

(1) 电感量。考虑自感电动势与线圈中电流变化的定量关系。当电流流过回路时，回路中产生磁通，叫自感磁通，用 Φ 表示。当线圈匝数为 N 时，线圈自感磁链为

$$\Psi_L = N\Phi_L$$

同一电流流过不同特性的线圈，产生的磁链不同，为表示各个线圈产生自感磁链的能力，将线圈的自感磁链与电流的比值称为线圈的自感系数，简称电感，用 L 表示，表达式为

$$L = \frac{\Psi_L}{I}$$

电感的单位是亨利（H）以及毫亨（mH）、微亨（μH），它们之间的关系为

$$1\ \text{H} = 10^3\ \text{mH} = 10^6\ \mu\text{H}$$

说明：

1）线圈的电感是由线圈本身的特性所决定的，它与线圈的尺寸、匝数和媒介质的磁导率有关，而与线圈中有无电流及电流的大小无关。

2）其他近似环形的线圈，在铁心没有饱和的条件下，也可用上式近似计算线圈的电感，此时 l 是铁心的平均长度；若线圈不闭合，不能用上式计算。

3）由于磁导率 μ 不是常数，随电流而变，因此有铁心的线圈其电感也不是一个定值，这种电感称为非线性电感。

（2）自感电动势。自感电动势的公式如下：

$$E_L = L\frac{\Delta I}{\Delta t}$$

自感电动势 E_L 的大小与线圈中电流的变化率成正比。当线圈中的电流在 1 s 内变化 1 A 时，引起的自感电动势是 1 V，则这个线圈的自感系数就是 1 H。

（3）自感现象的应用。自感现象在各种电气设备和无线电技术中有着广泛的应用。日光灯的镇流器就是利用线圈自感的一个例子。如图 1—35 所示为日光灯的电路图。

1）结构。日光灯主要由灯管、镇流器和启动器组成。镇流器是一个带铁心的线圈，启动器的结构如图 1—36 所示。

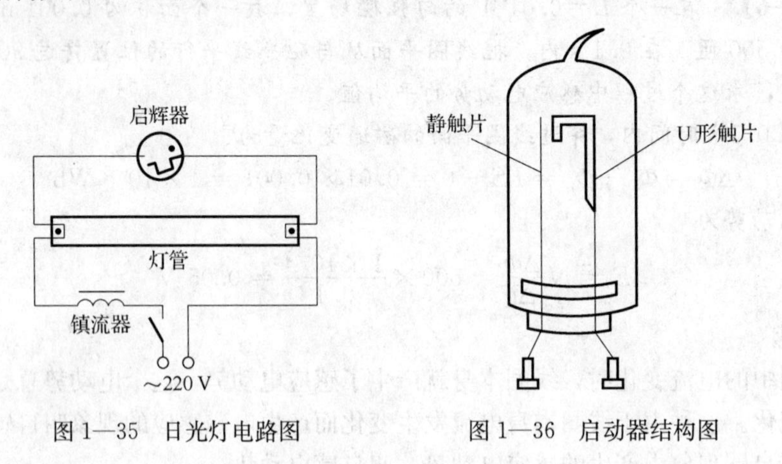

图 1—35　日光灯电路图　　图 1—36　启动器结构图

单元 1

启动器是一个充有氖气的小玻璃泡，里面装有两个电极，一个固定不动的静触片和一个用双金属片制成的 U 形触片。

灯管内充有稀薄的水银蒸气，当水银蒸气导电时，就发出紫外线，使涂在管壁上的荧光粉发出柔和的光。由于激发水银蒸气导电所需的电压比 220 V 的电源电压高得多，因此日光灯在开始点亮之前需要一个高出电源电压很多的瞬时电压。在日光灯正常发光时，灯管的电阻很小，只允许通过不大的电流，这时又要使加在灯管上的电压大大低于电源电压。这两方面的要求都是利用跟灯管串联的镇流器来达到的。

2）工作原理。当开关闭合后，电源把电压加在启动器的两极之间，使氖气放电而发出辉光，辉光产生的热量使 U 形片膨胀伸长，跟静触片接触而使电路接通，于是镇流器的线圈和灯管的灯丝中就有电流通过。电流接通后，启动器中的氖气停止放电，U 形触片冷却收缩，两个触片分离，电路自动断开。在电路突然断开的瞬间，镇流器的两端产生一个瞬时高压，这个电压和电源电压都加在灯管两端，使灯管中的水银蒸气开始导电，于是日光灯管成为电流的通路开始发光。在日光灯正常发光时，与灯管串联的镇流器就起着降压限流的作用，保证日光灯的正常工作。

（4）自感的危害。自感现象也有不利的一面。在自感系数很大而电流又很强的电路中，在切断电源瞬间，由于电流在很短的时间内发生了很大变化，会产生很高的自感电动势，并在断开处形成电弧，这不仅会烧坏开关，甚至会危及工作人员的安全。因此，切断这类电源必须采用特制的安全开关。

（5）磁场能量。电感线圈也是一个储能元件，线圈中储存的磁场能量为：

$$W_L = \frac{1}{2}LI^2$$

当线圈中通有电流时，线圈中就要储存磁场能量，通过线圈的电流越大，储存的能量就越多；在通有相同电流的线圈中，电感越大的线圈，储存的能量越多，因此线圈的电感也反映了它储存磁场能量的能力。

磁场能量和电场能量在电路中的转化都是可逆的。例如，随着电流的增大，线圈的磁场增强，储入的磁场能量增多；随着电流的减小，磁场减弱，磁场能量通过电磁感应的作用，又转化为电能。因此，线圈和电容器一样是储能元件，而不是电阻类的耗能元件。

4. 互感

（1）互感现象和互感电动势。由于一个线圈的电流变化，导致另一个线圈产生感应电动势的现象，称为互感现象。在互感现象中产生的感应电动势，叫互感电动势，用 E_M 表示。

如图 1—37 所示，线圈 B 中互感电动势的大小不仅与线圈 A 中电流变化率的大小有关，而且还与两个线圈的结构及它们之间的相对位置有关。当两个线圈相互垂直时，互感电动势最小。当两个线圈互相平行，且第一个线圈的磁通变化全部影响到第二个线圈，这时也称为全耦合，互感电动势最大。

（2）互感线圈的同名端。应用互感可以很方便地将能量或信号由一个线圈传递到另一个线圈。当两个或两个以上线圈彼此耦合时，常常需要知道互感电动势的极性。用楞次定律判断会比较复杂。尤其是已经制作好的互感器，从外观上无法知道线圈的绕向，判断互感电动势的极性就更加困难。

利用线圈同名端，可以很容易判断互感电动势的极性。我们把在同一变化磁通的作用下，感应电动势极性相同的端点叫同名端，感应电动势极性相反的端点叫异名端。

在电路中，一般用“·”表示同名端，如图 1—38 所示。在标出同名端后，每个线圈的具体绕法和它们之间的相对位置就不需要在图上表示出来了。

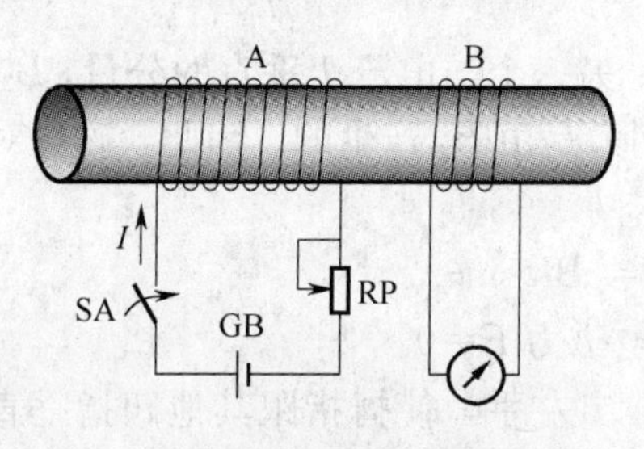

图 1—37　两个线圈之间的互感

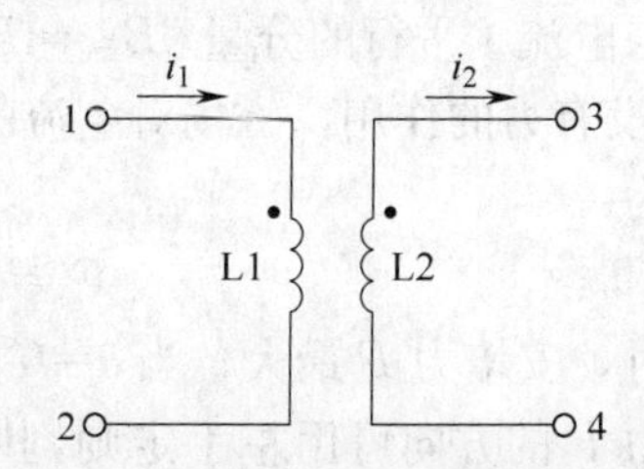

图 1—38　同名端表示法

5. 涡流

（1）涡流现象。把块状金属放在交变磁场中，金属块内将产生感应电流。这种电流在金属块内自成回路，像水的旋涡，因此叫涡电流，简称涡流。

由于整块金属电阻很小，所以涡流很大，不可避免地使铁心发热，温度升高，引起材料绝缘性能下降，甚至破坏绝缘造成事故。铁心发热，还使一部分电能转换为热能白白浪费，这种电能损失叫涡流损失。

在电动机、电器的铁心中，完全消除涡流是不可能的，但可以采取有效措施尽可能地减小涡流。为减小涡流损失，电动机和变压器的铁心通常不用整块金属，而用涂有绝缘漆的薄硅钢片叠压制成。这样涡流被限制在狭窄的薄片内，回路电阻很大，涡流大为减小，从而使涡流损失大大降低。

铁心采用硅钢片，是因为这种钢比普通钢电阻率大，可以进一步减少涡流损失，硅钢片的涡流损失只有普通钢片的 1/5 ～1/4。

（2）涡流的应用。在一些特殊场合，涡流也可以被利用，如可用于有色金属和特种合金的冶炼。利用涡流加热的电炉叫高频感应炉，它的主要结构是一个与大功率高频交流电源相接的线圈，被加热的金属就放在线圈中间的坩埚内，当线圈中通以强大的高频电流时，它的交变磁场在坩埚内的金属中产生强大的涡流，发出大量的热，使金属熔化。

四、通电导体在磁场中受到磁场力的作用

1. 通电直导体在磁场中受到磁场力的作用

磁场对放在其中的通电直导线有力的作用，这个力称为电磁力，也称为安培力。

当电流 I 的方向与磁感应强度 B 的方向垂直时，导线受电磁力最大。

$$F = BIL$$

式中 F——电磁力，N；

I——电流，A；

L——长度，m；

B——磁感应强度，T。

当电流 I 的方向与磁感应强度 B 的方向平行时，导线不受电磁力作用。

如图 1—39 所示，当电流 I 的方向与磁感应强度 B 之间有一定夹角时，可将 B 分解为两个互相垂直的分量。

一个与电流 I 平行的分量，$B_1 = B\cos\theta$；另一个与电流 I 垂直的分量，$B_2 = B\sin\theta$。B_1 对电流没有力的作用，磁场对电流的作用力是由 B_2 产生的。因此，磁场对直流电流的作用力为：

$$F = B_2 Il = BIl\sin\theta$$

当 $\theta=90°$ 时，安培力 F 最大；当 $\theta=0°$ 时，电磁力 $F=0$。

电磁力 F 的方向可用左手定则判断：伸出左手，使拇指跟其他四指垂直，并都与手掌在一个平面内，让磁感线穿入手心，四指指向电流方向，大拇指所指的方向即为通电直导线在磁场中所受电磁力的方向。

2. **通电线圈在磁场中受到磁场力的作用**

通电线圈放在磁场中将受到磁力矩的作用，这是电动机旋转的基本原理。

将一矩形线圈 abcd 放在匀强磁场中，如图 1—40 所示，通向直流电流，线圈的顶边 ad 和底边 bc 所受的磁场力 F_{ad}、F_{bc} 大小相等，方向相反，在一条直线上，彼此平衡；而作用在线圈两个侧边 ab 和 cd 上的磁场力 F_{ab}、F_{cd} 虽然大小相等，方向相反，但不在一条直线上，产生了力矩，称为磁力矩。这个力矩使线圈绕 OO' 转动，转动过程中，随着线圈平面与磁感线之间夹角的改变，力臂在改变，磁力矩也在改变。

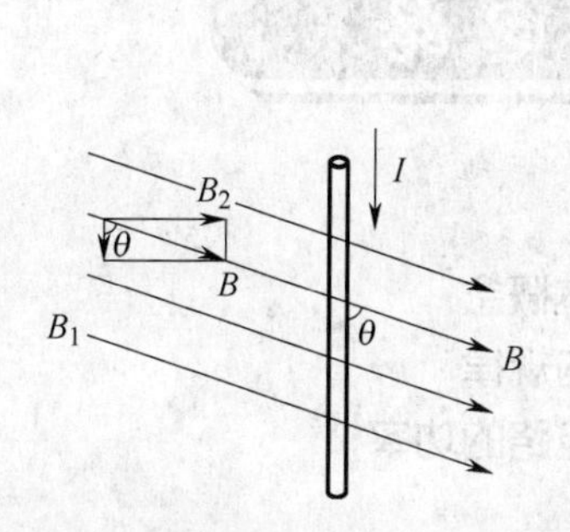

图 1—39　磁场对通电直导体的作用力

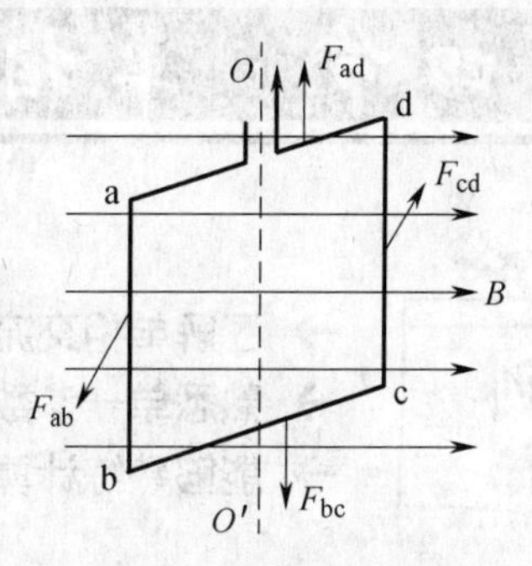

图 1—40　磁场对通电矩形线圈的作用力矩

当线圈平面与磁感线平行时，力臂最大，线圈受磁力矩最大；当线圈平面与磁感线垂直时，力臂为零，线圈所受的磁力矩也为零。电流表就是根据上述原理工作的。

电流表的结构如图 1—41 所示。

在一个磁场很强的蹄形磁铁的两极间有一个固定的圆柱形铁心，铁心外套有一个可以绕轴转动的铝框，铝框上绕有线圈，铝框的转轴上装有两个螺旋弹簧和一个指针，线圈两端分别接在这两个螺旋弹簧上，被测电流就是经过这两个弹簧流入线圈的。

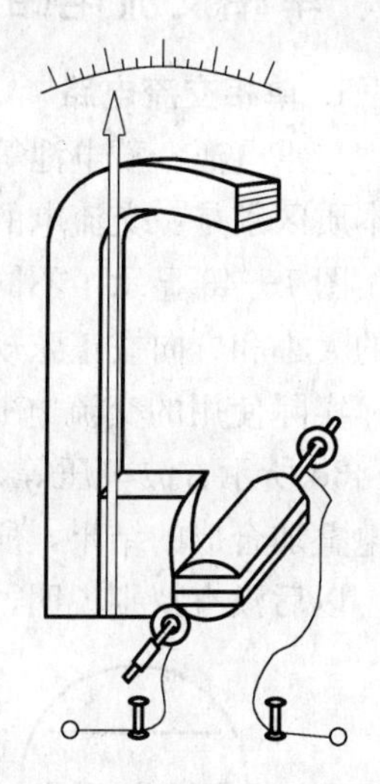
图 1—41　电流表的结构

如图 1—42 所示，蹄形磁铁和铁心间的磁场是均匀地辐向分布，这样，不论通电线圈转到什么方向，它的平面都跟磁感线平行。因此，线圈受到的偏转磁力矩 M_1 就不随偏角而改变。通电线圈所受的磁力矩 M_1 的大小与电流 I 成正比，即：

$$M_1 = k_1 I$$

式中　k_1——比例系数。

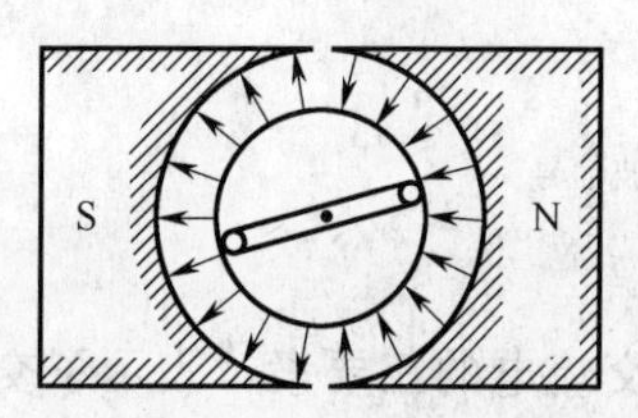

图 1—42　磁电式电表的磁场

线圈偏转使弹簧扭紧或扭松，于是弹簧产生一个阻碍线圈偏转的力矩 M_2，线圈偏转的角度越大，弹簧的力矩也越大，M_2 与偏转角 θ 成正比，即：

$$M_2 = k_2 \theta$$

式中　k_2——比例系数。

当 M_1、M_2 平衡时，线圈就停在某一偏角上，固定在转轴上的指针也转过同样的偏角，指到刻度盘的某一刻度。

比较上述两个力矩，因为 $M_1=M_2$，所以 $k_1I=k_2\theta$，即

$$\theta=\frac{k_1}{k_2}I=kI$$

即测量时偏转角度 θ 与所测量的电流成正比。这就是电流表的工作原理。这种利用永久性磁铁来使通电线圈偏转达到测量目的的仪表称为磁电式仪表。

第四节　单相交流电路

→ 了解单相交流电路的基本概念
→ 熟悉单一参数交流电路的规律
→ 能够熟练计算实际交流电路的功率

一、单相交流电路

1. 单相交流电路

与干电池、蓄电池等直流电源不同，电厂向用户提供的是交流电。交流电与直流电的本质区别是：交流电的大小和方向随时间变化而变化。

图 1—43 显示了不同的电压波形。图 1—43b 为家庭电源插座上的电压的波形，电压的大小和方向按正弦规律变化，所以称为正弦交流电。

实际使用的交流电并不仅限于正弦交流电，例如图 1—43c 所示锯齿波电压和如图 1—43d 所示方波电压等，都是非正弦交流电。非正弦交流电可以认为是一系列正弦交流电叠加合成的结果，所以正弦交流电也是研究非正弦交流电的基础。

以后没有特别说明，一般常说的交流电都是指正弦交流电。

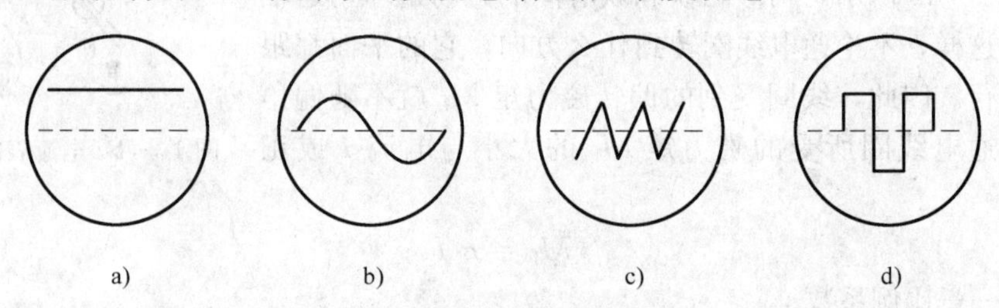

a)　　b)　　c)　　d)

图 1—43　直流电和交流电波形

a）稳恒直流电　b）家庭使用的正弦交流电

c）电视机显像管的偏转电流　d）计算机中的方波信号

2. 单相交流电路中的物理量

最大值（有效值）、角频率、初相这三个参数叫做正弦交流电的三要素，表示了交流电随时间变化的规律。

(1) 周期与频率

1) 周期。正弦交流电完成一次循环变化所用的时间叫做周期，用字母 T 表示，单位为秒 (s)。

2) 频率。频率表示正弦交流电在 1 s 内作周期性循环变化的次数，表示交流电交替变化的快慢，用符号 f 表示，单位为赫兹，简称赫，用符号 Hz 表示。

周期与频率互为倒数，即：

$$f=\frac{1}{T}$$

3) 角频率。正弦交流电每秒内变化的电角度称为角频率，用符号 ω 表示，单位为弧度/秒，用 rad/s 表示。

角频率与频率之间的关系为：

$$\omega=2\pi f$$

(2) 最大值、有效值

1) 最大值。正弦交流电在一个周期所能达到的最大瞬时值称为最大值（又称峰值、幅值)。最大值用大写字母加下标 m 表示，如 E_m、I_m、U_m。

2) 有效值。因为交流电的大小是随时间变化的，在研究交流电的功率时采用最大值显然不够合理，通常用有效值来表示。

设正弦交流电流 $i(t)$ 在一个周期 T 时间内，使一电阻 R 消耗的电能为 Q_R，另有一相应的直流电流 I 在时间 T 内也使该电阻 R 消耗相同的电能，即 $Q_R=I^2RT$。

就平均对电阻做功的能力来说，这两个电流 (i 与 I) 是等效的，则该直流电流 I 的数值可以表示交流电流 $i(t)$ 的大小，于是把这一特定的数值 I 称为交流电流的有效值。理论与实验均可证明，正弦交流电流 i 的有效值 I 等于其最大值 I_m 的 0.707 倍，即：

$$I=\frac{I_m}{\sqrt{2}}=0.707I_m$$

正弦交流电压的有效值为：

$$U=\frac{U_m}{\sqrt{2}}=0.707U_m$$

正弦交流电动势的有效值为：

$$E=\frac{E_m}{\sqrt{2}}=0.707E_m$$

我国工业和民用交流电源电压的有效值为 220 V，频率为 50 Hz，通常将这一交流电压简称为工频电压。

(3) 相位和相位差

1) 相位。在式 $e=E_m\sin(\omega t+\varphi_0)$ 中，$(\omega t+\varphi_0)$ 表示正弦量的相位角，也称为相位或相角，它反映了交流电变化的进程。式中 φ_0 为正弦量在 $t=0$ 时的相位，称为初相位，也称为初相角或初相。

交流电的初相可以为正，也可以为负。若 $t=0$ 时正弦量的瞬时值为正，则初相为正；反之，为负。

初相通常用不大于180°的角表示。

2）相位差。两个同频率正弦量的相位之差称为相位差，用符号 φ 表示。设第一个正弦量的初相为 φ_1，第二个正弦量的初相为 φ_2，则这两个正弦量的相位差为：

$$\varphi=\varphi_1-\varphi_2$$

当 $\varphi>0$ 时，称第一个正弦量比第二个正弦量的相位越前（或超前）；当 $\varphi<0$ 时，称第一个正弦量比第二个正弦量的相位滞后（或落后）；当 $\varphi=0$ 时，称第一个正弦量与第二个正弦量同相，如图1—44a所示；当 $\varphi=\pm\pi$ 或±180°时，称第一个正弦量与第二个正弦量反相，如图1—44b所示；当 $\varphi=\pm\frac{\pi}{2}$ 或90°时，称第一个正弦量与第二个正弦量正交。

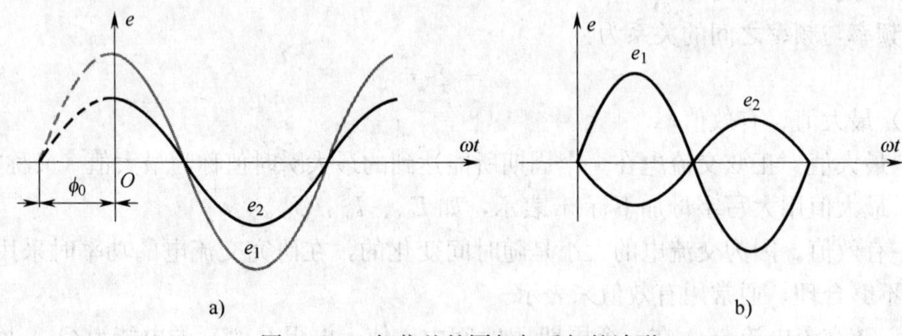

图1—44　相位差的同相与反相的波形

3. 单相交流电表示方法

（1）解析式表示法。在某一时刻 t 的瞬时值可用三角函数式（解析式）来表示，即：

$$i(t)=I_{\mathrm{m}}\sin(\omega t+\varphi_{\mathrm{i}})$$
$$u(t)=U_{\mathrm{m}}\sin(\omega t+\varphi_{\mathrm{u}})$$
$$e(t)=E_{\mathrm{m}}\sin(\omega t+\varphi_{\mathrm{e}})$$

式中　I_{m}——交流电流的最大值，A；

U_{m}——电压的最大值，V；

E_{m}——电动势的最大值，V；

ω——交流电的角频率，它表示正弦交流电流每秒内变化的电角度，rad/s；

φ_{i}——电流初相位或初相，表示初始时刻（$t=0$ 时）正弦交流电电流所处的电角度，rad或者度（°）；

φ_{u}——电压初相位或初相，表示初始时刻（$t=0$ 时）正弦交流电电压所处的电角度，rad或者度（°）；

φ_{e}——电动势初相位或初相，表示初始时刻（$t=0$ 时）正弦交流电电动势所处的电角度，rad或者度（°）。

（2）波形图表示法。利用直角坐标系将正弦电量随时间变化的规律表示出来的一种研究交流电的方法，在波形图中，横坐标为时间或电角度（ωt），纵坐标为随时间变化的电压、电流或电动势，横轴上方的图形表示交流电的一个方向，下方表示相反的方向。

图 1—45 给出了不同初相角的正弦交流电的波形图。

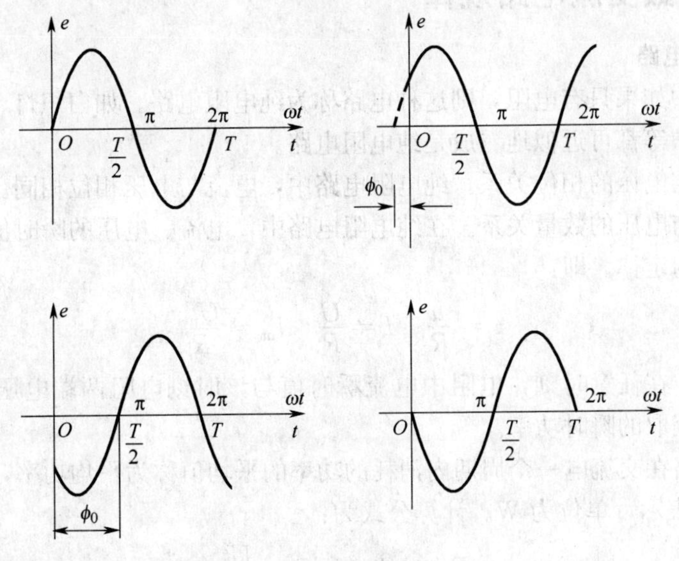

图 1—45　不同初相角波形图

(3) 相量图表示法。正弦量可以用最大值相量或有效值相量表示，但通常用有效值相量表示。

1) 最大值相量表示法。最大值相量表示法是用正弦量的最大值作为相量的模（大小），用初相角作为相量的幅角，例如有三个正弦电量分别为

$$e = 60\sin(\omega t + 60^\circ)\text{V}$$

$$u = 30\sin(\omega t + 30^\circ)\text{V}$$

$$i = 5\sin(\omega t - 30^\circ)\text{A}$$

则它们的最大值相量图如图 1—46 所示。

2) 有效值相量表示法。有效值相量表示法是用正弦量的有效值作为相量的模（长度大小），用初相角作为相量的幅角，例如有两个正弦电量分别为：

$$u = 220\sqrt{2}\sin(\omega t + 53^\circ)\text{V}$$

$$i = 0.41\sqrt{2}\sin(\omega t)\text{A}$$

则它们的有效值相量图如图 1—47 所示。

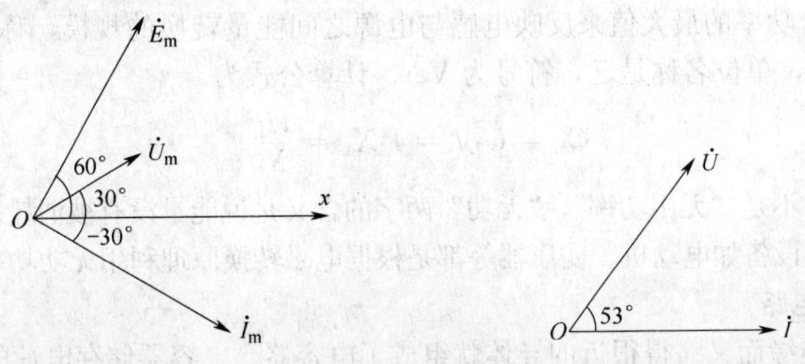

图 1—46　正弦量的振幅相量图举例　　图 1—47　正弦量的有效值相量图举例

单元 1

二、单一参数交流电路规律

1. 纯电阻电路

交流电路中如果只有电阻，则这种电路称为纯电阻电路。如白炽灯、卤钨灯、电暖器、工业电阻炉等都可近似地看成是纯电阻电路。

（1）电流与电压的相位关系。纯电阻电路中，电流与电压相位相同。

（2）电流与电压的数量关系。在纯电阻电路中，电流、电压的瞬时值、有效值、最大值都符合欧姆定律。即：

$$i=\frac{u}{R}\quad I=\frac{U}{R}\quad I_{m}=\frac{U_{m}}{R}$$

（3）功率。在任意时刻，电阻中电流瞬时值与该时刻电阻两端电压的瞬时值的乘积，称为电阻获取的瞬时功率。

纯电阻电路在交流电一个周期内消耗的功率的平均值称为平均功率，又称为有功功率，用字母 P 表示，单位为 W。计算公式为：

$$P=UI=I^{2}R=\frac{U^{2}}{R}$$

2. 纯电感电路

交流电路中以电感为主要物理性质的电路，可近似地认为是纯电感电路。

（1）电感对交流电路的阻碍作用。电感对交流电的阻碍作用称为感抗，用 X_{L} 表示。单位为 Ω。计算公式为：

$$X_{L}=2\pi fL=\omega L$$

（2）电流与电压的关系

1）相位关系。纯电感电路中，电压比电流超前 90°，或者电流比电压滞后 90°。

2）数量关系。在纯电感电路中，电流、电压的有效值、最大值都符合欧姆定律。即：

$$I=\frac{U}{X_{L}}\quad I_{m}=\frac{U_{m}}{X_{L}}$$

（3）功率。在任意时刻，电感中电流瞬时值与该时刻电阻两端电压的瞬时值的乘积，称为电感获取的瞬时功率。

纯电感电路在交流电的一个周期内消耗的功率的平均功率为 0，说明纯电感在一个周期内吸收和释放的能量相等，不消耗能量，电感是个储能元件。

通常用瞬时功率的最大值来反映电感与电源之间能量转换的规模，称为无功功率，用字母 Q_{L} 表示，单位名称是乏，符号为 Var。计算公式为

$$Q_{L}=U_{L}I=I^{2}X_{L}=\frac{U_{L}^{2}}{X_{L}}$$

无功功率并不是“无用功率”，“无功”两字的含义是说能量没有被消耗。实际上许多具有电感性质的设备如电动机、变压器等都是根据电磁转换原理利用无功功率工作的。

3. 纯电容电路

两个相互绝缘而又靠得很近的导体就组成了电容器。电容器储存电荷的能力称为电容器的电容，用符号 C 表示，其数值等于电容器在单位电压作用下所储存的电荷量，

单元 1

单位名称为法拉，简称法，用符号 F 表示，较小的单位有微法（μF）和皮法（pF）。在建筑电气工程中电容器有很重要的作用。

把电容器接到交流电源上，如果电容器的电阻和分布电感可以忽略不计，可以把这种电路近似看成是纯电容电路。

（1）电容对交流电的阻碍作用。电容对交流电的阻碍作用称为容抗，用 X_C 表示，单位也是 Ω，计算式为：

$$X_C=\frac{1}{\omega C}=\frac{1}{2\pi fC}$$

（2）电压与电流的关系

1）相位关系。纯电容电路中电压与电流的相位关系为电压滞后电流 90°，或者电流超前电压 90°。

2）数量关系。纯电容电路中电压与电流的数量关系表达式为：

$$I=\frac{U}{X_C}\quad I_m=\frac{U_m}{X_C}$$

（3）功率。与纯电感电路相同，电容元件也是储能元件，平均功率为 0，不消耗电能。其无功功率为：

$$Q_C=UI=I^2X_C=\frac{U^2}{X_C}$$

三、实际交流电路

1. 电阻电感（RL）串联电路

建筑中实际所用单相交流设备多数为电感性负载，如电动机、变压器、感应加热炉、电磁铁、带镇流器的荧光灯、高压汞灯、高压钠灯等。这些负载通常可等效为电阻和电感串联电路，其电阻是在制造电感线圈时无法避免的导线的电阻。

（1）电阻和电感串联对交流电路的阻碍作用。电阻和电感串联对交流电路的阻碍作用称为阻抗，用符号 Z 表示，单位也是 Ω，计算式为：

$$Z=\sqrt{R^2+X_L^2}$$

（2）电压与电流的关系

1）相位关系。电阻和电感串联电路中电压相位比电流相位超前，超前的角度为 φ，表达式为：

$$\varphi=\arctan\frac{X_L}{R}$$

2）数量关系。电阻和电感串联电路中电压与电流数量关系如下：

$$I=\frac{U}{Z}$$

2. 单相交流电路功率及功率因数

在电阻和电感串联电路中，电阻消耗电能，电感和电源之间交换能量，因此该电路中有三种功率分别是：

有功功率 P——电阻消耗的能量。

无功功率 Q_L——电感和电源之间交换的能量。

视在功率 S——电源输出的总功率。

有功功率、无功功率、视在功率三者之间关系为：

$$S = \sqrt{P^2 + Q_L^2}$$

$$P = UI\cos\varphi = S\cos\varphi$$

式中 $\cos\varphi$——功率因数，是供电线路的运行指标之一。

3. 提高功率因数的意义和方法

对于电感性负载，$\cos\varphi<1$，这就意味着在电感性电路中，有功功率只占电源容量的一部分，还有一部分能量并没有消耗在负载上，而是与电源之间反复进行交换，这就是无功功率，它占用了电源的部分容量。

（1）提高功率因数的意义

1）充分利用电源设备的容量。如果一个单相电路电源的额定电压为 220 V，额定电流为 5 A，则电源视在功率为1 100 V·A，可接 40 W（$\cos\varphi=0.4$）的荧光灯 11 盏，如果接 40 W（$\cos\varphi=1$）的白炽灯，则能比同功率荧光灯多接 1 倍还要多。

2）减小供电线路的功率损耗。在电源电压一定的情况下，对于相同功率的负载，功率因数越低，电流越大，供电线路上的电压降和功率损耗也越大。

如果供电线路上的电压降过大，就会造成电网末端的用电设备长期处于低压运行状态，影响其正常工作。

为了减少电能损失，改善供电质量，就必须提高功率因数。

（2）提高功率因数的方法

1）提高自然功率因数。异步电动机和变压器是占用无功功率最多的电气设备，当电动机实际负荷比其额定容量低很多时，功率因数将急剧下降，造成电能的浪费。要提高功率因数就要合理选用电动机，使电动机的容量与被拖动的机械负载配套，避免“大马拖小车”的现象。此外，应尽量不要让电动机空转或轻载运行。

2）并联电容器补偿。将电力电容器与感性负载并联，选择合适容量的电容器，将功率因数补偿到合适的数值，一般达到 0.9 以上即可，并不要求补偿到 1。

第五节 三相交流电路

→ 了解三相交流电路的概念

→ 掌握三相交流电源的规律

→ 能够熟练进行三相交流电路功率的计算

一、三相交流电路

1. 三相交流电路的特点

三相交流电是交流电源的一种供电方式，和单相交流电相比，三相交流电具有以下优点：

（1）三相发电机比体积相同的单相发电机输出的功率大。

（2）三相发电机的结构简单，使用、维护都比较方便，运转时比单相发电机的震动小。

（3）在同样条件下输送同样大的功率时，特别是在远距离输电时，三相输电比单相输电节约材料。

为此，目前电能的产生、输送和分配几乎都采用三相交流电，当有单相负载时，可使用三相交流电中的一相。

2. 三相交流电源连接

在三相交流电路中，三相发电机或三相变压器的低压侧的三个绕组引出线的颜色分别以黄、绿、红代表三相电源，三相电源电动势为频率、幅值相同，相位彼此相差 120°。

三个交流电动势到达最大值（或零）的先后次序称为相序。如按 U—V—W—U 的次序循环称为正序；按 U—W—V—U 的次序循环则称为负序。三相电动机的三相电源的相序不同将会导致电动机转向不同。

目前在低压供电系统中多数采用三相四线制供电，如图 1—48a 所示。三相四线制是把电源的三个线圈的末端连接在一起，成为一个公共端点（称中性点），用符号“N”表示。从中性点引出的输电线称为中性线，简称为中线。中线通常与大地相接，并把接地的中性点称为零点，接地的中性线称为零线。从三个线圈始端引出的输电线称为端线或相线，俗称火线。有时为了方便，可不画电源线圈的连接方式，只画出四根输电线表示相序，如图 1—48b 所示。

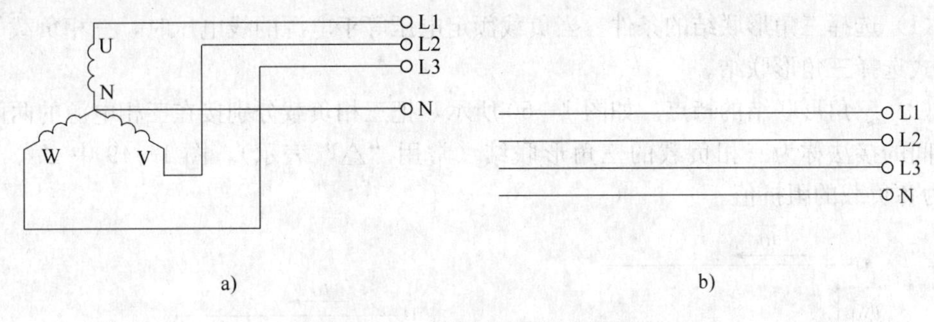

图 1—48　三相四线制供电线路

a）三相四线制电源及供电线路　b）三相四线制供电线路

三相四线制可以输送两种电压，一种是端线与端线之间的电压，称为线电压；另一种是端线与中线之间的电压，称相电压。线电压与相电压之间的关系为：

$$U_{线} = \sqrt{3}U_{相}$$

线电压相位总是超前对应相电压 30°。

二、三相交流电路负载的连接

1. 对称三相负载和不对称三相负载

接在三相电源上的负载统称为三相负载。通常把各相负载相同的三相负载称为对称三相负载，如三相电动机、大功率三相电路等。如果各相负载不同，就称为不对称三相负载。如三相照明电路，就是由单相电路组合而成的不对称三相交流电路。

任何电气设备，均要求负载承受的电压等于它的额定电压，所以负载要采用正确的连接方式，以满足负载对电压的要求。

2. 三相负载的星形联结

（1）选择星形联结的条件。当负载额定电压等于电源的相电压时，三相负载的连接方式选择星形联结。

（2）星形联结的特点。如图 1—49 所示，把三相负载分别接在三相电源的相线与中线之间的接法称为三相负载的星形联结（常用“Y”表示），图中 Z_U、Z_V、Z_W 为各负载的阻抗值。

图 1—49 中各相负载承受的电压为电源的相电压，各相负载上通过的电流等于电源线上的线电流。

当三相负载完全对称时，各相负载的相电流也是频率、幅值相同，相位彼此相差120°的对称三相电流，此时中性线电流为零。

但当三相负载不对称时，中性线电流不为零，而且是三相负载电压平衡的关键，因此不得随意在中性线上加装熔断器或开关。若没有中性线，用电时其中一相出现短路故障将会使其他两相承受电源线电压导致这两相设备及电器的损坏。

一般情况下，一栋建筑的照明用电均为星形接法接入三相电路中，设计人员在进行设计时会将单相照明负荷均匀地分配在三相电源上，以减轻中性线的负担，保障供电可靠。

3. 三相负载的三角形联结

（1）选择三角形联结的条件。当负载额定电压等于电源的线电压时，三相负载的连接方式选择三角形联结。

（2）三角形联结的特点。如图 1—50 所示，把三相负载分别接在三相电源的两两相线之间的接法称为三相负载的三角形联结（常用“△”表示），图 1—49 中 Z_U、Z_V、Z_W 为各负载的阻抗值。

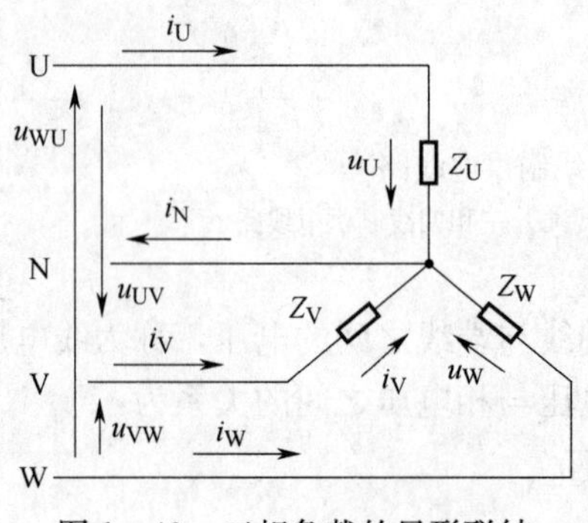

图 1—49　三相负载的星形联结

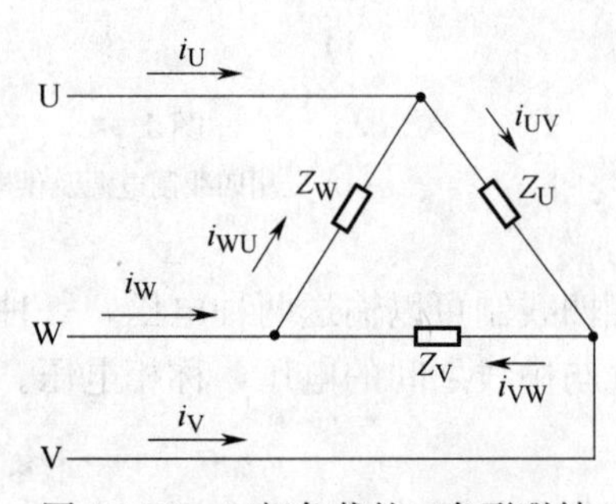

图 1—50　三相负载的三角形联结

图 1—50 中各相负载承受的电压为电源的线电压，各相负载上通过的电流等于电源线上的线电流的$\frac{1}{\sqrt{3}}$。一般三相电动机运行时均用三角形接法接在三相电源上。

4. 三相电路的功率

三相电路的有功功率 P 和无功功率 Q 分别等于各相有功功率和无功功率之和，即：

$$P = P_U + P_V + P_W = U_U I_U \cos\varphi_U + U_V I_V \cos\varphi V + U_W I_W \cos\varphi_W$$

$$Q = Q_U + Q_V + Q_W = U_U I_U \sin\varphi_U + \mathrm{U}_V I_V \sin\varphi V + U_W I_W \sin\varphi_W$$

式中 U_U、U_V、U_W——各相电压，V；

I_U、I_V、I_W——各相电流，A；

φ_u、φ_V、φ_W——各相电流与相电压之间的相位差。

当三相负载对称时，每相功率相等，视在功率为：

$$S = \sqrt{P^2 + Q^2} = 3U_P I_P = \sqrt{3} U_L I_L$$

式中 U_P——相电压；

I_P——相电流；

U_L——线电压；

I_L——相电流。

第六节 技能训练

直流电阻电路故障的检查

【实训内容】

直流电阻性电路故障的检查

【准备要求】

1. 要求

掌握直流电阻性电路故障检查的一般方法。

2. 准备

万用表	一块
电阻	等值若干
12 V 直流稳压电源	一台
导线	若干

【实训步骤】

步骤 1　检查串联电路的故障

如图 1—51 所示电路，直流稳压电源 U_s 取 12 V，用万用表测量各点之间电压，并将数据记入表 1—7 中；在图 1—51 的 e，f 处断开电阻 R5，用万用表测量，并将数据记入表 1—7 中；再用一根导线连接 e，d 两点设置短路故障，重复上述测量，并将数据记入表 1—7 中。

图 1—51　串联电路

表 1—7　**串联电路故障测量**

电路状态及电压	U_{ab}	U_{bc}	U_{cd}	U_{de}	U_{ef}
正常					
R5 断开					
R5 断开 R4 短接					

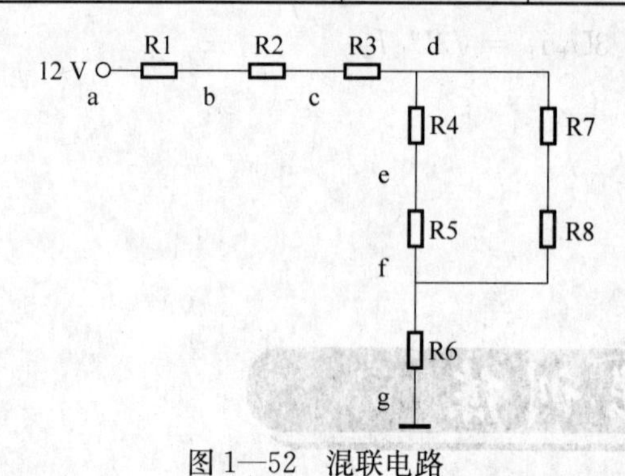

图 1—52　混联电路

步骤 2　检查混联电路的故障

如图 1—52 所示接线，直流稳压电源 U_s 取 12 V，以电路中 g 点为参考点，用万用表测量表 1—8 中所列各点的电位和各段电压，并将数据记入该表中。断开并联支路的 df 支路，重复上述测量，并将数据记入表 1—8 中。再短接 cd 支路，重复上述测量，并将数据记入表 1—8 中。

表 1—8　**混联电路故障测量**

电路状态及电压	U_{ab}	U_{bc}	U_{cd}	U_{de}	U_{ef}	U_{fg}	V_a	V_b	V_c	V_d	V_e	V_f
正常												
df 支路断开												
cd 支路短接 df 断开												

→ **荧光灯电路的连接和检测**

【实训内容】

荧光灯电路的连接和检测

【准备要求】

1. 要求

掌握日光灯的安装技巧；掌握日光灯故障的排除方法。

2. 准备

万用表　　　　　　　　1只

常用电工工具　　　　　1套

日光灯套件（20 W）　　1套

安装用木板　　　　　　1块

连接导线　　　　　　　若干

【训练步骤】

步骤1　安装日光灯

1. 根据图1—53所示电路，列出材料清单。备好材料，检测各器件的好坏。

2. 根据图1—53所示的电路，画出装配图。

3. 根据装配图，在安装用木板上固定好灯座、启辉器座、整流器，连接好导线和插头。

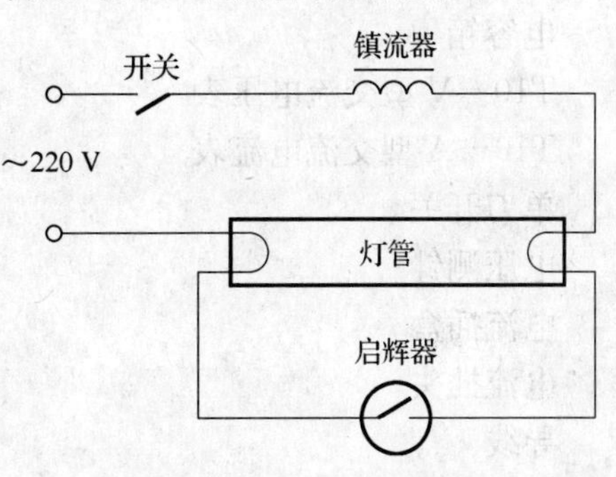

图1—53　日光灯电路

步骤2　通电测试

1. 装上启辉器和灯管，经指导教师检查同意后，将插头插入3眼插座，闭合电路中的开关，观察日光灯是否正常发光。

相关链接：

若日光灯不能正常发光，先检查电源电压是否正常，再检查线路连接是否牢靠，最后检查启辉器是否正常。一般经过这几步检查，排除故障后，日光灯都能正常发光。

2. 日光灯正常发光后，取下启辉器，观察日光灯是否仍然发光。

3. 将日光灯熄灭，在没有启辉器的情况下，重新接通电源，观察日光灯是否发光。

4. 用一根绝缘导线将启辉器座上的两接线柱碰触，略等一会儿取走，观察日光灯是否发光。

步骤3　实训结束

1. 实训结束后，整理好本次实训所用的器材、工具、仪器、仪表。

2. 清扫工作台，打扫实训室。

3. 实训报告要求

(1) 画出实训电路装配图。

(2) 通电测试过程中若遇到故障，说明故障现象，分析产生故障的原因和如何解决。

(3) 整理观察到的现象，分析产生现象的原因。

(4) 完成实训报告。

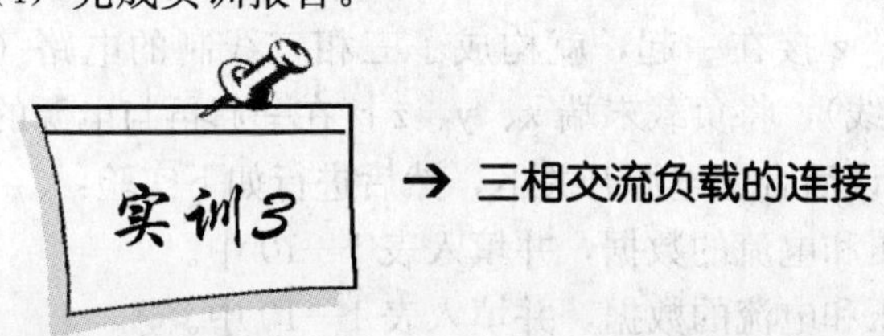

→ 三相交流负载的连接

【实训内容】三相交流负载的连接

【准备要求】

1. 要求

(1) 学会三相交流负载的两种连接方式。

(2) 加深对三相电路中的线电压与相电压、线电流与相电流的概念及其关系的理解。

(3) 了解三相负载作 Y 形联结时的中点位移和中线所起的作用。

(4) 了解测量相序的方法。

2. 准备

三相灯板(每相 220 V,60 W 和 40 W 灯泡各一)	1 块
电容箱	1 只
T10－V 型交流电压表	1 只
T10－A 型交流电流表	1 只
单刀开关	3 只
电压测针	2 付
电流插盒	6 个
电流插头	2 个
导线	若干

【实训步骤】

步骤 1 三相四线制电源电压的测量

将万用表的功能开关拨至测交流电压挡,量程 600 V 以上,合上电源 K,按表 1—9 测量 380 V 电源的线电压(火—火线间)和相电压(火—地线间),将读数填入表 1—9。再断开电源开关 K,进行星形负载的接线。由指导教师统一切换成 220 V/127 V 电源后,重新测量电源的线电压和相电压,测量数据填入表 1—9。

表 1—9　　　电源电压测量数据

测量项目 电源	U_{UV} (V)	U_{VW} (V)	U_{WU} (V)	U_U (V)	U_V (V)	U_W (V)	计算三相平均值 $U_l/U_P=\sqrt{3}$
380 V/220 V							
220 V/127 V							

步骤 2 负载星形联结电压和电流的测定

按如图 1—54 所示的接线(图中虚线表示三相灯板中已经连接好的部分),把三个单相负载的始端 a、b、c 分别接到电源(220 V/127 V)的 U、V、W 线上(接在三个红色接线柱上),把负载末端 x、y、z 接在一起,就构成了三相三线制的电路(无中线)。如果是三相四线制电路(有中线),将负载末端 x、y、z 接在一起再与电源的中点相连(接在黑色接线柱上)。检查无误后合上电源开关 K,然后进行如下实验:

(1) 负载对称有中线。测量电压和电流的数据,并填入表 1—10 中。

(2) 负载对称无中线。测量电压和电流的数据,并填入表 1—10 中。

(3) 有中线时 U 相开路。将开关 K_a 断开,观察灯泡的亮度变化,测量电压和电流

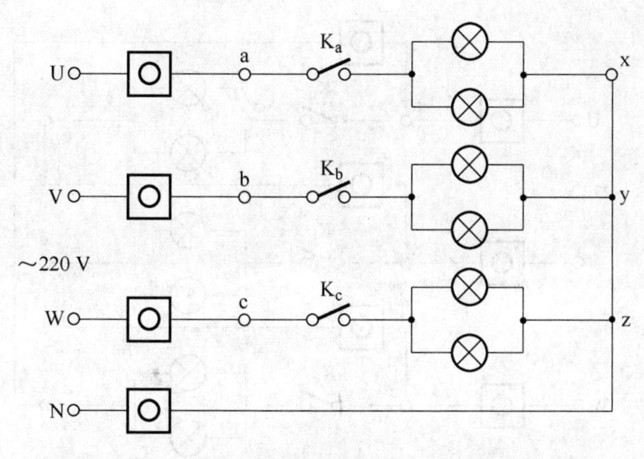

图 1—54 负载星形连接测电压和电流的实验接线图

的数据，并填入表 1—10 中。

(4) 无中线时 U 相开路。将开关 K_a 断开，观察灯泡的亮度变化，测量电压和电流的数据，并填入表 1—10 中。

(5) 三相负载均不对称有中线。取 U 相 60 W 灯泡 1 只加在 W 相上，观察灯泡的亮度变化，测量电压和电流的数据，并填入表 1—10 中。

(6) 三相负载均不对称无中线。取 U 相 60 W 灯泡 1 只加在 W 相上，观察灯泡的亮度变化，测量电压和电流的数据，并填入表 1—10 中。

表 1—10　　负载星形联结时电压、电流的测量数据

测量项目 / 连接情况		U_{UV} (V)	U_{VW} (V)	U_{WU} (V)	U_U (V)	U_V (V)	U_W (V)	I_U (A)	I_V (A)	I_W (A)	I_N (A)
星形	中线										
对称	有										
	无										
U 相开路（断开 K_a）	有				×						
	无				×						
取 U 相 60 W 灯泡加在 W 相上	有										
	无										

步骤 3 负载三角形连接电压和电流的测定

按图 1—55 接线，把三个单相负载不同相的始端 a、b、c 分别与另一相的末端 x、y、z 相连后在接到电源的 U、V、W 线上。检查无误后合上电源开关 K，然后进行如下实验

(1) 负载对称。测量电压和电流的数据，并填入表 1—11 中。

(2) 负载不对称（如 U 相开路，将开关 K_a 断开）。测量电压和电流的数据，并填入表 1—11 中。

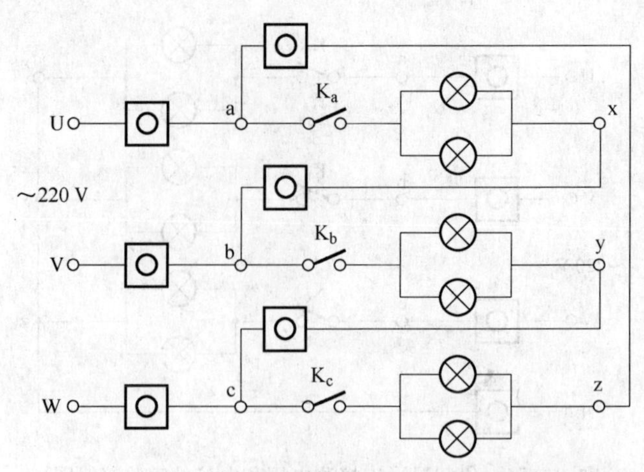

图 1—55　负载三角形连接时测电压和电流的实验接线图

（3）U 线断路（将接电源火线 U 的线去掉，开关 K_a 仍然闭合）。测量电压和电流的数据，并填入表 1—11 中。

表 1—11　　负载三角形连接时电压、电流的测量数据

连接情况 \ 测量项目	U_{UV} (V)	U_{VW} (V)	U_{WU} (V)	U_U (V)	U_V (V)	U_W (V)	I_U (A)	I_V (A)	I_W (A)	I_u (A)	I_v (A)	I_w (A)
对称												
断开开关 K_a												
断开 U 相电源	×		×				×					

注：下标为大写字母的是线电流值，小写字母的是相电流值。

步骤 4　相序的验证

按如图 1—56 所示的接线，把 U 相电阻负载换成电容器负载，根据灯泡的亮度判断相序。

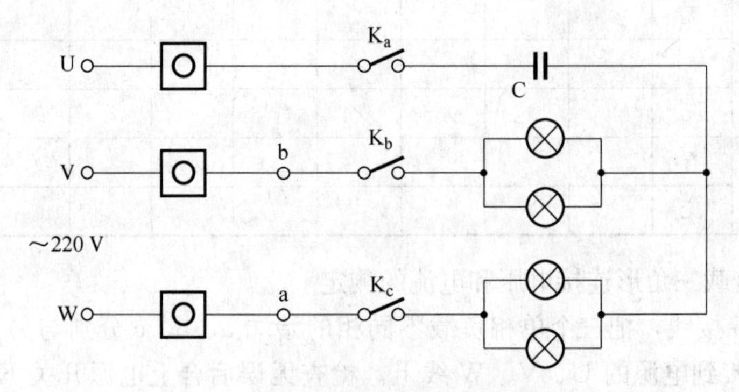

图 1—56　相序指示器测电源相序

【实训报告】

1. 根据实验数据计算三角形联结线电流和相电流的比值，并与理论值进行比较。

2. 根据实验数据分析星形联结时中线的作用。

3. 根据实验相序指示器中灯泡的亮度判断电源的相序，与实际相序进行比较，看是否一致。

单元测试题

一、填空题（请将正确的答案填在横线空白处）

1. 一个完整的电路由电源、________、导线和________等四部分组成。

2. 一个电子所带电量用 e 表示，1e=________ C 。

3. ________是表示电源内部非电场力把单位正电荷从负极经电源内部移到正极所做的功。

4. 温度系数 α 的绝对值越大，表明电阻受温度的影响也________。

5. 电路中任意两点之间的电压不会因为________的不同而发生变化。

6. 电路常出现的三种状态是________、________和短路。

7. 我国工频交流电的频率为________，周期为________。

8. 在三相四线制的供电线路中，________之间的电压叫做线电压，________与相线之间的电压叫做相电压。

二、判断题（下列判断正确的请打“√”，错误的打“×”）

1. 金属导体的电阻不仅与材料性质有关，还与温度有关。（ ）

2. 220 V、100 W 的灯泡和 220 V、40 W 的灯泡串联后接到 220 V 的线路上，则 40 W 的灯泡比 100 W 的暗。（ ）

3. 感应电流的方向总是与产生磁通的电流方向相同。（ ）

4. 有铁心的线圈的自感系数比空心线圈的自感系数要大。（ ）

5. 在纯电容正弦交流电路中，电流相位滞后于电压 90°。（ ）

6. 在感性电路中，并联电容后，可提高功率因数，使电流和有功功率增大。（ ）

7. 三相对称交流电动势在任一时刻的瞬时值之和恒等于 0。（ ）

8. 在三相交流电路中，总的视在功率等于各相视在功率之和。（ ）

三、单项选择题（下列每题的选项中，只有 1 个是正确的，请将其代号填在横线空白处）

1. 两个电阻，当它们并联时的功率比为 16∶9，若将它们串联，则两电阻上的功率比将是________。

A. 4∶3　　B. 9∶16　　C. 16∶9　　D. 4∶9

2. 电炉丝断了，剪去一段后，再接回原电路中使用，则电炉的电功率将________。

A. 不变　　B. 变小　　C. 变大　　D. 不确定

3. 已知电路中 A 点的电位为 5 V，AB 两点的电压 $U_{AB}=-10$ V，则 B 点电位为________ V。

A. 5　　B. 15　　C. 10　　D. −15

4. 在一电压恒定的电路中，电阻值增大时，电流就随之________。

A. 减小　　B. 增大

C. 不变　　D. 不确定的改变

5. 线圈中有无感应电动势产生的主要原因是________。

A. 线圈中有无磁力线通过　　B. 穿过线圈中磁感线数目有无变化

C. 线圈是否闭合　　D. 线圈中有无磁通通过

6. 在电动机、变压器等电气设备中的铁心一般不是整块，而是用硅钢片叠成。其目的是________。

A. 减小涡流　　B. 减小铜损

C. 增加散热面积　　D. 减小铁损

7. 正弦量的三要素为________。

A. 最大值、角频率、初相角　　B. 周期、频率、角频率

C. 最大值、有效值、频率　　D. 最大值、周期、频率

8. 已知一正弦交流电流 $i=10\sqrt{2}$（$1\,000t+30°$）A，通过 $L=0.01$ H 的电感，则电感两端电压为________。

A. $u=100\sin\sqrt{2}(1\,000\,t+60°)$V　　B. $u=100\sin(1\,000\,t+120°)$V

C. $u=100\sqrt{2}\sin(1\,000\,t+120°)$V　　D. $u=100\sqrt{2}\sin(1\,000\,t-120°)$V

9. 三相对称负载，接成星形，接在线电压为 380 V 的三相电源上；接成三角形接于线电压为 220 V 三相电源上，在这两种情况下，电源输入的功率将________。

A. 相等　　B. 差 3 倍　　C. 差$\sqrt{3}$倍　　D. 1/3

10. 三相对称负载采用三角形接法接到线电压为 380 V 的三相电源上，已知：负载电流为 10 A，则火线中电流为________A。

A. 17.32 A　　B. 10 A　　C. 30 A　　D. 15 A

11. 三相对称交流负载，采用星形联结接到相电压为 220 V 的电源上，已知，负载电流为 10 A，功率因数为 0.8，则电路总的功率为________W。

A. 5 280　　B. 3 048　　C. 1 760　　D. 6 046

12. 三相对称交流电路中，总的有功功率可用________式计算。

A. $P=\sqrt{3}UI\cos\phi$　　B. $P=\sqrt{3}UI\sin\phi$

C. $P=3UI\cos\phi$　　D. $P=\sqrt{3}UI$

13. 三相负载接在三相电源上，若各相负载的额定电压等于电源线电压的 $1/\sqrt{3}$，应作（　　）联结。

A. 星形　　B. 三角形

C. 开口三角形　　D. 双星形

四、多项选择题（下列每题的选项中，至少有 2 个是正确的，请将其代号填在横线空白处）

1. 电压与电位的区别在于________。

A. 电位的大小随参考点不同而不同

B. 电压的大小不随参考点的变化而变化

C. 二者单位不同

D. 电路中任意两点的电压数值等于两点电位差

E. 电位是电场力推动电荷做功，电压是电源力推动电荷所做的功

2. n 个相同电阻串联有以下结论________。

A. 总电阻为分电阻的 n 倍　　B. 总电压按 n 等份分配

C. 各电阻上流过的电流相同　　D. 各电阻消耗的功率相同

E. 各电阻上流过的电流不同　　F. 总电阻小于分电阻

3. 根据楞次定律，下列正确的说法是________。

A. 由感应电流所产生的磁通，总是阻碍原磁通的变化

B. 当原磁通减少时，感应电流所产生的磁通方向与原磁通方向相同

C. 当原磁通增加时，感应电流所产生的磁通方向与原磁通方向相同

D. 在闭合回路中，只要有磁通通过，回路中就有感应电流产生

E. 在闭合回路中，只要磁通变化，就有感应电流产生

4. 在电容元件中通以正弦交流电流时有以下特点________。

A. 电压滞后电流 90°　　B. 电压与电流成正比变化

C. 不消耗有功功率　　D. 电流的频率越低时，电压值越高

E. 功率因数等 1

5. 在正弦交流电路中功率的形式有________。

A. 瞬时功率　　B. 有功功率　　C. 无功功率

D. 视在功率　　E. 无效功率

6. 提高功率因数的重要意义有________。

A. 提高了设备的利用率

B. 增加了负载的有功功率

C. 在电源电压一定负载一定时，减小了供电线路上电能的损耗

D. 减少了负载中的无功功率

E. 减小了负载的电流

7. 在对称三相电路中，电源线电压为 380 V，下列连接正确的有________。

A. 对于照明负载，应采用三相四线连接

B. 对于电动机负载应用三相四线连接

C. 对于相电压为 380 V 的电动机，应采用△形联结

D. 对于相电压为 220 V 的电动机应采用 Y 形联结

E. 对于相电压为 380V 的电动机应采用 Y 形联结

五、简答题

1. 电路的基本组成是什么？各起什么作用？

2. 某照明电路中的熔断器熔断电流为 5 A，现将 220 V、1 000 W 的负载接入电源，问熔断器是否熔断？

3. 自感的危害是什么？

4. 提高功率因数的意义和方法？

六、计算题

1. 某家庭照明用的白炽灯共 200 W，平均每天使用 3 h；电饭锅 750 W 平均每天使用 1.5 h。试计算该家庭这两类电器每月的用电量是多少（按 30 天计算）？

2. 有一个 $R=6\ \Omega$，$XL=8\ \Omega$ 的线圈接到电压 $U=220$ V，频率 $f=50$ Hz 的电源，求：

（1）线圈的阻抗 Z；

（2）电路中的电流 I；

（3）电路的功率 P 和 S；

（4）功率因数 $\cos\Phi$。

单元测试题答案

一、填空题

1. 负载　控制装置　2. 1.60×10^{-19}　3. 电动势　4. 越大　5. 参考点　6. 50 Hz　0.02 s　7. 通路　断路　8. 相线　中线

二、判断题

1. √　2. ×　3. ×　4. √　5. ×　6. ×　7. √　8. √

三、单项选择

1. B　2. C　3. B　4. A　5. B　6. A　7. A　8. C　9. C　10. A　11. A　12. A　13. A

单元 1

四、多项选择题

1. ABD　2. ABCD　3. ABE　4. ABCD　5. ABCD　6. AC　7. ACD

五、简答题

1. 答：电路的基本组成有：电源、负载、开关和导线。电源主要提供电能，负载主要将电能转换成其他能，开关起控制作用，导线连接各电气设备。

2. 答：已知：$U=220$ V，$P=1\ 000$ W。

根据 $P=U\times I$　得　$I=P/U=1\ 000/220\approx4.5$（A）

可见 $I<5$ A

因此熔断器不会熔断。

3. 答：自感现象也有不利的一面。在自感系数很大而电流又很强的电路中，在切断电源瞬间，由于电流在很短的时间内发生了很大变化，会产生很高的自感电动势，在断开处形成电弧，这不仅会烧坏开关，甚至会危及工作人员的安全。因此，切断这类电源必须采用特制的安全开关。

4. 答：（1）意义。1）充分利用电源设备的容量。2）减小供电线路的功率损耗。（2）方法：在感性负载两端并联合适的电容器。

六、计算题

1. 解：白炽灯用电量 $0.2\times3\times30=18$ kW·h

电饭锅用电量 $0.75\times1.5\times30=33.75$ kW·h

总用电量 18＋33.75＝51.75 kW·h

2. 解：阻抗 $Z=\sqrt{R^2+X_L^2}=\sqrt{6^2+8^2}=10\ \Omega$

功率因数 $\cos\Phi=P/S=R/Z=6/10=0.6$

电流 $I=U/Z=220/10=22$ A

功率 $P=I^2R=22^2\times 6=2\ 904$ W

$S=UI=220\times 22=4\ 840$ V·A

第2单元

建筑电工基本操作技能

第一节　电工常用工具的认识与使用

→ 了解电工工具的结构和性能
→ 掌握各种工具的正确使用方法

在电气安装工程中离不开电工工具。电工工具质量的好坏、使用方法是否得当，都将直接影响电气工程的施工质量及工作效率，直接影响施工人员的安全。因此，作为电气施工人员，必须了解电工常用工具的结构和性能，掌握正确的使用方法。

一、验电器

验电器是检验导线和电气设备是否带电的一种电工常用工具。验电器分高压验电器和低压验电笔两种。

1. 高压验电器

高压验电器又称高压测电棒，10 kV 高压验电器由金属钩、氖管、氖管窗、紧固螺钉、护环和握柄等部分组成，如图 2—1 所示。

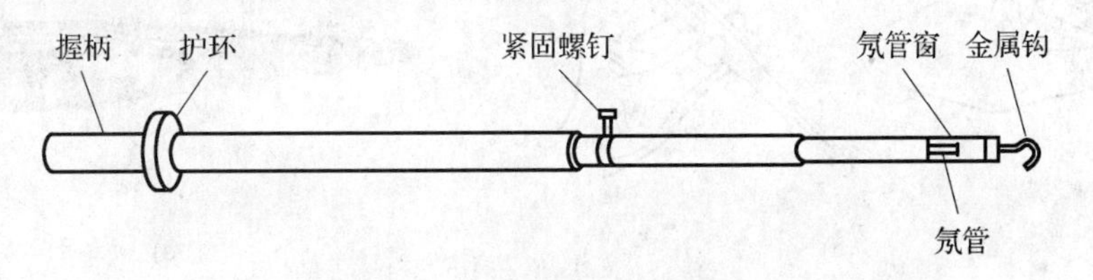

图 2—1　高压验电器组成结构

高压验电器在使用时，应特别注意手握部位不得超过护环，如图 2—2 所示。

使用高压验电器验电应注意以下事项。

（1）使用之前，应先在确定有电处试测，只有证明验电器确实良好才可使用，并注意验电器的额定电压与被检验电气设备的电压等级要相适应。

（2）使用时，应使验电器逐渐靠近被测带电体，直至氖管发光。只有在氖管不亮时，它才可与被测物体直接接触。

（3）室外使用高压验电器时，必须在气候条件良好的情况下才能使用；在雨天、雪天、雾天和湿度较高的

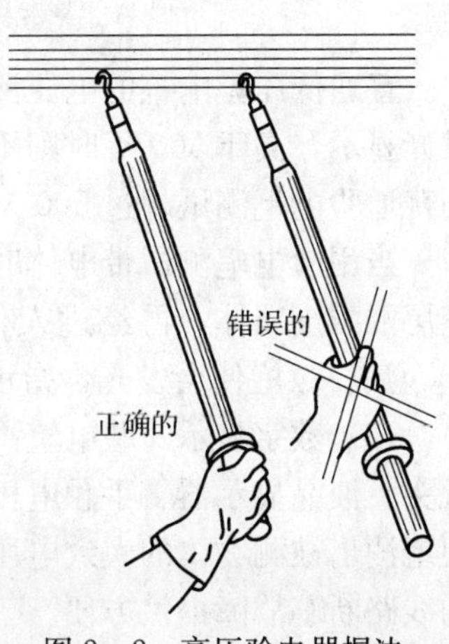

图 2—2　高压验电器握法

气候条件下禁止使用。

（4）测试时，必须戴上符合耐压要求的绝缘手套，不可一个人单独测试，身旁应有人监护。测试时要防止发生相间或对地短路事故。人体与带电体应保持足够距离，10 kV高压的安全距离应在0.7 m以上。

（5）对验电器每半年进行一次发光和耐压试验，凡试验不合格者不能继续使用，试验合格者应贴合格标记。

2. 低压验电笔

低压验电笔又称测电笔（简称电笔），有发光式和数字显示式两种。

（1）发光式低压验电笔。发光式低压验电笔有钢笔形的，也有一字形旋具式的，如图2—3a所示，其前端是金属探头，后部的塑料壳内装配有氖泡、电阻和弹簧，还有金属端盖或钢笔形挂钩，这是使用时手能触及的金属部分，其结构如图2—3b所示。

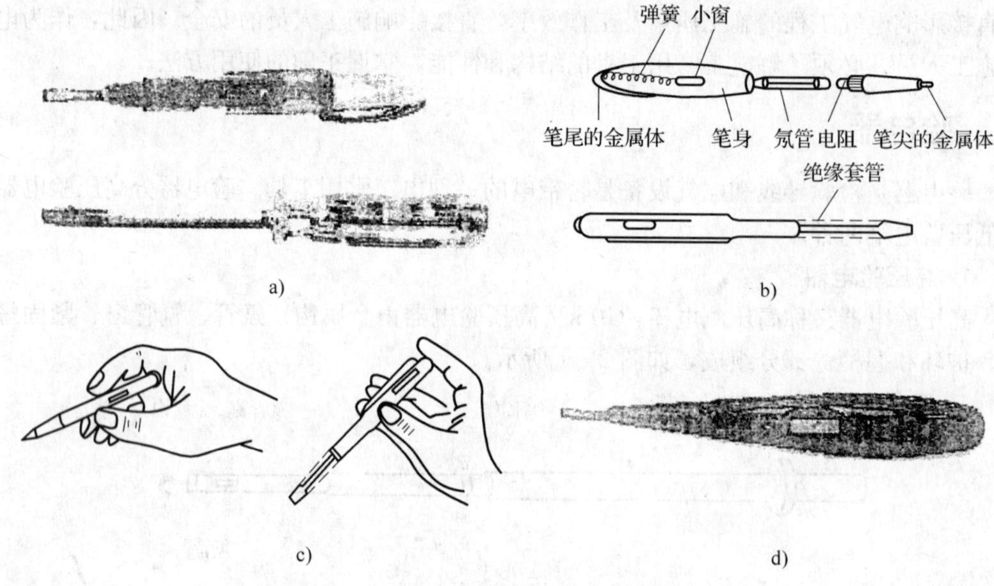

图2—3 低压验电笔

a）一字形旋具式 b）结构 c）正确的使用方法 d）感应式外形

普通低压验电笔的电压测量范围为60～500 V，低于60 V时电笔的氖泡可能不会发光显示，高于500 V时则不能用普通验电笔来测量。必须提醒新电工注意，绝对不能用普通验电笔测试超过500 V的电压。

当用验电笔测试带电体时，带电体上的电压经笔尖（金属体）、电阻、氖泡、弹簧、笔尾端的金属体，再经过人体接入大地，形成回路。带电体与大地之间的电压超过60 V后，氖泡便会发光，指示被测带电体有电。正确的测试使用方法如图2—3c所示。

（2）数字显示式验电笔。是一种指示电压是否存在的测试工具，由绝缘外壳、测试触头、液晶显示器、手触电极等主要部件组成，如图2—3d所示。利用此试电笔可很方便地测出被测物体的大致电压值，又能隔着绝缘层判断导体是否带电，为查找带绝缘层的线路断芯故障提供方便。

假如要测定电线芯的断头位置，只要给被测芯线通过220 V市电，将验电笔靠近被测线，发光二极管发光，再沿着该线长度方向移动，一边移动，一边检查。发光二极管熄灭的地方就是断线的位置。

1）感应验电笔的测试及注意事项

①检测装修线路（按直接键）的布线。检查电器的多股线，利用验电笔的通断功能，可在线路带电情况下迅速找出线路的头尾或断线。

②测试交流电（按直接键）。验电笔显示电压段值，最后数字为所测电压。

③测试直流电（按直接键）。估算蓄电池电力：手按电池正极，验电笔尖按负极。灯亮表示无电，亮度暗淡则电力不足，不亮则电力充足。

④间接测试高压电（不要按电键）。可间接测试高达 1 kV 的电压。将笔身移近被测物，如灯亮表示有高压电存在。

⑤分辨零相线查找断点（按感应键）。将并排两线分开测试，显示带电符号的是相线。若带电电路中有断点，移动验电笔，带电符号消失处便是断点。

⑥夜视功能。在黑夜里测试可清晰观察数字显示。

⑦自检功能。在使用前自检，灯亮则正常工作，不亮则需更换电池。

2）使用验电笔时要注意以下几个问题

①使用验电笔之前，首先要检查验电笔内有无安全电阻，然后检查验电笔是否损坏，有无受潮或进水，检查合格后方可使用。

②在使用验电笔正式测量电气设备是否带电之前，先要检查一下，看氖泡是否能正常发光，如果验电笔氖泡能正常发光，则可以使用。

③在明亮的光线下或阳光下测试带电体时，应当注意避光，以防光线太强观察不到氖泡是否发亮，造成误判。

④大多数验电笔前面的金属探头都为旋具式，在用验电笔拧螺钉时，用力要轻，扭矩不可过大，以防损坏。

⑤在使用完毕后要保持验电笔清洁，并放置在干燥处，严防摔碰。

二、电烙铁

1. 电烙铁的分类

电烙铁是手工焊接的主要工具，其基本结构是由发热部分、储热部分和手柄部分组成的。烙铁芯是电烙铁的发热部件，它将电热丝平行地绕制在一根空心瓷管上，层间由云母片绝缘，电热丝的两头与两根交流电源线连接。烙铁头是由紫铜材料支撑，其作用是储存热量，它的温度比被焊物体的温度高得多。烙铁的温度与烙铁头的体积、形状、长短等均有一定关系。若烙铁头的体积大，保持温度的时间则越长。

（1）外热式电烙铁。外热式电烙铁由外壳、木柄、电源引线及插头等部分组成，如图 2—4 所示。常用外热式电烙铁的规格有 25 W、45 W、75 W 和 100 W 等。

（2）内热式电烙铁。内热式电烙铁如图 2—5 所示，因烙铁芯在烙铁头内而得名。它由手柄、连接杆、弹簧夹、烙铁芯及烙铁头组成，常用规格有 15 W、20W 和 50 W 等几种。这种电烙铁有发热快、质量轻、体积小、耗电省且热效率高等优点。内热式电烙铁的烙铁芯是用较细的镍铬电阻丝绕在瓷管上制成的。20 W 的内阻值约为 2.5 kΩ。

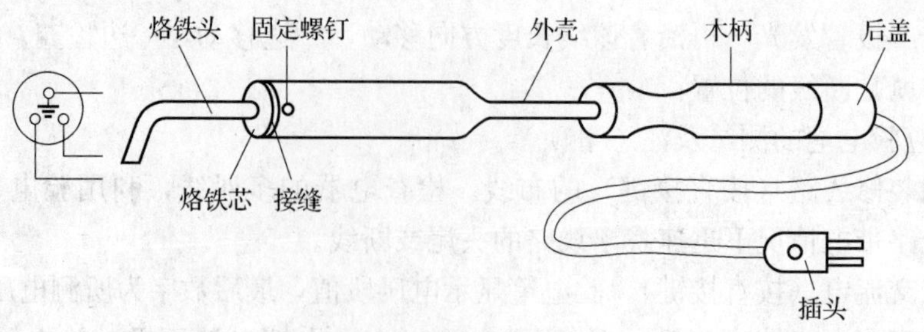

图 2—4　外热式电烙铁

烙铁温度一般可达 350℃左右。

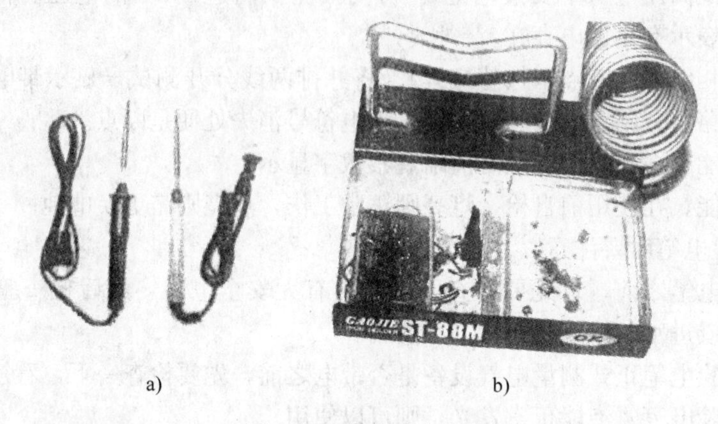

a)　b)

图 2—5　内热式电烙铁

a）内热式电烙铁　b）电烙铁架

（3）恒温电烙铁。恒温电烙铁如图 2—6 所示。恒温电烙铁的烙铁头内装有强磁性体传感器，用以吸附磁芯开关中的永久磁铁来控制温度。这种电烙铁一般用于焊接温度不宜过高、焊接时间不宜过长的场合，但恒温电烙铁价格相对较高。

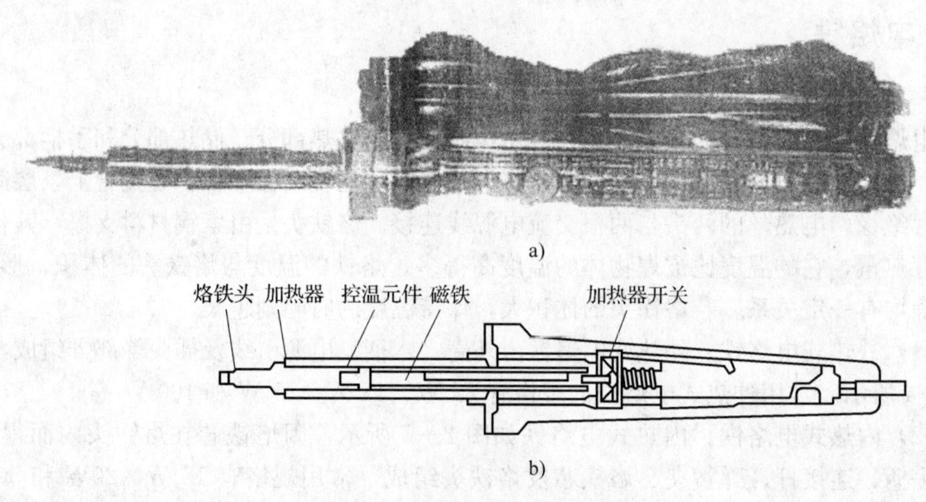

a)

b)

图 2—6　恒温和调温电烙铁

a）外形图　b）恒温电烙铁的结构

2. 电烙铁的选用

一般来说，应根据焊接对象合理选用电烙铁的功率和种类，如果被焊件较大，使用的电烙铁的功率也应大些。若功率较小，则焊接温度过低，焊料熔化较慢，焊剂不易挥发，焊点不光滑、不牢固，这样势必造成外观质量与焊接强度不合格，甚至焊料不能熔化，焊接无法进行。但电烙铁功率也不能过大，过大会使过多的热量传递到被焊工件上，使元器件焊点过热，可能造成元器件损坏，或使印制电路板的铜箔脱落，还可能使焊料在焊接面上流动过快、无法控制等。

（1）选用电烙铁的原则：

1）焊接集成电路、晶体管机器受热易损的元器件时，可考虑选用 20 W 内热式或 25 W外热式电烙铁。

2）焊接较粗导线或同轴电缆时，可考虑选用 50 W 内热式或 45～75 W 外热式电烙铁。

3）焊接较大元器件时，如金属底盘接地焊片，应选用 100 W 以上的电烙铁。

4）烙铁头的形状要适用被焊件的物面要求和产品装配密度。

（2）使用电烙铁应注意的问题

1）新电烙铁使用前要进行处理，即让电烙铁通电给烙铁头“上锡”。具体方法是，首先用锉刀把烙铁头按需要锉成一定的形状，然后接上电源，当烙铁头温度升到能熔锡时，将烙铁头在松香上沾涂一下，等松香冒烟后再沾涂一层焊锡，如此反复进行 2～3 次，使烙铁头的刃面全部挂上一层锡便可使用了。使用过程中要始终保证烙铁头挂上一层薄锡。

2）电烙铁不使用时，不宜长时间通电，这样容易使烙铁芯过热而烧断，缩短其寿命，同时也会使烙铁头因长时间加热而氧化，甚至被“烧死”不再“吃锡”。

3）不能在易燃和腐蚀性气体环境中使用。

4）不能任意敲击，以免碰线而缩短寿命。

5）宜用松香、焊锡膏作助焊剂，禁用盐酸，以免损坏元器件。

6）使用若干次后，应将铜头取下去除氧化层，以免日久造成取不出的现象。

7）发现铜头不能上锡时，可将铜头表面氧化层去除后继续使用。

8）切勿将电烙铁放置于潮湿处，以免受潮漏电。

9）使用电源为交流 220×(1±10%)V、接上电源线旋合手柄时，切勿使线随手柄旋转，以免短路。

10）电烙铁使用时必须按图接上地线，接地线装置必须可靠地接地。

11）电源线的绝缘层发现破损时应及时更换，以保安全。

12）外热式电烙铁首次使用约在 8 min 会冒烟，是由于云母内脂质挥发，属正常现象。

13）电烙铁使用时，电源线必须采用橡胶绝缘棉纱编织三芯软线及带有接地接点的插头。

14）电烙铁的电源线截面和长度，应符合表 2—1 的规定。

表 2—1　　电烙铁电源线截面和长度

输入功率/W	导线截面积/mm²	导线长度/mm
20～50	0.28	
70～300	0.35	1 800～2 000
500	0.5	

三、钳具

电工常用的钢丝钳、剪线钳、剥线钳、尖嘴钳如图 2—7 所示。它们的绝缘柄耐压应为1 000 V以上。

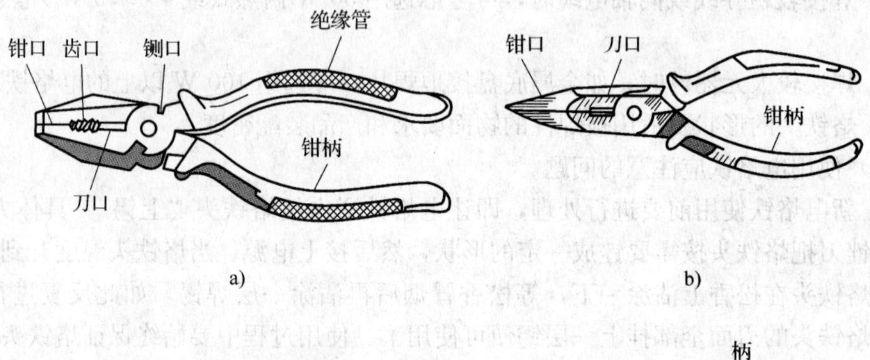

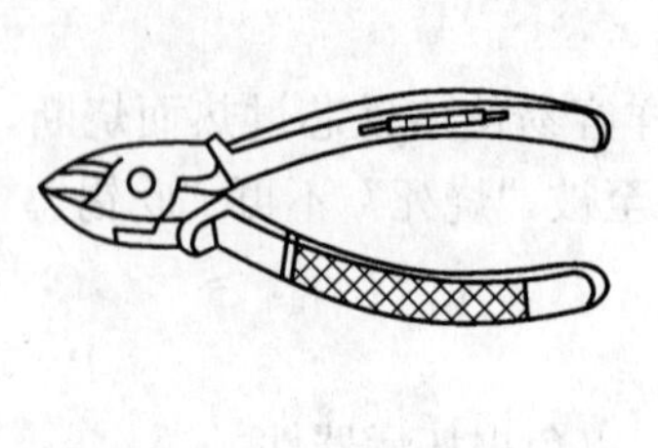

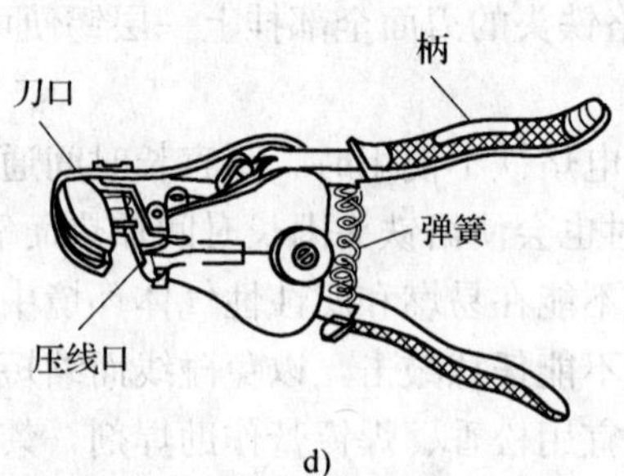

图 2—7　各种钳具

a）钢丝钳　b）尖嘴钳　c）剪线钳　d）剥线钳

1. 钢丝钳

钢丝钳是电工应用最频繁的工具。电工用钢丝钳的柄部加有耐压 500 V 的塑料绝缘套。常用规格有 150 mm、175 mm、200 mm 三种。

电工钢丝钳由钳头和钳柄两部分组成。钳头由钳口、齿口、刀口和铡口四部分组成。其外观如图 2—7a 所示，其中钳口可用来绞绕电线的自缠连接或弯曲芯线、钳夹线头；齿口可代替扳手来拧小型螺母；刀口可用来剪切电线、掀拔铁钉，也可用来剥离截面积为 4 mm² 及以下的导线的绝缘层；铡口可用来铡切钢丝等硬金属丝。

使用电工钢丝钳时的注意事项：

（1）使用电工钢丝钳以前，必须检查绝缘柄的绝缘是否完好。如果绝缘损坏，不得带电操作，以免发生触电事故。

（2）使用电工钢丝钳，要使钳口朝内侧，便于控制钳切部分。钳头不可代替锤子作为敲打工具。钳头的轴销上，应经常加机油润滑。

（3）用电工钢丝钳剪切带电导线时，不得用刀口同时剪切相线和零线，或同时剪切两根相线，以免产生短路故障。

2. 剪线钳

剪线钳也是电工常用的钳子之一，其头部扁斜，又名斜口钳、扁嘴钳，专门用于剪断较粗的电线和其他金属丝，其柄部有铁柄和绝缘管套。电工常用的绝缘剪线钳，其绝缘柄耐压应为1 000 V以上。图 2—7c 所示是剪线钳的外形。

3. 剥线钳

剥线钳是用来剥除电线、电缆端部橡胶塑料绝缘层的专用工具。它可带电（低于500 V）削剥电线末端的绝缘皮，使用十分方便。剥线钳有 140 mm 和 180 mm 两种规格。其外形如图 2—7d 所示。

4. 尖嘴钳

尖嘴钳的主要作用是对元器件引脚成型及导线连接。尖嘴钳的外形与钢丝钳相似，只是其头部尖细，适用于狭小的工作空间或带电操作低压电气设备。尖嘴钳外形如图2—7b 所示。电工维修人员应选用带有绝缘手柄的，耐压在 500 V 以下的尖嘴钳。使用时应注意以下问题：

1）使用尖嘴钳时，手离金属部分的距离应不小于 2 cm。

2）注意防潮，勿磕碰损坏尖嘴钳的柄套，以防触电。

3）钳头部分尖细，且经过热处理，钳夹过热处理，钳夹物体不可过大，用力时切勿太猛，以防损伤钳头。

4）使用后要擦净，经常加油，以防生锈。

四、螺钉旋具和电工刀

1. 螺钉旋具

螺钉旋具俗称改锥、起子，是电工在工作中最常用的工具之一。按照其头部形状不同，可分为一字形螺钉旋具和十字形螺钉旋具，其握柄材料分木柄和塑料柄两种。电工常用的螺钉旋具有 100 mm、150 mm 和 300 mm 几种。十字形螺钉旋具按其头部旋动螺钉规格的不同分为：Ⅰ、Ⅱ、Ⅲ、Ⅳ四个型号，分别用于旋转直径为 2～2.5 mm、6～8 mm 和 10～12 mm 的螺钉，其柄部以外的刀体长度规格与一字形螺钉旋具相同。螺钉旋具的外形如图 2—8 所示。不同尺寸的一字形和十字形螺钉旋具，可根据不同型号的螺钉选用。

螺钉旋具主要用于拧动螺钉及调整元器件的可调部分。在使用过程中，要用力均匀，保持平直，注意安全。

2. 电工刀

电工刀主要用来刮去导线和元器件引线上的绝缘物和氧化物，使之易于上锡。

电工刀在从事装配维修工作时可用于割削电线绝缘外皮、绳索、木板、木桩等物品。电工刀的结构与普通小刀相似，它可以折叠，并有不同的尺寸大小可供使用。还有

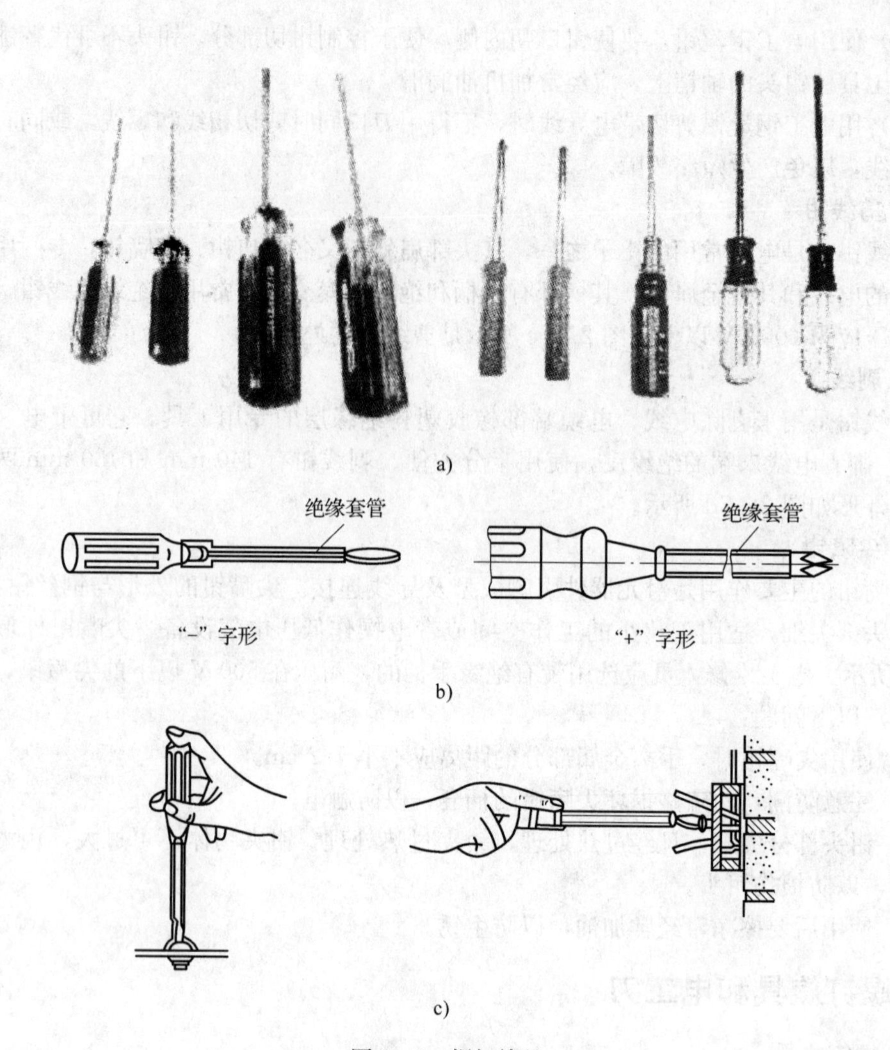

图 2—8　螺钉旋具

a）螺钉旋具实物图　b）结构　c）使用方法

一种多用型的电工刀，其上有刀片、锯片和锥针，不但可以削电线，还可以锯割电线槽板，锥钻底孔，使用起来非常方便。电工刀外形如图 2—9 所示。使用电工刀要注意以下几点：

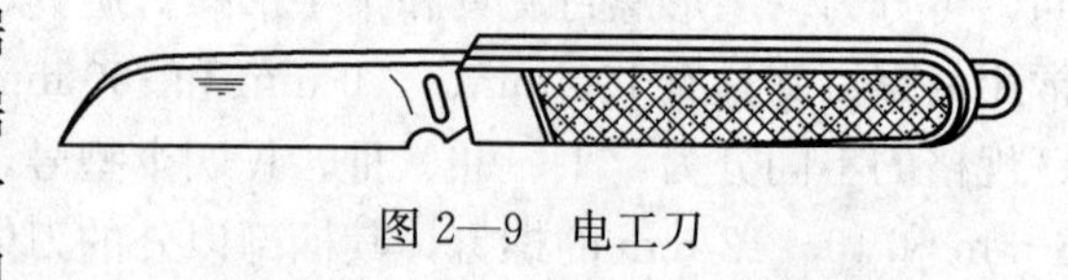

图 2—9　电工刀

（1）使用电工刀时切勿用力过猛，以免不慎划伤手指。

（2）一般电工刀的手柄是不绝缘的，因此严禁使用电工刀带电操作电气设备。

五、电钻

1. 手电钻

手电钻是电工在安装维修工作中常用的移动工具之一，它具有体积小、质量轻等优点。手电钻的功能不断扩展，功率也越来越大，不但能对金属钻孔，带有冲击功能的手电钻还能对砖墙打孔。目前常用的手电钻有手枪式和手提式两种，电源一般为 220 V，也有三相 380 V 的。电钻及钻头大致也分两大类，如图 2—10 所示。钻头有两类：一类为麻花钻头，一般用于金属打孔；另一类为冲击钻头，用于在砖和水泥柱上打孔。大多数手电钻采用单相交直流两用电动机，它的工作原理是接入 220 V 交流电源后，通过整流子将电流导入转子绕组，转子绕组所通过的电流方向和定子激磁电流所产生的磁通方向是同时变化的，从而使手电钻上的电动机按一定方向运转。

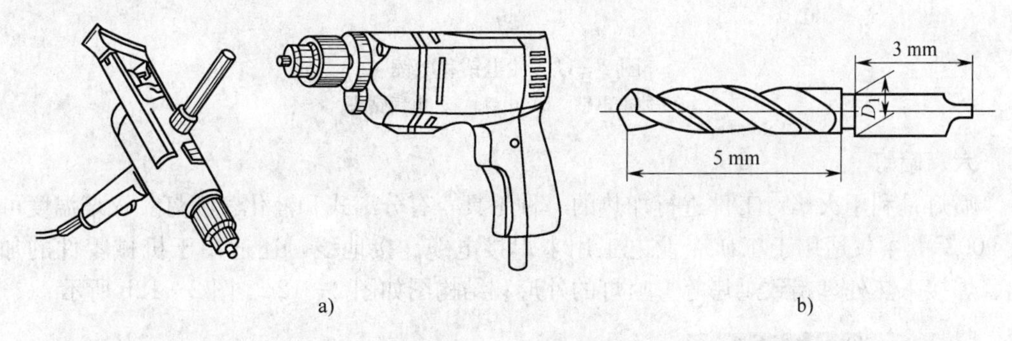

图 2—10　手电钻

a）电钻　b）钻头形状

使用手电钻时应注意以下几点：

（1）使用前首先要检查电线绝缘是否良好，如果电线有破损处，可用胶布包好。最好使用三芯橡胶软线，并将手电钻外壳接地。

（2）检查手电钻的额定电压与电源电压是否一致，开关是否灵活可靠。

（3）手电钻接入电源后，要用电笔测试外壳是否带电，不带电时方能使用。操作时需接触手电钻的金属外壳时，应戴绝缘手套，穿电工绝缘鞋并站在绝缘板上。

（4）拆装钻头时应用专用钥匙，切勿用旋具和锤子敲击电钻夹头。

（5）装钻头要注意钻头与钻夹保持同一轴线，以防钻头在转动时来回摆动。

（6）在使用手电钻过程中，钻头应垂直于被钻物体，用力要均匀，当钻头被钻物体卡住时，应停止钻孔，检查钻头是否卡得过松，重新紧固钻头后再使用。

（7）钻头在钻金属孔过程中，若温度过高，很可能引起钻头退火，为此，钻孔时要适量加些润滑油。

2. 冲击电钻和电锤

冲击电钻如图 2—11a 所示，是一种旋转带冲击的电钻，一般制成可调式结构。当调节环在旋转无冲击位置时，装上普通麻花钻头能在金属上钻孔；当调节环在旋转带冲击位置时，装上镶有硬质合金的钻头，能在砖石、混凝土等脆性材料上钻孔，单一的冲击比较轻微，但每分钟40 000多次的冲击频率可产生连续的力。

电锤如图 2—11b 所示，是依靠旋转和捶打来工作的。钻头为专用的电锤钻头，如图 2—11c 所示，单个捶打力非常高，并具有每分钟数千次的捶打频率，可产生显著的力。与冲击钻相比，电锤需要最小的压力来钻入硬材料，例如石头和混凝土，特别是相对较硬的混凝土。用电锤凿孔并使用膨胀螺栓可提高各种线管、设备等的安装速度和质量，降低施工费用。在使用过程中应注意不要外加很大的力，钻深孔需分多次完成。

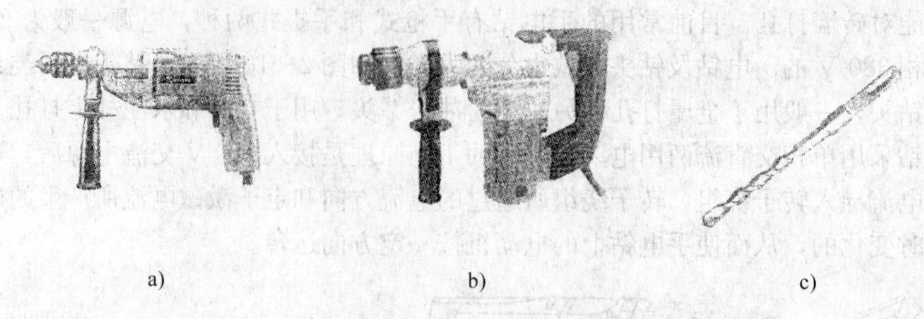

a)　　b)　　c)

图 2—11　冲击钻和电锤

a）冲击电钻　b）电锤　c）电锤钻头

六、喷灯

喷灯是利用火焰对工件进行加热的一种工具，有分离式和液化气喷灯。火焰温度可达 900℃，不仅适用于工矿企业电工用来焊接电缆、接地线，还适用于机械零件的加温、焊接、热处理精致烘烤等。喷灯的外形和结构图如图 2—12a、图 2—12b 所示。

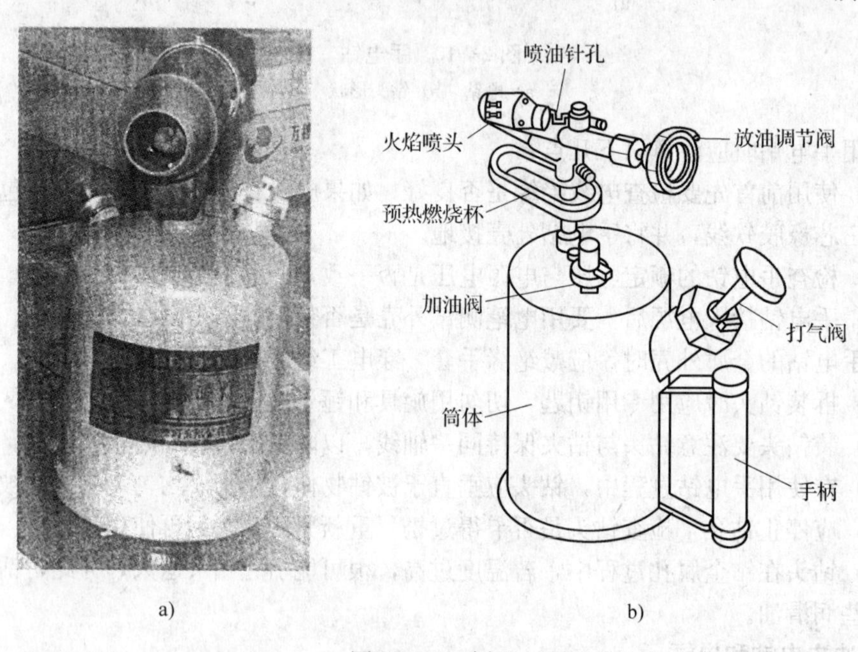

a)　　b)

图 2—12　喷灯

a）实物图　b）结构图

1. 使用方法

（1）装灯头。将灯头按顺时针方向旋紧至图 2—12a 的位置。

（2）加油。旋开加油盖，按照规定用油种类，将洁净油通过装有过滤网的漏斗，将灯壶灌至七成满。如果是连续使用，必须待灯头完全冷却后才能加油。

（3）启用喷灯之前必须检查手动泵、泄压阀、密封、油路。

（4）生火。将预热杯中加满油及引火物，但油料不得溢到灯壶上，在避风地方点燃预热灯头，当预热杯中油将要燃尽时，旋紧加油盖、泵盖，打气3～5下后把手轮缓缓旋开，初步火焰即自行喷出。

（5）工作。初步火焰如果正常，继续打气直至强大火焰喷出。火焰如有气喘状态，调节手轮即可正常工作。

（6）熄火存放。将手轮按顺时针方向旋紧，关闭进油阀熄火，待灯头冷却后，旋松加油盖放气后存放。

2. 使用注意事项

（1）使用喷灯的人员必须经过专门培训，未经培训的人员不应随便使用喷灯。

（2）严禁带火加油，要选择安全地点，给喷灯加油到灯体容量的3/4为宜。

（3）喷灯不能长时间使用，以免气体膨胀引起爆炸，发生火灾事故。

（4）严禁在地下室或地沟内进行点火，应及时通风，排除地下室的可燃物。需要点火时，必须远离地下室2 m以外。

第二节　常用电工仪表与选用

→ 了解电工仪表的分类

→ 理解电工仪表中各种标志的含义

→ 能正确选择测量仪表，并能熟练运用电工仪表测量相应的电气参数

单元 2

在电工技术领域中，电气测量有着十分重要的作用。电路中电压的高低、电流的强弱、电阻的大小等，都需要它来测量。例如，在电路中有了电流表，就可以检测电气设备的运行情况；又如安装好的电气线路的绝缘电阻是否合格，需要兆欧表来测量。因此正确地使用仪表是安装电工应掌握的知识和技能。

一、电工仪表的分类

1. 按仪表的结构和工作原理分类

按仪表的结构和工作原理分主要有：磁电系、电磁系、电动系、感应系等。磁电系仪表根据通电导体在磁场中产生电磁力的原理制成；电磁系仪表根据铁磁物质在磁场中被磁化后产生电磁吸力（或推斥力）的原理制成；电动系仪表根据两个通电线圈之间产生电动力的原理制成。

2. 按被测量的种类分类

按被测量的种类分主要有直流表、交流表和交直流两用表等。如电流表（又分为安培表、毫安表和微安表等）、电压表（又分为伏特表、毫伏表等）、功率表（或瓦特表）、电能表（或瓦时表）、频率表、相位表（或功率因数表）、欧姆表，以及多功能仪表，如万用表等。

3. 按使用方式分类

按使用方式分为安装式和可携带式仪表。

安装式仪表固定安装在开关板或电气设备面板上，这种仪表准确度较低，但过载能力较强，造价低廉。

可携带式仪表不作固定安装使用，有的可在室外使用（如万用表和兆欧表），有的在实验室内作精密测量和标准使用。这种仪表准确度较高，造价也较高。

4. 按仪表的准确度分类

按仪表的准确度分有 0.1、0.2、0.5、1.0、1.5、2.5 和 5.0 七个等级。

以上讲到的仪表类型、测量对象、电流性质、准确度、放置方法和对外磁场防御能力等，均以符号形式标明在仪表的表盘上。

二、电工仪表的选择

要完成一项电工测量任务，首先要根据测量的要求，合理选择仪表和测量方法。所谓合理选择仪表，就是根据工作环境、经济指标和技术要求等恰当地选择仪表的精度、类型和量程，并选择正确的测量电路和测量方法，以达到要求的测量精度。

1. 仪表准确度的选择

仪表的准确度指仪表在规定条件下工作时，在它的标度尺工作部分的全部分度线上，可能出现的基本误差。

基本误差是在规定条件下工作时，仪表的绝对误差与仪表满量程之比的百分数。仪表的精确度等级用来表示基本误差的大小。精确度等级越高，基本误差就越小。精确度等级与基本误差见表 2—2。

表 2—2　　仪表精确度等级和基本误差值

仪表精确度等级	0.1	0.2	0.5	1.0	1.5	2.5	5.0
基本误差（%）	±0.1	±0.2	±0.5	±1.0	±1.5	±2.5	±5.0

2. 仪表类型的选择

（1）测量对象是直流信号还是交流信号。测量直流信号一般可选用磁电式仪表，不能直接选用电磁式仪表。测量交流信号一般选用电动式或电磁式仪表。

（2）被测交流信号是低频还是高频。对于 50 Hz 工频交流信号，电磁式和电动式仪表都可以使用。

（3）被测信号的波形是正弦波还是非正弦波。如果产品说明书中无专门说明，则测量仪表一般都以正弦波的有效值划分刻度。

3. 仪表量程的选择

一般情况下，由于基本误差是以绝对误差与满量程之比的百分数取得的，因此对同一块仪表来说，在不同量程上，其相对误差是不同的。只有量程选择合理，仪表准确度才有意义，若量程选择不当，将会出现较大测量误差。为了充分利用仪表的准确度，被测量值一般应为表量程的 70%以上。

4. 仪表内阻的选择

测量时，电压表与被测电路并联，电流表与被测电路串联，仪表内阻对被测电路的工作状态必然产生影响。

三、常用电工仪表的使用

1. 钳形电流表

钳形电流表简称钳形表，其特点是可在不断开被测电路的情况下直接测得交流电路各项电参数。钳形表已由指针式发展到数字式，由单一的测量电流功能发展到多功能。它的测量对象包括电流、电压、电阻、有功功率、频率及功率因数等常规电参数。钳形表的外形与电路结构如图 2—13 所示。

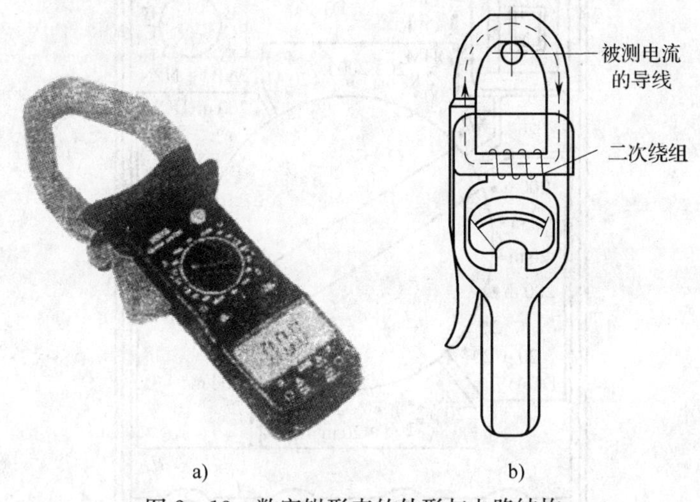

图 2—13　数字钳形表的外形与电路结构
a）外形图　b）电路结构

(1) 钳形表的使用方法。使用时，将量程开关转到合适位置，手持胶木手柄，用食指勾紧铁心开关，便可打开铁心，将被测导线从铁心缺口引入铁心中央，然后，放松铁心开关的食指，铁心就会自动闭合，被测导线的电流就会在铁心中产生交变磁力线，表上就感应出电流，可直接读数。测量较小的电流时，为计数准确，在条件允许的情况下，可将被测导线在钳口多绕几圈再进行测量，最后将读数值除以钳口导线的圈数即等于被测电流的实际值。

(2) 使用钳形表时的注意事项

1) 钳形表不得测量高压线路的电流，被测线路的电压不能超过钳形表所规定的使用电压，以防绝缘击穿，人身触电。

2) 测量前应估计被测电流的大小，选择适当的量程，不可用小量程挡测量大电流。

3) 每次测量只能钳入一根导线。测量时应将被测导线置于钳口中央部位，以提高测量准确度。测量结束应将量程调节开关扳到最大量程挡位置，以便下次安全使用。

2. 万用表

万用表是一种能测量多种电量的可携带式仪表，分为指针式万用表和数字式万用表两大类。

(1) 数字万用表的使用方法。图 2—14 所示为 DT890D 型数字万用表的外形。

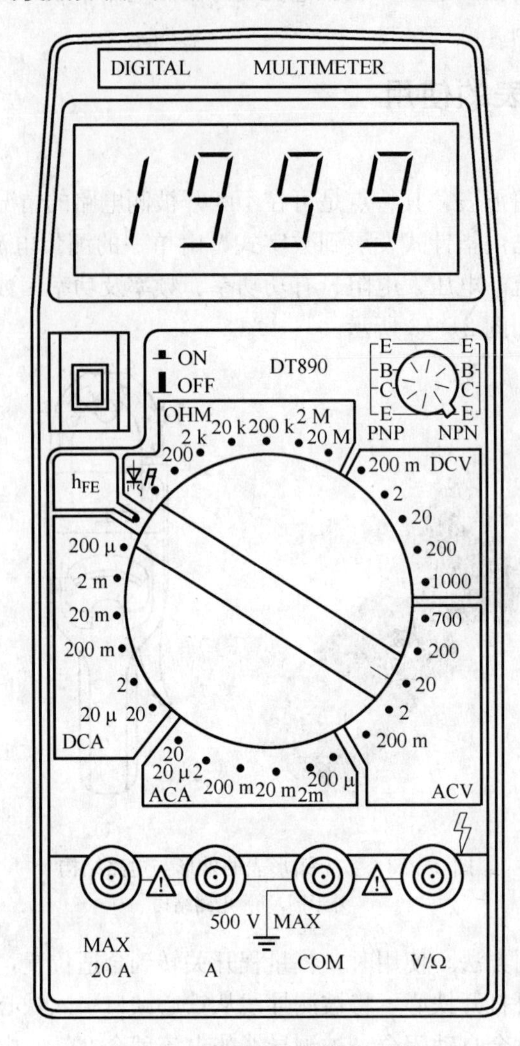

图 2—14 DT890D 型数字万用表

1) 操作前注意事项

①将“ON/OFF”开关置于“ON”位置，检查 9 V 电池的电压值。若电池电压不足，显示器左边将显示“LOBAT”或“BAT”字符，此时应打开后盖，更换 9 V 电池。如无上述字符显示，则可继续测量操作。

②测试棒插孔旁边的正三角形中有感叹号的符号，表示输入的电压或电流不应超过指示值。

③测量前功能开关应置于需要的量程。

2) 使用方法

①直流、交流电压的测量。首先将黑表棒插入 COM 插孔，红表棒插入 V/Ω 插孔，然后将功能开关置于 DCV（直流电压）或 ACV（交流电压）量程，并将测试棒连接到

被测线路两端，显示器将显示被测电压值。在显示直流电压值的同时，显示红表棒端的极性。如果显示器只显示“1”，表示超过量程，功能开关应置于更高的量程（下同）。

②直流、交流电流的测量。首先将黑表棒插入COM插孔，若测量最大值为200 mA的电流，将红表棒插入mA孔；若测量最大值为20 A的电流，则将红表笔插入20 A插孔。将功能开关置于DCA（直流电流）或ACA（交流电流）量程，测试表棒串联接入被测负载电路，显示器即显示被测电流值，在显示直流电流的同时也显示红表棒端的极性。

③电阻测量。首先将黑表棒插入COM插孔，红表棒插入V/Ω插孔，然后将功能开关置于OHM量程，两表棒连接到被测电阻上，显示器将显示被测电阻的阻值。如果被测电阻的阻值超过了所选的量程的最大值，显示器显示“1”，这时应换向更高的量程。电阻开路或无输入时也显示“1”，应注意区别。

④二极管测试。首先将黑表棒插入COM插孔，红表棒插入V/Ω插孔，然后将功能开关置于二极管挡，将两表棒连接到被测二极管两端，显示器将显示二极管正向压降的电压值；当二极管反向时表示过载。

⑤带声响的通断测试。与二极管测试过程相同，将功能开关置于通断测试挡，将测试表笔接到被测电阻两端，若表棒之间的阻值低于30 Ω，蜂鸣器发声。可方便迅速地检查被测线路通断情况，常用于校线。

(2) 指针式万用表使用方法简介。图2—15所示为MF30型万用表的面板。

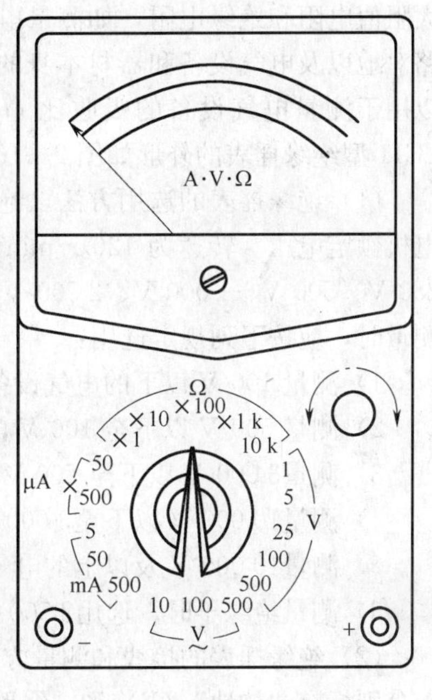

图2—15　MF30型万用表

1) 测量交流电压。将转换开关转到“V̰”位置，测量交流电压时不分正负极；表的量程应根据被测电压的高低来确定。如果被测电压的大小范围在测量前不知道，可选择表的最高电压量程，若指针偏转较小，再转动转换开关，逐级调低到合适的测量范围。

2) 测量直流电压。将转换开关转到“V”位置，测量直流电压时接万用表“+”插孔的红表笔应接到被测电压的正极，“−”插孔插黑表笔线，并且接到被测电压的负极，不能接反，否则指针会猛烈反向偏转而被打弯。在无法弄清被测直流电压的正负极时，可选择高电压挡，用两根表笔很快碰触一下测量点，并立即拿掉，看清表针的指向，根据表针偏转方向确定被测量点的电压极性后，再进行测量。

3) 测量直流电流的方法。将转换开关转到“mA”或“μA”符号的适当量程位置上，然后按电流从正到负的方向，将万用表串联到被测电路中。

4) 测量电阻的方法。将红表笔线和黑表笔线分别接到“+”“−”插孔内。转换开关转向“Ω”位置的合适挡位上，先将两根表棒短接（即碰在一起），旋动欧姆调零旋钮，使表针指在电阻刻度的“0”Ω上，然后用表棒测量电阻。面板上×1、×10、×100、

×1 k、×10 k 的符号表示倍率数，从表头的读数乘以倍率数，就是所测电阻的电阻值。

(3) 使用万用表时的注意事项

1) 不能用万用表直接测量高压电。

2) 用万用表测量电流时，不能将测试表笔线并联在有电压的线路中，而应串联在被测支路上，否则将烧坏万用表。

3) 不允许在通电情况下测量电阻，测量电阻时必须将电源断开，并将线路中电容的电荷放尽。

4) 测量电压，如果转换开关（或称功能开关）挡位未转到电压挡，而且挡位位于电流或电阻挡，一旦测量电压，将会烧坏万用表。

3. 绝缘摇表

绝缘摇表又叫兆欧表、高阻表，主要用于测量大阻值电阻和绝缘电阻，如测量电气线路之间、线路对地以及电气设备和器材本身的绝缘电阻，也可以用于测量电气设备的吸收比（R_{60}/R_{15}）。常用的 ZC11 型绝缘摇表的外形如图 2—16 所示。

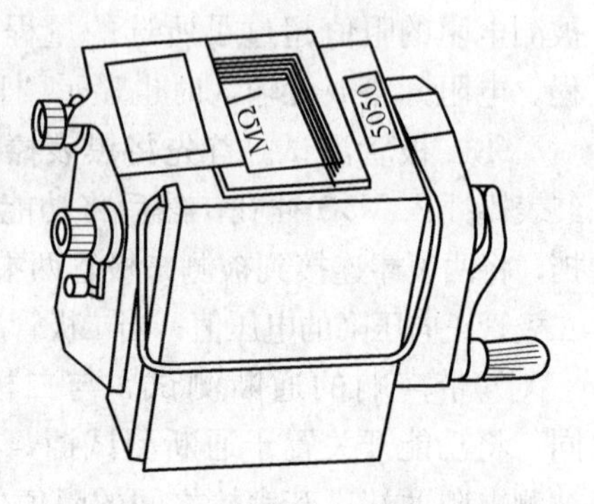

图 2—16　ZC11 型绝缘摇表

(1) 绝缘摇表的选用方法。绝缘摇表按手摇发电机额定电压（转速为 120 r/min）可分为 100 V、250 V、500 V、1 000 V、2 500 V 和5 000 V 摇表。测量时，应按下列规定选用：

单元 2

1) 测量 100 V 以下的电气设备或回路，采用 250 V 摇表。

2) 测量 500 V 以下至 100 V 的电气设备或回路，采用 500 V 摇表。

3) 测量3 000 V 以下至 500 V 的电气设备或回路，采用1 000 V 摇表。

4) 测量10 000 V 以下至3 000 V 的电气设备或回路，采用2 500 V 摇表。

5) 测量10 000 V 及以上的电气设备或回路，采用2 500 V 或5 000 V 摇表。

6) 测量绝缘子时，选用2 500 V 或5 000 V 摇表。

(2) 绝缘摇表的接线和测量方法。绝缘摇表有三个接线柱，其中两个较大的接线柱上分别标有“接地”（E）和“线路”（L），另一个较小的接线柱上标有“保护环”或“屏蔽”（G）。

1) 测量照明或电力线路对地绝缘电阻。将摇表接线柱的（E）可靠地接地（如接到配电箱的接地外壳或专用接地线，或接到已经接地的钢管接地螺钉等），（L）接到被测线路上，如图 2—17a 所示。线路接好后，可按顺时针方向摇动摇表的发电机摇把，转速由慢变快，一般约为 120 r/min，待发电机转速稳定时，表针也稳定下来，这时表针指示的数值就是所测得的绝缘电阻值。

2) 测量电动机的绝缘电阻。将摇表接线柱的（E）接机壳，（L）接到电动机绕组上，如图 2—17b 所示。

3) 测量电缆的绝缘电阻。测量电缆的导电线芯与电缆外壳的绝缘电阻时，除将被测两端分别接（E）和（L）两接线柱外，还需将（G）接线柱引线接到电缆壳芯之间的绝缘层上，如图 2—17c 所示。

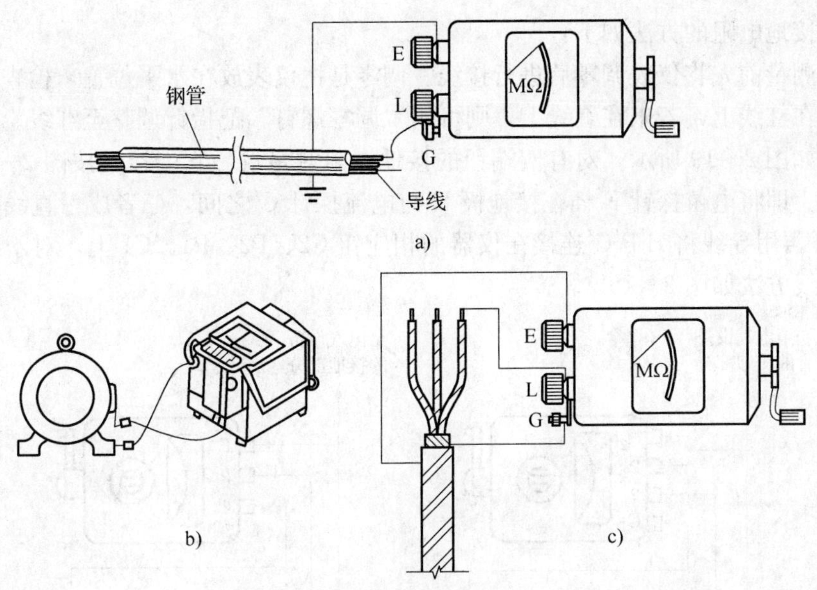

图 2—17　绝缘摇表的接线方法

a）测量照明或动力线路绝缘电阻　b）测量电动机绝缘电阻　c）测量电缆绝缘电阻

（3）使用绝缘摇表时的注意事项

1）测量电气设备的绝缘电阻时，必须先切断电源，然后对设备进行放电（用导线将设备与大地相连），以保证测量人员的人身安全和测量的准确性。

2）在使用摇表测量时，摇表放置在水平位置。未接线前转动摇表做开路试验，确定指针是指在“∞”处。再将（E）和（L）两个接线柱短接，慢慢地转动摇把，看指针是否指在“0”位。若两项检查都正常，说明摇表无故障。

3）接线柱引线要有良好的绝缘，两根线切忌绞在一起，以免造成测量不准确。

4）摇测电缆、大型设备时，设备内部电容较大，只有在读取数值后，并断开（L）端连线情况下，才能停止转动摇把，以防电缆、设备等反向充电而损坏摇表。

5）摇表测量完毕后，应立即对被测物体放电，在摇表的摇把未停止转动和被测物体未放电前，不可用手去触及被测物的测量部分，以防触电。

4. 接地电阻测量仪

接地电阻测量仪主要是用于直接测量各种接地装置的接地电阻和土壤电阻率，应用中多用来测量电气设备接地装置的接地电阻是否符合要求。图 2—18 为 ZC－8 型接地电阻测量仪外形结构图。它有四个接线端钮（C1、P1、C2、P2）；也有三个接线端钮（E、P、C）的接地电阻测量仪。

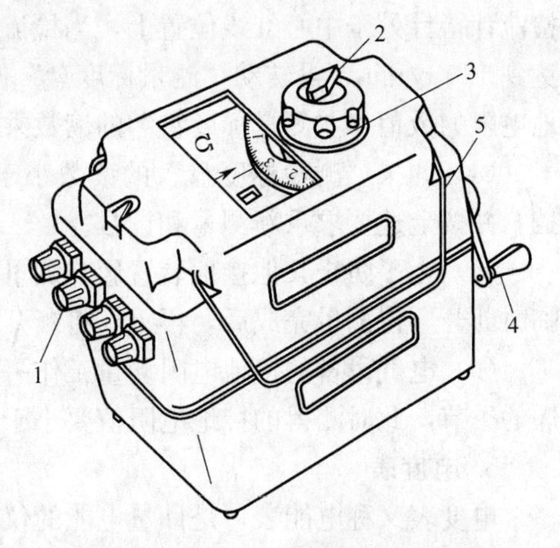

图 2—18　ZC－8 型接地电阻测量仪

1—接线端钮　2—倍率选择开关　3—测量标度盘　4—摇把　5—提手

测量接地电阻的方法如下：

(1) 测量前先将仪表调零后进行接线。调零是把仪表放在水平位置，检查检流计指针是否指在红线上，若未在红线上，则可用“调零螺钉”把指针调整至红线。

(2) 如图 2—19 所示，对有四端钮的接地电阻测量仪，它的接线按图 2—19a 所示方法进行。即将电位探针 P′插在接地极 E′与电流探针 C′之间，三者成一直线且彼此相距 20 m，再用导线将 E′P′C′连接在仪器的相应钮 C2、P2、P1、C1 上。对于三端钮的测量仪接线方法如图 2—19b 。

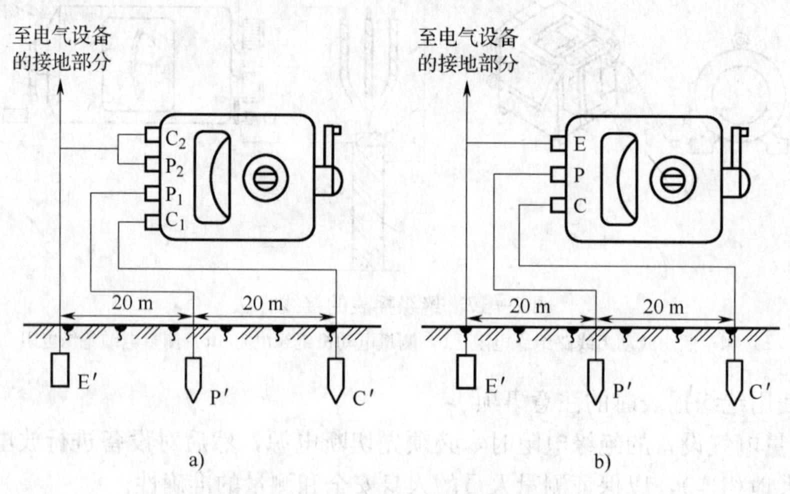

图 2—19 接地电阻仪的接线
a) 四端钮测量仪接线 b) 三端钮测量仪接线

(3) ZC—8 型有两种量程，一种是 0～1～10～100 Ω；另一种是 0～100～1 000 Ω。将“倍率标度”开关置于最大倍数，一面慢摇电动机手把，一面转动“测量标度盘”使检流计指针处于中心红线位置上，当检流计接近平衡时，加快摇动手把，使发电机转速达到 120 r/min，再转动“测量标度盘”使指针稳定地指在红线位置，这时就可读取接地电阻的数值（“测量标度盘”的读数乘以“倍率标度”，即为所测的电阻值）。

(4) 如果“测量标度盘”的读数小于 1 时，则应将“倍率标度”开关置于较小的挡，并按上述要求重新测量和读数。

(5) 为了防止其他接地装置影响测量结果，测量时应将待测接地极与其他接地装置临时断开，待测量完成后，再重新将断开处牢固连接。

(6) 电气设备的接地电阻测量工作一般选在冬季进行，因为冬季一般是一年中最干燥的季节，此时测得的接地电阻值要小于规定值才算真正符合要求。

5. 电度表

电度表又称电能表，是计量电能的仪表，即能测量线路一段时间内所消耗的电能。

(1) 单相电度表的接线。单相电度表有 4 个接线柱头，从左到右按 1、2、3、4 编号，接线方法一般按 1、3 接电源进线，2、4 接出线的方式连接。如图 2—20 所示。也有些单相表是按 1、2 接电源线，3、4 接出线方式。具体的接线方式，应参照电度表接线盖子的接线图为准。

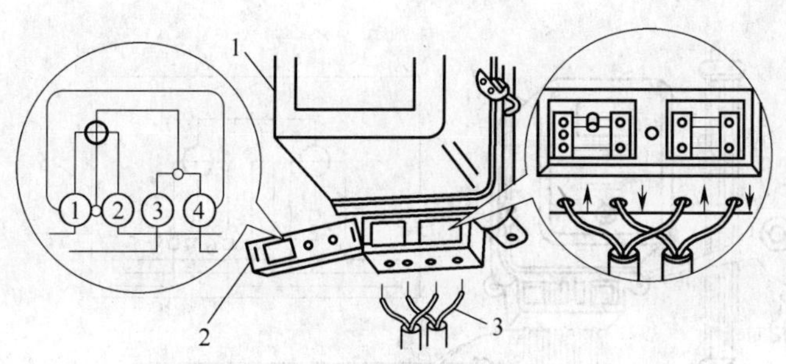

图 2—20　单相电度表的接线

1—电度表　2—电度表接线桩盖子　3—进、出线

(2) 三相电度表的接线

1) 直接式三相四线制电度表的接线。这种电度表共用 11 个接头，从左到右按 1、2、3、4、5、6、7、8、9、10、11 编号。其中 1、4、7 是电源相线的进线接头，用来连接从电源总开关下引来的三根线。3、6、9 是相线的出线头，分别去接负载总开关的三个进线头。10、11 是电源中性线的进线和出线接头。2、5、8 三个接线接头可空着，如图 2—21 所示。

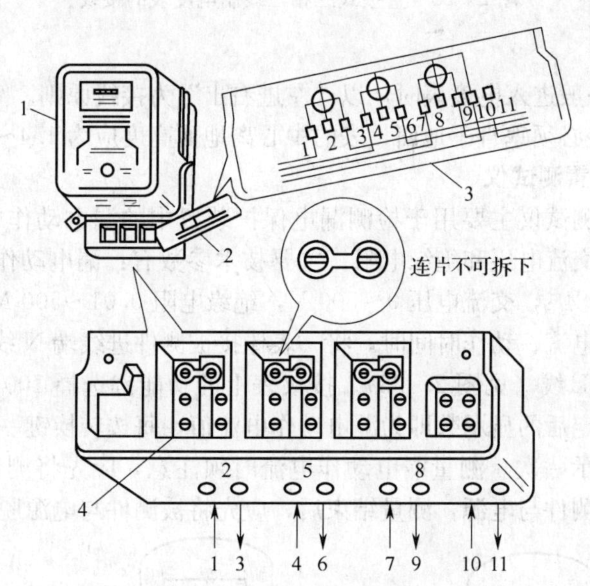

图 2—21　三相四线制电度表直接接线

1—电度表　2—接线桩盖板　3—接线原理　4—接线桩

2) 直接式三相三线制电度表的接线。这种电度表共有 8 个接线接头，其中 1、4、6 是电源相线进线接头，3、5、8 是相线出线接头，2、7 两个接线接头可空着，接线方法如图 2—22 所示。

(3) 电度表接线的注意事项

1) 电度表总线必须用铜芯单股塑料硬线，其最小截面不得小于 1.5 mm^2，中间不准有接头。

2) 电度表总线必须明线敷设，长度不宜超过 10 m。若采用线管敷设时，线管也必

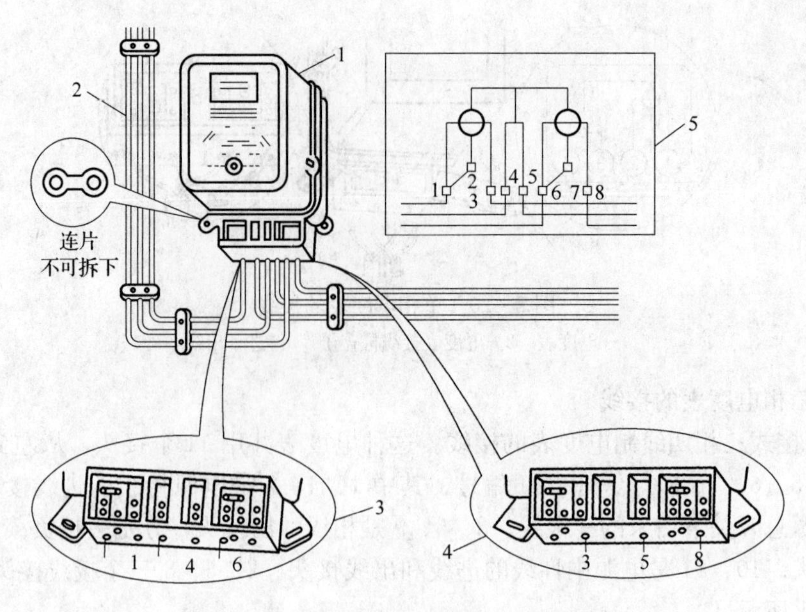

图 2—22　直接式三相三线制电度表的接线

须明敷。

3）接线方式一般进入电度表时，以“左进右出”为接线原则。

4）电度表安装必须垂直于地面，表的中心离地面高度应为 1.4～1.5 m。

6. 漏电保护装置测试仪

漏电保护装置测试仪主要用于检测漏电保护装置中的漏电动作电流和漏电动作时间，另外也可测量交流电压和绝缘电阻。主要技术参数有：漏电动作电流 5～200 mA，漏电动作时间 0～0.4 s，交流电压 0～500 V，绝缘电阻 0.01～500 MΩ。

测量漏电动作电流、动作时间时，将一表棒接被测件进线端 N 线或 PE 线，另一表棒接被测件出线端 L 线（见图 2—23）。按仪表上的功能键选择 100 mA 或 200 mA 量程，按测试键，稳定后的显示数即为漏电动作电流值，每按转换键一次，漏电动作电流和动作时间循环显示一次。测量漏电动作电流时须注意，应先将测试仪与被测件连接好，然后再连接被测件与电源，测量结束后，应先将被测件与电源脱离，然后再撤仪表

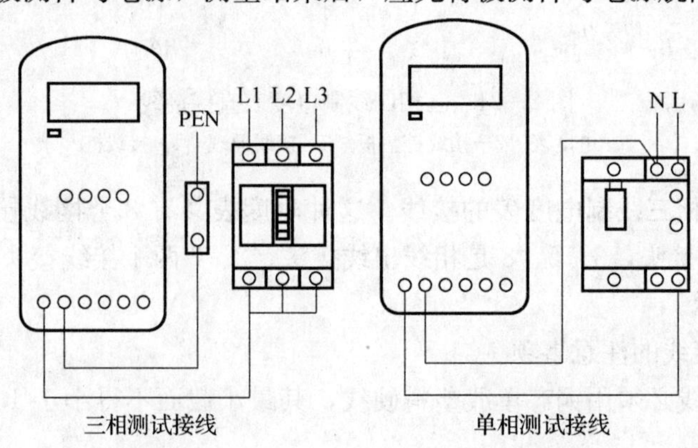

图 2—23　漏电保护装置测试仪接线图

连接线。

测试前应检查测试仪、表棒等是否完好无损，表棒线不互绞，以免影响读数正确和安全使用。绝缘电阻插孔禁止引入任何外电源，改变测试功能时必须脱离电源，表棒改变插入孔再连线开机。

第三节　建筑电工基本操作技能训练

→ 低压验电器的使用

【实训内容】

(1) 判断低压验电器是否完好。

(2) 区别电源相线与零线。

(3) 判断相线是否对设备外壳漏电。

【实训器材】

橡胶绝缘垫、三相四线制交流电源和低压试电笔。

【操作步骤】

步骤 1　判断低压验电器是否完好

在正在运行的电气设备电源插座上检验低压验电笔是否完好。

步骤 2　区别电源相线与零线

用低压验电笔分别对三相四线制交流电源进行测试，区分相线与零线。

步骤 3　判断相线是否对设备外壳漏电

用低压验电笔在运行中的电气设备金属外壳上测试，观察是否发生相线对外壳漏电。

→ 利用兆欧表测量低压电缆线及电动机绝缘

【实训内容】

(1) 利用 ZC25 型兆欧表测量低压电缆的绝缘电阻。

(2) 利用 ZC25 型兆欧表测量电动机的绝缘电阻。

【实训器材】

ZC25 型兆欧表、待测低压三芯电缆线及电动机。

【操作步骤】

步骤1　熟悉测量仪表

详细了解兆欧表的接线方法及使用注意事项。

步骤2　测量单根电缆绝缘

按照图 2—17c 的接线方法，连接单根电缆线，测定其绝缘电阻。

步骤3　测量电缆线芯间绝缘

将三芯电缆线的任意两根绝缘导线的一端导体部分，分别连接兆欧表的“L”和“E”接线柱，另一端导体部分开路，测定该两根导线之间的绝缘电阻。

步骤4　测量电动机绝缘

按照图 2—17b 进行接线，分别测量各绕组与机壳间的绝缘电阻及各绕组间的绝缘电阻。

单元测试题

一、判断题（下列判断正确的请打“√”，错误的打“×”）

1. 测量电气装置的绝缘电阻一般是将万用表调到欧姆挡进行测量。（　）
2. 用钳形电流表测量电流时，不必切断被测电路，所以使用非常方便。（　）
3. 严禁在被测电阻带电的情况下，用万用表欧姆挡测量电阻。（　）
4. 万用表测电阻的实质是测电流。（　）
5. 磁电式仪表可直接测量交流电量。（　）
6. 电压表的内阻越大越好。（　）
7. 电工仪表精确度的数值越小，表示仪表的测量准确度越低。（　）

二、单项选择题（下列每题的选项中，只有1个是正确的，请将其代号填在横线空白处）

1. 测量电气设备的绝缘电阻，应使用________。

A. 兆欧表　　B. 接地摇表　　C. 万用表　　D. 电流表

2. 在无法估计被测量的大小时，应先选用仪表的________测试后，再逐步换成合适的量程。

A. 最小量程　　B. 最大量程　　C. 中间量程　　D. 空挡

3. 欧姆表的标度尺刻度是________。

A. 与电流表刻度相同，而且是均匀的

B. 与电流表刻度相同，而且是不均匀的

C. 与电流表刻度相反，而且是均匀的

D. 与电流表刻度相反，而且是不均匀的

4. 电工仪表测出的交流电数值以及通常所说的交流电额定值都是指________。

A. 瞬时值　　B. 最大值　　C. 有效值　　D. 平均值

5. 兆欧表有三个测量端钮，分别标有 L、E 和 G 三个字母，若测量电缆的对地绝缘电阻，其屏蔽层应接________。

A. L 端钮　　B. E 端钮　　C. G 端钮　　D. 任意端钮

6. 接地电阻测量仪的额定转速为________ r/min。

A. 50　　B. 80　　C. 100　　D. 120

7. 摇表测量低压电缆的绝缘电阻时，应使用________摇表。

A. 500 V　　B. 1 000 V　　C. 2 000 V　　D. 2 500 V

8. 单相电能表接线时，应按照________的原则进行接线。

A. 1、2 接电源，3、4 接负载　　B. 3、4 接电源，1、2 接负载

C. 1、3 接电源，2、4 接负载　　D. 2、4 接电源，1、3 接负载

三、简答题

1. 低压验电笔有什么用途？

2. 指针式万用表测电阻应如何操作？

3. 如何正确使用兆欧表？

4. 试述钳形电流表的使用要点和使用注意事项。

5. 如何正确使用喷灯？

单元测试题答案

一、判断题

1. ×　2. √　3. √　4. √　5. ×　6. √　7. ×

二、单项选择题

1. A　2. B　3. D　4. C　5. C　6. D　7. A　8. C

三、简答题

1. 答：低压验电笔主要用来测试低压带电体是否带电。感应验电笔还可以判断一般橡胶或塑料电缆的断芯并寻找暗线故障；判断低压交流电压数值及直流电源的电量情况等。

2. 答：将红表笔线和黑表笔线分别接到“＋”“－”插孔内。转换开关转向“Ω”位置的合适挡位上，先将两根表棒短接（即碰在一起），旋动欧姆调零旋钮，使表针指在电阻刻度的“0”Ω 上，然后用表棒测量电阻。面板上×1、×10、×100、×1 k、×10 k的符号表示倍率数，从表头的读数乘以倍率数，就是所测电阻的电阻值。

测电阻时注意：不允许在通电情况下测量电阻，测量电阻时必须将电源断开并将线路中电容的电荷放尽。

3. 答：使用兆欧表测量绝缘电阻时，首先根据被测物的额定电压情况选择合适的兆欧表；正确接线；正确摇表读数。注意在摇表测量前及测量完毕后，均应对被测物体放电，在摇表的摇把未停止转动和被测物体未放电前，不可用手去触及被测物的测量部分，以防触电。

4. 答：

(1) 使用要点。使用钳形电流表时，将量程开关转到合适位置；将被测导线从铁心

缺口引入铁心中央；铁心缺口应闭合严密；测量较小的电流时，可将被测导线在钳口多绕几圈再进行测量，最后将读数值除以钳口导线的圈数即等于被测电流的实际值。

（2）使用钳形表时应注意

1）钳形表不得去测高压线路的电流，被测线路的电压不能超过钳形表所规定的使用电压，以防绝缘击穿，发生人身触电。

2）测量前应估计被测电流的大小，选择适当的量程，不可用小量程挡去测量大电流。

3）每次测量只能钳入一根导线。测量时应将被测导线置于钳口中央部位，以提高测量准确度。测量结束应将量程调节开关扳到最大量程挡位置，以便下次安全使用。

5. 答：（1）正确安装灯头。

（2）要选择安全地点，给喷灯加油到灯体容量的 3/4 为宜。严禁带火加油。如果是连续使用，必须待灯头完全冷却后才能加油。

（3）生火至火焰正常。

（4）使用完毕后，关闭进油阀熄火，待灯头冷却后，旋松加油盖放气后存放。

使用时应注意：喷灯不能长时间使用，以免气体膨胀引起爆炸，发生火灾事故；严禁在地下室或地沟内进行点火，应及时通风，排除地下室的可燃物。需要点火时，必须远离地下室 2 m 以外。

第3单元

供配电设备安装

第一节　建筑供配电工程图识读

- 熟悉建筑供配电系统的组成及各组成部分的作用
- 掌握建筑电气工程图的内容及表达形式
- 能熟练识读建筑供配电工程图

一、建筑供配电系统简介

1. 电力系统的组成

人们通常把电能的生产（发电）、传输（输电、变电、配电）以及使用（用户用电）所构成的整个系统称为电力系统，如图 3—1 所示。所以电力系统是由发电厂、变电所、输电线路和用户设备等部分组成，典型的地区电力系统结构示意如图 3—2 所示。

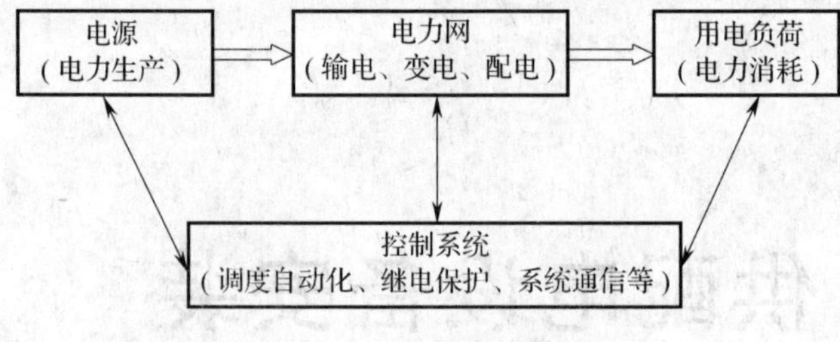

图 3—1　电力系统结构示意图

（1）发电厂。发电厂是把自然界中的各种能量转变为电能的工厂。按照取用能源方式的不同，发电厂可分为：火力发电厂、水力发电厂、核电站、风力发电厂、蓄能电厂等。一般情况下，各类发电厂是并网同时发电的，以保证电力网稳定可靠地向用户供电，同时也便于调节电能的供求关系。

（2）电力网。电力网是连接发电厂和用户的中间环节，包括升压变压站、高压输电线路和降压变电站。电力网是电力系统的重要环节，它的任务是将发电厂生产的电能输送给用户。电力网常分为输电网和配电网两类，由 35 kV 及以上的输电线路及其变电站组成的网络称为输电网，其作用是把电能输送到各个地区或直接输送给大型用户。配电网是由 10 kV 及以下配电线路及配电变压器所组成，它的作用是把电能分配给各类用户。

电力系统的电压等级很多，不同的电压等级所起的作用不同。我国电力系统的额定电压等级主要有：220 V、380 V、6 kV、10 kV、35 kV、110 kV、220 kV、330 kV、500 kV 等几种。其中 220 V、380 V 用于低压配电线路，6 kV、10 kV 用于高压配电线路，35 kV 以上的电压用于输电网，电压越高则输送的距离越远，输送的容量越大，线路的电能损耗越小，但相应的绝缘水平要求及造价也越高。

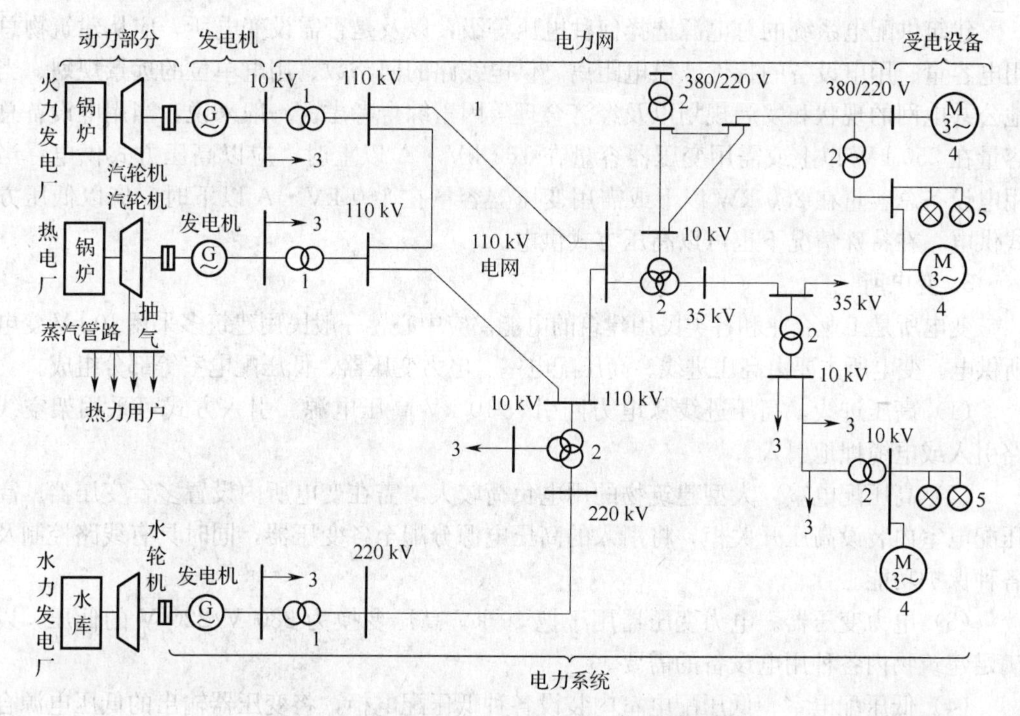

图 3—2　某地区电力系统及电力网示意图

（3）用户。所有的用电单位，都称为用户。用户是电能的消费环节，根据需要，用户使用相应的用电设备可以将电能转换为所需要的各种形式的能（如机械能、化学能、光能、热能、磁能等），以满足国民经济各行业及城乡居民的需要。如果引入用电单位的电源为 1 kV 以下的低压电源，这类用户称为低压用户；如果引入用电单位的电源为 1 kV 以上的高压电源，这类用户称为高压用户。

2. 建筑供配电系统的组成

各类建筑物装设有各种各样的用电设备，可把这些建筑物看作电力系统中的用户。中、小型建筑（包括小区建筑群）一般从当地电力网引入 10 kV 电源，经过变电所降为 380 V/220 V，再分配给建筑物内的各种用电设备使用。大型、特大型的建筑（包括超高层建筑）设有降压变电站，先把引入的 35～110 kV 电源降为 10 kV，分配给不同区域的变电所，再降为 380 V/220 V，供给各种用电设备使用。

建筑供配电系统主要有变电所、动力配电设备及配电线路、照明配电设备及配电线路组成，如图 3—3 所示。

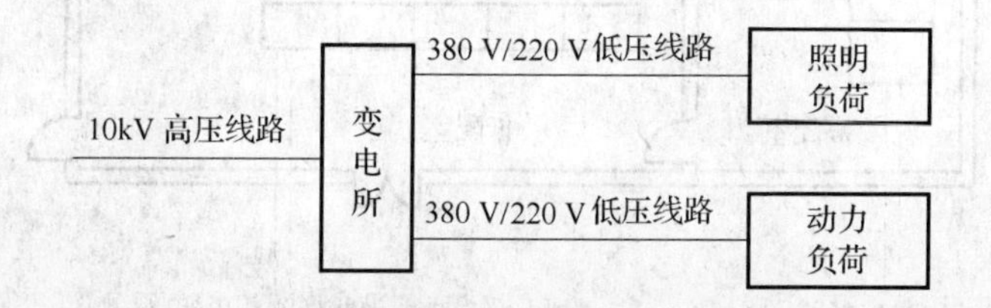

图 3—3　建筑供配电系统组成示意图

建筑供配电系统的总电源选择何种电压等级，以及是否需设变电所，应从建筑物总用电容量、用电设备的特性、供电距离、供电线路的回路数、用电单位的远景规划、当地公共电网的现状和发展规划以及经济合理等因素综合考虑。一般来说，当用电设备总容量在 250 kW 以上或需用变压器容量在 160 kV·A 以上时，应以高压方式供电；当用电设备总容量在 250 kW 以下或需用变压器容量在 160 kV·A 以下时，应以低压方式供电，在特殊情况下也可以高压方式供电。

3. 变电所

变电所是工业企业和各类民用建筑的电能供应中心，一般民用建筑多采用 10 kV 变电所供电。变电所主要由高压进线、高压配电室、电力变压器、低压配电室等部分组成。

（1）高压进线。高压进线从电力网引入 10 kV 高压电源。引入方式可采用架空线路引入或电缆埋地引入。

（2）高压配电室。大型建筑物的用电负荷较大，需在变电所内设置多台变压器。高压配电室内装设高压开关柜，将引入的高压电源分配至各变压器，同时具有线路控制及各种保护功能。

（3）电力变压器。电力变压器用于把 10 kV 高压变换为 380 V/220 V 的低压，以满足建筑物内各种用电设备的需要。

（4）低压配电室。低压配电室内装设各种低压配电柜，将变压器输出的低压电源合理分配至建筑物内的各种用电设备，同时具有线路控制、测量及各种保护功能。

除此之外，变电所还具有电能计量、电流和电压的监测、防雷保护、过流保护、过压及欠压保护等功能，保证供电的可靠和安全。

变电所按其安装位置可分为户内型、半户内型和户外型等几种。

1）户内型。如图 3—4 所示，户内型变电所由高压室、变压器室、低压室、高压电容器室和值班室等组成。它的优点是：安全、可靠，不受气候条件影响，监测维护管理方便；缺点是：建筑投资费用高，大多用在永久性建筑中的大中型企业和各类大中型公

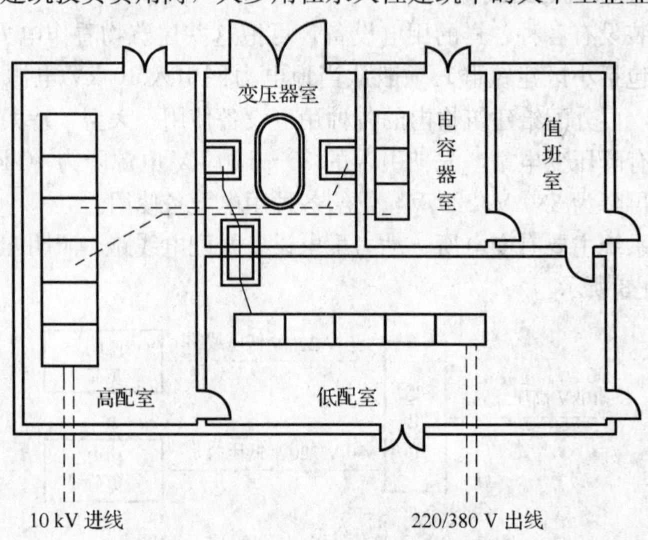

图 3—4 户内型变电所示意图

共建筑中。

2）半户内型。半户内型变电所由室外的高压设备、变压器和室内的低压配电设备等组成。它的优点是：安全、可靠。占地面积小，投资较小，便于监测、维护和管理；缺点是：受气候条件影响较大。半户内型变电所一般用在永久性建筑中的中小型企业及事业单位。

3）户外型。户外型变电所由室外的高压设备、变压器、低压配电设备等组成。它的优点是：投资费用少，结构简单，占地面积小，维护方便等；缺点是：受气候条件影响大，安全可靠性能差，不美观，监测管理不方便。户外型变电所一般用在居民住宅区，作为永久性设施或在施工现场作为临时设施使用。

户外型变电所一般容量小于 320 kV・A，这种小容量的变电所主要由高压熔断器、高压阀型避雷器、低压配电装置、测量仪表及继电保护装置等组成。这种变电所还可分为杆架式和地台式。如图 3—5 所示的杆架式又可分为单杆式和双杆式。当容量为 50～180 kV・A 时采用双杆式，变压器安装在距地 2 m 左右的台架上；当容量在 50 kV・A

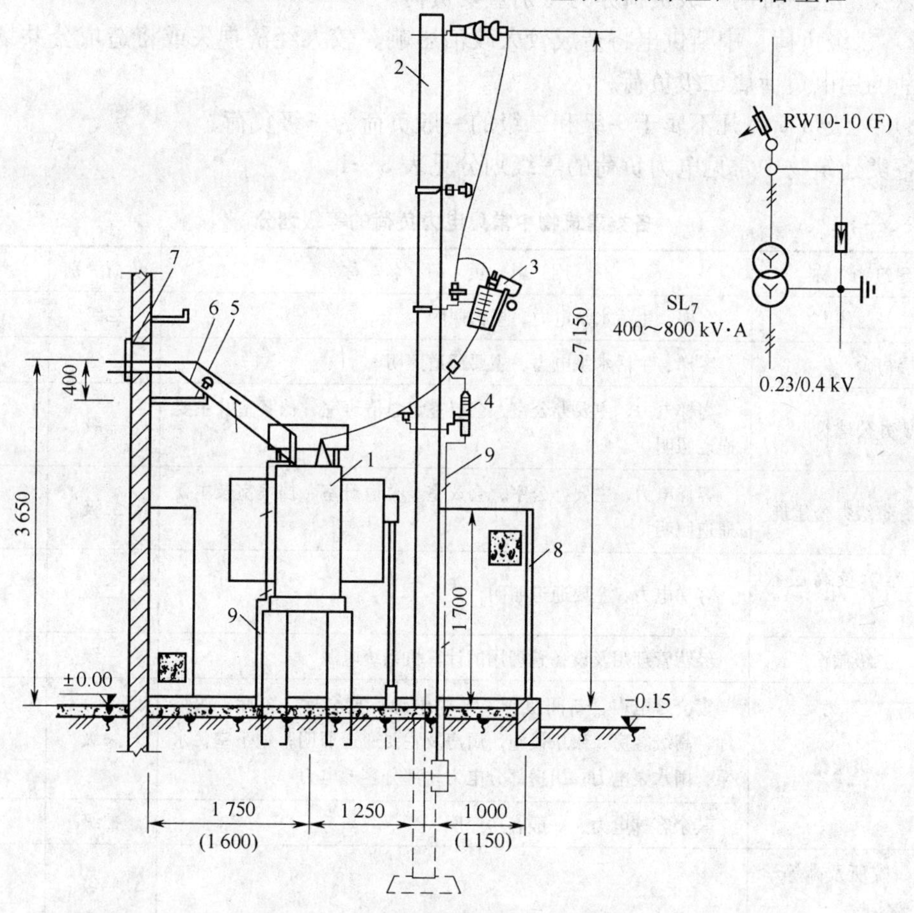

图 3—5　露天变电所变压器台结构

1—电力变压器　2—电杆　3—RW10－10（F）型跌开式熔断器　4—避雷器　5—低压母线　6—中性母线　7—穿墙隔板　8—围墙　9—接地线

附注：括号内尺寸用于容量为 630 kV・A 及以下的变压器

以下时，大多采用单杆式，变压器台架也是距地 2 m 左右。

4. 用电负荷等级划分及对供电电源的要求

（1）用电负荷等级的划分。现代建筑物内的用电设备多、负荷大，对供电的可靠性要求高，因此应准确划分负荷等级，做到安全供电，节约投资。用电负荷的等级应根据建筑物的类别及用电负荷的性质进行划分，按照供电可靠性及中断供电时在政治、经济上所造成的损失或影响程度，可分为一级负荷、二级负荷及三级负荷。

1）一级负荷。中断供电将造成人身伤亡、重大政治影响、重大经济损失或将造成公共场所秩序严重混乱的用电负荷属于一级负荷。

对于某些特殊建筑，如重要的交通枢纽、重要的通信枢纽、国宾馆、国家级及承担重大国事活动的会堂、国家级大型体育中心以及经常用于重要国际活动的大量人员集中的公共场所等的一级负荷，为特别重要负荷。

中断供电将影响实时处理计算机及计算机网络正常工作或中断供电后将发生爆炸、火灾以及严重中毒的一级负荷亦为特别重要负荷。

2）二级负荷。中断供电将造成较大政治影响、较大经济损失或将造成公共场所秩序混乱的用电负荷属二级负荷。

3）三级负荷。凡不属于一级和二级的一般负荷为三级负荷。

各类建筑物中常见电力负荷的等级划分见表 3—1。

表 3—1 **各类建筑物中常见电力负荷的等级划分**

建筑物名称	用 电 负 荷 名 称	负荷级别	备注
高层普通住宅	客梯、生活水泵电力、楼梯照明	二级	
高层宿舍	客梯、生活水泵电力、主要通道照明	二级	
重要办公建筑	客梯电力、主要办公室、会议室、总值班室、档案室及主要通道照明	一级	
部、省级办公建筑	客梯电力、主要办公室、会议室、总值班室、档案室及主要通道照明	二级	
高等学校高层教学楼	客梯电力、主要通道照明	二级	
一、二级旅馆	经营管理用及设备管理用的计算机系统电源	一级	1
一、二级旅馆	宴会厅电声、新闻摄影、录像电源；宴会厅、餐厅、娱乐厅、高级客房、康乐设施、厨房及主要通道照明；地下室污水泵、雨水泵电力；厨房部分电力；部分客梯电力	一级	
	其余客梯电力、一般客房照明	二级	
科研院所及高等学校重要实验室		一级	2
重要图书馆	检索用计算机系统的电源	一级	1
	其他用电	二级	

续表

建筑物名称	用电负荷名称	负荷级别	备注
县（区）级及以上医院	急诊部用房、监护病房、手术部、分娩室、婴儿室、血液病房的净化室、血液透析室、病理切片分析、CT扫描室、区域用中心血库、高压氧舱、加速器机房和治疗室及配血室的电力和照明，培养箱、冰箱、恒温箱的电源	一级	
	电子显微镜电源、客梯电力	二级	
银行	主要业务用计算机系统电源、防盗信号电源	一级	1
	客梯电力、营业厅、门厅照明	二级	3
大型百货商店	经营管理用计算机系统电源	一级	1
	营业厅、门厅照明	一级	
	自动扶梯、客梯电力	二级	
中型百货商店	营业厅、门厅照明、客梯电力	二级	
广播电台	电子计算机系统电源	一级	1
	直播室、控制室、微波设备及发射机房的电力和照明	一级	
	主要客梯电力、楼梯照明	二级	
电视台	电子计算机系统电源	一级	1
	直播室、中心机房、录像室、微波设备及发射机房的电力和照明	一级	
	洗印室、电视电影室、主要客梯电力、楼梯照明	二级	
市话局、电信枢纽、卫星地面站	载波机、微波机、长途电话交换机、市内电话交换机、文件传真机、会议电话、移动通信及卫星通信等通信设备的电源；载波机室、微波机室、交换机室、测量室、转接台室、传输室、电力室、电池室、文件传真机室、会议电话室、移动通信室、调度机室、及卫星地面站的应急照明、营业厅照明	一级	4
	主要客梯电力、楼梯照明	二级	

注：1—指一级负荷为重要负荷。

2—指一旦中断供电将造成人身伤亡或重大政治影响、经济损失的实验室，如生物制品实验室。

3—指面积较大的银行营业厅中，供暂时工作用的应急照明为一级负荷。

4—重要通信枢纽的一级负荷为特别重要负荷。

（2）对供电电源的要求。为保证供电的可靠性，不同等级的用电负荷对供电电源的要求如下：

1）一级负荷需要采用两个以上的独立电源供电，当一个电源发生故障时，另一个电源应不致同时受到损坏。所谓独立电源是指两个电源之间无关系，或两个电源间虽有联系但在任何一个电源发生故障时，另外一个电源不致同时损坏。如一路市电和自备发电机；一路市电和自备蓄电池逆变器组；两路市电，但溯其源端是来自两个发电厂或是来自城市高压网络的枢纽变电站的不同母线。事故照明及消防设备用电需将两个电源送至末端。

2）二级负荷应采用两回路电源供电。对两个电源的要求条件可比一级负荷放宽。如两路市电，溯其源端是来自变电站或低压变电所的不同母线段即可。

3）三级负荷对供电无特殊要求。

5. 建筑供配电系统的配电形式

配电是指将电能合理分配给用户设备，配电系统应满足安全、可靠、经济等原则，配电系统的分支应在配电柜（或配电箱）中进行，一栋建筑物的配电系统分支级数不宜超过三级。

建筑物配电系统分为高压配电系统和低压配电系统两类，其配电形式相同。常用的配电形式主要有以下几种：

（1）放射式。放射式配电是指从前级配电箱分出若干条线路，每条线路连接一个后级配电箱（或一台用电设备）。由于后级配电箱与前级配电箱连接的线路是相互独立的，故后级配电箱之间互不影响。放射式配电具有供电可靠、所需线路多、不易更改等特点，适用于用电负荷容量大且集中、线路较短的场所。放射式配电方式如图 3—6 所示。

（2）树干式。树干式配电是指从前级配电箱引出一条主干线路，在主干线路的不同地方分出支路，连接到后级配电箱或用电设备。树干式配电具有线路简单灵活、干线发生故障影响面较大等特点，适用于负荷较分散且单个负荷容量不大、线路较长的场所。树干式配电方式如图 3—7 所示。

（3）混合式。实际的建筑供配电系统，多为放射式和树干式的综合应用，称之为混合式，如图 3—8 所示。

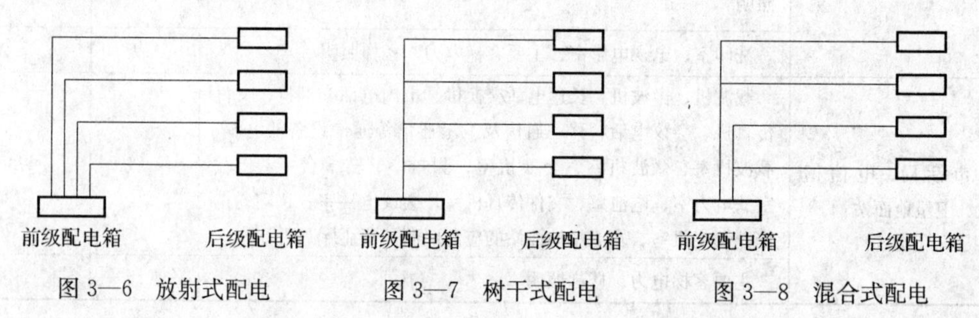

图 3—6　放射式配电　　图 3—7　树干式配电　　图 3—8　混合式配电

一般情况下，动力负荷因容量较大，其配电线路多采用放射式，而照明负荷的配电线路多用树干式或混合式。实际工程中确定配电方式时，应按照供电可靠、用电安全、配电层次分明、线路简洁、便于维护、工程造价合理等原则进行。

二、建筑供配电工程图

1. 建筑电气工程施工图的内容及表达形式

电气安装接线图也叫电气装配图，它是根据电气设备和电气元件的实际结构、安装情况绘制的，用来表示接线方式、电气设备和电气元件的位置、接线场所的形式和尺寸等。电气安装接线图只从安装、接线角度出发，而不明显表示电气动作原理，是供电气安装、接线、维修、检查用的。电气安装接线图的特点是：所有的电气设备和电气元件都按其所在位置绘制在图纸上。

变配电所的电气安装图必须包括：变配电所一次系统接线图、变配电所平面图和剖面图、变配电所二次系统电路图和安装图，以及非标准件的大样图等。

(1) 表示变配电所的电能输送和分配路线的接线图，称为主接线图，或称一次接线图。

变配电所的主接线是由各种开关电路、电力变压器、母线、电力电缆、高压电容器等电气设备以一定次序相连接的输送和分配电能的电路。电气主接线图常画成单线系统图，也就是用一根线来表示三相系统的主接线图。变配电所主接线常用的电气设备符号见表 3—2。

表 3—2　　变配电所主接线的主要电气设备符号

设备名称	文字符号	图形符号	设备名称	文字符号	图形符号
变压器	T		母线	W	
断路器	QF		电流互感器	TA	
负荷开关	Q		避雷器	F	
隔离开关	QS		电抗器	L	
熔断器	FU		电容器	C	
跌开式熔断器	FU		电动机	M	M

分析主接线图的方法如下：

当拿到一张图纸时，若看到有母线，则可确定为变配电所的主电路图。然后再看是否有电力变压器，若有电力变压器就是变电所的主电路图，若无则是配电所的主电路图。但不论是变电所还是配电所的主电路图，它们的分析（看图）方法是一样的，都是从电源进线开始，按照电能流动的方向进行。

(2) 表示对一次设备的运行进行控制、指示、测量和保护的接线图，称为二次接线图，或称二次回路图。二次回路包括：继电保护装置、自动装置、控制装置、信号装置、测量仪表装置、操作电源装置等。一般二次回路是通过电压互感器和电流互感器与主电路相联系，将高电压、大电流转换成二次回路的低电压（100 V）、小电流（5 A）。

分析二次回路时一般可参照的原则：

1) 首先了解该原理图的作用，掌握图纸的主体思想，从而尽快理解各种电器的动作原理。

2）熟悉各图形符号及文字符号所代表的意义，弄清其名称、型号、规格、性能和特点。

3）原理图中的各个触点都是按原始状态（线圈未通电、手柄置零位、开关未合闸、按钮未按下）绘出，识图时要选择某一状态进行分析。

4）识图时可将一个复杂线路分解成若干个基本电路和环节，从环节入手进行分析，最后结合各个环节的作用综合分析该系统，即积零为整。

5）电器的各个元件在线路中是按动作顺序从上到下，从左到右布置的，分析时可按这一顺序来执行。

（3）变配电所的平面图和剖面图是根据 GB/T 50104—2010《建筑制图标准》的要求绘制的，它是体现变配电所的总体布置和一次设备安装位置的图纸，也是设计单位提供给施工单位进行变配电设备安装所依据的主要技术图纸。

变电所的平面图主要以电气平面布置为依据。所谓的变配电所平面图，是将一次回路的主要设备，如电力输送线路、高压避雷器、进线开关、开关柜、低压配电柜、低压配出线路、二次回路控制屏以及继电器屏等，进行合理详细的平面位置（包括安装尺寸）布置的图纸，称为变配电所平面图，一般是基于电气设备的实际尺寸按一定比例绘制的。

对于大多数有条件的建筑物来说，应将变电所设置在室内，这样可以有效地消除事故隐患，提高供电系统的可靠性。室内变配电所主要包括高压配电室、变压器室、低压配电室。此外，根据条件还可以建造电容器室（在有高压无功补偿要求时）、值班室及控制室等。在总体布置上，变配电所按结构形式可以分为附设式和独立式两种，按建筑物层数又可分为单层设置变配电所和高层变配电所。无论采用何种布置方式的变配电所，电气设备的布置与尺寸位置都要考虑安全与维护方便，还应满足电气设备对通风防火的要求。

在变配电所总体布置图中，为了更好地表示电气设备的空间位置、安装方式和相互关系，通常也利用三面视图原理，在电气平面图的基础上给出变配电站的立面、剖面、局部剖面以及各种构件的详图等。

立面图、剖面图与平面图的比例是一致的。立面图一般是表示变电所的外墙面的构造、装饰材料，一般在土建施工中使用。变配电所剖面图是对其平面图的一种补充，详细地表示出各种设备的安装位置，设备的安装尺寸，电缆沟的构造以及设备基础的配制方式等。通过阅读变配电所平面图、剖面图，可以对配电所有一个完整、立体及总体空间上的概念。

在变配电所平面图和剖面图上，经常使用指引方式将各种设备进行统一编号，然后，在图纸左下角详细列出设备表，将设备名称、规格型号、数量等与设备一一对应起来。

2. 建筑供配电工程图阅读实例

如图 3—9 所示为某建筑物 10 kV 变电所的供配电系统图。从图中可以看出，该供配电系统由变压器、柴油发电机、低压配电柜等组成。

配电柜编号		01	02	03	04			05	06	
配电柜型号			GCS-02D	GCS-34A	GCS-06C			GCS-008B	GCS-11C	
低压母线			L1，L2，L3，N，PE	第 1 段 380/220 V 母线	TMY-4×(60×10)+1×(60×10)			第 2 段母线 YMY-4×(20×3)+1×(20×3)		
次方案图		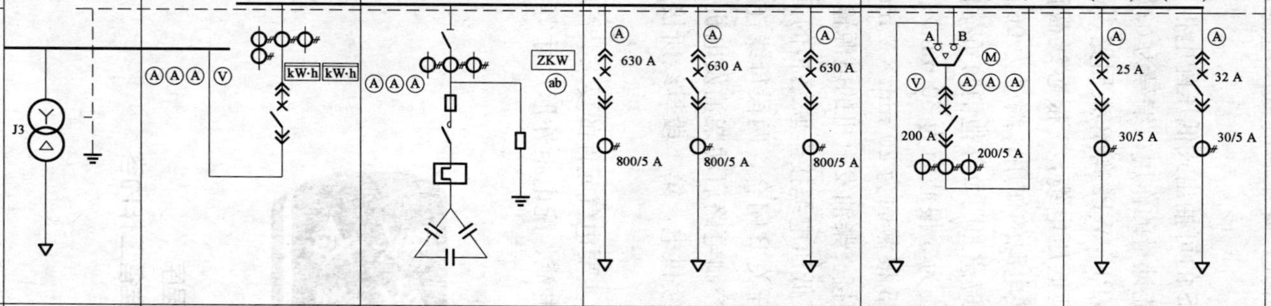 J3	kW·h kW·h	ZKW	630 A 800/5 A	630 A 800/5 A	630 A 800/5 A	A B 200 A 200/5 A	25 A 30/5 A	32 A 30/5 A
主要电气元件	刀开关							1×(GLD-250A/3Ⅲ)		
	断路器			1×(GL-800/3JK1)	3×(M-630MP/3348)			1×(CM1-250MP/3340)		
	熔断器		1×(MA40-2000M16，MN+M+MCH)							
	热继电器	SG10-800/10		10×(LC1-DMP12M7C)						
	熔断器 / 避雷器	800 kV·A，D，yn11		10×(LR2-D3363C)						
	电容器	0.4/0.23 kV		30×(NT00-80A)/3X (FYS-0.22)						
	电流互感器			30×(RZMJ-0.4-30-3K)	3×(SDH-0.66，800/5 A)			3×(SDH-0.66，250/5A)	SDH-0.66，100/5 A	
	电流表	变压器绕组 H 级绝缘	4×(SDH0.66，1500/5A)	3×(SDH-066.800/5 V)	3×(6L2-A，0-800/5 A)				6L2-A，0-100/5A	
	电压表	SDK-NL (TH)		3×(6L2-A，800/5 A)						
	有功电度表	M+JRD-150								
	无功电度表（功率因数控制器）			1×(VarLogic-R12)						
	功率因数表			1×(6L2，380 V，50 Hz，5A)						
	综合智能电度表		1×(CD194E-2S4/3V/3A/kWh/RS485)					1×(CD194E-2S4/3V/3A/kWh/RS485)		
负荷线路	名称	变压器（带外壳）	变压器电源进线	无功功率自动补偿柜	普通照明	空调系统	水泵	电源转换	应急照明	消防负荷
	编号				ZM	KT	SB	HJFDJ	YJZM	XF
	容量 (kW)	800 kV·A	650 kW	300kvar	280	280	280	92	8.4	10.9
	计算电流 (A)	1 100			531.8	531.8	531.8	180.5	16.9	22.0
	编号	B			WL0	WP1	WP2	WPE	WLE	WF
	规格型号 (0.6/1 kV)	YJV-15kV-(3×70)			YJV(3×150+2×70)	YJV(3×150+2×70)	YJV(3×150+2×70)	ZR-YJV-(3×95+1×50)	NH-VV-(5×4)	NH-VV-(5×4)
配电柜尺寸柜（宽 × 高 × 深）mm		2 000×1 100×2 200	800×800×60	1000×800×2200	1000×800×2200			1000×800×2200	1000×800×2200	
备注			电操 / 带失压，分励脱扣					电操 / 带分励脱扣器		

柴油发动机 GS ~3

注：

1. 电源进线断路顺电气闭锁关系及配电断路器的非消防断电控制见该工程变电所 供电系统原理接线图 90008 施设 - 供电 01
2. 变压器柜内装除温控制装置一套 (SDK-NL (TH)/M+JRD-150)

图3—9　某建筑物10 kV变电所的供配电系统图

变压器采用型号为SG 10－800/10的干式变压器，容量为800 kV·A。10 kV电源用3根截面为70 mm^2的YJV型交联聚乙烯电力电缆引入。降压后的低压电源用截面为60 mm×10 mm的铜母线引至低压配电室。

低压配电室装设有5台配电柜，均采用型号为GCS的可抽出式低压配电柜。编号为02的为电源进线柜，起总电源控制、电流监测和电能计量的作用；编号为03的为功率因数补偿柜；编号为04的为馈电柜，分出WL0、WP1、WP2等3条回路，分别给普通照明、空调系统和水泵供电，各回路均为YJV型低压电缆，3根芯线截面均为150 mm^2；编号为05的为联络柜，起到为重要负荷切换电源的作用；编号为06的为重要负荷馈电柜，分出WLE和WF等2条回路，分别给应急照明及其他消防负荷供电。

低压配电柜的电源进线来自两段母线，第1段母线为5根截面为60 mm×10 mm的铜母线，连接02、03、04号配电柜。第2段母线为5根截面为20 mm×3 mm的铜母线，连接06号配电柜。两段母线通过05号联络柜连接。柴油发电机的电源输出通过芯线截面为3根95 mm^2和1根50 mm^2的阻燃型YJV低压电缆接至联络柜的开关A，第1段母线接至开关B。市电正常时，开关A断开，开关B闭合，两段母线连通，重要负荷（06号配电柜）由市电供电。当市电中断时，控制电路启动柴油发电机，并使开关B断开，开关A闭合，重要负荷由柴油发电机继续供电，第1段母线所接的普通负荷中止供电。

低压配电柜为成套型产品，柜中元件由厂家按图中主要电气元件的要求装配好。另外，从图中还可以看出各配电回路的计算容量、计算电流、配电柜外形尺寸等技术数据，作为施工依据。

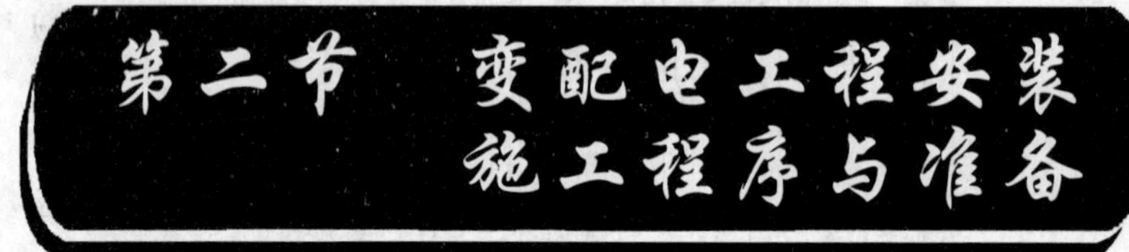

→ 熟悉变配电工程的安装施工程序

→ 熟悉变配电工程安装施工的准备工作内容

一、变配电工程的安装施工程序

10 kV以下的室内变配电工程包括的施工项目有：10 kV高压柜、低压柜的安装，变压器的安装，电容器柜的安装，母线的安装，穿墙套管（或穿墙板）的制作安装，接地极、接地干线的安装等。另外，还有高压、低压电力电缆的敷设安装，钢制电缆桥架、插接母线的安装等。

10 kV以下室内变配电工程的安装施工程序如图3—10所示。

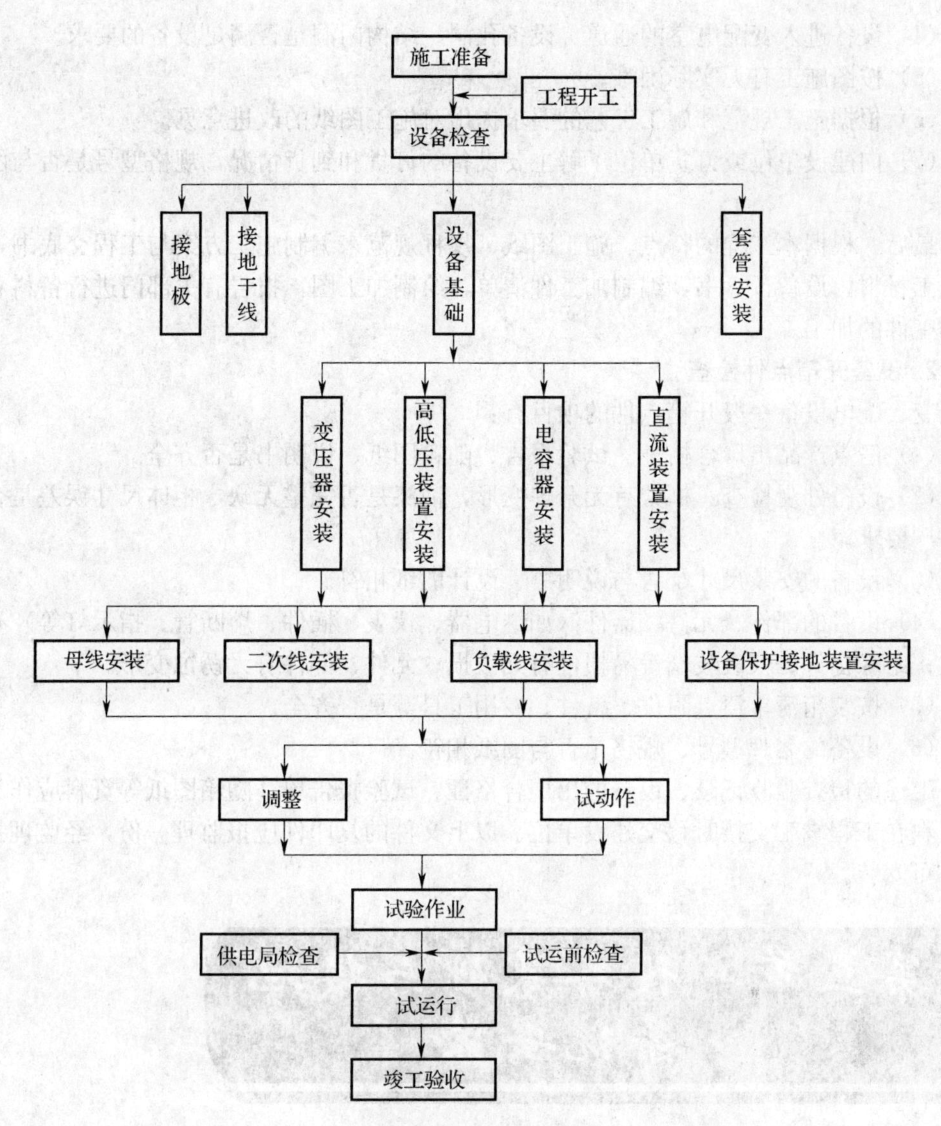

图 3—10　10 kV 以下室内变配电工程的安装施工程序

二、安装施工准备

1. 审查图样、熟悉现场

先结合施工现场的土建工程概况和土建施工进度，从下述七个方面审查施工图纸，发现问题做好书面记录，为设计交底书做好准备。

（1）电气工程图样与土建、通风管道、设备管道、消防系统及其他专业的图样有无矛盾。

（2）主要尺寸、位置、标高有无差错；预埋、预留位置的尺寸是否正确。设备距墙的距离、设备之间的距离是否符合供电规范要求。

（3）图纸之间、图纸与说明书之间有无矛盾。

(4) 设备进入变配电室的通道、设备孔洞、结构门洞是否满足设备的要求。

(5) 按图施工有无实际困难。

(6) 根据施工规范和施工工艺的要求提出对施工图纸的改进意见。

(7) 向建设单位或订货单位了解主要设备的订货和到货情况，规格型号是否与图纸相符。

最后，根据本工程的特点、施工图纸、规程规范来编制施工方案与工程交底书，编制施工材料、设备预算书，编制加工件清单，绘制加工图，报告有关部门进行备料和安排加工件的加工。

2. 设备开箱点件检查

变、配电设备一般开箱点件的项目有：

(1) 清点产品出厂合格证、试验报告、随箱图纸、说明书是否齐全。

(2) 设备外观检查：框架有无开焊变形，油漆是否完整无缺，柜体尺寸误差是否符合出厂要求。

(3) 设备的安装尺寸是否与说明书、设计图纸相符。

(4) 设备的部件、元件、器件（如继电器、仪表、插件、熔断管、指示灯等）有无丢失；绝缘瓷件、仪表玻璃等易损件有无破损；元件、部件有无锈蚀变形。

(5) 按装箱清单清点附件、备件、专用工具等是否齐全。

(6) 设备的名牌型号、规格是否与图纸相符。

上述的检查验收记录、设备的出厂合格证、试验报告单、随箱图纸等资料应作为竣工资料在工程竣工交接时移交建设单位。以上文件的复印件应报监理一份，经监理批复后方可安装。

第三节　设备基础与接地系统安装

→ 熟悉设备基础与接地系统的安装程序
→ 掌握其施工技术要求，能熟练地进行施工

一、设备基础的安装

1. 柜、箱基础的安装

(1) 预埋铁的加工制作如图 3—11 所示。圆钢选用 Φ10 mm，钢板选用 δ10 mm。

(2) 预埋铁按施工图预先埋设在混凝土结构中，对于成排的柜、箱基础两端应有预埋铁。预埋铁间距取 600～800 mm 为宜。

(3) 基础型钢的规格按施工图的要求调直，图纸无标注时，宜取 10 号槽钢。

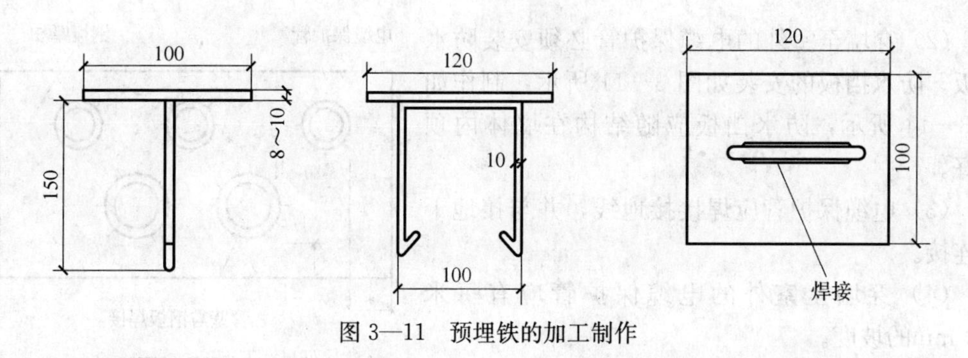

图 3—11　预埋铁的加工制作

（4）将预制加工基础型钢架放在预埋铁上，用水准仪找平后，将钢架、预埋铁、垫片用电焊焊牢。

2. 变压器轨道基础的安装

变压器轨道基础的安装只限于油浸式电力变压器。干式电力变压器可直接安装在地面上。

（1）预埋铁的加工制作如图 3—12 所示。圆钢选用 Φ10 mm，钢板选用 δ10 mm。

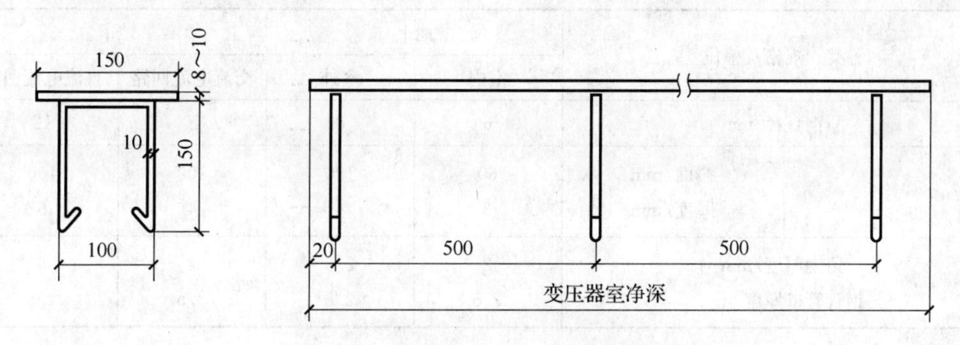

图 3—12　变压器预埋铁的制作加工

（2）变压器混凝土地面施工时埋入混凝土内，预埋铁顶面与地面平。

3. 电缆保护管的安装

（1）穿墙至室外的电缆保护管，如图 3—13 所示，其规格、数量、位置、长度应按图纸施工。图纸若无标注时，电缆保护管室外应出散水 200 mm，室内应出墙壁或电缆沟 200 mm，管口应高出室内地面 100 mm。

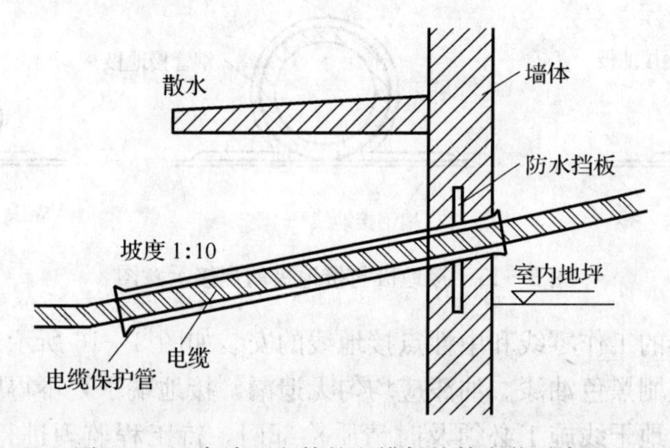

图 3—13　穿墙至室外的电缆保护管安装示意图

(2) 穿墙至室外的电缆保护管必须安装防水挡板。防水挡板的安装如图 3—11 所示，制作如图 3—14 所示，防水挡板应随结构在墙体内预埋好。

(3) 电缆保护管应焊接接地线，并与接地干线连接。

(4) 穿墙至室外的电缆保护管应有每米 100 mm的坡度。

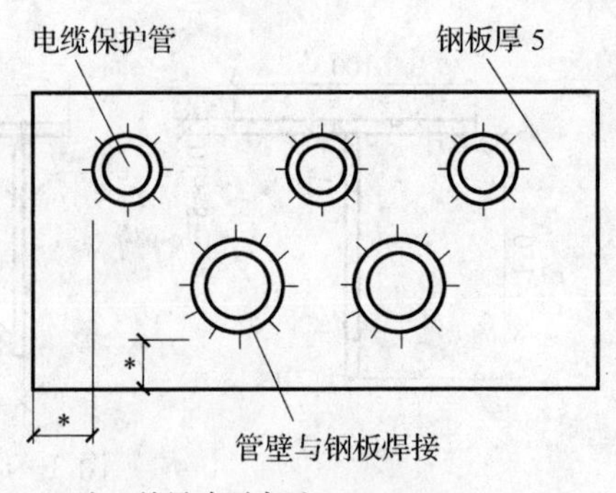

(注 * 处尺寸不小于 50 mm)

图 3—14 防水挡板加工图

二、接地系统的安装

1. 人工接地体（接地极）和接地线的规格、尺寸、数量和敷设位置应符合施工图纸的规定。其最小尺寸见表 3—3。

表 3—3 钢接地体和接地线的最小尺寸

种类、规格及单位		地上		地下	
		室内	室外	交流电流回路	直流电流回路
圆钢直径/mm		6	8	10	12
扁钢	截面/mm	60	100	100	100
	厚度/mm	3	4	4	6
角钢厚度/mm		2	2.5	4	6
钢管管壁厚度/mm		2.5	2.5	3.5	4.5

2. 当接地装置必须埋设在建筑物出口或人行道距建筑物小于 3 m时，应采用均压带做法或在接地装置上面敷设 50～90 mm 厚的沥青层，其宽度应超过接地装置 2 m。

3. 接地体（线）的焊接应牢固无虚焊。将焊接处的药皮敲净后，刷沥青做防腐处理。扁钢与钢管、扁钢与角钢焊接时，为了焊接可靠，应作如图 3—15 所示的焊接。

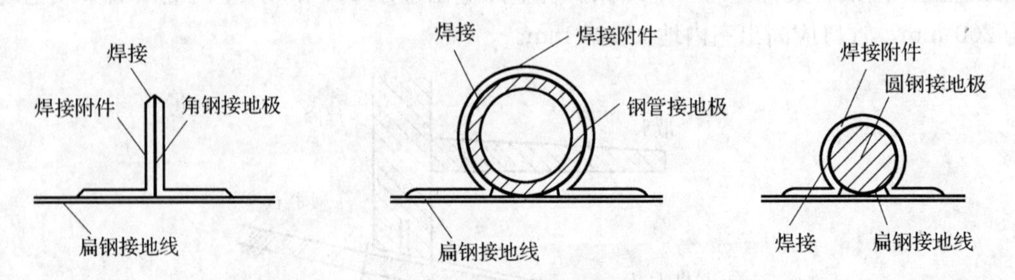

图 3—15 接地极与接地极的焊接示意图

4. 电力变压器的工作零线和中性点接地线的安装如图 3—16 所示。

5. 接地干线应刷黑色油漆。油漆应均匀无遗漏，接地端子处不得刷油。

6. 接地极、接地干线施工必须及时请质检部门，待工程监理进行检验后，方可进

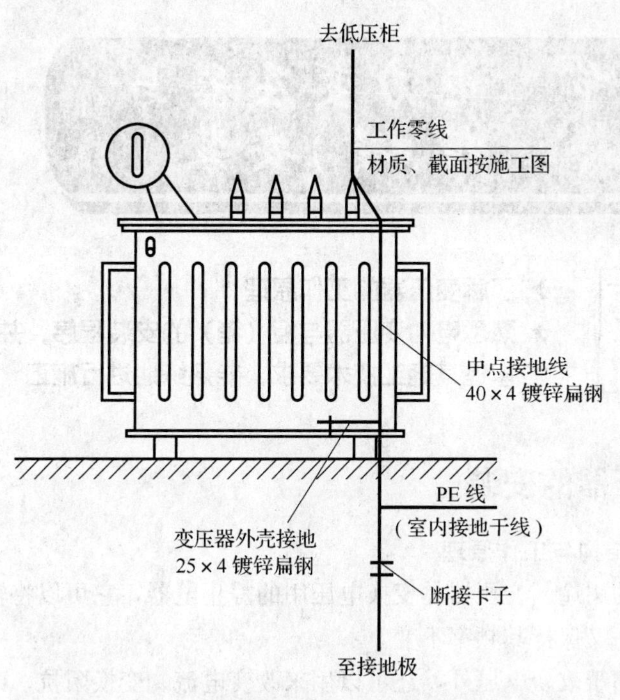

图 3—16　工作零线与中性点接地线安装示意图

行回填、分层夯实。

7. 接地工程隐蔽工程验收单及接地电阻试验报告单应作为竣工资料，在竣工交接时交建设单位。接地装置的接地电阻见表 3—4。

表 3—4　　接地装置的接地电阻

种　类	接地装置使用条件		接地电阻（Ω）
1 kV 及以上的电力设备	大接地短路电流系统		一般：$R\leqslant 2\,000/I$，当 $I<4\,000$ A 时可采用 $R\leqslant 5$
	小接地短路电流系统		
	（1）高、低压设备共用的接地装置		$R\leqslant 120/I$，一般不应大于 10
	（2）仅用于高压的接地装置		$R\leqslant 250/I$，
	独立避雷针		工频接地电阻≤10
	变配电所母线上的阀型避雷器		工频接地电阻≤5
低压电力设备	中性点直接接地与非直接接地	并联运行电气设备总容量>100 kV·A	4
		并联运行电气设备总容量≤100 kV·A	10
		重复接地	10

注：R—考虑到季节变化的最大接地电阻值。
　　I—计算接地短路电流值。

第四节 电力变压器与柜（箱）安装

→ 了解变压器的工作原理

→ 熟悉电力变压器与柜（箱）的安装程序，并掌握其施工技术要求，能熟练地进行施工

一、电力变压器的安装

1. 变压器的结构与工作原理

（1）变压器的用途。变压器是变换电压用的静止电器，它可以将输入的交流电压升高或降低输出，而又保持其频率不变。

变压器除了用于改变电压外，还可以用来改变电流、变换阻抗、改变相位等。

（2）变压器的基本结构。变压器种类很多，但基本结构大致相同。根据变压器的工作原理，它主要由软磁铁心和绕组组成，另外还有一些附属部件，以满足其工作性能和安全性的要求。油浸式电力变压器的构造如图 3—17 所示。

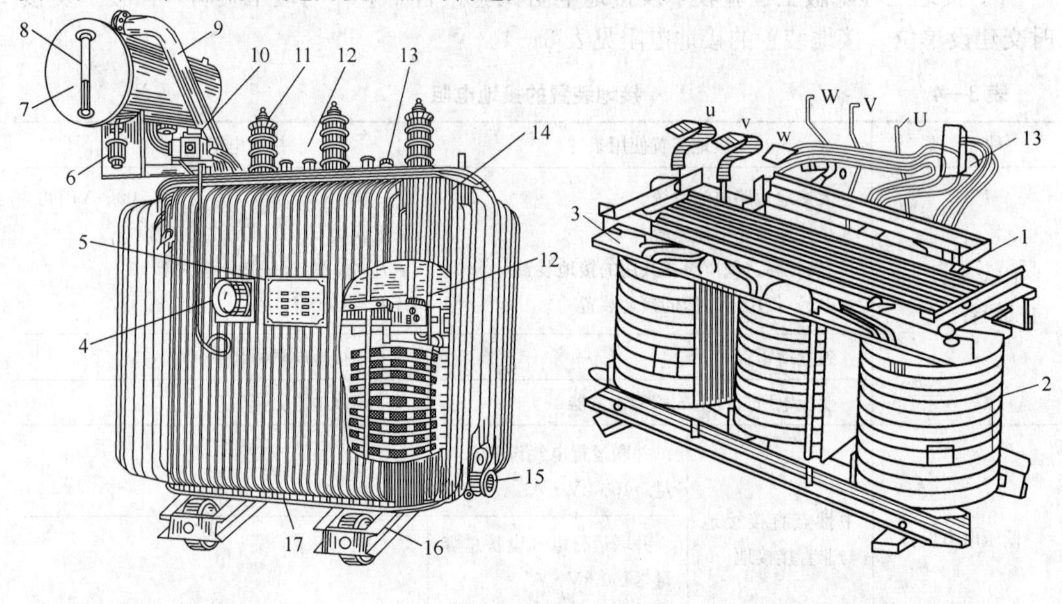

图 3—17 油浸式电力变压器

1—铁心 2—绕组 3—夹件 4—温度计 5—铭牌 6—吸湿器 7—油枕（储油柜） 8—油标 9—防爆管 10—气体继电器 11—高压套管 12—低压套管 13—分接开关 14—油箱 15—放油阀 16—小车 17—接地端子

1）软磁铁芯。软磁铁心式变压器的磁路部分，由厚度为 0.35 mm 的磁导率较高的、电阻很大的硅钢片叠加而成，硅钢片表面涂有绝缘漆以减小铁心的涡流损耗。

2）绕组。绕组是变压器的电路部分。绕组是用带有绝缘包皮的铜线或铝线绕制而成套在铁心上。一般变压器由两个相互绝缘的绕组组成。与电源相连的绕组叫一次绕组（又称原边绕组或初级绕组）；另一个与负载相连的绕组叫二次绕组（又称副边绕组或次级绕组）。有时，变压器的二次侧绕组也可以有两个，以提供不同的交流电压。

（3）变压器的工作原理。变压器变换电压是利用电磁感应原理来实现的。单相变压器的原理图如图 3—18 所示，当变压器的一次侧接入交流电源时，它使铁心中产生交变磁通称为主磁通（又叫工作磁通）。主磁通集中在铁心内，极少的一部分在绕组外闭合，称为漏磁通，可忽略不计。由于一次、二次绕组在同一铁心上，故主磁通穿过二次侧绕组，所以一次、二次绕组都将产生感应电动势。

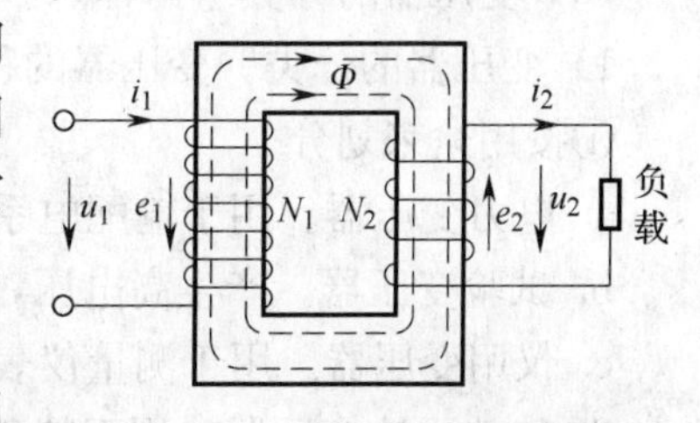

图 3—18　单相变压器原理图

1）变压原理。设一次、二次绕组的匝数为 N_1、N_2，忽略漏磁通和一次、二次绕组的直流电阻，由于一次、二次绕组受同一主磁通的作用，在两个绕组中产生的感应电动势 e_1 和 e_2 的频率和电源的频率相同。由电磁感应定律知道，感应电动势的大小和绕组匝数成正比，所以可以得出以下关系：

$$U_1/U_2 = N_1/N_2 = n$$

此式说明，变压器一次、二次绕组的电压之比等于它们的匝数之比。

n 为一次、二次绕组的匝数之比，叫匝数比，简称电压比。当 $n<1$ 时，$N_1<N_2$，$U_1<U_2$ 这种变压器可以升高电压，叫做升压变压器；当 $n>1$ 时，$N_1>N_2$，$U_1>U_2$，这种变压器可以降低电压，叫做降压变压器。可见，只要选择不同的变压比，即可达到升压或降压的目的。

2）变流原理。变压器在变压的过程中只是起到传递电能的作用，若忽略变压器的损耗，根据能量守恒定律，变压器二次侧输出的功率 P_2 与变压器从电源中取用的功率 P_1 相等，即 $P_2=P_1$，所以，当变压器只有一个二次绕组时，就有如下的关系：

$$U_2 I_2 = U_1 I_1$$

$$I_1/I_2 = U_2/U_1 = N_2/N_1 = 1/n$$

上式说明：变压器工作时，一次电流随二次电流的变化而变化。一次侧、二次侧的电流之比与它们的电压之比或匝数之比成反比。

（4）变压器的效率和容量

1）变压器的效率。变压器在传递能量时，是不可能将从电网中吸取的电能百分之百地传递给负载的。它在运行时本身存在着铜耗和铁耗等损耗，所以 $P_2< P_1$。输出功率 P_2 与输入功率 P_1 的比值的百分数叫做变压器的效率，用 η 表示，即：

$$\eta = P_2/P_1 \times 100\%$$

变压器的效率大多在 95%以上，而大型变压器的效率可达 99%以上。

2）变压器的容量。变压器在额定工作状态下二次侧输出的额定视在功率，叫做变压器的额定容量，用 S_N 表示，单位为 kV·A。

单相变压器的容量：$S_N = U_{2N} I_{2N}$

三相变压器的容量：$S_N = \sqrt{3} U_{2N} I_{2N}$

式中 U_{2N}——二次侧的额定电压；

I_{2N}——二次侧的额定电流。

（5）变压器的分类与铭牌

1）变压器的分类。变压器的种类很多，但就其工作原理一般可按以下情况来划分：

①按用途来划分

a. 电力变压器。用于输配电系统的升（降）压，是一种普通变压器。

b. 试验变压器。产生高电压，对电气设备进行耐压试验。

c. 仪用变压器。用于测量仪表和继电保护装置。

d. 特殊用途变压器。用于特殊电源、控制系统、电信装置中的用途特殊、性能特殊、结构特殊的变压器。

②按相数划分

a. 单相变压器。用于单相负荷和三相变压器组。

b. 三相变压器。用于三相系统的升、降压。

③按绕组形式划分

a. 自耦变压器。用于连接超高压、大容量的电力系统。

b. 双绕组变压器。用于连接两个电压等级的电力系统。

c. 三绕组变压器。连接三个电压等级，一般用于电力系统的区域变电站。

④按铁心形式划分

a. 芯式变压器。用于高压的电力变压器。

b. 壳式变压器。用于大电流的特殊变压器。

⑤按冷却方式划分

a. 油浸式变压器。如油浸自冷或风冷等。

b. 干式变压器。依靠环氧树脂材料绝缘，空气对流进行冷却，安全可靠，用于用户变电所。

2）变压器铭牌。制造厂生产任何一种型号的变压器时都规定了一些额定值，并根据这些额定值设计、制造和检验变压器。制造厂把有关的额定指标注在铭牌上，供使用者参考。因此，建筑电工应了解和掌握铭牌上标注的有关技术数据的含义。

变压器的铭牌如图 3—19 所示。

①变压器型号。含义如下：

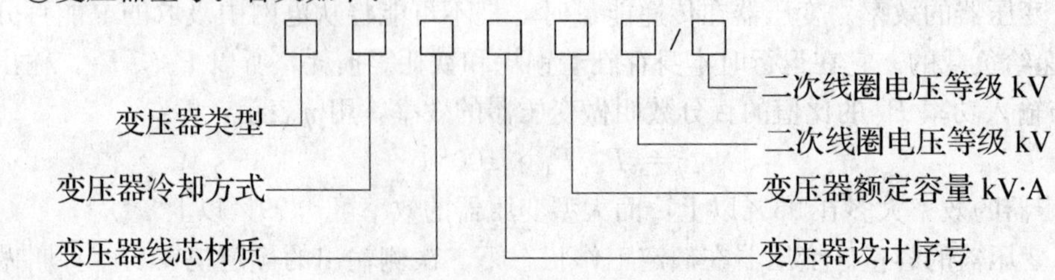

<table>
<tr><td colspan="7">铝线电力变压器</td></tr>
<tr><td colspan="2">产品标准</td><td colspan="5">型号 STL-1000/10</td></tr>
<tr><td colspan="2">额定容量</td><td>1000 kV·A</td><td colspan="2">相数 3</td><td colspan="2">频高 50 Hz</td></tr>
<tr><td colspan="2" rowspan="2">额定电压</td><td>高压 6300 V</td><td colspan="2" rowspan="2">额定电流</td><td colspan="2">高压 91.6 A</td></tr>
<tr><td>低压 400 V/230 V</td><td colspan="2">低压 1443 A</td></tr>
<tr><td colspan="2">使用条件户外式</td><td colspan="2">线圈温升 65℃</td><td colspan="3">油面温升 55℃</td></tr>
<tr><td colspan="2">阻抗电压</td><td colspan="2">4.94%</td><td colspan="3">冷却方式油浸自冷式</td></tr>
<tr><td colspan="2">接线连接图</td><td colspan="2">矢量图</td><td rowspan="2">连接组标号</td><td rowspan="2">开关位置</td><td rowspan="2">分接头电压</td></tr>
<tr><td>高压</td><td>低压</td><td>高压</td><td>低压</td></tr>
<tr><td>U1 V1 W1</td><td>U2 V2 W2 n</td><td>V1 U1 W1</td><td>V2 U2 W2</td><td>Y/Y0-1</td><td>Ⅰ
Ⅱ
Ⅲ</td><td>6600
6300
6000</td></tr>
</table>

图 3—19　变压器铭牌

②额定电压。一次额定电压 U_{1N}，指变压器在正常运行情况下，考虑变压器绝缘强度及允许发热所规定的线电压，单位为 kV。

二次线圈的额定电压 U_{2N}，指变压器在空载运行时，分接开关置于额定分接头时的线电压，单位为 kV。

③额定电流。指变压器在正常运行情况下，一次线圈和二次线圈允许发热所通过规定的线电流，分别用 I_{1N}、I_{2N}表示，单位为 A。

④额定容量。指变压器在额定状态下二次侧输出的功率，用 S_N 表示，单位为 kV·A。

⑤空载损耗。也叫铁损，是变压器在空载时的功率损失，用 ΔP_{FE}表示，单位为 W 或 kW。

⑥空载电流。变压器空载运行时的励磁电流占额定电流的百分比。

⑦短路损耗。一侧绕组短路，另一侧绕组施以额定电流时的损耗，单位为 W 或 kW。

⑧短路电压。也叫阻抗电压，指将变压器一侧绕组短路，另一侧绕组达到额定电流时所施加电压与额定电压的百分比。

⑨连接组别。表示一次、二次绕组的连接方式及线电压之间的相位差，以时钟表示。

2. 变压器的二次搬运

（1）变压器的二次搬运最好采用汽车吊装，也可采用倒链吊装、卷扬机和滚杠运输。

（2）变压器吊装时，索具必须检查合格，钢丝绳必须挂在油箱的钓钩上，如图 3—20 所示。

（3）变压器搬运时，应注意保护好高、低压绝缘子，最好用木箱将高、低压绝缘子罩住，使其不受损伤。

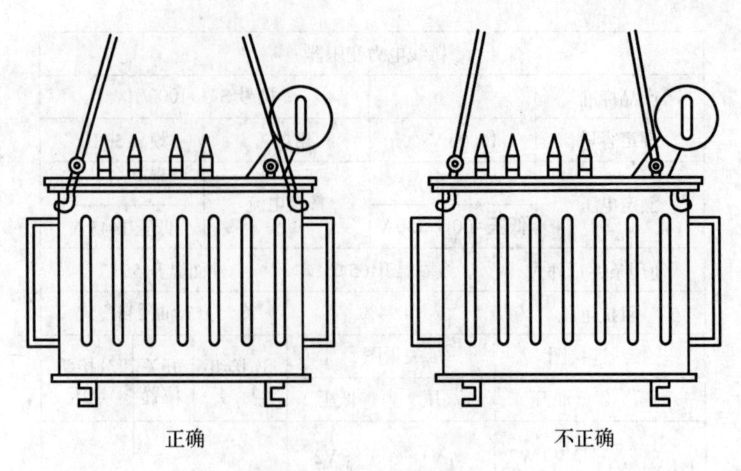

图 3—20　变压器的吊装

3. 变压器的安装

（1）变压器安装程序。各类大、中型变压器主要安装内容及工作范围见表 3—5。

表 3—5　　变压器安装程序及主要工作项目

工作程序	主要工作项目
现场验收	安装前，安装施工部门对现场环境检验，对所装变压器主体、组件、附件及随机资料一一验收
安装前准备	准备好通用、专用工具及吊装设备，并进行完好可靠性检查，备齐安装材料，布置好防火设施及人员安全技术教育
吊心检查	做好准备工作，吊心后按规定做好诸项检查和记载；检查后做好复装工作。器身有问题时提出解决和处理办法
组、附件安装	凡运输途中拆卸下的组、附件，安装前一一检查，合格后按规程规定安装好，且做好密封实验
注油干燥	采用真空注油，真空脱气注油，绝缘干燥及绝缘的测试，均要达到标准要求
注油后有关测试	电气性能测试，保护的测量与整定，冷却系统的实验与整定，冲击合闸实验及不少于 72 h 的试运行
绝缘及油的有关实验	变压器绝缘特性实验，变压器油的特性实验及油的色谱分析，套管中油的试验，分接开关分接实验
收尾、交接及试运行	清理现场，整理好安装及实验资料，进行交接，交接后正式投入运行和监视

（2）变压器安装工艺流程。变压器安装工艺流程如图 3—21 所示。

（3）施工技术要点。对于中小型变压器，一般多是在整体组装状态下运输的，所以安装工作相应要简单一些。

1）变压器进屋时，应注意高低压侧的方向符合要求。

2）基础轨道应平整，轮距吻合。

3）变压器就位后，应采用止轮器将变压器固定牢靠。

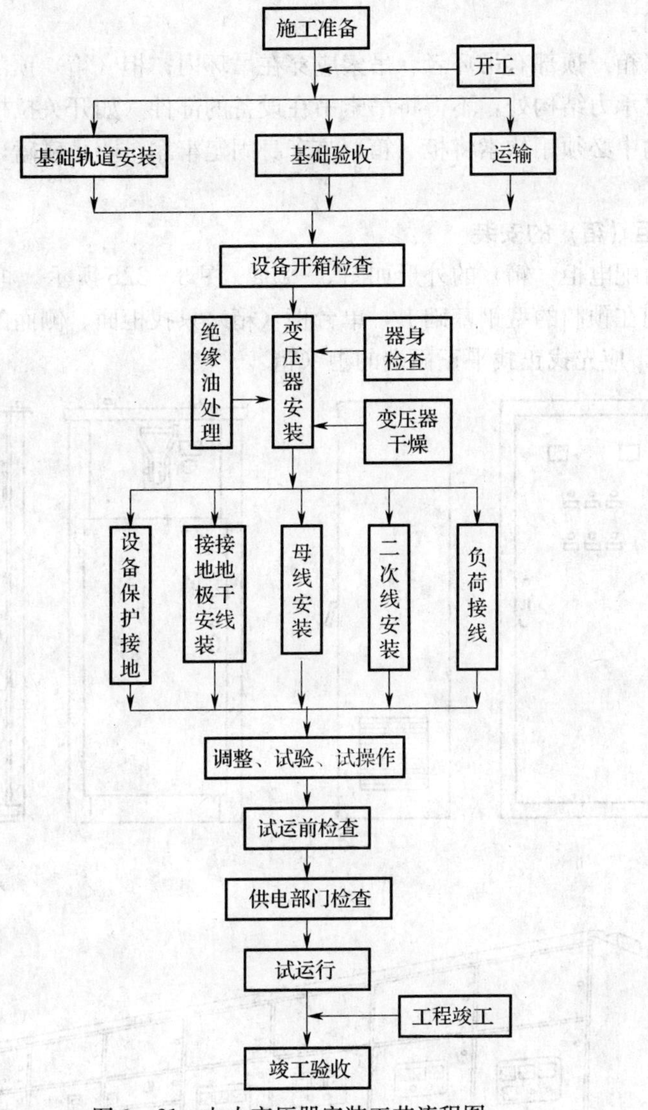

图 3—21 电力变压器安装工艺流程图

4）装接高低压母线（导线）时，连接处应牢固可靠，套管不能受力。

5）连接变压器中性点和接地连接线。

6）上下变压器时，应采用梯子，不得攀登变压器器身。

7）变压器油箱油漆应完好无损，否则应喷漆或补刷。

8）变压器试运行，往往采用全电压冲击合闸的方法。一般应进行 5 次空载全电压冲击合闸，无异常情况，即可空载运行 24 h，正常后，再带负荷运行 24 h 以上，无任何异常情况，则认为试运行合格。

二、配电柜（箱）的安装

1. 配电柜（箱）的二次搬运

（1）根据配电柜（箱）的质量、运输距离长短，可采用汽车、汽车吊配合运输或卷扬机滚杠运输。

（2）柜（箱）顶部有吊环者，吊索应穿在吊环内；柜（箱）顶部无吊环者，吊索应挂在四角主要承力结构处，不得将吊索吊在设备的部件（如开关拉杆等）上。

（3）运输中必须用软索将柜（箱）与车身固定牢靠，防止碰磕，以免仪表、元件或油漆损坏。

2. 配电柜（箱）的安装

（1）电力配电柜（箱）的外形如图 3—22a、图 3—22b 所示。柜（箱）应按施工图位置顺序排列在预制的型钢基础上，单台柜（箱）只找柜面、侧面的垂直度。成排的柜（箱）的安装，应先找正找平正面端的柜（箱）。

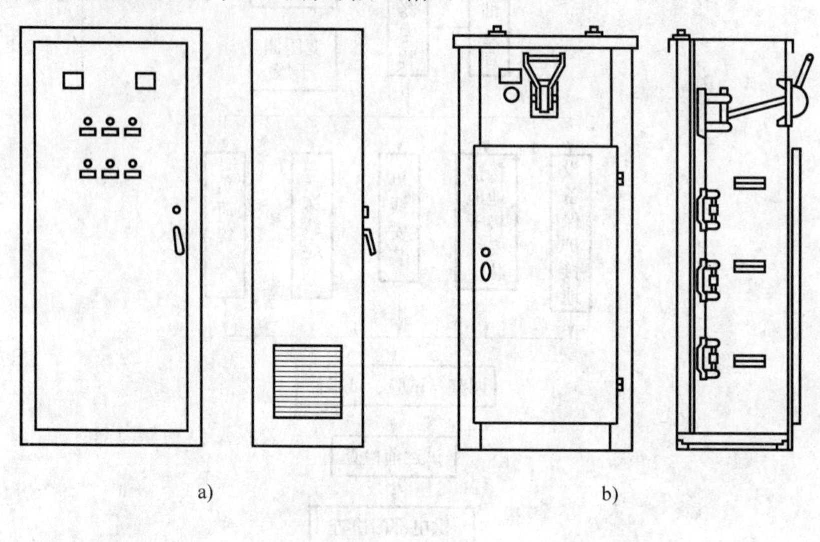

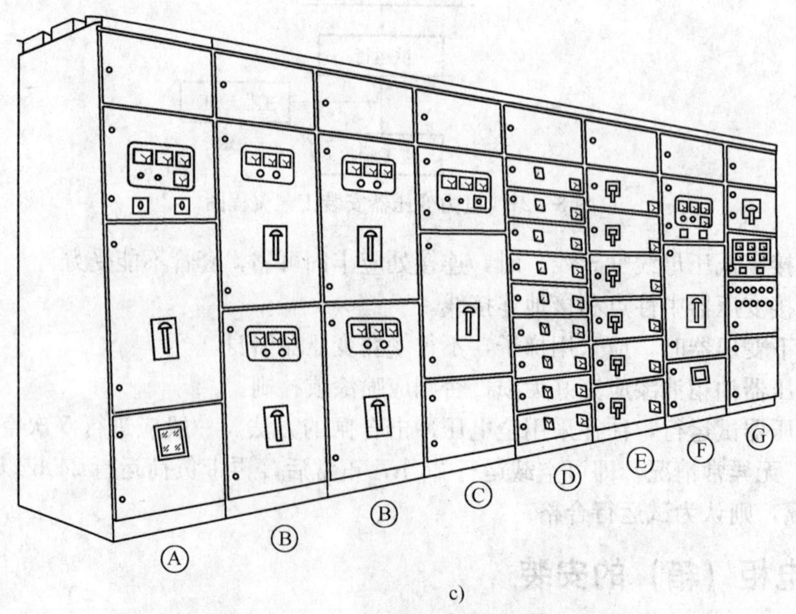

图 3—22　电力配电柜及组合配电柜外形图

a）普通电力配电柜的外形图　b）XL（F）—15 型电力配电柜外形图　c）变电所配电柜组合外形图

（2）找平找正后，按设备地角孔在型钢基础架上调孔，然后移开柜（箱），按其固定螺栓尺寸，在基础型钢架上用手电钻钻孔。一般低压柜钻 $\Phi12.2$ mm 孔，高压柜钻 $\Phi16.2$ mm 孔，分别用 M12 和 M16 镀锌螺栓固定。

（3）柜（箱）安装应横平竖直，连接紧密、牢固，无明显间隙，其允许偏差见表 3—6。柜、箱、屏、台、盘的金属框架及基础型钢必须可靠接地（PE）。

表 3—6　　柜（箱）安装时的允许偏差值

项次	项目		允许偏差/mm
1	垂直度	每米	1.5
2	水平度	相邻两柜顶部 成列柜顶部	2 5
3	不平度	相邻两柜面 成列柜面	1
4	柜间缝隙		2

（4）检测记录。配电柜（箱）安装完毕后进行检查并做好检测记录，检测记录作为竣工材料之一，在竣工交接时提交建设单位。

第五节　母线与穿墙套管安装

→ 熟悉母线与穿墙套管的安装程序

→ 掌握母线与穿墙套管的施工技术要求，能熟练地进行施工

一、母线的安装

1. 母线支架的制作、安装

（1）母线支架用 50 mm×50 mm×5mm 的角钢制作，用 M10 膨胀螺栓固定在墙上，如图 3—23 所示。

（2）低压母线支架的间距不大于 900 mm，高压母线支架间距不大于1 200 mm。

2. 母线的加工

（1）母线在加工前必须用木锤进行调直。矩形母线应减少直角弯曲，弯曲需用专用的工具冷煨，不得有明显的皱褶。

（2）母线扭弯部分的长度不得小于母线宽度的 2.5～5 倍，如图 3—24 所示。

（3）如图 3—25 所示，母线的弯曲半径 $R\geqslant 2a$，$0.25L>D>50$ mm（L 为两支持点间距的距离）。

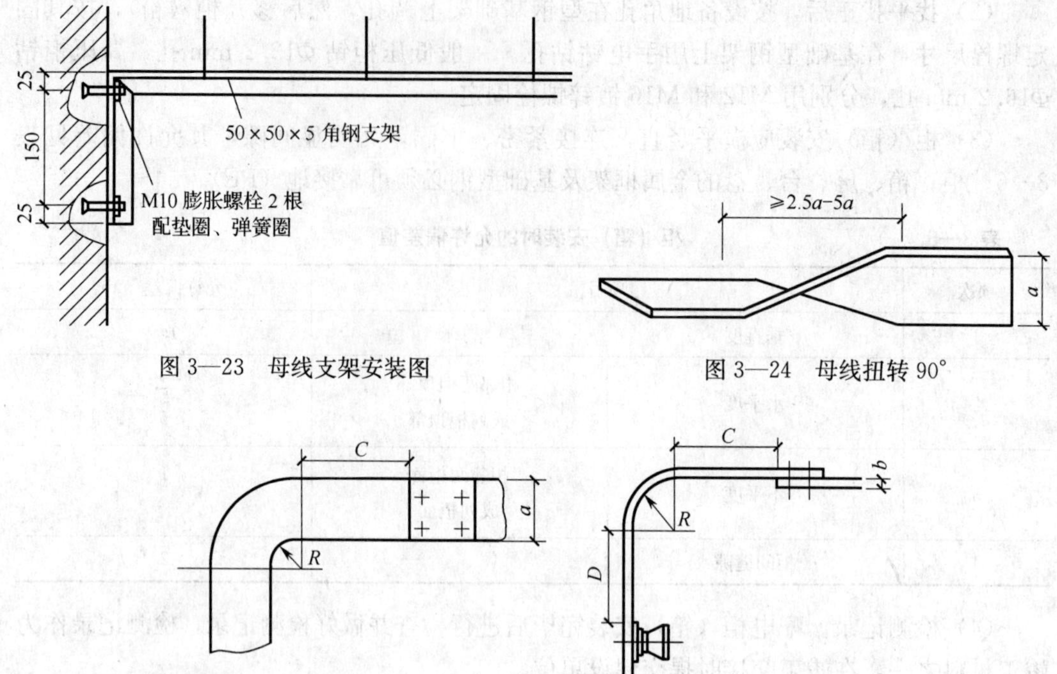

图 3—23　母线支架安装图

图 3—24　母线扭转 90°

图 3—25　矩形母线主弯与平弯

3. 母线的安装

（1）绝缘子安装前要用兆欧表测量其绝缘电阻，绝缘电阻大于 1 MΩ 者为合适。检查绝缘子外观有无裂纹、缺陷现象。绝缘子灌注的螺栓、螺母应牢固。绝缘子上、下要垫一个石棉垫固定在支架上，绝缘子夹板、卡板的安装要牢固。

（2）矩形母线应采用贯穿螺栓连接，管形、棒形母线应采用专用的线卡连接，严禁用内螺纹管或锡焊连接。

（3）母线采用螺栓连接时，垫圈应选用专用的加厚垫圈，相邻螺栓垫圈应有 3mm 以上的净距，螺母侧必须配齐镀锌的弹簧垫、螺栓。

（4）对水平安装的母线应采用扁钢卡子，对垂直安装的母线应采用母线夹板，如图 3—26 所示。母线只允许在垂直部分的中部夹在一对夹板上。

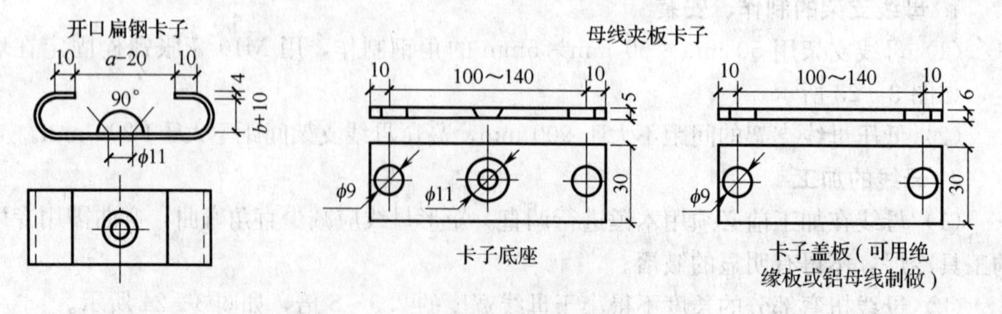

图 3—26　开口扁钢卡子和母线夹板卡子

（5）母线在安装完毕后将元宝卡子扭斜，卡子扭斜的方向应一致，使卡子的对角固定母线，如图 3—27 所示。

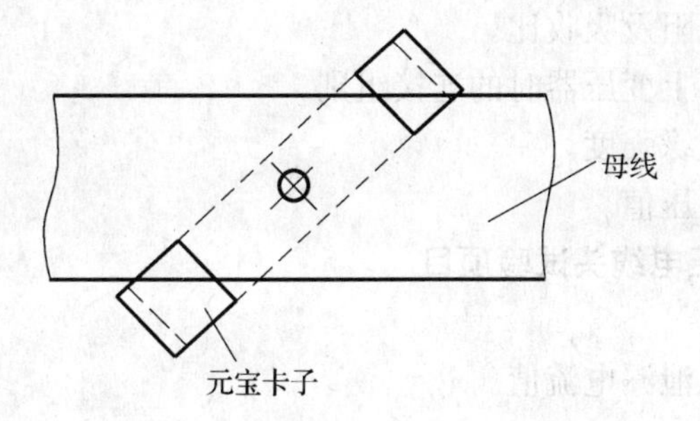

图 3—27　元宝卡子安装示意图

二、穿墙套管的安装

1. 穿墙套管安装的最小距离见表 3—7。

2. 穿墙套管安装前，应先进行工频试验，合格后方可安装，以避免日后返工。

表 3—7　　**穿墙套管安装的最小距离**

项目	允许最小距离/mm	项目		允许最小距离/mm
室外相间	350	对地高度	室内	3 500
室内相间	250		室外	4 000
双回路相间	2 200		室外临街	4 500

第六节　变配电设备试验与调整

→ 了解变配电设备试验与调整的内容及要求

一、调试准备工作

(1) 预埋件、开孔、扩孔等修饰工程完毕。

(2) 保护性护栏、防火隔离装置及所有与通电部分隔离的设施齐全。

(3) 通电后影响运行安全的工作和无法进行的工作施工完毕。

二、调试内容及要求

1. 变压器试验项目

(1) 吊心检查。

（2）绕组的直流电阻。

（3）绕组的绝缘电阻及吸收比。

（4）变比、两台以上变压器时的连接组别。

（5）变压器油的绝缘强度。

（6）绕组的工频耐压值。

2. 高压电缆及高压电缆头试验项目

（1）绝缘电阻。

（2）直流耐压值及泄漏电流值。

3. 油开关试验项目

（1）绝缘电阻。

（2）触电接触电阻。

（3）合闸时间及分闸时间。

（4）高、低电压下合闸、分闸操作动作。

（5）油的绝缘耐压值。

（6）开关本体的工频耐压。

4. 高压电容器试验项目

（1）绝缘电阻及吸收比。

（2）工频耐压。

（3）电容量。

5. 阀型避雷器的试验项目

（1）绝缘电阻。

（2）泄漏电流。

（3）工频击穿电压。

6. 负荷开关、隔离开关、穿墙套管、高压母线及支持绝缘子的试验项目

（1）绝缘电阻。

（2）工频耐压。

7. 二次回路的试验、继电器保护整定项目

（1）仪表用互感器及仪表的试验。

（2）互感器绝缘电阻。

（3）电压互感器一次绕组的直流电阻。

（4）变比、连接组别、特性。

（5）油的绝缘耐压值。

（6）互感器的工频耐压值。

（7）主要仪表的精度检验。

8. 柜、箱、屏、台、盘的检验与试验项目

（1）控制开关与保护装置的型号、规格符合工程图纸要求。

（2）闭锁装置动作准确、可靠。

（3）主开关的辅开关切换动作与主开关动作一致。

（4）柜、箱、屏、台、盘上的标识和器件上的标识与被控设备编号、位置、名称、操作位置和接线端子的编号相对应，且清晰、工整、不脱色。

（5）回路中的电子元件不做工频耐压试验，48 V 以下回路不做工频耐压试验。

9. 低压电器组合的检查项目

（1）发热元器件安装在散热良好的位置。

（2）熔断器的熔断规格、低压断路器的整定值符合设计要求。

（3）切换连接片接触良好，相邻连接片间有安全距离，切换时不触及相邻的连接片。

（4）信号回路的信号灯、按钮、显示屏、电铃、蜂鸣器、事故电钟等动作和信号显示准确。

（5）外壳接地线（PE 线）或零线（PEN 线）的连接可靠。

（6）端子板安装牢固，端子有序号，强电与弱电端子隔离布置，芯线截面积的大小与端子的规格适配。

10. 接地装置试验项目

接地电阻测试值符合规定。

第七节　变配电设备安装技能训练

→ 10 kV 变电所供配电一次系统图识读

【实训内容】

识读如图 3—28 所示的供配电一次系统接线图。

【操作步骤】

步骤 1　查看电源进线形式

系统采用双电源供电，一路为工作电源，另一路为备用电源。10 kV 架空引入。

步骤 2　变压器类型

系统采用一次降压供电。变压器选用 SJ－500 kV·A 两台 T1 和 T2。为保证变压器不受大气过电压的侵害，在变压器的高压侧装有 FS－10 型避雷器。

步骤 3　母线形式

低压侧母线（380 V/220 V）采用单母线分段式接线，Ⅰ、Ⅱ两段母线中间用隔离开关联络，以提高供电可靠性。

步骤 4　低压配电形式

从低压母线放射式向低压用户配电，通过低压配电屏向用电设备共引出 14 条供电

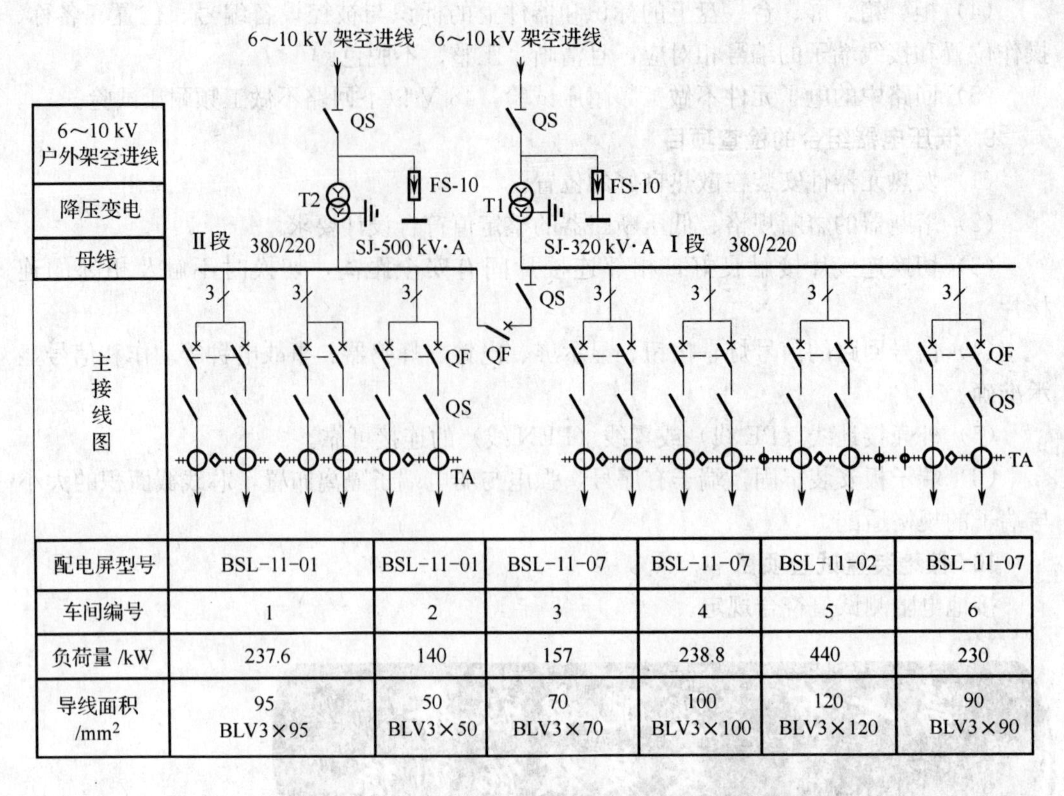

配电屏型号	BSL-11-01	BSL-11-01	BSL-11-07	BSL-11-07	BSL-11-02	BSL-11-07
车间编号	1	2	3	4	5	6
负荷量 /kW	237.6	140	157	238.8	440	230
导线面积 /mm²	95 BLV3×95	50 BLV3×50	70 BLV3×70	100 BLV3×100	120 BLV3×120	90 BLV3×90

图 3—28　某厂供配电系统一次系统接线图

支路。利用断路器 QF 和隔离开关 QS 实现供电回路的通断控制。各电流互感器 TA 在线路中供测量仪表使用。

→ 10 kV 变电所供配电二次系统图识读

【实训内容】

识读以下供配电二次系统接线图。

【操作步骤】

步骤 1　电压测量回路

利用电压转换开关 SA 和电压表 PV，随时监测三相电源运行状态是否正常，以满足负载所需电压的要求。

步骤 2　二次继电保护回路

回路由常开触头、合闸指示信号红灯 HLR、分闸指示信号绿灯 HLG、限流电阻 R 等构成。线路通过合闸、分闸信号装置，正确、清晰地表示电路的工作状态。电气设备与线路在运行过程中，出现过负荷或失压时，通过失压脱扣器线圈 FV 与负荷开关 QF 构成的失压脱扣器及时切断线路，确保线路、设备和人员安全。

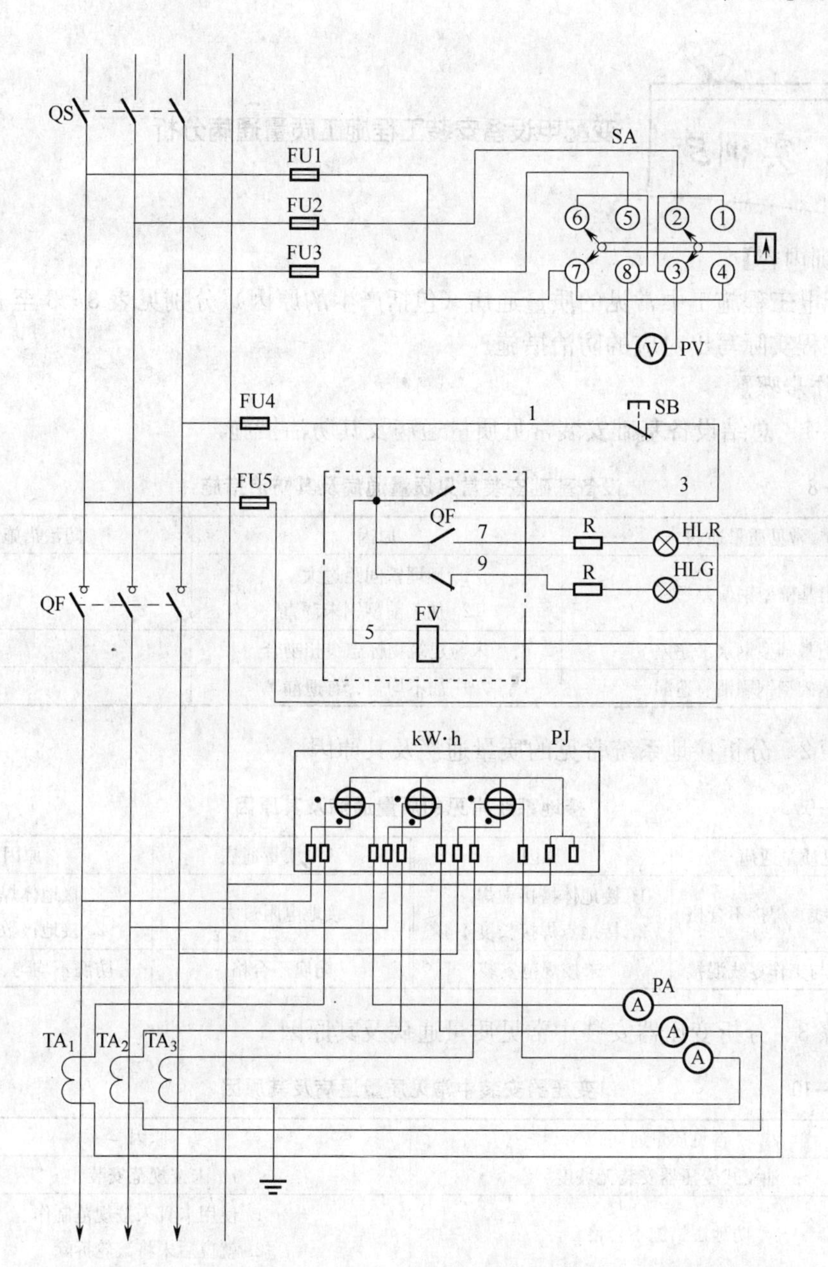

图 3—29　某厂供配电系统二次系统接线图

步骤 3　电能计量回路

电能计量回路包括一块三相有功电能表 PJ 和三只电流互感器 TA 及三块电流表 PA。利用电能表计量系统用电量，利用电流互感器和电流表构成电流测量回路，用以监测线路电流正常与否。

变配电设备安装工程施工质量通病分析

【实训内容】

变配电工程施工中常见的质量通病（包括产生的原因）分别见表 3—8 至表 3—12，请结合工程实际写出对应的防治措施。

【操作步骤】

步骤 1　总结设备基础安装常见质量通病及其防治措施

表 3—8　设备基础安装常见质量通病及其防治措施

常见质量通病	原因	防治措施
柜基础型钢偏差超标	1. 预埋铁间距过大 2. 加工前型钢未调直	
柜基础型钢水平超差	未与建筑物标志线相吻合	
基础型钢刷油有遗漏	刷油不均匀、有遗漏	

步骤 2　分析接地系统常见的质量通病及其原因

表 3—9　接地系统常见的质量通病及其原因

常见质量通病	原因	常见质量通病	原因
接地体（线）焊接不合格	1. 接地体搭接虚焊 2. 接地点焊接长度不够	接地电阻过大	1. 接地体焊接不合格 2. 接地极数量不够
接地干线与工作零线混接	未按规范安装	防腐不合格	防腐不均匀、有遗漏

步骤 3　分析变压器安装中常见质量通病及其原因

表 3—10　变压器安装中常见质量通病及其原因

常见质量通病	原因
油浸式变压器安装无坡度	未按规范安装
防地震措施不合格	1. 使用卡具未按规范制作 2. 就位后未将滚轮拆除
变压器中性点接地线与工作零线混接	未按规范安装

步骤 4　分析柜（箱）安装中常见质量通病及其原因

表 3—11　柜（箱）安装中常见质量通病及其原因

常见质量通病	原因
盘、柜连接后超差	1. 设备本身超差 2. 成排设备稳装后超差
设备基础安装孔不合格	使用气焊开型钢基础安装孔
PE、PEN 线安装未达到要求	主接地线未与型钢基础及盘柜金属框架连接

步骤 5　总结母线安装常见的质量通病及其原因、防治措施

表 3—12　　母线安装常见的质量通病及其原因、防治措施

常见质量通病	原因	防治措施
支架使用气焊开孔	开孔使用气焊切割	重新制作
母排煨弯后有裂纹	1. 铜排材质不合格 2. 使用母线煨弯器不合格	
母线接地处搪锡不均匀	1. 化锡锅温度低，或较小 2. 搪锡表面部位清洗不干净	
母线接触面不平整	1. 搪锡表面处理不平整 2. 由于开孔等加工使接触面不齐	
开孔过大	未按规范要求开孔	
螺栓连接相邻垫圈间过近	1. 开孔的间距未按规范加工 2. 使用垫圈不合格	
母线安装后绝缘电阻未能达到要求	1. 母线支持件绝缘强度低 2. 母线间距及对地间距不够	

单元测试题

一、判断题（下列判断正确的请打“√”，错误的打“×”）

（　　）1. 油浸式变压器主要分为油浸自冷变压器、油浸风冷变压器和油浸强迫油循环风冷变压器。

（　　）2. 熔断器主要有瓷插式、螺旋式、无填料封闭管式、有填料封闭管式等类型。

（　　）3. 断路器主要是用来通断电路负荷电流的。

（　　）4. 落地式配电箱安装可直接放置于地面，不必固定。

（　　）5. 高压硬质母线穿越墙壁或楼板时，必须装设穿墙套管。

（　　）6. 按灭弧介质，断路器主要分为油断路器、低压断路器和真空断路器等。

（　　）7. 硬质母线加工弯曲时，必须符合母线弯曲半径的要求。

（　　）8. 变配电所电气施工图必须包括：一次系统图、平面布置图、剖面图、二次系统图和构件安装大样图等。

二、单项选择题（下列每题的选项中，只有 1 个是正确的，请将其代号填在横线空白处）

1. 一级负荷应采用________供电方式。

A. 双电源　　B. 双独立电源

C. 单电源双回路　　D. 单电源单回路

2. 供电可靠性要求较高的场所应采用________方式配电。

A. 放射式　　B. 树干式

C. 混合式　　　　　　　　　　D. 任意

3. 油浸式变压器内温度较高的部分是________。

A. 变压器油　　　　　　　　　B. 绕组

C. 铁心　　　　　　　　　　　D. 油箱

4. 电力变压器容量的单位是________。

A. kW　　　　　　　　　　　B. kvar

C. kV·A　　　　　　　　　　D. kV

5. 变电所接地干线应刷________油漆。

A. 红色　　　　　　　　　　B. 黄色

C. 绿色　　　　　　　　　　D. 黑色

6. 图纸若无标注时，进户电源电缆保护管室外应出散水________mm。

A. 100　　　　　　　　　　B. 150

C. 200　　　　　　　　　　D. 250

7. 配电箱内装设的电源开关，上端接电源，________接负载。

A. 上端　　　　　　　　　　B. 左端

C. 下端　　　　　　　　　　D. 右端

三、填空题（请将正确的答案填在横线空白处）

1. 变压器主要技术数据有________________等。

2. 如果引入用电单位的电源为 1 kV 以上的高压电源，这类用户称为________用户。

3. 配电网是由________kV 及以下配电线路及配电变压器所组成，它的作用是把电能分配给各类用户。

4. 常用的配电形式主要有________、________和________。

5. 按冷却方式，变压器主要分为________、________和________等。

6. 柜、箱、屏、台、盘的________及________必须接地（PE）可靠。

四、简答题

1. 什么叫电力系统？我国电力系统中的电压等级有哪些？各种不同等级电压的作用是什么？

2. 如何划分建筑用电负荷的等级？对不同等级的负荷供电时有什么要求？

3. 建筑供配电系统的配电形式主要有哪几种？各有什么特点？

4. 变电所主要由哪几部分组成？各部分的作用分别是什么？

5. 简述配电柜的安装步骤。

6. 变压器能否用来变换直流电压？为什么？

7. 什么叫电气施工图？一套完整的电气施工图主要包括哪些内容？

五、应用题

1. 有一台单相照明变压器，变压比为 220 V/36 V，额定容量是 500 V·A，试求：

（1）在额定状态下运行时，一次、二次绕组通过的电流。

（2）如果在二次侧并接四个 60 W、36 V 的白炽灯泡，一次侧的电流是多少？

2. 一台额定容量 S=20 kV·A 的照明变压器，电压比为10 000 V/220 V。试求：

(1) 变压器在额定运行时，能接多少盏 220 V、40 W 的白炽灯泡？

(2) 能接多少盏 220 V、40 W、$\cos\varphi=0.53$ 的荧光灯？

(3) 如果将此荧光灯的功率因数提高到 $\cos\varphi=0.8$ 时，又可多接几盏同规格的荧光灯？

3. 有一台容量为 10 kV·A 的单相变压器，电压为3 300 V/220 V。变压器在额定状态下运行，试求：

(1) 一次侧和二次侧的额定电流。

(2) 二次侧可接 40 W、220 V 的白炽灯多少盏？

(3) 二次侧改接 40 W、220 V、$\cos\varphi=0.44$ 的荧光灯，可接多少盏？

单元测试题答案

一、判断题

1. √　2. √　3. ×　4. ×　5. ×　6. √　7. √　8. √

二、单项选择题

1. B　2. A　3. C　4. C　5. D　6. C　7. C

三、填空题

1. 变压器型号　额定电压　额定电流　额定容量　空载损耗　连接组别

2. 高压　3. 10　4. 放射式　树干式　混合式

5. 油浸自冷　风冷　干式　6. 金属框架　基础型钢

四、简答题

1. 答：通常把电能的生产（发电）、传输（输电、变电、配电）以及使用（用户用电）所构成的整个系统称为电力系统。

我国电力系统的额定电压等级主要有：220 V、380 V、6 kV、10 kV、35 kV、110 kV、220 kV、330 kV、500 kV、750 kV 等几种。

2. 答：建筑用电负荷的等级可分为一级负荷、二级负荷、三级负荷三类。

一级负荷要求采用双独立电源供电；二级负荷采用双回路电源供电；三级负荷供电无特殊要求。

3. 答：建筑供配电系统的配电形式主要有放射式、树干式和混合式。

放射式配电可靠性高，成本大。树干式配电成本小，可靠性差。混合式可中和二者优点。

4. 答：变电所主要由高压进线、高压配电室、电力变压器、低压配电室等部分组成。

(1) 高压进线。高压进线从电力网引入 10 kV 高压电源。引入方式可采用架空线路引入或电缆埋地引入。

(2) 高压配电室。大型建筑物的用电负荷较大，需在变电所内设置多台变压器。高压配电室内装设高压开关柜，将引入的高压电源分配至各变压器，同时具有线路控制及

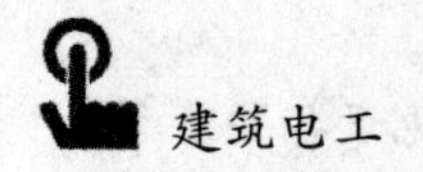

各种保护功能。

(3) 电力变压器。电力变压器用来把 10 kV 高压变换为 220 V/380 V 的低压，以满足建筑物内各种用电设备的需要。

(4) 低压配电室。低压配电室内装设各种低压配电柜，将变压器输出的低压电源合理分配至建筑物内的各种用电设备，同时具有线路控制、测量及各种保护的功能。

除此之外，变电所还具有电能计量、电流和电压的监测、防雷保护、过流保护、过压及欠压保护等功能，保证供电的可靠和安全。

5. 答：(1) 柜（箱）应按施工图位置顺序排列在预制的型钢基础上，单台柜（箱）只找柜面、侧面的垂直度。成排的柜（箱）的安装，应先找正找平正面端的柜（箱）。

(2) 找平找正后，按设备地角孔在型钢基础架上调孔，然后移开柜（箱），按其固定螺栓尺寸，在基础型钢架上用手电钻钻孔。一般低压柜钻 Φ12.2 mm 孔，高压柜钻 Φ16.2 mm 孔，分别用 M12 和 M16 镀锌螺栓固定。

(3) 柜（箱）安装应横平竖直，连接紧密、牢固、无明显间隙，柜、箱、屏、台、盘的金属框架及基础型钢必须接地（PE）可靠。

(4) 检测记录。配电柜（箱）安装完毕后进行检查并做好检测记录，检测记录作为竣工材料之一，在竣工交接时提交建设单位。

6. 答：变压器只能改变交流电量，不能改变直流电量。因为变压器是靠电磁感应原理变换电压、电流的，而直流电产生的磁场是固定的，不能引起电磁感应。

7. 答：电气施工图是用特定的图形符号、线条、文字标注等表示系统或设备中各部分之间相互关系及其连接关系的一种简图。电气施工图的绘制有一定的标准，看懂并理解电气施工图的内容是电气施工的首要工作。电气施工图一般包括图纸目录、设计说明、图例、设备材料表、电气系统图、电气平面图、设备布置图、电气原理图、大样图等内容。

五、应用题

1. 解：(1) 一次侧额定电流：500/200＝2.5 A

二次侧额定电流：500/36＝13.89 A

(2) 二次电流：(4×60) /36＝6.67 A

2. 解：(1) 接 220 V、40 W 的白炽灯泡：20×1 000/40＝500（盏）

(2) 接 220 V、40 W、$\cos\varphi$＝0.53 的荧光灯：20×1 000/（40/0.53）＝265（盏）

(3) 荧光灯的功率因数提高到 $\cos\varphi$＝0.8 后可接：20×1 000/（40/0.8）＝400（盏）

可多接同规格荧光灯：400－265＝135（盏）

3. 解：(1) 一次侧额定电流：10×1 000/3 300＝3.03 A

二次侧额定电流：10×1 000/220＝45.45 A

(2) 接 220 V、40 W 的白炽灯泡：10×1 000/40＝250（盏）

(3) 接 220 V、40 W、$\cos\varphi$＝0.44 的荧光灯：10×1 000/（40/0.44）＝110（盏）

第4单元

室外线路安装

第一节 室外线路施工图识读

→ 掌握室外线路施工图中各种材料的特点
→ 能够正确识读室外线路施工图纸

一、室外电缆线路施工图纸

1. 常用电力电缆

（1）电力电缆的基本结构。电力电缆的作用是传导电能。由缆芯、绝缘层和保护层三个主要部分构成，其结构示意图如图 4—1 所示。

a)

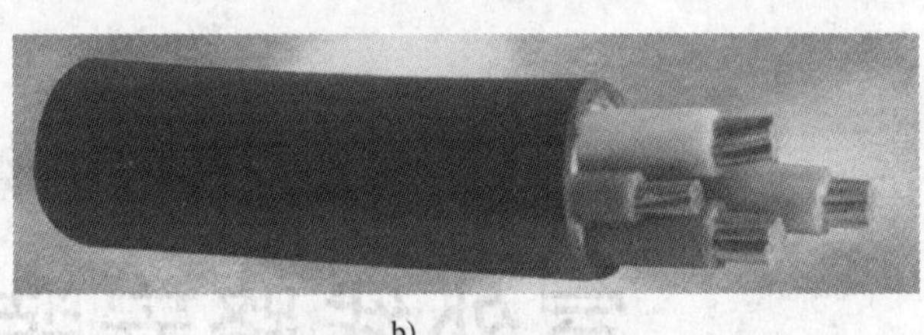

b)

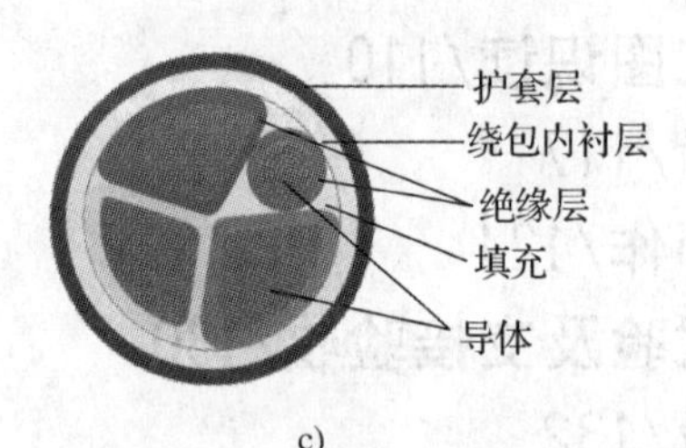

c)

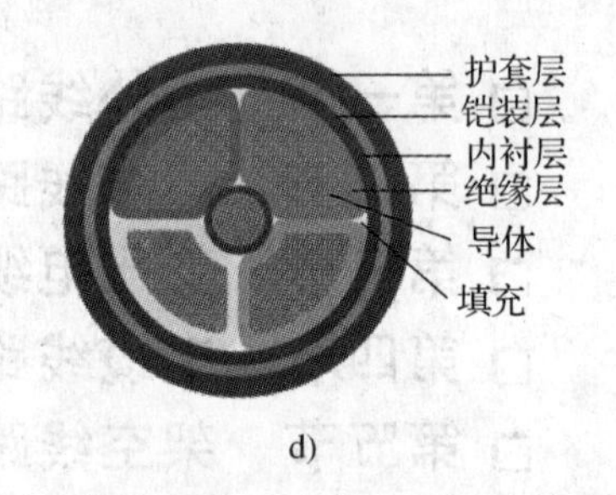

d)

图 4—1 电力电缆结构图

a）单芯电缆 b）四芯电缆 c）四芯电缆断面图 d）五芯电缆断面图

1）缆芯。缆芯的作用是传导电能，材料通常为铜或铝。铜比铝的导电性能好，机械强度高。缆芯的数量可分为单芯、双芯、三芯、四芯和五芯等。缆芯截面有圆形、半圆形、扇形等多种，其中扇形芯大量用于 1～10 kV 三芯和四芯电缆。根据电缆品种与规格，每个缆芯可以制成单股，也可以制成多股绞合线芯。

2）绝缘层。电缆绝缘层的作用是使缆芯之间及缆芯与保护层之间互相绝缘，要求有良好的绝缘性能和耐热性能。常用材料有油浸纸绝缘、聚氯乙烯绝缘、聚乙烯绝缘和橡胶绝缘等。在 10 kV 以下的电力线路中聚氯乙烯绝缘、聚乙烯绝缘两种材料用途广泛。

3）保护层。保护层根据电缆需要又分为两层。内护层保护绝缘层不受潮，外护层保护不受机械损伤（如对电缆起径向加强作用的金属带、起纵向加强作用的金属丝绕的铠装）。在机械损伤概率大的地方（如在室外直埋敷设）电缆需要两层保护层，一般场所电缆只需一层保护层即可。

（2）电力电缆的种类。按绝缘材料的不同，常用电力电缆有以下几类：

1）油浸纸绝缘电缆。10 kV 以下线路中较少使用。

2）聚氯乙烯绝缘、聚氯乙烯护套电缆，即全塑电缆，在 1 kV 以下低压电路中用途广泛。

3）交联聚乙烯绝缘、聚氯乙烯护套电缆，简称交联电缆，在 10 kV 以下线路中广泛应用。

4）橡胶绝缘、聚氯乙烯护套电缆，即橡胶电缆。

5）橡胶绝缘、橡皮护套电缆，即橡套软电缆。

除了电力电缆，常用电缆还有控制电缆、信号电缆、电视射频同轴电缆、电话电缆、光缆等。

（3）电力电缆的型号。电缆种类繁多，为了便于专业人员在图纸上分清，一般情况下采用一些字母和数字表示电力电缆各结构部分的材料及特点，即电力电缆的型号。电力电缆的型号由五个部分组成，具体含义见表 4—1 及表 4—2。

表 4—1　　电缆型号组成及含义

类别	绝缘种类	线芯材料	内护层	其他特征	外护层
电力电缆（不表示） K（控制电缆） Y（移动式软电缆） P（信号电缆） H（市内电话电缆）	Z（绝缘） X（橡胶） V（聚氯乙烯） Y（交联聚乙烯）	T（铜，可省略） L（铝）	Q（铅护套） L（铝护套） H（橡套） H、F（非燃性橡套） V（聚氯乙烯护套） Y（聚乙烯护套）	D（不滴流） F（分相铅包） P（屏蔽） C（重型）	两个数字

表 4—2　　外护层代号含义

第一个数字		第二个数字	
代号	铠装层类型	代号	外被层类型
0	无	0	无
1	—	1	纤维绕包
2	双钢带	2	聚氯乙烯护套
3	细圆钢丝	3	聚乙烯护套
4	粗圆钢丝	4	—

例如：YJV_{22} 型电缆表示铜芯、交流聚乙烯绝缘、聚氯乙烯护套、双钢带铠装电缆。

2. 典型室外电缆施工图

室外电缆施工图是表示电缆敷设、安装、连接的具体方法及工艺要求的简图，一般用平面布置图表示。工程图中常见图例符号见表 4—3。

表 4—3 电缆线路工程常用图例符号

图形符号	说明	图形符号	说明
	电源引入引出线 注：箭头相反为引出线		电缆预留
	挂在钢索上的线路		电缆中间接线盒
	地下线路		电缆分支接线盒
	水下（海底）线路		人孔的一般符号 注：需要时可按实际形状绘制
6	管道线路 注：管孔数量、截面尺寸或其他特性（如管道的排列形式）可标注在管道线路的上方。 示例：6 孔管道的线路		手孔的一般符号
	电缆铺砖保护	(1) a	电力电力与其他设施交叉点： a—交叉点编号 (1) 电缆无保护 (2) 电缆有保护
	电缆穿管保护 注：可加文字符号表示其规格数量	(2) a	

图 4—2 为 10 kV 线路室外电缆工程图，电缆采用直接埋地敷设，电缆从××路北侧电杆引下，穿过道路沿南侧敷设，到××大街转向南，沿街东侧敷设，终点为造纸厂，在造纸厂处穿过大街，按规范要求在穿过道路的位置要穿混凝土管保护。剖面 A—A 是整条电缆埋地敷设的情况，采用铺沙盖保护板的敷设方法，剖面 B—B 是电缆穿过道路时加保护管的情况。

二、室外架空线路施工图纸

1. 常用室外架空线路中的材料及特点

架空电力线路的构成主要有：导线、电杆、横担、金具、绝缘子、导线、基础及接地装置等，如图 4—3 所示。

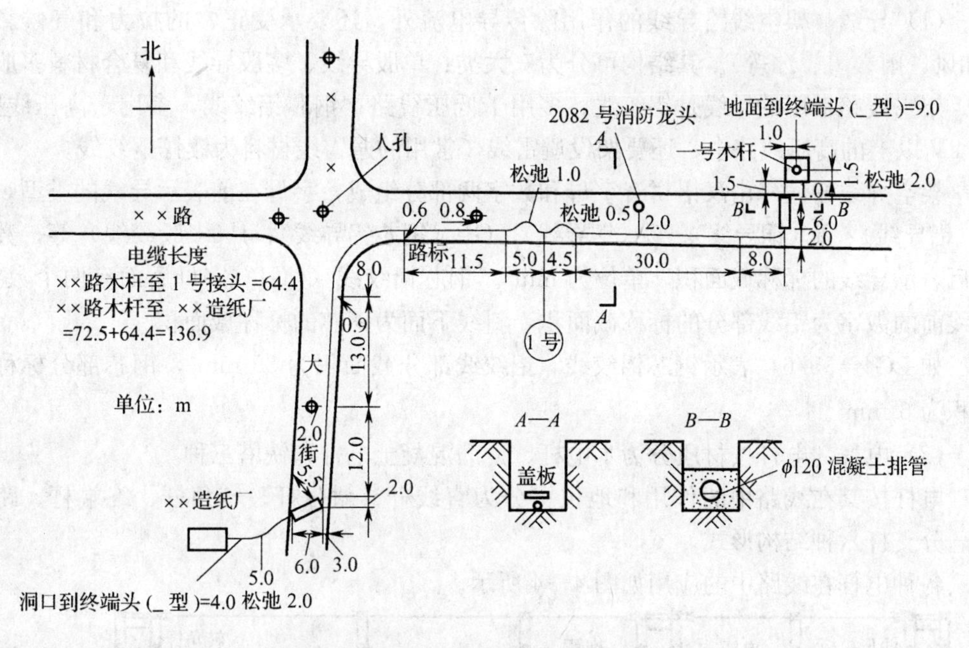

图 4—2　10 kV 线路室外电缆工程图

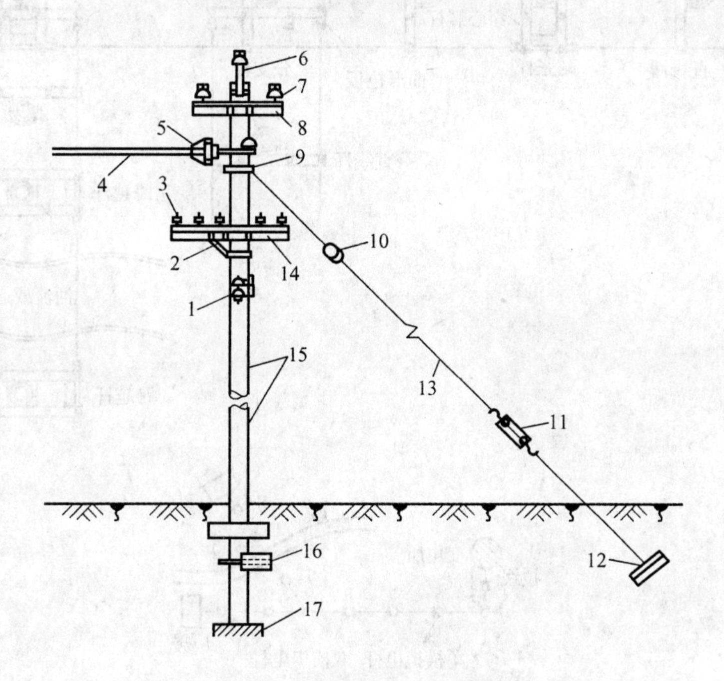

图 4—3　架空电力线路组成

1—低压蝶式绝缘子　2—横担支撑　3—低压针式绝缘子　4—导线
5—高压杆头　6—高压杆头　7—高压针式绝缘子
8—高压横担　9—拉线抱箍　10—拉紧绝缘子
11—花篮螺栓　12—地锚　13—拉线
14—低压横担　15—电杆
16—卡盘　17—底盘

(1) 导线。架空线路导线的作用除传导电流外，还要承受正常的拉力和气候影响(如风、雨、雪、冰等)。其结构可分为三大类：单股导线、多股导线和复合材料多股绞线。架空线路常用的导线是铝绞线，多用于低压线路；钢芯铝绞线，多用于高压线路。35 kV 以上的高压线路中，还要架设避雷线，常用的避雷线材料为镀锌钢绞线。

架空导线的型号由汉语拼音字母和数字两部分组成，字母在前表示导线的类型，如 L（铝导线）、T（铜导线）、G（钢导线）、GL（钢芯铝导线）、J（多股绞线）等；数字在后表示导线的标称截面积，单位为 mm^2。钢芯铝绞线（LGJ）字母后面有两个数字，斜线前的数字为铝线部分的标称截面积，斜线下面为钢芯的标称截面积。

如 LGJ－35/6，表示钢芯铝绞线，铝绞线部分截面积为 35 mm^2，钢芯部分标称截面积为 6 mm^2。

(2) 电杆。电杆按材质分为木电杆、钢筋混凝土电杆和铁塔三种。

电杆按其在线路中的作用和地位可分为直线杆、耐张杆、转角杆、终端杆、跨越杆、分支杆六种结构形式

各种电杆在线路中的应用如图 4—4 所示。

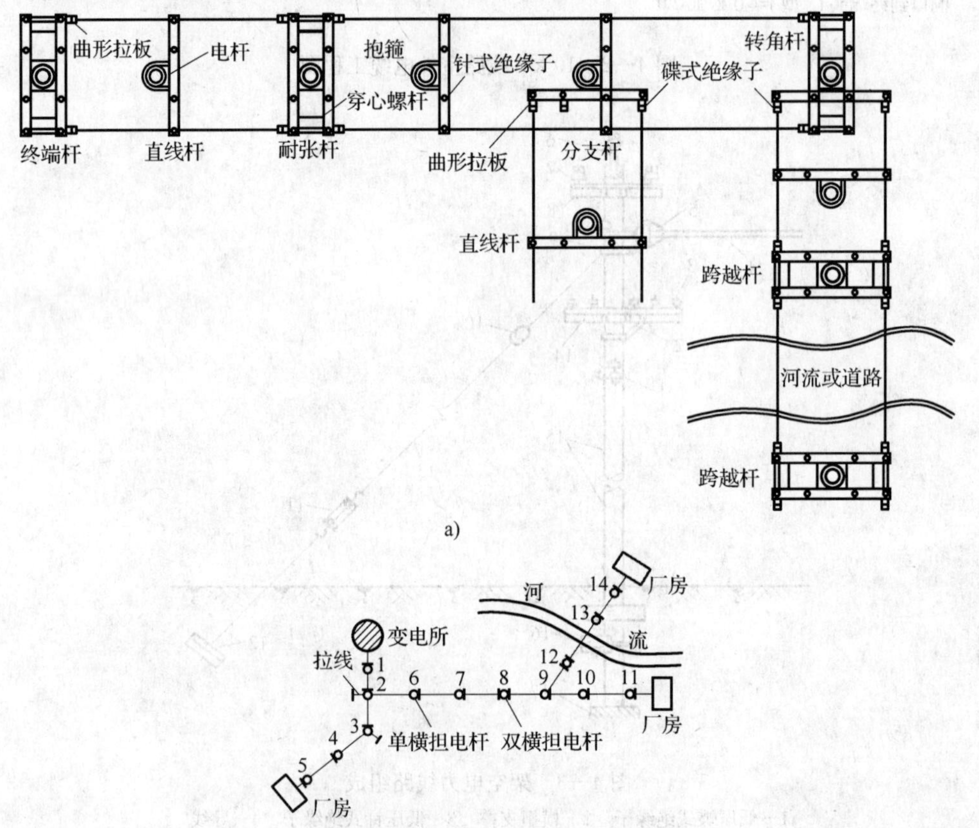

图 4—4　各种电杆在线路中的应用

a）各种电杆的特征　b）各种电杆在线路中的应用

1、5、11、14—终端杆　2、9—分支杆　3—转角杆　4、6、7、10—直线杆

8—耐张杆（分段杆）　12、13—跨越杆

(3) 绝缘子。绝缘子用来固定导线，并使导线对地绝缘，要求有良好的电气绝缘性能和足够的机械强度。架空线路中常用的绝缘子有针式绝缘子、碟式绝缘子、悬式绝缘子及瓷横担等。

(4) 横担。横担是装在电杆上端，用来固定绝缘子架设导线的。高、低压架空配电线路的横担主要有角钢横担、木横担和瓷横担。

(5) 金具。在敷设架空线路时，横担的组装、绝缘子的安装、导线的架设及电杆拉线的制作等都需要一些金属附件，这些金属附件统称为线路金具。

(6) 拉线。拉线在架空线路中是用来平衡电杆各方向的拉力，防止电杆弯曲或倾倒，所以在承力杆（转角杆、终端杆、耐张杆）上均装设拉线。

2. 典型室外架空线路施工图

(1) 架空电力线路工程图常用图形符号。在架空电力线路中，需要用相应的图形符号，将架空线路中使用的各种材料表示出来，常见图例符号见表4—4。

表4—4　　架空电力线路常用图形符号

图形符号	说明	图形符号	说明
○A-B C	电杆的一般符号，可加注文字符号表示：A一杆材或所属部门；B一杆长；C一杆号	−05 −06	05表示规划中变电所 06表示运行中变电所
	架空线路	−21 −22	杆上变电站 不画阴影表示规划中
	规划中开闭所	−27	规划中地下变电站
	规划中箱式变电站	a b/c Ad	带照明灯的电杆 一般画法 a一编号；b一杆型；c一杆高；d一容量；A一连接相序

(2) 低压架空电力线路工程平面图。图4—5所示是380 V低压架空电力线路工程平面图。低压电力线路为配电线路，要把低压电能输送到各个不同用电场所，各段线路的导线和截面积均在图上标注清楚。

图4—5中待建建筑为本工程将要施工的建筑，计划扩建建筑为将来建设的建筑。每个待建建筑上都标有建筑面积和用电量，如6号建筑的建筑面积为1 620 m^2，P_{js}表示计算功率，为27 kW。图右上角是一个小山坡，画有山坡的等高线。

电源进线为10 kV架空线，从场外高压线路引来。电源进线使用铝绞线（LJ），LJ－3×25为三根截面积为25 mm^{2}的导线，接至1号杆。在1号杆处为两台变压器，

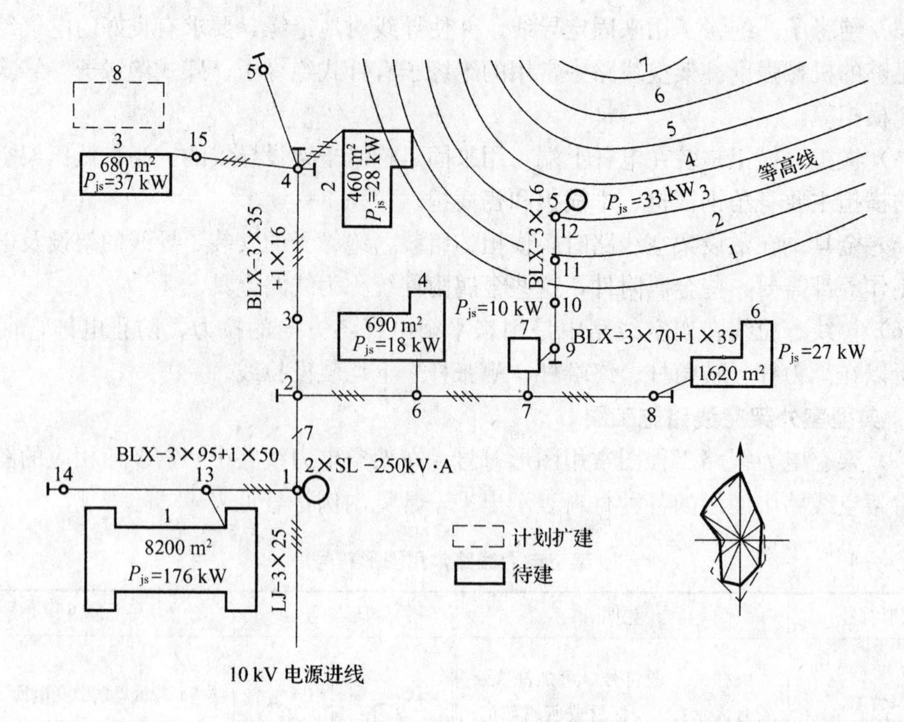

图 4—5　380 V 低压架空电力线路工程平面图

变压器的型号为 SL7－250 kV・A，SL7 表示变压器为 7 系列三相油浸式自冷铝绕组变压器，额定容量为 250 kV・A。

从 1 号杆到 14 号杆导线标注为 BLX－3×95＋1×50，表示 4 根导线，其中 BLX 表示橡胶绝缘铝导线，3 根导线的截面为 95 mm^2，1 根导线的截面为 50 mm^2。14 号杆为终端杆，装 1 根拉线。从 13 号杆向 1 号建筑做架空接户线。

1 号杆到 2 号杆上为两层线路，一路为到 5 号杆的线路，4 根 BLX 型导线，其中 3 根导线的截面为 35 mm^2，1 根导线的截面为 16 mm^2；另一路为横向到 8 号杆的线路，4 根 BLX 型导线，其中 3 根导线的截面为 70 mm^2，1 根导线的截面为 35 mm^2。1 号杆到 2 号杆间线路标注为 7 根导线，这是因为在这一段线路上两层线路共用 1 根中性线，在 2 号杆处分为两根中性线。2 号杆为分支杆，要加装两组拉线，5 号杆、8 号杆为终端杆也要加装拉线。

线路在 4 号杆分为三路：第一路到 5 号杆；第二路到 2 号建筑物，要做一条接户线；最后一路经 15 号杆接入 3 号建筑物。为加强 4 号杆的稳定性，在 4 号杆上装有两组拉线。5 号杆为线路终端，同样安装了拉线。

在 2 号杆到 8 号杆的线路上，到 6 号杆、7 号杆和 8 号杆处均做接户线。

从 9 号杆到 12 号杆是给 5 号设备供电的专用动力线路，电源取自 7 号建筑物。动力线路使用 3 根截面为 16 mm^2 的 BLX 型导线。

第二节　电缆线路敷设

→ 掌握室外电缆线路敷设的工艺要求
→ 熟记室外电缆线路敷设的质量标准

在电缆线路施工前需要熟悉施工图及进行图纸会审，确认电缆起始点的电气设备、电缆走向、电缆构筑物（电缆隧道、电缆沟、电缆排管等）及电缆敷设的根数。根据电缆排列图确认每根电缆的排列位置以及编号、规格、类型、用途等。

一、电缆直埋敷设

1. 电缆直埋敷设工艺

电缆直接埋地敷设即把电缆直接埋入地下土壤的敷设方式，当电缆根数较少（一般少于 8 根）、土壤中不含腐蚀电缆的物质、允许再次开挖的情况下可采用电缆直接埋地敷设。直接埋地敷设按下列流程及要求进行：

（1）挖电缆沟样洞。按施工图在电缆敷设线路上开挖样洞，以便了解土壤和地下管线布置情况。如有问题，应及时提出解决办法。样洞一般尺寸：长为 0.4～0.5 m，宽与深均为 1 m。开挖数量可根据电缆敷设的长度和地下管线的复杂程度来决定。

单元 4

（2）放样画线。根据施工图和开挖样洞的资料确定电缆线路的实际走向，用石灰粉划出电缆沟的开挖宽度和路径。直埋电缆沟开挖宽度可按照表 4—5 选择。

表 4—5　　直埋电缆沟开挖宽度表

电缆壕沟宽度 B（mm）		控制电缆根数						
		0	1	2	3	4	5	6
10 kV 及以下电力电缆根数	0		350	380	510	640	770	900
	1	350	450	580	710	840	970	1 100
	2	500	600	730	860	990	1 120	1 250
	3	650	750	880	1 010	1 140	1 270	1 400
	4	800	900	1 030	1 160	1 290	1 420	1 550
	5	950	1 050	1 180	1 310	1 440	1 570	1 800
	6	1 100	1 200	1 330	1 460	1 590	1 720	1 850

（3）开挖电缆沟。电缆沟的形状如图 4—6 所示，电缆沟的宽度应根据土质、沟深、电缆根数及电缆间距而定，通常 $B=350+100\ N$（mm），其中 N 为电缆的根数。

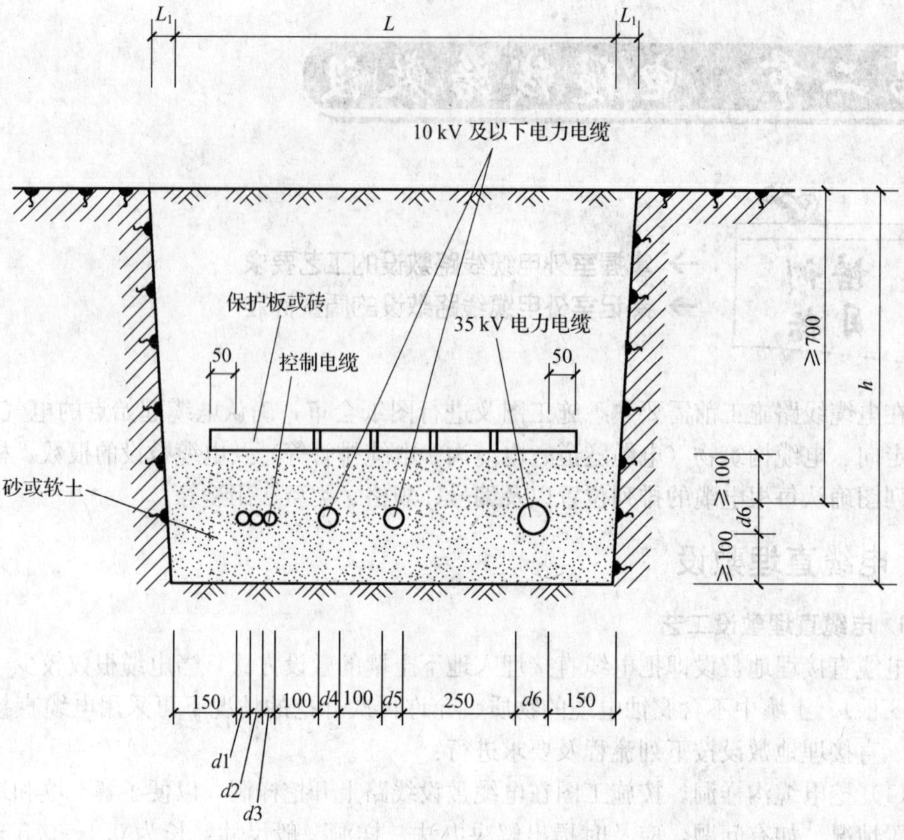

图 4—6 10 kV 及以下电缆直埋沟

图 4—6 中，L 为电缆沟的宽度，根据电缆根数和外径由工程设计确定。控制电缆间距不作规定。单芯电力电缆直埋敷设时，将单芯电力电缆按品字形排列，并每隔 1 m 采用电缆卡带进行捆扎，捆扎后电缆外径按单芯电缆外径 2 倍计算。$d_1 \sim d_6$ 为电缆外径，h 为沟深。当电缆穿保护管埋地时，可不加砂、保护板或砖保护。保护板采用预制混凝土板。

(4) 铺设下垫层。在挖好的沟底铺上 100 mm 厚的软土或细沙，作为电缆的垫层。

(5) 埋设电缆保护管。电缆如穿越铁路、公路、建筑物、道路、上下电杆或与其他设施交叉时，应事先埋设保护钢管或水泥管，对电缆进行保护。

(6) 布放电缆。把电缆线盘架设在放线架上，用人力或机械布放电缆，敷设在电缆沟内。布放电缆时，电缆不能碰触地面，每隔一定距离用滚轮支撑电缆，防止布放电缆时损伤电缆。电缆的弯曲标准可由相应的电缆制造标准查明或供货方提供。无资料时，可见表 4—6。电缆应松弛地敷在沟底，以便伸缩，当电缆有接头或进入建筑物时，要有预留长度，一般终端头预留 1.5 m，进入建筑物预留 2 m。

(7) 铺设上垫层。电缆敷设好后，在电缆上面再铺一层 100 mm 厚的软土或细沙，然后在沙土层上铺盖水泥预制板或砖，以防电缆损伤。

(8) 回填土。将电缆沟回填土分层夯实，覆土应高于地面 150～200 mm。

表 4—6　　电缆最小弯曲半径

<table>
<tr><th colspan="3">电缆型式</th><th>多芯</th><th>单芯</th></tr>
<tr><td colspan="3">控制电缆</td><td>10D</td><td></td></tr>
<tr><td rowspan="3">橡胶绝缘电力电缆</td><td colspan="2">无铅包、钢铠护套</td><td colspan="2">10D</td></tr>
<tr><td colspan="2">裸铅包护套</td><td colspan="2">15D</td></tr>
<tr><td colspan="2">钢铠护套</td><td colspan="2">20D</td></tr>
<tr><td colspan="3">聚氯乙烯绝缘电力电缆</td><td colspan="2">10D</td></tr>
<tr><td colspan="3">交联聚乙烯绝缘电力电缆</td><td>15D</td><td>20D</td></tr>
<tr><td rowspan="3">油浸纸绝缘电力电缆</td><td colspan="2">铅包</td><td colspan="2">30D</td></tr>
<tr><td rowspan="2">铅包</td><td>有铠装</td><td>15D</td><td>20D</td></tr>
<tr><td>无铠装</td><td>20D</td><td></td></tr>
<tr><td colspan="3">自容式充油（铅包）电缆</td><td></td><td>20D</td></tr>
</table>

注：表中 D 为电缆外径。

（9）设置电缆标示牌。电缆敷设完毕后，在电缆的引出入端、终端、中间接头、转弯处，应设置电缆标示牌，注明线路编号、电压等级、电缆型号规格、起始点、线路长度和敷设时间等内容，便于后期检查。

2. 电缆直埋敷设质量验收标准

（1）埋设深度。电缆应埋设在冻土层以下，一般地区的埋设深度不应小于 0.7 m，农田中不应小于 1 m，如不能满足要求，电缆应采取保护措施。

（2）敷设间距。多根电缆并排敷设时应具有一定的间距（见图 4—6）。

（3）与设施的安全距离。直埋敷设的电缆与各种设施平行或交叉的安全净距，应符合要求。电缆与道路或地下设施交叉时，应穿管保护，以防止电缆损伤。管径选择可见表 4—7。

表 4—7　　电缆保护管管径选择表

钢管直径（mm）	三芯电力电缆（mm^2）		四芯电力电缆（mm^2）
	1 kV	10 kV	
50	<70		<50
70	95～150	<25	70～120
80	185	70～120	150～185
100	240	150～240	240

（4）电缆沿坡敷设。电缆直埋敷设坡度较大时，中间要设固定桩。

（5）引至建筑物的做法。由于建筑物内外湿度相差较大，所以进入建筑物的电缆应采取防潮措施，必要时用沥青或防水水泥密封。一般可按图 4—7 做法处理，电缆穿入管子后，管口应密封。

单元 4

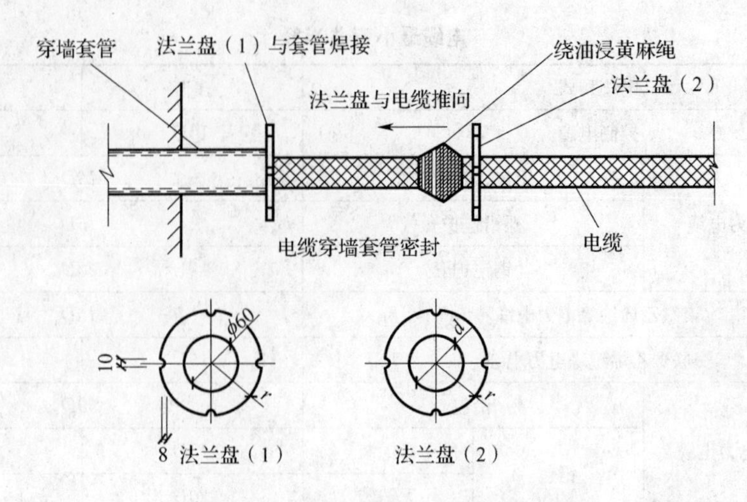

图 4—7　直埋电缆引入建筑物做法

（6）电缆之间，电缆与管道、道路、建筑物之间平行和交叉时的最小净距见表 4—8。

表 4—8　电缆之间，电缆与管道、道路、建筑物之间平行和交叉时的最小净距　m

项目		平行	交叉
电力电缆间及其与控制电缆间	10 kV 及以下	0.10	0.50
	10 kV 以上	0.25	0.50
控制电缆间		—	0.50
不同使用部门的电缆间		0.50	0.50
热管道（管沟）及热力设备		2.00	0.50
油管道（管沟）		1.00	0.50
可燃气体及易燃液体管道（沟）		1.00	0.50
其他管道（管沟）		0.50	0.50
铁路路轨		3.00	1.00
电气化铁路路轨	交流	3.00	1.00
	直流	10.0	1.00
公路		1.50	1.00
城市街道路面		1.00	0.70
杆基础（边线）		1.00	—
建筑物基础（边线）		0.60	—
排水沟		1.00	0.50

注：①电缆与公路平行的净距，当情况特殊时可酌减。

②当电缆穿管或者其他管道有保温层等防护设施时，表中净距应从管壁或防护设施的外壁算起。

二、电缆在室外电缆沟内敷设

电缆根数较多的场合，采用专用电缆沟敷设。电缆沟由土建专业施工，由砖砌筑或由混凝土浇筑而成，沟顶部用钢筋混凝土盖板封住。

1. 室外电缆沟内敷设电缆工艺

（1）施工准备。施工前，认真熟悉施工图纸，了解每根电缆的型号、规格、走向和实际用途。按照实际情况计算电缆长度并合理安排。

（2）电缆支架制作和安装。电缆支架的形式较多，以往常使用焊接角钢支架，而目前多采用组装式电缆支架，如角钢挑架、扁钢挂架和圆钢挂架等。

1）角钢挑架。角钢挑架的形式及安装做法，可参见表 4—9 和图 4—8。

表 4—9　　角钢挑架尺寸

	电缆层数	L（mm）		电缆根数	L（mm）
角钢底座	3	700	角钢挑架	1	160
	6	1 450		2	200
	9	2 200		3	310

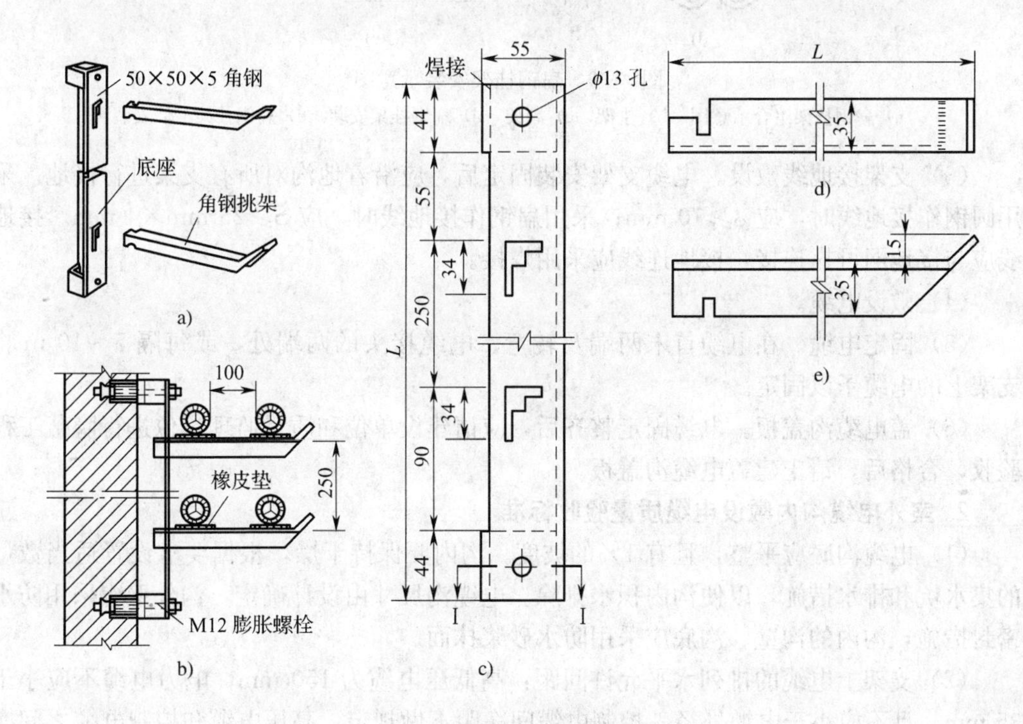

图 4—8　角钢挑架安装示意图

a）角钢挑架组合示意图　b）安装做法图　c）挑架底座

d）挑架正面　e）挑架侧面

2）扁钢挂架。扁钢挂架的形式和安装做法如图 4—9 所示。

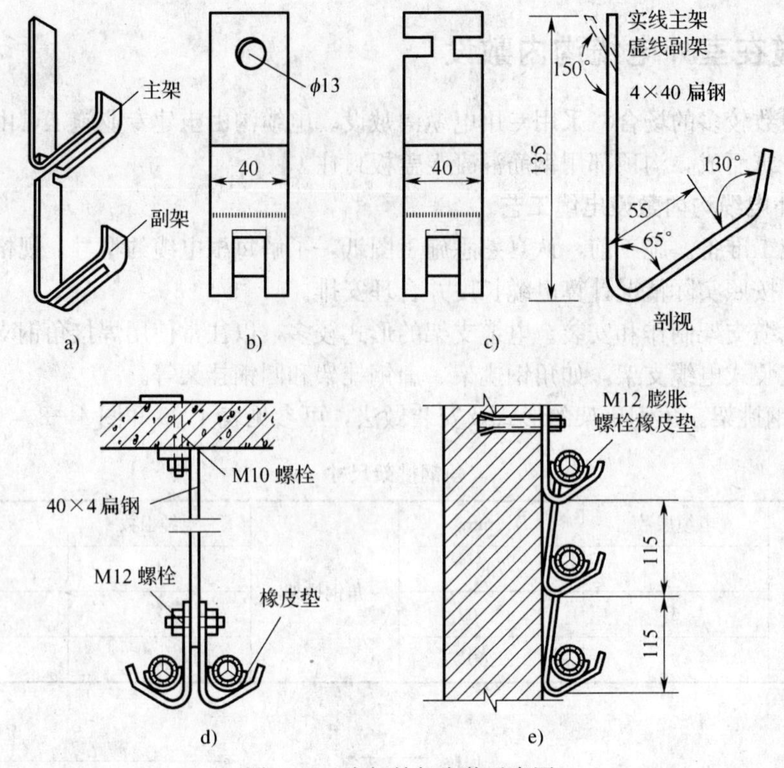

图 4—9　扁钢挂架安装示意图

a）扁钢挂架组合示意图　b）主架　c）副架　d）扁钢挂架安装　e）扁钢挂架沿墙安装

（3）支架接地线敷设。电缆支架安装固定后，应沿着地沟对所有支架进行接地。采用圆钢作接地线时，应 $\phi \geqslant 10$ mm；采用扁钢作接地线时，应 $S \geqslant 25$ mm×4 mm。接地线应与接地网可靠连接，接地连线应采用焊接。

（4）敷设电缆。

（5）固定电缆。在电缆首末两端及转弯、电缆接头的两端处，或每隔 5～10 m 将支架上的电缆予以固定。

（6）盖电缆沟盖板。电缆固定整齐后，应请建设单位和质量监理单位进行隐蔽工程验收，合格后，请土建盖电缆沟盖板。

2. 室外电缆沟内敷设电缆质量验收标准

（1）电缆沟底应平整，且有 1%的坡度。沟内要保持干燥，根据要求设置适当数量的集水坑和排水措施，以便沟内积水排除。电缆沟尺寸由设计确定，沟外壁应采用防水密封措施，沟内的沟壁、沟底应采用防水砂浆抹面。

（2）支架上电缆的排列水平允许间距：高低压电缆为 150 mm，电力电缆不应小于 35 mm，且不应小于电缆外径，控制电缆间净距不做规定。高压电缆和控制电缆之间净距不应小于 100 mm。

电缆支架层间垂直允许净距：10 kV 及以下电力电缆为 150～200 mm，控制电缆为 120 mm。

（3）电缆在支架上敷设时，电力电缆在上，控制电缆在下。1 kV 以下的电力电缆和控制电缆可并列敷设，当双侧有支架时，1 kV 以下的电力电缆和控制电缆，尽可能与 1 kV 以上的电力电缆分别敷设于不同侧的支架上。

(4) 电缆支承（如支架或其他支持点）的间距应按设计规定施工，当设计无规定时，应参照表 4—10 选择。

表 4—10　　电缆支持点的最大间距（m）

敷设方式	在支架上敷设		
	塑料护套、铅包、铝包、钢带铠装		钢丝铠装
	电力电缆	控制电缆	
水平敷设	1.0	0.8	3.0
垂直敷设	1.5	1.0	6.0

(5) 电缆支架要求安装牢固，经过防腐处理（如镀锌或刷防锈漆），并应在电缆下面衬垫绝缘材料，以保护电缆。

(6) 当电缆需在沟内穿越墙壁或楼板时应穿钢管保护，以防止机械损伤。电缆敷设好后，用黄麻和沥青密封管口。

三、室外电缆在排管内敷设

按照一定孔数和排列预制好水泥管块，再用水泥砂浆将其在地面下浇筑成一个整体，然后将电缆穿入管中，这种电缆的敷设方法就称为电缆排管敷设。

1. 室外电缆在排管内敷设工艺

(1) 设置电缆人孔井。电缆在排管敷设时，为便于抽拉电缆或连接电缆，在电缆分支、转弯等处，均应设置便于人工操作的电缆人孔井。

(2) 挖沟和下排管。挖沟方法和直埋电缆相同，沟宽根据排管宽度而定。挖好沟后在沟底以素土夯实，再铺以水泥砂浆垫层。下排管前，将排管孔内杂物清除干净，打磨管孔边缘的毛刺。将排管排列整齐。管块连接时，在接口处缠上塑料胶粘带以防砂浆进入管内，再用水泥砂浆把接口封实（见图 4—10）。如在承重地段，排管外侧再用 C10 混凝土做 80 mm 厚的保护层。

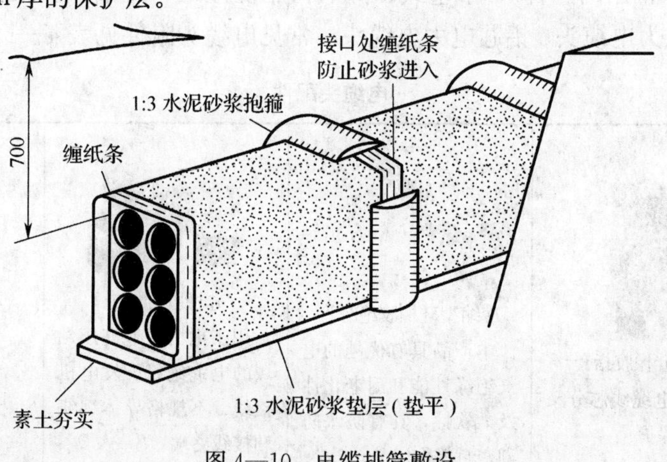

图 4—10　电缆排管敷设

(3) 敷设电缆。先将电缆放在电缆入口井底较高的一侧的外面。然后将电缆与表面无毛刺的钢丝绳绑扎连接，将钢丝绳穿过排管接于另一人孔井的牵引设备上，将电缆穿于排管内。牵引时要缓慢进行，必要时可在管内壁或电缆外层涂以无腐蚀性润滑油。

2. 室外电缆在排管内敷设质量验收标准

(1) 一般每管孔宜穿一根电缆，管孔内径不应小于所穿电缆直径的 1.5 倍。

(2) 排管顶部埋深不小于 500 mm。

(3) 纵向排水坡度不小于 0.2%～0.5%。

(4) 电缆在混凝土管块中敷设穿过铁路、公路及有重型车辆通过的道路时，应选用混凝土包封形式。

(5) 人孔井一般应设置在转弯、变高程、分支、接头及电缆排管转向直埋处，在直线段一般不超过 50 m 处设置。人孔井钢筋混凝土盖板的钢筋保护厚度为 30 mm。电缆的中间接头应放在人孔井中。

第三节 低压电缆头制作

→ 掌握不同类型电缆电缆头制作工艺的选择
→ 熟记热缩式低压电缆头的制作工艺
→ 熟记干包式低压电缆头的制作工艺

电缆敷设并整理完毕，核对无误，电气设备安装完毕，应由持有电工操作证的人员进行电缆头制作。现场应清洁、干燥、明亮。室外制作电缆头时，应在气候良好的条件下进行，并有防雨、防尘措施。

电缆头按照安装的场所可分为两种：户内式、户外式；根据制作安装的材料可分为四种：热缩式（常用的一种）、干包式、环氧树脂浇注式、冷缩式。根据线芯材料可分为两种：铜芯电力电缆头、铝芯电力电缆头。常见电缆头附件见表 4—11。

表 4—11　　　　电缆头配件

名称及作用	 冷缩型硅橡胶指套 适用于电缆线芯分叉处的密封保护	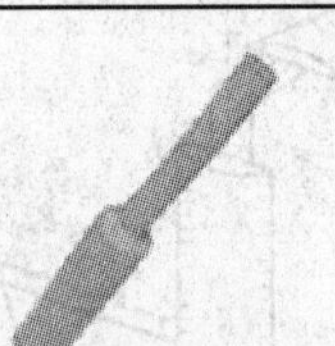 冷缩型硅橡胶绝缘管 本产品具有优越的电气绝缘性能和耐老化性及柔软性，具有防水防潮密封等作用	 硅橡胶自粘带 用于电力行业高压领域的电缆绝缘、发电机接线、不规格导体缠绕和接线终端	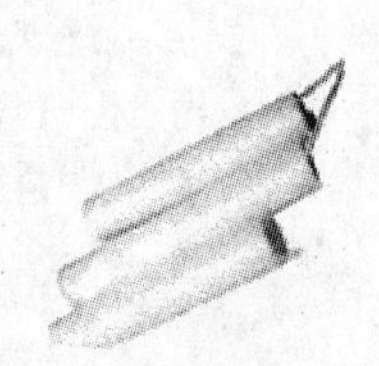 支撑管 用于冷缩电缆附件

续表

名称及作用	自粘型橡胶半导电带 为高压接头和终端提供连续屏蔽，取代已损坏的电缆金属屏蔽下的半导电层，形成应力锥的导电部分，构成导电垫圈	 恒力弹簧 固定电缆附件中的接地线	 热缩应力管 用于高压电缆附件，起到应力控制作用	 热缩型指套 用于电缆线芯分支处的密封保护
名称及作用	 热缩型护套管 用于高压电缆中间连接的密封和修补保护，具有良好的抗紫外线和耐老化功能	 热缩型双壁管 提高电缆连接的可靠性，并能简化安装工艺，应用于高压电缆中间连接	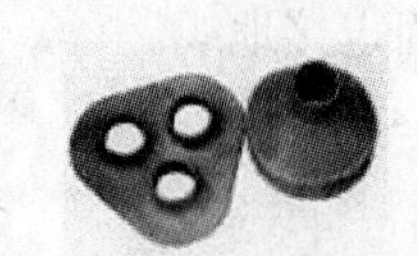 热缩型伞裙 防止污水流形成，增大爬电距离	

一、热缩式低压电缆头的制作

1. 适用电缆类型

热缩式低压电缆头适用于建筑电气安装工程 0.6 kV/1 kV 以下的聚氯乙烯绝缘、交联聚乙烯绝缘、10 kV 交联聚乙烯绝缘电力电缆终端头的制作安装。

2. 制作工艺

（1）准备施工材料和机具

1）主要材料。电缆终端头套、热缩管、接线端子、镀锌螺钉、电力复合脂、镀锡铜编织带等材料，热缩管应分黄、绿、红、蓝、黑五色。所用材料要符合电压等级及设计要求，并有出厂合格证。

2）机具设备

手动机具：钢锯、扳手、钢锉、旋具、电工刀、电工钳、鲤鱼钳。

电动工具：液压钳（电动或手动型）。

测试器具：钢卷尺、1 000 V 兆欧表、万用表。

其他工具：喷灯、电烙铁。

3）核对电缆型号、规格，检查电缆是否受潮。

(2) 电缆绝缘摇测。用1 000 V兆欧表，对低压电缆进行绝缘摇测，绝缘电阻应大于0.5 MΩ，如不符合要求，检查电缆是否受损或受潮；摇测完毕后，应将芯线分别对地放电。

(3) 剥切、打卡子。绝缘合格后，根据电缆与设备连接的具体尺寸，确定剥除长度，如图4—11所示，剥除外护套。

剥电缆铠装钢带，用钢锯在第一道卡子向上3～5 mm处，锯一环形深痕，深度为钢带厚度的2/3，不得锯透。

用旋具在锯痕尖角处将钢带挑起，用钳子将钢带撕掉，完后用钢锉将钢带毛刺去掉，使其光滑。

将地线的焊接部位用钢锉处理，以备焊接。

在打钢带卡子的同时，将接地线一端卡在卡子里。

利用电缆本身钢带做卡子，卡子宽度为钢带宽的1/2。采用咬口的方法将卡子打牢，必须打两道，防止钢带松开，两道卡子的间距为15 mm，如图4—12所示；也可采用铜丝缠绕的方式固定接地线。

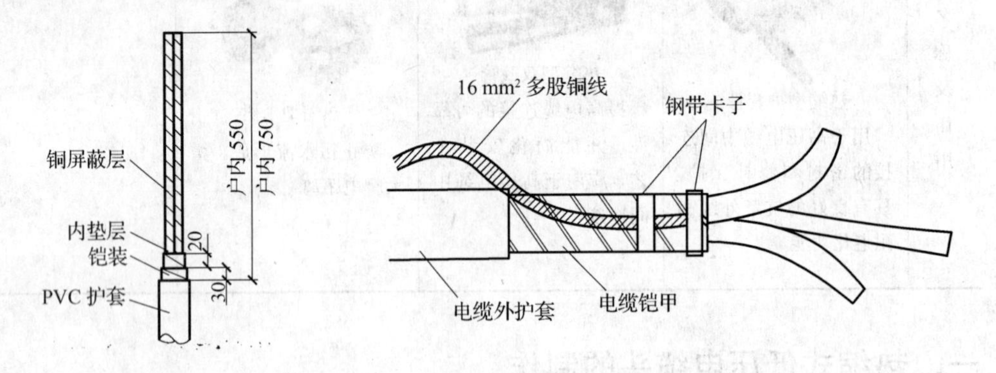

图4—11　电缆护套层的剥除　　图4—12　用咬口方法做钢带卡子

接地线焊接：接地线采用镀锡铜编织带，截面积应符合规定，长度根据实际需要而定。将接地线焊接于两层钢带上，焊接应牢固，不应有虚焊现象。

(4) 套电缆分支手套。用填充胶填堵线芯根部的间隙，然后选用与电缆规格、型号相适应的热缩分支手套，套入线芯根部，均匀加热使手套收缩。

(5) 压接接线端子

1) 量取接线端子孔深加5 mm作为剥切长度，剥去电缆芯线绝缘，将接线端子内壁和芯线表面擦拭干净，除去氧化层和油渍，并在芯线上涂上电力复合脂。

2) 将芯线插入接线端子内，调节接线端子孔的方向到合适位置，用压线钳压紧接线端子，压接应在两道以上。

(6) 固定热缩管。将热缩管套入电缆各芯线与接线端子的连接部位，用喷灯沿轴向加热，使热缩管均匀收缩，包紧接头，加热收缩时不应产生褶皱和裂缝。

图4—13为制作完成的室内低压热缩式电缆头示意图，经过严格的电缆头的制作，电缆头应立即与设备连接，不得乱放，以防损伤。

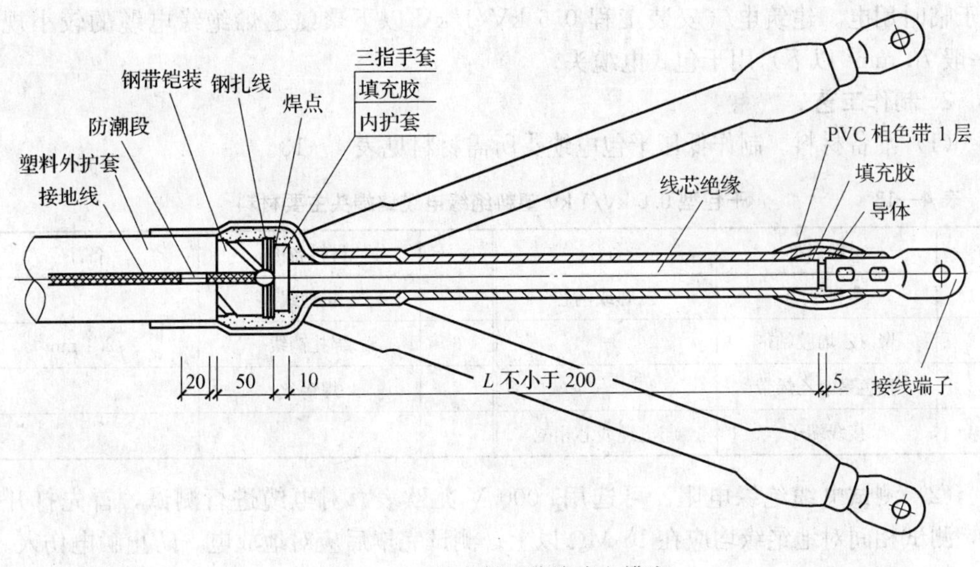

图4—13　室内低压热缩式电缆头

3. 热缩式电缆头制作质量验收标准

（1）铠装电力电缆头的接地线应采用铜绞线或镀锡铜编织带，截面积参见表4—12规定。

表4—12　　电缆终端接地线截面

电缆截面（mm^2）	接地线截面（mm^2）
120及以下	16
150及以上	25

注：电缆芯线截面积在16 mm^2及以下，接地线截面积与电缆芯线截面积相等。

（2）低压电缆，线间和线对地的绝缘电阻值必须大于0.5 MΩ。

（3）电线、电缆接线必须准确，并联运行的电线或电缆的型号、规格、长度、相位应一致。

（4）电缆终端头固定牢固，芯线与接线端子压接牢固，接线端子与设备螺栓连接紧密，相序正确，绝缘包扎严密。

除了热缩式电缆头外，目前市场上还有一种电缆头附件材料是冷缩式，安装工艺基本和热缩式相同。只是冷缩式低压电缆头弹性橡胶材料具有“弹性记忆”特性，犹如弹簧，即采用机械手段将成型的橡胶件在其弹性范围内预先撑开，然后套入塑料线芯加以固定。安装时，只需将线芯抽去，弹性橡胶体便迅速收缩并紧箍于所需安装部位。安装操作简单，安装时不用明火，省工省时，特别适用于石油、化工、矿山、隧道等易燃易爆场所。

二、干包式低压电缆头的制作

1. 适用电缆类型

干包式（又称为绕包型）就是采用高压自粘式胶布和电工胶布缠绕制作电缆头，多用于临时用电。建筑电气安装工程 0.6 kV/1 kV 以下聚氯乙烯绝缘电缆的较小规格（一般 70 mm^2 以下）用干包式电缆头。

2. 制作工艺

（1）准备材料。制作低压干包电缆头所需材料见表 4—13。

表 4—13　干包型 0.6 kV/1 kV 塑料绝缘电缆终端头主要材料

序号	材料名称	备注	序号	材料名称	备注
1	塑料手套	三芯或四芯	5	接地线	—
2	聚氯乙烯胶粘带	—	6	绑扎铜线	ϕ2.1 mm
3	相色聚氯乙烯带	—	7	焊锡丝	
4	接线端子	与电缆线芯相配			

（2）测试电缆绝缘电阻。可选用1 000 V 兆欧表，对电缆进行测试，首先打开封头，测试相间对地绝缘均应在 10 MΩ 以上；测试完毕后应对地放电，防止触电伤人。

（3）剥去电缆铠甲，焊接接地线

1）剥去电缆铠甲。根据电缆与设备连接所需的长度，根据电缆头套型号尺寸要求，剥除外护套。电缆头套的型号尺寸由厂家配套供应。见表 4—14 和图 4—14。

表 4—14　电缆头套型号尺寸

序号	型号	规格尺寸		适用范围	
		L（mm）	D（mm）	四芯（mm^2）	铠装四芯（mm^2）
1	VDT－1	86	20	10～16	10～16
2	VDT－2	101	25	25～35	25～35
3	VDT－3	122	32	50～70	50～70
4	VDT－4	138	40	95～120	95～120
5	VDT－5	150	44	150	150
6	VDT－6	158	48	185	185

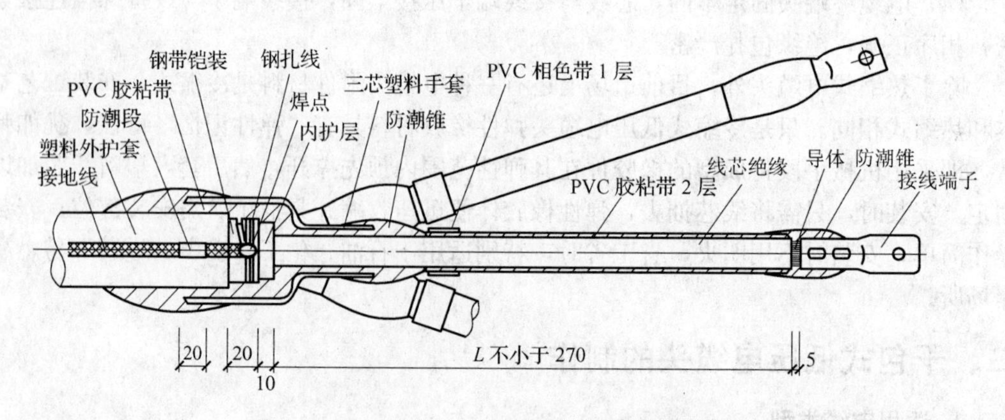

图 4—14　0.6 kV/1 kV 干包塑料电缆终端头制作

2）焊接地线。在剥去铠甲前，应在塑料外护套上留 20～50 mm 铠甲，用零号砂布或钢锉将铠甲打光，用直径 2 mm 裸铜线将规定的接地线牢固地绑扎在钢带上，也可用钢带的 1/2 做卡子，采用咬口的方法将卡子打牢，防止钢带松脱，应打两道卡子，卡子间距为 15 mm。

3）在绑扎或卡子向上 5 mm 处，锯一环形深痕，深度为钢带的 2/3，不得锯透，以便剥除电缆铠甲。

4）用旋具在锯痕尖角处将钢带挑起，用钳子将钢带撕掉，或用钳子从电缆端部将钢带撕掉，在锯口处用钢锉处理钢带毛刺，使其光滑；应注意不要伤及内护层。

5）将地线采用焊锡焊接于电缆钢带上，焊接应牢固，不应有虚焊现象，焊时不应将电缆焊伤。

（3）包绕电缆

1）从钢带切口向上 10 mm 处向电缆端头方向剥去统包绝缘层。

2）根据电缆头的型号尺寸，按照电缆头套长度和内径，用 PVC 粘胶带采用半搭盖法包绕电缆；包绕时应紧密，松紧一致，无褶皱，形成枣核状，以手套套入紧密为宜。

（4）套上塑料手套，选择与电缆截面配套相适应的塑料手套，套在三叉根部，在手套袖筒下部及指套上部分别用 PVC 粘胶带包绕防潮锥，防潮锥外径为线芯绝缘外径加 8 mm。

（5）包绕线芯绝缘层：用 PVC 粘胶带在电缆分支手套指端起至电缆端头，自上而下，再自下而上以半搭盖方式包绕两层；然后在应力锥上端的线芯绝缘保护层外，用黄、绿、红三色 PVC 粘胶带包绕 2～3 层，作为相色标志。

（6）压接电缆芯线接线端子

1）量接线端子孔深加 5 mm，剥除线芯绝缘，并在线芯上涂导电脂。

2）将线芯插入端子管内，用压线钳子压紧接线端子，压接应在两道以上。

3）压接完后用 PVC 粘胶带在端子接管上端至导体绝缘端一段内，包缠成防潮锥体。防潮锥外径为线芯绝缘外径加 8 mm。

（7）试验

1）用1 000 V 兆欧表测试电缆绝缘电阻。

2）达到 10 MΩ 可采用2 500 V 绝缘电阻测试仪，测试 1 min 无击穿现象为合格，符合规范和规程要求。

3）如达不到 10 MΩ，应作 1 kV 交流工频耐压试验，时间 1 min，应无闪络击穿现象，为符合要求。

（8）电缆头固定安装

1）将做好终端头的电缆，固定在预先做好的电缆头支架上，线芯分开。

2）根据接线端子的型号，选用螺栓将电缆接线端子压接在设备上，注意应使螺栓自上而下或从内向外穿，平垫和弹簧垫应安装齐全。

（9）试验合格可送电空载试验 24 h，无异常且记录齐全，可办交接试验；试验时监理应在现场监控。

3. 干包式电缆头制作质量验收标准

（1）铠装电力电缆头的接地线应采用铜绞线或镀锡铜编织带，截面积参见表 4—13 规定。

（2）低压电缆，线间和线对地的绝缘电阻值必须大于 0.5 MΩ。

（3）电线、电缆接线必须准确，并联运行电线或电缆的型号、规格、长度、相位应一致。

（4）电缆终端头固定牢固，芯线与接线端子压接牢固，接线端子与设备螺栓连接紧密，相序正确，绝缘包扎严密。

→ 了解电缆试验项目
→ 掌握电缆线路交接验收的相关事项

电缆线路施工完毕，须经试验合格后，方可办理电缆工程交接验收手续和投入运行。

一、电缆试验

1. 电力电缆试验项目

（1）一般检查。施工前应对电缆进行详细检查；电缆的规格、型号、截面电压等级、长度等均符合设计要求，外观无扭曲、损坏等现象。

（2）测量绝缘电阻

1）1 kV 以下电缆，用 1 kV 摇表测线间及对地的绝缘电阻应不低于 10 MΩ。

2）电力电缆绝缘电阻值可参照表中的绝缘电阻值，该表值是将各类电力电缆换算到常温时的每千米的最低绝缘电阻值，见表 4—15。

表 4—15　　电力电缆绝缘最低绝缘电阻值

电缆额定电压（kV）		1	6	10	35
绝缘电阻（MΩ）	聚氯乙烯电缆	40	60	—	—
	聚乙烯电缆	—	1 000	1 200	3 000
	交联聚乙烯电缆	—	1 000	1 200	3 000

3）对电缆的主绝缘作耐压试验或测量绝缘电阻时，应分别在每一相上进行。对一相进行试验或测量时，其他两相导体、金属屏蔽或金属套和铠装层一起接地。

(3) 直流耐压试验及泄漏电流测量。6～10 kV 电缆应作耐压或泄漏电流试验，应符合现行国家标准和当地供电部门的规定。对额定电压为 0.6 kV/1 kV 的电缆线路应用2 500 V 兆欧表测量导体对地绝缘电阻代替耐压试验，试验时间 1 min。

直流耐压试验对于暴露介质中的气泡和机械损伤等局部缺陷等比较灵敏，而泄漏电流能够反映介质整体受潮与整体劣化情况。

1) 直流耐压试验电压标准。6～10 kV 电压等级的橡塑绝缘电缆直流耐压试验电压为电缆导体对地或对金属屏蔽层间的额定电压的 4 倍。

2) 试验时，试验电压可分 4～6 阶段均匀升压，每阶段停留 1 min，并读取泄漏电流值。试验电压升至规定值后维持 15 min，其间读取 1 min 和 15 min 时泄漏电流。测量时应消除杂散电流的影响。

3) 电缆的泄漏电流具有下列情况之一者，电缆绝缘可能有缺陷，应找出缺陷部位，并予以处理。

泄漏电流很不稳定。

泄漏电流随试验电压升高急剧上升。

泄漏电流随试验时间延长有上升现象。

(4) 交流耐压试验。橡塑电缆优先采用 20～300 Hz 交流耐压试验。20～300 Hz 交流耐压试验电压为电缆导体对地或对金属屏蔽层间的额定电压的 2～2.5 倍，时间为 5 min。

不具备上述试验条件或有特殊规定时，可采用施加正常系统相对地电压 24 h 的方法代替交流耐压。

(5) 相位测定。测定电缆与设备连接的相序应正确。

2. 测量电缆绝缘电阻

各电缆导体对地或对金属屏蔽层间和各导体间的绝缘电阻，应符合下列规定：

(1) 耐压试验前后，绝缘电阻测量应无明显变化。

(2) 电缆外护套、内护套的绝缘电阻不低于 0.5 MΩ/km。

(3) 测量绝缘用兆欧表的额定电压，宜采用如下等级：

1) 0.6/1 kV 电缆：用1 000 V 兆欧表；

2) 0.6/1 kV 以上电缆：用2 500 V 兆欧表；

3) 6/6 kV 及以上电缆也可用5 000 V 兆欧表。

二、电缆工程的交接验收

1. 电缆工程交接验收的检查项目

(1) 电缆规格应符合规定。排列整齐，无机械损伤；标志牌应装设齐全、正确、清晰。

(2) 电缆的固定、弯曲半径、有关距离和单芯电力电缆的金属护层的接线、相序排列等应符合要求。

(3) 电缆终端、电缆接头及充油电缆的供油系统应安装牢固，不应有渗漏现象；充油电缆的油压及表计整定值应符合要求。

（4）接地应良好；充油电缆及护层保护器的接地电阻应符合设计要求。

（5）电缆终端的相色应正确，电缆支架等的金属部件防腐层应完好。

（6）电缆沟内应无杂物，盖板齐全，隧道内应无杂物，照明、通风、排水等设施应符合设计要求。

（7）直埋电缆路径标志，应与实际路径相符。路径标志应清晰、牢固，间距适当，在直线段每隔 50～100 m 处、电缆接头处、转弯处、进入建筑物等处，应设置明显的方位标志或标桩。

（8）防火措施应符合设计要求，且施工质量合格。

（9）隐蔽工程应在施工过程中进行中间验收，并做好签证。

2. 电缆工程交接验收时应提交的资料和技术文件

（1）电缆线路路径的协议文件。

（2）设计资料图纸、电缆清册、变更设计的证明文件和竣工图。

（3）直埋电缆输电线路的敷设位置图，比例宜为 1∶500。地下管线密集的地段不应小于 1∶100，在管线稀少、地形简单的地段可为 1∶1 000；平行敷设的电缆线路，宜合用一张图纸。图上必须标明各线路的相对位置，并有标明地下管线的剖面图。

（4）制造厂提供的产品说明书、试验记录、合格证件及安装图纸等技术文件。

（5）隐蔽工程的技术记录。

（6）电缆线路的原始记录

1）电缆的型号、规格及其实际敷设总长度及分段长度，电缆终端和接头的形式及安装日期。

2）电缆终端和接头中填充的绝缘材料名称、型号。

（7）试验记录。

第五节　架空线路敷设

→ 了解室外架空线路敷设相关工艺

一、架空线路施工

1. 架空配电线路的安装

（1）测量定位。根据设计图纸、基础地形确定线路的走向，然后确定耐张杆、转角杆、终端杆等特殊杆型的位置。最后确定直线杆的位置，随即打入标桩，作好编号，撒好灰线。在转角杆、耐张杆、终端杆或加强杆的杆位，在标桩上要注明杆型，以便挖拉线坑。

（2）基坑开挖。按灰线位置及深度要求挖坑。杆坑有圆形坑和梯形坑。对于不带卡盘或底盘的电杆，通常挖圆形坑。对于杆身较重及带有卡盘的电杆，为了方便可挖成梯形坑。当采用人力立杆时，坑的一面应挖出坡道。挖土时，杆坑的马道要开在立杆方向，挖出的土往线路两侧 0.5 m 以外的地方堆放。

（3）杆塔组装。按图纸要求，装置电杆本体、横担铁件、金具、绝缘子等。在组装前必须对电杆及各部件进行质量检查，凡是合格的部件才能使用，以保证安全运行。

（4）电杆起立。立杆方法常用的几种：汽车吊立法、三脚架法立杆、倒落式立杆、架脚立杆。

（5）拉线安装。

（6）导线架设。导线架设主要包括放线、架线、连接、紧线和架空导线固定等工序。

1）放线通常按每个耐张杆段进行。在放线过程中导线盘处应有专人看守，负责检查导线的质量，当看到导线有磨损或机械损伤，有断股、散股现象时，应立即停止放线，待处理后再继续放线。

2）架线。将放好的导线架到电杆的横担上，导线吊升上杆时，每挡电杆上都要有人操作，地面上有人指挥，相互配合，注意安全。

3）连接

①钳压接法。将准备连接的两个线头用绑线扎紧再锯齐；导线在连接部分表面和连接管内壁用汽油清洗干净，清洗导线长度等于连接长度的 1.25 倍；清除连接部分导线表面和连接管内壁的氧化膜和油污，并涂上导电膏或中性凡士林；压接钢芯铝绞线，连接管内两导线间要放置铝垫片，使导线接触更良好。压接时，可采用搭接法。导线两端分别插入连接管内，使导线的两端露出管外 25～30 mm，并用绑扎线将端头扎紧，以防松散；根据导线截面选择压接管，调整压接钳上支点螺钉，使其适合于压接深度；压接钢芯铝绞线时，压接的顺序是从导线接头端向另一端交错进行；当压接 240 mm^2 钢芯铝绞线时，可用两根压接管串联进行，两压接管相距不小于 15 mm，每根压接管的压接顺序都是从内端向外端交错进行。

②爆炸压接法。一般用于丘陵山区等交通不便之处。要注意炸药的配置，不能使导线发生断股、折裂，要认真检查连接质量。

③单股线缠绕法。单股线缠绕法适用于单股直径 2.6～5.0 mm 的裸铜线。

④多股线交叉缠绕法。适用于 35 mm^2 以下的裸铝或铜导线。

4）紧线。紧线前先要把耐张杆、转角杆和终端杆的拉线做好，必要时还要设临时拉线。所以导线组装好后，要再检查一次弧垂，如弧垂无变化，紧线工作便结束。弧垂的大小是靠紧线束来实现的，所以弧垂测定工作通常与紧线工作配合进行。

5）架空导线固定。架空导线在绝缘子上通常用绑扎法固定。绑扎方法有顶绑法、侧绑法、终端绑扎法、用耐张线夹固定导线法等。

2. 杆上电气设备安装

（1）杆上变压器及变压器台的安装，应符合下列规定：

1）水平倾斜不大于托架的 1%。

2）一次、二次引线排列整齐、绑扎牢固。

3）油枕、油位正常，外壳干净。

4）接地可靠接地电阻值符合规定。

5）套管压线螺栓等部件齐全。

6）呼吸孔道畅通。

（2）跌落式熔断器的安装，应符合下列规定：

1）各部分零件完整。

2）转轴光滑灵活，铸件不应有裂纹、砂眼、锈蚀。

3）瓷件良好，熔丝管不应有吸潮膨胀或弯曲现象。

4）熔断器安装牢固，排列整齐，熔管轴线与地面的线夹角为15°～30°，熔断器水平相间距离不小于500 mm。

5）操作时灵活可靠、接触紧密。合熔丝管时上触头有一定的压缩行程。

6）上、下引线压紧，与线路导线的连接紧密可靠。

（3）杆上断路器和负荷开关的安装，应符合下列规定：

1）水平倾斜不大于托架长度的1%。

2）引线连接紧密，当采用绑扎连接时，长度不小于150 mm。

3）外壳干净，不应有漏油现象，气压不小于规定值。

4）操作灵活，分、合位置指示正确可靠。

5）外壳接地可靠，接地电阻值符合规定。

3. 接户线安装施工

接户线是指从架空线路电杆上引接到建筑物电源进户点前第一支持点的引接装置，主要由接户电杆、架空接户线（又称引下线）等组成。

（1）接户线安装后，与建筑物有关部分的距离不应小于下列数值：

与上方窗户或阳台的垂直距离：800 mm；与下方窗户的垂直距离：300 mm；与下方阳台的垂直距离：2 500 mm；与窗户或阳台的水平距离：800 mm；与建筑物突出部分的距离：150 mm。

（2）接户线与弱电线路的交叉距离不应小于下列数值：

在弱电线路上方时垂直距离：600 mm；在弱电线路下方时垂直距离：300 mm。

（3）接户线不宜跨越建筑物，如必须跨越时，在最大尺度情况下，对建筑物垂直距离不应小于2.5 m。

（4）接户线长度不宜超过25 m，在偏僻的地方不宜超过40 m。

（5）用橡胶、塑料护套电缆做接户线时，截面在10 mm^2 及以下时，杆上和第一支持物处，应采用蝶式绝缘子固定，绑线截面不小于1.5 mm^2 绝缘线；截面在10 mm^2 以上时，应按钢索布线的技术规定安装。

二、架空线路的验收

1. 架空线路材料质量验收

（1）金具及绝缘部件

1）安装金具前，应进行外观检查，且符合下列要求：表面光洁，无裂纹、毛刺、飞边、砂眼、气泡等缺陷；线夹转动灵活，与导线接触的表面光洁，螺杆与螺母配合紧密适当；镀锌良好，无剥落、锈蚀。

2）绝缘管、绝缘包带应表面平整，色泽均匀。绝缘支架、绝缘护罩应色泽均匀、平整光滑、无裂纹，无毛刺、锐边、压接紧密。

3）绝缘子。安装绝缘子前应进行外观检查，且符合下列要求：瓷绝缘子与铁件结合紧密；铁件镀锌良好，螺杆与螺母配合紧密；瓷绝缘子瓷釉光滑，无裂纹、缺釉、斑点、烧痕和气泡等缺陷。

（2）钢筋混凝土电杆。安装钢筋混凝土电杆前应进行外观检查，且符合下列要求：

1）表面光滑平整，壁厚均匀，无偏芯、露筋、跑浆、蜂窝等现象。

2）预应力混凝土电杆及构件不得有纵向、横向裂缝。

3）普通钢筋混凝土电杆及细长预制构件不得有纵向裂纹，横向裂缝不应超过 0.1 mm，长度不超过 1/3 周长。

4）杆身变曲不超过 2/1 000。

（3）混凝土预制件。混凝土预制构件底盘、卡盘等表面不应有蜂窝、露筋和裂缝等缺陷，强度应满足设计要求。

（4）拉线。安装拉线前应进行外观检查，且符合下列规定：

1）镀锌良好，无锈蚀。

2）无松股、交叉、折叠、断股及破损等缺陷。

（5）架空绝缘线（或称架空绝缘电缆）。安装导线前，应先进行外观检查，且符合下列要求：

1）导体紧压，无腐蚀。

2）绝缘线端部应有密封措施。

3）绝缘层紧密挤包，表面平整圆滑，且易剥离，色泽均匀，无尖角、颗粒，无烧焦痕迹。

（6）电气设备。安装电气设备前应进行外观检查，且符合下列要求：

1）外表整齐，内外清洁无杂物。

2）操作机构灵活无卡阻。

3）通、断动作快速、准确、可靠。

4）辅助触点通断准确、可靠。

5）仪表与互感器变比及接线、极性正确。

6）紧固螺母拧紧，元件安装正确，牢固可靠。

7）母线、电路连接紧固良好，并且套有绝缘管。

8）保护元件整定正确。

9）随机元件及附件齐全。

架空线路及杆上电气设备安装的所有设备、器材、金具、绝缘子、导线、电杆均应有合格证，需有“CCC”认证的产品标志，并应有认证复印件。

2. 架空线路施工质量验收

（1）电杆坑、拉线坑的深度允许偏差，应不深于设计坑深 100 mm，不浅于设计坑深 50 mm。

(2) 架空导线的弧垂值，允许偏差为设计弧垂值的±5%，水平排列的同挡导线间弧垂值偏差±50 mm。

(3) 变压器中性点应与接地装置引出干线直接连接，接地装置的接地电阻值必须符合设计要求。

(4) 杆上变压器和高压绝缘子、高压隔离开关、跌落式熔断器、避雷器等必须按现行国家标准的规定交接试验合格。

(5) 杆上低压配电箱的电气装置和馈电线路交接试验应符合下列规定：

1) 每路配电开关及保护装置的规格、型号，应符合设计要求。

2) 相间和相对地间的绝缘电阻值应大于 0.5 MΩ。

3) 电气装置的交流工频耐压试验电压 1 kV，当绝缘电阻值大于 10 MΩ 时，可采用2 500 V 兆欧表摇测替代，试验持续时间 1 min，无击穿闪络现象。

(6) 线的绝缘子及金具应齐全，位置正确，承力拉线应与线路中心一致，转角拉线与线路分角线方向一致。拉线应收紧，收紧程度与杆上导线数量规格及弧垂值相适配。

(7) 电杆组立应正直，直线杆横向位移不应大于 50 mm，杆梢偏移不应大于梢径的 1/2，转角杆紧线后不向内角倾斜，向外角倾斜不应大于 1 个梢径。

(8) 直线杆单横担应装于受电侧，终端杆、转角杆的单横担应装于拉线侧。横担的上下的歪斜，从横担端部测量不应大于 20 mm。横担等镀锌制品应热浸镀锌。

(9) 杆上电气设备安装应符合的规定

1) 固定电气设备的支架、紧固件为热浸镀锌制品，紧固件及防松零件齐全。

2) 变压器油位正常、附件齐全、无渗油现象、外壳涂层完整。

3) 跌落式熔断器安装的相间距离不小于 500 mm；熔断管试操作能自然打开旋下。

4) 杆上隔离开关分、合操动灵活。操动机构机械锁定可靠，分合时三相同期性好，分闸后，刀片与静触头间距离不小于 200 mm；地面操作杆的接地（PE）可靠，且有标识。

5) 杆上避雷器排列整齐，相间距离不小于 350 mm，电源侧引线铜线截面积不小于 16 mm^2、铝线截面积不小于 25 mm^2，接地侧引线铜线截面积不小于 25 mm^2，铝线截面积不小 35 mm^2。与接地装置引出线连接可靠。

第六节 室外线路技能训练

→室外直埋电缆敷设

【实训内容】

室外直埋电缆敷设

【准备要求】

1. 熟悉室外直埋电缆施工工艺流程。

2. 准备直埋电缆敷设的施工图样及相关的技术资料。

某小区室外直埋电缆施工图如图 4—15 所示，设计说明表示从配电室至 1 号楼的室外电气配线采用电缆直接埋地敷设，同沟埋设 4 根 $VV_{22}-3\times50+1\times16$ 的电力电缆，室外水平距离 100 m，配电室内水平 5 m，进入 1 号楼水平长度 10 m，中间穿越宽 6 m 的已建小区混凝土道路。低压配电柜 AL1 在配电室内落地安装，总配电箱 AP1 在 1 号楼 1 层地坪上 1.5 m 处安装，室内外高差为 0.5 m。

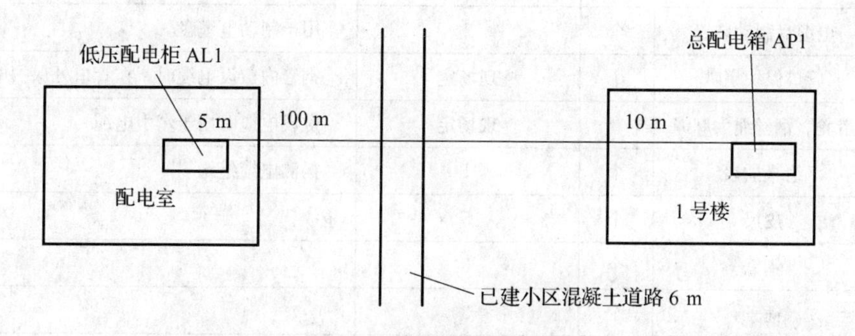

图 4—15　某小区室外直埋电缆施工图

【实训步骤】

步骤 1　熟悉施工图纸，填写施工所需的各种材料表格 4—16 和工具表 4—17。

表 4—16　施工所需的各种材料

序号	名称	规格	数量
1	电力电缆	$VV_{22}-3\times50+1\times16$	4 根
2	红砖	240 mm×115 mm×53 mm	约1 600块
3	砂子		约 17 m^3
4	电缆保护管	焊接钢管 SC50	5 根（其中 4 根长 10 m 用于过路保护，1 根约 14 m）
5	电焊条	结 422ϕ3.2	
6	乙炔气		
7	氧气		
8	钢材		若干
9	混凝土标桩	100 mm×100 mm×120 mm	4 个

步骤 2　写出电缆直埋敷设施工方案

(1) 施工人员组织。敷设电缆既要统一指挥又要明确分工，电缆盘的管理为一组，土方的挖掘为一组，卷扬机的牵引为一组，电缆接头为一组，测绘为一组。由于电缆线路较长，敷设时各小组间用对讲机相互联系。

表 4—17 施工所需的各种工具

序号	机具名称	单位	数量	用途
1	牵引网套	个	1	牵引电缆时连接卷扬机和电缆首端的金具，用于牵引重量较小的电缆
2	防捻器	个	1	牵引电缆时消除钢丝绳及电缆的扭转应力
3	电缆滚轮	个	若干	敷设电缆时的电缆支架，用于减小摩擦和保护电缆，滚轮间距 1.5～3 m
4	电缆盘千斤顶支架	个	2	敷设电缆时支撑电缆盘，以便电缆盘转动
5	电缆盘制动装置	个		用于制动电缆盘
6	管口保护喇叭	个	现场定	钢管内敷设电缆时，在管口处保护电缆
7	滑轮、钢丝绳大麻绳	套	现场定	敷设电缆时用于牵引电缆
8	绝缘摇表	个	1	摇测电缆绝缘
9	皮尺	个	5	
10	钢锯	个	3	
11	锤子	个	3	
12	扳手	个	5	
13	电气焊工具	套	1	制作支架等切割金属等
14	电工工具	套	1	现场用
15	无线电对讲机	套	4	敷设电缆时的通信工具
16	手持扩音器	个	2	组织敷设电缆用
17	电动空气压缩机	台	1	混凝土路面开挖用

（2）电缆的搬运及支架架设。电缆短时间搬运，一般采用滚动电缆轴的方法。滚动时按电缆轴上箭头指示方向滚动，如无箭头时，可按电缆缠绕方向滚动，以免电缆松动。电缆支架的架设地点应选好，以敷设方便为准，一般应在电缆起始点附近为宜。架设时应注意电缆头的转动方向，电缆应从电缆轴的上方引出。

（3）直埋电缆沟规划路径并开挖。

（4）铺底层砂。

（5）直埋电缆敷设。

采用人工敷设，如图 4—16 所示。

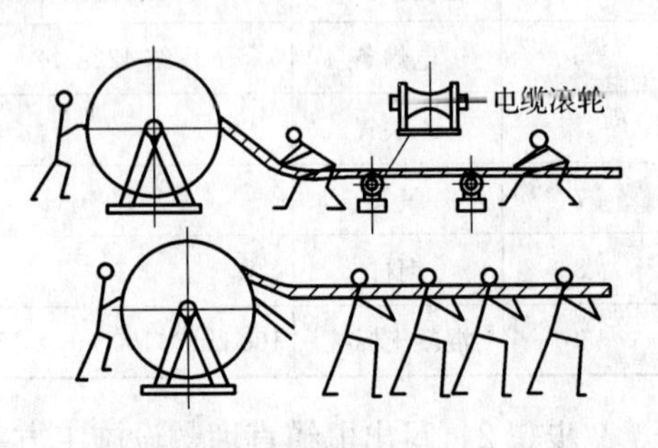

图 4—16 电缆人工牵引敷设

（1）铺上层砂盖砖。

（2）回填土。

（3）埋标桩。

（4）端口防水处理，挂标志牌。

步骤 3 计算直埋电缆沟断面尺寸。

步骤 4 确定电缆进入 1 号楼的施工方案。

【注意事项】

（1）直埋在地下的电缆，应使用铠装电缆。

（2）人工开挖尺寸必须符合设计或国家规范要求。

（3）过路及进入建筑基础的电缆保护管必须设置，并且规格正确。

（4）注意施工时电缆的弯曲半径必须符合规范要求。

→户外干包式低压电缆终端头的制作

【实训内容】

户外干包式低压电缆终端头的制作

【准备要求】

1. 要求

熟悉干包式电缆终端头制作过程。

2. 训练准备

主要工具：手锯、电烙铁、压线钳、1 000 V 摇表、电工常用工具等。

主要材料：塑料手套（三芯或四芯），聚氯乙烯胶粘带，相色聚氯乙烯带，与电缆线芯相配的接线端子，接地线，绑扎铜线 ϕ2.1 mm，焊锡丝。

【实训步骤】

步骤 1　摇测电缆绝缘

选用1 000 V 摇表，对电缆进行摇测，绝缘电阻应在 10 MΩ 以上。电缆摇测完毕后，应将线芯对地放电。

步骤 2　电缆剥切尺寸确定及剥外护层

（1）根据电缆与设备连接的具体尺寸，测量电缆长度并做好标记。锯掉多余电缆，根据电缆头套型号尺寸要求，剥除外护套。

（2）将地线的焊接部位用钢锉处理，以备焊接。

（3）用绑扎铜线将接地铜线牢固的绑扎在钢带上，接地线应与钢带充分接触。

（4）利用电缆本身钢带的 1/2 做卡子，采用咬口的方法将卡子打牢，必须打两道，防止钢带松开，两道卡子的间距为 15 mm。

（5）用钢锯在绑扎线向上 3～5 mm 处，锯一环行深痕，深度为钢带厚度的 2/3，不得锯透，以便剥除电缆铠甲。

（6）用旋具在锯痕尖角处将钢带挑起，用钳子将钢带撕掉，随后在钢带锯口处用钢锉处理钢带毛刺，使其光滑。

（7）将地线采用焊锡焊接于电缆钢带上，焊接应牢固，不应有虚焊现象。焊接时应注意不要将电缆焊伤。

步骤 3　包缠电缆，套塑料手套

（1）从钢带切口向上 10 mm 处，向电缆端头方向剥去电缆统包绝缘层。

（2）根据电缆头的型号尺寸，按照电缆头套长度和内径，用 PVC 粘胶带采用半叠法包缠电缆。PVC 粘胶带包缠应紧密，形状呈枣核状，以手套套入紧密为宜。

（3）套上塑料手套：选择与电缆截面相适应的塑料手套，套在三叉根部，在手套袖筒下部及指套上部分别用 PVC 胶粘带包绕防潮锥，防潮锥外径为线芯绝缘外径加 8 mm。

步骤 4　包缠线芯绝缘层

用 PVC 粘胶带在电缆分支手套指端起至电缆端头，自上而下，再自下而上以半搭盖方式包缠 2 层。最后在应力锥上端的线芯绝缘保护层外，用红绿黄三色 PVC 粘胶带包缠 2～3 层，作为相色标志。

步骤 5　防雨裙安装。

步骤 6　压电缆芯线接线鼻子

（1）按端子孔深加 5 mm，剥除线芯绝缘，并在线芯上涂上凡士林。

（2）将线芯插入鼻子内，用压线钳子压紧接线鼻子，压接应在两道以上。

（3）压接完成后用 PVC 粘胶带在端子接管上端至导体绝缘端一段内，包缠成防潮锥体，防潮锥外径为线芯绝缘外径加 8 mm。

步骤 7　电缆头固定、安装

（1）将做好终端头的电缆，固定在预先做好的电缆头支架上，线芯分开。

（2）根据接线端子的型号，选用螺栓将电缆接线端子压接在设备上，注意应使螺栓自上而下或从内向外穿，平垫或弹簧垫应安装齐全。

【注意事项】

制作电缆终端与接头，从剥切电缆开始应连续操作直至完成，以缩短绝缘暴露时间。剥切电缆时不应损伤线芯和保留的绝缘层。附加绝缘的包绕、装配等应清洁。

→电缆工程交接验收资料的填写

【实训内容】

电缆工程交接验收资料的填写

【准备要求】

1. 熟悉电缆工程交接验收资料的填写内容。

2. 训练准备

电缆各种交接试验的准备，并熟悉交接试验标准。

【实训步骤】

步骤 1　电缆绝缘电阻测量仪表的选择及绝缘电阻测试。

1 kV 以下电缆，用 1 kV 摇表测量绝缘电阻，电压为 1 kV 及以上电力电缆应使用

2 500 V 兆欧表测量电阻。接线如图 4—17 所示。

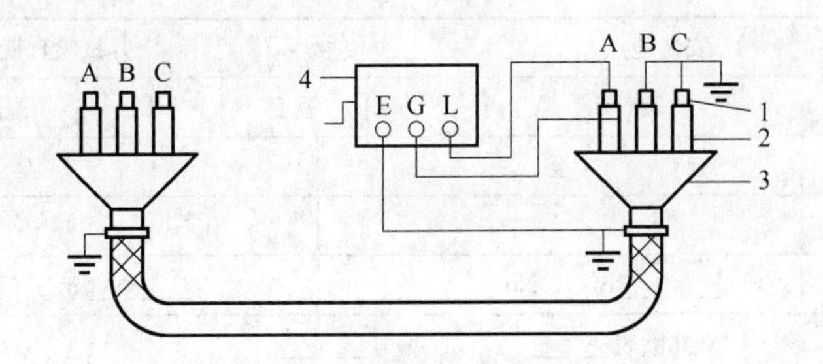

图 4—17　测量电缆绝缘电阻接线图

1—导体　2—套管或绕包绝缘

3—电缆终端头　4—兆欧表

步骤 2　高压电缆耐压试验

电压为 1 kV 及以上电力电缆即高压电缆除了要测量绝缘电阻之外，还要进行耐压试验，进一步检查电缆的绝缘状态。测量绝缘电阻主要是检验电缆绝缘是否老化、受潮以及耐压试验中暴露的绝缘缺陷。直流耐压和泄漏电流试验是同步进行的，其目的是发现绝缘中的缺陷。但是近年来国内外的试验和运行经验证明：直流耐压试验不能有效地发现交联电缆中的绝缘缺陷，甚至会造成电缆的绝缘隐患。相当数量的电缆故障是由于经常性的直流耐压试验产生的负面效应引起的。因此，国内外有关部门广泛推荐采用交流耐压试验取代传统的直流耐压试验。

试验前，工作负责人应按图 4—18 先检查接线是否正确，接地是否可靠，调压位置应在零位，微安表量程应在最大，工作现场安全措施齐全。

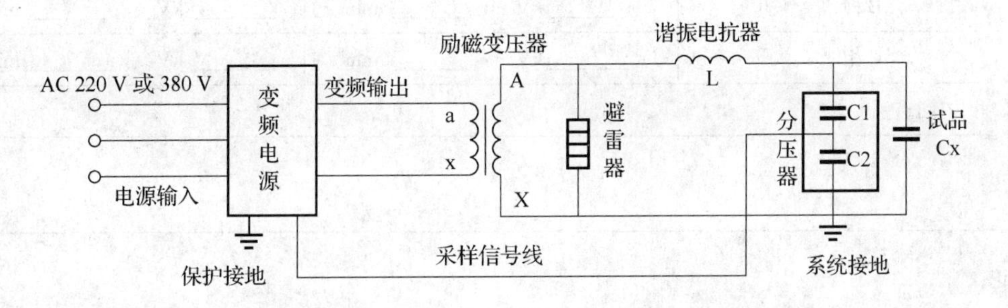

图 4—18　电缆交流耐压试验电路图及仪器

试验时，应在 0.25、0.5、0.75、1 倍试验电压下停留 1 min 以观察和读取泄漏电流，最后升到 1 倍试验电压，加压 5 min，读取泄漏电流。每次试验完毕，应对地放电数次，时间不少于 2 min。测量结果三相不平衡系数应小于 2，否则说明某芯线有局部缺陷。

步骤 3　填表

将试验结果如实填入表 4—18 电力电缆试验表格中。

表 4—18　　**电力电缆试验记录表**

工程名称		安装地点		位号		试验日期	年　月　日
一、基本资料：				温度	℃	湿度	%

敷设地点	自　　　至	自　　　至
型号规格		
长度编号	______m　No______	______m　No______

二、绝缘电阻测试：　　V 兆欧表______　　编号______

电缆编号	No______		No______	
	耐压前（MΩ）	耐压后（MΩ）	耐压前（MΩ）	耐压后（MΩ）
A—B、C、E				
B—C、A、E				
C—A、B、E				

三、泄漏电流测试：　　使用仪表名称______　型号______　编号______

试验电压/%		25	50	75	100	时间	25	50	75	100	时间
试验电压分四次均匀升压每段停 1 min 读取泄漏电流值（μA）	A 相				/	min				/	min
	B 相				/	min				/	min
	C 相				/	min				/	min

四、直流耐压试验：

A 相	______kV　______min	______kV　______min
B 相	______kV　______min	______kV　______min
C 相	______kV　______min	______kV　______min

五、相位检查：

备注：

结论：

施工单位： 技术负责人： 试验人：	监理（建设）单位： 负　责　人：

【注意事项】

1. 耐压试验前后，均应测量绝缘电阻。

2. 对缆芯所加极性不同，电缆绝缘击穿电压也不同，试验时应将负极接于缆芯。

3. 试验时应将电缆与其他设备的所有连线断开。

4. 为了保证安全，高压引线对地及设备要有足够的距离，工作现场应设遮栏，并由专人看守。

5. 当电缆较长时，刚开始加压时充电电流较大，兆欧表指示较小，应继续测量。

6. 由于电缆电容很大，摇动兆欧表时速度要均匀，且转速不得低于额定转速的80%。

7. 测量完毕，应先断开火线（加压端）再停止摇动，以免电容电流对兆欧表反充电，损坏摇表。

8. 每次测量后要充分放电，放电时间不少于2 min，操作时应使用绝缘工具，防止电伤。

9. 同一多芯电缆的绝缘电阻不平衡系数应小于2。

10. 由于电缆绝缘电阻随温度和长度而变化，因此所测数值应换算到20℃时每千米长的数值，然后作综合分析。

单元测试题

一、填空题（请将正确的答案填在横线空白处）

1. 电力电缆的基本结构由缆芯、________和________三个主要部分构成。

2. 架空电力线路的构成主要有：________、电杆、________、金具、绝缘子、________。

3. 电杆按其在线路中的作用和地位可分为________、耐张杆、________、终端杆、跨越杆、________六种结构形式。

4. 架空线路中常用的绝缘子有________、碟式绝缘子、悬式绝缘子及瓷横担等。

5. 电缆绝缘层的作用是将缆芯之间及缆芯与保护层之间互相绝缘，要求有良好的________性能和________性能。

6. 电缆支架的形式较多，以往常使用焊接角钢支架，而目前多采用组装式电缆支架，如________、________和圆钢挂架等。

7. 电缆头按照安装的场所可分为两种：________、________；根据制作安装的材料可分为四种，________（常用的一种）、干包式、环氧树脂浇注式、冷缩式。

二、判断题（下列判断正确的请打“√”，错误的打“×”）

1. 电缆的埋深应符合下列要求：电缆表面距地面的距离不应小于1 m。（ ）

2. 电缆在支架上敷设时，应按电压等级排列，高压在上面，控制电缆在下面，低压在最下面。（ ）

3. VV电缆可以使用在10 kV高压电路中。（ ）

4. 电缆支架安装固定后，应沿着地沟对所有支架进行接地，采用圆钢作接地线时，应 $\phi \geqslant 10$ mm。（ ）

5. 电缆支架层间垂直允许净距：10 kV及以下电力电缆为150～200 mm，控制电缆为120 mm。（ ）

6. 根据线芯材料可分为两种：铜芯电力电缆头、铝芯电力电缆头。（ ）

三、单项选择题（下列每题的选项中，只有一个是正确的，请将其代号填在横线空白处）

1. 四芯铜芯交联聚乙烯电力电缆的型号是________。

A. YJV－3×185＋1×95　　B. KVV－4×2.5

C. YJLV 4×10　　D. VLV4×10

2. 电缆应埋设在冻土层以下，一般地区的埋设深度不应小于________m，如不能满足要求时，电缆应采取保护措施。

A. 0.7　　B. 1　　C. 0.6　　D. 0.9

3. 干包式电缆头适合于________电缆使用。

A. VV　　B. YJV　　C. YJV22　　D. BTTZ

4. 铠装 YJV22－3×150＋2×95 电力电缆头的接地线应采用铜绞线或镀锡铜编织带，截面积应为________ mm^2。

A. 16　　B. 25　　C. 4　　D. 150

5. 低压电缆，线间和线对地间的绝缘电阻值必须大于________MΩ。

A. 1　　B. 5　　C. 0.5　　D. 20

四、简答题

1. LGJ－35/6 表示什么意思？

2. 简述电缆直埋敷设工艺。

3. 电气施工平面图中电源进线旁标注有“VV22（3×25＋1×16）SC32－FC”。试解释其含义是什么？

4. 简述干包电缆终端头的质量要求。

5. 简述交联聚乙烯电缆热缩终端头的制作要领。

6. 室外电缆在排管内敷设质量验收标准是什么？

7. 电缆工程交接验收的检查项目有什么？

单元测试题答案

一、选择题

1. 绝缘层　保护层　2. 导线　横担　基础及接地装置　3. 直线杆　转角杆　分支杆　4. 针式绝缘子　5. 绝缘　耐热　6. 角钢挑架　扁钢挂架　7. 户内式　户外式　热缩式

二、判断题

1. ×　2. ×　3. ×　4. √　5. √　6. √

三、单项选择

1. A　2. A　3. A　4. B　5. C

四、简答题

1. 答：表示钢芯铝绞线，铝绞线部分截面积为 35 mm^2，钢芯部分标称截面积 6 mm^2。

2. 答：准备工作→直埋电缆敷设→铺砂盖砖→回填土→埋标桩→挂标志牌

3. 答：带铠装的全塑四芯电缆，三芯截面为 25 mm^2，一芯为 16 mm^2，穿 32 钢管，沿地暗敷。

4. 答：(1) 铠装电力电缆头的接地线应采用铜绞线或镀锡铜编织带。(2) 低压电缆，线间和线对地的绝缘电阻值必须大于 0.5 MΩ。(3) 电线、电缆接线必须准确，并联运行的电线或电缆的型号、规格、长度、相位应一致。(4) 电缆终端头固定牢固，芯线与接线端子压接牢固，接线端子与设备螺栓连接紧密，相序正确，绝缘包扎严密。

5. 答：剥切、打卡子；接地线焊接；套电缆分支手套；压接接线端子；固定热缩管。

6. 答：(1) 一般每管孔宜穿一根电缆，管孔内径不应小于所穿电缆的 1.5 倍。(2) 排管顶部埋深不小于 500 mm。(3) 纵向排水坡度不小于 0.2%～0.5%。(4) 电缆在混凝土管块中敷设穿过铁路、公路及有重型车辆通过的道路时，应选用混凝土包封形式。(5) 人孔井一般应设置在转弯、变高程、分支、接头及电缆排管转向直埋处，在直线段一般不超过 50 m 处设置。人孔井钢筋混凝土盖板的钢筋保护厚度为 30 mm。电缆的中间接头应放在人孔井中。

7. 答：(1) 电缆规格应符合规定；排列整齐，无机械损伤；标志牌应装设齐全、正确、清晰。

(2) 电缆的固定、弯曲半径、有关距离和单芯电力电缆的金属护层的接线、相序排列等应符合要求。

(3) 电缆终端、电缆接头应安装牢固。

(4) 接地应良好；充油电缆及护层保护器的接地电阻应符合设计。

(5) 电缆终端的相色应正确，电缆支架等的金属部件防腐层应完好。

(6) 电缆沟内应无杂物，盖板齐全，隧道内应无杂物，照明、通风、排水等设施应符合设计要求。

(7) 直埋电缆路径标志，应与实际路径相符。路径标志应清晰、牢固，间距适当，在直线段每隔 50～100 m 处、电缆接头处、转弯处、进入建筑物等处，应设置明显的方位标志或标桩。

(8) 防火措施应符合设计，且施工质量合格。

(9) 隐蔽工程应在施工过程中进行中间验收，并做好签证。

第5单元

建筑供电干线工程施工

第一节　封闭式插接母线敷设

→ 熟悉封闭式插接母线材料的特点
→ 掌握封闭式插接母线的施工工艺
→ 熟悉封闭式插接母线质量的验收标准

一、封闭式插接母线基本常识

现代建筑用电量随着建筑规模日益扩大而迅速增加，近些年建筑电气市场也出现了大量的低压供电干线专用材料，其中封闭式插接母线（又称母线槽）因其供电可靠性高等优点得到了广泛应用，在民用建筑中主要用在变压器低压侧出线与低压配电柜的连接和电气竖井中照明、电力供电干线等。

目前建筑电气市场比较常见的有低压封闭式 CCX6 系列密集型绝缘母线槽，CKX6 系列空气绝缘母线槽，CFC3A 系列高强封闭式绝缘母线槽、ZMC3 系列小容量照明母线槽系列产品。低压母线槽适用于额定工作电压 560 V 以下，频率为 50 Hz（或 60 Hz），额定电流 40～5 000 A 的三相三线、三相四线、三相五线系统中的供配电及照明系统。它们是现代高层建筑、多层工业厂房、机床密集、工艺多变的车间，老车间厂房改造，各种实验室、展览馆、体育馆、宾馆、银行、娱乐等场所最理想的输配电设备。

1. 封闭式插接母线

封闭式插接母线具有结构紧凑、传输电流大、通用性强、互换性强；短路强度高、安全可靠、防机械损伤和防火性强；线路变更及扩展灵活；线路损耗小；安装方便、与土建施工互不干扰；保护接地装置可靠，系统防护等级高，使用寿命长等优点。

（1）直线段基本构造。封闭式插接母线一般由直线段和功能单元等配件构成。每节直线段长度按其设计公称长度表示，即相邻接头中心之间的距离，为便于路途运输及工地搬运，每节直线段长度一般为 2 m 或 3 m。其直线段基本构造如图 5—1 所示。

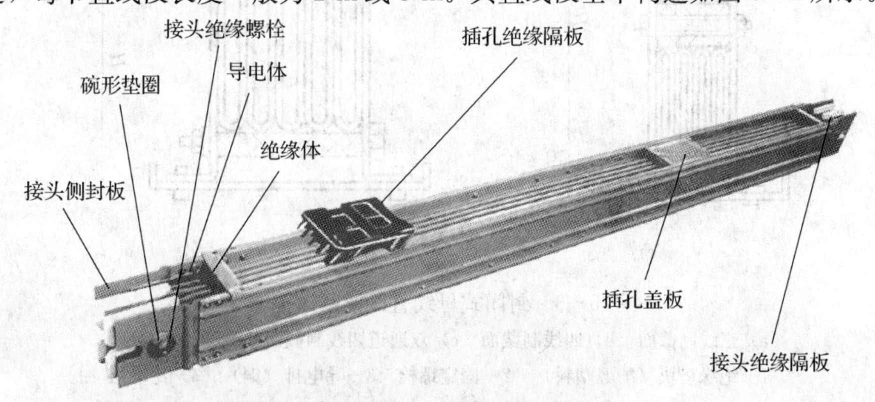

图 5—1　封闭式母线槽直线段构造

(2) 封闭式插接母线连接头结构。封闭式插接母线连接头结构如图 5—2 所示。

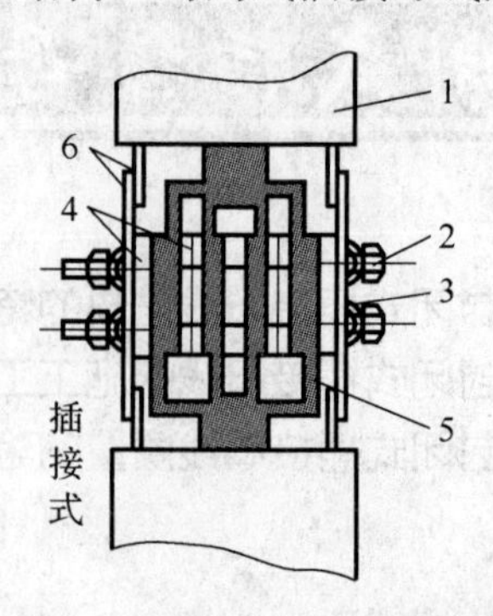

图 5—2 封闭式插接母线连接头结构

1—母线槽 2—绝缘螺栓 3—贝勒垫圈及弹性元件

4—绝缘隔板 5—连接铜片 6—连接侧板

(3) 直线段断面构造。封闭式母线直线段断面构造如图 5—3 所示。

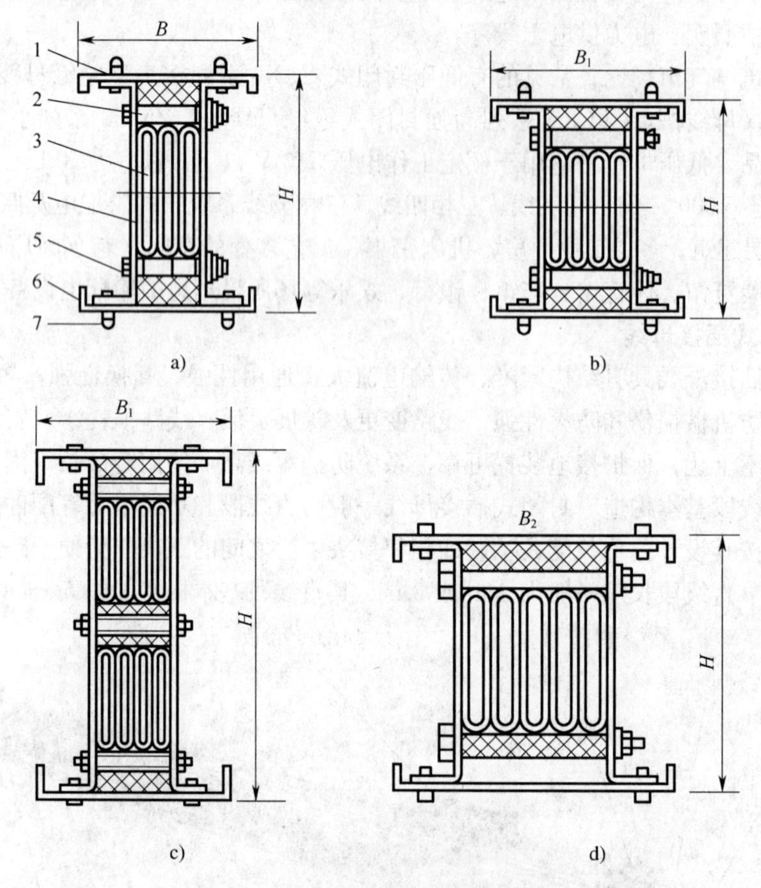

图 5—3 封闭式母线直线段断面构造

a) 三线制截面 b) 四线制截面 c) 双通道四线制截面 d) 五线制截面

1—绝缘垫块（酚醛塑料） 2—固定螺栓 3—导电排（铜） 4—绝缘层（聚四氟乙烯） 5—侧板 6—盖板 7—外壳螺栓

各种封闭式母线结构参数见表 5—1，其技术参数见表 5—2。

表 5—1　　封闭式母线结构参数　　mm

<table>
<tr><th>额定电流（A）
RatedCurrent</th><th>H</th><th>B</th><th>B_1</th><th>B_2</th><th>结构
Stucture</th></tr>
<tr><td>100</td><td>76</td><td rowspan="2">95</td><td rowspan="2">95</td><td rowspan="2">100</td><td rowspan="11">单通道
Single channel</td></tr>
<tr><td>250</td><td>86</td></tr>
<tr><td>400</td><td>100</td><td rowspan="11">140</td><td rowspan="11">150</td><td rowspan="11">170</td></tr>
<tr><td>630</td><td>110</td></tr>
<tr><td>800</td><td>120</td></tr>
<tr><td>1 000</td><td>140</td></tr>
<tr><td>1 250</td><td>160</td></tr>
<tr><td>1 600</td><td>210</td></tr>
<tr><td>2 000</td><td>210</td></tr>
<tr><td>2 500</td><td>245</td></tr>
<tr><td>3 150</td><td>310</td></tr>
<tr><td>4 000</td><td>390</td><td rowspan="2">双通道
Dual channel</td></tr>
<tr><td>5 000</td><td>460</td></tr>
</table>

表 5—2　　母线槽主要技术参数

<table>
<tr><th>名称</th><th>型号系列</th><th>线制代号</th><th>电流等级（A）</th></tr>
<tr><td>密集型绝缘母线槽</td><td>CCX6</td><td rowspan="4">三相三线
三相四线
三相五线</td><td rowspan="3">160、200、250、400、630、800、1 000、1 250、1 600、2 000、2 500、3 150、4 000、5 000、</td></tr>
<tr><td>空气绝缘母线槽</td><td>CKX6</td></tr>
<tr><td>高强封闭式绝缘母线槽</td><td>CFC3A</td></tr>
<tr><td>小容量、照明母线槽</td><td>ZMC3</td><td>40、63、100</td></tr>
</table>

2. 封闭式插接母线常用配件

封闭式插接母线常用配件的功能是完成线路的连接及方向的任意变换，并能够很灵活地使封闭式母线与各种设备连接。具体构成如图 5—4 所示。其中始端母线槽用途是将封闭式母线与电缆连接，或通过连接铜排与开关柜或变压器相连接。插接箱用于从母线槽干线上引出所需要的电能。伸缩节又称为膨胀节，用于吸收由于母线槽热胀冷缩所产生的轴向变形，当母线长度超过 40 m 时，可安装一节。

插接箱是用户使用最为频繁，也是分支电流保护的关键部位，其性能直接影响到配线质量，内部插脚能确保插接 200 次以上仍具有良好的弹性接触，开关可根据用户的选择提供各种保护性能。常用插接箱规格见表 5—3。

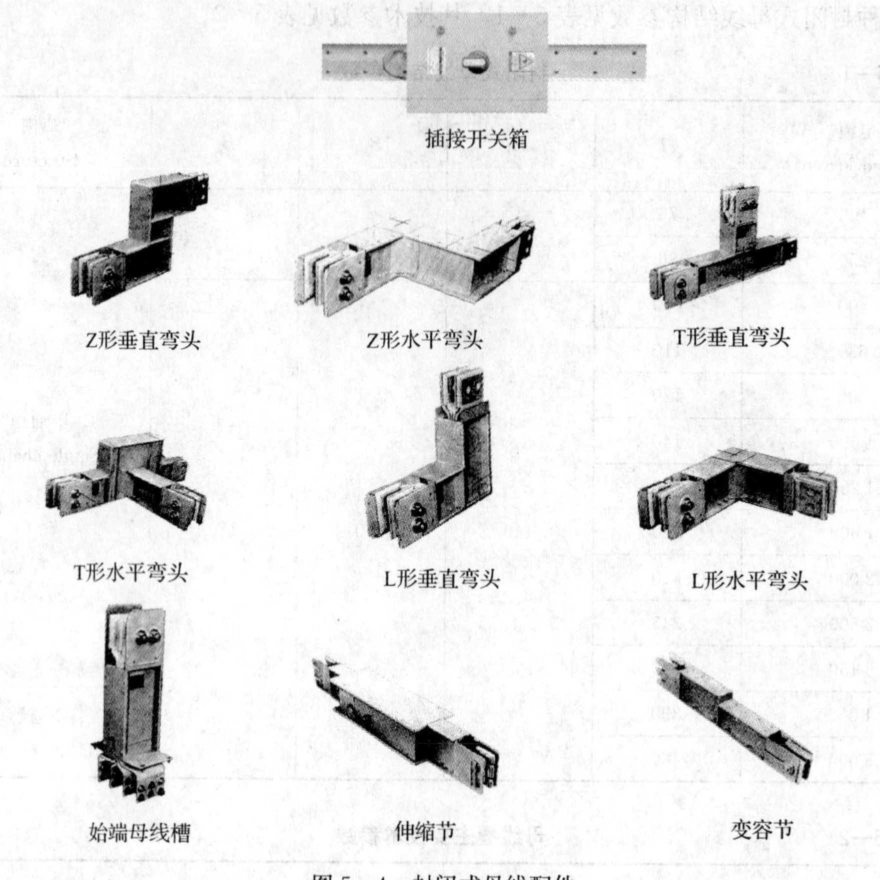

图 5—4　封闭式母线配件

表 5—3　　常见插接箱内部配置及尺寸

型号 Type	电流 Electric Current	尺寸 Dimensions（$L\times K\times H$）
内装 DZ20 系列开关	60 A	480 mm×220 mm×170 mm
内装施耐德母线系列	100 A	580 mm×240 mm×195 mm
内装 ABB 系列	250 A	600 mm×240 mm×195 mm
内装 CM1 系列	450 A	560 mm×300 mm×200 mm
内装梅兰系列	600 A	425 mm×220 mm×170 mm

二、封闭式插接母线施工工艺及质量验收标准

1. 施工工艺

封闭式插接母线安装工艺流程如图 5—5 所示。

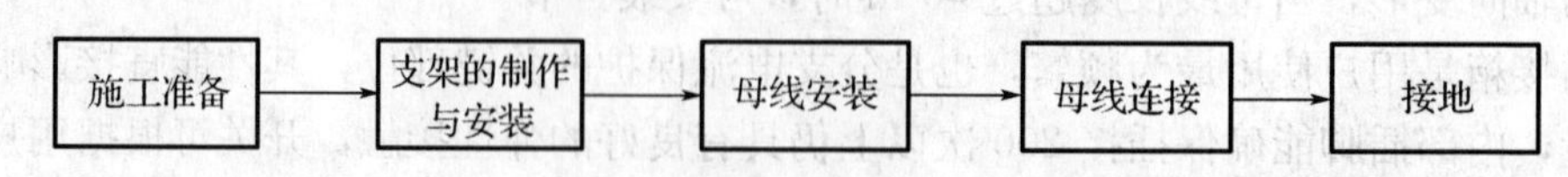

图 5—5　封闭式插接母线安装工艺流程图

（1）封闭、插接式母线安装，在结构封顶、室内底层地面施工完成或已确定地面标高、场地清理、层间距离复核后，才能确定支架设施位置。封闭式插接母线支架位置应根据母线架设需要确定。母线直线段水平敷设时，用支架或吊架固定，固定点间距应符合设计要求和产品技术规定，一般为 2～3 m，悬吊式母线槽的吊架固定点间距不得大于 3 m。

（2）封闭式插接母线的拐弯处以及与箱（盘）连接处必须加支架。垂直敷设的封闭插接母线，当进箱及末端悬空时，应采用支架固定。

（3）母线沿墙安装，可使用角钢支架固定。母线在角钢支架上可以采用平卧式或侧卧式固定，如图 5—6 所示。

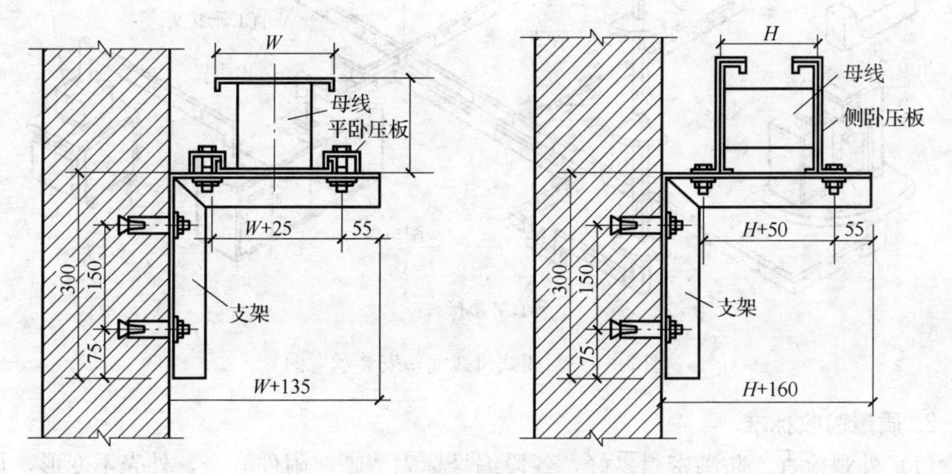

图 5—6　母线在角钢支架上水平安装

（4）母线在楼板下可用吊架安装，亦有平卧式和侧卧式之分，如图 5—7 所示。

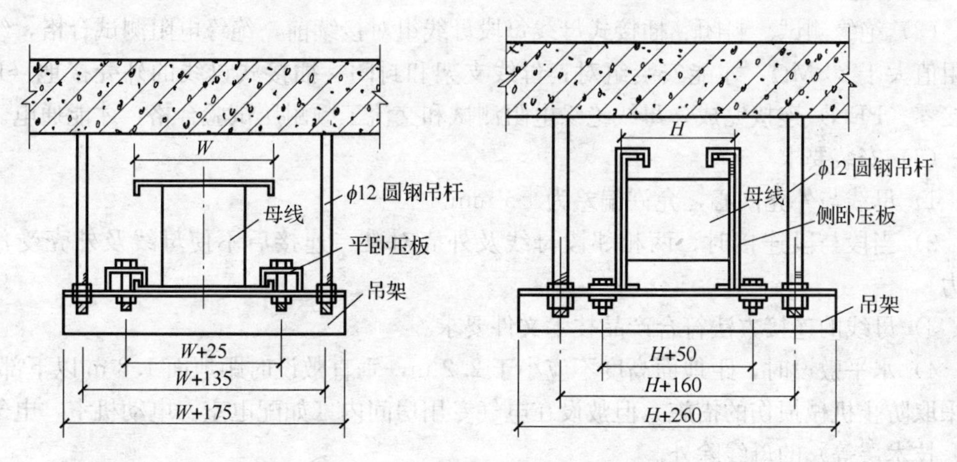

图 5—7　母线在支架、吊架上水平安装

（5）封闭式插接母线连接时，母线与外壳间应同心，误差不得超过 5 mm。段与段连接时，两相邻段母线及外壳应对准，连接后不应使母线及外壳受到机械应力。连接处应躲开母线支架，且不应在穿楼板或墙壁处进行。

(6) 封闭式插接母线的外壳必须接地。每段母线间应用截面不小于 16 mm^2 的编织软铜线跨接，使母线外壳连成一体。封闭式母线安装后完整示意图如图 5—8 所示。

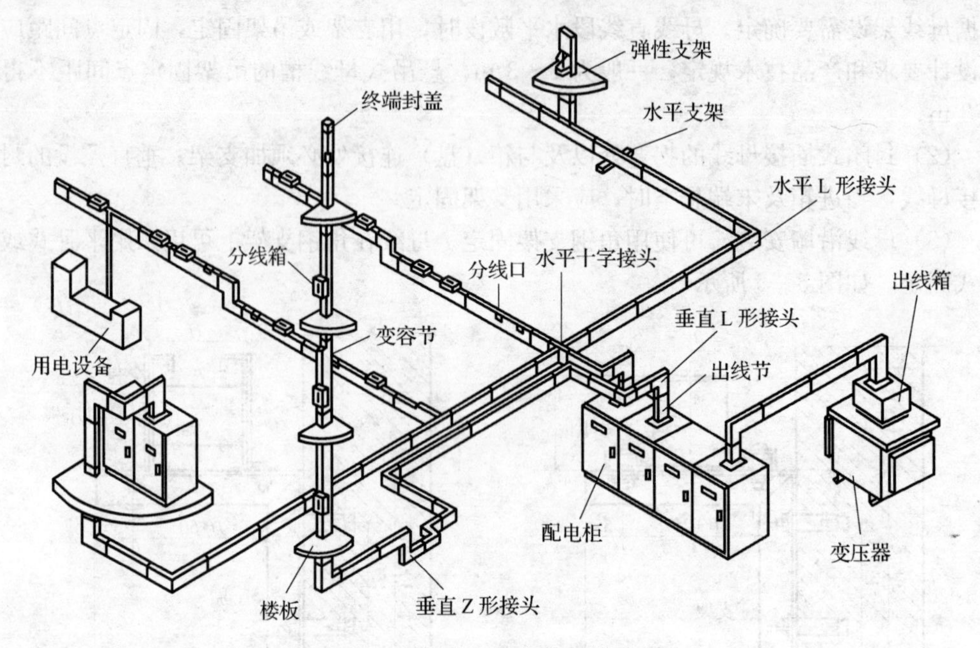

图 5—8　封闭式母线完整安装示意图

单元 5

2. 质量验收标准

(1) 外观检查。防潮密封良好，各段编号标志清晰，附件齐全，外壳不变形，母线螺栓搭接面平整、镀层覆盖完整、无起皮和麻面；插接母线上的静触头无缺损，表面光滑、镀层完整。

(2) 绝缘测试。封闭、插接式母线每段母线组对接续前，绝缘电阻测试合格，绝缘电阻值大于 20 MΩ，才能安装组对；母线支架和封闭、插接式母线的外壳接地（PE）或接零（PEN）连接完成，母线绝缘电阻测试和交流工频耐压试验合格，才能通电。

(3) 安装要求

1) 母线与外壳同心，允许偏差为±5 mm。

2) 当段与段连接时，两相邻段母线及外壳对准，连接后不使母线及外壳受额外应力。

3) 母线的连接方法符合产品技术文件要求。

4) 水平敷设时，距地面高度不应小于 2.2 m，垂直敷设时距地面 1.8 m 以下部分，应采取防止机械损伤的措施，但敷设在电气专用房间内（如配电室、电动机室、电气竖井、技术层等）的母线除外。

5) 水平敷设支持点间距不应大于 2.5 m，垂直敷设时应在通过楼板处采用专用附件支撑，如图 5—9 所示。

6) 直线敷设长度超过 40 m 应设置伸缩节，在母线跨越建筑物伸缩缝或沉降处，宜采取适应建筑结构移动的措施。

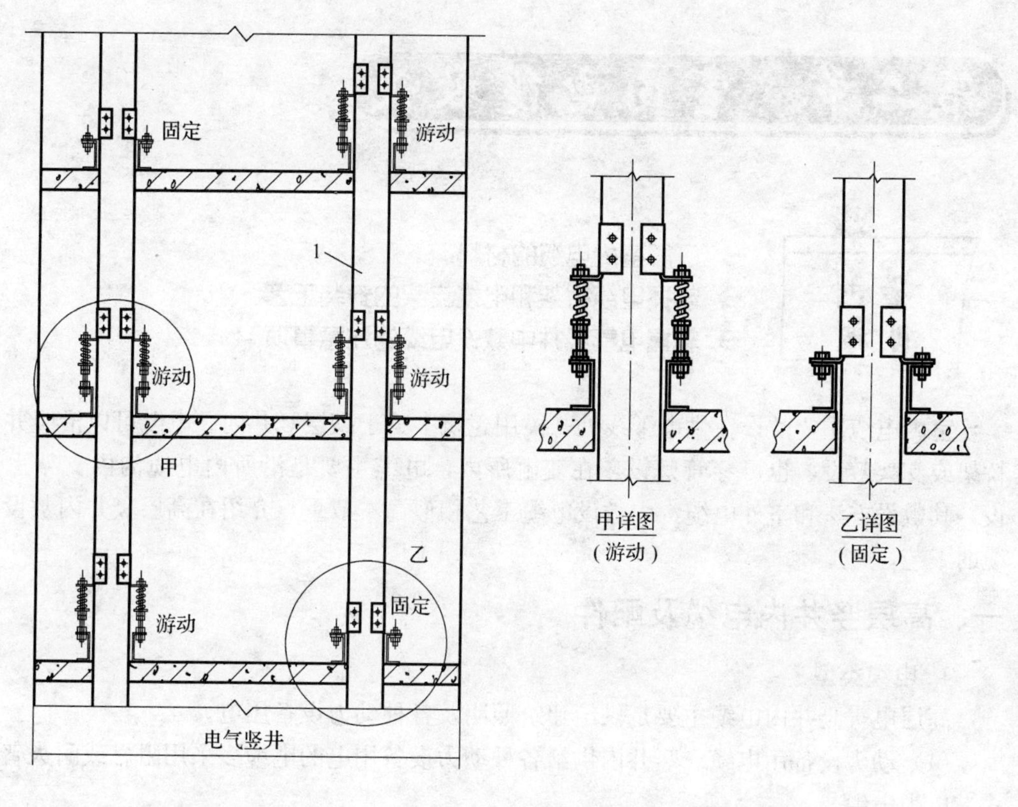

图 5—9　封闭式母线过楼板支撑方式

7）封闭式母线的连接不应在穿过楼板或墙壁处进行。

8）封闭式母线在穿过防火墙及防火楼板时，应采取防火隔离措施，如图 5—10 所示。

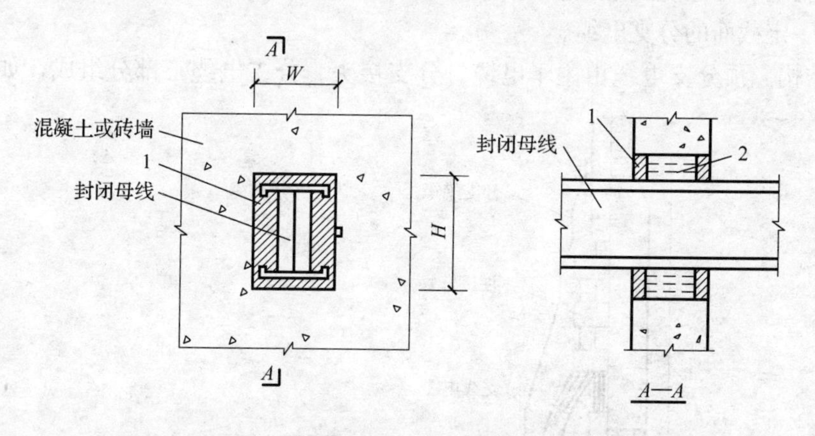

图 5—10　封闭式母线穿墙或楼板做法示意图

1—耐火隔板　2—堵料防火

9）母线与母线间、母线与电气器具接线端的搭接面，应清洁并涂以电力复合脂。

第二节　室内电缆敷设

→ 了解室内电缆的材料
→ 掌握电缆桥架和电缆支架的安装工艺
→ 掌握电气竖井中敷设电缆的注意事项

室内电缆主要敷设在供电干线处，民用建筑多见于高层竖井内。电缆可以沿竖井内桥架或支架敷设，也可穿管敷设。在变电所内，电缆主要是沿所内电缆沟内支架上敷设，其敷设方法和室外电缆沟内敷设电缆工艺相似，本节重点介绍在高层竖井内敷设电缆的工艺。

一、高层竖井内电缆及配件

1. 电缆类型

高层电气竖井内电缆主要是供给建筑照明及各种动力设备用电。

（1）动力设备用电缆。竖井内供给各种动力设备用电的电缆多采用阻燃或耐火普通多芯电力电缆。

（2）预分支电缆。供给建筑照明（包括住宅照明和公用空间照明）的供电干线如果采用电缆，其供电方式多采用混合式供电，由于需要多次从电缆上分出分支给每个用电回路供电，所以采用预分支电缆。

预分支电缆是电缆厂家提前根据设计图纸及建筑具体情况在主干电缆规定的尺寸部位预制出一定截面的分支电缆。

1）结构。预分支电缆由主干电缆、分支接头、分支电缆三部分组成，如图 5—11

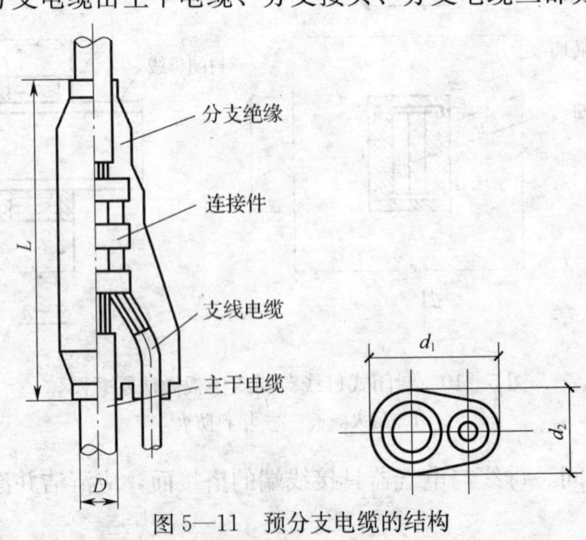

图 5—11　预分支电缆的结构

所示，每个分支接头部分均以优于电缆外护套的合成材料采用气密挤压，使电缆的外护套材料和注塑的合成材料集合在一起而形成气密和防水的分支接头。

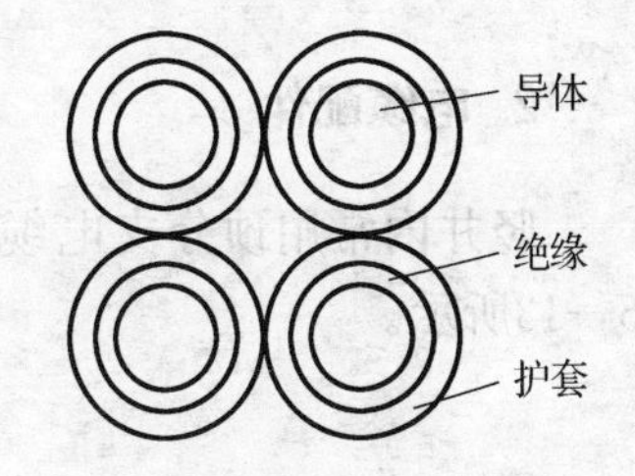

图 5—12　预分支电缆结构

a）单芯电缆　b）多芯拧绞电缆

2）类型。住宅照明部分所用电缆为非耐火电缆，其结构如图 5—12 所示。公用空间照明所用电缆为耐火电缆。一般主干电缆是单芯或多芯拧绞（二芯或五芯）电缆，支线电缆采用单芯电缆。

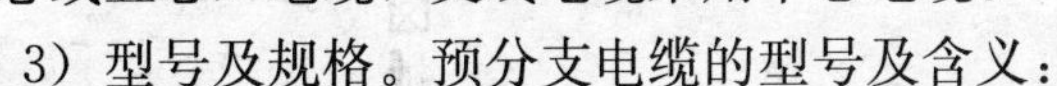

3）型号及规格。预分支电缆的型号及含义：

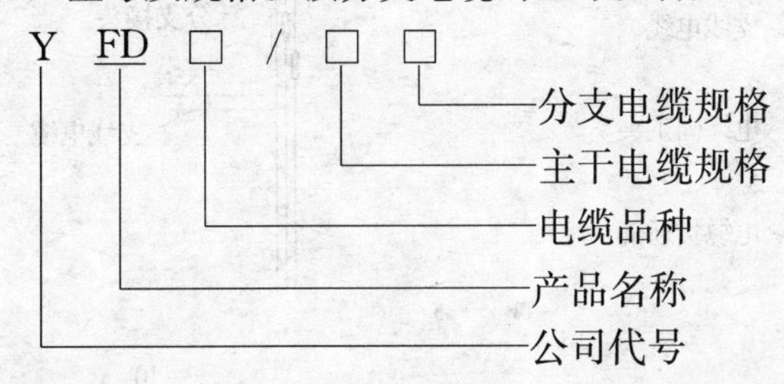

例：YFD－YJV/5（1×150）5（1×70）表示交联聚乙烯预分支电缆，主干为单芯截面积为 150 mm²，分支为单芯截面积为 70 mm²。

预分支电缆常用规格见表 5—4。

表 5—4　　**预分支电缆规格**

主干电缆截面（mm²）	支线电缆截面（mm²）								
16	10	16							
25	10	16	25						
35	10	16	25	35					
50	10	16	25	35	50				
70	10	16	25	35	50				
95	10	16	25	35	50				
120	10	16	25	35	50	70			
150	10	16	25	35	50	70	95		
185	10	16	25	35	50	70	95		
240	10	16	25	35	50	70	95	120	
300	10	16	25	35	50	70	95	120	
400	10	16	25	35	50	70	95	120	
500	10	16	25	35	50	70	95	120	150
630	10	16	25	35	50	70	95	120	150

2. 电缆配件

竖井内常用预分支电缆施工时除电缆本体外，还有很多必需的电缆配件，如图5—13所示。

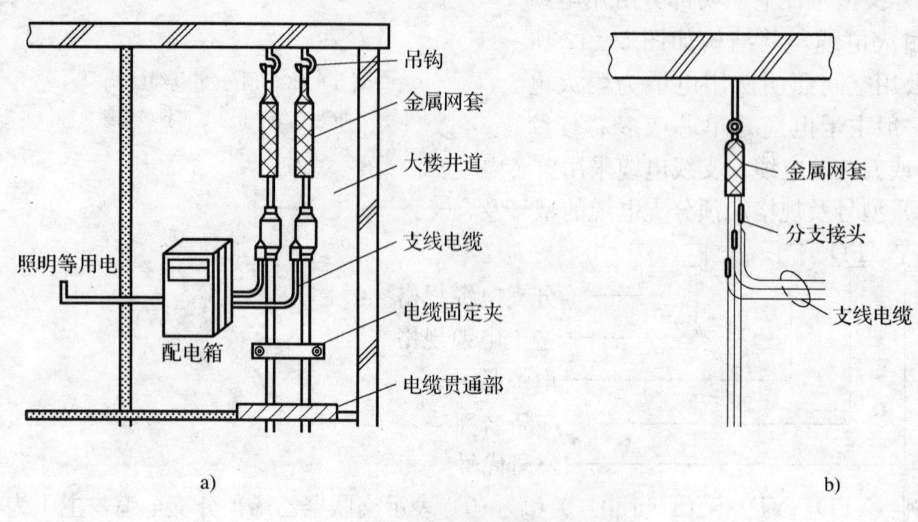

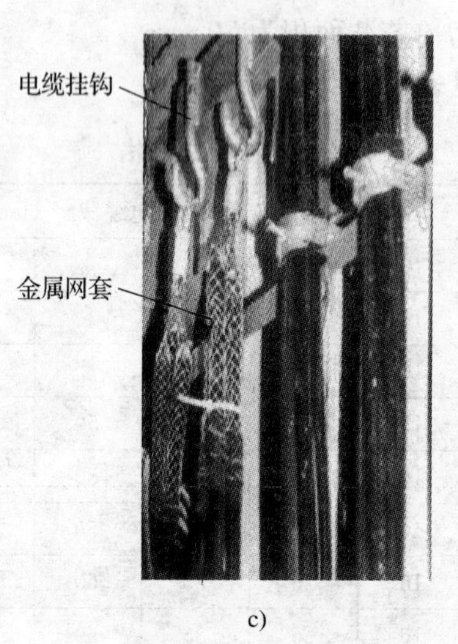

c)

图5—13　预分支电缆的配件

a）单芯电缆配件　b）多芯拧绞电缆配件

c）电缆配件现场照片

预分支电缆在电气竖井中施工时，应按如下流程将电缆及其配件安装到位，具体施工方法如图5—14所示。

（1）将电缆盘放在放线架上（通常电缆盘放在楼下，需将电缆提拉上去）。

（2）提升用的绳索通过卷绕机与电缆相连接。

（3）启动卷绕机将电缆提升上去。

（4）提升用的电缆网套到达房顶时，将网套挂在事先准备好的吊钩上。

（5）对中间部位进行固定。

（6）支线电缆终端头与所连配电箱内的元件连接。

（7）将主干电缆与其连接设备连接。

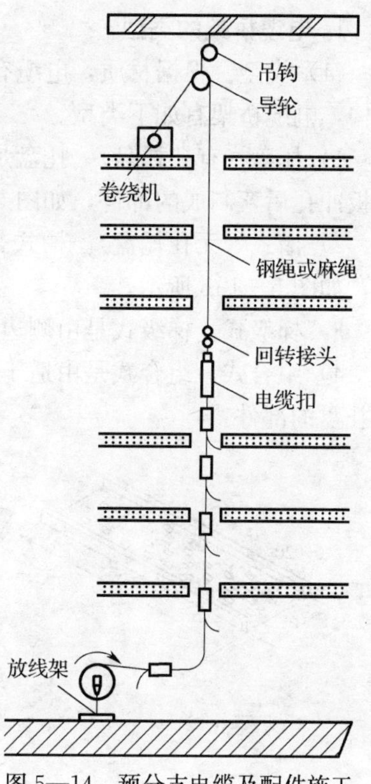

图 5—14　预分支电缆及配件施工

二、电缆桥架的安装

电缆桥架由托盘、梯架的直线段、弯通、附件以及支、吊架等构成，是对用以支撑电缆的具有连续的刚性结构系统的总称。托盘、梯架的直线段单件标准长度可为 2 m、3 m、4 m、6 m。表 5—5 所列为常见托盘、梯级式电缆桥架规格表，表 5—6 所列为常见电缆桥架厚度表。防腐层常用工艺有涂漆或烤漆（Q）、电镀锌（D）、喷涂粉末（P）、热浸镀锌（R）、电镀锌后喷涂粉末（DP）、热镀锌后涂漆（RQ）、其他（T）。

表 5—5　常见托盘式、梯级式电缆桥架规格　mm

宽度＼高度	40	50	60	70	75	100	150	200
100	△	△	△	△				
200	△	△	△	△	△			
300	△	△	△	△	△	△		
400		△	△	△	△	△	△	
500			△	△	△	△	△	△
600				△	△	△	△	△
800					△	△	△	△
1 000						△	△	△
1 200							△	△

注：符号△表示为常用规格。

表 5—6　托盘、梯架允许最小厚度表　mm

托盘、梯架宽度	允许最小厚度	托盘、梯架宽度	允许最小厚度
＜400	1.5	＞800	2.5
400～800	2.0		

1. 电缆桥架的类型

(1) 类型。根据材质，电缆有钢制、不锈钢质、铝合金质及玻璃钢质等几种。根据结构，电缆桥架有如下类型。

1) 托盘（有孔托盘）。托盘是由带孔眼的底板和侧边所构成的槽形部件，或由整块钢板冲孔后弯制成的部件，如图 5—15a 所示。

2) 槽式（无孔托盘）。槽式是由底板与侧边构成的或由整块钢板弯制成的槽形部件，如图 5—15b 所示。

3) 梯级式。梯级式是由侧边与若干个横档构成的梯形部件，如图 5—15c 所示。

4) 组合式。组合式是由适于工程现场任意组合的有孔部件用螺栓或插接方式连接成托盘的部件。

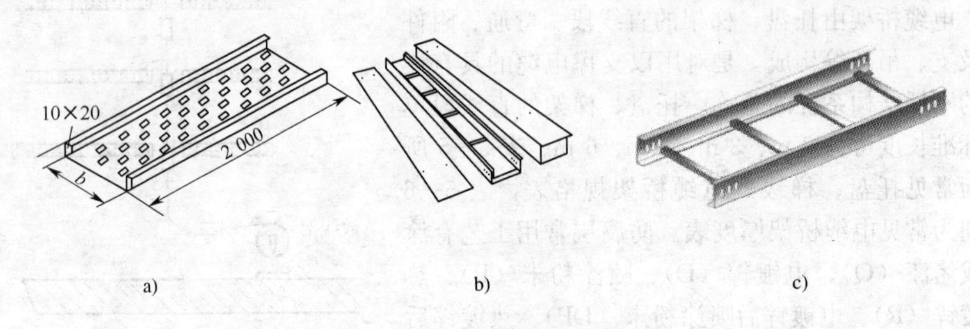

图 5—15 电缆桥架类型

a) 托盘式 b) 槽式 c) 梯级式

(2) 结构

1) 直线段是指一段不能改变方向或尺寸的用于直接承托电缆的刚性直线部件。

2) 弯通是指一段能改变方向或尺寸的用于直接承托电缆的刚性非直线部件，可包含下列品种：

①水平弯通。在同一水平面改变托盘、梯架方向的部件，分为 30°、45°、60°、90°四种。

②水平三通。在同一水平面以 90°分开三个方向连接托盘、梯架的部件，分为等宽、变宽两种。

③水平四通。在同一水平面以 90°分开四个方向连接托盘、梯架的部件，分为等宽、变宽两种。

④上弯通。使托盘、梯架从水平面改变方向向上的部件，分为 30°、45°、60°、90°四种。

⑤下弯通。使托盘、梯架从水平面改变方向向下的部件，分为 30°、45°、60°、90°四种。

⑥垂直三通。在同一垂直面以 90°分开三个方向连接托盘、梯架的部件，分为等宽、变宽两种。

⑦垂直四通。在同一垂直面以 90°分开四个方向连接托盘、梯架的部件，分为等宽、变宽两种。

⑧变径直通。在同一平面上连接不同宽度或高度的托盘、梯架的部件。

图 5—16 所示为槽式电缆桥架的几种典型弯通。

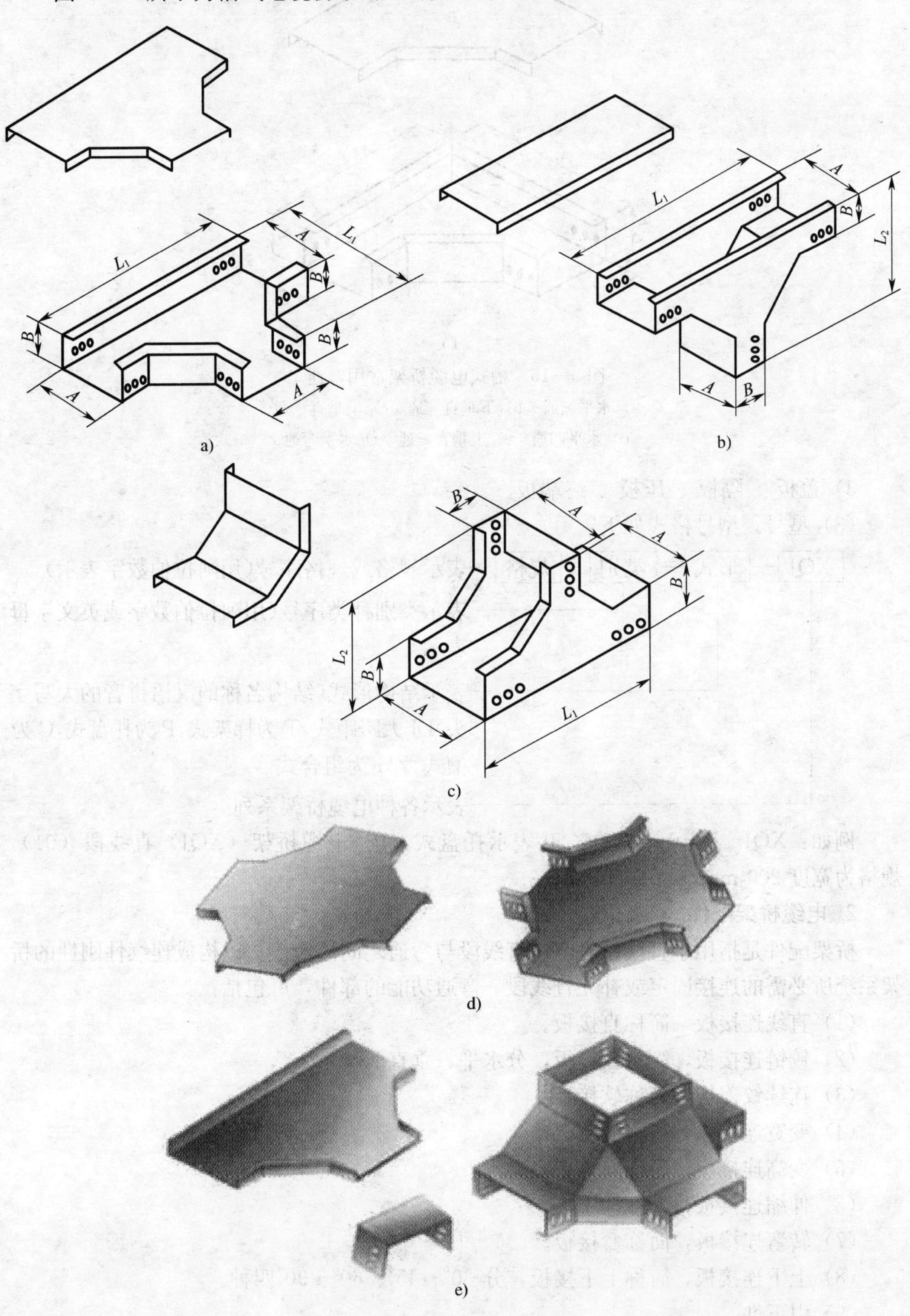

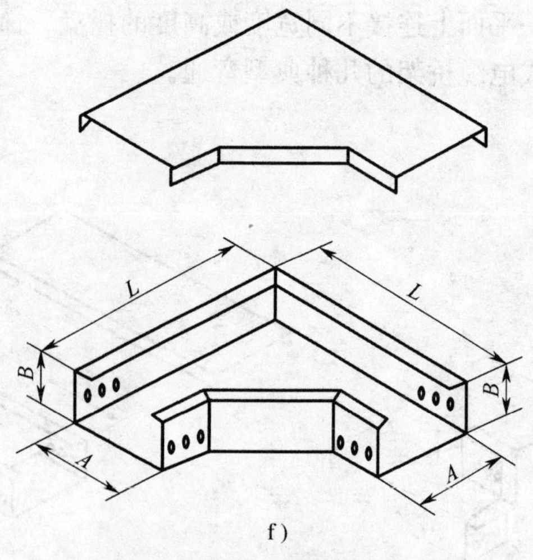

f)

图 5—16　槽式电缆桥架常用弯通

a）水平三通　b）下垂直三通　c）上垂直三通

d）水平四通　e）上垂直三通　f）水平弯通

3）盖板、隔板、压板、终端板。

（3）型号。型号格式如下：

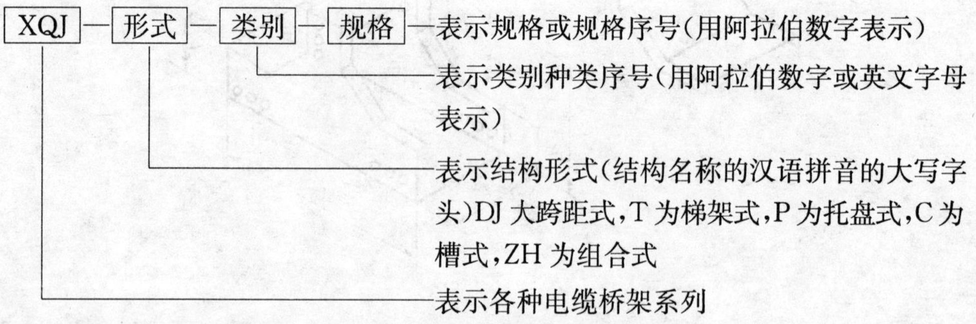

单元 5

例如：XQJ－P－01－200×50 表示托盘式（P）电缆桥架（XQJ）直线段（01），规格为宽度 200 mm，高度 50 mm。

2. 电缆桥架配件

桥架配件是指用于直线段之间、直线段与弯通之间的连接，以构成连续性刚性的桥架系统所必需的连接固定或补充直线段、弯通功能的部件，可包括：

（1）直线连接板，简称直接板。

（2）铰链连接板，简称铰接板，分水平、垂直两种。

（3）连续铰连板，简称软接板。

（4）变宽连接板，简称变宽板。

（5）变高连接板，简称变高板。

（6）伸缩连接板，简称伸缩板。

（7）转弯连接板，简称弯接板。

（8）上下连接板，简称上下接板，分 30°、45°、60°、90°四种。

（9）引下件。

3. 电缆桥架的安装

电缆沿桥架敷设工艺流程如图 5—17 所示。

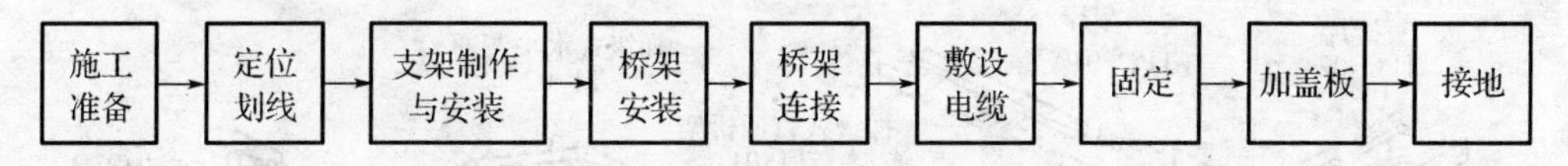

图 5—17　电缆沿桥架敷设工艺流程图

各种电缆桥架的安装结果如图 5—18 所示。

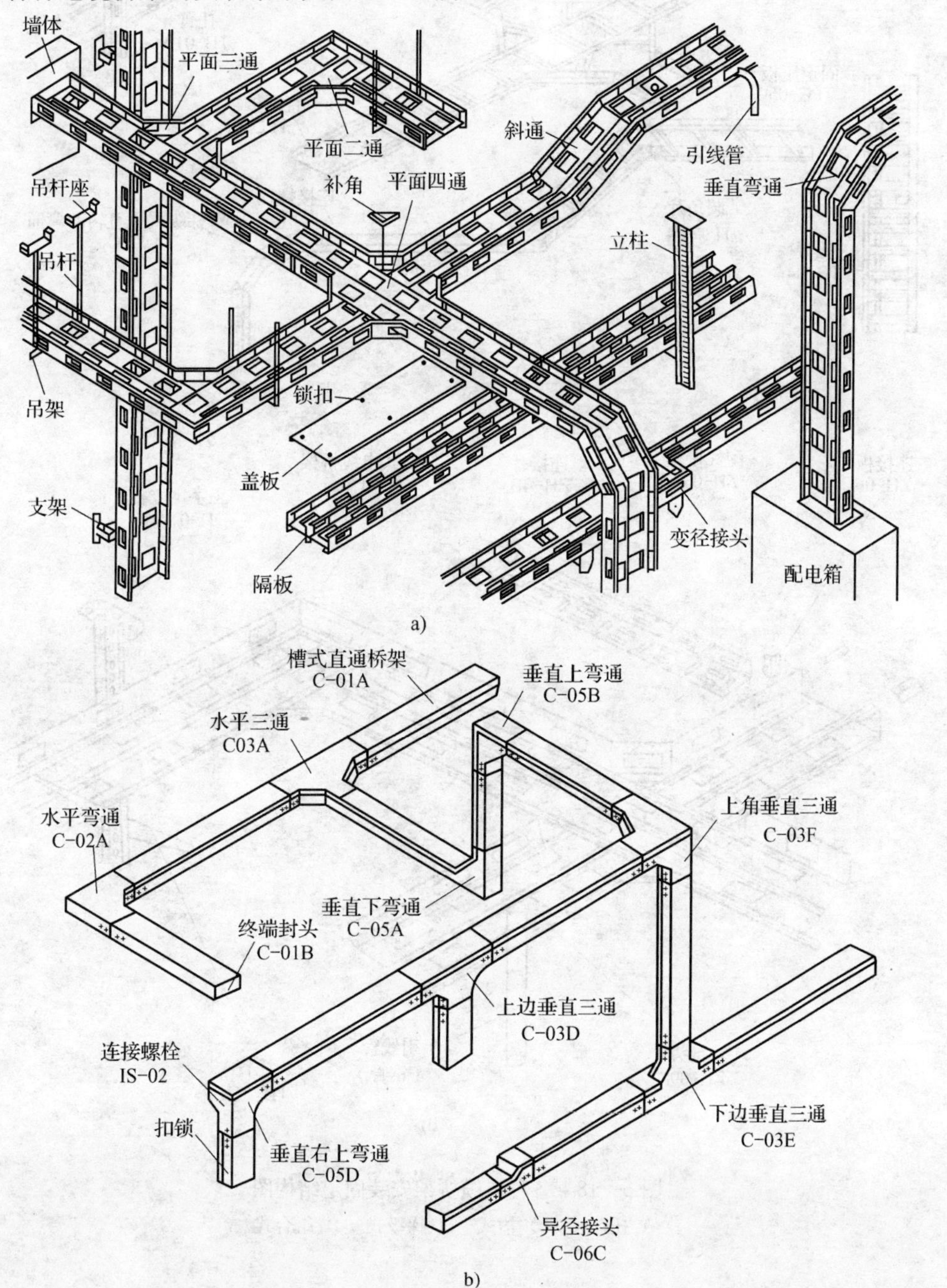

梯级式水平三通 T1-03
直接片 TPC-02
调宽片 TPC-01A
梯级式水平弯通 T1-02
梯级式直通桥架 T1-01
工字钢立柱 H-C1A
梯级式水平四通 T1-04
托臂 TB-01A
固定压板 TPC-05
直通护罩 TPC-08
调角片 TPC-04
连接螺栓 IS-02
梯级式垂直转动弯通 T1-05C
托臂 TB-04

c)

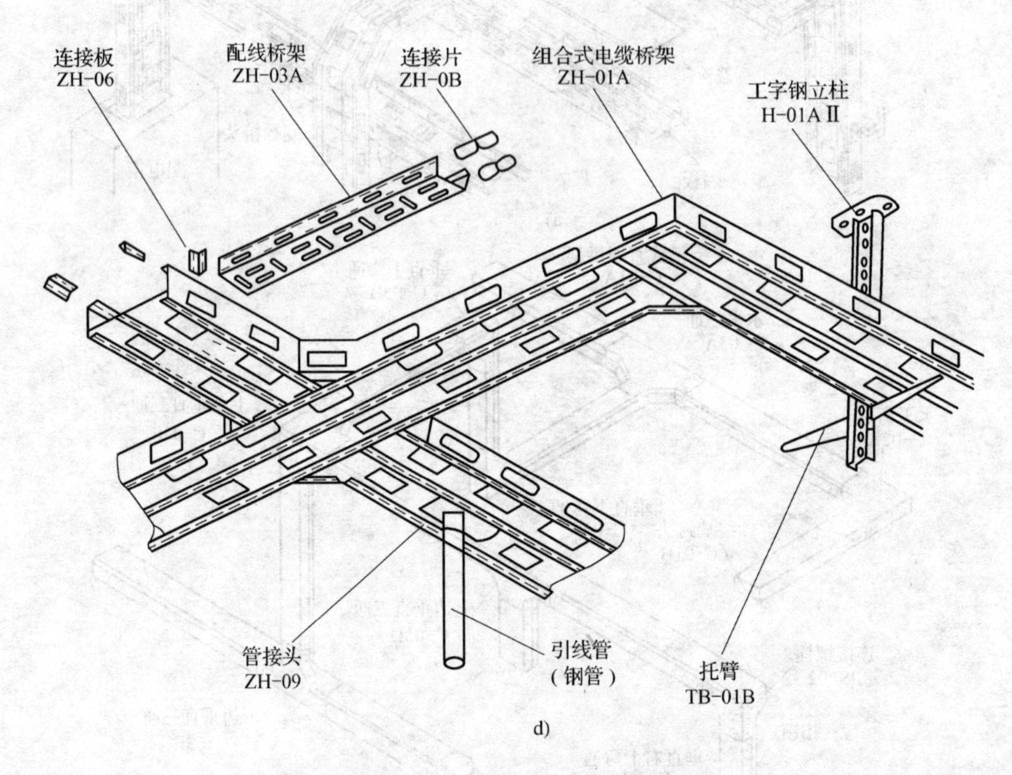

d)

图 5—18　各种电缆桥架安装固定结构图

a）托盘式　b）槽式　c）梯级式　d）组合式

（1）测量定位。用弹线法标识桥架的安装位置，确定好支架的固定位置，做好标记。竖井内桥架定位应先用悬钢丝法确定安装基准线，如预留洞不合适，应及时调整，并做好修补。

（2）支架制作与安装。支、吊架是指直接支撑托盘、梯架的部件，可包括：

1）托臂。直接支撑托盘、梯架且单端固定的刚性部件，分卡接式、螺栓固定式。

2）立柱。直接支撑托臂的部件，分工字钢、槽钢、角钢、异型钢立柱。

3）吊架。悬吊托盘、梯架的刚性部件，分圆钢单、双杆式；角钢单、双杆式；工字钢单、双杆式；槽钢单、双杆式；异型钢单、双杆式。

4）其他固定支架。垂直、斜面等固定用支架。依据施工图设计标高及桥架规格，进行定位，然后依照测量尺寸制作支架，支架采取工厂化生产方式。如图5—19所示，在无吊顶处沿梁底吊装或靠墙安装支架，在有吊顶处在吊顶内吊装或靠墙安装支架。在无吊顶的公共场所结合结构构件并考虑建筑美观及检修方便，采用靠墙、柱安装支架或在屋架下构件上安装。靠墙安装支架采用膨胀螺栓固定，支架间距不超过 2 m。在直线段和非直线段连接处、过建筑物变形缝处和弯曲半径大于 500 mm 的非直线段中部应增设支吊架，支吊架安装应保证桥架水平度或垂直度符合要求。

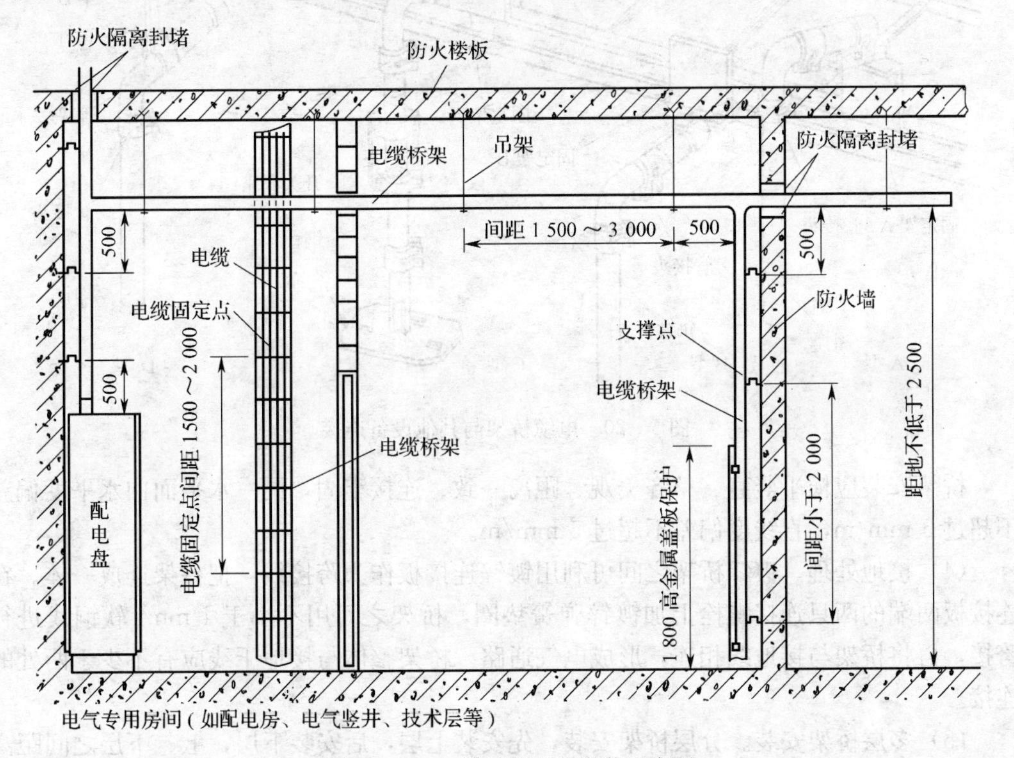

图 5—19　电缆桥架支架安装示意图

（3）桥架安装。对于特殊形状桥架，应将现场测量的尺寸交于材料供应商，由供应商依据尺寸制作，以减少现场加工。并使桥架材质、型号、厚度以及附件满足设计要求。

桥架安装前，必须与其他专业人员协调，避免与大口径消防管、喷淋管、冷热水管、排水管及空调、排风设备发生矛盾。

将桥架举升到预定位置，与支架采用螺栓固定，在转弯处需仔细校核尺寸，桥架宜与建筑物坡度一致，在圆弧形建筑物墙壁的桥架，其圆弧宜与建筑物一致。桥架与桥架之间用连接板连接，连接螺栓采用半圆头螺栓，半圆头在桥架内侧。桥架之间缝隙须达到设计要求，确保一个系统的桥架连成一体。

跨越建筑物变形缝的桥架应按企业标准《钢制电缆桥架安装工艺》做好伸缩缝处理，钢制桥架直线段超过 30 m 时，应设热胀冷缩补偿装置。

桥架安装完成后与其他设备的连接如图 5—20 所示。

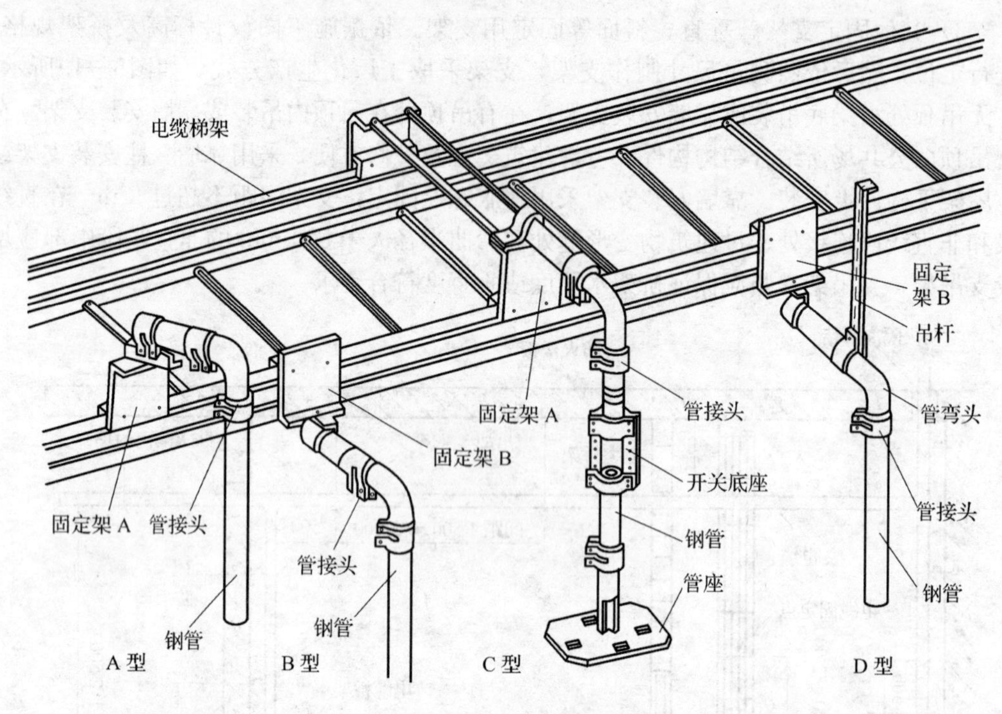

图 5—20　电缆桥架与其他设备连接

桥架安装应横平竖直、整齐美观、距离一致、连接牢固，同一水平面内水平度偏差不超过 5 mm/m，直线度偏差不超过 5 mm/m。

（4）接地处理。镀锌桥架之间可利用镀锌连接板作为跨接线，把桥架连成一体。在连接板两端的两只连接螺栓上加镀锌弹簧垫圈，桥架之间用不小于 4 mm^2 软铜线进行跨接，再将桥架与接地线相连，形成电气通路。桥架整体与接地干线应有不少于两处的连接。

（5）多层桥架安装。分层桥架安装，先安装上层，后安装下层，上、下层之间距离要留有余量，有利于后期电缆敷设和检修。水平相邻桥架净距不宜小于 50 mm，层间距离应根据桥架宽度最小不小于 150 mm，与弱电电缆桥架距离不小于 0.5 m。

（6）桥架防火封堵。桥架过楼板、墙体等处按照如图 5—21 所示做好防火封堵。

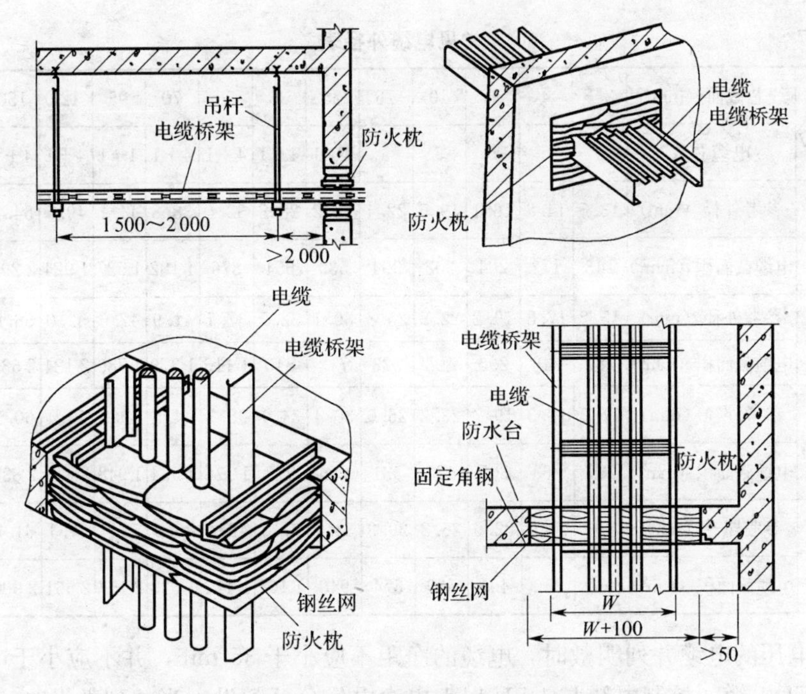

图 5—21 电缆桥架防火封堵

三、电缆支架的安装

1. 电缆支架常用材料及其加工

制作电缆工程固定支架的材料有扁钢、角钢、槽钢、元钢等。虽然支架已逐渐标准化、商品化，但在实际工作中，现场制作支架的情况也很普遍。支架的制作工艺过程为：

(1) 下料。根据电缆敷设位置及要求选择支架的型式、材质，确定规格、下料。如图 5—22 所示，电缆沿竖井垂直敷设，则按表 5—7 所示确定好电缆支架的尺寸后按要求下料。图 5—22 中，L_2 表示竖井内电缆支架沿墙敷设时角钢支架的尺寸。

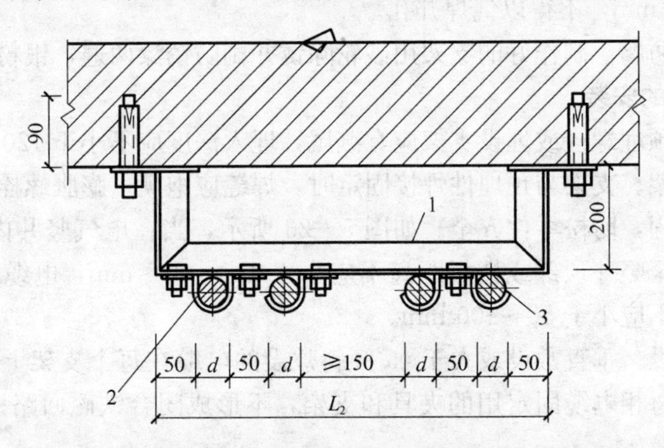

图 5—22 竖井内电缆支架沿墙敷设

1—角钢支架 40×40×4 2—单边电缆卡子 k—01/29 3—双边电缆卡子 k—03/29

表 5—7　　　　常见电缆外径表

电缆型号 0.6 kV/1 kV	线芯截面（mm^2）	2.5	4	6	10	16	25	35	50	70	95	120	150	185	240
	电缆芯数	5	5	5	5	5	4+1	4+1	4+1	4+1	4+1	4+1	4+1	4+1	4+1
YJV YJLV	参考外径（mm）	13.5	14.8	16.1	19.6	22.4	26.2	28.8	33.4	38.8	44.1	49.5	54.1	60.5	68.2
	电缆截面积（mm^2）	143	172	204	302	394	539	651	876	1 182	1 527	1 924	2 299	2 875	3 653
VV VLV	参考外径（mm）	15.2	17.8	19.2	22.8	25.8	30.1	32.7	37.7	41.9	47.6	52.0	56.8	63.0	70.7
	电缆截面积（mm^2）	181	249	290	408	523	712	840	1 116	1 379	1 780	2 124	2 534	3 117	3 926
YJV_{22} $YJLV_{22}$	参考外径（mm）	17.0	18.3	19.7	23.2	26.0	30.4	34.1	38.7	44.2	49.8	55.4	60.1	66.9	74.8
	电缆截面积（mm^2）	227	263	305	423	531	726	913	1 176	1 534	1 948	2 411	2 837	3 515	4 394
VV_{22} VLV_{22}	参考外径（mm）	—	21.1	22.6	26.2	29.3	34.7	37.5	42.4	46.9	52.4	57.1	61.7	67.9	75.3
	电缆截面积（mm^2）	—	350	401	539	674	946	1 104	1 412	1 728	2 157	2 561	2 990	3 621	4 453

相同电压的电缆并列明敷时，电缆的净距不应小于 35 mm，并不应小于电缆外径；1 kV 及以下电缆、控制电缆与 1 kV 以上电力电缆分开敷设，当并列敷设时，其净距不应小于 150 mm。

当设计无要求时，电缆支架层间最小允许距离应符合表 5—8 的规定。

表 5—8　　　　电缆支架层间最小允许距离　　　　mm

电缆种类	支架层间最小距离	电缆种类	支架层间最小距离
控制电缆	120	10 kV 及以下电力电缆	150—200

（2）焊接及钻孔。按要求焊接并钻孔。支架的孔眼应采用电钻加工，其孔径应比吊杆或管卡大 1～2 mm，不得以气焊开孔。

（3）防锈、防腐。制作好的支架用砂轮除锈并刷防锈漆两遍，银粉漆一遍。

2. 电缆支架的安装

（1）预埋。预埋螺栓或埋设支架应有燕尾，埋入深度应不小于 120 mm。

（2）固定支架。支架与预埋件焊接固定时，焊缝应饱满；膨胀螺栓固定时，选用螺栓适配，连接紧固，防松零件齐全。如图 5—23 所示，当在电气竖井内设计无要求时，电缆支架最上层至竖井顶部或楼板距离不应小于 150～200 mm，电缆支架最下层至沟底或地面的距离不应小于 50～100 mm。

（3）电缆敷设。垂直敷设或大于 45°倾斜敷设的电缆在每个支架上固定；交流单芯电缆或分相后的每相电缆固定用的夹具和支架，不形成闭合铁磁回路；电缆排列整齐，少交叉。

敷设电缆的电缆沟和竖井，按设计要求位置，有防火封堵措施。

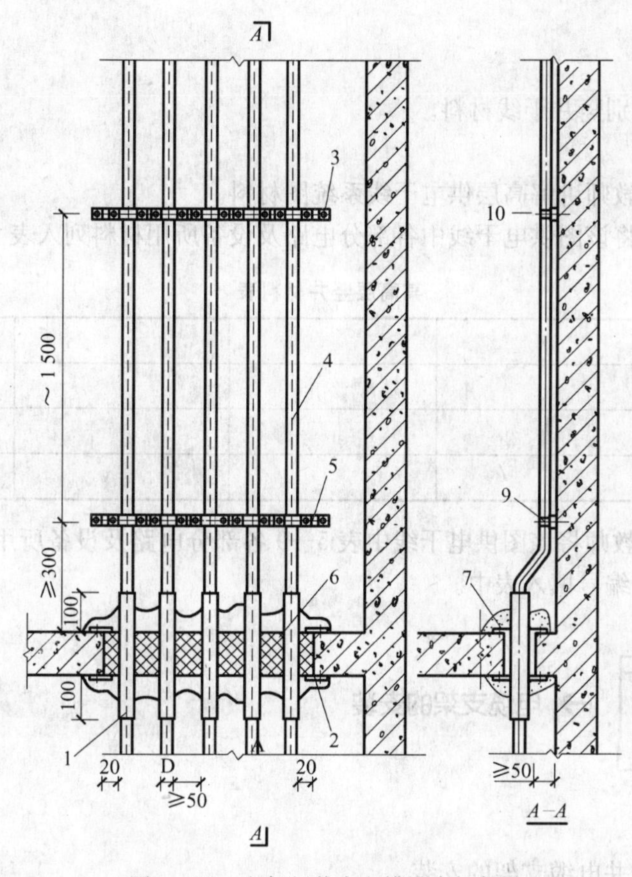

图 5—23　电气竖井内电缆沿支架敷设

1—过楼板保护套管　2—防火隔板（钢板厚 4 mm）　3—固定螺栓 M6×60　4—电缆
5—支架（扁钢 40×4）　6—防火堵料　7—固定螺栓（M10×80）
8—塑料胀管（ϕ6×30）　9—管卡子　10—单边管卡子

第三节　建筑供电干线技能训练

→ 建筑供电干线常用材料的识别

【实训内容】

建筑供电干线常用材料的识别

【准备要求】

1. 准备

指导教师准备高层供电干线系统图一张（电子版亦可），常见封闭式母线及电缆图片若干。

2. 要求

学生能正确判别竖井干线材料。

【实训步骤】

步骤 1　指导教师讲解高层供电干线系统图材料。

步骤 2　学生将该图供电干线中各部分电路及设备所用材料列入表 5—9。

表 5—9　　某高层竖井材料表

用途					
型号					
型号					
型号					

步骤 3　指导教师将该图供电干线中表 5—9 各部分电路及设备所用材料图片编号，然后让学生将图片编号填入表中。

实训2 → 电缆支架的安装

【实训内容】

某高层电气竖井电缆支架的安装

【准备要求】

1. 准备

电焊机　　1 台

水平仪　　1 只

型材切割机　　1 台

红丹漆及银粉漆　　若干

角钢 40 mm×40 mm×4 mm　　若干

2. 要求

熟练掌握支架的制作及安装。

【实训步骤】

步骤 1　根据某高层的供电干线图，电缆沿竖井垂直敷设，则按表 5—7 所示确定好电缆支架的尺寸后按要求准备下料。

步骤 2　根据该高层的层数和施工规范计算竖井内支架的个数。

步骤 3　下料并制作好一个支架。

(1) 平直。可垫上平锤，用大锤打击

(2) 下料。应使用型材切割机，不得用电、火焊切割。下料后，长度误差应在 5 mm范围内，切口卷边、毛刺应打磨掉。

下料后的钢材如有显著变形，则应再次进行平直。

（3）组焊。立柱与横撑连接处应用满焊缝，焊缝应均匀、无烧穿、无明显的咬肉、夹渣和气孔，厚度不小于 5 mm。焊接后，应及时清除焊渣和药皮，然后，用钢丝刷除去铁锈，先涂一层防腐底漆，再涂一层面漆（一般为黑色或灰色）。支架焊接应牢固，无显著变形，各横撑间的垂直净距与设计偏差不应大于 2 mm。

步骤 4　根据要求将支架安装固定。

（1）布置支架。由学生根据图 5—23 正确在图纸上布置每层支架的位置，并写出支架布置方案及安全文明施工注意事项。

（2）将制作好的支架用预埋膨胀螺栓固定，选用螺栓适配，连接紧固，防松零件齐全。在电气竖井内当设计无要求时，电缆支架最上层至竖井顶部或楼板距离不小于 150～200 mm，电缆支架最下层至沟底或地面的距离不小于 100 mm。

单元测试题

一、填空题（请将正确的答案填在横线空白处）

1. 封闭、插接式母线安装应符合下列规定：当段与段连接时，两相邻段母线及外壳对准，连接后不使母线及外壳受________。

2. 金属电缆桥架及其支架全长应不少于________处与接地（PE）或接零（PEN）干线相连接。

3. 电缆出入电缆沟、________、建筑物、________、开关柜及管子管口处等做密封处理。

4. 当设计无要求时，电缆支架最上层至竖井顶部或楼板的距离不小于________mm。

5. 插接箱是用户使用最为频繁，分支电流保护之关键部位，其性能直接影响到配线质量，内部插脚能确保插接________次以上仍具有良好的弹性接触。

6. 封闭式母线直线敷设长度超过________m 应设置伸缩节，在母线跨越建筑物伸缩缝或沉降处，宜采取适应建筑结构移动的措施。

7. 根据材质，电缆桥架有________、不锈钢质、铝合金质及玻璃钢质等几种。

二、判断题（下列判断正确的请打“√”，错误的打“×”）

1. 分层桥架安装，先安装上层，后安装下层。（　　）

2. 电缆桥架跨越建筑物变形缝处应设置补偿装置。（　　）

3. 镀锌电缆桥架间连接板的两端不跨接接地线，但连接板两端应有不少于 4 个有防松螺帽或防松垫圈的连接固定螺栓。（　　）

4. 当设计无要求时，电缆桥架水平安装的支架间距为 1.5～3 m；垂直安装的支架间距不大于 2 m。（　　）

5. 封闭、插接式母线每段母线组对接续前，绝缘电阻测试合格，绝缘电阻值大于 10 MΩ，才能安装组对。（　　）

6. 预分支电缆由主干电缆、分支接头、分支电缆三部分组成。（　　）

三、单项选择（下列每题的选项中，只有一个是正确的，请将其代号填在横线空白处）

1. 母线与外壳同心，允许偏差为________mm。

A. ±5　　B. ±10　　C. ±8　　D. ±9

2. 非镀锌电缆桥架间连接板的两端跨接铜芯接地线最小允许截面积不小于________mm^2。

A. 4　　B. 6　　C. 10　　D. 16

3. 电缆支架最下层至沟底或地面的距离不小于________mm。

A. 200～300　　B. 500　　C. 50～100　　D. 100～200

4. 直线段铝合金或玻璃钢制电缆桥架长度超过________m设有伸缩节。

A. 20　　B. 30　　C. 15　　D. 50

5. 聚氯乙烯绝缘电力电缆最小允许弯曲半径为________。

A. 10*D*　　B. 15*D*　　C. 20*D*　　D. 20*D*

四、简答题

1. 封闭式插接母线常用配件的功能是什么？
2. YFD－YJV/5（1×150）5（1×70）表示什么意思？
3. 预分支电缆在电气竖井中施工时的施工流程是什么？
4. 根据结构，电缆桥架有哪些类型？

五、综合题

说明：利用所学专业知识和有关制图知识，结合安装工程施工技术和有关施工质量验收规范，对下列的电气施工图（部分）进行识读，并按要求回答问题。

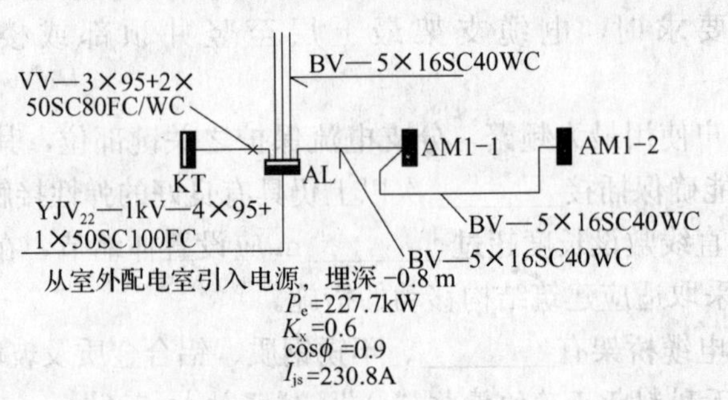

1. 准备该建筑的电源进户处的主要材料。
2. 说明从AM1－1至AM1－2的文字标注BV－5×16SC40WC的含义。简述施工要点。
3. 从AL至KT之间所用电缆是几芯的，最大缆芯截面是多少？

单元测试题答案

一、填空题

1. 额外应力　　2. 2　　3. 竖井　柜（盘）　　4. 150～200　　5. 200　　6. 40
7. 钢制

二、判断题

1. √　2. √　3. ×　4. ×　5. √　6. √

三、单项选择题

1. A　2. A　3. C　4. C　5. A

四、简答题

1. 答：封闭式插接母线常用配件的功能是完成线路的连接及方向的任意变换，并能够很灵活地使封闭式母线与各种设备连接。其中始端母线槽用途是将封闭式母线与电缆连接，或通过连接铜排与开关柜或变压器相连接。插接箱用于从母线槽干线上引出所需要的电能。伸缩节又称为膨胀节，用于吸收由于母线槽热胀冷缩所产生的轴向变形，当母线长度超过 40 m 时，可安装一节。

2. 答：交联聚乙烯预分支电缆，主干为单芯截面积为 150 mm^2，分支为单芯截面积为 70 mm^2。

3. 答：(1) 将电缆盘放在放线架上（通常电缆盘放在楼下，需将电缆提拉上去）。

(2) 提升用的绳索通过卷绕机与电缆相连接。

(3) 启动卷绕机将电缆提升上去。

(4) 提升用的电缆网套到达房顶时，将网套挂在事先准备好的吊钩上。

(5) 对中间部位进行固定。

(6) 支线电缆终端头与所连配电箱内的元件连接。

(7) 将主干电缆与其连接设备连接。

4. 答：根据结构，电缆桥架有如下类型。

(1) 托盘（有孔托盘）：是由带孔眼的底板和侧边所构成的槽形部件，或由整块钢板冲孔后弯制而成。

(2) 槽式（无孔托盘）：是由底板与侧边构成的或由整块钢板弯制成的槽形部件。

(3) 梯级式：由侧边与若干个横档构成的梯形部件。

(4) 组合式：由适于工程现场任意组合的有孔部件用螺栓或插接方式连接成托盘的部件。

五、综合题

答：1. 该建筑电源进户处有如下主要材料：

(1) YJV22－1KV－4×95＋1×50 五芯交联电缆一根。

(2) SC100 焊接钢管一根。

(3) 五芯热缩电缆头一套。

2. (1) 从 AM1－1 至 AM1－2 的文字标注 BV－5×16SC40WC 的含义为 5 根 BV16 的导线采用管内穿线的工艺，穿管管径为 *DN*40 的焊接钢管，钢管沿墙暗敷。

(2) 施工技术要点

预埋 SC40 焊接钢管，其施工要点是：准备材料时内壁要求防腐，切割套螺纹时要及时用锉刀锉光管口毛刺，弯管半径不小于 276 mm；预埋时最短径，结实可靠，管口封堵严实，如果用套管连接，连接处要用 ϕ10 的接地跨接线连接牢靠。管与配电箱连接时宜突出配电箱内壁 3～5 mm，距离建筑表面不小于 15 mm；直线段钢管，若超过

30 m，应增设一个接线盒；有一个弯曲，若超过 20 m，应增设一个接线盒。有两个弯曲，若超过 15 m，应增设一个接线盒；有三个弯曲，若超过 8 m，应增设一个接线盒。

配管结束后，在土建内粉后，进行管内穿线。施工要点是：管内不允许有导线接头，若需连接，应在开关等盒处进行，或另设接线盒；不允许单根导线穿在一个钢管中，即同一回路导线必须穿在一个钢管中；但最多只能穿 8 根；管内导线的总截面（包括绝缘层）不能超过管内有效截面的 40%。

3. 从 AL 至 KT 之间所用电缆是五芯的，最大缆芯截面是 95 mm^2。

第6单元

电气照明工程施工

第一节 电气照明工程图识读

→ 掌握电气照明工程图的识读方法
→ 熟悉电气照明工程中的各种材料

一、电气照明施工图基本知识

照明工程是现代建筑工程中最基本的电气工程，主要包括灯具、开关、插座等电气设备和配电线路的安装。

1. 照明方式和种类

（1）照明方式。照明方式是指照明设备按其安装部位或光的分布而构成的基本制式。就安装部位而言，有一般照明（包括分区一般照明）、局部照明和混合照明等。按光的分布和照明效果可分为直接照明和间接照明。选择合理的照明方式，对改善照明质量、提高经济效益和节约能源等有重要作用，并且还关系到能否实现建筑装修的整体艺术效果。

（2）照明种类。按照明的作用可以把照明分为正常照明、应急照明、值班照明、警卫照明、装饰照明和艺术照明等。

1）正常照明。它也称工作照明，是为满足正常工作而设置的照明，其作用是满足人们正常视觉的需要，是照明工程中的主要照明，一般是单独使用。不同场合的正常照明有着不同照度的标准，设计照度要符合规范的要求。

2）应急照明。在正常照明因事故熄灭后，为满足事故情况下人们继续工作的需要，或保障人员安全顺利撤离的照明为应急照明。它包括备用照明、安全照明和疏散照明。

3）值班照明。在非工作时间，供值班人员观察用的照明称值班照明。可用正常照明的一部分或应急照明的一部分作为值班照明。

4）警卫照明。用于警卫区域内重点目标的照明称为警卫照明，可用正常照明的一部分作为警卫照明。

5）装饰照明。为美化和装饰某一特定空间而设置的照明称为装饰照明。这类照明以纯装饰为目的，不兼作一般照明和局部照明。

6）艺术照明。通过运用不同的灯具、不同的投光角度和不同的光色，制造出一种特定空间气氛的照明为艺术照明。

2. 电气照明基本线路

（1）一只开关控制一盏灯或多盏灯。这是一种最常用、最简单的照明控制线路，如

图 6—1 所示。连接到开关和灯具的线路都是 2 根线（2 根线不需要标注），相线（L）经开关控制后到灯具一端，中性线（N）直接到灯具另一端。一只开关控制多盏灯时，几盏灯均应并联接线。

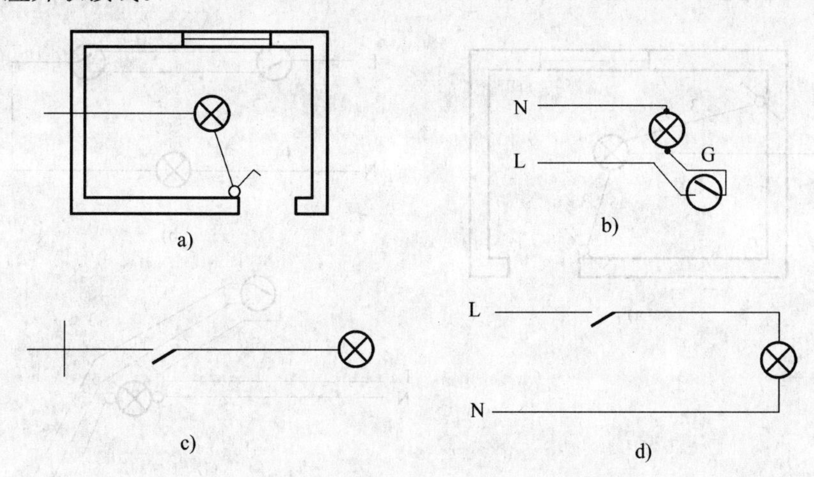

图 6—1　一个开关控制一盏灯
a）平面图　b）透视接线图　c）系统图　d）电路图

（2）多个开关控制多盏灯。当一个空间有多盏灯需要多个开关单独控制时，可以适当把控制开关集中安装，相线可以公用接到各个开关，开关控制后分别连接到各个灯具，中性线直接到各个灯具，如图 6—2 所示。

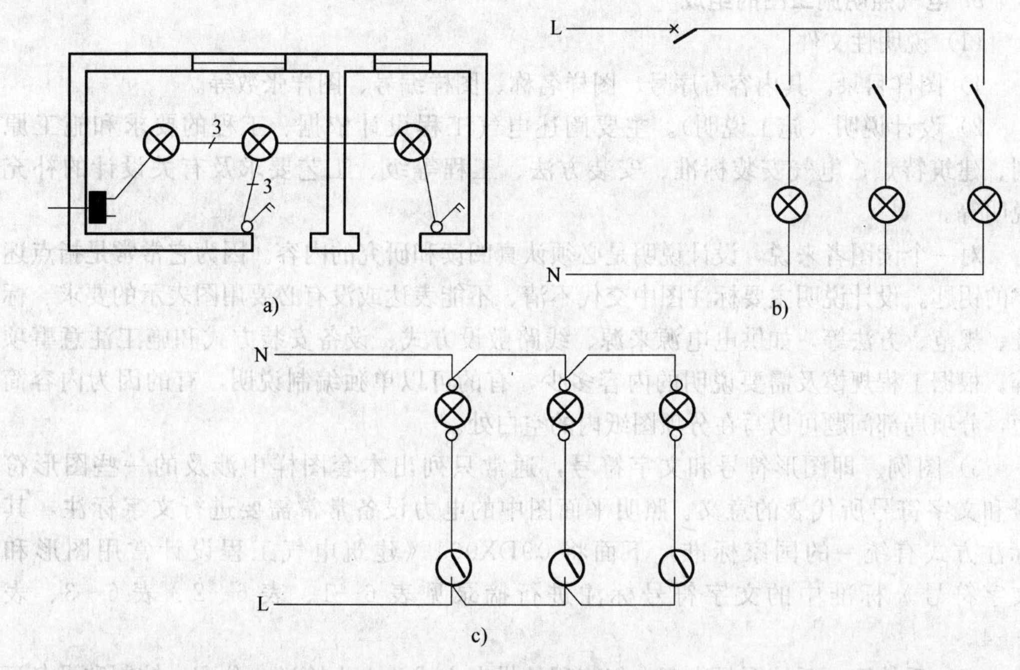

图 6—2　多个开关控制多盏灯
a）平面图　b）电路图　c）接线图

（3）两只开关控制一盏灯。用两只双控开关在两处控制同一盏灯，通常用于楼上楼下分别控制楼梯灯，或走廊两端分别控制走廊灯。在图 6—3 所示开关位置时，灯处于关闭状态，无论扳动哪个开关，灯都会亮。

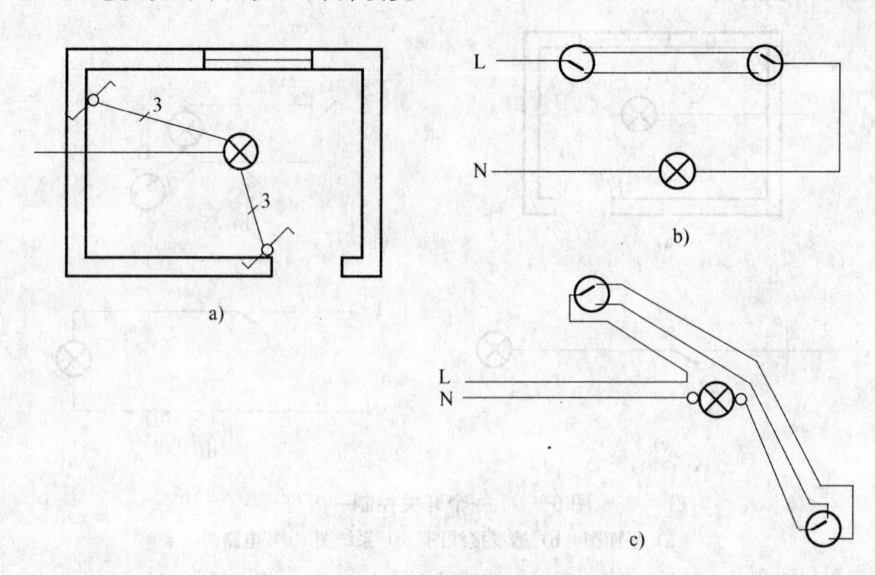

图 6—3　两个开关控制一盏灯

a）平面图　b）电路图　c）接线图

3. 电气照明施工图的组成

（1）说明性文件

1）图样目录。其内容有序号、图样名称、图样编号、图样张数等。

2）设计说明（施工说明）。主要阐述电气工程设计依据、工程的要求和施工原则、建筑特点、电气安装标准、安装方法、工程等级、工艺要求及有关设计的补充说明等。

对一个读图者来说，设计说明是必须认真阅读和研究的内容。因为它常常是指点迷津的钥匙。设计说明主要标注图中交代不清、不能表达或没有必要用图表示的要求、标准、规范、方法等，如供电电源来源、线路敷设方式、设备安装方式和施工注意事项等。根据工程规模及需要说明的内容多少，有的可以单独编制说明，有的因为内容简短，分项局部问题可以写在分项图纸内的空白处。

3）图例。即图形符号和文字符号，通常只列出本套图样中涉及的一些图形符号和文字符号所代表的意义。照明平面图中的电力设备常常需要进行文字标注，其标注方式有统一的国家标准，下面将 09DX001《建筑电气工程设计常用图形和文字符号》标准中的文字符号标注进行摘录见表 6—1、表 6—2、表 6—3、表 6—4。

（2）系统图。系统图是表现电气工程的供电方式、电力输送、分配、控制和设备运行情况的图样。从系统图中可以粗略地看出工程的概貌。系统图可以反映不同级别的电气信息，如变配电系统图、动力系统图、照明系统图、弱电系统图等。

表 6—1　　常见电气工程文字标注

序号	项目种类	标注方式	说明	示例
1	用电设备标注	$\frac{a}{b}$	a—设备编号或设备位号 b—额定功率（kW 或 KVA）	$\frac{M01}{37\ kW}$M01 为电动机的设备编号 37 kW 为电动机的功率
2	系统图电气箱（柜、屏）标注	－a＋b/c 注：前缀“－”在不会引起混淆时可取消。	a—设备种类代号 b—设备安装位置的位置代号（如楼层代号） c—设备型号	－AP01－＋B1/XL21－15 表示动力配电箱种类代号为－AP01，位于地下一层，型号为 XL21－15
3	平面图电气箱（柜、屏）	－a 注：前缀“－”在不会引起混淆时可取消。	a—设备种类代号	－AP1 表示动力配电箱种类代号
4	照明、安全、控制变压器标注	a b/c d	a—设备种类代号 b/c 一次电压/二次电压 d—额定容量	TA1 220/36 V 500 VA 照明变压器 TA1 变比 220/36 V，容量 500 VA
5	照明灯具标注	$a-b\frac{c\times d\times L}{e}f$	a—灯数量 b—型号或编号 c—每盏灯具的灯泡数量 d—灯泡功率：W e—灯泡安装高度：m（吸顶安装时用—表示） f—安装方式 L—光源种类（白炽灯 IN，碘钨灯 I，荧光灯 FL，高压汞灯 Hg，高压钠灯 Na）	5－FAC41286P $\frac{2\times 36}{3.5}$CS 5 盏型号为 FAC41286P 荧光灯具，灯管为双管 36 W，安装高度为 3.5 m，链吊式安装
6	电缆桥架标注	$\frac{a\times b}{c}$	a—电缆桥架宽度（mm） b—电缆桥架高度（mm） c—电缆桥架安装高度（m）	$\frac{600\times 150}{3.5}$ 电缆桥架宽度为 600 mm 电缆桥架高度为 150 mm 电缆桥架安装高度为 3.5 m
7	线路文字标注	a－c（d×e＋f×g）i－jh	a—线缆编号 b—型号（不需要可省略） c—导线根数 d—电缆线芯数 e—线芯截面 mm^2 f—PE、N 线芯数 g—线芯截面 mm^2 i—线路敷设方式 j—线路敷设部位 h—线路敷设安装高度（m） 上述字母无内容则省略该部分	WP201 YJV－0.6 kV/1 kV－2（3×150＋2×70）SC80－WE3.5 电缆编号为 WP201 电缆型号、规格为 YJV－0.6 kV/1 kV－（3×150＋2×70），2 根电缆并联连接，敷设方式为穿 DN 80 焊接钢管沿墙明敷 线缆敷设高度距地 3.5 m

续表

序号	项目种类	标注方式	说明	示例
8	电缆与其他设施交叉点标注	a-b-c-d / e-f	a—保护管根数 b—保护管直径（mm） c—保护管长度（m） d—地面标高（m） e—保护管埋设深度（m） f—交叉点坐标	6-DN100-2.0m-(-0.3) / -1.0 m-(x=174.235，y=243.621) 电缆与设施交叉，交叉点坐标为x=174.235；y=243.621，埋设6根长2.0 m DN100焊接钢管，钢管埋设深度为-1.0 m（地面标高为-0.3 m）
9	电话线路标注	a-b (c×2×d) e-f	a—电话线缆编号 b—型号（不需要可省略） c—导线对数 d—导体直径（mm） e—敷设方式和管径（mm） d—敷设部位	W1-HYV（5×2×0.5）SC15-WS W1为电话电缆回路编号 HYV（10×2×0.5）为电话电缆的型号、规格 敷设方式为穿DN15焊接钢管沿墙明敷 上述字母可根据需要省略

表6—2　　灯具安装方式文字符号

序号	安装方式	旧代号	新代号	序号	安装方式	旧代号	新代号
1	线吊式	X	CP	9	吸顶式或直附式	D或一	S
2	自在器吊式	X	CP	10	嵌入式（不可进人的顶棚）	R	R
3	固定线吊式	X1	CP1	11	顶棚内安装（不可进人的顶棚）	DR	CR
4	防水吊线式	X2	CP2	12	墙壁内安装	BR	WR
5	吊线器式	X3	CP3	13	台上安装	无	T
6	链吊式	L	Ch	14	支架上安装	无	SP
7	管吊式	G	P	15	柱上安装	Z	CL
8	壁装式	B	W	16	座装	ZH	HM

表6—3　　常用图形符号的文字标注

序号	图形符号	说明	项目种类	标注文字符号
1	☆	导线一般符号，可在“☆”处标注文字符号以区别导线的不同用途	电力干线	WP
			常用照明干线	WL
			事故照明干线	WEL
			封闭母线槽	WB
			滑触线	WT
			信号线路	WS
			接地线	E
			保护地线	PE
			避雷线、避雷带、避雷网	LP

单元 6

续表

序号	图形符号	说明	项目种类	标注文字符号
2	★	配电箱（柜、台）符号 如需标注配电箱、柜种类代号，可在“★”位置标注字母。	电源自动切换箱（柜）	AT
			电力配电箱	AP
			应急电力配电箱	APE
			励磁屏	AE
			照明配电箱	AL
			应急照明配电箱	ALE
			直流配电柜（屏）	AD
			电度表箱	AW
			信号箱	AS
			保护屏	AR
			电能计量柜	AM
			插座箱	XD
			过路接线盒、接线箱	XD
3	★	灯的一般符号，如需要指出灯具种类，则在“★”位置标出字母	壁灯	W
			吸顶灯	C
			筒灯	R
			密闭灯	EN
			防爆灯	EX
			圆球灯	G
			吊灯	P
			花灯	L
			局部照明灯	LL
			安全照明灯	SA
			备用照明灯	ST
4	E	应急疏散标志指示灯		
5	→	应急疏散标志指示灯（向右）		
6	←	应急疏散标志指示灯（向左）		
7		电信插座的一般符号	电话插座	TP
			传真	TX
			传声器	M
			电视	TV
			信息	TO

表 6—4　　线路的敷设方式和敷设部位用文字符号

线路敷设方式的文字标注				导线敷设部位的文字标注			
序号	敷设方式	旧代号	新代号	序号	敷设部位	旧代号	新代号
1	用瓷或瓷柱敷设	CP	K	1	沿钢索敷设	S	SR
2	用塑料线敷设	XC	PR	2	沿屋架或跨屋架敷设	LM	BE
3	用金属线槽敷设	GC	SR	3	沿柱或跨柱敷设	ZM	CLE
4	穿焊接钢管敷设	G	SC	4	沿墙面敷设	QM	WE
5	穿电线管敷设	DG	TC	5	沿天棚面或顶板面敷设	PM	CE
6	穿聚氯乙烯管敷设	VG	PC	6	在能进入的吊顶内敷设	PNM	ACE
7	穿阻燃半硬聚氯乙烯管敷设	ZVG	FPC	7	暗敷设在梁内	LA	BC
8	用电缆桥架敷设		CT	8	暗敷设在柱内	ZA	CLC
9	用瓷夹敷设	CJ	PL	9	暗敷设在墙内	QA	WC
10	用塑料夹敷设	VJ	PCL	10	暗敷设在地面或地板内	DA	FC
11	穿蛇皮管敷设	SPG	CP	11	暗敷设在屋面或顶板内	PA	CC
				12	暗敷设在不能进入的吊顶内	PNA	ACC

(3) 平面图。平面图是表示电气设备、装置与线路平面布置的图样，是进行电气安装的主要依据。电气平面图是以建筑平面图为依据，在图上绘出电气设备、装置及线路的安装位置、敷设方法等。常用的电气平面图有变配电所平面图、室外供电线路平面图、动力平面图、照明平面图、防雷平面图、接地平面图、弱电平面图等。

(4) 施工标准图集。施工标准图集是表现电气工程中设备的某一部分的具体安装要求和做法的图样，通常由国家或各地市相关部门整理出版，供工程各方施工时查阅。

4. 电气照明工程中常用材料及其表示方法

(1) 管材

1) MT 电线管。目前工程中使用的电线管有如图 6—4 所示套接扣压式薄壁钢管(KBG) 和如图 6—5 所示套接紧定式薄壁钢管 (JDG) 两种类型，均采用优质冷轧带钢，经高频焊管机组自动焊缝成型，双面镀锌保护。一般定长为 4 m，外径有 ϕ16 mm、ϕ20 mm、ϕ25 mm、ϕ30 mm 和 ϕ40 mm 五种规格，见表 6—5 及表 6—6。其突出特点是加工精度高，两端内外倒角圆整无毛刺：质量轻，搬运方便，有各种配件如直管接头、螺纹管接头、接线盒等配套产品，便于施工。

表 6—5　　　　　　　　　　　KBG 管规格表　　　　　　　　　　　mm

规格	$\phi 16$	$\phi 20$	$\phi 25$	$\phi 32$	$\phi 40$
外径 D	16	20	25	32	40
外径公差	0 −0.30	0 −0.30	0 −0.40	0 −0.40	0 −0.40
壁厚 S	1.0	1.0	1.2	1.2	1.2
壁厚公差	=0.08	±0.08	±0.10	±0.10	±0.10

表 6—6　　　　　　　　　　　JDG 管规格表　　　　　　　　　　　mm

规格	$\phi 16$	$\phi 20$	$\phi 25$	$\phi 32$	$\phi 40$
外径 D	16	20	25	32	40
外径公差	0 −0.30	0 −0.30	0 −0.30	0 −0.40	0 −0.40
壁厚及公差	1.50±0.15	1.60±0.15	1.60±0.15	1.60±0.15	1.60±0.15

注：各种规格电线穿 JDG 导管的最大数量可参照 KBG 电线管。

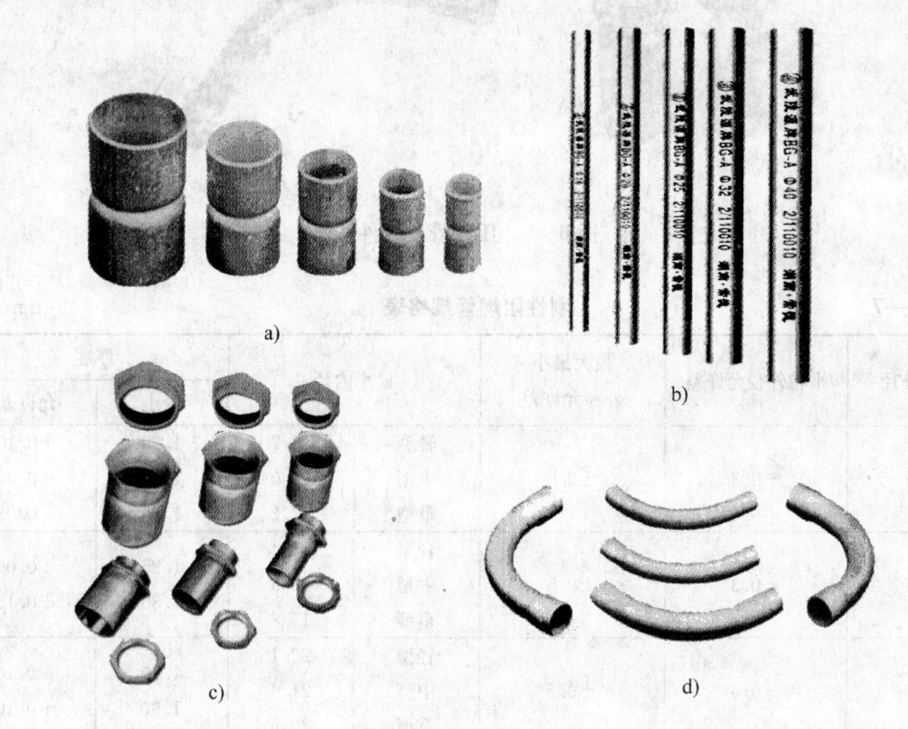

图 6—4　KBG 管及管件

a）直管接头　b）直管　c）螺纹管接头　d）弯管接头

2）刚性阻燃管。刚性阻燃管又称为 UPVC 管，根据管壁的薄厚可分为重型、中型、轻型三种类型。其中重型、中型两种线管能耐受 750 N 以上的压力，可以明敷也可以暗装在混凝土内。该种管材有阻燃、耐腐蚀、绝缘、施工方便等优点。其规格见表 6—7。

86 型电气装置盒

a)

75 型电气装置盒

b)

c)

断头式

d)

e)

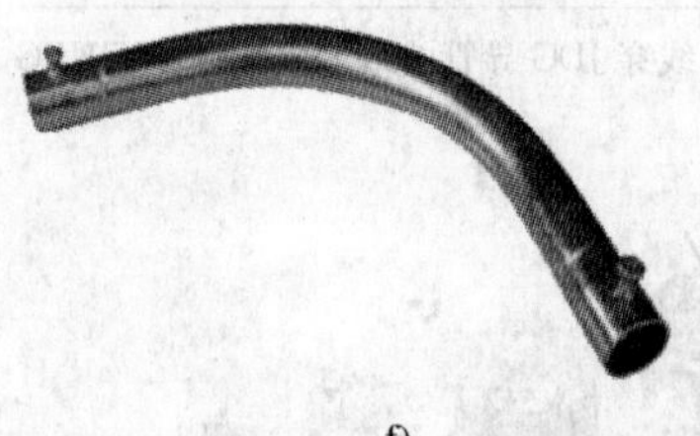

f)

图 6—5　JDG 管及管件

表 6—7　　**刚性阻燃管规格表**　　mm

标称外径	平均外径允许差	最大最小外径允许差	最小内径		厚度	
					最小	允许差
ϕ16	－0.3	±0.5	轻型	13.7	1.00	＋0.10
			中型	13.0	1.20	＋0.08
			重型	12.2	1.60	＋0.08
ϕ20	－0.3	±0.5	轻型	17.4	1.25	＋0.09
			中型	16.9	1.80	＋0.10
			重型	15.8		
ϕ25	－0.4	±0.5	轻型	22.1	1.60	＋0.10
			中型	21.4	1.90	＋0.10
			重型	20.6		
ϕ32	－0.4	±0.5	轻型	28.6	1.40	＋0.14
			中型	27.8	1.80	＋0.13
			重型	26.6	2.40	＋0.12
ϕ40	－0.4	±0.5	轻型	35.8	1.9	＋0.14
			中型	35.4	2.1	＋0.13
			重型	34.4	2.6	＋0.12

如图 6—6 所示为刚性阻燃管及其各种附件。

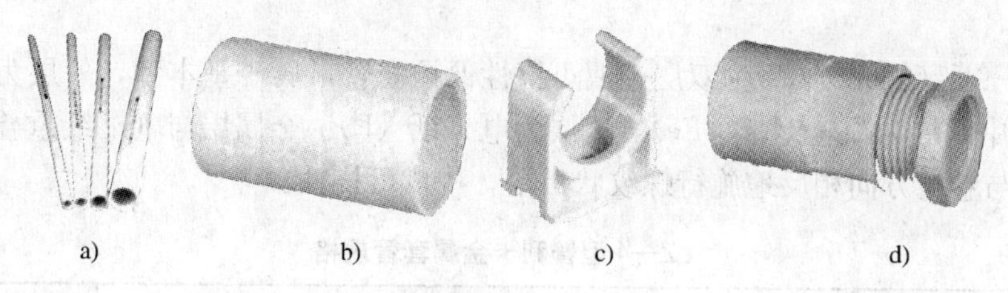

图 6—6 刚性阻燃管及各种管件

a）刚性阻燃管 b）直管接头 c）管卡 d）螺纹管接头

3）焊接钢管（厚壁钢管、水煤气管）。低压流体输送用焊接钢管（GB/T3092—1993）也称一般焊接钢管，俗称黑管，是用于输送水、煤气、空气、油和取暖蒸汽等一般较低压力流体和其他用途的焊接钢管，也可用作电线电缆的保护管，可以暗配于一些潮湿场所或直埋于地下，也可以沿建筑物、墙壁或支吊架敷设。其规格见表 6—8。

表 6—8 低压流体输送用焊接钢管和镀锌焊接钢管的尺寸规格

标称口径		外径		普通钢管			加厚钢管		
		标称尺寸（mm）	允许偏差	壁厚		理论质量（kgm⁻¹）	壁厚		理论质量（kgm⁻¹）
				标称尺寸（mm）	允许偏差（%）		标称尺寸（mm）	允许偏差（%）	
6	1/8	10.0		2.00		0.39	2.50		0.46
8	1/4	13.5		2.25	+12 −15	0.62	2.75	+12 −15	0.73
10	3/8	17.0		2.25		0.32	2.75		0.97
15	1/2	21.3		2.75		1.26	3.25		1.45
20	3/4	26.8		2.75		1.63	3.50		2.01
25	1	33.5		3.25		2.42	4.00		2.91
32	1 1/4	42.3	±0.50 mm	3.25		3.13	4.00		3.78
40	1 1/2	48.0		3.50		3.84	4.25		4.58
50	2	60.0		3.50	+12 −15	4.88	4.50	+12−15	6.16
65	2 1/2	75.5		3.75		6.64	4.50		7.88
80	3	88.5	±1%	4.00		8.34	4.75		9.81
100	4	114.0		4.00		10.85	5.00		13.44
125	5	140.0		4.00		13.42	5.50		18.24
150	6	165.0		4.50		17.81	5.50		21.63

注：1. 表中的标称口径系近似内径的名义尺寸，不表示公称外径减去两个标称壁厚所得的内径。

2. 钢管的通常长度为 4～10 m。钢管按定尺、倍尺长度供应时，允许偏差为+20 mm。

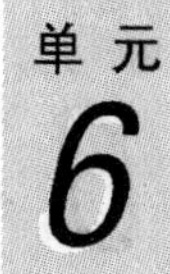

（4）普利卡金属套管。普利卡金属套管是电线、电缆保护套管的更新换代产品，其种类很多，但其基本结构类似，都是由镀锌钢带卷绕成螺纹状，属于可挠性金属套管。

它具有搬运方便、施工容易等特点。可用于各种场合的明、暗敷设和现浇混凝土内的暗敷设。

表 6—9 所列 LZ—4 型为双层金属可挠性保护套管，属于基本型，外层为镀锌钢带（FeZn），中间层为冷轧钢带（Fe），里层为电工纸（P）。金属层与电工纸重叠卷绕呈螺旋状，再与卷材方向相反地施行螺纹状折褶，构成可挠性。

表 6—9　　LZ—4 型普利卡金属套管规格

规格	内径 (mm)	外径 (mm)	外径公差 (mm)	每卷长 (m)	每卷质量 (kg)	钢管对应规格		电线管对应规格	
						(mm)	in	(mm)	in
LZ—4　12#	11.4	16.1	±0.2	50	13.55	8	1/4	13	1/2
LZ—4　15#	14.1	19.0	±0.2	50	16.60	10	3/8	16	5/8
LZ—4　17#	16.6	21.5	±0.2	50	19.50	15	1/2	19	3/4
LZ—4　24#	23.8	28.8	±0.2	25	13.50	20	3/4	25	1
LZ—4　30#	29.3	34.9	±0.2	25	18.38	25	1	32	$1_{1/4}$
LZ—4　38#	37.1	42.9	±0.4	25	23.3	32	$1_{1/4}$	38	$1_{1/2}$
LZ—4　50#	49.1	54.9	±0.4	25	34.0	40	$1_{1/2}$	51	2
LZ—4　63#	62.6	69.1	±0.6	10	16.14	50	2	64	$2_{1/2}$
LZ—4　76#	76.0	82.9	±0.6	10	19.36	65	$2_{1/2}$	76	3
LZ—4　83#	81.0	88.1	±0.8	10	24.23	80	3		
LZ—4　101#	100.2	107.3	±0.8	5	14.01	100	4		

（2）绝缘导线。绝缘导线主要有聚氯乙烯绝缘电线和橡胶绝缘电线，目前使用最多的是聚氯乙烯绝缘电线，如图 6—7 所示。其型号类型见表 6—10，结构如图 6—8 所示，结构尺寸及质量见表 6—11。

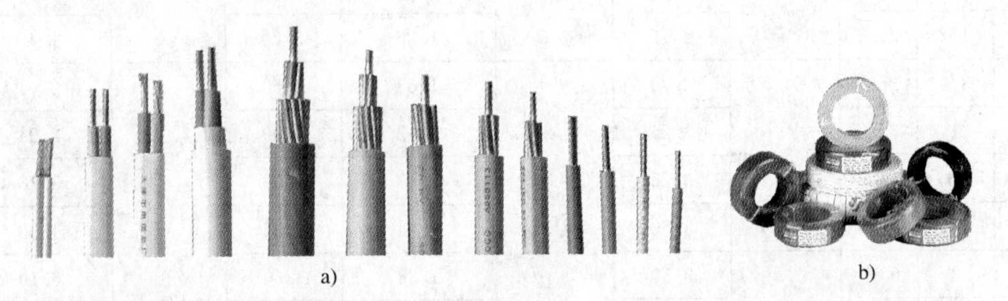

a)　　b)

图 6—7　聚氯乙烯绝缘电线

表 6—10　　聚氯乙烯绝缘电线型号类型

型号	名称	标称截面（mm^2）
BV ZR—BV NH—BV	铜芯聚氯乙烯绝缘（阻燃、耐火）电线	0.5～185
BLV ZR—BLV NH—BLV	铝芯聚氯乙烯绝缘（阻燃、耐火）电线	2.5～185
BVR ZR—BVR NH—BVR	铜芯聚氯乙烯绝缘（阻燃、耐火）软电线	2.5～70
BVVB ZR—BVVB NH—BVVB	铜芯聚氯乙烯绝缘聚氯乙烯护套平型（阻燃、耐火）电线	0.75～10
BLVVB ZR—BLVVB NH—BLVVB	铝芯聚氯乙烯绝缘聚氯乙烯护套平型（阻燃、耐火）电线	2.5～10
BV—105 ZR—BV—105 NH—BV—105	铜芯耐热 105℃聚氯乙烯绝缘（阻燃、耐火）电线	0.5～6.0

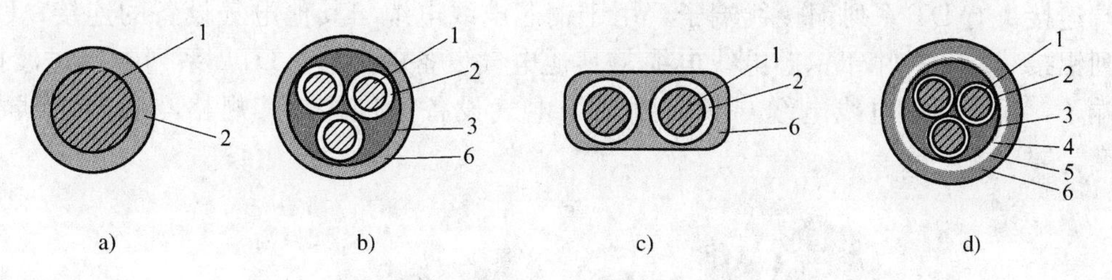

图 6—8　聚氯乙烯绝缘电线结构
a）BV 型　b）BVV 型　c）BVVB 型　d）RVVP 型
1—导体　2—绝缘　3—填充物　4—内护层　5—屏蔽层　6—护套

表 6—11　　聚氯乙烯绝缘电线尺寸及质量

标称截面（mm²）	线芯结构（根数/mm）	绝缘厚度（mm）	成品参考外径（mm）	20℃时导体电阻（Ω/km）		70℃时最小绝缘电阻（MΩ·km）	成品参考质量（kg/km）
				铜芯	镀锡铜芯		
0.5	1/0.80	0.6	ϕ2.0	<36.0	<36.7	0.015	7.9
0.75	1/0.97	0.6	ϕ2.2	<24.5	<24.8	0.012	10.5
0.75	7/0.37	0.6	ϕ2.3	<24.5	<24.8	0.014	11.3
1.0	1/1.13	0.6	ϕ2.3	<18.1	<18.2	0.011	13.3
1.0	7/0.43	0.6	ϕ2.5	<18.1	<18.2	0.013	14.2
1.5	1/1.38	0.7	ϕ2.8	<12.1	<12.2	0.011	19.5
1.5	7/0.52	0.7	ϕ3.0	<12.1	<12.2	0.010	20.5
2.5	1/1.78	0.8	ϕ3.4	<7.41	<7.56	0.010	30.9
2.5	7/0.68	0.8	ϕ3.6	<7.41	<7.56	0.009	33.3
4.0	1/2.25	0.8	ϕ3.9	<4.61	<4.70	0.008 5	45.8
4.0	7/0.85	0.8	ϕ4.2	<4.61	<4.70	0.007 7	48.3
6.0	1/2.76	0.8	ϕ4.4	<3.08	<3.11	0.007 0	65.4
6.0	7/1.04	0.8	ϕ4.7	<3.08	<3.11	0.006 5	68.5
10	7/1.35	1.0	ϕ6.1	<1.83	<1.84	0.006 5	114.7
16	7/1.70	1.0	ϕ7.1	<1.15	<1.16	0.005 0	173.6
25	7/2.14	1.2	ϕ8.9	<0.727	<0.734	0.005 0	273.2
35	7/2.52	1.2	ϕ10.0	<0.524	<0.529	0.004 0	369.4
50	19/1.78	1.4	ϕ11.8	<0.387	<0.391	0.004 5	494.9
70	19/2.14	1.4	ϕ13.6	<0.268	<0.270	0.003 5	698.2
95	19/2.52	1.6	ϕ15.9	<0.193	<0.195	0.003 5	965
120	37/2.03	1.6	ϕ17.5	<0.153	<0.154	0.003 2	1 198
150	37/2.25	1.8	ϕ19.5	<0.124	<0.126	0.003 2	1 475
185	37/2.52	2.0	ϕ21.8	<0.099 1	<0.100	0.003 2	1 848

(3) 接线端子。俗称线鼻子，如图 6—9 所示。用于电线电缆线芯与电气设备的终端连接。有 DT 系列铜接线端子，用于铜芯电线电缆与其他电气设备的连接；DL 系列铝接线端子，用于铝芯电线电缆与其他电气设备的连接；DTL 系列铜铝过渡接线端子，用于铝芯电线电缆与具有铜端子电气设备的连接。其规格与各种电线相配套。

图 6—9　接线鼻子

(4) 开关、插座。开关、插座是电气照明工程末端的重要电器，常用的如图 6—10 所示。开关控制灯具，插座为各种移动电气设备的插头提供接插，连接电源。

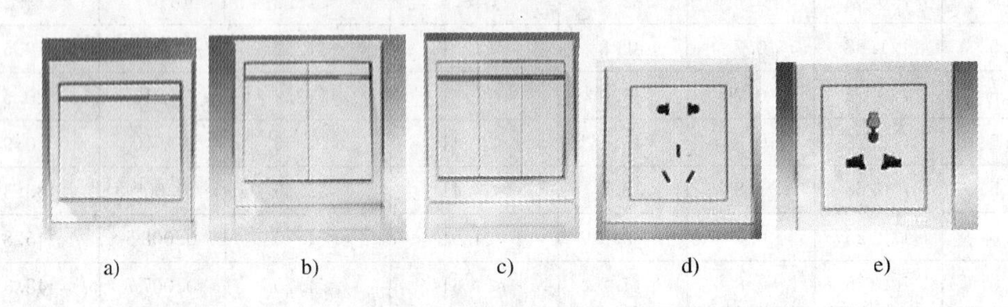

a)　b)　c)　d)　e)

图 6—10　常用开关及插座

a) 单联单控开关　b) 双联单控开关　c) 三联单控开关

d) 单相五孔插座　e) 单相三孔插座

(5) 常用电光源。根据光的产生原理不同，可以将光源分为两大类：一类是以热辐射作为光辐射原理的电光源，称为热辐射光源（如白炽灯和卤钨灯），都是用钨丝为辐射体，通电后使之达到白炽温度，产生热辐射；另一类是气体放电光源，主要以原子辐射为形式产生光辐射，根据这些光源中气体的压力，可分为低压气体放电光源和高压气体放电光源。常用低压气体放电光源有荧光灯和低压钠灯；常用高压气体放电光源有高压汞灯、金属卤化物灯、高压钠灯、氙灯等，常见电光源的各种类型如图 6—11 所示，各种类型电光源特点见表 6—12。

(6) 常用灯具分类

1) 按灯具的结构特点可分为开启式、保护式、密闭式和防爆式灯具。

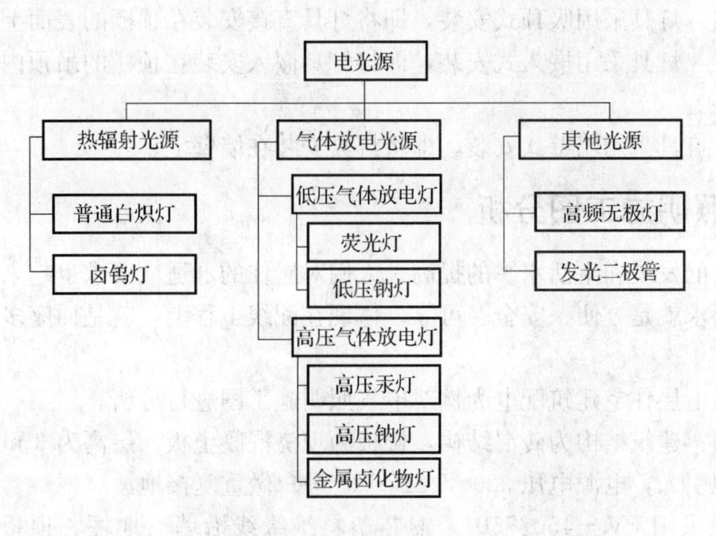

图 6—11　常见电光源

表 6—12　**常见电光源特点**

光源种类	光效（lm/W）	显色指数（Ra）	色温（k）	平均寿命（h）
普通白炽灯	15	100	2 800	1 000
卤钨灯	25	100	3 000	2 000～5 000
普通荧光灯	70	70	全系列	10 000
三基色荧光灯	93	80～98	全系列	12 000
紧凑型荧光灯	60	85	全系列	8 000
高压汞灯	50	45	3 300～4 300	6 000
金属卤化物灯	75～95	65～92	3 000/4 500/5 600	6 000～20 000
高压钠灯	100～120	23/60/85	1 950/2 200/2 500	2 400
低压钠灯	200		1 750	2 800
高频无极灯	55～70	85	3 000～4 000	40 000～80 000

①开启式灯具：开启式灯具光源与外界环境直接相通，如普通直管荧光灯。

②保护式灯具：保护式灯具具有闭合的透光灯罩，但灯具内外的空气仍能自由流通，如半圆罩天棚灯和乳白玻璃球形灯。

③密闭式灯具：密闭式灯具的透光灯罩将灯具内外环境加以隔绝和封闭，如防水防潮和防尘灯具。

④防爆式灯具：防爆式灯具（有时亦称隔爆式）防护严密，其透光灯罩将灯具内外空气完全隔绝，且灯具内外均能承受一定的压力，一般不会因灯具而引起爆炸。

2）按灯具的安装方式可分为悬吊式、吸顶式、壁式、嵌入式、半嵌入式、落地式、台式、庭院式、道路式和广场式灯具等。

①悬吊式：灯具采用悬吊式安装，其悬吊方式有吊线式、吊链式、吊管式等。

②吸顶式：灯具采用吸顶式安装，即将灯具直接安装在顶棚的表面上。

③嵌入式：灯具采用嵌入式安装，即将灯具嵌入安装在顶棚的吊顶内，有时也采用半嵌入式安装。

④壁式：灯具采用墙壁式安装，即将灯具安装在墙壁上。

二、电气照明施工图分析

随着科技的发展和生活水平的提高，人们对居住的舒适度要求也越来越高。对住宅照明配电的要求就是方便、安全、可靠。体现在配线工程上，就是插座多、回路多、管线多。

下面以某七层住宅建筑配电为例对电气照明施工图进行分析。

施工说明：建筑结构为砖混结构，楼板为现浇混凝土板，层高为 3 m，电源由室外采用电缆直埋引入，电源电压 380 V/220 V，进户做重复接地。

照明支线采用 BV－450/750 V 铜芯塑料绝缘线沿墙、地坪、顶板等穿管暗敷，图中未注明者均为 2.5 mm^2。该导线 2～3 根穿管管径为 SC15，4～6 根穿管管径为 SC20。

插座支线采用 BV－450/750 V 铜芯塑料绝缘线，截面积为 4 mm^2，图中为注明者均为 3 根线，该导线均沿墙、地坪、顶板等穿管暗敷，穿管管径为 SC20。

1. 系统图的分析

电气系统图的特点是示意性地把整个工程的供电方式用单线连接形式进行表达的电路图，它不表示相互的空间位置关系，表示的是各个回路的名称、用途、容量以及主要电气设备、开关元件及导线规格、型号等参数。通常由配电系统图和配电箱详图表示。图 6—12 所示为某七层住宅建筑的配电系统图，图 6—13 所示为该建筑中不同规格配电箱详图。

阅读建筑配电系统图时要读懂如下内容：

（1）配电箱

1）图样中有几种不同规格配电箱。从图 6—12 中可以看出，该建筑有 AL1、AL2、AW1、AW2、M1 五种不同规格配电箱。

2）每种规格配电箱的数量、规格。从图 6—12 中可以看出有 1 台文字符号为 AL1 的配电箱，其作用是本建筑的总配电箱及 2 单元的单元配电箱；2 台文字符号为 AL2 的配电箱，分别为 1、3 单元的单元配电箱，18 台文字符号为 AW1 的配电箱，为本建筑各单元 1 至 6 层的层配电箱；3 台文字符号为 AW2 的配电箱，为本建筑各单元 7 层的层配电箱；78 台文字符号为 M1 的配电箱，为本建筑各住户的户内配电箱。

从图 6—13a 可以看出，AL1 的规格为 700 mm×560 mm×160 mm，即箱体宽 700 mm，高 560 mm，厚 160 mm；图 6—13b 中 AL2 的规格为 800 mm×800 mm×160 mm；6—13c 中 AW1 的规格为 450 mm×750 mm×180 mm；6—13d 中 AW2 的规格为 450 mm×550 mm×180 mm；6—13e 中 M1 的规格为 400 mm×250 mm×100 mm。

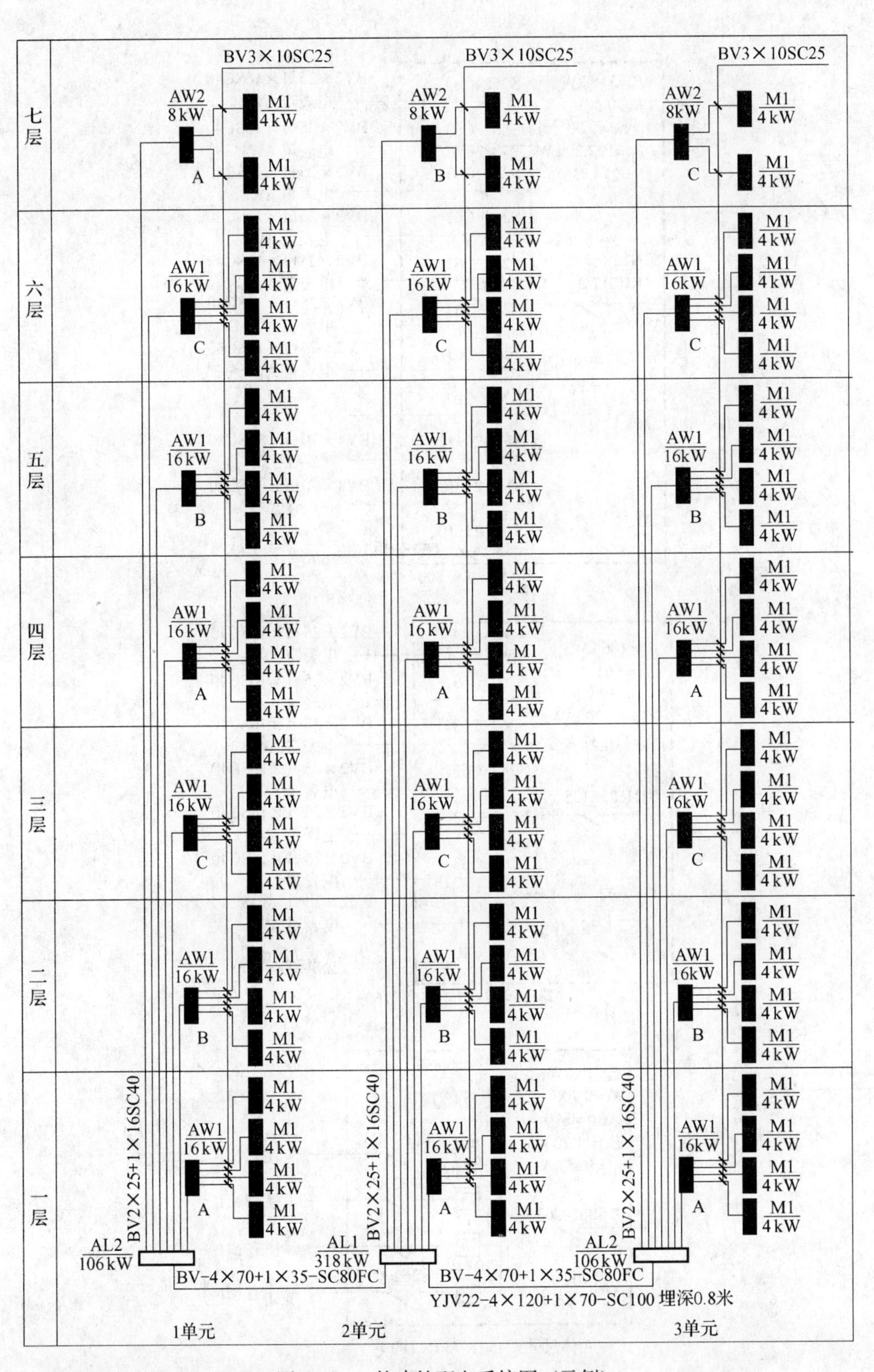

图 6—12　某建筑配电系统图（示例）

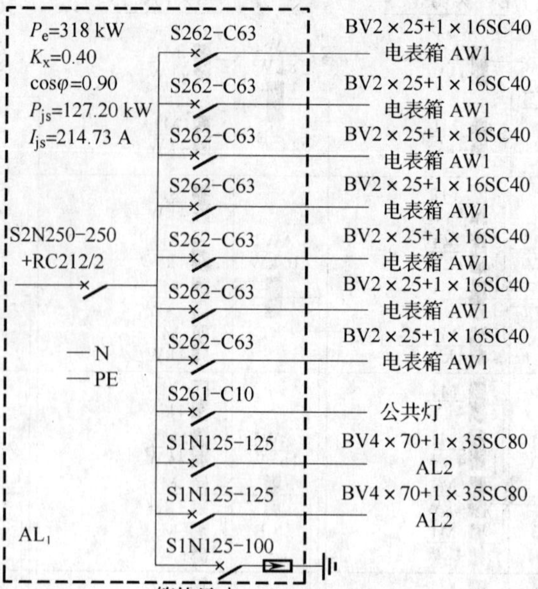

箱体尺寸：800×800×160

a)

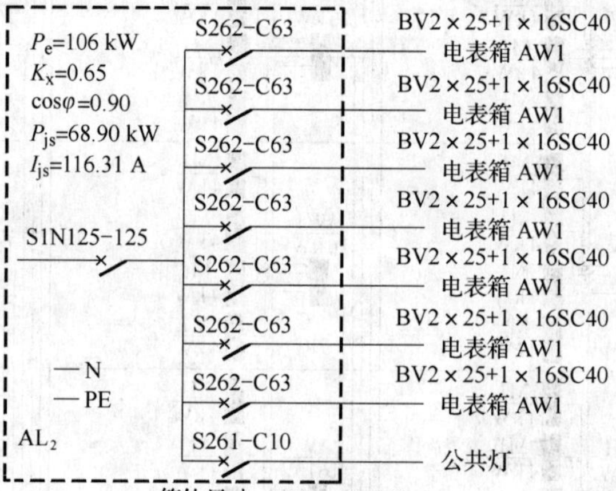

箱体尺寸：700×560×160

b)

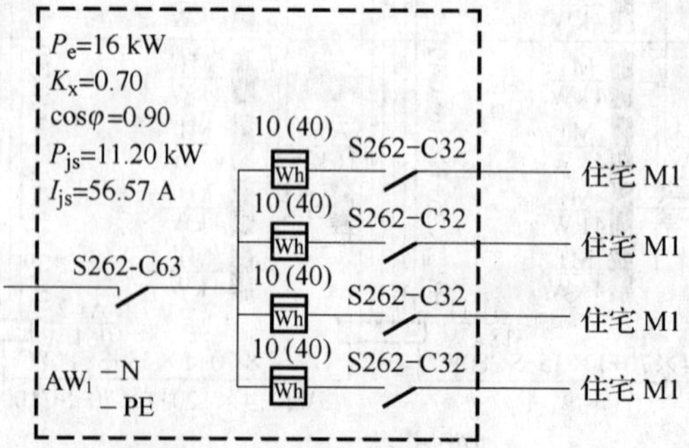

箱体尺寸：450×750×180

c)

单元 6

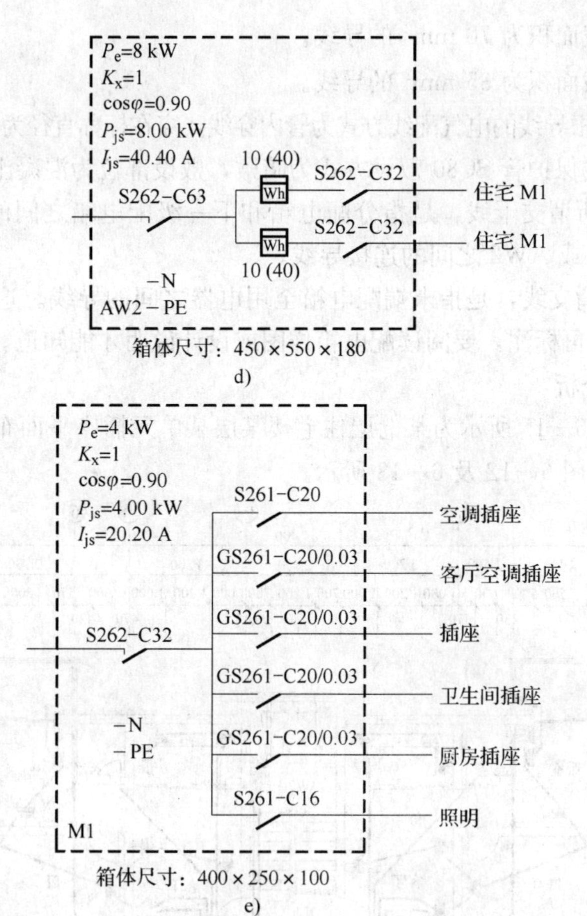

图 6—13　某建筑配电箱详图（示例）

a）AL1　b）AL2　c）AW1　d）AW2　e）M1

3）配电箱内元件用途及型号。照明配电箱内主要元件有低压断路器、电能表等。低压断路器在电路中的作用是通断正常负荷电路，以及断开故障短路电流、过载电流，配套有漏电保护器的低压断路器还能切断漏电故障电路。电能表作用是计量所在电路的用电量。这些元件的图形旁边所注释的文字，是其型号，各个厂家所编型号均有不同规律，具体图样中遇到可参阅相关厂家产品样本。

（2）线路。室外进入室内的电能一般至少通过三级配电箱分配后才会最终送至末端用电设备。配电系统图中将用文字标注进户线、干线、支干线等的材质、规格、敷设方式、敷设部位等信息；配电箱详图一般会用文字标注支线的信息，或用文字在设计说明中描述。

1）进户线。所谓进户线，是指从室外进入本建筑的第一个配电箱（通常称为总配电箱）的导线。

2）干线。所谓干线，是指总配电箱和分配电箱之间的连接导线，如图 6—12 中从 AL1 至 AL2 之间的导线，图中文字标注为 BV－4×70＋1×35－SC80FC，其含义如下：

BV：铜芯聚氯乙烯绝缘导线。

4×70：4 根截面积为 70 mm^2 的导线。

1×35：1 根截面积为 35 mm^2 的导线。

SC80：上述 5 根导线的电气配线方式为管内穿线，穿在标称直径为 ϕ80 的焊接钢管内。

FC：表示电线保护管 SC80 敷设方式为暗敷，敷设部位为混凝土地面。

3）支干线。所谓支干线，是指分配电箱和下一级配电箱之间的导线。如图 6—11 中从 AL2 至 AW1 或 AW2 之间的连接导线。

4）支线。所谓支线，是指末端配电箱至用电器之间的导线。这级导线的相关信息在配电系统图中不再标注，要阅读配电箱详图或设计说明才能知道。

2. 平面图的分析

图 6—14、图 6—15 所示为某七层住宅楼某层某单元插座平面布置图和灯具布置平面图，其系统图如图 6—12 及 6—13 所示。

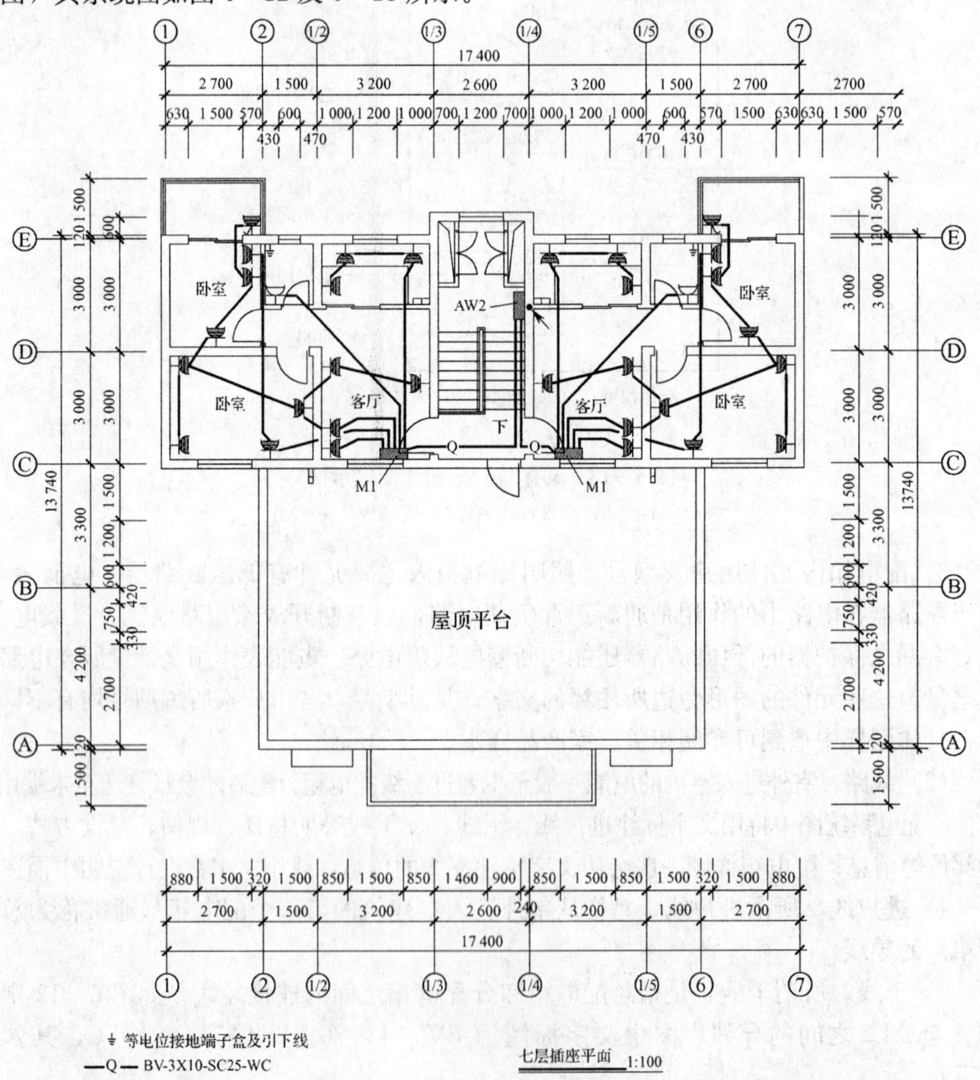

图 6—14　某建筑七层插座平面图

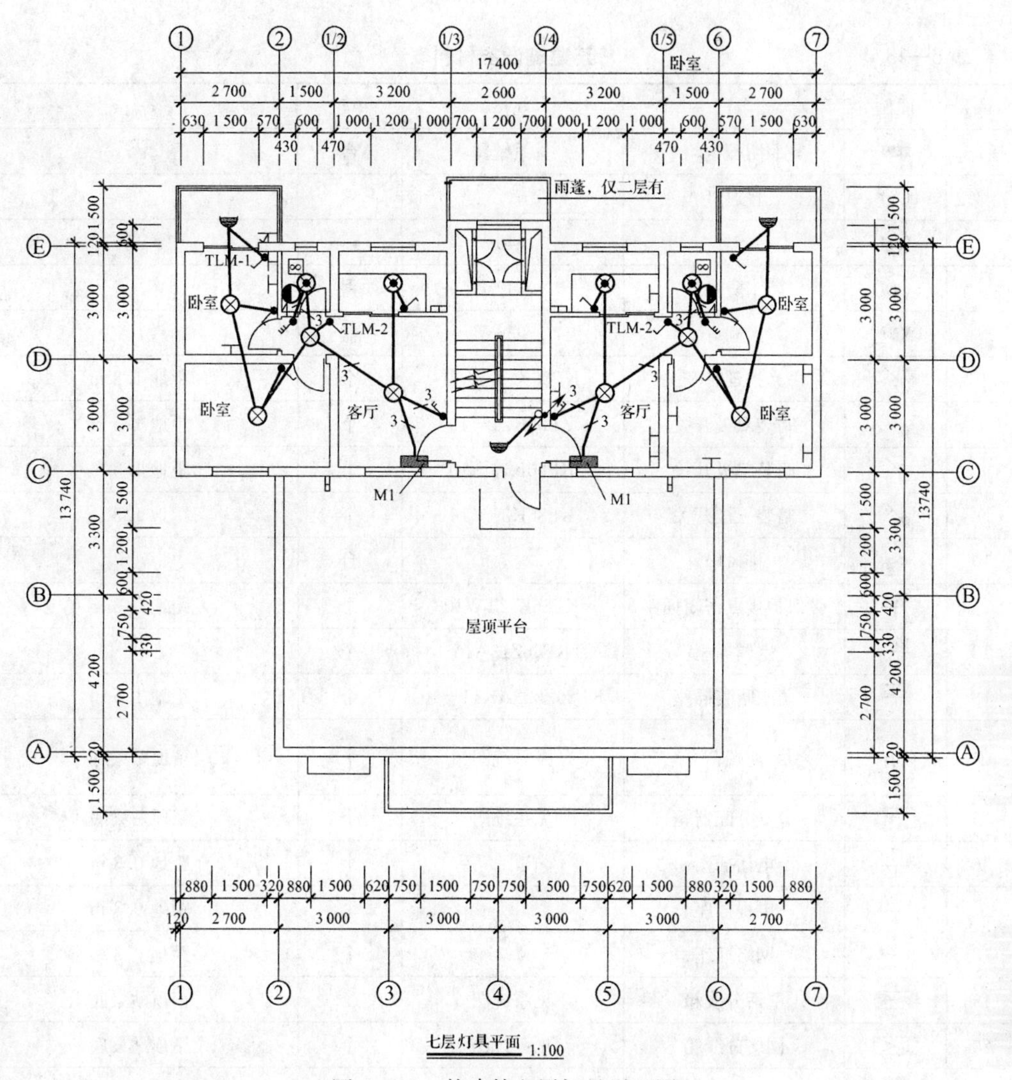

图 6—15　某建筑七层灯具平面图

阅读建筑平面图时要读懂以下内容

（1）土建施工平面图。电气工程平面图均是在土建施工平面图基础上配套绘制出来的，看懂土建施工平面图有助于理解电气工程图。需要了解建筑结构，民用住宅要分析建筑结构类型、层数、单元数、每层每单元的户数等。本建筑共七层，每层 3 个单元，本例只示意了七层的一个单元照明平面图。

（2）电气照明施工平面图读图顺序

1）浏览图样概况。平面图上各种电气元件均是用图例符号来表示，详细读图之前先将各种图例符号代表意思通过查图样的图例表 6—13 读懂，并了解各种电器安装的高度要求。

2）阅读线路平面布置。阅读线路平面布置时从进户线开始，然后沿着电能分配的思路在平面图上查找总配电箱、单元配电箱、层配电箱、户配电箱所在位置，读懂干线、支干线、支线的具体走向。

表 6—13　　某建筑设备材料表

序号	图例	名称	规格	单位	备注
1		照明配电箱	见系统图	台	
2		普通灯		盏	
3		壁灯	1×40W	盏	
4		防水防尘灯	1×40W	盏	
5		天棚灯	1×36W	盏	
6		声光控延时开关	KP86KSGY100	个	距地 1.8 m
7		暗装双极开关	KP86K21—10	个	距地 1.3 m
8		暗装单极开关	KP86K11—10	个	距地 1.3 m
9		暗装三极开关	KP86K31—10	个	距地 1.3 m
10		排风扇		台	
11		带保护接点密闭插座	KP86Z12TW10	个	距地 0.3 m
12	K	空调插座	KP86Z13A16	个	
13		防水暗装插座	KP86Z223AK11—10	个	距地 1.5 m
14	VH	前端箱	见系统图	个	箱顶贴梁底
15	VP	分支分配器箱	见系统图	个	箱顶贴梁底
16	TP	电话插座		个	距地 0.3 m
17	TV	电视插座		个	距地 0.3 m
18		网络插座		个	距地 0.3 m
19		电话分线箱	见系统图	个	箱顶贴梁底
20		网络分线箱	见系统图	个	箱顶贴梁底
21		带保护门三极插座	KP86Z332A10	个	厨房插座，距地 1.5 m
22		带开关保护门三极插座	KP86Z332A10	个	洗衣机插座，距地 1.5 m
23		对讲分机	厂家配	个	距地 1.3m

住宅照明平面图中元件较多，因此绘制平面图时一般会将户内灯具和插座分开绘制，如图 6—14 及图 6—15 所示。

图 6—14a 中层配电箱 AW2 至户配电箱 M1 的线路为图中标有字母 Q 的粗实线，标注 Q 的线条在图下有注解，即这条线路为 BV－3×10－SC25－WC，这样可以省去查配电系统图的麻烦。从 M1 至户内的插座分为 5 个供电回路，客厅空调插座为一个单独用电回路，两个卧室的空调插座为一个用电回路，各个房间的普通插座为一个用电回路，卫生间插座为一个用电回路，厨房插座为一个用电回路。施工说明中对插座平面图上元件之间连线没有标注的为 3 根 4 mm^2 导线，穿 SC20 管暗敷。

图 6—15 中七层每户的灯具电源均引自户配电箱 M1，图例表中壁灯安装高度不足

2.4 m，又是在卫生间，因此配电箱这路电源线为相线、中性线、地线三根，其中地线只需连接卫生间的壁灯。客厅考虑到后期业主装修可能安装大功率灯具，因此选择双联单控安装翘板开关，该开关与灯具之间线路为3根。

施工说明解释灯具平面图上元件之间连线没有标注的为2根2.5 mm^2导线，标注3数字的为3根2.5 mm^2导线，穿SC15管暗敷；标注数字4的为4根2.5 mm^2导线，标注数字5的为5根2.5 mm^2导线，穿SC20管暗敷。

第二节 室内配电线路敷设

→ 掌握线管配线工艺

→ 掌握线槽配线工艺

电能的输送需要传输导线，导线的布置和固定称为配线或敷设。根据建筑物的性质、要求、用电设备的分布及环境特征等的不同，其配线或敷设方式也有所不同，本节仅介绍常见的室内配线方式及工艺。

常见配线方式见表6—14。

表6—14 常见配线方式

序号	名称	标注文字符号		序号	名称	标注文字符号	
		新标准	旧标准			新标准	旧标准
1	穿焊接钢管敷设	SC	S或G	8	用钢索敷设	M	M
2	穿电线管敷设	MT	T	9	直接埋设	DB	无
3	穿硬塑料管敷设	PC	P	10	穿金属软管敷设	CP	F
4	穿阻燃半硬聚氯乙烯管敷设	EPC	无	11	穿塑料波纹电线管敷设	KPC	无
5	电缆桥架敷设	CT	CT	12	电缆沟敷设	TC	无
6	金属线槽敷设	MR	MR	13	混凝土排管敷设	CE	无
7	塑料线槽敷设	PR	PR	14	用瓷绝缘子或瓷柱敷设	K	K

一、线管配线

将绝缘导线穿入保护管内敷设，称为配管（线管、导管）配线，又称为管内穿线。线管敷设对建筑结构的影响比较小，同时可避免导线受腐蚀气体的侵蚀和遭受机械损伤，更换导线也方便。因此，线管配线方式是目前采用最广泛的一种。

1. 线管配线的技术要求及线管选择

（1）技术要求。线管敷设俗称配管，常见的有明配（见图 6—16）和暗配两种。所谓明配管，就是把线管敷设于墙壁、桁架、柱子等建筑结构的表面，要求横平竖直、整齐美观、固定可靠。暗配管就是把线管敷设于墙壁、地坪、楼板等内部，要求管路短、弯头少、不外露。

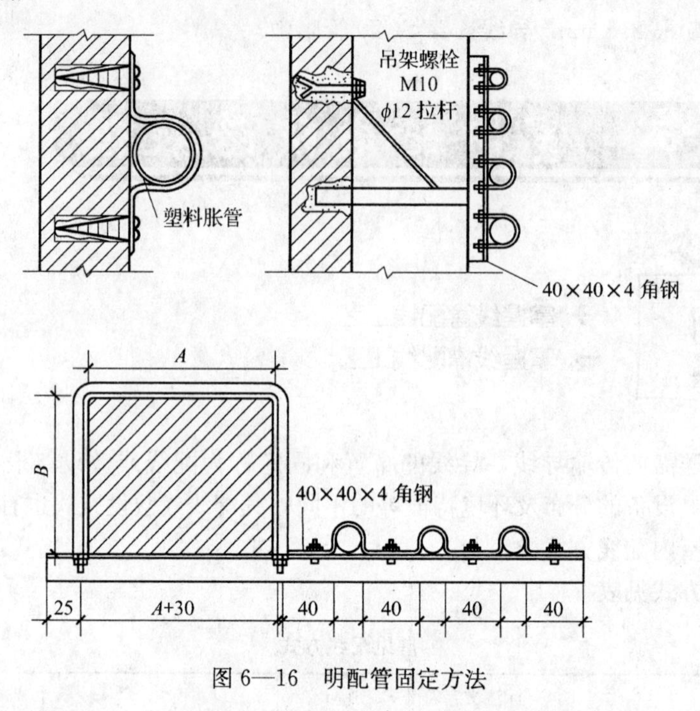

图 6—16　明配管固定方法

暗配的线管埋设深度与建筑物、构筑物表面的距离应不小于 15 mm；明配的线管应排列整齐，固定点间距均匀，安装牢固；在终端、弯头中点或柜、台、箱、盘等边缘的距离 150～500 mm 范围内设有管卡，中间直线段管卡之间的最大距离应符合表6—15 的规定。

表 6—15　管卡之间最大距离

敷设方式	导管种类	导管直径（mm）				
		15～20	25～32	32～40	50～65	65 以上
		管卡之间最大距离（m）				
支架或沿墙明敷	壁厚＞2 mm 刚性钢导管	1.5	2.0	2.5	2.5	3.5
	壁厚≤2 mm 刚性钢导管	1.0	1.5	2.0		
	刚性绝缘导管	1.0	15	1.5	2.0	2.0

室内进入落地式柜、台、箱、盘内的导管管口应高出柜、台、箱、盘的基础面50～80 mm。

金属导管内外壁应防腐处理；埋设于混凝土内的导管内壁也应防腐处理，外壁可不防腐处理。

1）水平敷设管路如遇下列情况之一时，中间应增设接线盒（拉线盒），且接线盒的安装位置应便于穿线（不含管子入盒处的90°曲弯或鸭脖弯）。如不增设接线盒，也可以增大管径。

①管子长度每超过30 m，无弯曲。

②管子长度每超过20 m，有1个弯曲。

③管子长度每超过15 m，有2个弯曲。

④管子长度每超过8 m，有3个弯曲。

2）垂直敷设的管路如遇下列情况之一时，应增设固定导线用的接线盒：

①导线截面50 mm^2 及以下，长度每超过30 m。

②导线截面70～95 mm^2，长度每超过20 m。

③导线截面120～240 mm^2，长度每超过18 m。

（2）线管的选择

1）材质的选择。焊接钢管可以暗配于混凝土内，主要用于建筑进户管及干管，当敷设环境长期潮湿则需选用镀锌钢管；电线管多用于敷设在干燥场所，可明配或暗配，一般常用于支线中；绝缘管适用于民用建筑或室内有酸、碱腐蚀性物质的场所。当设计无要求时，埋设在墙内或混凝土内的绝缘导管，采用中型以上的导管。

2）管径选择。线管管径的选择见表6—16。

表6—16 **线管管径选择**

<table>
<tr><th rowspan="3">导线截面（mm^2）</th><th colspan="7">PVC管外径（mm）</th><th colspan="7">焊接钢管内径（mm）</th><th colspan="7">电线管外径（mm）</th></tr>
<tr><th colspan="7">导线数（根）</th><th colspan="7">导线数（根）</th><th colspan="7">导线数（根）</th></tr>
<tr><th>2</th><th>3</th><th>4</th><th>5</th><th>6</th><th>7</th><th>8</th><th>2</th><th>3</th><th>4</th><th>5</th><th>6</th><th>7</th><th>8</th><th>2</th><th>3</th><th>4</th><th>5</th><th>6</th><th>7</th><th>8</th></tr>
<tr><td>1.5</td><td colspan="6">16</td><td>20</td><td colspan="6">15</td><td>20</td><td colspan="4">16</td><td colspan="2">19</td><td>25</td></tr>
<tr><td>2.5</td><td colspan="5">16</td><td colspan="2">20</td><td colspan="5">15</td><td colspan="2">20</td><td colspan="3">16</td><td colspan="2">19</td><td colspan="2">25</td></tr>
<tr><td>4</td><td colspan="3">16</td><td colspan="4">20</td><td colspan="3">15</td><td colspan="4">20</td><td colspan="2">16</td><td>19</td><td colspan="4">25</td></tr>
<tr><td>6</td><td colspan="2">16</td><td colspan="3">20</td><td colspan="2">25</td><td colspan="2">15</td><td colspan="4">20</td><td>25</td><td colspan="2">19</td><td colspan="4">25</td><td>32</td></tr>
<tr><td>10</td><td colspan="2">20</td><td colspan="2">25</td><td colspan="3">32</td><td colspan="2">20</td><td colspan="3">25</td><td colspan="2">32</td><td colspan="3">25</td><td colspan="2">32</td><td colspan="2">38</td></tr>
<tr><td>16</td><td colspan="2">25</td><td colspan="3">32</td><td colspan="2">40</td><td colspan="3">25</td><td colspan="3">32</td><td>40</td><td>25</td><td colspan="2">32</td><td colspan="3">38</td><td>51</td></tr>
<tr><td>25</td><td colspan="3">32</td><td colspan="3">40</td><td>50</td><td>25</td><td colspan="3">32</td><td>40</td><td colspan="2">50</td><td colspan="2">32</td><td>38</td><td colspan="4">51</td></tr>
<tr><td>35</td><td colspan="2">32</td><td colspan="2">40</td><td colspan="3">50</td><td colspan="3">32</td><td>40</td><td colspan="3">50</td><td colspan="2">38</td><td colspan="4">51</td><td></td></tr>
<tr><td>50</td><td colspan="2">40</td><td colspan="3">50</td><td colspan="2">60</td><td>32</td><td>40</td><td colspan="3">50</td><td colspan="2">65</td><td colspan="3">51</td><td colspan="4"></td></tr>
<tr><td>70</td><td colspan="3">50</td><td colspan="3">60</td><td>80</td><td colspan="3">50</td><td colspan="3">65</td><td>80</td><td colspan="2">51</td><td></td><td colspan="4"></td></tr>
<tr><td>95</td><td colspan="2">50</td><td colspan="2">60</td><td colspan="2">80</td><td></td><td colspan="2">50</td><td colspan="2">65</td><td colspan="3">80</td><td colspan="7"></td></tr>
<tr><td>120</td><td colspan="2">50</td><td>60</td><td colspan="2">80</td><td colspan="2">100</td><td colspan="2">50</td><td colspan="2">65</td><td colspan="2">80</td><td></td><td colspan="7"></td></tr>
</table>

2. 保护管煨弯方法

配管之前首先要阅读施工图样，根据施工图样的要求选择好管子，再根据现场实际情况进行必要的加工。管子的加工主要是钢管防腐、线管弯曲、线管的切断、线管套丝。

根据线路敷设的需要，在线管改变方向时需将管子弯曲。为便于穿线，应尽量减少弯头，且管子的弯曲角度一般要在90°以上，其弯曲半径要符合规定：明配管至少应等于管子直径的6倍，暗配管至少应等于管子直径的10倍。

线管的端部与盒（箱）的连接处，一般应弯曲成90°曲弯或鸭脖弯，如图6—17所示。导管端部的90°曲弯一般用于盒后面入盒，常用于墙体厚度为240 mm处，管端部不应过长，以保证管盒连接后管子在墙体中间位置上。

钢管和电线管的弯曲，可使用手动或电动弯管机；对绝缘管的弯曲，$\phi15\sim\phi25$ mm的管径可用冷煨法，$\phi25$ mm以上的绝缘管可采用热煨法。

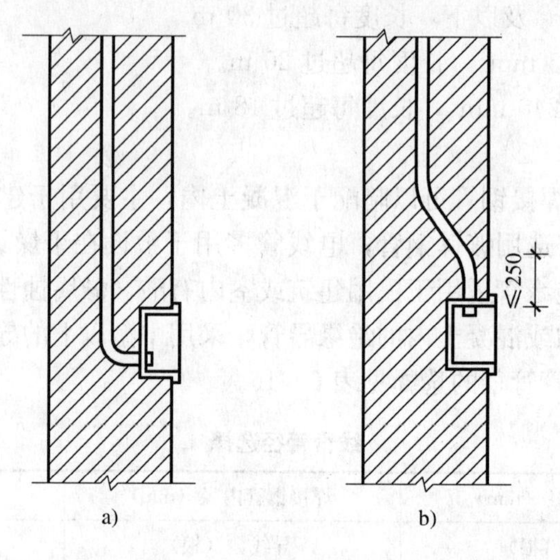

图6—17 管端部的弯曲

a）90°弯 b）鸭脖弯

3. 接线盒（箱）的定位与安装技术要求

根据水平线及墙厚度测定盒、箱位置，成排、成列的灯具位置应弹出十字位置线以确定灯具位置。稳筑盒、箱要求灰浆饱满，平整牢固，坐标正确。盒、箱安装要求见表6—17。现制混凝土板墙固定盒、箱应加支铁固定，盒、箱底距外墙面小于30 mm时，需加金属网固定后再抹灰，防止开裂。现浇混凝土楼板，将盒子堵好并随底板钢筋固定好，管路配好后，随土建浇灌混凝土施工时同时完成。

表6—17 盒箱安装要求

实测项目要求	允许偏差（mm）
盒箱水平、垂直位置	10（砖墙）、30（大模板）
盒箱1 m内相邻标高一致	2
盒子固定垂直	2
箱子固定垂直	3
盒箱口与墙面平齐最大凹进深度	10

4. **管路连接的方法及遇伸缩缝、沉降缝的处理方法**

(1) 管路连接。图 6—18 所示是各种线管的连接示意图。

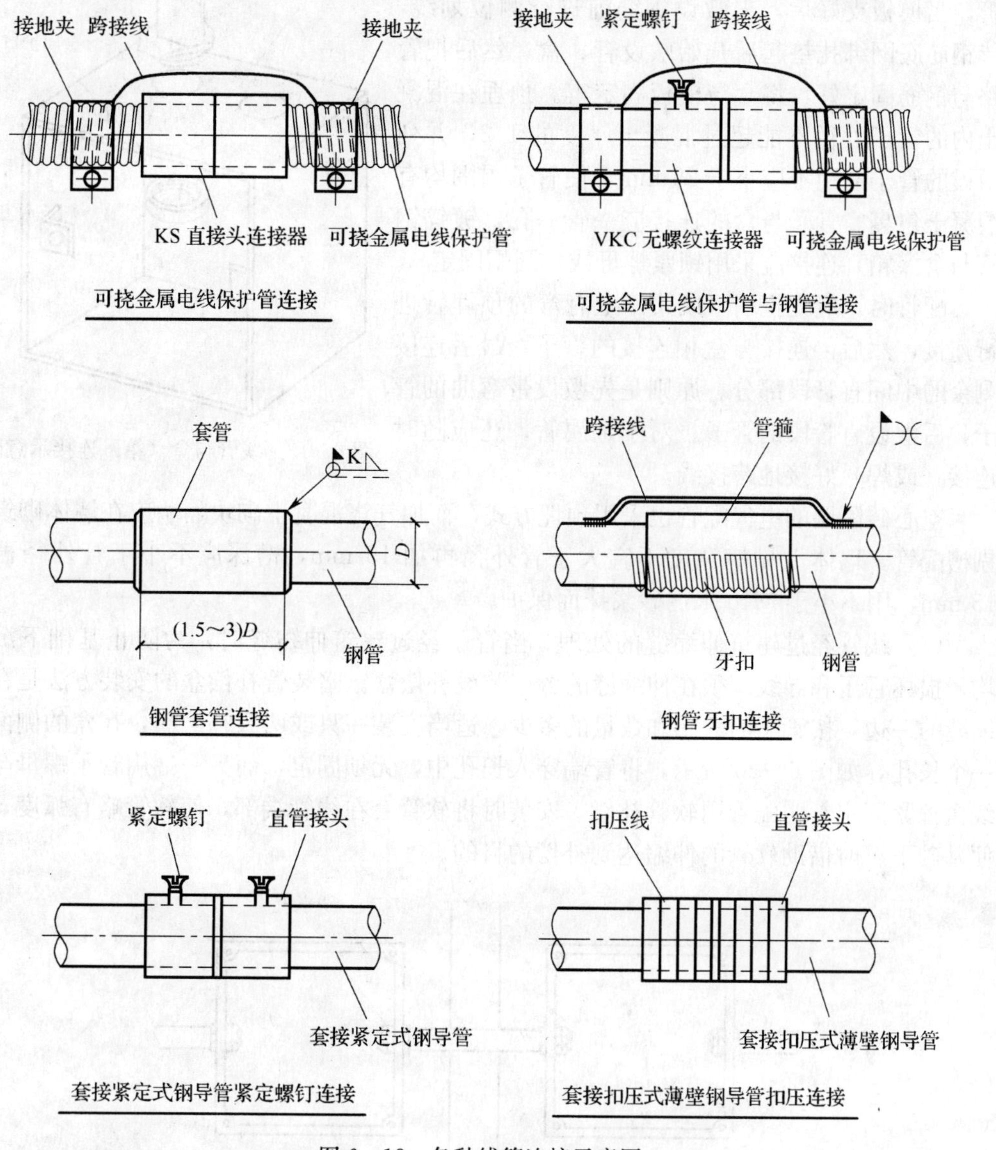

图 6—18 各种线管连接示意图

镀锌的钢导管、可挠性导管和金属线槽不得熔焊跨接接地线，以专用接地卡跨接的两卡之间连线为铜芯软导线，截面积不小于 4 mm^2，当非镀锌钢导管采用螺纹连接时，连接处的两端焊跨接接地线；当镀锌钢导管采用螺纹连接时，连接处的两端用专用接地卡固定跨接接地线。

金属导管严禁对口熔焊连接；镀锌和壁厚小于等于 2 mm 的钢导管不得套管熔焊连接。

线管与盒（箱）的连接如图 6—19 所示。

(2) 线管敷设。对于现浇混凝土结构的电气配管主要采用预埋方式。例如在现浇混凝土楼板内配管，当模板支好后，未敷设钢筋前进行测位划线，待钢筋底网绑扎垫起后开始敷设管、盒，然后把管路与钢筋固定好，将盒与模板固定牢。预埋在混凝土内的管子外径不能超过混凝土厚度的1/2，并列敷设的管子间距不应小于25 mm，使管子周围均有混凝土包裹。管子与盒的连接应一管一孔，镀锌钢管与盒（箱）连接应采用锁紧螺母或护圈帽固定。

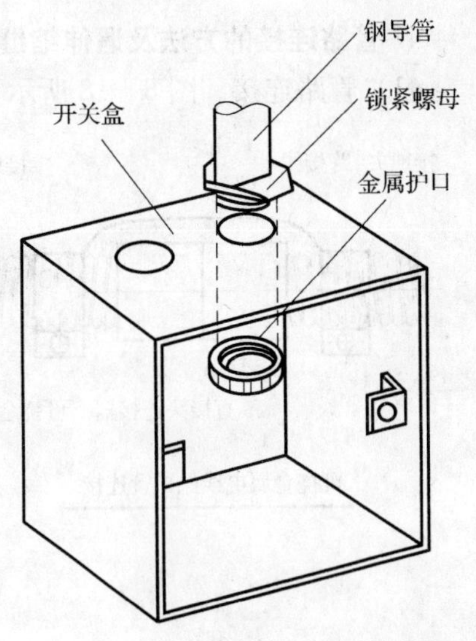

图6—19　线管与盒（箱）连接示意图

配管时，应先把墙（或梁）上有弯的预埋管进行连接，然后再连接与盒相连接的管子，最后连接剩余的中间直管段部分。原则是先敷设带弯曲的管子，后敷设直管段的管子。对于金属管，还应随时连接（或焊）好接地跨接线。

空心砖隔墙的电气配管也采用预埋方式，而加气浇混凝土砌块隔墙应在墙体砌筑后剔槽配管。墙体上剔槽宽度不宜大于管外径再加15 mm，槽深应不小于管外径再加15 mm，用不小于M10水泥砂浆抹面保护。

(3) 线管经过建筑伸缩缝的处理。当管子经过建筑伸缩缝时，为防止基础下沉不均，损坏管子和导线，须在伸缩缝的旁边装设补偿盒。暗装管补偿盒的安装方法是在伸缩缝的一边，按管子的大小和数量的多少，适当安装一只或两只补偿盒，在盒的侧面开一个长孔，如图6—20所示，将管端穿入长孔中，无须固定，而另一端用管子螺母与接线盒拧紧固定。明配管用软管补偿，安装时将软管套在线管端部，使软管略有弧度，以便基础下沉时借助软管的伸缩达到补偿的目的。

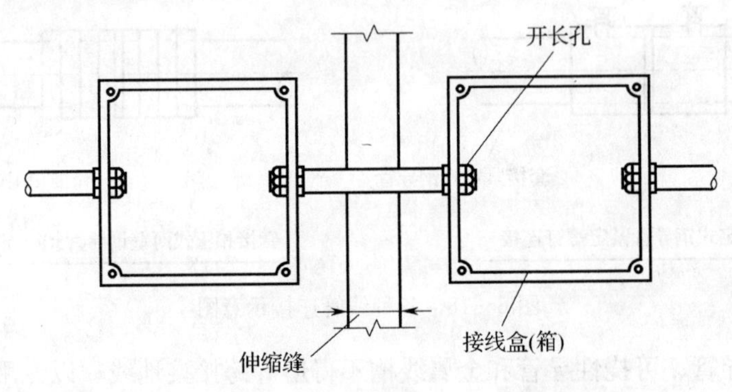

图6—20　伸缩缝接线盒（箱）做法

5. 管内穿线的方法及穿线时的注意事项

(1) 管内穿线的施工流程

选择导线→扫管→穿带线→放线与断线→导线与带线的绑扎→管口带护口→导线连接→线路绝缘摇表测试

1) 选择导线。应根据设计图样规定选择路线；相线、中性线及保护地线的导线颜色应有所区别，符合规范要求。

2）清扫管路。清扫管路的目的是清除管路中的灰尘、泥水及杂物等；清扫管路的方法是将布条的两端牢固绑扎在带线上，从管的一端拉向另一端，以将管内杂物及泥水除尽为目的。

对于现浇混凝土结构，如墙、楼板应及时随着拆模时进行扫管，以便及时发现和处理管路被堵现象。

对于砖混结构墙体，应在抹灰时进行扫管，有问题可及时进行修改和返工，以便土建修复墙面。经过扫管后确认管路畅通，及时穿好带线，并将管口、盒口、箱口及时堵好。在后续施工过程中，加强已配管路的成品保护，防止出现二次堵塞。

3）穿带线。穿带线的目的是检查管路的通畅和作为电线的牵引线，一般选用 ϕ1.2 mm的钢丝，先将钢丝或铁丝的一端馈头弯回不封死，圆头向着穿线方向，将钢丝或铁丝穿入管内，边穿边将钢丝或铁丝顺直。如不能一次穿过，再从另一端以同样的方法将钢丝或铁丝穿入。根据穿入的长度判断两头碰头后，再搅动钢丝或铁丝，当钢丝或铁丝头绞在一起后，再抽出一端，将管路穿通。

4）放线及断线。放线前应根据施工图对导线的规格、型号进行核对，并用对应电压等级的摇表进行通、断测试。放线时，导线应置于放线架或放线车上。

剪断导线时，导线的预留长度应按表 6—18 所列预留。

表 6—18　　**导线的预留长度**

序号	预留处	预留长度
1	接线盒、开关盒、插座盒及灯头盒内	150 mm
2	配电箱内	配电箱体周长的 1/2
3	出户导线	1.5 m
4	公用导线在分支处	可不剪断导线而直接穿过

5）导线与带线的绑扎。当导线根数较少时，例如 2～3 根导线，可将导线前端的绝缘层削去，然后将线芯与带线绑扎牢固，使绑扎处形成一个平滑的锥形过渡部位。

当导线根数较多或导线截面较大时，可将导线前端绝缘层削去，然后将线芯错位排列在带线上，用绑线绑扎牢固，不要将线头做得太粗太大，应使绑扎接头处形成一个平滑的锥形接头，减少穿管时的阻力，以便于穿线。

6）管内穿线

①钢管（电线管）在穿线前，应首先检查各个管口的塑料护口是否齐全，如有遗漏和破损，应补齐或更换。

②当管路较长或转弯较多时，要在穿线前向管内吹入适量的滑石粉。

③穿线时，两端的工人应配合协调。

7）导线连接。导线连接处接头不能增加电阻值；受力导线不能降低原力学强度；不能降低原绝缘强度。为了满足上述要求，在导线做电气连接时，必须在接线后加焊接并包缠绝缘层。

图 6—21 所示为在接线盒中用接线帽连接导线的示意。

a)

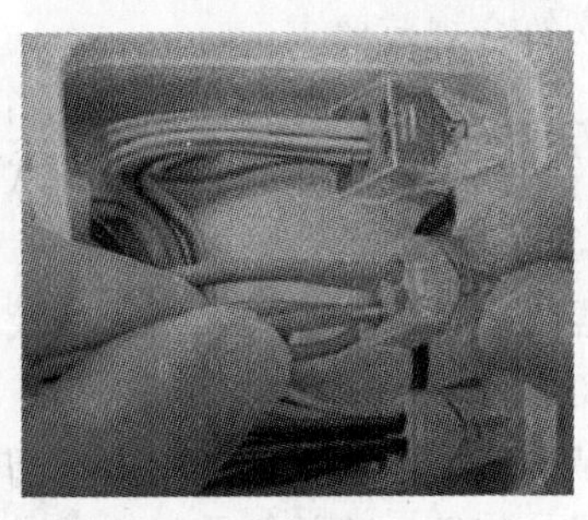

b)

图 6—21　接线盒中用接线帽连接导线

a）接线帽　b）接线盒中用接线帽连接导线

（2）管内穿线的注意事项

1）同一交流回路的导线必须穿于同一管内。

2）管路中间不允许有导线接头，接头应设置于线管的接线盒内。

3）不同回路、不同电压、交流与直流的导线不得穿入同一管内，但以下情况除外：

①标称电压为 50 V 以下的回路。

②同一设备或同一设备的回路和无特殊干扰要求的控制回路。

③同一花灯的几个回路。

④同类照明的几个回路，但管内的导线总数应不多于 8 根。

4）导线在变形缝处，补偿装置应活动自如，导线应留有一定的余量。

二、线槽配线

1. 线槽配线的技术要求

（1）电线在线槽内不得有接头，接头应设置于线槽的接线盒内。

（2）电线在线槽内应有一定余量，当无设计规定时，包括绝缘层在内的导线总截面应不大于线槽面积的 60%。

（3）同一回路的相线（L）和中性线（N），敷设于同一金属线槽内。

（4）同一电源的不同回路无抗干扰要求的线路可敷设于同一线槽内；敷设于同一线槽内有抗干扰要求的线路用隔板隔离，或采用屏蔽电线且屏蔽护套一端接地。

（5）线槽内电线按回路编号分段绑扎，绑扎间距不大于 2 m。

（6）金属线槽必须与 PE 或 PEN 线有可靠的电气连接，全长不少于两处与 PE 或 PEN 干线连接。非镀锌金属线槽间连接板的两端跨接铜芯接地线截面积不小于 4 mm^2，镀锌线槽间可不跨接接地线，但连接板两端不少于 2 个有防松螺帽或防松垫圈的连接固定螺栓。

（7）线槽安装应固定，无扭曲变形，紧固件的螺母应在线槽外侧；线槽在伸缩缝处，应设补偿装置。

2. 线槽配线的施工

（1）线槽选择。线槽一般适用于正常环境的室内场所明配线，也可用于科研试验室或预制墙板结构无法暗配线的工程，还适用旧工程改造更换线路。线槽有难燃型塑料线槽和金属线槽两种。塑料线槽适用于有酸碱腐蚀的场所，高温和有机械损伤的场所不宜采用；金属线槽多由 0.4～1.5 mm 的钢板制成，适用于干燥的室内场所，不适合在有酸碱腐蚀的场所使用。

（2）金属线槽配线

1）弹线定位。金属线槽安装前，要根据设计图样确定出电源及盒（箱）等电气设备、元件具体安装位置，从始端至终端找好水平或垂直线，用粉袋沿墙、顶棚或楼地面等处弹出线路的中心线并根据线槽固定点的要求，分匀档距标出线槽支、吊架的固定位置。

金属线槽敷设时，吊装点及支持点的距离应根据工程具体条件确定，一般在直线段固定间距应不大于 3 m，在线槽的首端、终端、分支、转角、接头及进出接线盒处应不大于 0.5 m。

2）金属线槽在墙上固定安装。金属线槽在墙上固定安装时，可采用 8 mm×35 mm 半圆头螺钉配塑料胀管的安装方式施工，并应根据金属线槽的宽度采用一个或两个塑料胀管配合木螺钉并列固定。

当线槽的宽度 $b \leqslant 100$ mm 时，可采用一个胀管固定；如线槽的宽度 b 大于 100 mm 时，应采用两个胀管并列固定，如图 6—22 所示。

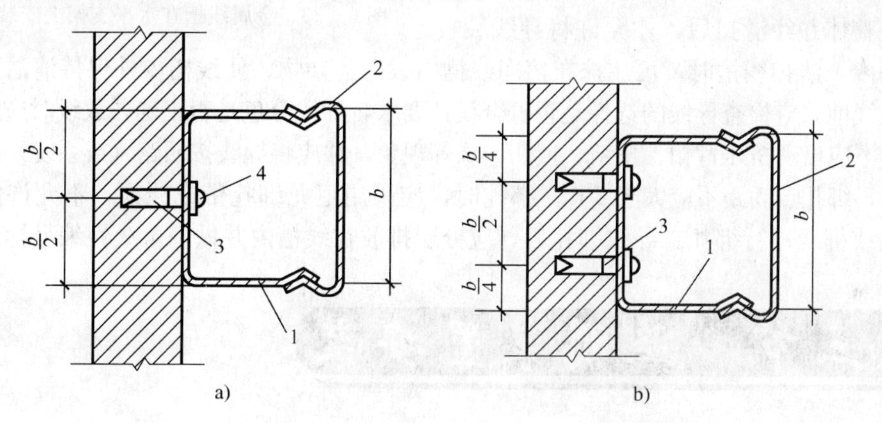

图 6—22　金属线槽在墙上安装

a）单胀管　b）双胀管

1—金属线槽　2—槽盖　3—塑料胀管　4—8 mm×35 mm 半圆头木螺钉

金属线槽在墙上固定安装的固定间距为 500 mm，每节线槽的固定点应不少于两个，线槽固定的螺钉，固定后其端部应与线槽内表面光滑连接，线槽底应紧贴墙面固定。

线槽的连接应连续无间断，线槽接口应平直、严密，线槽在转角、分支处和端部均应有固定点。

3）金属线槽在墙体水平支架上安装。金属线槽在墙上水平安装可使用托臂支撑，托臂的形式由工程设计决定，托臂在墙上的安装方式可采用膨胀螺栓固定，线槽在托臂上安装如图 6—23 所示。当金属线槽宽度 $b \leqslant 100$ mm 时，线槽在托臂上可采用一个螺栓固定。

单元 6

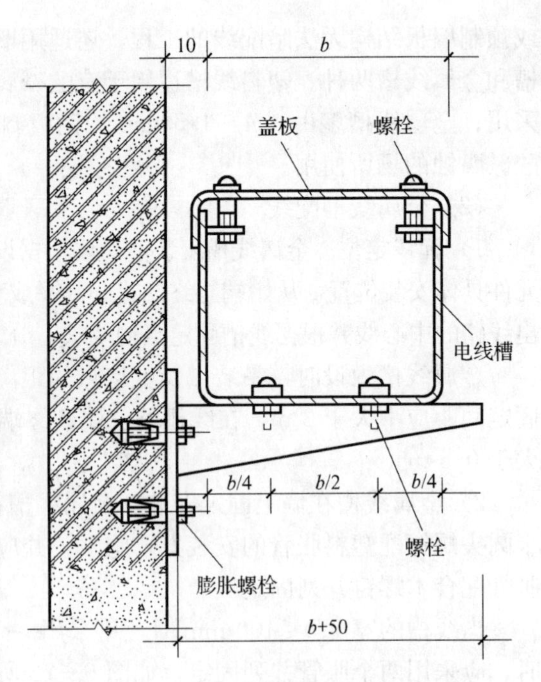

图 6—23　金属线槽在水平支架上安装

线槽在墙上水平安装亦可使用扁钢或角钢支架支撑，在制作支架下料后，长短偏差应不大于 5 mm，切口处应无卷边和毛刺。

支架制作时应焊接牢固，保持横平竖直，在有坡度的建筑物上安装支架应考虑好支架的制作形式。支架焊接后应无明显变形，焊缝均匀平整，焊缝处不得出现裂纹、咬边、气孔、凹陷、漏焊等缺陷。

4）金属线槽在吊架上安装。金属线槽用吊架悬吊安装，可根据吊装卡箍和吊杆的不同形式采用不同的安装方法，如果采用圆钢吊杆和吊架卡箍固定线槽，则吊杆与楼板或梁的固定，采用膨胀螺栓和螺栓套筒进行连接。

5）线槽内导线敷设。金属线槽组装成统一整体并经清扫后，才允许将导线装入线槽内。清扫线槽时，可用抹布擦净线槽内残存的杂物，使线槽内外保持清洁。

放线前，应检查导线的选择是否符合设计要求，导线分色是否正确，放线时应边放边整理，不应出现挤压背扣、扭结、损伤绝缘等现象，并应将导线按回路（或系统）编号分段绑扎，绑扎点间距不应大于 2 m。绑扎时，应采用尼龙绑扎带或线绳，不允许使用金属导线或绑线进行绑扎。导线绑扎后，应分层排放在线槽内并做好永久性编号标志。

第三节　照明装置安装

→ 掌握照明配电箱的安装工艺
→ 掌握电气照明器具的安装工艺
→ 了解装饰灯具的安装工艺

一、照明配电箱的安装

1. 施工工艺

（1）施工条件

1）盘、柜、屏、台所在房间土建施工完成后，门、窗封闭，墙面、屋顶油漆喷刷完，地面工程完成。

2）暗装配电箱随土建结构预留好安装位置。

3）明装配电箱及暗装配电箱盘面安装时，抹灰、喷浆及油漆应全部完工。

4）土建基础位置、标高、埋件符合设计要求。

5）施工准备工作完成后，施工图样、设备技术资料齐全，施工组织、技术、质量、安全措施完善。

6）电气设备及元件到货，型号、质量符合设计要求。

（2）配电箱安装

1）弹线定位。根据设计要求找出配电箱（盘）位置，并按照箱（盘）外形尺寸进行弹线定位。配电箱安装底口距地一般为1.5 m，明装电能表板底口距地不小于1.8 m。在同一建筑物内，同类箱（盘）高度应一致，允许偏差10 mm。

2）安装配电箱（盘）的木砖及铁件等均应预埋，挂式配电箱（盘）应采用膨胀螺栓固定。

3）铁制配电箱（盘）均需先刷一遍防锈漆，再刷灰油漆二道。

4）TN－C中的中性线应在箱体（盘面上）进户线处做好重复接地。

5）中性母线在配电箱（盘）上应用中性线端子板分路，中性线端子板分支路排列位置应与熔断器对应。

6）明装配电箱（盘）的固定。在混凝土墙上固定时，有明装配电箱与明配管连接安装和明装配电箱与暗配管连接安装两种方式。如有分线盒，先将分线盒内杂物清理干净，然后将导线理顺，分清支路和相序，按支路绑扎成束。待箱（盘）找准位置后，将导线端头引至箱内或盘上，逐个剥削导线端头，再逐个压接在相应的元件上。同时将保护地线压在明显的地方，并将箱（盘）调整平直后用钢架或金属膨胀螺栓固定。在元件、仪表较多的盘面板安装完毕后，应先用仪表核对有无差错，调整无误后试送电，并将卡片框内的卡片填写好部位，编上号。如在木结构或轻钢龙骨护板墙上固定配电箱（盘）时，应采用加固措施。配管在护板墙内暗敷设并有暗接线盒时，要求盒口应与墙面平齐，在木制护板墙处应做防火处理，可涂防火漆进行防护。

7）暗装配电箱的固定。在预留孔洞中将箱体找好标高及水平尺寸。稳住箱体后用水泥砂浆填实周边并抹平齐，待水泥砂浆凝固后再安装盘面和贴脸。如箱底与外墙平齐时，应在外墙固定金属网后再做墙面抹灰。不得在箱底板上直接抹灰。安装盘面要求平整，周边间隙均匀对称，贴脸（门）平正，不歪斜，螺钉垂直受力均匀。

8）绝缘摇表测试。配电箱（盘）全部元件安装完毕后，用500 V兆欧表对线路进行绝缘摇表测试。

摇表测试项目包括相线与相线之间、相线与零线之间、相线与地线之间、零线与地线之间，必须两人进行摇表测试，同时做好记录，做技术资料存档。

2. 质量验收标准

（1）柜（盘）的试验调整结果必须符合施工规范规定。

（2）柜、屏、台、箱、盘的金属框架及基础型钢必须可靠保护接地（PE）或保护接地和中性线（PEN）；装有电气设备的可开启门与框架的接地端子间应用裸编织铜线连接，并做好标志。

（3）低压成套配电柜、控制柜（屏、台）和动力照明配电箱（盘）应有可靠的防电击保护。柜（屏、台）、箱（盘）内保护导体应有裸露的连接外部保护导体的端子，内部保护导体的最小截面积应不小于表 6—19 的规定。

表 6—19　　**保护导体的最小截面积**　　mm^2

相线的截面积 S	相应保护导体的最小截面积 S_P	相线的截面积 S	相应保护导体的最小截面积 S_P
$S\leqslant16$	S	$400<S\leqslant800$	200
$16<S\leqslant35$	16	$S>800$	$S/4$
$35<S\leqslant400$	$S/2$		

注：S 指柜（屏、台、箱、盘）电源进线相线截面积，且两者（S、S_P）材质相同。

（4）盘面标志牌、标志框齐全、正确、清晰。

（5）柜（屏、台）箱（盘）间线路的线之间、线对地之间绝缘电阻值和馈电线路间电阻值必须大于 0.5 MΩ；二次回路间电阻值必须大于 1 MΩ。

（6）照明配电箱（盘）安装应符合如下规定：

1）箱盘内配线整齐，无铰接现象。导线连接可靠，不伤芯线不断股。垫圈下螺纹两侧所压的导线截面积相等。同一端子上导线连接不多于 2 根，防松垫圈等零件齐全。回路编号齐全，标识正确。

2）箱、盘内开关灵活可靠。对带有漏电保护的回路，漏电保护装置动作电流不大于 30 mA，动作时间不大于 0.1 s。

3）照明箱、盘内分别设置中性线（N）和保护接地线（PE）汇流排。

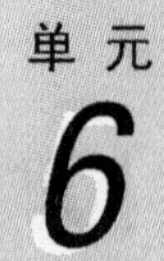

4）箱（盘）不采用可燃材料制作，箱盘涂层完整。

5）箱位准确，安装牢固，部件齐全。箱体开孔与导管管径适配。暗装配箱的箱盖紧贴墙面。

6）安装位置垂直度允许偏差 1.5%，底边距地 1.5 m。

二、电气照明器具的安装

1. 普通灯具安装工艺及质量验收标准

（1）工艺流程。吊灯、吸顶灯、壁灯、嵌入式灯的安装工艺流程分别如图 6—24～图 6—27 所示。

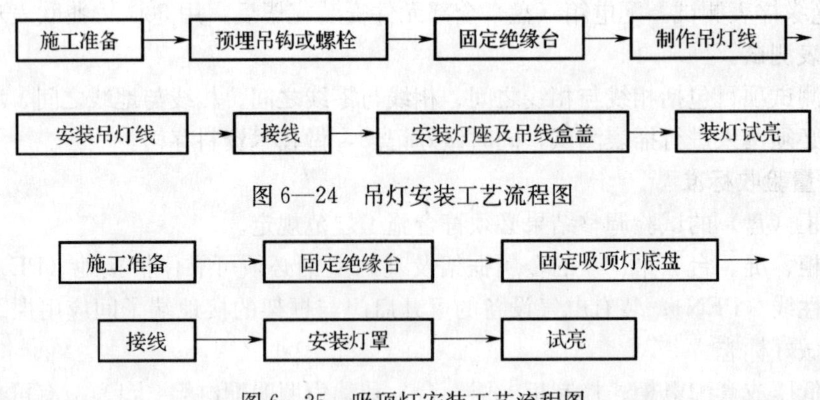

图 6—24　吊灯安装工艺流程图

图 6—25　吸顶灯安装工艺流程图

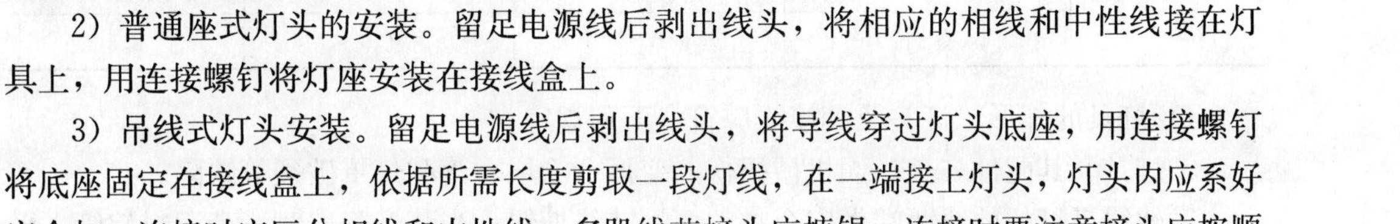

图 6—26　壁灯安装工艺流程图

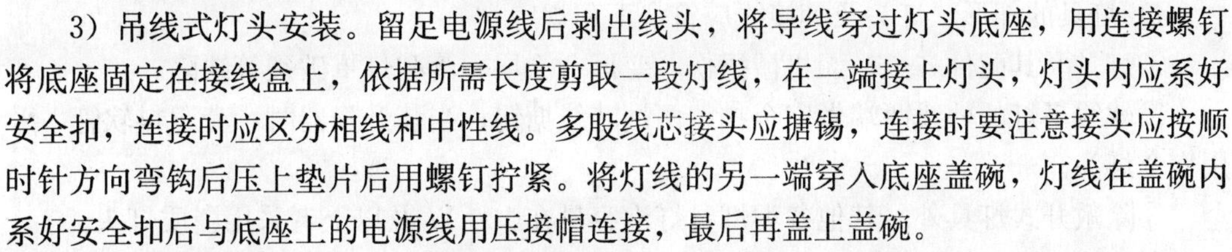

图 6—27　嵌入式灯具安装工艺流程图

(2) 施工技术要点

1) 灯内穿线长度适宜，多股软线线头应搪锡，并注意相线与中性线的颜色区分，螺口灯座的中心簧应接相线，不能混淆。

2) 普通座式灯头的安装。留足电源线后剥出线头，将相应的相线和中性线接在灯具上，用连接螺钉将灯座安装在接线盒上。

3) 吊线式灯头安装。留足电源线后剥出线头，将导线穿过灯头底座，用连接螺钉将底座固定在接线盒上，依据所需长度剪取一段灯线，在一端接上灯头，灯头内应系好安全扣，连接时应区分相线和中性线。多股线芯接头应搪锡，连接时要注意接头应按顺时针方向弯钩后压上垫片后用螺钉拧紧。将灯线的另一端穿入底座盖碗，灯线在盖碗内系好安全扣后与底座上的电源线用压接帽连接，最后再盖上盖碗。

4) 荧光吸顶灯安装。环形管圆形荧光吸顶灯可直接到现场安装，较大的荧光吸顶灯（方形、长方形），要先进行组装，通电试验无误后再到施工现场安装。

5) 白炽吸顶灯安装。白炽吸顶灯应安装在两吊顶中龙骨中间的适当位置，并增加两个附加中龙骨。按灯具底座画好安装孔位置，打出塑料胀管孔，装入胀管；将接线盒内电源线穿出灯具底座，用螺钉固定好底座；将灯具导线与电源线用压接帽可靠连接；用线卡或尼龙带固定导线以避开灯泡发热区；上好灯泡，装上灯罩并上好紧固螺钉。安装在吊顶下或其他易燃装饰材料上的灯具与装饰材料间应有防火措施。

(3) 质量验收标准

1) 灯具的固定应符合如下规定：

①灯具质量大于 3 kg 时，固定在螺栓或预埋吊钩上；软线吊灯，灯具质量在0.5 kg及以下时，采用软电线自身吊装；大于 0.5 kg 的灯具采用吊链，且软电线编叉在吊链内，使电线不受力；灯具固定牢固可靠，不使用木楔。每个灯具固定用螺钉或螺栓不少于 2 个；当绝缘台直径在 75 mm 及以下时，采用 1 个螺钉或螺栓固定。

②当钢管做灯杆时，钢管内径应不小于 ϕ10 mm，钢管厚度应不小于 1.5 mm。

③固定灯具带电部件的绝缘材料以及提供防触电保护的绝缘材料，应采用耐燃烧和防明火材料。

2) 当设计无要求时，灯具的安装高度和使用电压等级应符合下列规定：

①一般敞开式灯具，灯头对地面距离不小于下列数值（采用安全电压时除外）：

室外为 2.5 m（室外墙上安装），厂房为 2.5 m，室内为 2 m。

软吊线带升降器的灯具在吊线展开后：0.8 m。

②危险性较大及特殊危险场所，当灯具距地面高度小于 2.4 m 时，使用额定电压为 36 V 及以下的照明灯具，或有专用保护措施。

3）当灯具距地面高度小于 2.4 m 时，灯具的可接近裸露导体必须可靠接地（PE）或接零（PEN），并应有专用接地螺栓，且有标识。

4）引向每个灯具的导线线芯最小截面积应符合表 6—20 的规定。

表 6—20　导线线芯最小截面积　mm^2

灯具安装的场所及用途		线芯最小截面积		
		铜芯软线	铜线	铝线
灯头线	民用建筑室内	0.5	0.5	2.5
	工业建筑室内	0.5	1.0	2.5
	室 外	1.0	1.0	2.5

4）灯具的外形、灯头及其接线应符合下列规定：

①灯具及其配件齐全，无机械损伤、变形、涂层剥落和灯罩破裂等缺陷。

②软线吊灯的软线两端做安全扣，两端芯线搪锡；当装升降器时，套塑料软管，采用安全灯头。

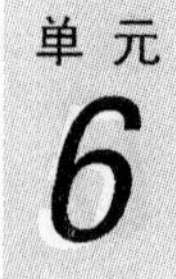

③除敞开式灯具外，其他各类灯具灯泡容量在 100 W 及以上者采用瓷质灯头。

④连接灯具的软线盘扣、搪锡压线，当采用螺口灯头时，相线接于螺口灯头中间的端子上。

⑤灯头的绝缘外壳无破损和漏电；带有开关的灯头，开关手柄无裸露的金属部分。

5）在变电所内，高低压配电设备及裸母线的正上方不应安装灯具。

6）装有白炽灯泡的吸顶灯具，灯泡不应紧贴灯罩；当灯泡与绝缘台间距离小于 5 mm时，灯泡与绝缘台之间应采取隔热措施。

7）安装在重要场所的大型灯具的玻璃罩，应采取防止玻璃罩碎裂后向下溅落的措施。

8）投光灯的底座及支架应固定牢固，枢轴应沿需要的光轴方向拧紧固定。

9）安装在室外的壁灯应有泄水孔，绝缘台与墙面之间应有防水措施。

2. 开关、插座、吊扇的安装及质量验收标准

（1）开关和插座安装

1）工艺流程。灯开关、插座的安装工艺流程如图 6—28 所示。

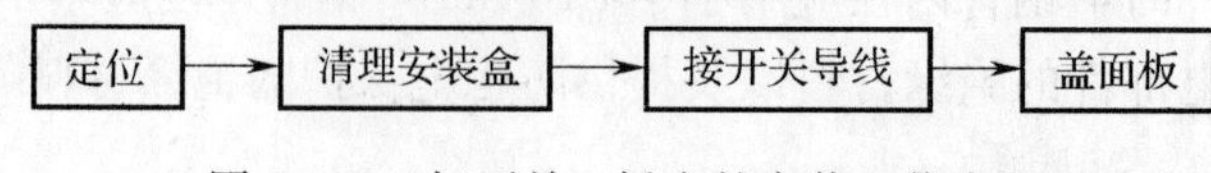

图 6—28　灯开关、插座的安装工艺流程

2）施工技术要点

①接线盒检查清理。用毛刷及旋具小心清理盒子内残留的水泥、灰块等杂物，使盒内干净。同时注意检查接线盒安装位置是否合适，螺钉安装孔耳有无缺失，相邻接线盒高差是否超过规定等现象，发生时应予以及时修整。

②接线。先将盒内导线留出维修长度（一般为 15 cm）后剪除余线，用剥线钳剥出适宜长度，以刚好能完全插入接线孔的长度为宜；对于多联开关需分支连接的应采用安全型压接帽压接分支；应注意区分相线、零线及保护接地，不得混乱。

③安装。将盒内导线与开关、插座的面板连接好后，将面板推入，对正安装孔，用螺钉固定牢固。固定时应使面板端正，与墙面平齐。

安装在潮湿场所及室外的开关，插座应为防水型。安装在易燃装饰材料上的开关，插座与装饰材料间设置隔热阻燃制品。

3）质量验收标准

①当交流、直流或不同电压等级的插座安装在同一场所时，应有明显的区别，且必须选择不同结构、不同规格和不能互换的插座；配套的插头应按交流、直流或不同电压等级区别使用。

②插座接线应符合下列规定：

对单相两孔插座，面对插座的右孔或上孔与相线连接，左孔或下孔与中性线连接；单相三孔插座，面对插座的右孔与相线连接，左孔与零线连接；

单相三孔、三相四孔及三相五孔插座的保护接地（PE）或保护接地和中性线（PEN）接在上孔。插座的接地端子不与中性线端子连接。同一场所的三相插座，接线的相序一致。

保护接地（PE）或保护接地和中性线（PEN）在插座间不串联连接。

③特殊情况下插座安装应符合下列规定：

当接插有触电危险家用电器的电源时，应采用能断开电源的带开关插座，开关断开相线；潮湿场所采用密封型并带保护地线触头的保护型插座。安装高度不低于 1.5 m。

④照明开关安装应符合下列规定：

同一建筑物、构筑物的开关采用同一系列的产品，开关的通、断位置一致，操作灵活、接触可靠；相线经开关控制；民用住宅无软线引至床边的床头开关。

⑤插座安装应符合下列规定：

当不采用安全型插座时，托儿所、幼儿园及小学等儿童活动场所安装高度不小于 1.8 m；暗装的插座面板紧贴墙面，四周无缝隙，安装牢固，表面光滑整洁，无碎裂，划伤，装饰帽齐全；车间及实验室的插座安装高度距地面不小于 0.3 m；特殊场所暗装的插座不小于 0.15 m；无特殊要求时，同一室内插座安装高度一致；地插座面板与地面齐平或紧贴地面，盖板固定牢固，密封良好。

⑥照明开关安装应符合下列规定：

开关安装位置便于操作，开关边缘距门框边缘的距离 0.15～0.2 m，开关距地面高度 1.3 m；拉线开关距地面高度 2～3 m，层高小于 3 m时，拉线开关距顶板不小于

100 mm，拉线出口垂直朝下。

相同型号并列安装及同一室内开关安装高度一致，且控制有序不错位；并列安装的拉线开关的相邻间距不小于 20 mm。

暗装的开关面板应紧贴墙面，四周无缝隙，安装牢固，表面光滑整洁，无碎裂、划伤，装饰帽齐全。

(2) 吊扇安装

1) 施工流程。吊扇的安装工艺流程如图 6—29 所示。

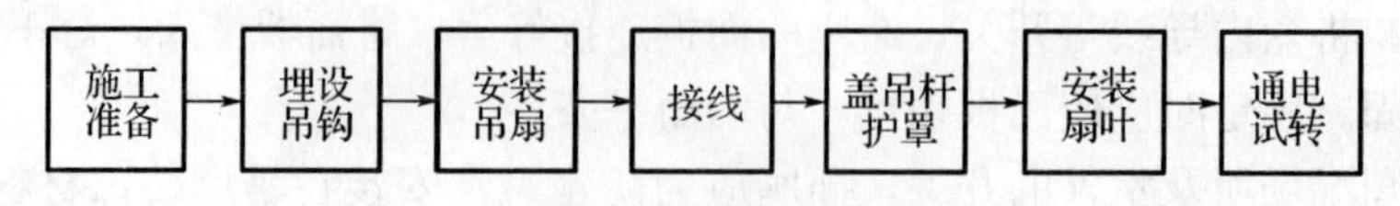

图 6—29 吊扇安装工艺流程图

2) 施工技术要点

①埋设吊钩。吊扇吊钩一般应选用大于 $\phi8$ 的圆钢制作，其伸出建筑物顶棚的长度应以装上吊杆护罩后，能将整个吊钩外露部分完全遮住为宜，且吊钩重心应与吊钩垂直部分在同一垂直线上。吊钩埋设方法如图 6—30、图 6—31 所示。

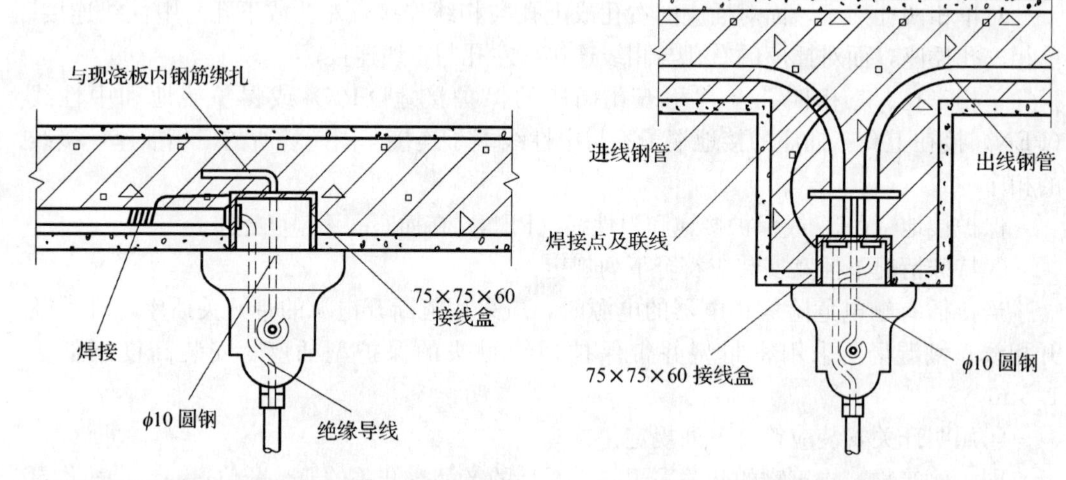

图 6—30 吊扇吊钩在现浇楼板上的埋设　　图 6—31 吊扇在现浇梁的安装

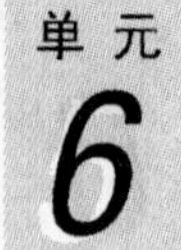

②吊扇接线。剪取适当长度的导线穿过吊杆与扇头内接线端子连接。应注意区分相线和零线。

③吊扇安装。将吊扇托起，使吊扇通过减震橡胶环与预埋的挂钩挂牢。用压接帽压接好电源接头后，向上推起吊杆上的扣碗，将接头扣于其中，紧贴顶棚后拧紧固定螺丝。安装扇叶时不能改变叶片角度，扇叶的固定螺栓防松零件要安装齐全。

3) 质量验收标准

①吊扇挂钩安装牢固，吊扇挂钩的直径不小于吊扇挂销直径，且不小于 8 mm；有防震动橡胶垫；挂销的防松零件齐全、可靠。

②吊扇扇叶距地高度不小于 2.5 m。

③吊扇组装不改变扇叶角度，扇叶固定螺栓防松零件齐全。

④吊杆间、吊杆与电机间螺纹连接，啮合长度不小于 20 mm，且防松零件齐全紧固。

⑤吊扇接线正确，当运转时扇叶无明显颤动和异常声响。

三、装饰灯具的安装

装饰灯具是照明技术与建筑艺术的统一体，对于灯具的要求是必须具有功能性、经济性和艺术性。大型组合灯具每一个单相回路的电流不宜超过 25 A。

1. 施工工艺

（1）轻型吊杆灯在吊顶上安装。轻型吊杆灯质量在 1 kg 及以下时，在吊顶上安装，应使用两个灯具螺栓穿通吊顶板材，直接固定在吊顶的中龙骨上。

（2）大型吊灯在吊顶上的安装。大型灯具，质量在 3 kg 及以下的吊灯，在装饰吊顶的龙骨安装时，应在吊顶的大龙骨上边增设一个附加大龙骨，此龙骨横卧焊接在吊顶大龙骨上边，灯具的吊杆就固定在附加大龙骨上，灯具的底座与吊杆的底座用两个 M5 mm×30 mm 螺栓与中龙骨横撑连接。

（3）重型吊灯在吊顶上的安装。质量超过 3 kg 的吊灯在安装时，需要直接吊在混凝土梁上或预制、现浇混凝土楼（屋）面板上，不应与吊顶龙骨发生任何受力关系。吊挂灯具的吊杆由土建专业预留，吊钩根据工程要求现场制作，吊杆及吊钩的长度及弯钩的形状也由现场确定。重型吊灯的安装，如图 6—32 所示。图中 H_1 为吊灯所在楼板厚度；H_2 为吊顶距离顶板的高度，由设计决定；H_3 为设计所选灯具的悬吊高度。

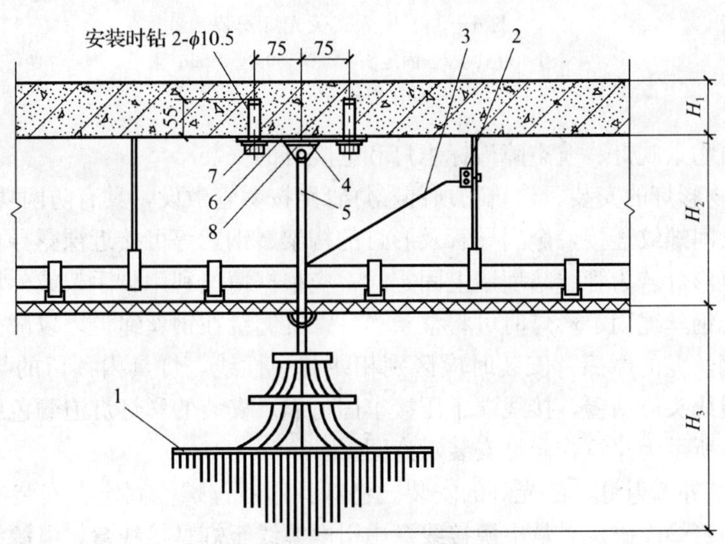

图 6—32　重型吊灯安装

1—花灯　2—接线盒　3—可挠金属保护管内径 ϕ15 mm　4—固定座 40 mm×40 mm δ=3 mm
5—吊杆 ϕ8 $L=H_2+95$ mm　6—固定板 200 mm×60 mm δ=8 mm
7—膨胀螺栓 M6 mm×80 mm　8—螺钉 M8 mm

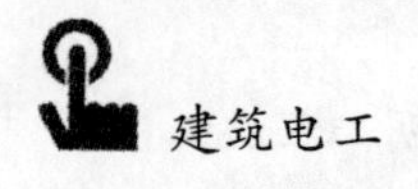

（3）嵌入式灯具（光带）的安装步骤

1）顶棚开口。灯具安装前应熟悉灯具样本，了解灯具的形式及连接构造，以便确定灯具预埋件的位置和顶棚开孔的位置及大小。小型筒型嵌入式灯具在顶板板材上安装时，可先确定好位置，用曲线锯挖孔。大面积的嵌入式灯具，一般是预留洞口，先以顶板按嵌入式灯具开口大小围合成孔洞边框，此边框即为灯具提供连接点，边框一般为矩形。图 6—33 所示为吊顶上嵌入式荧光灯的安装示意图。

2）灯具安装。将吊顶内引出的电源线与灯具的电源线的连接端子可靠连接；将灯具推入安装孔固定；调整灯具边框。如灯具对称安装，其纵向中心轴线应在同一直线上，偏差不能大于 5 mm。

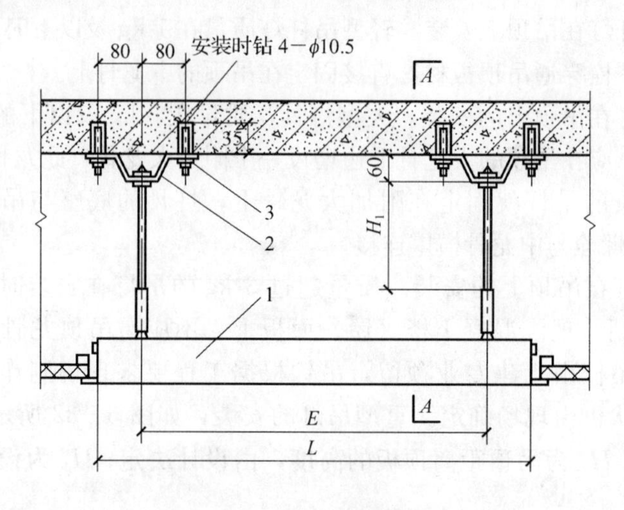

图 6—33　嵌入式荧光灯安装

1—灯具　2—固定座　280×50 δ=2 mm

3—膨胀螺栓 M6×65

（4）建筑物景观灯、航空障碍标志灯和庭院灯的安装

1）建筑物彩灯的安装。建筑物顶部彩灯管路按明管敷设，具有防雨功能。管路间、管路与灯头盒间螺纹连接，金属导管及彩灯的构架、钢索等可接近裸露导体应可靠接地或接零。垂直彩灯若为管线暗埋墙上固定时，应根据情况利用脚手架或外墙悬挂吊篮施工。利用悬挂钢丝绳固定彩灯时可将整条彩灯螺旋缠绕在钢丝绳上，以减少因风吹而导致的导线与钢丝绳的摩擦。安装时应区别相线与中性线，灯具内预留的导线长度应适宜；多股软线线头应搪锡，接线端子压接牢固可靠。安装的彩灯灯泡颜色应符合设计要求。图 6—34 所示为建筑物彩灯安装示意图。

2）建筑物外墙射灯、泛光灯的安装。将灯具用镀锌螺栓固定在安装支架上，螺栓应加平垫及弹簧垫圈固定。从电源接线盒中引电源线至灯具接线盒，电源线应穿金属软管保护，灯泡、灯具变压器等发热部件应避开易燃物品。图 6—35 所示为泛光灯安装示意图。

3）霓虹灯的安装。霓虹灯接线如图 6—36 所示。

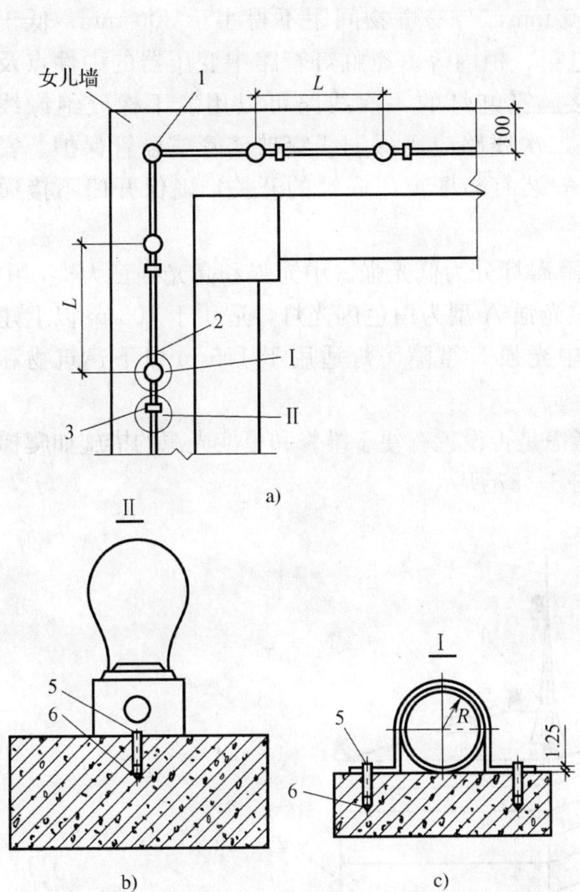

图 6—34　建筑物彩灯安装

a）建筑物彩灯安装平面图　b）彩灯安装示意图

c）镀锌钢管安装示意图

1—彩灯　2—镀锌钢管 DN20　3—管卡　4—防水弯头

5—自攻螺钉 M3　6—塑料胀管 ϕ6

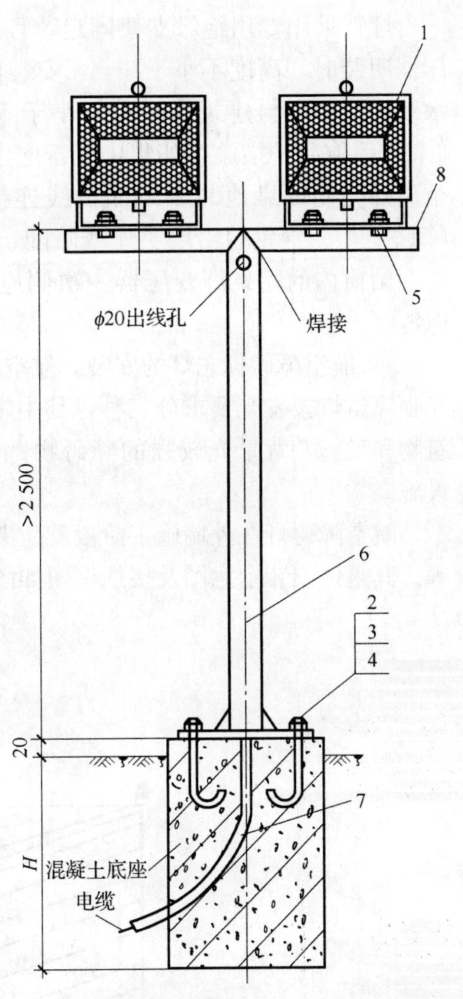

图 6—35　泛光灯安装示意图

1—灯具　2—螺栓　M20×300　3—螺母 M20

4—垫圈 ϕ20　5—螺栓 M10　6—灯杆

7—电线管　8—角钢

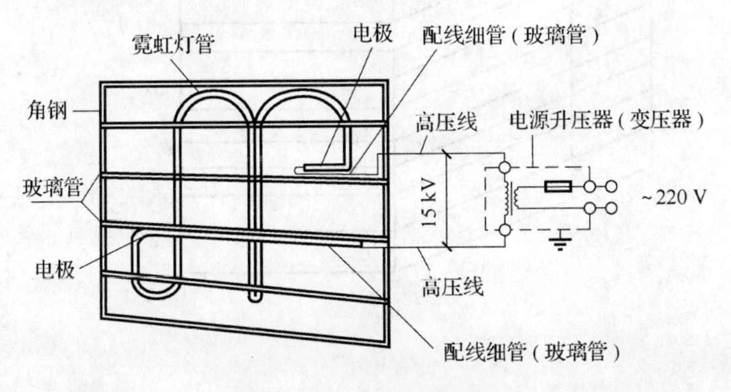

图 6—36　霓虹灯接线图

单元 6

灯管采用专用绝缘支架固定，且须牢固可靠，灯管不能和建筑物接触。霓虹灯变压器明装时，高度不小于 3 m，安装位置宜在紧靠灯管的金属支架上固定，有密封防水装置保护，与建筑物间距不小于 50 mm，与易燃物间距不得小于 300 mm；低于 3 m应采取防护措施，如集中置于配电箱、柜内等。霓虹灯管路中变压器的中性点及金属外壳要可靠地与专用保护线连接。霓虹灯的一次线路可以用氯丁橡胶绝缘线（BLXF 型）穿钢管沿墙明配或暗配，二次线路应用裸铜线穿玻璃管或瓷管保护。安装在橱窗内的霓虹灯变压器一次侧应安装有与橱窗门联锁的开关，确保开门不接通电源。

4）航空障碍标志灯的安装。航空障碍灯分为低光强、中光强和高光强三大类，中光强障碍灯按发光要求分三种，其中中光强 A 型为白色闪光灯，适用于 105 m 以上建筑物和设施及背景光较强的障碍物；中光强 B 型障碍灯适用于 105 m 以下建筑物和设施。

航空障碍灯在外墙施工阶段就应考虑是否设置有便于维修和更换光源的措施如爬梯等。其整体安装示意图及接线框图如图 6—37 所示。

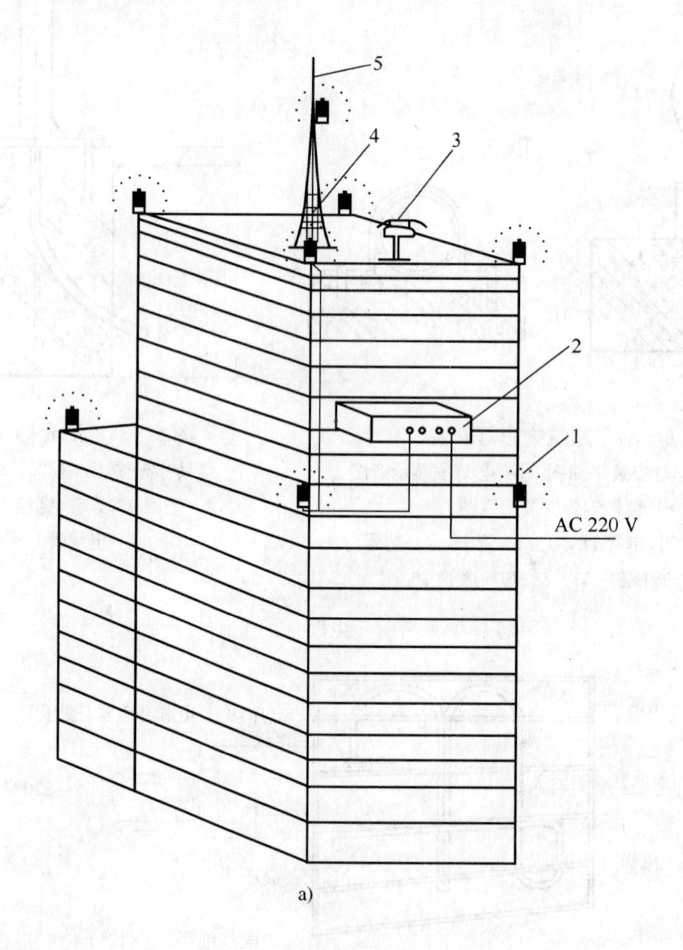

a)

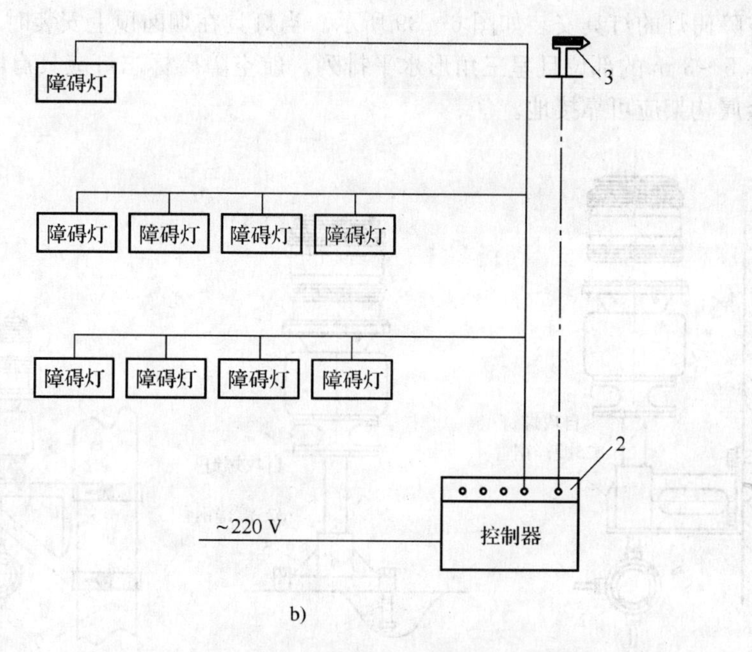

图 6—37　航空障碍灯整体安装示意图及接线框图

a）安装示意图　b）接线框图

1—航空障碍灯　2—集中控制器　3—光控探头　4—铁塔　5—避雷针

图 6—38 所示为中光强控制器控制接线图。图中集中控制器、光控探头及障碍灯均根据图样设计要求安装。

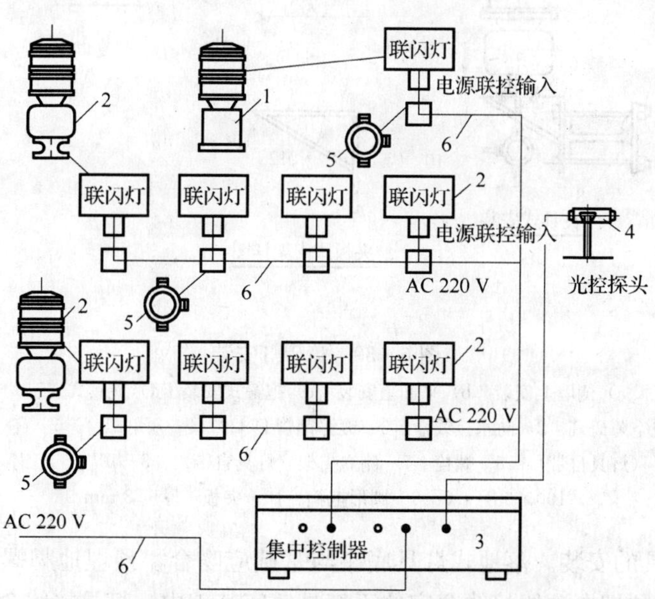

图 6—38　中光强障碍灯控制器控制接线图

1—中光强 A 型联闪障碍灯　2—中光强 B 型联闪障碍灯　3—集中控制器

4—光控探头　5—防水接线盒　6—电源联控或电源电缆　RVVP3×2.5

航空障碍灯的灯具安装如图 6—39 所示。当灯具在烟囱顶上安装时，应安装在低于烟囱口 1.5～3 m 的部位且呈三角形水平排列。航空障碍标志灯应具有防雨措施，安装灯具的金属构架应可靠接地。

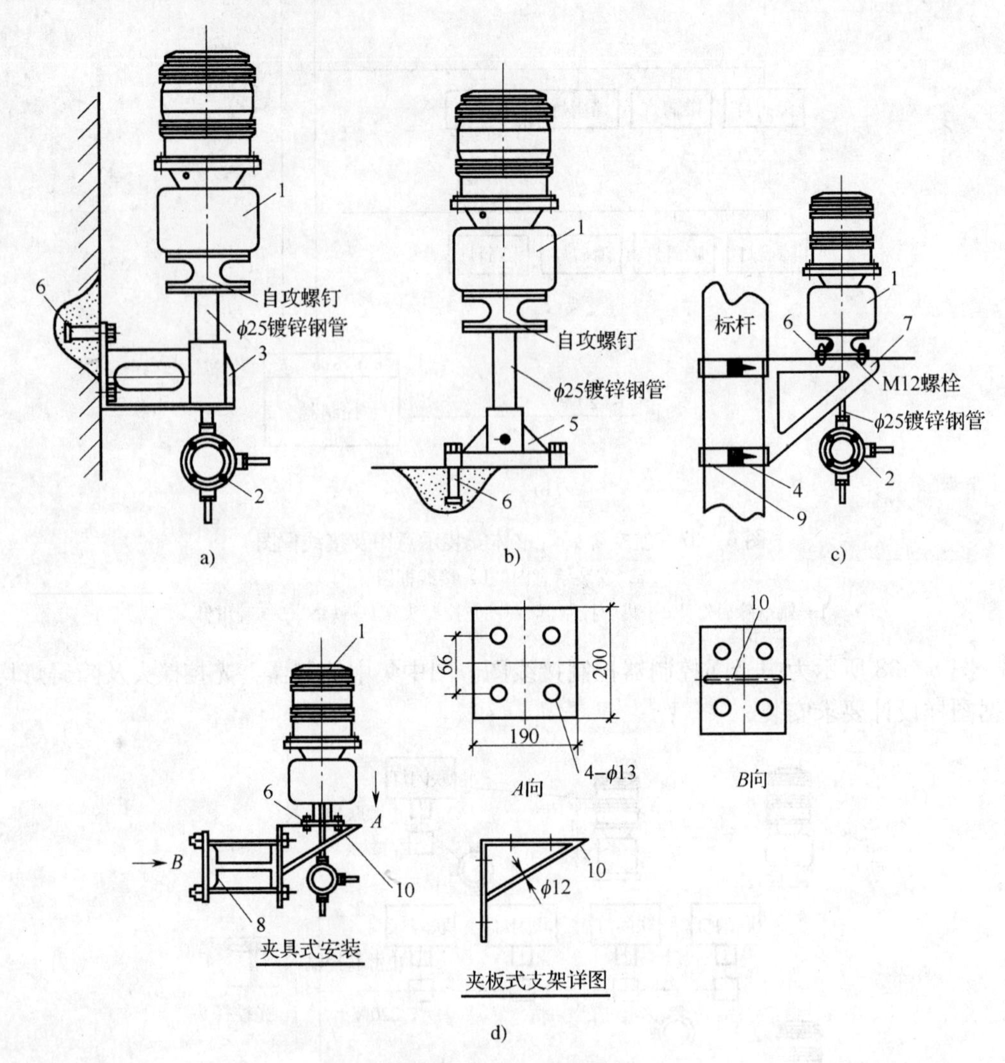

图 6—39　障碍灯安装

a）侧墙上安装　b）平面上安装　c）抱箍式安装　d）夹具式安装

1—航空障碍灯　2—防水接线盒　3—镀锌钢管 DN20　4—六角螺钉　5—直立支架（灯具自带）　6—螺栓　7—侧立支架（灯具自带）　8－10 号工字钢 100×68×4.5　9—圆形抱箍　10—夹板　厚度 8 mm

5）室外灯具的安装。落地式灯具底座与基础应吻合，预埋地脚螺栓位置准确，螺纹完整无损伤。预埋电源线接线盒宜位于灯具底座基础内。灯具接线盒盖防水密封垫完好，上紧固螺钉时应注意对角上紧，保证盖板受力均匀。灯具金属立柱及其他可接近裸露导体接地应可靠。图 6—40 所示为室外路灯安装图，图中所有金属构件均应做防腐处理，图中尺寸 B 和 H 根据具体设计决定，灯杆及金属构件均应可靠接地。

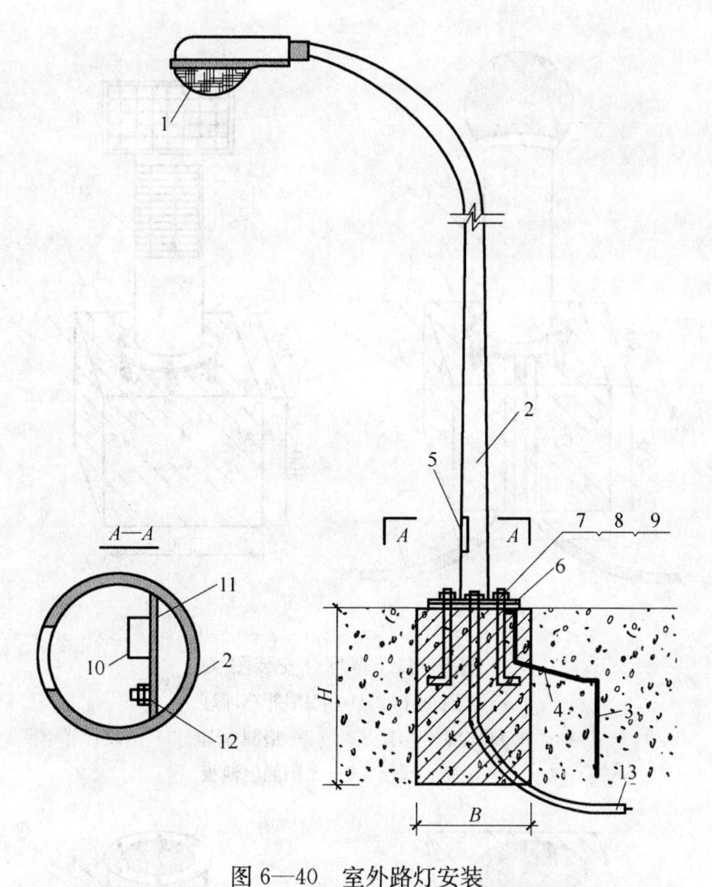

图 6—40　室外路灯安装

1—灯具　2—灯杆　3—接地极 SC50 $L=2\,500$　4—接地线 -40×4
5—接线盒　6—固定钢板　7—螺栓 M24×400　8—螺母 M24　9—垫圈
10—断路器、熔断器　11—固定钢板　12—接地端子　13—电源进线管

图 6—41 所示为室外草坪灯安装图，图 6—42 所示为埋地灯安装图，其中埋地灯防护等级达到 IP67 以上，灯具的金属外壳应可靠接地；当埋地灯光源采用金属卤化物灯、钠灯等气体放电灯光源时，应采用双层玻璃或网状防护罩做隔热防护。

（5）疏散照明灯具安装。疏散照明由安全出口标志灯和疏散标志灯组成。安全出口标志灯距地高度不低于 2 m，且安装在疏散出口和楼梯口里侧的上方，安装示意如图 6—43 所示。疏散照明线路采用耐火的电线、电缆，穿管明敷或在非燃烧体内穿刚性导管暗敷，暗敷保护层厚度不小于 30 mm。电线采用额定电压不低于 750 V 的铜芯绝缘电线。

疏散标志灯的设置应不影响正常通行，且不在其周围设置容易与疏散标志灯混淆的其他标志牌等；疏散标志灯安装在安全出口的顶部，楼梯间、疏散走道及其转角处应安装在 1 m 以下的墙面上；不易安装的部位可安装在上部。图 6—44 为疏散标志灯示意图。疏散通道上的标志灯间距不大于 20 m（人防工程不大于 10 m）。

2. 质量验收标准

（1）悬吊灯具

1）注意核对灯具的标称型号等参数是否符合要求，并应有产品合格证。

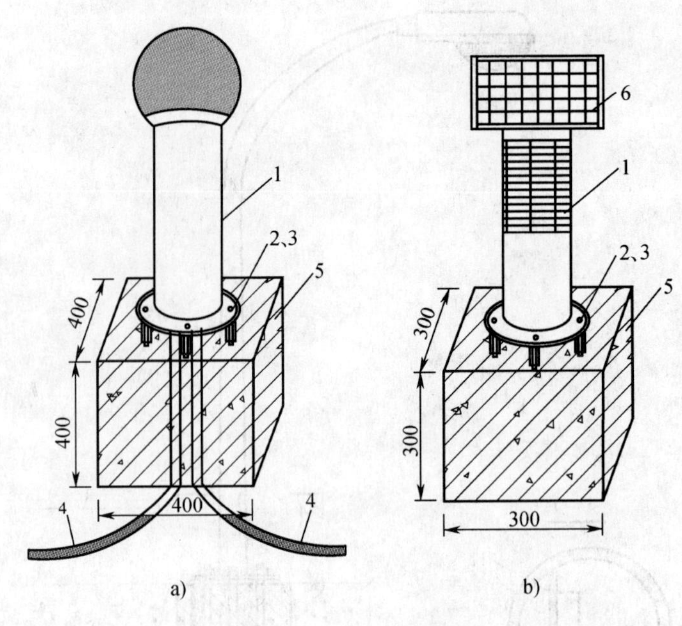

图 6—41 草坪灯安装图

a）普通草坪灯 b）太阳能草坪灯

1—灯具 2—膨胀螺栓 M10×80 3—垫圈 M10 4—电线管

5—混凝土底座 6—太阳能电池板

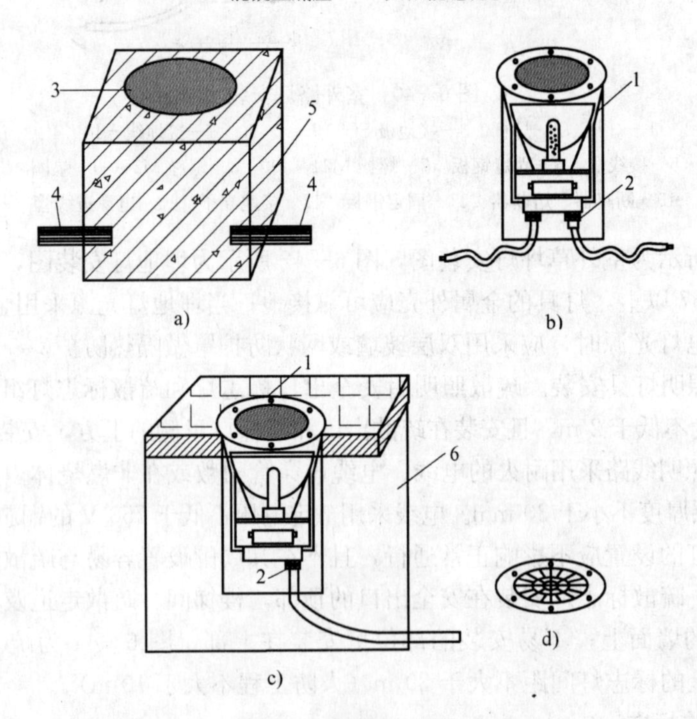

图 6—42 地埋灯安装图

a）道路下地埋灯混凝土底座 b）道路下地埋灯 c）非道路地埋灯安装图 d）网状防护罩

1—灯具 2—接线孔 3—安装孔 4—进出线管

5—混凝土底座 6—砂砾 300 mm

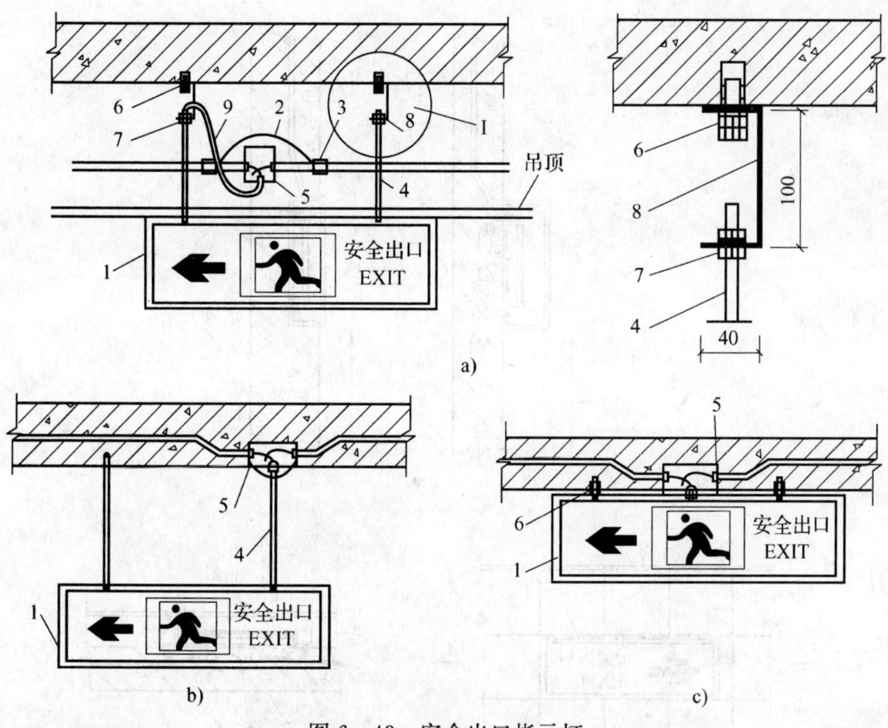

图 6—43　安全出口指示灯

a）吊顶下安装　b）吊杆式安装　c）吸顶安装

1—灯具　2—接地线（多股软铜线 4 mm^2）　3—接地线夹　4—吊杆（DN15）
5—接线盒　6—膨胀螺栓 M15　7—螺栓 M8 mm×85 mm
8—镀锌吊架 40 mm×4 mm　9—可挠金属保护管

2）照明灯具使用的导线其电压等级应不低于交流 500 V，最小线芯截面应符合规定。

3）采用钢管作为灯具的吊管时，钢管内径一般不小于 ϕ10 mm。

4）花灯吊钩圆钢直径应不小于灯具挂销直径，且应不小于 6 mm。大型花灯的固定及悬挂装置，应按灯具质量做过载试验。

5）灯具所使用灯泡的功率应符合安装说明的要求。

（2）建筑物顶部彩灯

1）建筑物顶部彩灯应采用有防雨性能的专用灯具，灯具要拧紧。

2）彩灯配线管路按明配管敷设，具有防雨功能。管路间、管路与灯头盒间螺纹连接，金属导管及彩灯的构架、钢索等可接近裸露导体应可靠保护接地（PE）或保护接地和中性线（PEN）。

3）垂直彩灯悬挂挑臂采用不小于 10 号的槽钢。端部吊挂钢索用的吊钩螺栓直径不小于 ϕ10 mm，螺栓在槽钢上固定，两侧有螺帽，且加平垫及弹簧垫圈紧固。

4）悬挂钢丝绳直径不小于 ϕ4.5 mm，底把圆钢直径不小于 ϕ16 mm，地锚采用架空外线用拉线盘，埋设深度大于 1.5 m。

5）垂直彩灯采用防水吊线灯头，下端灯头距离地面高于 3 m。

6）建筑物顶部彩灯灯罩完整，无碎裂；彩灯电线导管防腐完好，敷设平整、顺直。

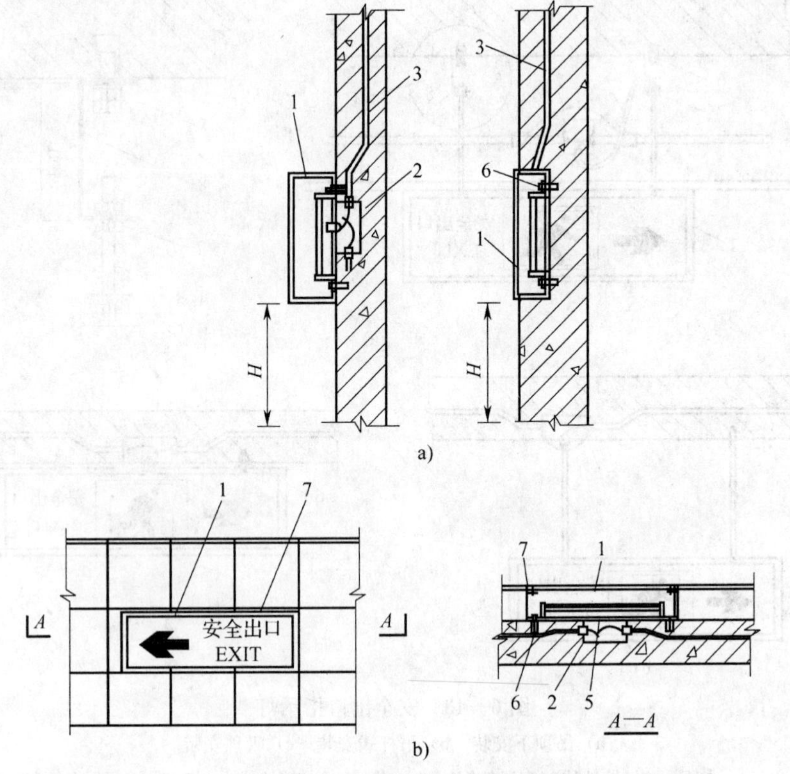

图 6—44 疏散标志灯安装

a）墙壁上安装 b）地面上安装

1—灯具 2—接线盒 3—金属管 4—膨胀螺栓 M6×50

5—接线帽 6—膨胀螺栓 M5×40 7—封堵材料

(3) 霓虹灯安装应符合下列规定：

1）霓虹灯管完好，无破裂。

2）灯管采用专用的绝缘支架固定，且牢固可靠。灯管固定后，与建筑物、构筑物表面的距离不小于 20 mm。

3）霓虹灯专用变压器采用双圈式，所供灯管长度不大于允许负载长度，露天安装应有防雨措施。

4）霓虹灯专用变压器的二次侧电线和灯管间的连线采用额定电压大于 15 kV 的高压绝缘电线。二次侧电线与建筑物、构筑物表面的距离不小于 20 mm。

5）当霓虹灯变压器明装时，高度不小于 3 m；低于 3 m 应采取防护措施。

6）霓虹灯变压器的安装位置应方便检修，且隐蔽在不易被非检修人触及的场所，不装在吊顶内。

7）当橱窗内装有霓虹灯时，橱窗门与霓虹灯变压器一次侧开关有联锁装置，确保开门不接通霓虹灯变压器电源。

8）霓虹灯变压器二次侧的电线采用玻璃制品绝缘支持物固定，支持点距离不大于下列数值：水平线段 0.5 m；垂直线段 0.75 m。

(4) 建筑物景观照明灯具安装应符合下列规定

1) 每套灯具的导电部分对地绝缘电阻值大于 2 MΩ。

2) 在人行道等人员来往密集场所安装的落地式灯具，无围栏防护，安装高度距地面 2.5 m 以上。

3) 金属构架和灯具的可接近裸露导体及金属软管的保护接地（PE）或保护接地和中性线（PEN）可靠，且有标识。

4) 建筑物景观照明灯具构架应可靠固定，地脚螺栓拧紧，备帽齐全，灯具的螺栓紧固、无遗漏。灯具外露的电线或电缆应有柔性金属导管保护。

(5) 航空障碍标志灯安装应符合下列规定：

1) 灯具装设在建筑物或构筑物的最高部位。当最高部位平面面积较大或为建筑群时，除在最高端装设外，还在其外侧转角的顶端分别装设灯具。

2) 当灯具在烟囱顶上装设时，安装在低于烟囱口 1.5～3 m 的部位且呈正三角形水平排列。

3) 灯具的选型根据安装高度决定；低光强的（距地面 60 m 以下装设时采用）为红色光，其有效光强大于1 600 cd。高光强的（距地面 150 m 以上装设时采用）为白色光，有效光强随背景亮度而定。

4) 灯具的电源按主体建筑中最高负荷等级要求供电。

5) 灯具安装牢固可靠，且设置维修和更换光源的措施。

6) 同一建筑物或建筑群灯具间的水平、垂直距离不大于 45 m。

7) 灯具的自动通、断电源控制装置动作准确。

(6) 庭院灯安装应符合下列规定

1) 每套灯具的导电部分对地绝缘电阻大于 2 MΩ。

2) 立柱式路灯、落地式路灯、特种园艺灯等灯具与基础固定可靠，地脚螺栓备帽齐全。灯具的接线盒或熔断器，盒盖的防水密封垫完整。

3) 金属立柱及灯具可接近裸露导体保护接地（PE）或保护接地和中性线（PEN）可靠，接地线单设干线，干线沿庭院灯布置成环网装，且不少于 2 处与接地装置引出线连接。由干线引出支线与金属灯柱及灯具的接地端子连接，且有标识。

4) 灯具的自动通、断电源控制装置动作准确，每套灯具熔断器盒内熔丝齐全，规格与灯具适配。

5) 架空线路电杆上的路灯固定可靠，紧固件齐全、拧紧，灯位正确；每套灯具配有熔断器保护。

四、建筑物照明通电试运行

1. 施工准备

施工前应进行技术交底工作；熟悉相应的施工质量验收规范。准备常用电工工具、大功率电烙铁、人字梯、数字式万用表、钳形电流表、绝缘摇表（500 V）等。所有照明器具已安装完毕，各回路绝缘摇测符合要求，即可进行建筑物通电试运行。

2. 施工工艺

(1) 工艺流程

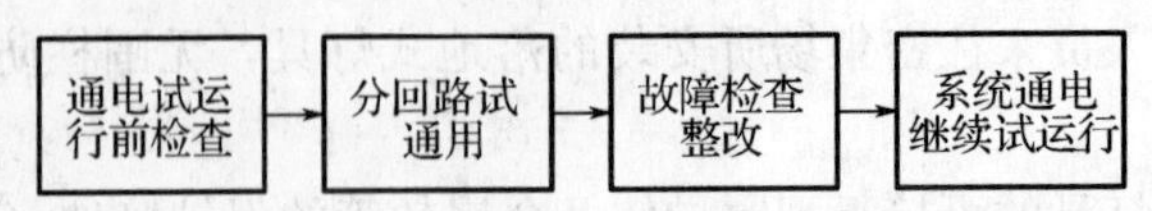

(2) 操作技术要点

1) 通电试运行前检查。复查总电源开关至各照明回路进线电源开关接线是否正确；照明配电箱及回路标识应正确一致；检查漏电保护器接线是否正确，严格区分工作中性线（N）与专用保护地线（PE），专用保护地线（PE）严禁接入漏电开关；检查开关箱内各接线端子连接是否正确可靠；断开各回路分电源开关，合上总进线开关，检查漏电测试按钮是否灵敏有效。

2) 分回路试通电

①将各回路灯具等用电设备开关全部置于断开位置。

②逐次合上各分回路电源开关。

③分回路逐次合上灯具等的控制开关，检查开关与灯具控制顺序是否对应，风扇的转向及调速开关是否正常。

④用验电笔检查各插座相序连接是否正确，带开关插座的开关是否能正确关断相线。

3) 故障检查整改。发现问题应及时排除，不得带电作业；对检查中发现的问题应采取分回路隔离排除法予以解决；对开关一闭合，漏电保护就跳闸的现象重点检查其工作中性线与保护地线是否混接、导线是否绝缘不良。

4) 系统通电连续试运行。公用建筑照明系统通电连续试运行时间应为 24 h，民用住宅照明系统通电连续试运行时间应为 8 h。所有照明灯具均应开启，且每 2 h 记录运行状态 1 次，连续试运行时间内无故障。

3. 质量验收标准

(1) 照明系统通电，灯具回路控制应与照明配电箱及回路的标识一致；开关与灯具控制相序相对应。

(2) 公用建筑照明系统通电连续试运行时间应为 24 h，民用住宅照明系统通电连续试运行时间应为 8 h。所有照明灯具均应开启，且每 2 h 记录运行状态 1 次，连续试运行时间内无故障。

第四节 室内配电线路技能训练

→典型建筑照明施工图的识读

【实训内容】熟练识读电气照明平面图。

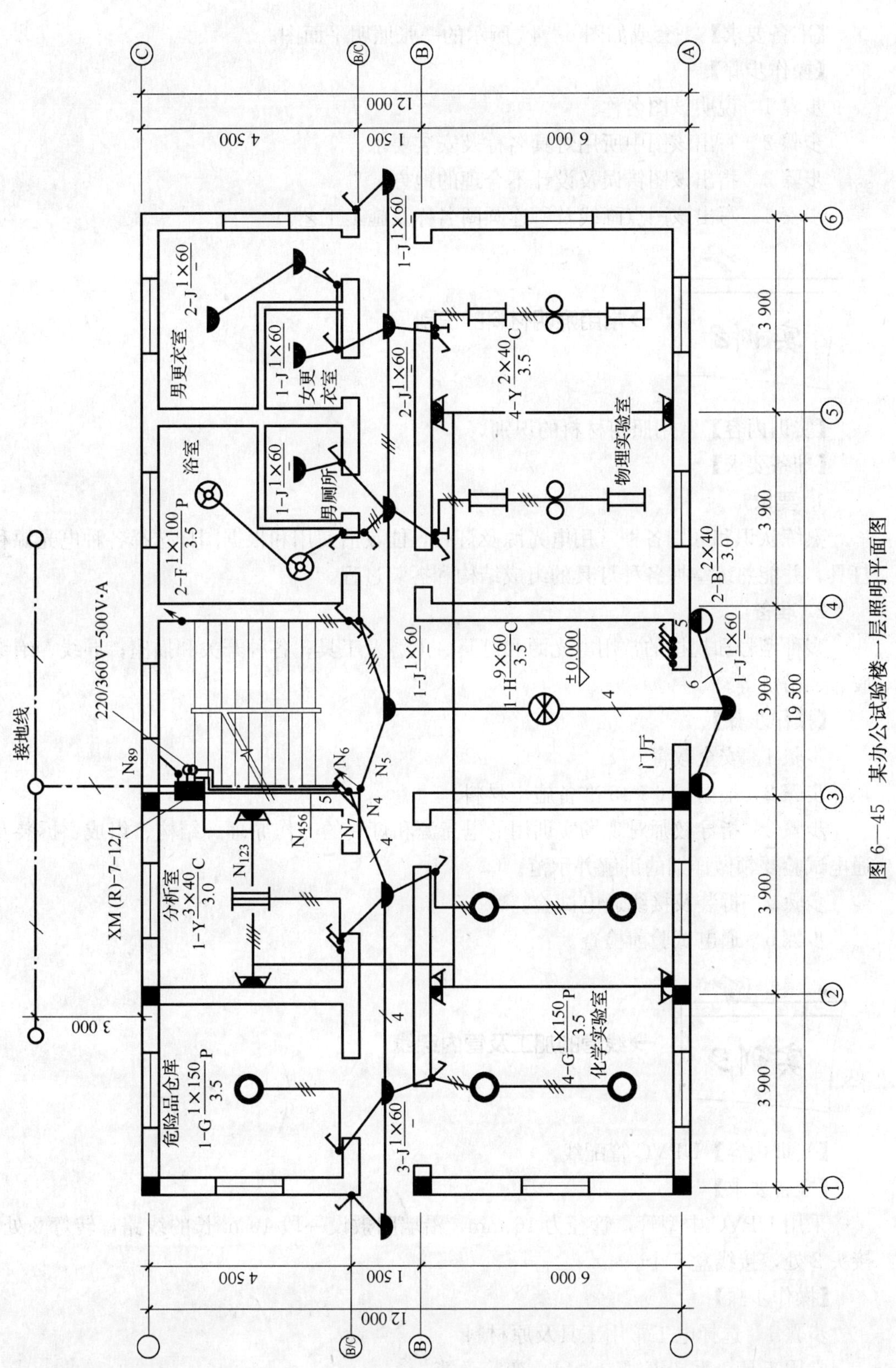

图 6—45 某办公试验楼一层照明平面图

【准备要求】一套或如图 6—45 所示的一张照明平面图。

【操作步骤】

步骤 1　说明该图名称。

步骤 2　写出该图中所用灯具名称及安装要求。

步骤 3　指出该图错误及设计不合理的地方。

步骤 4　写出该图点画线及所连圆圈名称及施工工艺。

→常用照明材料的识别

【实训内容】常用照明材料的识别。

【准备要求】

1. 要求

熟练认识和区别各种常用电光源及灯具，能灵活使用和根据图样选择各种电光源和灯具，并能熟练掌握各种灯具的组成结构和拆装过程。

2. 准备

多种型号和规格的常用电光源和灯具、电源及工具；各种开关和插座；导线、绝缘胶布、吊链等。

【操作步骤】

步骤 1　安全教育。

步骤 2　根据图 6—45 准备施工材料。

步骤 3　指导教师对现场实训用的电光源和灯具的工作原理、结构、组成、拆装及通电试验要领做详细的讲解并示范。

步骤 4　拆装及接线通电试验。

步骤 5　通电试验前检查。

→线管的加工及管内穿线

【实训内容】UPVC 管配线。

【准备要求】

采用 UPVC 中型管，管径为 16 mm，沿墙明敷设一段 10 m 长的线路，转弯 2 处，接头 2 处，接线盒 2 个。

【操作步骤】

步骤 1　选择电工常用工具及原材料

常用工具：手持钢锯、卷尺、弯管弹簧。

UPVC中型管的管径为16 mm，长12 m，接线盒2个，管接头、管卡、木螺钉、PVC胶水若干，BV－2.5 mm^2 绝缘导线、细钢丝适量。

步骤2　线管加工

量取正确长度并垂直切割线管，要求管口切口垂直无毛刺。按图样要求弯管。

步骤3　连接管

选择合适管接头，正确连接线管及线盒。

步骤4　固定管

选择正确管卡，按照明配管工艺固定管卡，并将线管固定在管卡中。最后将细钢丝穿入管内。

步骤5　管内穿线

根据要求选择合适导线，并连接导线和细钢丝，穿线，预留合适长度导线并断线，根据图样要求连接好导线。

【质量验收】

1. 选择材料准确，符合要求。
2. 量取管长度正确，选用工具正确，切口垂直、无毛刺。
3. 弯管工具操作合理，弯曲角度正确，弯曲处无皱褶。
4. 选择连接件合理，方法正确，连接紧密牢固。
5. 管卡选择正确，间距均匀符合规定。
6. 穿线方法正确，导线无损伤，预留长度符合要求。

→配电盒、箱的定位与安装

【实训内容】按图6—46所示的配电箱详图安装配电箱并接线

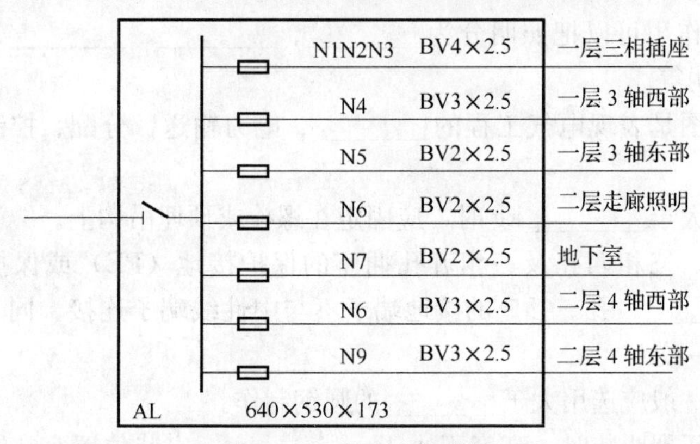

图6—46　某配电箱详图

【准备要求】

1. 要求

安装配电箱；安装箱内电气元件并接线；用万用表检查线路，通电试验。

2. **准备**

实训工具：电工常用工具、卷尺。

实训材料：配电箱、电能表、断路器、漏电断路器、绝缘导线。

【操作步骤】

步骤 1　根据图样选择正确的配电箱安装方式，画出安装接线图并选择所需元件、材料，列出明细表。

步骤 2　根据安装接线图在配电板上安装固定箱内元件。

步骤 3　进行元件之间连线。

步骤 4　检查线路。

步骤 5　将配电板固定在配电箱内，并固定配电箱。

【质量验收】

1. 配电箱安装方式选择合适。
2. 电气元件选择合理，元件明细表填写清晰正确。
3. 元件位置安排准确，固定牢固、端正。
4. 导线压接牢固，连接正确，按回路绑扎线路，排列整齐美观。
5. 通电试验一次成功。

单元测试题

一、填空题（请将正确的答案填在横线空白处）

1. 目前常用的电线保护管有________、JDG 薄壁钢管、KBG 薄壁钢管、________、金属软管等。

2. 管路保护应符合以下规定：穿过伸缩缝处有补偿装置，暗配的电线管路宜沿最近的路径敷设并应减少弯曲，埋入墙或混凝土内的管路，管壁距墙（地）面净距应不小于________ mm。

3. 按照明的作用可以把照明分为________、________、________、警卫照明、装饰照明和艺术照明等。

4. 配电系统图是表现电气工程的________、电力输送、分配、控制和设备运行情况的图纸。

5. 灯具质量大于________ kg 时，应固定在螺栓或预埋吊钩上。

6. 单相三孔、三相四孔及三相五孔插座的保护接地（PE）或保护接地和中性线（PEN）线接在________孔。插座的接地端子不与中性线端子连接。同一场所的三相插座，接线的相序一致。

7. 吊扇吊钩一般应选用大于________的圆钢制作。

8. 霓虹灯变压器明装时，高度不小于________ m，安装位置宜在紧靠灯管的金属支架上固定，有密封防水装置保护。

9. 中光强障碍灯按发光要求分三种，其中中光强 A 型为白色闪光灯，适用于________ m 以上建筑物和设施及背景光较强的障碍物。

二、判断题（下列判断正确的请打"√"，错误的打"×"）

1. 当灯具距地面高度小于 2.6 m 时，灯具的可接近裸露导体必须保护接地（PE）或保护接地和中性线（PEN）可靠，并应有专用接地螺栓，且有标识。 （ ）
2. 管内穿线根数允许超过 8 根。 （ ）
3. 树干式配电比放射式可靠性高、成本小。 （ ）
4. 电气配电系统图必须严格按比例绘制。 （ ）
5. 柜、屏、台、箱的金属框架及基础型钢必须与 PE 线或 PEN 线连接可靠。（ ）
6. 截面积在 10 mm^2 及以下的单股铜芯线和单股铝芯线可直接与设备、器具端子连接。 （ ）
7. 金属线管严禁对口熔焊连接。 （ ）
8. 爆炸危险环境照明线路的电线必须穿于钢导管内。 （ ）

三、单项选择题（下列每题的选项中，只有一个是正确的，请将其代号填在横线空白处）

1. 照明开关安装位置应便于操作，开关边缘距门框边缘的距离应为________。
   A. 0.15～0.2 m　B. 0.1 ～0.15 m　C. 0.1 ～0.2 m　D. 0.2 ～0.25 m
2. 安装照明电路时，________线应进开关。
   A. 相　B. 中性　C. 保护　D. 地
3. BV 表示________导线。
   A. 铜芯塑料绝缘　B. 铝芯塑料绝缘　C. 铜芯塑料护套线　D. 铝芯塑料护套线
4. 焊接钢管在图样中的文字符号是________
   A. SC　B. PC　C. TC　D. SR
5. 当一根电线保护管管长超过________ m，并有一个弯曲时，应增加接线盒。
   A. 30　B. 20　C. 15　D. 8
6. BVV3×2.5 中的 3 是________。
   A. 三芯　B. 三股　C. 三根　D. 三条
7. 国家标准 GB50303—2002 中第 14.1.4 条规定，当绝缘导管在砌体上剔槽埋设时，水泥砂浆保护层的厚度应不小于________ mm。
   A. 10　B. 15　C. 20　D. 18
8. 插座盒、开关盒距地高度，同一室内高度不应大于________ mm。
   A. 5　B. 10　C. 15　D. 20
9. 国家规定阻燃材料塑料管的氧指数一般要求在________。
   A. 27%以上　B. 15%以上　C. 30%以上　D. 15 倍
10. 明配钢管的弯曲半径不小于管外径的________倍。
    A. 4　B. 6　C. 10　D. 15
11. 公用建筑照明系统通电连续试运行时间应为________ h。
    A. 4　B. 8　C. 12　D. 24

单元 6

12. 普通灯具安装时，当钢管做灯杆时，钢管内径应不小于________mm，钢管厚度不应小于 1.5 mm。

A. 10　　B. 20　　C. 1.5　　D. 3

13. 在加工支架时，应除锈露出金属光泽，而后刷红丹漆________遍。

A. 1　　B. 2　　C. 3　　D. 8

四、多项选择题（下列每题的选项中，至少有 2 个是正确的，请将其代号填在横线空白处）

1. 下列哪些电光源属于热辐射光源________。

A. 荧光灯　　B. 汞灯　　C. 白炽灯　　D. 钠灯

E. 碘钨灯

2. 建筑电气工程常用电线保护管有________和可挠金属套管等。

A. KBG 管　　B. 焊接钢管　　C. PPR 管　　D. UPVC 管

E. 金属软管

3. 配线时，为了保证安全和施工、维修方便，导线应分色，相线为________。

A. 黄色　　B. 红色　　C. 绿色　　D. 淡蓝色

E. 黄绿色

4. 按灯具的结构特点可分为________灯具。

A. 开启式　　B. 保护式　　C. 密闭式　　D. 防爆式灯具

E. 悬吊式

五、简答题

1. 简述管内穿线的施工过程。

2. 管路经过建筑伸缩缝的处理方法是什么？

3. 建筑物景观照明灯具安装应符合哪些规定？

4. 照明系统通电连续试运行质量验收标准是什么？

六、综合题

1. 利用所学专业知识和有关制图知识，结合安装工程施工技术和有关施工质量验收规范，对下列的电气施工图（部分）（见图 6—47）进行识读，并按要求回答问题。

（1）说明该图名称。

（2）AW2 的半周长为多少？

（3）图中 P_e、K_x、$\cos\varphi$、P_{js}、I_{js} 分别是什么？

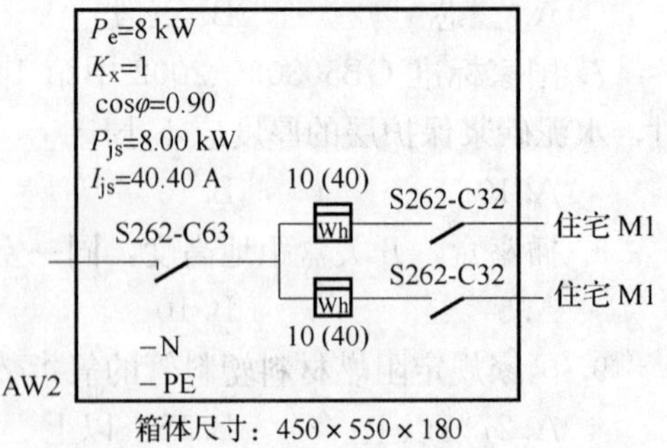

图 6—47　试题图

2. 识读某办公试验楼一层照明平面图，如图 6—48 所示，按要求回答问题。

（1）指出图纸中设计错误及不合理的地方。

（2）图中点划线部分所连接的 3 个圆圈为何装置，简述其敷设方法。

（3）分析室中由三管日光灯至开关的三根线分别是哪些线？

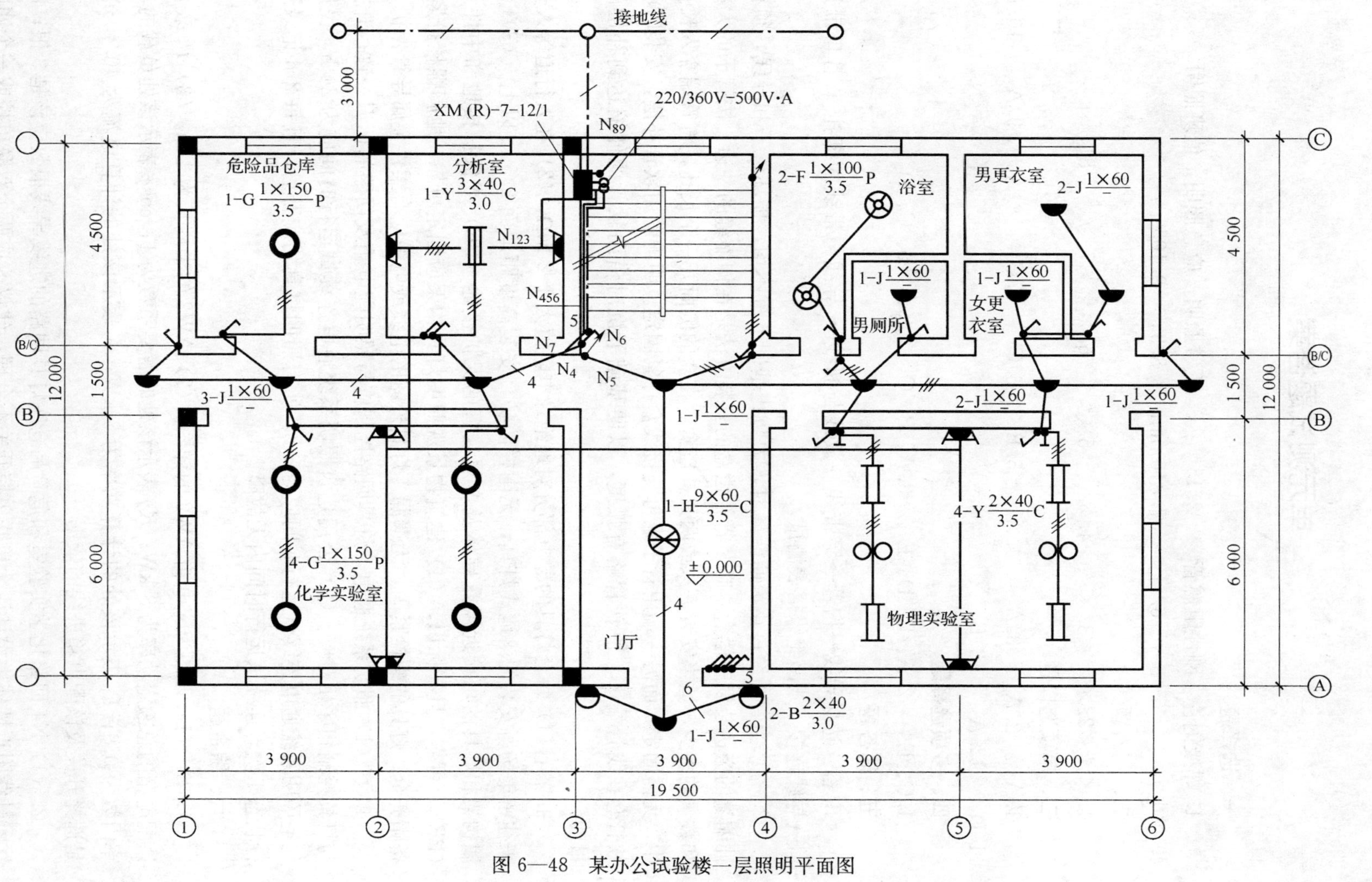

图 6—48　某办公试验楼一层照明平面图

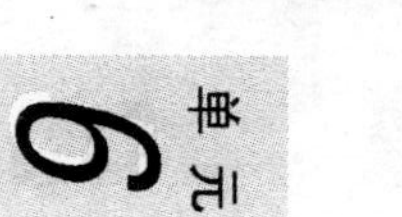

单元测试题答案

一、选择题

1. 焊接钢管　刚性阻燃管　　2. 15　　3. 正常照明　应急照明　值班照明　4. 供电方式　　5. 3　　6. 上　　7. ϕ10 mm　　8. 3　　9. 105

二、判断题

1. ×　　2. ×　　3. ×　　4. ×　　5. √　　6. ×　　7. √　　8. √

三、单项选择题

1. A　　2. A　　3. A　　4. A　　5. B　　6. C　　7. C　　8. A　　9. A　　10. B　　11. D　　12. A　　13. B

四、多项选择题

1. C、E　　2. A、B、D、E　　3. A、B、C　　4. A、B、C、D

五、简答题

1. 答：选择导线→扫管→穿带线→放线与断线→ 导线与带线的绑扎→ 管口带护口→导线连接→线路绝缘摇表测试。

2. 答：当管子经过建筑伸缩缝时，为防止基础下沉不均，损坏管子和导线，须在伸缩缝的旁边装设补偿盒。暗装管补偿盒的安装方法是在伸缩缝的一边，按管子的大小和数量的多少，适当安装一只或两只补偿盒，在盒的侧面开一个长孔，将管端穿入长孔中，无需固定，而另一端用管子螺母与接线盒拧紧固定。明配管用软管补偿，安装时将软管套在线管端部，使软管略有弧度，以便基础下沉时借助软管的伸缩达到补偿的目的。

3. 答：(1) 每套灯具的导电部分对地绝缘电阻值大于 2 MΩ。(2) 在人行道等人员来往密集场所安装的落地式灯具，无围栏防护，安装高度距地面 2.5 m 以上。(3) 金属构架和灯具的可接近裸露导体及金属软管的保护接地（PE）或保护接地和中性线（PEN）可靠，且有标识。(4) 建筑物景观照明灯具构架应固定可靠，地脚螺栓拧紧，备帽齐全；灯具的螺栓紧固、无遗漏。灯具外露的电线或电缆应有柔性金属导管保护。

4. 答 (1) 照明系统通电，灯具回路控制应与照明配电箱及回路的标识一致；开关与灯具控制相序相对应。(2) 公用建筑照明系统通电连续试运行时间应为 24 h，民用住宅照明系统通电连续试运行时间应为 8 h。所有照明灯具均应开启，且每 2 h 记录运行状态 1 次，连续试运行时间内无故障。

六、综合题

1. 答：(1) 该图为配电箱 AW2 的详图。(2) AW2 的半周长为 1 m。(3) P_e 表示该配电箱的总额定功率为 8 kW；K_x 表示该处的需要系数为 1；$\cos\varphi$ 表示该处负载的功率因数为 0.9；P_{js} 表示该处的计算功率为 8 kW；I_{js} 表示该处的计算电流为 40.40 A，是选择开关及该配电箱进线的依据。

2. (1) N4 回路化学实验室和危险品仓库灯具回路的进线导线根数应该是 3 根；门厅④轴线附近墙体上设计 4 个单联单控开关不合理，建议改成两个双联单控或一个四联

单控开关，降低施工难度。分析室的两个单联单控也建议改为一个双联单控；走道天棚灯和楼梯灯建议改为声光控延时开关。

（2）图中点划线部分所连接的3个圆圈为垂直接地体，即接地极；接地极一般由镀锌角钢或钢管制成，按长度为2.5 m下料后，将一端加工为长度为120 mm的尖端，开挖深度不小于0.75 m土沟，然后用手锤垂直砸入地下，埋深一般为0.8 m。

（3）分析室中三管荧光灯设计思路是用两个开关实现分别控制灯管，其中一个单联单控开关控制一根灯管，另外一个开关控制另外两根灯管，实现节电的目的。

第7单元

动力配电工程施工

第一节 动力配电工程施工图识读

→ 了解动力配电工程的主要内容

→ 能识读建筑动力配电工程施工图，正确理解设计意图和施工要求

一、动力配电工程的内容

动力及控制系统是指应用电动机驱动的机械设备为整个建筑提供舒适、方便的生产、生活条件而设置的各种系统，如供暖、通风、供水、排水、热水供应、运输等系统。维持这些系统工作的机械设备，都是靠电动机来驱动的。因此，动力及控制系统实质上就是电动机配电以及对电动机进行控制的系统。

1. 动力设备及其配电设备

（1）动力设备。民用建筑中常见的动力设备有水泵、喷淋泵、风机、空调冷冻机组、电梯及热水器等。

（2）动力配电设备。动力配电设备主要有双电源切换箱、动力配电箱、控制箱、插座箱、无功功率补偿器以及低压电缆、低压绝缘导线等。

2. 动力设备的配电

建筑物内动力设备的种类繁多，总的负荷容量大。动力设备的容量大小参差不齐，空调机组可达到 500 kW 以上，而有些动力设备只有几百瓦至几千瓦的功率。另外，不同动力设备的供电可靠性要求也是不一样的。因此，在确定动力设备的配电方式时，应根据设备容量的大小、供电可靠性要求的高低，并结合电源的情况、设备的位置、接线简单、操作维护方便等因素综合考虑。

（1）消防用电设备的配电。消防用电设备应采用专用供电回路，即由变压器低压出口处与其他负荷分开自成供电体系，以保证在火灾时切除非消防电源后用电不停，确保灭火扑救工作的正常进行。配电线路应按防火分区来划分，应由两个电源供电并且应尽可能地取自变电所的两段不同的低压母线；或采用两级配电，即从变电所低压母线引两路电源到配电（切换）箱，再向各设备供电。消防设备的配电线路可以采用熔断器（短路和过载保护）、继电器（延时通断）等。

配线用普通电线电缆，但应穿在金属管或阻燃塑料管内，并应埋设在不燃烧结构内。当采用明敷时，应在金属管或金属线槽上涂防火涂料。敷设在竖井内的线路，采用阻燃性材料作绝缘和护套的电线电缆。敷设方法与照明线路相同。

（2）空调动力设备的配电。在动力设备中，空调动力是最大的动力设备，它的容量大、设备种类多，包括空调制冷机组（或冷水机组、热泵）、冷却水泵、冷冻水泵、冷却塔风机、空调机、新风机和风机盘管等。空调制冷机组（或冷水机组、热泵）的功率很大，大多在200 kW以上，有的超过500 kW，因此多采用支配方式供电，即从变电所低压母线直接引来电源到机组控制柜。冷却水泵、冷冻水泵的台数较多，且留有备用，单台设备的容量有几十千瓦，多数采用降压启动，对其配电一般采用两级配电方式，即从变电所低压母线引来一路或几路电源到泵房动力配电箱，再由动力配电箱引出线至各个泵的启动控制柜。

空调机、送风机的功率大小不一，分布范围比较大，可以采用多级配电。

盘管风机为220 V单相用电设备，数量多，单机功率小，只有几十瓦到一百多瓦。因此，一般可以采用像灯具那样的供电方式，一个支路可以接若干个盘管风机，盘管风机也可以由插座供电。

（3）电梯和自动扶梯的配电。电梯和自动扶梯是建筑物中重要的垂直运输设备，必须安全可靠。考虑到运输的轿厢和电源设备在不同的地点，维修人员不可能在同一地点观察到两者的运行情况。虽然单台电梯的功率不大，但为了确保电梯的安全并保证几台电梯之间互不影响，每台电梯应由专用回路供电。

电梯和自动扶梯的电源线路，一般采用电缆或绝缘导线。电梯的电源一般引至机房电源箱；自动扶梯的电源一般引至高端地坑的扶梯控制箱。

（4）生活给水装置的配电。生活给水装置主要为水泵，一般采用在变压器出口处引一电路送至泵房动力配电箱，然后送至各泵控制设备的供电方法。

二、动力配电工程施工图阅读

1. 动力配电工程施工图内容及表达形式

（1）动力配电工程施工图内容。动力配电工程施工图主要由动力系统图、平面图、安装接线图、电路图等组成。

1）动力系统图。动力系统图也叫电力系统图，是表示建筑物动力设备的供电与配电的图样。在动力系统图上，集中反映了动力的安装容量、计算容量、配电方式、导线和电缆的型号、规格、敷设方式，以及穿管管径、开关与熔断器的型号、规格等。

动力配电系统的电压等级一般为380 V三相电源。

动力系统图一般都采用单线图绘制。

2）动力平面图。动力平面图也叫电力平面图，是表示建筑物动力设备和配电线路平面布置的图样。动力平面图主要表现动力设备及配电线路的敷设位置、敷设方式、导线型号、截面、根数、线管的种类及管径。同时还标出各种用电设备（风机泵、排烟机、插座等）及配电设备（配电箱、控制箱、开关等）的型号、数量、安装方式和相对位置。

在动力平面图上，土建平面图是严格按比例绘制的，而电气设备和导线并不按比例画出它们的形状和外形尺寸，而是用图形符号表示。导线和设备的空间位置、垂直距离一般不另用立面图表示，而是标注安装标高或用施工说明来示出。为了更好地突出电气设备和线路的安装位置、安装方式，电气设备和线路一般都在简化的土建平面图上绘制，土建部分的墙体、门窗、楼梯、房间用细实线绘出，电气部分的配电箱、插座、动力设备等用中实线绘出，并标注必要的文字符号和安装代号。

（2）动力工程图标注格式

动力平面图中的电力设备常常需要进行文字标注，其标注方式有统一的国家标准，见表 6—1。

（3）动力工程图阅读的一般方法

1）阅读动力系统图。了解整个系统的基本组成及各设备之间的相互关系，对整个系统有一个全面的了解。

2）阅读设计说明和图例。设计说明以文字形式描述设计的依据、相关参考资料以及图中无法表示或不易表示但又与施工有关的问题。图例中常标明图中采用的某些非标准图形符号。这些内容对正确阅读平面图是十分重要的。

3）了解建筑物的基本情况，熟悉电气设备、灯具在建筑物内的分布与安装位置。要了解电气设备、灯具的型号、规格、性能、特点以及对安装的技术要求。

4）了解各支路的负荷分配和连接情况。在明确了电气设备的分布之后，下一步要明确该设备是属于哪条支路的负荷，掌握它们之间的连接关系，进而确定其线路走向。一般可以从进线开始，经过配线箱后一条支路一条支路地阅读。

动力负荷一般为三相负荷，除了保护接线方式有区别外，其主线路连接关系比较清楚。

5）动力设备的具体安装方法一般不在平面图上直接给出，必须通过阅读安装大样图来解决，可以把阅读平面图和阅读安装大样图结合起来，以全面了解具体的施工方法。

6）对照同建筑的其他专业的设备安装施工图样，综合阅图。为避免建筑电气设备及电气线路与其他建筑设备及管路在安装时发生位置冲突，在阅读动力和照明平面图时要对照其他建筑设备安装工程施工图样，同时要了解相关设计规范要求。表 7—1 为电气线路与管道间最小距离，电气线路设计施工时必须满足表 7—1 的规定。

表 7—1　　电气线路与管道间最小距离　　mm

<table>
<tr><th>管道名称</th><th colspan="2">配线方式</th><th>穿管配线</th><th>绝缘导线的配线</th><th>裸导线配线</th></tr>
<tr><td rowspan="3">蒸汽管</td><td rowspan="2">平行</td><td>管道上</td><td>1 000</td><td>1 000</td><td>1 500</td></tr>
<tr><td>管道下</td><td>500</td><td>500</td><td>1 500</td></tr>
<tr><td colspan="2">交叉</td><td>300</td><td>300</td><td>1 500</td></tr>
<tr><td rowspan="3">暖气、热水管</td><td rowspan="2">平行</td><td>管道上</td><td>300</td><td>300</td><td>1 500</td></tr>
<tr><td>管道下</td><td>200</td><td>200</td><td>1 500</td></tr>
<tr><td colspan="2">交叉</td><td>100</td><td>100</td><td>1 500</td></tr>
<tr><td rowspan="2">通风、给排水及压缩空气管</td><td colspan="2">平行</td><td>100</td><td>200</td><td>1 500</td></tr>
<tr><td colspan="2">交叉</td><td>50</td><td>100</td><td>1 500</td></tr>
</table>

注：1. 对蒸汽管道，当在管外包隔热层时，上下平行距离可减至 200 mm。

2. 暖气管、热水管应设隔热层。

3. 对裸导线，应在裸导线处加装保护网。

2. 动力配电工程施工图阅读实例

如图 7—1 所示，图中标出的进线电缆 YJV－3×70＋1×35＋PE35 表示为塑料铜芯电力电缆，总开关为 TG－225B/3340 低压断路器（三级），脱扣器整定电流 200 A，分支开关为 TG100/3300 型断路器（三级），整定值分别为 80 A、40 A、32 A、25 A，线路导线为 BV 塑料铜芯线（10 mm^2、6 mm^2、4 mm^2），启动设备为 FPCS 控制箱，电动机 4 台，分别驱动喷淋泵、消防泵、排风机、送风机。一个三相插座，额定电流 15 A。一路备用。

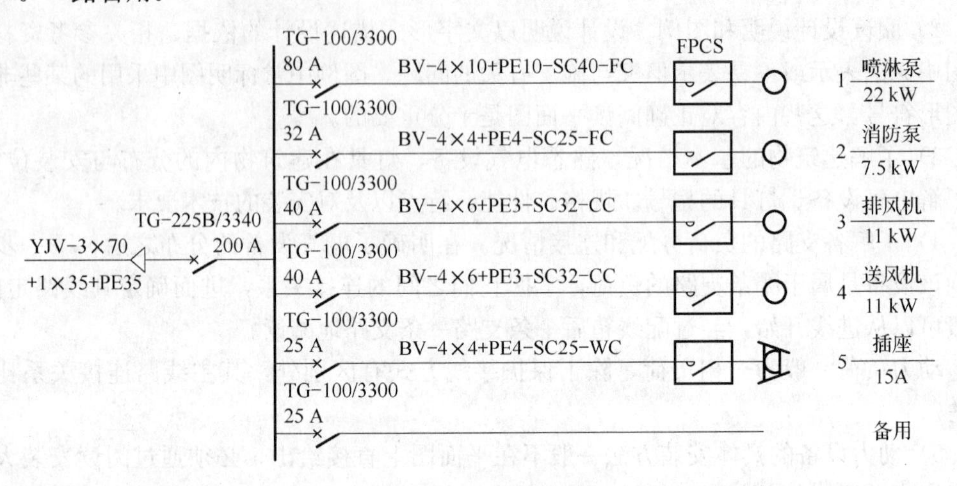

图 7—1　动力系统图

图 7—2、图 7—3 所示是 2 t 卧式锅炉房的动力平面图。此锅炉房是一个三层的钢筋混凝土结构，每层层高 7.5 m，一层为煤场，进线电源由一层引入到二层，二层标高为 7.5 m。二层动力配电箱 LX1、L1 线路接到墙上开关箱，用于控制电动葫芦。L2 线路接到锅炉控制台 KX，KX 控制台有 5 条电力线路、7 条信号线路，N 1、N2 经地坪暗敷到三层。N3 回路到出渣机电动机，电动机功率为 1.1 kW，用 3 根 1.5 mm^2 铜芯线和 1 根接地线，穿 SC20 钢管，落地暗敷至出渣机。N4 是炉排电动机回路，电动机为 1.1 kW，用 3 根 1.5 mm^2 铜芯线和 1 根接地线，穿 SC20 钢管，落地暗敷至炉排电动机。N5 为水泵电动机回路，电动机功率为 3 kW。

K1～K7 为信号和控制线路，Rt1、Rt2、Rt3 为测温热电阻，安装高度分别为 2.7 m、3.4 m 和 2.7 m。K3 为电动调节阀控制线，5 根 1.5 mm^2 铜芯线和 1 根 1.5 mm^2 接地线。K4 为水位计信号线路，F 为速度传感器，线路编号 K5、K6 为压力表信号线路，K7 到 LX2 配电箱。

图 7—3 所示为 2 t 锅炉房三层电力平面图。三层平面安装引风机、鼓风机、回水泵、盐水泵。2 t 卧式锅炉放置在二层，引风机和鼓风机控制电源由二层引入（N1、N2）。回水泵和盐水泵由三层 LX2 动力配电箱控制。

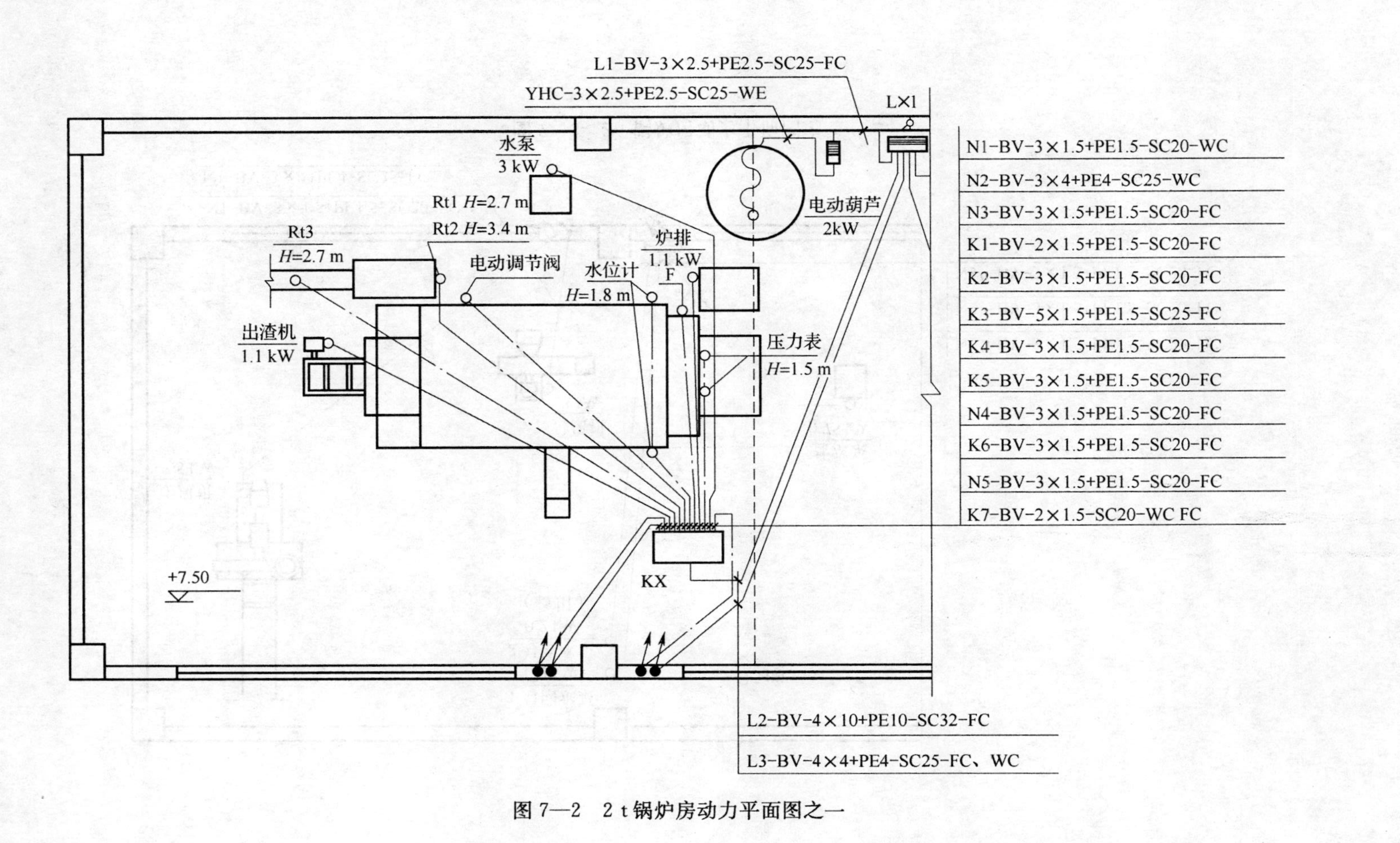

图 7—2　2 t锅炉房动力平面图之一

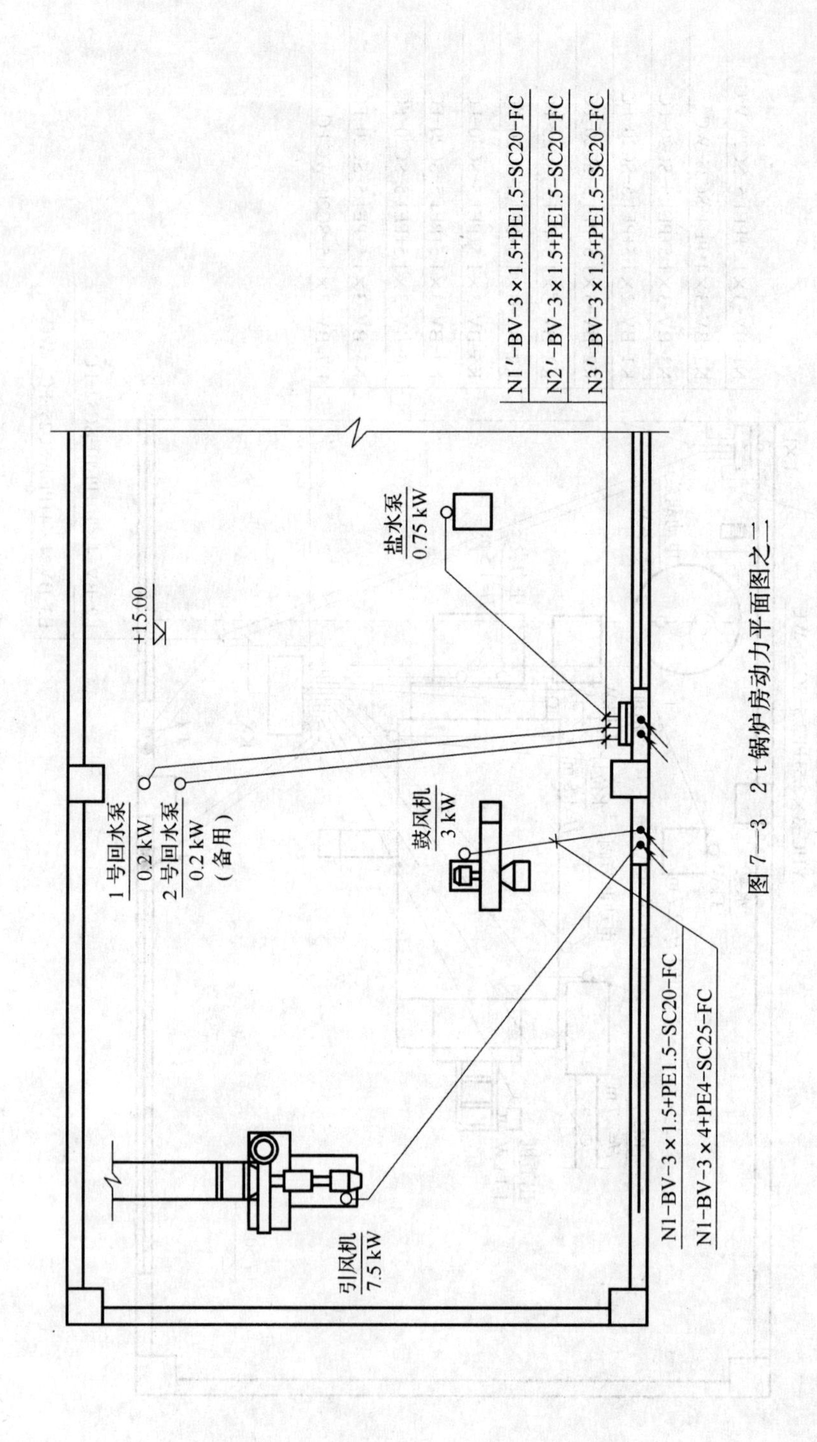

图7—3　2 t锅炉房动力平面图之二

第二节 低压电动机及其控制设备安装

→ 了解异步电动机的结构和工作原理
→ 熟悉常用低压电器的结构和用途
→ 掌握电动机及其控制设备的接线、安装与调试

一、低压异步电动机安装

根据电磁原理，将电能转化为机械能的旋转机械称为电动机。

电动机的种类很多，按取用电能的种类可分为直流电动机和交流电动机，直流电动机具有调速方便、启动转矩大等优点，然而由于它的构造复杂，使其应用受到限制。交流电动机根据构造和工作原理的不同，分为同步电动机和异步电动机。同步电动机构造复杂、成本高、使用和维护困难，一般只在功率较大和要求转速恒定时采用。异步电动机又有笼型和绕线型两种。此外，异步电动机根据电源相数不同，可分为三相电动机和单相电动机。

三相异步电动机具有结构简单、运行可靠、价格低廉、使用方便等优点，在各个建筑工程项目中获得广泛应用，其中笼型异步电动机的应用最广。

1. 三相异步电动机结构和转动原理

（1）三相异步电动机结构。如图 7—4 所示，三相异步电动机主要由定子和转子两大部分组成，还包括机壳、端盖、机座、电源接线盒等。其主要结构部件及作用见表 7—2，实物外形如图 7—5 所示。

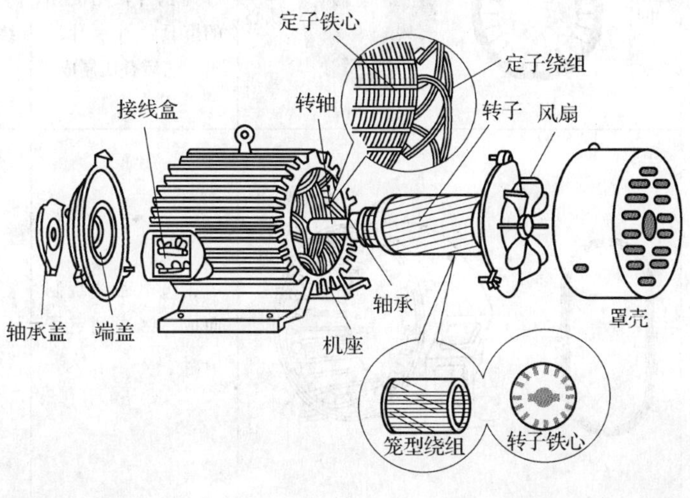

a)

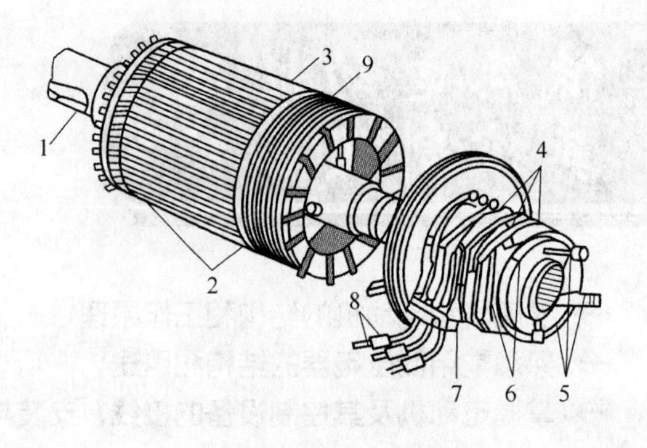

b)

图 7—4 异步电动机结构图

a）三相笼型异步电动机典型结构图 b）三相绕线型异步电动机的转子结构图

1—转轴 2—三相转子绕组 3—转子铁心 4—集电环 5—转子绕组出线头 6—电刷 7—刷架 8—电刷外接线 9—镀锌钢丝箍

表 7—2 三相异步电动机的主要部件及作用

结构部件		示图	材料	作用
定子	机座（机壳）		多采用铸铁制造	固定、支撑定子铁心等
	定子铁心	硅钢片冲片　定子铁心	一般用 0.5 mm 厚硅钢片，用成型的模具一片一片冲出，然后叠压制成	导磁、嵌放定子绕组
	定子绕组		漆包电磁线绕制而成，镶嵌到定子槽内	电动机电路部分，实现电磁能量转换

续表

<table>
<tr><th colspan="2">结构部件</th><th>示图</th><th>材料</th><th colspan="2">作用</th></tr>
<tr><td rowspan="4">转子</td><td>转子铁心</td><td rowspan="4">绕线转子
铜条式　铸铝式</td><td>导磁、嵌放转子绕组</td><td colspan="2">同定子铁心</td></tr>
<tr><td rowspan="3">转子绕组</td><td rowspan="3">电动机电路部分，实现电磁能量转换</td><td colspan="2">绕线转子</td></tr>
<tr><td rowspan="2">笼型</td><td>铜条式转子</td></tr>
<tr><td>铸铝式转子</td></tr>
</table>

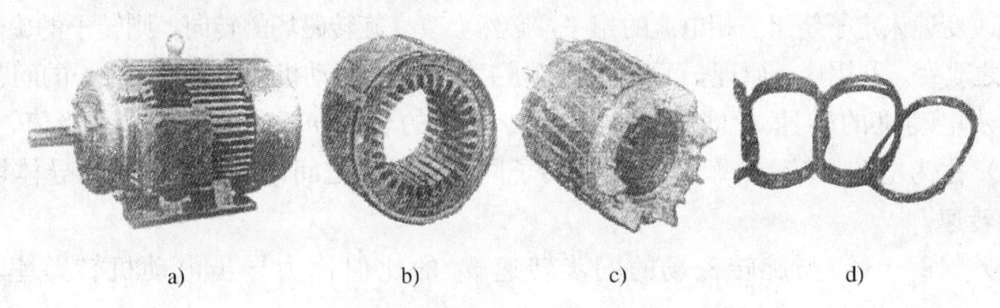
a)　b)　c)　d)

图 7—5　三相异步电动机主要部件的实物图

a）三相笼型异步电动机　b）电动机定子铁心　c）电动机转子铁心　d）电动机定子线圈

定子是指异步电动机的静止部分，主要包括定子铁心、定子绕组、机壳等部件。

定子铁心是电动机磁路的一部分，由硅钢片叠压而成，硅钢片心涂以绝缘漆，以减少涡流损耗。叠片的内圆冲有定子槽，用来放置定子绕组。

定子绕组是电动机的定子电路部分，三相绕组在定子内圆圆周上依次相隔 120°对称排列，构成三相对称相电路。根据电源电压情况，三相绕组可采用星形或三角形接法。每相绕组由许多线圈按一定规律连接而成，每个绕组的两个有效边分别放置在两个槽内。槽内有槽绝缘，双层绕组还有层间绝缘，槽口处用槽楔将导线压紧在槽内。

转子是指电动机的旋转部分，它是由转子铁心和转子绕组构成。转子铁心固定在转子轴上，也是电动机磁路的一部分。铁心除有径向通风沟外，还有轴向通风孔。转子槽一般不与轴平行，而是扭斜一个角度，以便改善启动性能。转子绕组是指转子槽内的笼型条和两端的短路环，用铜或铝制成。转子绕组构成了转子的电路部分，其作用是产生感应电流和电磁转矩，以驱动转轴旋转。

机座和端盖是电动机的机械支撑部件，其作用是固定定子铁心，并通过端盖轴承支撑转子，机座也是通风散热部件。为加强冷却效果，机壳外表设有散热筋片，两侧端盖开通风孔。

（2）异步电动机的转动原理。当定子绕组通入三相交流电流时，三相合成磁势在电动机铁心内产生了旋转磁场。如图 7—6 所示，如果磁场旋转的方向是顺时针方向，则

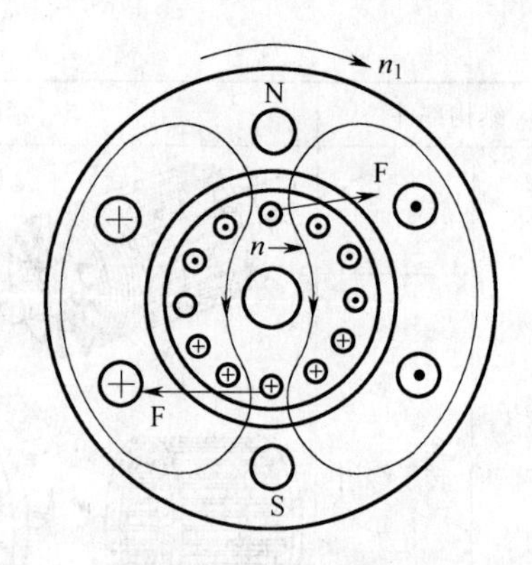

图 7—6　异步电动机工作原理示意图

静止的转子绕组导体与磁场有相对运动，定子磁场N极下的转子导体相当于向左做切割磁力线运动，产生感应电动势的方向用右手定则判断，为由纸面向外，用符号“⊙”表示。定子磁场S极下的转子导体相当于向右做切割磁力线运动，产生感应电动势的方向为垂直纸面向里，用符号“⊗”表示。所有笼型绕组的导体是被短路的，因此转子各导体内必有感应电流流过。笼型导体成为通电导体，在磁场中将受到电磁力 F 的作用，其方向用左手定则判断。定子磁场N极下的转子导体受力方向为顺时针方向，定子磁场S极下的转子导体受力方向也为顺时针方向，所以转子将有顺时针方向的电磁力产生，使转子按顺时针方向旋转起来。

如改变通入定子绕组三相电流的相序，必然会改变旋转磁场的转向，则转子的旋转方向也将随之改变。利用这一原理，可以解决实际工作中要求电动机换向（正反转）的问题。

异步电动机的转速 n 总是要低于旋转磁场的转速 n_1，两者之间的差值，$\Delta n=(n_1-n)$ 称为电动机转差。转差也就是转子同旋转磁场之间，或者说是转子导体切割磁力线的转速。

转差（n_1-n）与旋转磁场的同步转速 n_1 的比值称为异步电动机转差率，以 s 表示。

$$s=\frac{n_1-n}{n_1}$$

转差率 s 是分析异步电动机运转特性一个重要数据。它表示转子的转速与旋转磁场转速的差异程度。当电动机处于启动状态时，由于转子的转速 $n=0$，所以此时转差率 $s=1$。当转子转速等于同步转速时（实际是不可能达到的极限状态），则因为 $n=n_1$，所以 $s=0$。因此转差率 s 的变化范围是 0～1。当电动机在额定负载下转动时，转差率一般为（0.02～0.06）。

根据转差率公式可以得到电动机的转速为：

$$n=(1-s)\quad n_1=\frac{60f}{p}(1-s)$$

式中　f——交流电的频率，Hz；

p——电动机的磁极对数；

s——电动机运行过程中的转差率。

2. 电动机及其控制装置的安装

安装低压电动机及其控制装置的流程如下：

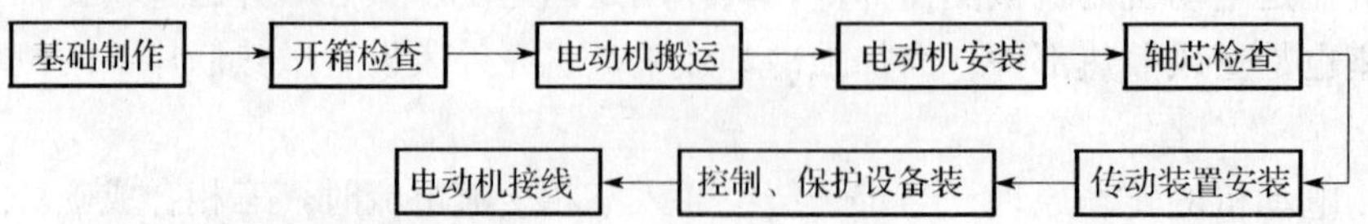

（1）电动机的安装基础制作

1）电动机的基础一般用混凝土浇筑，其形状如图 7—7 所示。基础一般高出地面（H）100～150 mm，长（L）和宽（B）的尺寸根据电动机机座安装尺寸决定，每边比电动机底座宽 100～150 mm，以保证埋设的地脚螺栓有足够的强度。按要求，基础的承重能力一般应大于电动机质量的 3 倍。

2）在浇筑混凝土基础时，按照电动机地脚螺栓孔的间距，将地脚螺栓放在机座木板架上进行固定。

3）为保证地脚螺栓埋设牢固，螺栓底一端制成燕尾形。

4）埋入混凝土内长度应为螺栓直径的 10 倍左右，人字开口长度应占埋入长度的 1/2 左右。

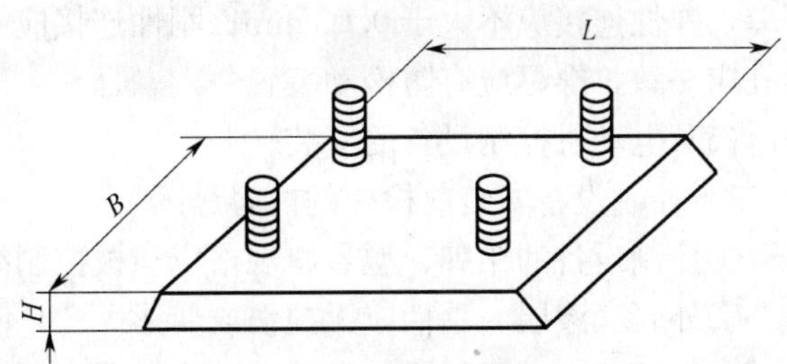

图 7—7　电动机的基础

5）埋设螺栓应垂直于混凝土墩上表面，待电动机紧固后地脚螺栓应高出螺栓 3～5 牙。

（2）电动机的开箱检查

1）按照清单、技术文件，对电动机及其附件、备件的规格、型号、数量进行详细核对。

2）电动机本体、控制和启动设备外观检查无损伤变形，油漆应完好。

3）电动机及其附属设备应符合设计要求。

以上开箱检查由建设单位、施工单位、监理工程师和设备生产厂家共同进行，并做好检查记录。

（3）电动机的安装

1）电动机安装前，核对机座、地脚螺栓的轴线、标高位置。检查机座的沟道、孔洞及电缆管的位置、尺寸是否符合设计要求。

2）质量在 100 kg 以下的电动机，可用人力抬到基础上就位，较重的电动机应用手葫芦或滑轮等器具将电动机吊装就位。

3）电动机就位时，以机座底盘中心线控制电动机的位置。就位以后，应及时准确地校准电动机和所驱动机器的传动位置，使其位于同一条中心线上。

4）为防止振动，安装时在机座和基础之间应加装防振装置。

5）电动机的电源线管管口离地面高度应高于 100 mm，并尽量靠近电动机的接线盒。

6）4 个地脚螺栓上应加弹簧垫圈，按机座对角顺序逐步拧紧螺母。

7）用水准仪进行电动机的水平校准，可用 0.5～5 mm 厚的钢片垫在机座下以调整电动机的水平。

（4）传动装置的安装。电动机一般有齿轮传动、带传动和轴联器传动三种形式。

1）齿轮传动装置的安装。安装的齿轮应与电动机相配套，转轴的尺寸应与齿轮的尺寸相匹配，电动机轴上所安装的齿轮应与传动齿轮相配套，如模数、直径和齿形等；齿轮传动时，电动机轴上的齿轮与被传动齿轮口齿应适中，两轴应保持平行。

2）带传动装置的安装。两个带轮应装在同一条直线上，两轴应平行，否则将损坏传动带或发生胶带跑带事故。两个带轮的直径大小必须与转速相对应，不能将大小轮装错。

3）联轴器传动装置的安装。采用联轴器（靠背轮）传动时，轴向与径向允许存在误差，弹性连接应不大于0.05 mm；刚性连接应不大于0.02 mm，互相连接的靠背轮螺栓孔应一致，螺母应有防松动装置。

（5）电动机控制设备的安装

1）控制设备安装前检查的内容

①控制设备的铭牌、型号、规格应与被控制线路或设计相符。

②外壳、漆层、手柄应无损伤或变形。

③内部仪表、灭弧罩、瓷件、胶木电器应无裂纹或伤痕。

④螺钉应拧紧。

⑤具有主触点的低压电器，触点的接触应紧密，采用0.05 mm×10 mm的塞尺检查，接触面两侧的压力应均匀。

⑥附件应齐全、完好，产品技术文件也应齐全。

2）控制设备的安装。控制设备安装的地点、高度要符合设计要求。落地安装的设备其底部应高出地面50～100 mm。操作手柄转轴中心距地面高度应为120～150 cm，侧面操作的手柄与建筑物或设备的距离不小于20 cm。

3）控制设备的固定。根据控制设备的结构不同，可采用支架、金属板、绝缘板固定在墙柱或其他建筑物构件上，金属板、绝缘板应平整。

（6）电动机接线

1）引至电动机接线盒的明敷导线长度应小于0.5 m，并应加强绝缘，易受机械损伤的地方应套保护管。

2）电动机及其控制设备的引出线应压接牢固且编号齐全，接线前应对电动机的绕组进行绝缘测试。

3）电动机三相定子绕组按电源电压的不同和电动机铭牌的要求，可接成星形（Y）或三角形（△）两种形式，如图7—8所示。

3. 异步电动机启动、调速、制动及保护

（1）异步电动机的启动。电动机从接通电源，由静止逐渐转起来，直到进入等速运转的过程叫启动过程。异步电动机的启动时间根据电动机容量大小和所带负载轻重一般约为几分钟到数秒。

电动机刚启动时转速 $n=0$，转差率 $s=1$，转子电流很大，而转子电流是电路电流通过电磁感应转换来的，所以转子电流大则定子电流也大。异步电动机启动时定子绕组的电流为定子额定电流的4～7倍。这个电流称为电动机的启动电流。

异步电动机的启动电流较大，过大的启动电流会在供电线路上造成较大的电压损失，使电动机及其他负载端电压在启动短时内明显下降，使电动机的启动转矩减小，甚至不能启动，同一线路上其他用电设备也难以正常工作。因此，有必要根据电动机容量大小不同，选择合适的启动方式，异步电动机的启动方式分为直接启动和降压启动两大类。

a)

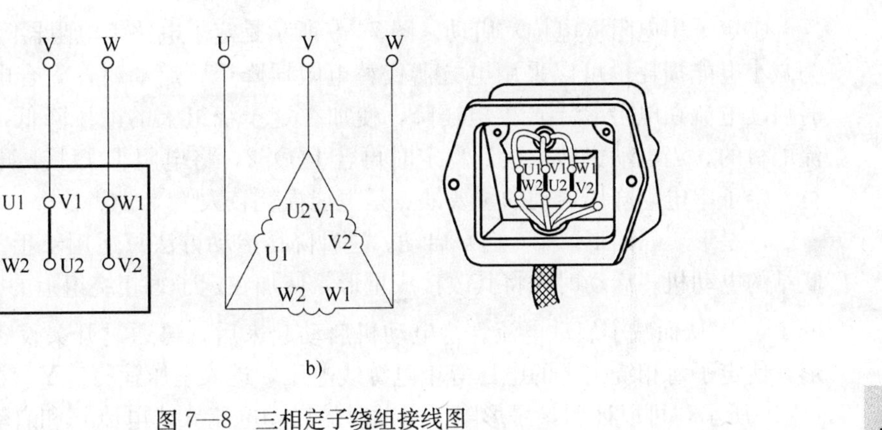

b)

图 7—8 三相定子绕组接线图

a）电动机星形联结 b）电动机三角形联结

1）直接启动。直接启动也叫全压启动，是在定子绕组上直接施加额定电压启动电动机。其优点是启动设备简单，操作便利。电动机能否采用直接启动方法可按下列原则确定。

①电动机采取全压启动，如由发电动机供电，允许直接启动电动机的容量不超过发电动机容量的 10%；由专用变压器供电的电动机，其单台容量不应超过变压器容量的 30%；若为由配电变压器供电的电动机，则允许直接启动电动机的容量要比变压器容量的 30%还要小些。

②启动时电动机端子的剩余电压。对于经常启动的电动机应不低于额定电压的 90%；对不经常启动的电动机应不低于额定电压的 85%；电动机不与照明或其他对电压波动敏感的负载合用变压器，且不频繁启动时，允许剩余电压不低于额定电压 80%。

③电动机启动时，在同一电力网引起的电压偏差、波动不大于正常电压 15%，经常启动的要求不大于 10%。

④在启动过程中，电动机的绕组电流不应超过允许值。

电动机在启动过程中，由于有较大的启动电流流过绕组，致使温度升高，严重时有可能烧毁绕组。电动机温升超过允许值时，力学强度和绝缘强度都将迅速降低，使其寿命大为缩短。所以，必须严格控制电动机温升。

在使用中，决定电动机能否直接启动常用下式来判断：

$$\frac{I_Q}{I_N} \leqslant \frac{3}{4} + \frac{S_N}{4p_N}$$

式中 I_Q/I——电动机启动倍数；

S_N——车间变压器容量，kV·A；

p——电动机额定功率，kW。

如能满足上式要求，则可直接启动。否则采用降压启动。

2）降压启动。降压启动是在电动机启动时，用降压设备将电压适当降低后再加在定子绕组上，待电动机转速恒定后，再恢复额定电压。这种启动方式虽能减小启动电流，但由于电磁转矩与电压的平方成正比，因而启动转矩明显下降，仅适用于轻载或空载运行。常用降压启动方式有以下几种：

①定子串电阻（电抗）启动。图7—9所示是定子电路串电阻器降压启动的电路图，为减小电能损耗也可以采用电抗器代替电阻器降压。启动时，先合电源开关QS1，此时启动电流在电阻R上产生电压降，使加在定子绕组上的电压降低，达到减小启动电流的目的。当电动机转速达到稳定时再合上QS2，将电阻R短接，电动机进入全压运行。定子串电阻降压启动的主要缺点是电能损耗较大。

②星形－三角形（Y－△）启动。这种降压启动方法只适用于正常运转时为三角形联结的电动机。启动时先将其改接成星形，使加在定子每相绕组上的电压降低到额定值的$1/\sqrt{3}$，从而减小启动电流。待电动机启动起来后，再通过开关设备将其改接成三角形，使定子每相绕组上的电压等于电源线电压，进入全压运行。Y－△启动电路图如图7—10所示，可以证明，星形降压启动时的启动电流（线电流）和启动转矩分别为三角形全压启动时的1/3。

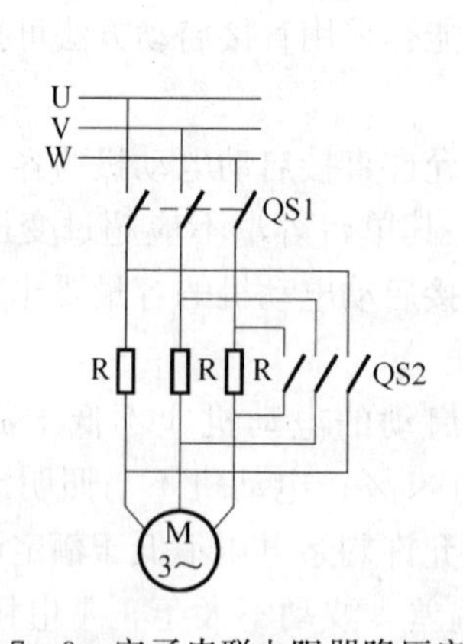

图7—9 定子串联电阻器降压启动

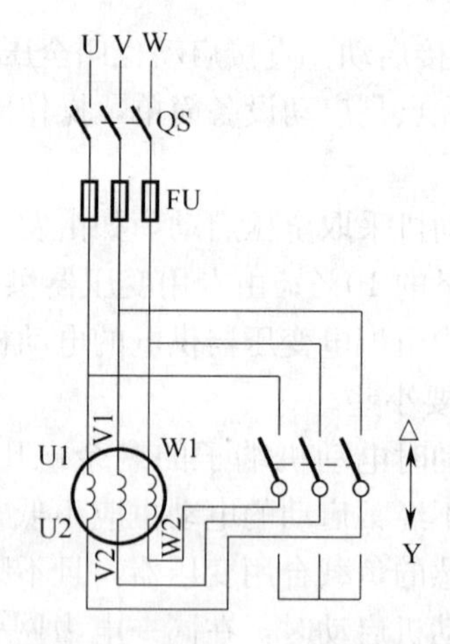

图7—10 Y－△启动电路图

Y－△启动的优点是启动设备简单便宜，启动过程中没有额外电能损耗。

③自耦减压启动。图7—11所示是利用三相自耦变压器降压的启动电路。用于降压启动的自耦变压器通常称为启动补偿器。启动时，先合上电源开关QS1，再将QS2合在“启动”位置上，电源电压经自耦变压器降压，由其二次侧加在定子绕组上，电动机减压启动，以限制启动电流。当电动机启动起来后，再将QS2合向“运行”位置，电

源电压直接加在定子绕组上，电动机进入全压运行。

在启动阶段，由于变压器二次电压为一次电源电压的 $1/K$，K 为变压器的变压比，而变压器一次电流是二次电流的 $1/K$，由此可推导出，自耦降压启动时，启动电流（一次侧线电流）为直接启动时的 $1/K^2$，启动转矩为直接启动时的 $1/K^2$。

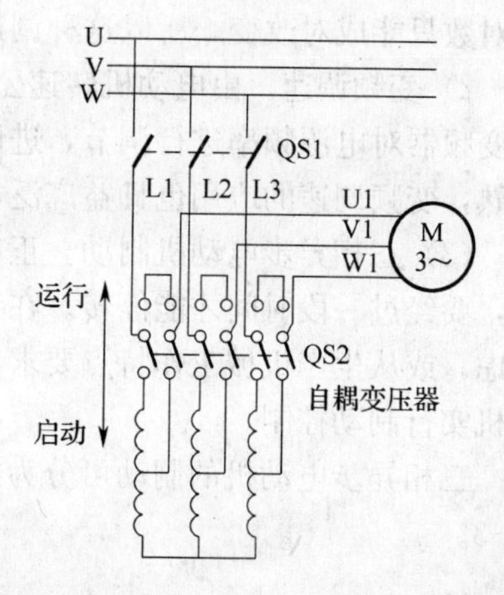

图 7—11　自耦变压器降压启动电路图

（2）三相异步电动机调速。为了满足生产过程中的需要，用人为的方法改变电动机的机械特性，使其在同一负载下获得不同的转速，这就是电动机的调速。

根据异步电动机转速计算公式：

$$n=(1-s)n_1=\frac{60f}{p}(1-s)$$

可以得知，改变电动机的转速有三种方法，即改变交流电源的频率 f，改变绕组的极对数 p 以及电动机的转差率 s。

1）变极调速。因为旋转磁场的转速 $n_1=\frac{60f}{p}$。当电源的频率不变时，若改变定子旋转磁场的磁极对数，便可以改变定子旋转磁场的转速，从而改变转子的转速。电动机的磁极对数 p 与定子绕组的结构有关，图 7—12 所示是改变电动机极数的原理示意图。若将每相绕组中两组线圈 AX 与 AX' 串联（见图 7—12a）就能产生四极磁极（即 $p=2$）。若将两组线圈 AX 与 AX' 改为并联（见图 7—12b）就能产生两极磁极（$p=1$），这样电动机就可以得到大小为 1∶2 的两个转速。

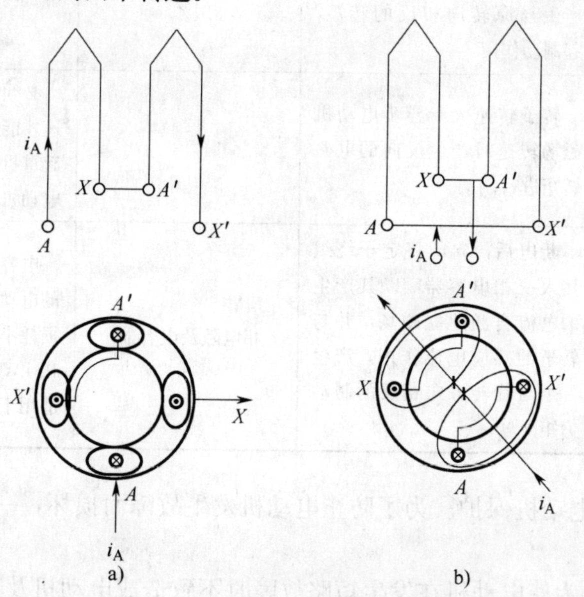

图 7—12　变极调速的原理示意图

这种专门制造的电动机由于可以得到几种不同的转速，又称为多极电动机。由于磁极对数只能成对改变，所以这种调速只能按整数改变，即只能是有级调速。

2）变频调速。由电动机转速公式可看出，电动机的转速与电源频率成正比。可利用变频器对电源频率进行调节，进而实现对电动机转速的调节。近年来，变频技术日益成熟，变频调速的应用也日益广泛，使用变频调速可以实现对电动机的无级调速。

（3）三相异步电动机制动。正在运行的电动机断开电源后，由于转子本身惯性的作用，要经过一段时间才能停转。在某些生产机械上，为了提高生产效率，或从安全角度考虑，或从生产机械工作特点要求考虑，需要电动机准确及时停转。为此，就必须对电动机实行制动控制。

三相异步电动机的制动可分为机械制动和电气制动两大类，其制动原理及用途见表7—3。

表7—3　电动机的制动

制动方法		制动原理	制动设备	用途
机械制动		电动机启动运行时闸瓦和闸轮分开，停车时闸瓦紧紧抱住闸轮形成摩擦制动	电磁抱闸装置	制动时冲击较大，制动可靠，一般用于起重、卷扬设备
电气制动	反接制动	改变电源相序，电动机产生反向的电磁转矩，起制动作用	手控倒顺开关及接触器、继电器等	制动方法简单可靠。振动冲击力较大，用于小于4 kW以下、启动不太频繁的场合
	能耗制动	电源断开后，立即在两相定子绕组中接入直流电源，使定子绕组中产生一个恒定磁场。转子切割这个磁场。产生与原转向相反的转矩，起制动作用	直流电源装置	制动准确可靠，电能消耗在转子电路中，对电网无冲击作用，应用较为广泛
	发电制动	转子转速大于异步电动机磁场转速时产生反向的电磁转矩进行制动		必须使转子转速大于磁场转速才能起制动作用。一般用于起重机械重物下降和变极调速电动机上
	电容制动	断电后，立即将定子绕组接入三相电容器，以其产生的电流自激建立磁场，并与转子的感应电流作用，产生一个与旋转方向相反的制动力矩	三相电阻及电容器	电容制动对高速、低速运转的电动机均能迅速制动，能量损耗小，设备简单，一般用于10 kW以下的小容量电动机，适用于制动频繁的场合

（4）三相异步电动机保护。为了防止电动机发生故障而损坏，一般实行以下几种电气保护措施。

1）短路保护。为使电动机在发生短路故障时不致造成电动机及其他电气设备损坏，要求对电动机装设能自动、迅速、有选择地从电源上切断的短路保护装置。对于500 V

以下的低压电动机，一般可采用熔丝或低压断路器的电磁瞬时脱扣器做短路保护。

保护装置应根据电动机容量、启动方法等进行选择。在通常情况下，功率不超过15 kW的轻载直接启动的电动机，可采用熔断器保护；15 kW以上且重载启动的电动机可选用低压断路器予以保护。每台电动机宜单独装设短路保护。

2）过载（过负荷）保护。如果电动机在运行中实际输出的功率或实际的载流量超过其额定功率或额定电流，称为过负荷。过负荷对电气设备的最大危害是载流元件发热升温，为防止电动机过负荷运行，应装设过负荷保护装置。以下几种情况电动机应装设过负荷保护。

①容易过载的。

②由于启动或自启动条件差而可能启动失败或需要限制启动时间的。

③功率在30 kW级以上的。

④长时间运行且无人监视的。

过负荷保护一般采用热继电器或低压断路器的热脱扣器，其动作电流宜按电动机额定电流选择。当电动机过负荷20%时，热脱扣器应在20 min内动作，切断电源。

3）断相运行保护。当三相异步电动机的电源断去一相时，电动机将无法启动，并发出嗡嗡声，转子发生摆动，断相的那一相的电流表无指示，其余两相的电流表指示升高。若运行中的三相异步电动机发生断相时，虽能继续运行，但转速明显降低。两相运行的电动机因电流过大，并产生附加损耗，还会使电动机过热甚至烧毁绕组，所以不允许三相电动机长时间断相运行。为了防止三相电动机断相运行，应在线路中设置专用保护，即断相保护。当电动机发生断相运行时，断相保护装置动作可使电动机停止运行。电动机断相保护的方法和装置很多，常用的有采用带断相保护装置的热继电器做缺相保护；欠电流继电器断相保护；零序电压继电器断相保护；熔丝电压继电器断相保护；利用速饱和电流互感器的断相保护。

4）失压、欠压保护。为了防止电动机在过低电压下启动和运行，以及电动机在运行中突然断电后又恢复供电时的自启动，所装设的保护装置（交流接触器）称为低电压保护或失压保护。功率在30 kW及以上的电动机应装设低压保护装置。常用的装置包括低压断路器的欠压脱扣器或接触器的吸引线圈。

二、常用低压控制电器

低压电器通常是指工作在交流1 000 V及以下、直流1 200 V及以下的电路中，用来对电能的生产、输送、分配和使用起开关、控制、调节和保护作用的电气设备。

低压电器应正确选择，合理使用。各种开关元件具有不同的用途和使用条件，因而也就有不同的选用方法。正确的选用要结合不同的控制对象和各类低压电器的使用环境、技术数据、正常工作条件、主要技术性能等确定，以保证选择的低压电器工作安全可靠，不致发生因低压电器故障而造成停产或损坏设备，危及人身安全等损失，使生产和生活得以正常进行。

1. 低压开关

（1）开启式负荷开关。常用的有HK系列开启式负荷开关（俗称胶木闸刀开关），

图 7—13 所示是 HK2 型开启式负荷开关的外形和结构。全部导电零件都安装在一块瓷底板上，相间用绝缘胶木隔开，带电部分用胶木盖罩住，防止带电体裸露，使用比较安全。它主要作为一般照明、电热等回路的控制开关用。三极开关适当降低容量后，可作为小型交流电动机的手动不频繁操作的直接启动及分断用。它与相应的熔丝配合，还具有短路保护作用。

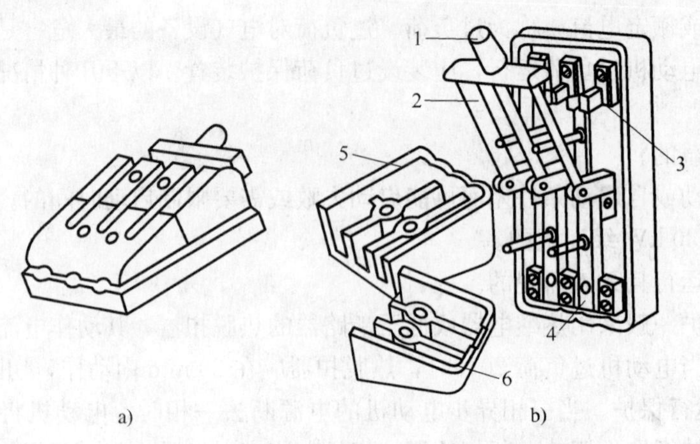

图 7—13 HK2 型开启式负荷开关
a）外形 b）结构

1）用于照明电路时，可选用额定电压为 220 V 或 250 V 的二极开关。开启式负荷开关的额定电流应等于或大于开断电路中各个负荷电流的总和。

2）用于电动机的直接启动时，可选用额定电压为 380 V 或 500 V 的三极开关。若负载是功率 5.5 kW 及以下直接启动的电动机时，其开关的额定电流应不小于电动机额定电流的 3 倍。

3）开启式负荷开关的安装如下：

①电源进线应接在静触座上，用电负荷应接在刀开关的下出线端上。这样当开关断开时，刀开关和熔丝上不带电，保证了换装熔丝的安全。

②刀开关在闭合位置时手柄应向上，不可倒装和平装，以防误操作合闸。

③过负荷或短路故障会使开关内熔丝熔断，在更换熔丝前，要用干燥的棉布将绝缘底座和胶盖内壁的金属粉粒擦拭干净，以防止在重新合闸时开关本体相间短路。

（2）封闭式负荷开关。封闭式负荷开关又称铁壳开关，其外形与结构如图 7—14 所示。HH 系列封闭式负荷开关主要用于各种配电装置中供手动不频繁的快速（通过弹簧储能的作用）接通和分断带负荷的电路，以及作为线路末端的短路保护用。交流 380 V、60 A 及以下等级的封闭式负荷开关还可作为 15 kW 以下交流电动机的不频繁接通和分断之用。

封闭式负荷开关的安装要求与刀开关相同。

使用铁壳开关应注意的事项如下：

1）开关的金属外壳应可靠接地或接零，防止意外漏电时操作者发生触电事故。

2）接线时应将电源线接在静触座的接线端子上，负荷接在熔断器一端。

3）检查封闭式负荷开关的机械联锁是否正常，速断弹簧有无锈蚀变形。

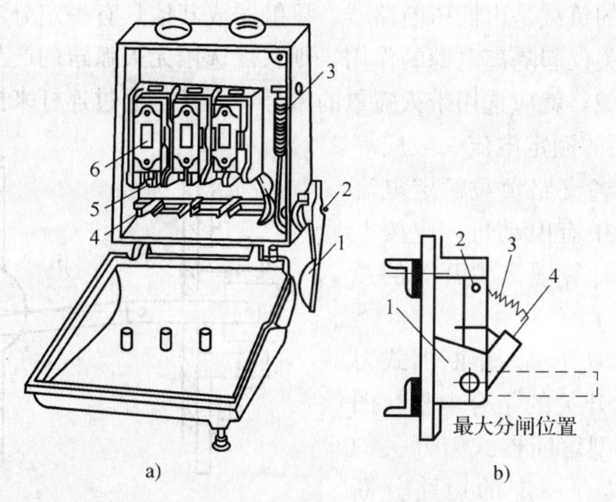

图 7—14　铁壳开关外形和结构

a）铁壳开关外形和结构

1—手柄　2—转轴　3—速断弹簧　4—触刀　5—夹座　6—熔断器

b）速断装置

1—支座　2—触刀　3—分断加速弹簧　4—套架

4）停电检修设备，应打开铁壳开关外壳，并拔下熔断器。

（3）隔离刀开关。常用的 HD 系列刀形隔离器及 HS 系列刀形转换隔离器，图 7—15 所示为 HD13 型隔离刀开关，主要用于交流额定电压 380 V、直流额定电压 440 V、额定电流1 500 A 及以下装置中。对装有灭弧罩或在动触刀上有辅助速断触刀的隔离刀开关，可作为不频繁的手动接通和分断不大于其额定电流的电路。普通的隔离刀开关不可以带负荷操作，它和低压断路器配合使用时，低压断路器切断电路后才能操作刀开关。另外，还可用于隔离电源，形成明显的绝缘断开点，以保证检修人员的安全。

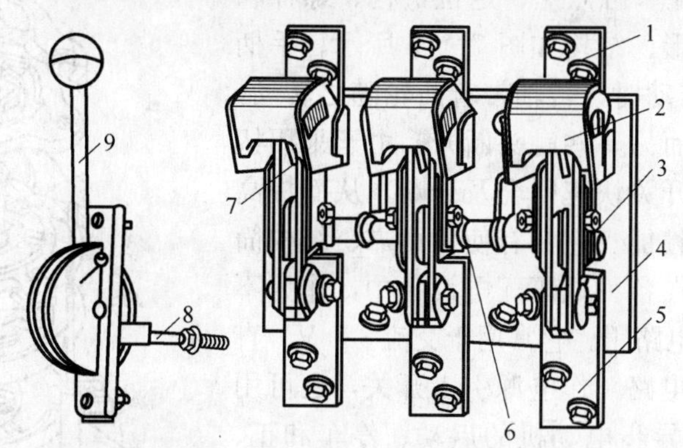

图 7—15　HD13 型隔离刀开关

1—上接线端子　2—钢栅片灭弧罩　3—闸刀　4—底座　5—下接线端子

6—主轴　7—静触头　8—连杆　9—操作手柄（中央杠杆操作）

隔离刀开关的选用如下：

1）隔离刀开关的结构形式应根据它在线路中的作用和在成套配电装置中的位置来

确定。如果电路中的负载是由低压断路器、接触器或其他具有一定分断能力的开关电器来分断，隔离刀开关仅起隔离电源的作用，则只需选用无灭弧罩的产品；反之，若隔离刀开关必须分断负载，就应选用带灭弧罩的型号，而且是通过连杆来操作的产品。

2）隔离刀开关的额定电流一般应等于或大于所控制的各支路负载额定电流的总和。如果回路中有电动机，应按电动机的启动电流来计算隔离刀开关的额定电流。

(4) 熔断器式刀开关。熔断器式刀开关是熔断器和刀开关的组合电器，图7—16所示为HR型熔断器式刀开关的结构示意图。它具有一定的短路分断能力。

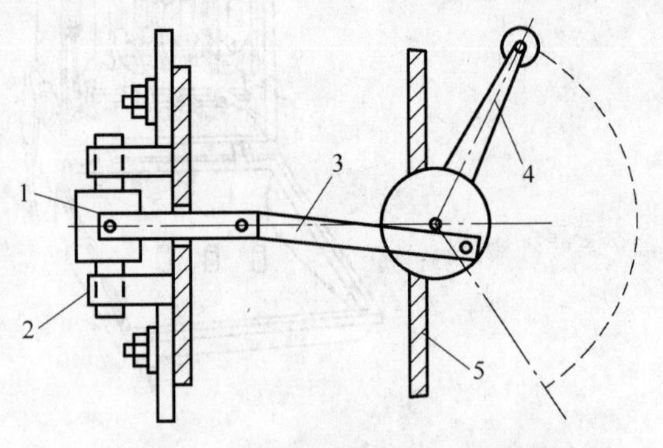

图7—16　HR型熔断器式刀开关结构

1—RT型熔断器的熔管　2—HD型刀开关的弹性触座　3—连杆　4—操作手柄　5—配电屏面板

HR3系列为常用的熔断器式刀开关，主要用于交流电压380 V或直流电压440 V、额定电流100～600 A的工业企业配电网中，作为电气设备及线路的过载和短路保护用，以及正常供电情况下用于不频繁的接通和切断电路。

熔断器式刀开关的选用如下：

熔断器式刀开关应按使用的电源电压和负载的额定电流选择，还必须根据使用场合和操作、维修方式等选用开关的形式。熔断器式刀开关的短路分断能力是由熔断器的分断能力决定的，故应适当选择符合使用地点短路容量的熔断器。

(5) 组合开关

1）组合开关的结构组成。组合开关又称转换开关，它由转轴、凸轮、触点座、定位机构、螺杆和手柄等组成，其外形、结构如图7—17所示。手柄可转动90°，手柄转动时，转轴带着凸轮随之转动，使一些触头接通，而另一些触头断开。由于采用扭簧储能机构，可使开关快速闭合及分断，从而提高了分断能力和灭弧性能。它具有使用可靠、结构简单等优点，可以用在各种低压配电设备中，作为不频繁的接通和分断电路用。它常用于交流380 V、直流220 V及以下的电路，作电源引入开关，也可用于控制小容量三相异步电动机的启动、停车和正、反转控制及照明控制电路中。

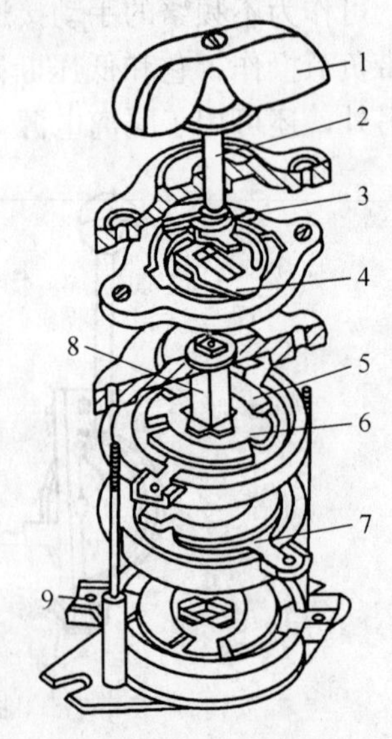

图7—17　组合开关

1—手柄　2—转轴　3—弹簧　4—凸轮　5—绝缘垫板　6—动触片　7—静触片　8—绝缘杆　9—接线柱

组合开关的选用如下：

组合开关用于电热、照明电路时，其额定电流应等于或大于被控制电路中各负载电流的总和。用来控制小容量电动机时，组合开关的额定电流一般取电动机额定电流的 1.5～2.5 倍。

2）组合开关的安装与使用

①组合开关的手柄宜安装成水平旋转位置。

②由于组合开关的通断能力较低，故不能用来分断故障电流。用于电动机正、反转控制时，必须在电动机完全停止转动后，才允许反向接通。

③使用组合开关时，应保持开关清洁，面板和触点不得有油污。

④保持开关动、静触刀接触良好。

⑤操作时不宜动作过快或操作用力过大，以免损坏零部件。

2. 低压断路器

（1）低压断路器用途。低压断路器过去称为自动开关或自动空气开关。当线路发生短路、严重过载以及失压等故障时，它能够自动切断故障电路，有效地保护串接在它后面的电气设备及线路。低压断路器具有操作安全、动作值可调整、分断能力较强等特点，兼顾有多种保护功能；当发生短路故障过后，故障排除一般不需要更换部件，因此低压断路器在自动控制中得到广泛使用。图 7—18 所示为 DZ10－250 型塑壳式低压断路器。

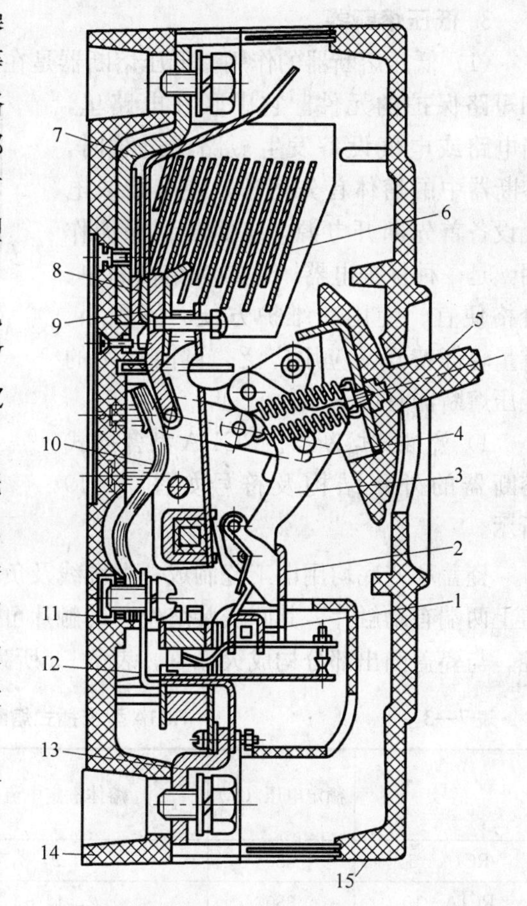

图 7—18　DZ10－250 型塑壳式低压断路器

1—牢引杆　2—锁扣　3—跳钩　4—连杆　5—操作手柄　6—灭弧室　7—引入线和接线端子　8—静触头　9—动触头　10—可挠接条　11—电磁脱扣器　12—热脱扣器　13—引出线和接线端子　14—塑料底座　15—塑壳盖

（2）低压断路器选用。在一般情况下，保护变压器及配电线路可选用 DW 系列低压断路器，保护电动机可选用 DZ 系列低压断路器。

低压断路器的选择包括额定电压、壳架等级额定电流（指最大的脱扣器额定电流）的选择，脱扣器额定电流（指脱扣器允许长期通过的电流）的选择，以及脱扣器整定电流（指脱扣器不动作时允许通过的最大电流）的确定。低压断路器的一般选用原则如下：

1）断路器额定电压大于或等于线路额定电压。

2）断路器欠压脱扣器额定电压等于线路额定电压。

3）断路器分励脱扣器额定电压等于控制电源电压。

4）断路器壳架等级的额定电流大于或等于线路计算负载电流。

5）断路器脱扣器额定电流大于或等

于线路计算电流。

6）断路器的额定短路通断能力大于或等于线路中的最大短路电流。

7）线路末端单相对地短路电流大于或等于 1.5 倍断路器瞬时（或短路时）脱扣器整定电流。

8）断路器的类型应符合安装条件、保护性能及操作方式的要求。

（3）低压断路器安装

1）安装前，用 500 V 绝缘摇表检查断路器的绝缘电阻，应不小于 10 MΩ。

2）低压断路器在闭合和分断过程中，其可动部件与灭弧室的零部件应无卡阻现象。

3）应垂直安装在配电板上，底板结构必须平整。

4）检查欠电压脱扣器、分励脱扣器、热脱扣器及过电流脱扣器能否在规定的动作值范围内使断路器分断。

3. 低压熔断器

（1）低压熔断器的作用。低压熔断器是在低压电路及电气设备控制电路中用作过载和短路保护的元件。它串联在电路里，当电路或电气设备发生短路或过载时，熔断器中的熔体首先熔断，使电路或电气设备首先断开电源，从而起到保护作用，是一种保护电器。它具有结构简单、价格便宜、使用和维护方便、体积小、重量轻等特点，应用广泛。目前常用的低压熔断器有以下几种：

1）瓷插式熔断器。RC1 A 型瓷插式熔断器的外形结构及符号如图 7—19 所示。

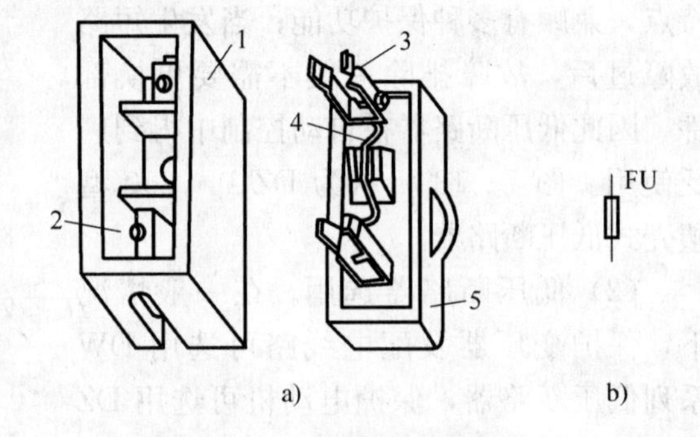

图 7—19　瓷插式熔断器

a）外形和结构　b）图形符号

1—底座　2—静触片　3—动触片　4—熔丝　5—瓷盖

瓷盖和瓷底均用电工瓷制成，电源线及负载线可分别接在瓷底两端的静触座上。瓷盖上两端有动触片，其间安装熔丝，动触片可插入瓷座的静触座上。瓷底座中间有一空腔，与瓷盖凸出部分构成灭弧室。表 7—3 所列是 RC1A 型瓷插式熔断器的技术数据。

表 7—3　RC1A 型瓷插式熔断器技术数据

型号	额定电压（V）	熔体额定电流（A）	极限分断能力	
			电流（A）	功率因数
RC1A—5	380	1，2，3，5	750	0.8
RC1A—10	380	2，4，6，10	750	0.8
RC1A—15	380	6，10，15	1 000	0.8
RC1A—30	380	15，20，25，30	4 000	0.8
RC1A—60	380	30，40，50，60	4 000	0.5
RC1A—100	380	60，80，100	5 000	0.5
RC1A—200	380	100，120，150，200	5 000	0.5

2）螺旋式熔断器。图 7—20 所示是 RL1 系列螺旋式熔断器的外形和结构。

在螺旋式熔断器的熔管内，除了装熔丝外，在熔丝周围填满了石英砂，供快速熄灭电弧用。熔断管的上端有一小红点，熔丝熔断后红点自动脱落，瓷帽上有螺纹，将螺母连同熔管一起拧进瓷底座，熔丝便接通电路。

在装接时，用电设备连接线接到金属螺纹壳的上接线端，电源线接到瓷底座上的下接线端，这样在更换熔丝时，旋出瓷帽后，螺纹壳上不会带电，很安全。表 7—4 所列是 RL1 型系列螺旋式熔断器的技术数据。

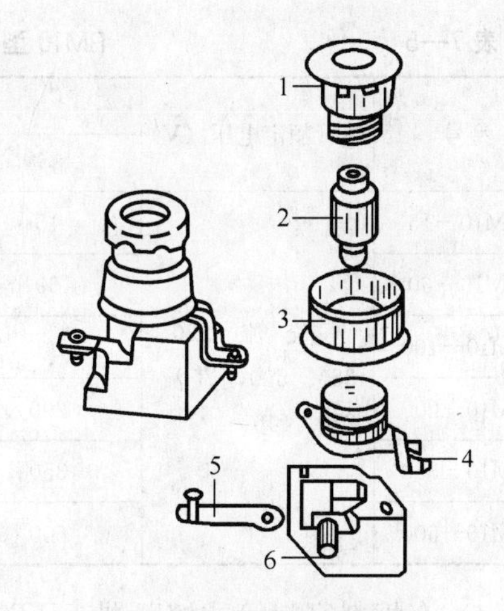

图 7—20　螺旋式熔断器

1—瓷帽　2—熔断管　3—瓷套　4—上接线端　5—下接线端　6—座子

（3）无填料密封管式熔断器。RM10 型熔断器由纤维熔管（熔点 420℃）、性能稳定的变截面锌熔片和触头底座等组成，其结构如图 7—21 所示。其熔片冲制成若干宽窄不一的变截面，目的在于改善熔断器的保护特性。在该电路短路时，熔片的窄部首先熔断，过电压再击穿时，又在窄处熔断，形成 n 段串联电弧，迅速拉长电弧，使电弧较易熄灭。表 7—5 所列为 RM10 型熔断器的主要技术数据。

表 7—4　RL1 型螺旋式熔断器技术数据

型号	额定电压（V）	熔体额定电流（A）	极限分断能力	
			电流（A）	功率因数
RL1—15	380	2，4，5，6，10，15	2 500	0.35
RL1—60	380	20，25，30，35，40，50，60	2 500	0.35
RL1—100	380	60，80，100	5 000	0.25
RL1—200	380	120，125，150，200	5 000	0.25

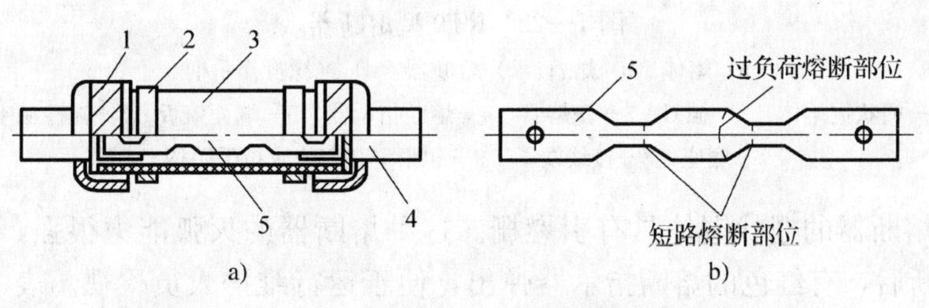

图 7—21　RM10 型熔断器

a）熔管　b）熔片

1—铜管帽　2—管夹　3—纤维熔管　4—触刀　5—变截面锌熔片

表 7—5　　RM10 型熔断器的主要技术数据

型号	熔管额定电压（V）	额定电流（A）		最大分断电流（kA）
		熔管	熔体	
RM10—15	交流 220、380、500，直流 220、440	15	6，10，15	1.2
RM10—60		60	15，20，25，35，45，60	3.5
RM10—100		100	60，80，100	10
RM10—200		200	100，125，160，200	
RM10—350		350	200，225，260，300，350	
RM10—600		600	350，430，500，600	

4）有填料密封管式熔断器。RT0 型熔断器结构如图 7—22 所示。

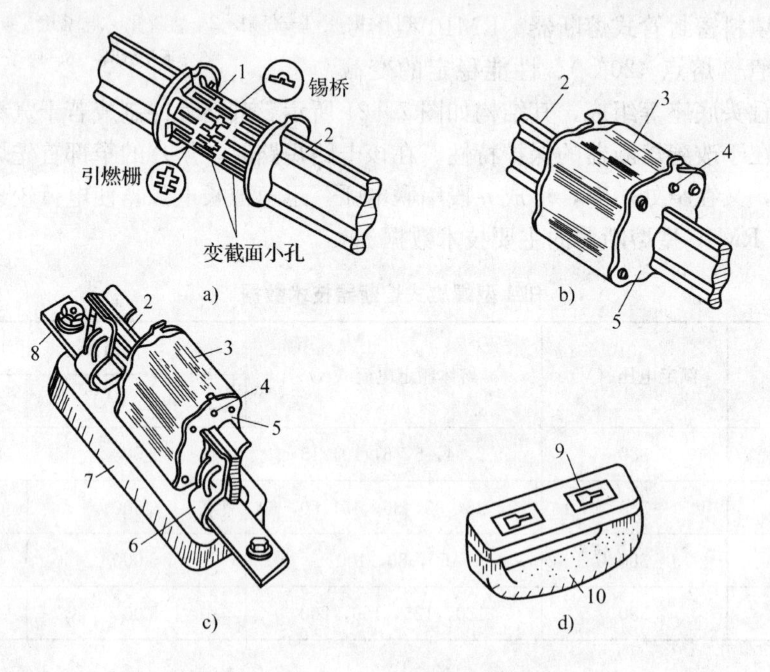

图 7—22　RT0 型熔断器

a）熔体　b）熔管　c）熔断器　d）绝缘操作手柄

1—栅状铜熔体　2—触刀　3—瓷熔管　4—熔断指示器　5—端面盖板　6—弹性触座

7—底座　8—接线端子　9—扣眼　10—绝缘拉手手柄

RT0 型熔断器的栅状铜体具有引燃栅。这种熔断器的灭弧能力很强，具有限流特性。熔体熔断后，有红色的熔断指示器弹出，便于运行维护人员检视。表 7—6 列出了 RT0 型熔断器的主要技术数据。

（2）熔断器的选择。熔体和熔断器只有通过正确的选择才能起到应有的保护作用，一般首先选择熔体的规格，然后再根据熔体的规格去确定熔断器的规格。

1）熔体额定电流的选择

表 7—6　RM0 型熔断器的主要技术数据

型号	熔管额定电压（V）	额定电流（A）		最大分断电流（kA）
		熔管	熔体	
RT0－100	交流 380，直流 440	100	30，40，50，60，80，100	50
RT0－200		200	80，100，120，150，200	
RT0－400		400	150，200，250，300，350，400	
RT0－600		600	350，400，450，500，550，600	
RT0－1 000		1 000	700，800，900，1 000	

①对电炉、照明等阻性负载的短路保护，熔体的额定电流应稍大于或等于负载的额定电流。

②对单台电动机负载的短路保护，熔体的额定电流 I_{RN} 应等于 1.5～2.5 倍电动机额定电流 I_N，即：

$$I_{RN}=(1.5\sim2.5)I_N$$

③对多台电动机的短路保护，熔体的额定电流 I_{RN} 应大于或等于其中容量最大的一台电动机的额定电流 I_{Nmax} 的 1.5～2.5 倍，再加上其余电动机额定电流的总和 $\sum I_N$，即：

$$I_{RN}=(1.5\sim2.5)I_{Nmax}+\sum I_N$$

2）熔断器的选择

①熔断器的额定电压必须大于或等于线路的工作电压。

②熔断器的额定电流必须大于或等于所装熔体的额定电流。

（3）熔断器的安装

1）总开关熔断器熔体的额定电流应与进户线的总熔体相配合，并尽量接近被保护线路的实际负荷电流，但要确保正常情况下出现短时间尖峰负荷电流时，熔体不会被熔断。

2）采用熔断器保护时，熔断器应装在各相上，单相线路的中性线也应装熔断器，在线路分支处应加装熔断器。但在三相四线回路中的中性线上不允许装熔断器。采用接零保护的零线上严禁装熔断器。

3）熔断器应垂直安装。以保证触刀和刀夹座紧密接触，避免增大接触电阻，造成温度升高而发生误动作。

4）更换熔体时，一定要先切断电源，不允许带负荷拔出熔体，特殊情况也应当设法先切断回路中的负荷，并做好必要的安全措施。

4. 交流接触器

（1）交流接触器的用途。接触器用来频繁地接通和分断交直流主电路及大容量控制电路，并可实现远距离控制。主要控制对象通常是电动机，也可控制其他电力负载。它具有操作方便、动作速度快、灭弧性能好等特点，在自动控制中得到广泛应用。交流接触器的外形、结构及图形符号如图 7—23 所示。

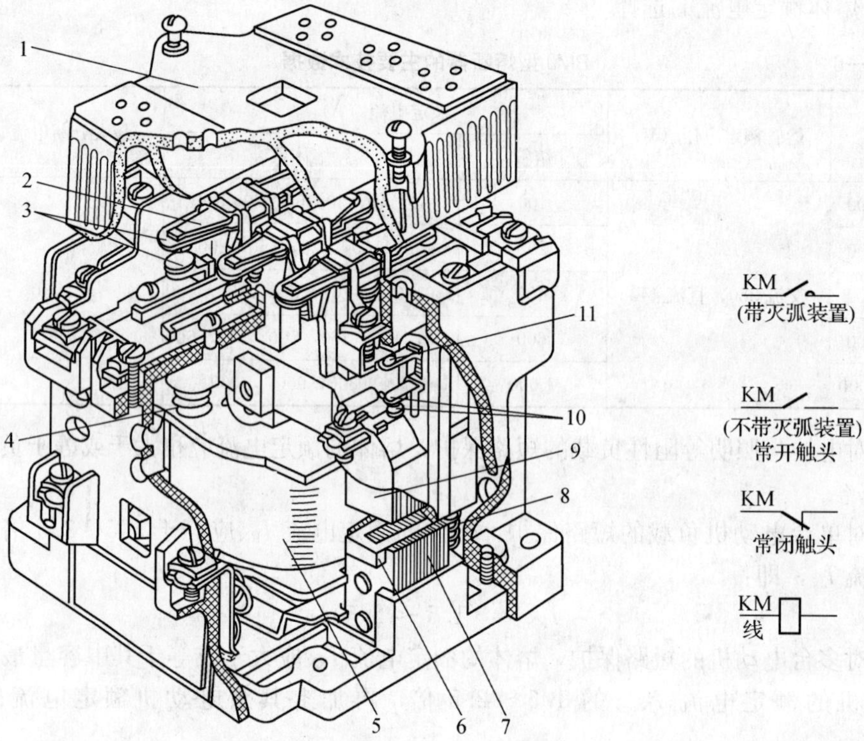

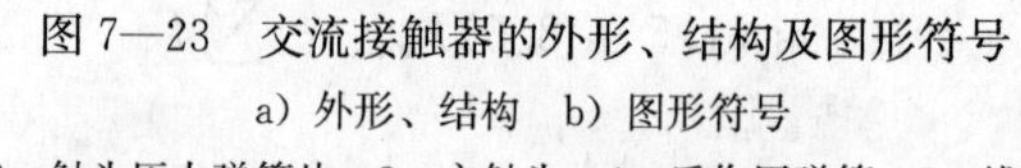

图 7—23　交流接触器的外形、结构及图形符号

a）外形、结构　b）图形符号

1—灭弧罩　2—触头压力弹簧片　3—主触头　4—反作用弹簧　5—线圈　6—短路环　7—静铁心　8—缓冲弹簧　9—动铁心　10—辅助常开触头　11—辅助常闭触头

在一般情况下，接触器是用按钮操作的。在自动控制系统中，也可用继电器、限位开关或其他控制元件组成自动控制电路实现控制。接触器还具有失压及欠压保护的作用。

交流接触器的触头起分断和闭合电路的作用。触头用紫铜片制成，并在触头接触点部分镶上银块，以减小接触电阻。接触器的触头系统分为主触头和辅助触头。两种主触头用以通断电流较大的主电路，体积较大，一般由三对常开触头组成。辅助触头用以通断小电流的控制电路，体积较小，它有“常开”“常闭”两种触头。所谓“常开”“常闭”是指接触器的电磁线圈未得电或未受外力之前触头的状态。常开触头是指线圈未得电时，其动、静触头处于断开状态，线圈得电后闭合，所以常开触头又叫动合触头。常闭触头是指线圈未得电时，其动、静触头是闭合的，线圈得电后则断开，所以常闭触头又叫动断触头。

常开触头和常闭触头是连同动作的。当线圈得电时，常闭触头先断开，常开触头随即闭合。线圈失电时，常开触头先恢复断开，随即常闭触头恢复闭合。

（2）交流接触器选用

1）接触器主触头额定电压的选择。接触器铭牌上所标额定电压指主触头能承受的电压，并非吸引线圈的电压，使用时接触器主触头的额定电压应大于或等于负荷的额定电压。

2）接触器主触头额定工作电流的选择。接触器的额定工作电流并不完全等于被控设备的额定电流，这是它与一般电器的不同之处。被控设备的工作方式分为长期工作制、间断长期工作制、反复短时工作制三种情况，根据这三种运行状况按下列原则选择接触器的额定工作电流。

①对于长期工作制运行的设备，一般按实际最大负荷电流占交流接触器额定工作电流的67%～75%选用。

②对于间断长期工作制运行的用电设备，选用交流接触器的额定工作电流时，使最大负荷电流占接触器额定工作电流的80%为宜。

③ 反复短时工作制运行的用电设备（暂载率不超过40%时），选用交流接触器的额定工作电流时，短时间的最大负荷电流可超过接触器额定工作电流的16%～20%。

3）接触器极数的选择。根据被控设备运行要求（如可逆、加速、降压启动等）来选择接触器的结构形式（如三极、四极、五极）。

4）接触器吸引线圈电压的选择。如果控制线路比较简单，所用接触器的数量较少，则交流接触器吸引线圈的额定电压一般选用被控设备的电源电压，如380 V或220 V。如果控制线路比较复杂，使用的电气设备又比较多，为了安全起见，线圈的额定电压可选得低一些，这时需要加一个控制变压器。

（3）交流接触器的安装

1）一般应安装在垂直面上，倾斜度不超过5°。要注意留有适当的飞弧空间，以免烧坏相邻电器。

2）安装位置及高度应便于日常检查和维修，安装地点应无剧烈振动。

3）安装孔的螺钉应装有弹簧垫圈和平垫圈并拧紧螺钉，以防松脱或振动，不要有零件落入接触器内部。

4）检查接线正确无误后，应在主触头不带电情况下，先使吸引线圈通电，分合数次，检查接触器动作是否可靠，然后才能投入使用。

5）金属外壳或条架应可靠接地。

5. 继电器

继电器的种类很多，按其在电力驱动自动控制系统中的作用，可分为控制继电器和保护继电器两种类型。中间继电器、时间继电器和速度继电器多作为控制继电器；热继电器、欠电压继电器和过电流继电器多用作保护继电器。

（1）中间继电器

1）中间继电器的用途。中间继电器一般用来控制各种电磁线圈，使信号扩大，或将信号同时传给几个控制元件。中间继电器的外形和图形符号、文字符号如图7—24所示。

2）中间继电器选用。中间继电器的使用与接触器相似，但中间继电器的触头容量较小，一般不能在主电路中应用。中间继电器一般根据负载电流的类型、电压等级和触点数量来选择。

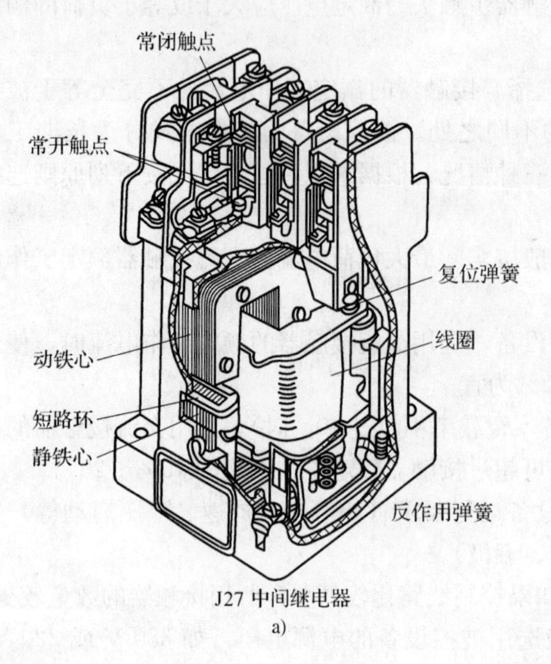

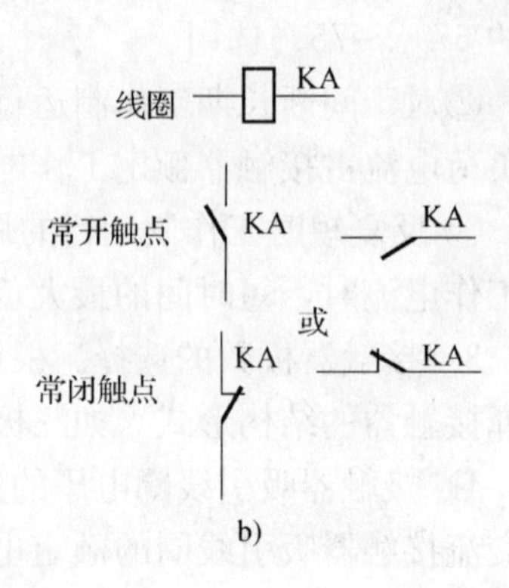

图 7—24 JZ7 中间继电器

a）外形 b）图形符号及文字符号

（2）热继电器

1）热继电器用途。热继电器是利用电流的热效应来切断电路的保护电器。它在电路中用于电动机的过载保护。热继电器的外形和结构如图 7—25 所示。

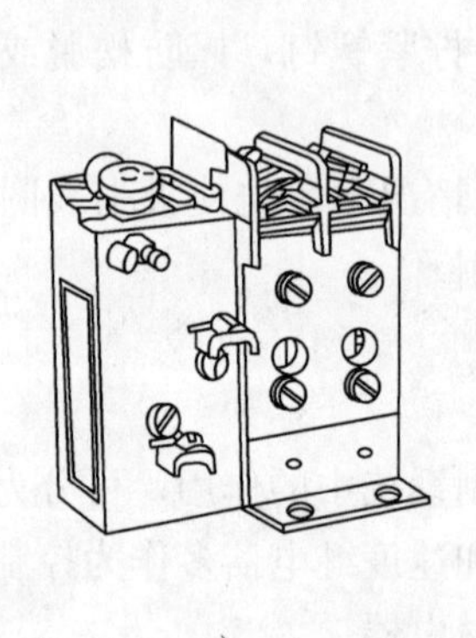

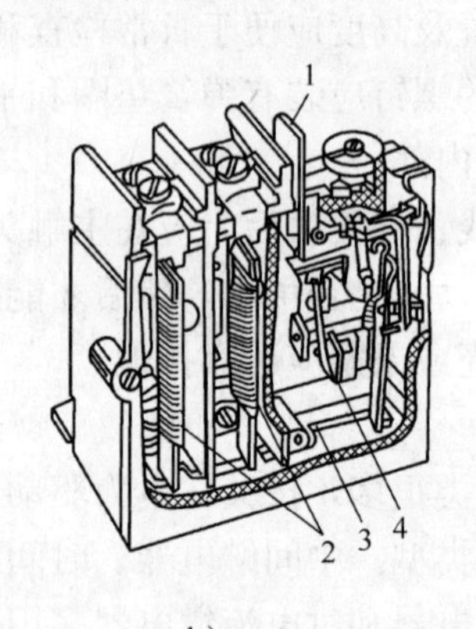

图 7—25 热继电器外形和结构

a）外形 b）结构

1—复位按钮 2—热元件 3—动作机构 4—常闭触头

电动机在运行中，如长期过载、频繁启动、欠电压运行或缺相运行等都可能使电动机的电流超过其额定电流值。如果超过额定值的量不大，熔断器不会熔断。长时间的过电流将会引起电动机过热，加速绕组的绝缘老化，缩短电动机的使用寿命，严重时甚至会烧坏电动机。因此，交流电动机通常设置由热继电器构成的过负荷保护。热继电器有两相结构、三相结构和三相并带断相保护结构三种。

2）热继电器选用

①当热继电器用来保护长期工作制或间接长期工作制的电动机时，一般可选用两相结构、三相结构或三相并带有断相保护结构的热继电器。

②当热继电器用以保护反复短时工作制的电动机时，热继电器仅有一定范围的适应性。如果每小时操作次数很多，就要选用带速饱和电流互感器的热继电器。

③双金属片热继电器一般用于轻载、不频繁启动电动机的过负荷保护。对于重载、频繁启动的电动机，则可用过电流继电器作为它的过负荷和短路保护。因为热元件受热变形需要时间，故热继电器不能做短路保护。

④热元件的额定电流和整定电流的选择：热元件的整定电流通常整定到电动机额定电流的 0.95～1.05 倍，此时整定电流应留有一定的上、下限调整范围。

3）热继电器安装。热继电器的安装方向必须与产品说明书规定的方向相同，误差不应超过 5°。热继电器与其他电器装在一起使用时，要防止受其他电器发热的影响。安装时，要正确选用导线截面，接线螺钉要拧紧，触头接触必须良好，盖子应盖好。

检查动作机构的动作，可用手扳动 4～5 次进行观察。复位按钮应灵活，调整部件不得松动。

（3）时间继电器

1）时间继电器用途。从接受信号（线圈得电或失电）时起，需经过一定的时限后才能有信号输出（触点的闭合或分断）的继电器称为时间继电器。它在控制电路中起着按时间控制的作用，其感测部分接受输入信号以后，需经过一定的时间，通过执行机构操纵控制回路。时间继电器的种类很多，有电磁式、空气阻尼式、电动式、电子式等。常用时间继电器的外形和图形符号如图 7—26 所示。

时间继电器主要由电磁系统、工作触头及空气室三部分组成。当时间继电器接入电源后，吸引线圈产生电磁力，将衔铁吸下，于是在胶木块与撑杆之间形成空隙。胶木块在压缩弹簧的作用下，向下移动，而胶木块与伞形活塞相连，活塞表面固定有橡胶膜。因此，当活塞向下移动时，在膜上面形成空气稀薄的空间，活塞受到下面空气的压力，不能迅速下降，当空气由进气孔逐渐进入时，活塞才逐渐下降。活塞移动到最后位置时，挡块使触头动作。通过调节螺钉调节进气孔的大小，就可以调节延时时间。吸引线圈失电后，依靠反力弹簧的作用复原，空气经由出气孔迅速排出。

2）时间继电器选用

①时间继电器类型的选择。电磁式时间继电器结构简单、价格低廉，但延时较短，且只能用于直流断电延时。电动式时间继电器的延时精确度高，延时可调范围大，但价格较贵。空气阻尼式时间继电器的结构简单、价格低廉，延时范围较大，有通电延时和断电延时两种，但延时误差较大。电子（半导体管）式时间继电器的延时可达几分钟到几十分钟，延时精确度比空气阻尼式好。可根据以上各种类型的特点与应用场合选择。

②时间继电器有通电延时型和断电延时型两种，应根据控制线路的要求来选择。

③时间继电器线圈电压应根据控制线路电压来选择。

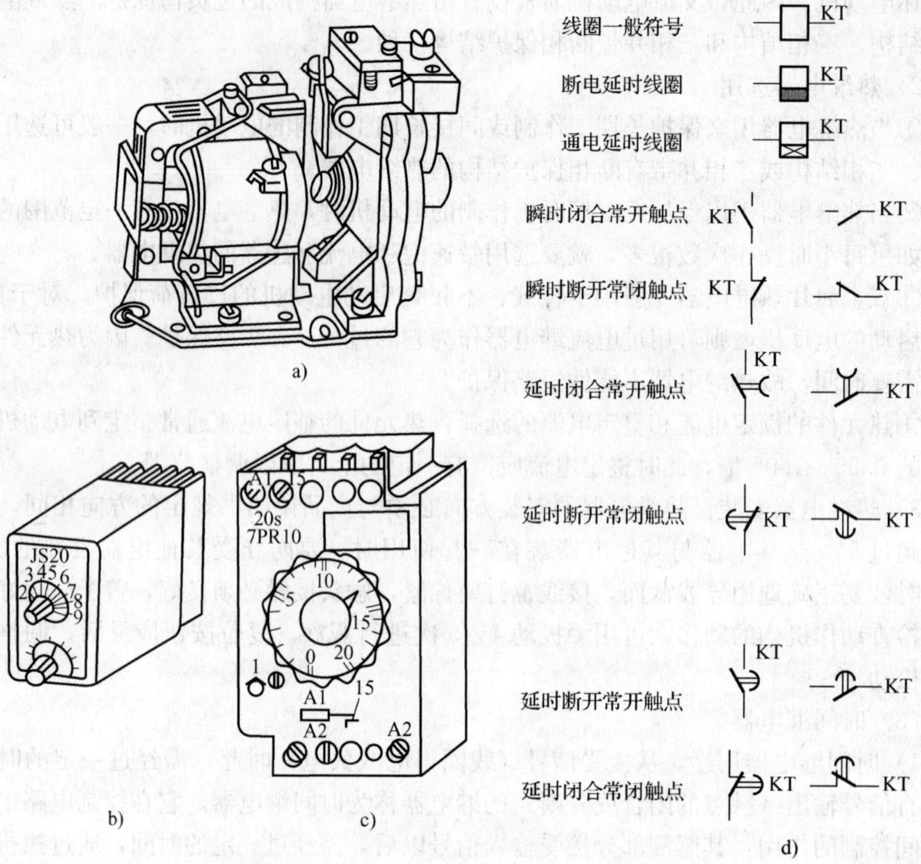

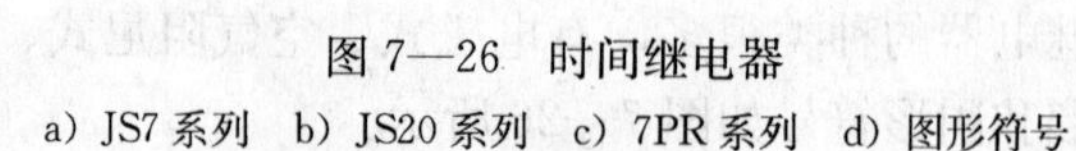

图 7—26　时间继电器

a）JS7 系列　b）JS20 系列　c）7PR 系列　d）图形符号

④检查继电器的可动部分是否灵活可靠。

⑤投入运行前，应通电试验两次，观察其动作是否正确，延时是否符合要求。

6. 主令电器

主令电器是在自动控制系统中用来发出指令操纵的电器，用它来控制接触器、继电器或其他元件，使之接通和分断电路来实现生产机械的自动控制。

（1）控制按钮

1）控制按钮的结构与用途。控制按钮是一种结构简单、应用广泛，短时接通或断开小电流电路的电器。它不直接控制电路的通断，而是在电路中发出“指令”去控制一些自动电器。按钮的外形和结构如图 7—27 所示。按钮开关可分为常开、常闭和复合式按钮等多种形式，在结构形式上有揿钮式、紧急式、钥匙式和旋钮式等。

2）控制按钮选用

①根据按钮使用场合、结构形式、触头数及颜色进行选用。

②线路的电压不应超过按钮的额定电压（交流 500 V、直流 440 V）。

③线路的电流不应超过按钮的额定电流（不超过 5 A）。

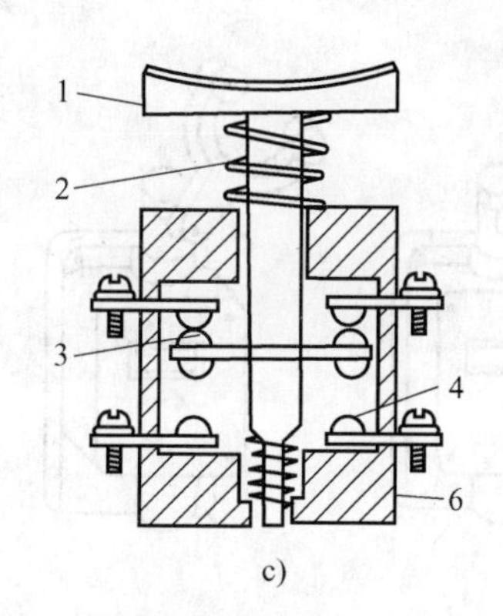

图 7—27 按钮开关的外形、结构及图形符号

a）外形 b）图形符号 c）结构

1—按钮帽 2—复位弹簧 3—常闭触头 4—常开触头 5—接线桩 6—外壳

3）控制按钮的安装

①安装在面板上的按钮，应布置整齐，排列合理，如根据电动机启动的先后次序，应从上到下或从左到右排列，按钮安装应牢固。

②正确选择按钮颜色。红色按钮做“停止”或“急停”用。绿色按钮作“启动”用。“启动”与“停止”交替动作的按钮必须是黑色、白色或灰色。“点动”按钮必须是黑色。“复位”按钮应为蓝色。黄色透明的带灯按钮多用于显示工作或间歇状态。

（2）位置开关

1）位置开关结构与用途。位置开关又称行程开关或限位开关，其作用与按钮开关相同，只是其触点的动作不是靠手动操作，而是利用生产机械某些运动部件上的挡铁碰撞其滚轮使触点动作来实现接通或分断某些电路，使之达到一定的控制要求。其外形和图形符号如图 7—28 所示。

2）位置开关安装

①位置开关安装时位置要准确，否则不能达到位置控制和限位的目的。

②应定期检查位置开关，以免触点接触不良而达不到行程和限位控制的目的。

3）位置开关选用

①根据安装环境选择防护形式，是开启式还是防护式。

②根据控制回路的电压和电流选择采用何种系统的行程开关。

③根据机械和行程开关的传力与位移关系选择合适的头部结构形式。

7. 磁力启动器及其控制线路

磁力启动器又称电磁启动器，是用来控制电动机的启动、停止、可逆运行等的电器。它具有失压和过载保护等功能。磁力启动器按电动机旋转方向可否变换，分为可逆式磁力启动器和不可逆式磁力启动器；按其外壳防护形式可分为开启式磁力启动器和防护式磁力启动器两种。

（1）磁力启动器的结构和用途。磁力启动器是由交流接触器和热继电器加上安装板组装而成。可逆式磁力启动器由两个交流接触器和一个热继电器构成；不可逆式磁力启

JLXK1-311
按钮式

JLXK1 111
单轮旋转式

JLXK1 211
双轮旋转式

a)

b)

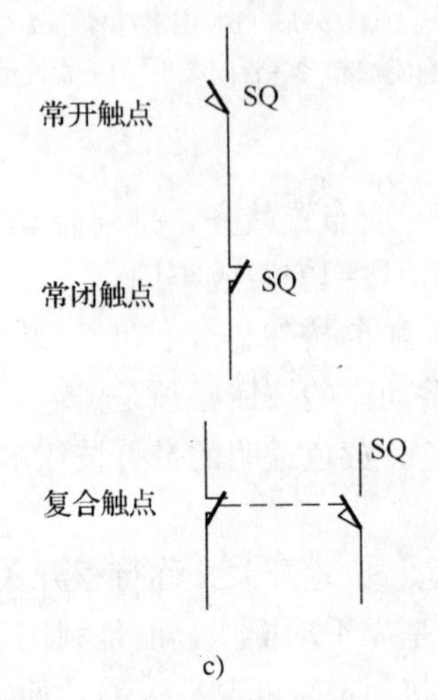

图 7—28　位置开关

a）LX19 系列　b）JLXK1 系列　c）图形符号和文字符号

动器由一个交流接触器和一个热继电器构成。

启动器按操作方式分为手动、自动和遥控三种；按启动过程中是否采取降压措施可分为直接启动器和降压启动器两大类。直接启动器是在全压下直接启动电动机，适用于较小功率的电动机。降压启动器是用各种方法降低电动机启动时电压，以降低启动电流，适用于较大功率的电动机。

（2）磁力启动器控制电路

1）电动机单相运行控制电路。不可逆磁力启动器只能控制电动机单方向运行，其电路如图 7—29 所示。其电路工作原理：启动时，合上隔离开关 QS，按下启动按钮 SB1，交流接触器 KM 的线圈得电，其主触头闭合，电动机 M 启动运转；同时其辅助常开触头（自锁触头，即并联在启动按钮的接触器辅助常开触头）闭合，形成自锁。此时按按钮的手可抬起，电动机仍能继续运行，可见自锁触头是电动机长期工作的保证。停止时，按下停止按钮 SB2，接触器线圈失电释放，主触头断开，电动机断开电源停转。

2）电动机双向运行控制电路。可逆磁力启动器能控制电动机正转和反转运行，其

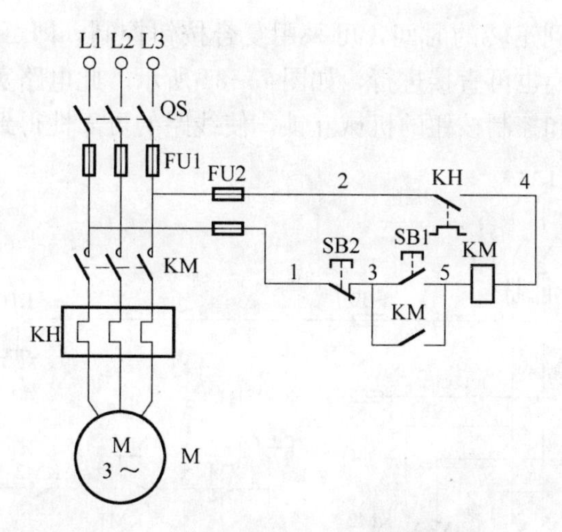

图 7—29　电动机单向启动控制电路图

QS—隔离开关　FU—熔断器　KM—交流接触器　KH—热继电器

SB1—启动按钮　SB2—停止按钮　M—电动机

电路如图 7—30 所示。其电路工作原理：启动时，合上隔离开关 QS 将电源引入。以电动机正转为例，按下正转启动按钮 SB1，正向接触器 KM1 的线圈得电，其主触头闭合，电动机 M 正向运转；同时其辅助常开触头闭合形成自锁。此时按按钮的手可抬起，其常闭互锁触头断开，切断了反转通路，防止了误按反向启动按钮 SB2 使电动机正、反向接触器同时接通造成主电路短路。

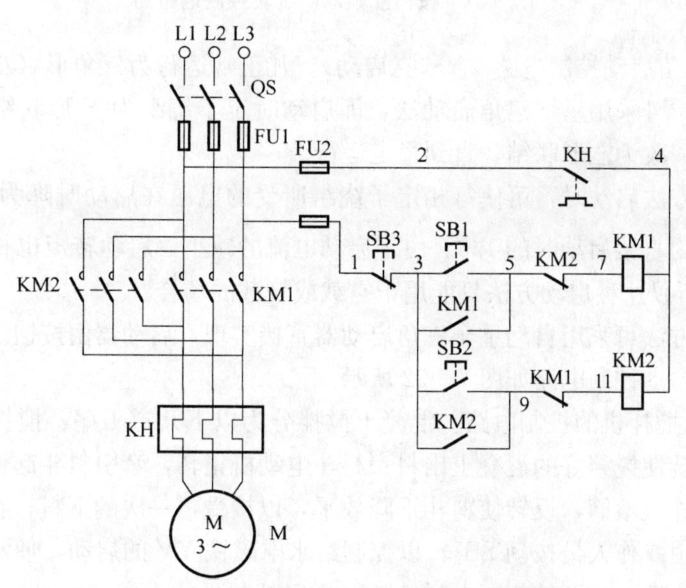

图 7—30　电动机双向启动控制电路图

如要电动机反转，必须先按下停止按钮 SB3，使 KM1 释放，电动机停止，然后再按下反向启动按钮 SB2，电动机才可反转。

由此可见，以上电路的工作顺序是：正转→停止→反转→停止→正转。为了缩短从正转到反转或从反转到正转的时间，可采用复合按钮控制，即可从正转直接过渡到反转，反转到正转的变换也可直接进行，如图 7—31 所示。此电路实现了双重互锁，即接触器触头的电气互锁和控制按钮的机械互锁，使线路的可靠性得到提高。

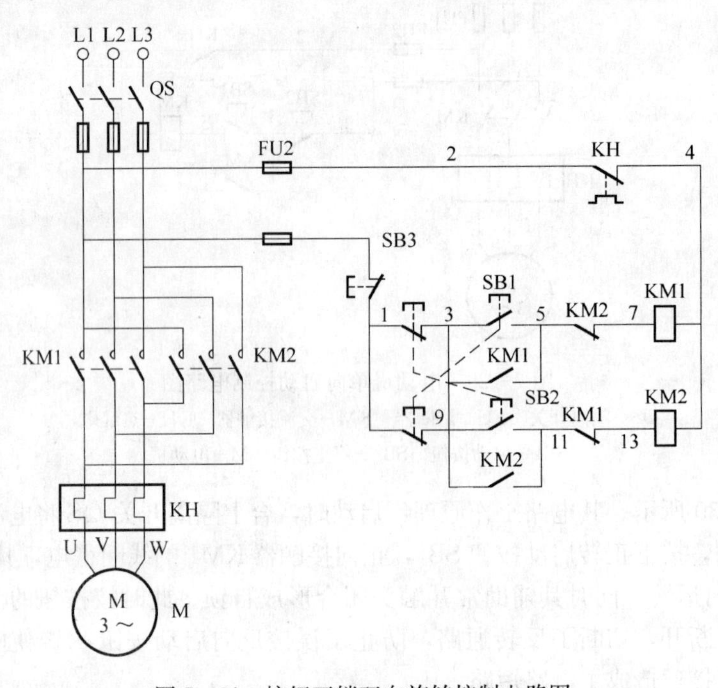

图 7—31　按钮互锁双向旋转控制电路图

3）星－三角启动控制电路（Y－△启动）。凡正常运行为三角形（△）接法，容量较大的电动机，可采用星－三角启动法，即启动时定子绕组为 Y 形联结，待转速升高到一定程度后，改为△形联结，直到稳定运行。

采用这种方法启动时，可使每相定子绕组所受的电压在启动时降为电路电压的 $1/\sqrt{3}$，其线电流为直接启动时的 1/3。由于启动电流的减小，启动转矩也相应减小到直接启动的 1/3，所以这种启动方法只能用于空载或轻载的场合。

这种启动方法可采用自动星－三角启动器直接实现，启动器由按钮、接触器、时间继电器组成，启动控制电路如图 7—32 所示。

4）混凝土搅拌机的控制电路。混凝土搅拌分为以下几道工序：搅拌机滚筒正转搅拌混凝土，反转使搅拌好的混凝土出料；料斗电动机正转，牵引料斗起仰上升，将骨料和水泥倾入搅拌机滚筒，反转使料斗下降放平，以接受再一次的下料；在混凝土搅拌过程中，还需要由操作人员按动 SB7，以控制给水电磁铁 YV 的启动，使水流入搅拌机的滚筒中，加足水后，松开按钮，电磁铁断电，切断电源。

典型的混凝土搅拌机控制电路如图 7—33 所示。控制电源用 380 V 电压。在主电路中，搅拌机滚筒电动机 M1 采用一般正、反转控制，无特殊要求；而料斗电动机 M2 的电路上并联一个电磁铁线圈 YB，称为制动电磁铁。当给电动机 M2 通电时，电磁铁线圈也得电，立即使制动器松开电动机 M2 的轴，使电动机能够旋转；当 M2 断电时，电

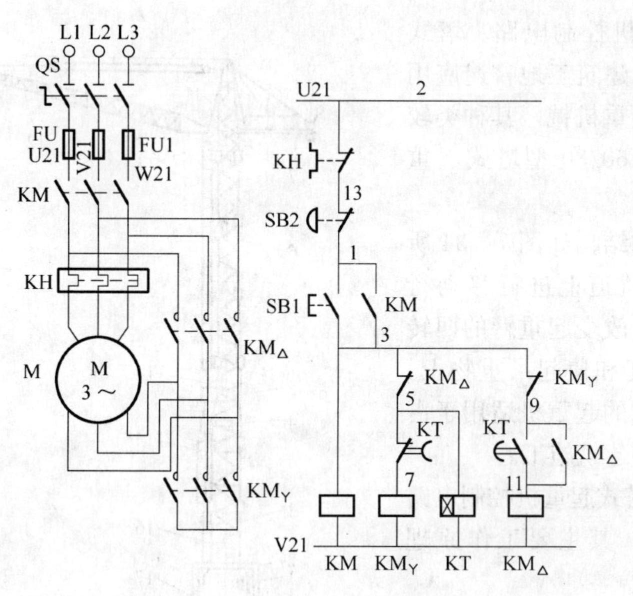

图 7—32　星－三角启动控制电路图

磁铁线圈也失电，在弹簧力的作用下，使制动器刹住电动机 M2 的轴，则电动机停止转动。在控制电路中，设有限位开关 SQ1 或 SQ2（分别接入 KM3 和 KM4 回路），以限制上、下端的极限位置，一旦料斗碰到限位开关 SQ1 或 SQ2，便使吸引线圈失电，则电动机停止转动。

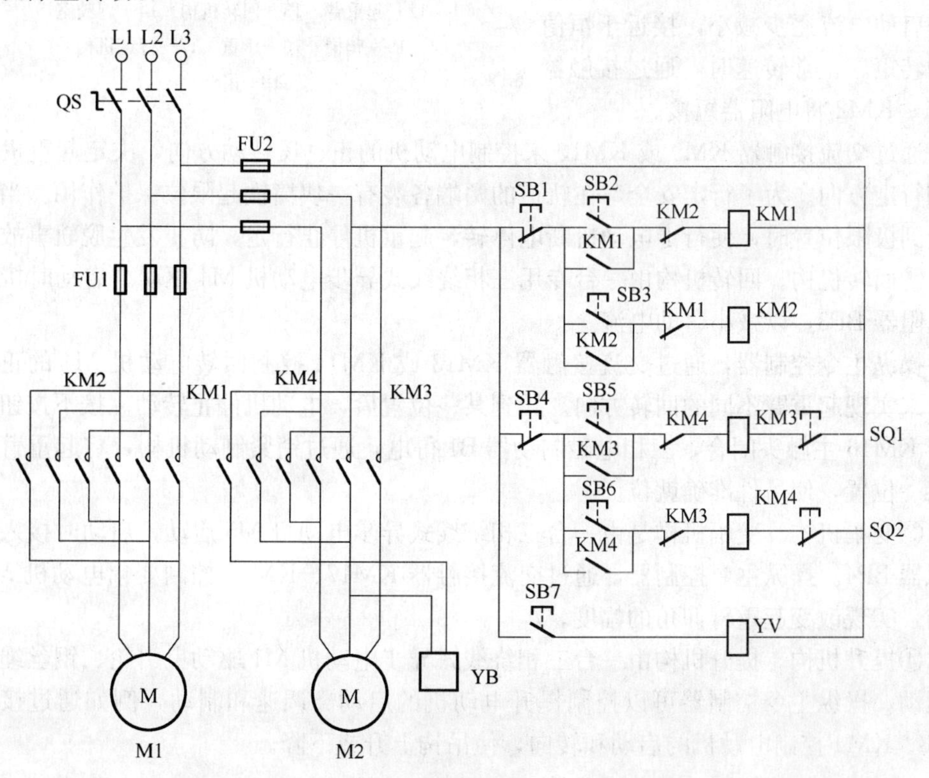

图 7—33　混凝土搅拌机控制电路图

5）塔式起重机控制电路。塔式起重机是目前国内建筑工地普遍应用的一种有轨道的起重机械，其种类较多，本书仅以 QT60/80 型塔式起重机为例进行介绍。

塔式起重机的结构如图 7—34 所示。起重机能在轨道上进行移动行走，根据需要可以改变起重臂的回转方向、仰角的幅度和使起吊重物上、下运动。这种形式的起重机适用于占地面积较大的多层建筑施工。

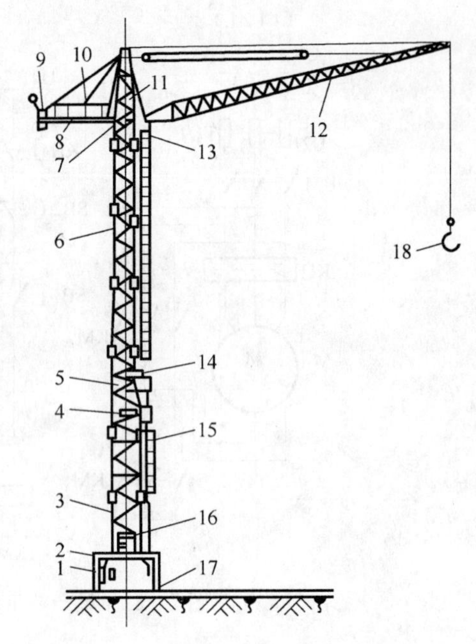

图 7—34　QT60/80 型塔式起重机结构

1—电缆卷筒　2—龙门架　3—塔身（第一、二节）　4—提升机构　5—塔身（第三节）　6—塔身（延接架）　7—塔顶　8—平衡臂　9—平衡重　10—变幅机构　11—塔帽　12—起重臂　13—回转机构　14—驾驶室　15—爬梯　16—压重　17—行走机构　18—吊钩

QT60/80 型塔式起重机控制电路如图 7—35 所示，其主要工作原理如下：

①行走机构。行走机构采用两台起重机械专用的三相绕线式异步电动机 M2、M3 作为驱动电动机。采用频敏电阻器 BP1、BP2 作为启动电阻。M2、M3 异步电动机的整个启动过程启动电流逐步减小，接近于恒值启动转矩。正常转速时，通过接触器 KM1、KM2 将电阻器短接。

通过交流接触器 KM9 或 KM10 来控制电动机的正、反转动方向，决定起重机的行走和行走方向。为了行走安全，在轨道的两端各装有一块撞铁起限位保护作用。当起重机走到极限位置时，使行走电动机断电停转，起重机停止行走，防止发生脱轨事故。

②回转机构。回转机构由一台专用三相绕线式异步电动机 M4 驱动。启动时接入频敏电阻器 BP3，以减小启动电流。

操纵主令控制器，通过交流接触器 KM13 或 KM14 控制回转电动机 M4 的正、反转，来实现起重臂不同的回转方向。转到某一位置后，电动机停止转动。按下按钮，接触器 KM16 主触头闭合，三相电磁制动器 B1 得电，通过销紧制动机构，将起重臂锁紧在某一位置，使吊件准确就位。

③变幅机构。变幅机构是由一台三相绕线式异步电动机 M5 启动，启动时接入频敏电阻器 BP4。操纵主令控制器，通过交流接触器 KM17、KM18 控制变幅电动机 M5 的转向，实现改变起重臂仰角的幅度。

④提升机构。提升机构由一台三相绕线式异步电动机 M1 驱动曳引轮、钢丝绳和吊钩运动。操纵主令控制器可以控制提升电动机的启动、调速和制动，例如通过接触器 KM3、KM4 控制电动机的启动和转向，使吊钩上升或下降。

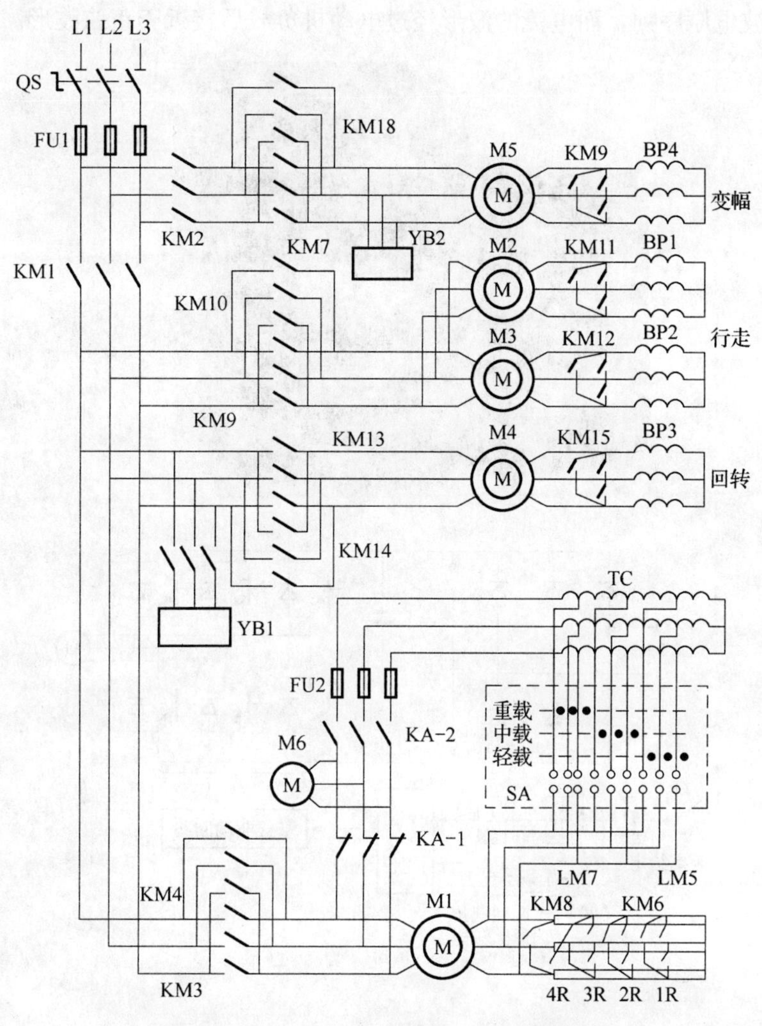

图 7—35　QT60/80 型塔式起重机控制电路图

8. **变频控制器**

现代变频控制器一般将几种控制方式（标准 V/F 控制、带反馈的磁通矢量控制、无传感器磁通矢量控制、带反馈的 V/F 控制）融为一体，多种组件供使用者选择，使系统变得简单实用。这些组件包括输入/输出组件、检测组件、RS232/422/485 等通信接口组件。其软件库功能能够设定：用恒流量的比例－积分－微分 PID 控制，泵和风机的节能控制，用于通风机械操作的分段加/减速设定，甚至瞬时断电重新启动等功能。变频器是最具开发潜力的机电设备之一。

（1）交－直－交变频器。变频器有多种类型，通用型变频器几乎都采用如图 7—36 所示的交－直－交电压型变频器。在图 7—36b 中，中间直流环节接有大容量的滤波电容器，电源阻抗小，对交流电动机而言近似于电压源。逆变器的输出电压为交流电动机的电源电压，它不受电动机负载条件的影响，可以稳定控制。这种低阻抗的电压源适用于三相异步、同步等各种电动机的单台或多台并联运行。电压型变频器输出的是交流方波电压或方波电压序列，而电流的波形经过电动机负载后接近于正弦波形。

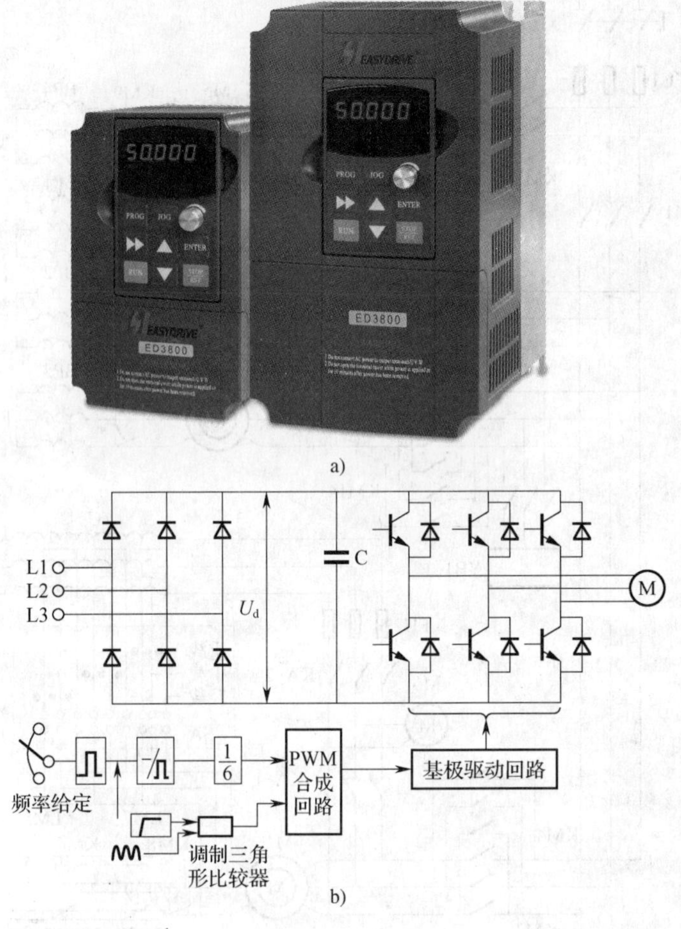

图 7—36　变频器

a）外形　b）交一直一交电压型变频器电路图

PWM—脉宽调制

（2）变频器安装。经开箱检查无误后，即可进行安装。变频器本身具有防护等级，它一般安装在控制柜里面，与其他器件组成成套控制柜，但也可单独安装在所需要的场所。

这种控制柜由厂家制造，一般已考虑到变频器的使用条件及功能，对于柜内的散热、通风均作了仔细考虑。变频器单独安装在现场时，在安装空间上要保证距周围墙壁有 15 cm 以上的空间，要求通风良好有气流通过，以利散热。直接安装在墙壁上的变频器，背面四角应垫有同样大小的绝缘橡胶垫，用于防潮防振。控制电缆线应采用屏蔽线，变频器的基本接线如图 7—37 所示。

（3）带电动机负载试运行。变频器安装、接线完毕后，经检查无误，就可通电检查。进行检查时应先把负荷断开，将频率电位器调到最小。输入端（R、S、T 端）接通电源，检查机内交流接触器触点的吸合。机内控制电路、程序电路通电，检查操作面

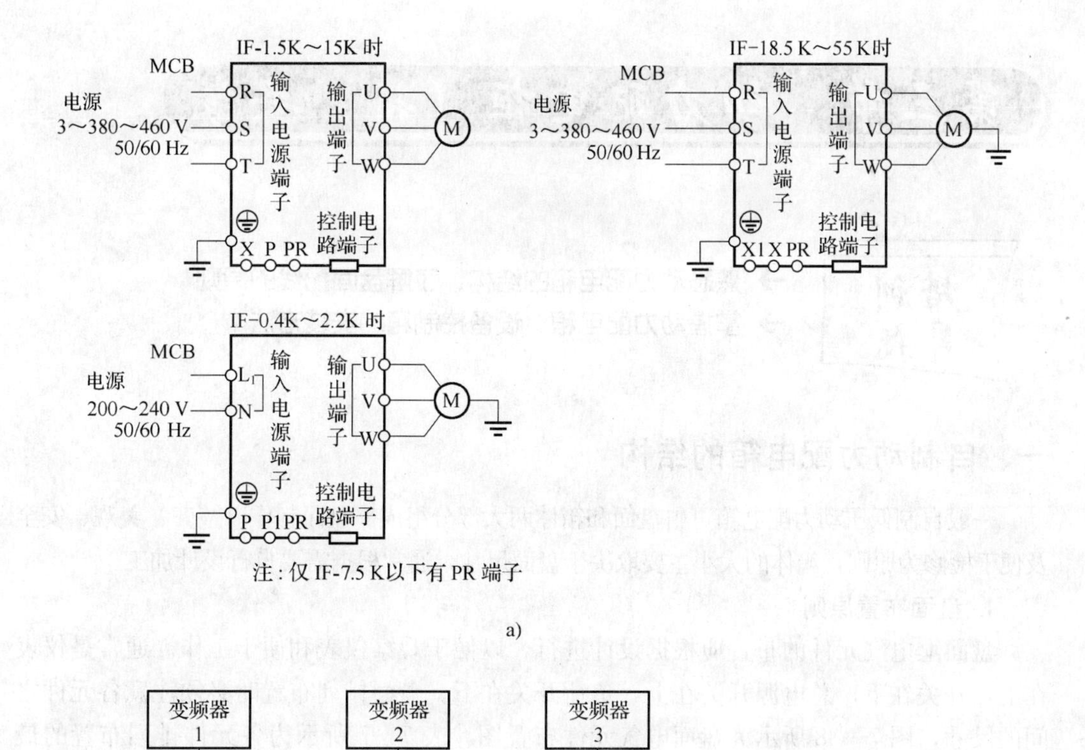

图 7—37　变频器的安装接线

a）变频器的基本接线图　b）变频器的接地线

板，检查控制显示和功能是否正常，有无故障显示。此时注意机内有无异味、冒烟、变色等异常现象，变频器内风扇是否运转，确认面板指示灯亮。一切正常后，将变频给定置于额定值，然后开机。

主电源接通后，引导内部数据程序动作，查看出厂时设定的参数，要根据实际情况进行修订或重新设定。重新设定变频器输出的基频、最高频率，设定电动机的转矩、输出功率和过载保护值。对于风机和泵类负载，应设置成变转矩和降转矩的运行特性，以及加/减速时间设置、电子热保护设置。若变频器自带键盘，则在面板上操作开关和频率的设置；若利用外部给定的信号运行时，则把频率设置开关置于 OFF，调整时要设置自带键盘模式。一切设置完毕，把负载接好，可以试运行。给正转（FWD）或反转（REV）指令，首先在几赫兹转速下运行看电动机的旋转方向，若旋转方向相反，则通过调换控制端 FWD 或 REV 的接线，即可改变旋转方向。正常无误后，可逐渐加大设定值，查看频率升到最大值时电动机的运行情况。在测量转速、电压正常无误后，再查看加速/减速运行情况是否稳定。

第三节　动力配电柜（箱）安装

→ 熟悉动力配电箱的结构，了解盘面配线的原则

→ 掌握动力配电箱、设备控制箱的安装方法

一、自制动力配电箱的结构

一般自制低压动力配电箱可由盘面和箱体两大部分组成。盘面制作以整齐、美观、安全及便于检修为原则，箱体的大小主要取决于盘面尺寸，通常根据需要自行设计加工。

1. 盘面布置原则

盘面上电气元件的布置应根据设计进行，以便于观察仪表和便于工作。通常是仪表在上，开关在下；总电源开关在上，负荷开关在下。盘面排列布置时必须注意各元件之间的尺寸，图 7—38 所示为盘面电气元件布置图，表 7—7 所示为各元件排列布置的最小间距。盘面上设备位置和相互之间的距离确定后，在盘上钻好穿线孔，装上绝缘管头，对需要嵌入安装的电气元件做好嵌入孔，再将元件用螺钉或卡子固定在盘面上。

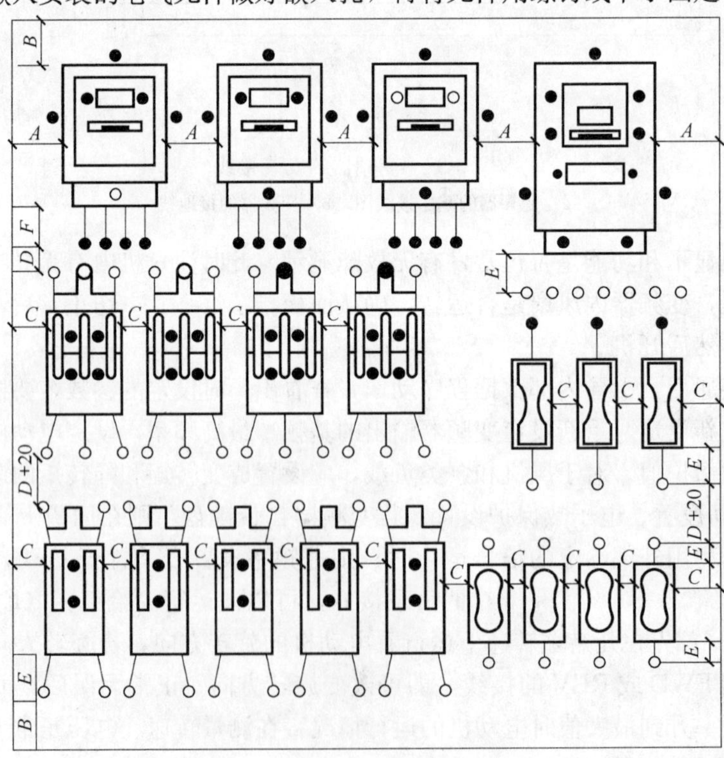

图 7—38　盘面电气元件布置图

表 7—7　　盘面元件排列最小距离　　mm

间距	A	B	C	D	E	F
最小尺寸	60 以上	50 以上	30 以上	20 以上	10～15 A：20 以上 20～30 A：30 以上 60 A：50 以上	80 以上

2. 盘面配线

盘面上的电气元件安装好之后，就可以进行配线。配线时要求按图施工，接线正确；电气连接可靠、良好；导线绝缘无损伤、整齐、清晰、美观。配线时的具体要求如下：

（1）配电箱中配线用的导线，要使用铜芯绝缘导线。为保证必要的力学强度，一般测量、信号、继电保护、电气自动装置和控制装置的盘，其二次回路导线截面，应不小于 2.5 mm^2，其他回路应不小于 1.5 mm^2。导线绝缘按工作电压不低于 500 V 来选择。

（2）导线必须可靠连接，不得有错接和接触不良等现象。进入盘内的控制线须经过端子排连接；盘内各元件之间的连接可用导线直接连接，但导线本身不应有接头。

（3）盘后面的配线须排列整齐，绑扎成束，并用卡钉固定在盘板上，盘后引出及引入的导线应留有适当的余量以便检修。

（4）为了加强盘后配线的绝缘强度和便于维护管理，导线均应按相位颜色套以黄、绿、红、蓝色塑料管，导线交叉处应套软塑料管加强绝缘。

（5）盘上的刀开关、熔断器等元件一般是上接电源，下接负荷。横装的插入式熔断器一般是左侧（面对配电箱）接电源，右侧接负荷。盘上指示灯的电源应从总刀开关的进线前端接引。

（6）导线穿过盘面木板时需装瓷管头，铁盘须安装橡胶护圈，工作中性线穿过木盘面可不加瓷管头，只套以塑料管即可。

盘面上所有元件下方均应安装“卡片框”，注明相序、线路编号、额定电流以及所控制的设备名称，并应在箱门的里面贴上电路图。

二、动力配电箱的安装

1. 自制动力配电箱安装注意事项

（1）配电箱的安装高度及安装位置应根据图样设计确定。无详细规定者，配电箱底边距地面高度应为 1.5 m。

（2）安装配电箱用的木砖、铁构件等应预先在土建砌墙时埋入墙内。

（3）在 240 mm 厚的墙内安装配电箱时，其后壁需用 10 mm 厚石棉板及钢丝直径为 ϕ2 mm、空洞为 10 mm×10 mm 的钢丝网钉牢，再用 1∶2 水泥砂浆抹好以防开裂。

（4）配电箱外壁与墙接触部分均应涂防腐漆。箱内壁及盘面均涂灰色油漆两道，箱门油漆颜色除施工图中有特殊要求外，一般均与工程中门窗的颜色相同。铁制配电箱均须先涂樟丹再涂油漆。

(5) 为了防止木制配电盘因电火花烧坏，当动力配电盘的额定电流在 30 A 以上时应加包镀锌薄钢板，在 30 A 以下及盘上装有铁壳开关时可不包薄钢板。装在重要负荷及易燃场所的木制配电箱，均应包薄钢板。如包薄钢板则应在盘板的前后两面包，箱身及箱内壁可不包薄钢板。

2. 落地式动力配电箱安装

落地式动力配电箱安装可以直接安装在地面上，也可以安装在混凝土台上，两种形式实为一种。安装时都要预先埋设地脚螺栓，以固定配电箱，落地式动力配电箱的安装方式如图 7—39 所示。

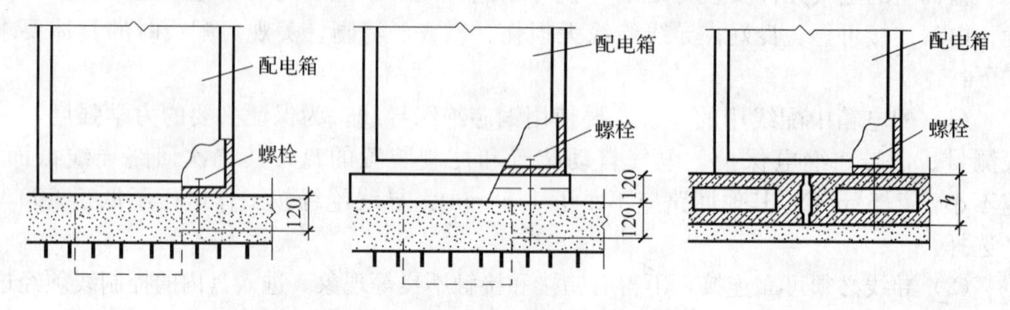

图 7—39 落地式配电箱安装

埋设地脚螺栓时，要使地脚螺栓之间的距离和配电箱安装孔尺寸一致，且地脚螺栓不可倾斜，其长度要适当，使紧固后的螺栓高出螺帽 3～5 牙为宜。

配电箱安装在混凝土台上时，混凝土的尺寸应视贴墙或不贴墙两种安装方法而定。不贴墙时，四周尺寸以均超出配电箱 50 mm 为宜；贴墙安装时，除贴墙的一边外，各边应超出配电箱 50 mm，使配电箱固定牢固、美观。

待地脚螺栓或混凝土干固后，即可将配电箱就位，并进行水平和垂直的调整，水平误差不应大于 1/1 000，垂直误差不应大于其高度的 1.5/1 000，符合要求后，即可用螺帽拧紧固定。

安装在有振动的场所时，应采取防振措施，可在盘与基础间加以厚度适当的橡胶垫(一般不小于 10 mm)，防止由于振动使元件发生误动作，造成事故。

第四节 动力配电工程技能训练

→锅炉房动力工程图识读

【实训内容】识读如图 7—40、图 7—41 所示某锅炉房动力系统图及其平面图。

电源进线	刀开关	熔断器额定电流(A) 熔体额定电流(A)	计算电流(A)	配电线路 导线或电缆的型号规格 穿线管规格	线路编号	起动控制设备型号规格	受电设备 型号 功率(kW)	名称	房间编号设备编号	备注
VLV$_{20}$—500V$_3$×25 GD80—DA	HDR—400/31	RL—15/15	5.2	BLX—3×2.5 GD15	1	CJ$_{10}$—10A		$\frac{J_0}{3}$	风机	$\frac{1}{1}$
		15/5	1.5	BLX—3×2.5 GD15	2	CJ$_{10}$—10A		$\frac{J_0}{0.75}$	风机	$\frac{1}{2}$
		50/30	15	BLX—3×4 GD20	3	QC$_8$—3/6		$\frac{Y}{7.5}$	出渣机	$\frac{1}{3}$
		15/15	5.6	BLX—3×2.5 GD20	4	CJ$_{10}$—10A		$\frac{J_0}{3}$	出渣机	$\frac{1}{4}$
		15/10	4.5	BLX—3×2.5 GD15	5	CJ$_{10}$—10A		$\frac{J_0}{2.2}$	风机	$\frac{2}{5}$
		50/30	15	VLV$_{20}$—500—3×4 电缆沟	6	QC$_8$—3/6		$\frac{Y}{7.5}$	水泵	$\frac{2}{6}$
		50/30	15	VLV$_{20}$—500—3×4 电缆沟	7	QC$_8$—3/6		$\frac{Y}{7.5}$	水泵	$\frac{2}{6}$
			15	BLX—3×2.5 VG15	8	HK—15/3		15A	插座	$\frac{1}{—}$

设备容量 P_S	34.45kW
计算容量 P_{30}	31kW
计算电流 I_{30}	65.4A

图 7—40　某锅炉房动力系统图

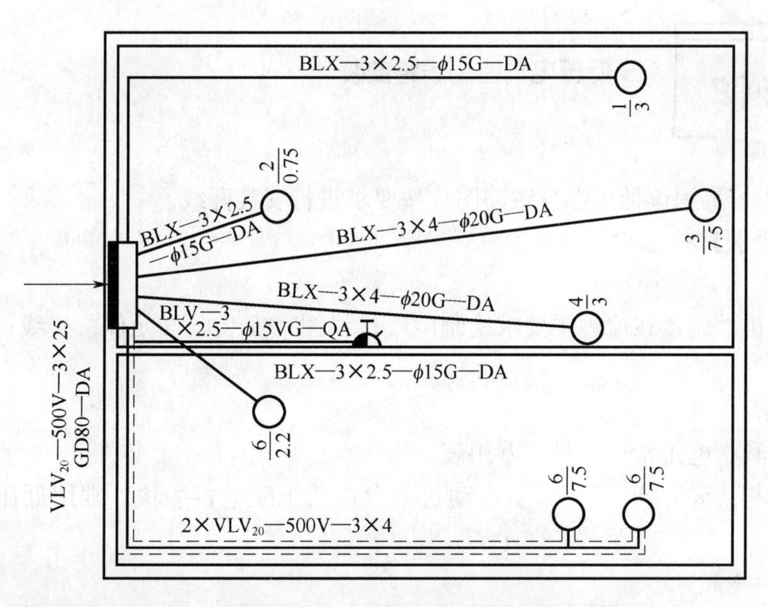

图 7—41　某锅炉房动力平面图

【准备要求】

1. 准备

了解动力工程系统的主要内容和构成；熟悉动力工程图常用图形符号和文字标注符号的含义。

2. 要求

能正确识读理解动力工程图的设计内容和安装要求。

【操作步骤】

步骤 1　熟悉受电设备概况

从图 7—40 所示锅炉房动力系统图可看出：该建筑物有两个房间，共安装三相异步电动机 7 台，其中风机电动机 J_0 系列 3 kW 两台、0.75 kW 一台；出渣机电动机 Y 系列 7.5 kW 一台、J_0 系列 3 kW 一台；水泵电动机 Y 系列 7.5 kW 两台。15 A 三相插座 1 个。这些设备分别布置在平面图所示位置。

步骤 2　了解电源进线形式

建筑物电源进线采用电缆埋地敷设方式，穿钢管接至室内动力配电箱。

步骤 3　了解动力设备配线形式

动力配线采用放射式配线方式，共有 8 条回路，其中 6 条回路采用穿钢管沿地暗配方式配线，一支回路采用穿塑料管沿地暗配方式配线，另两支回路则采用沿电缆沟配线。各回路导线或电缆的型号规格如系统图及平面图所示。

步骤 4　了解设备启动控制方式

各种电动机的控制保护除了采用螺旋式熔断器做过流保护外，还分别采用磁力启动器和交流接触器进行控制。

→低压电气控制线路安装

【实训内容】识读低压电气线路图，按要求进行安装配线。

【准备要求】

1. 要求

按电动机控制接线原理图要求绘制电气接线图；安装电气元件；接线；绝缘检查；通电试动作。

2. 准备

实训工具：电工常用工具、万用表。

实训材料：5.5 kW 三相异步电动机一台，低压配电板一块，常用低压控制电器、绝缘导线。

【操作步骤】

步骤 1　根据电路图绘制电气接线图

三相异步电动机直接启动、正反转控制和 Y－△启动控制的电路图分别如图

7—42～图 7—44 所示。根据电路图分别绘制对应的接线图。

绘制接线图要求如下：

（1）电源总开关、熔断器、交流接触器、热继电器画在配电板内部，电动机按钮画在配电板外部。

（2）安装接线图中各电气元件的图形符号和文字符号应和电路图完全一致，并符合国家标准。

（3）各电气元件上凡是需要接线的部件端子都应绘出并予以编号，各接线端子的编号必须与电路图上导线的编号相一致。

（4）安装在配电板上的电气元件布置应符合“配线合理、操作方便、电气元件间隙适中”的要求。并注意将发热元件放在上部，质量大的元件放在下部，元件所占面积按实际尺寸以统一的比例绘制。

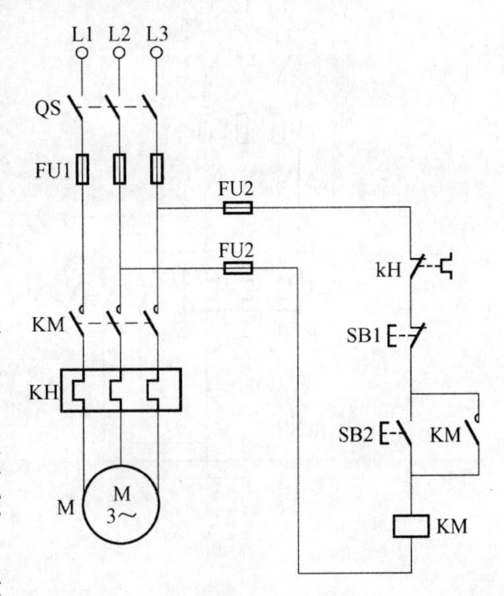

图 7—42　电动机单向全压启动控制电路图

（5）配电板内电气元件之间的连线可以直接连接，外加绝缘；配电板内接至配电板外的连线要通过接线端子板进行连接。端子板上导线的接点数不少于配电板上接至外电路的引线数。

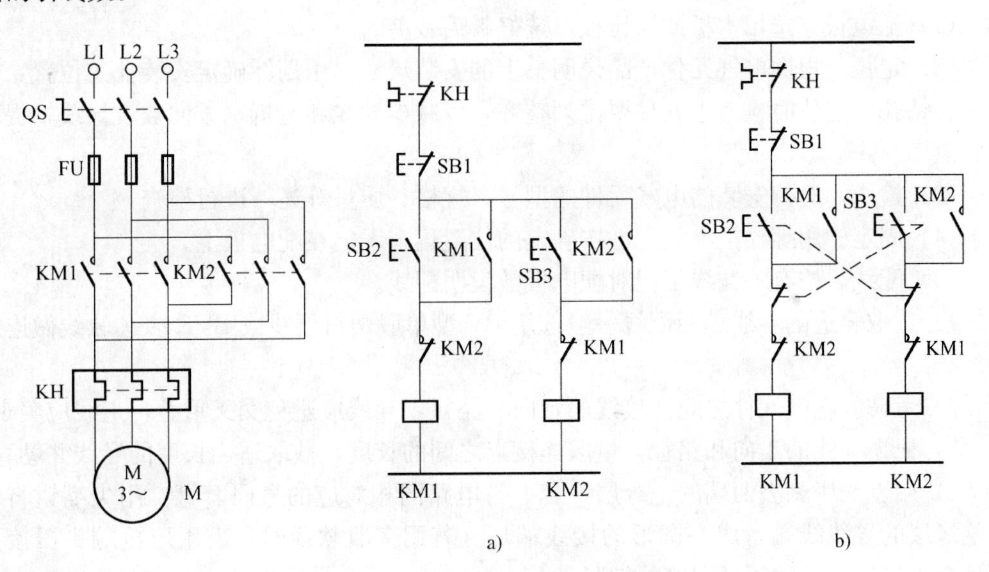

图 7—43　正反转控制电路图

a）正、反转一重互锁控制电路　b）正、反转两重互锁控制电路

（6）因配电线路太多，对于走向相同的相邻导线可以绘制成一股线。

首先弄清楚电路图的工作原理，列出电气元件的明细表，根据各电气元件的封装形式、安装方法、安装尺寸，来绘制接线图的草图，交指导老师检查合格后，再绘制正规

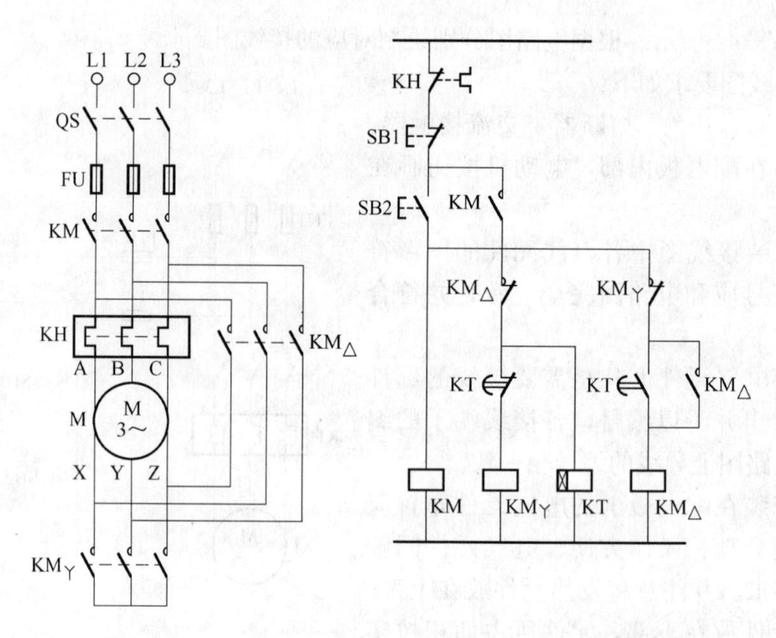

图 7—44　三相异步电动机Y-△减压启动控制电路图

的接线图。

步骤 2　安装电气元件

具体安装步骤如下：

（1）配电板宜选用木板或层压板，选好料后裁剪。

（2）定位。根据电气元件产品说明书上的安装尺寸，用划针确定安装孔的位置，再用电钻钻孔。定位时应考虑元件要排列整齐，以减少导线和弯折，方便敷设导线，提高工作效率。

（3）检查。对待安装的电气元件的型号、规格、质量等逐一进行检查。

（4）固定。用螺栓把电气元件按确定的位置逐个固定在配电板上。

（5）配线。按有关配线工艺对配电板敷设明配线。

1）选取合适的导线。明配线一般选用 BV 型单股塑料硬线或 BVR 多芯软线做连接导线。

2）考虑好电气元件之间连接线的走向、路径，导线应避免交叉重叠，走线应美观。

3）根据导线的走向和路径，量取连接点之间的长度，截取适当长度的导线并勒直。

4）用剥线钳剥去两端的绝缘层，套上与电路图相对应的号码套管。用尖嘴钳将剥去绝缘层的导线线端弯成一圆形的接线端环（若用多股软线时，需用压接端头压接），然后套入接线端子的压紧螺钉并拧紧。

5）当所有导线连接完毕，对其进行整理。对于成排线束的导线用塑料带捆扎固定。

6）配线完毕，根据接线图检查接线是否正确。确认无误后，紧固所有紧压件。

步骤 4　电气控制板安装检查

（1）清理电气控制板及周围的环境。对照电路图与接线图检查各电气元件安装配线是否正确、可靠，检查线号、端子号是否正确。

(2) 用万用表检查主电路、控制电路是否存在短路、断路的情况。

(3) 用绝缘摇表进行绝缘耐压检查。

步骤5 通电试运行

通电试运行时，可检查主电路、控制电路的熔丝是否完好，但不得对线路进行带电改动。出现故障必须断电检修，检修完毕后向指导老师提出通电请求，直到试运行达到控制要求。

单元测试题

一、判断题（下列判断正确的请打"√"，错误的打"×"）

1. 异步电动机的旋转磁场计算公式为：$n_1 = 60f/p$，所以二极电动机的旋转磁场转速为1 500 r/min；四极电动机的旋转磁场转速为750 r/min。（ ）

2. 三相异步电动机额定电压是380 V/220 V，与它对应的电动机连接方式为Y－△。这就意味着电源电压为380 V时，电动机应采用Y形联结，电源电压为220 V时，电动机应采用△形联结。（ ）

3. 三相异步电动机采用降压启动可以减少启动电流，由于电压降低，启动时电磁转矩也要相应减少，如电压降低到额定电压的80%，则电磁转矩也要降低到原来的80%。（ ）

4. 交流接触器可以用来频繁地接通和分断电动机主电路。（ ）

5. 热继电器是在电动机主电路中作过载保护的元件。（ ）

6. 互锁控制是控制电路最基本的控制环节之一。（ ）

7. 电动机控制电路主要包括过载、短路、失压、断相等保护功能。（ ）

8. 两个相同的交流接触器器线圈可串联使用。（ ）

二、填空题（请将正确的答案填在横线空白处）

1. 电动机主要由________、________、________等构成。

2. 三相异步电动机采用Y－△换接启动时，启动电流可减少到直接启动电流的________；但启动转矩也只有原来的________。

3. 按电动机转子结构形式，电动机可分为________和________等。

4. 电动机的启动方法主要有________、________、________、________等。

5. 电动机的调速方法主要有________、________、________等。

6. 常用的电动机保护电器主要有________、________、________、________等。

7. 交流接触器由________、________和________三部分组成。

8. ________与________配合可组成磁力启动器。

9. 变频控制器按控制方式分为________、________、无传感器磁通矢量控制和________。

三、简答题

1. 一台三相笼型异步电动机，铭牌上标有Y/△字样，如将它接在线电压为380 V电源上，应怎样连接？如接在线电压为220 V电源上，又该怎样连接？

单元 7

2. 一台三相异步电动机，额定电压为 220 V。规定在 380 V 时，其三相绕组做 Y 形联结，现误接成三角形联结，将造成什么样的后果？

3. 什么叫异步电动机的同步转速？它与转子转速有什么区别？

4. 施工现场加工制作动力配电箱时，盘面布置应遵守什么原则？

5. 简述落地式动力配电箱的安装方法。

单元测试题答案

一、判断题

1. √　2. ×　3. ×　4. √　5. √　6. √　7. √　8. ×

二、填空题

1. 定子铁心　定子绕组　转子铁心　转子绕组

2. $1/\sqrt{3}$　1/3

3. 绕线型　笼型

4. 直接启动　定子串电阻降压启动　星－三角（Y－△）启动　调压器降压启动

5. 变极调速　变转差率调速　变频调速

6. 低压熔断器　低压断路器　热继电器　欠电流继电器

7. 触头系统　线圈　衔铁

8. 交流接触器　热继电器

9. 标准 V/F 控制、带反馈的磁通矢量控制、带反馈的 V/F 控制

三、简答题

1. 答：如将它接在线电压为 380 V 电源上，应采用三角形联结；如接在线电压为 220 V 电源上，应采用星形联结。

2. 答：如接成三角形联结方式，则电动机绕组承受的电压升高为 380 V，而电动机的额定电压仅为 220 V，这样会烧坏电动机绕组绝缘。

3. 答：异步电动机的同步转速指的是电动机旋转磁场的转速，异步电动机的转子转速略低于磁场转速。

4. 答：盘面上电气元件的布置应根据设计进行，以便于观察仪表和便于工作。通常是仪表在上，开关在下；总电源开关在上，负荷开关在下。盘面排列布置时必须注意各元件之间的尺寸。

5. 答：落地式动力配电箱安装时要预先埋设地脚螺栓，以固定配电箱，待地脚螺栓或混凝土干固后，即可将配电箱就位，并进行水平和垂直的调整，符合要求后，即可将螺帽拧紧固定。安装在振动场所时，应采取防振措施。

第8单元

应急电源安装

第一节　柴油发电动机组的运行方式与选择

→ 熟悉柴油发电机组的运行方式
→ 掌握柴油发电机组的容量选择、台数确定与选择方法

随着社会的发展，建筑技术水平的不断提高，城市的建筑趋向于大规模、高层化，这种发展使得建筑对供电的要求越来越高。社会的信息化，建筑的现代化，使建筑对供电的依赖也越来越大，尤其是一些重要的公共建筑，一旦中断供电，将造成重大的政治影响或经济损失，如果是发生火灾，后果就更不堪设想。所以现行的《高层民用建筑设计防火规范》及《民用建筑电气设计规范》就严格规定："一级负荷应由两个电源供电，当一个电源发生故障时，另一个电源不致同时受到损坏。一级负荷中特别重要的负荷，除上述两个电源外，还必须增设应急电源，常用的应急电源有：(1) 独立于正常电源的发电机组；(2) 供电网络中有效地独立于正常电源的专门供电线路；(3) 蓄电池。"大量的实践经验表明，电网供电时采用两路独立的电源，若主供电线路停电，则由备用电路供电，采用这种方式虽然简单、可靠，但供电线路复杂。当发生大面积停电事故时，两路电源均可能发生停电事故。因此，应急电源作为独立于电网之外的备用电源，被广泛应用于各种建筑工程之中。目前，应急电源包括柴油发电机组和含蓄电池的 EPS。

柴油发电机组是一种自备的应急电源，分为普通型、应急自启动型和全自动化型三种。普通型完全采用人工控制，应急自启动型和全自动化型能够在电源突然断电后约 10 s 内自动启动并向重要负荷供电。

一、柴油发电机组的运行方式

柴油发电机组有单机和并联两种运行方式，可以根据不同的要求选择使用。

1. 单机运行方式

由于输入转矩的周期性和变化性，柴油发电机的转速和输出电压是不均匀的。柴油发电动机转速不均匀度 d 应不小于 1/200，这样才能使人眼察觉不到灯光的闪烁。

柴油发电机无闪烁运行时所加的最小飞轮力矩 M_G，可根据下式计算

$$M_G = \frac{KP}{dn} \times 10\text{N} \cdot \text{m}$$

式中 d——发电机转速不均匀度；

n——柴油机转速，r/min；

P——柴油机的 12 h 功率或持续功率，kW；

K——系数，见表 8—1。

表 8—1　　系数 K

气缸数	冲程	
	4	2
2	330～400	128
3	160～170	54
4	40～54	24
6	27～31	5.4

2. 并联运行方式

在柴油发电机并联运行时，任一机组的负载或运行状态的变化，都将影响其他机组和电网的平衡状态。为了避免当系统负荷增减时，因负载分配不当引起过大的环流或机组转速振荡，参与并联的各发电机组承担有功功率的比例与各发电机组额定功率的比例应相同。

（1）各台柴油发电机的调速特性曲线的形状和斜率应基本一致，并呈下降趋势。

（2）在发电机的自动电压调节器内有无功补偿单元，以保证各机组的无功功率的分配比例和各发电机的额定无功功率的比例相同。对具有不可控相复励励磁系统的发电机，推荐使用同功率、同规格的机组并联，并应采取相应技术措施。

（3）投入并联的各台发电机的最大功率和最小功率之比应不超过 3∶1。当负荷的总功率为并联运行发电机总功率的 20%～100%时，各发电机实际承担的有功功率和无功功率比例分配值之差应不大于各台发电机中最大额定有功和无功功率的±10%及最小额定有功和无功功率的±25%。

（4）发电机应装有阻尼绕组，以提高并联运行的稳定性。柴油机调速应很快使机组达到稳定运行状态，不会因转速振荡造成发电机组间负荷转移而引起电压波动。

二、柴油发电机组的容量选择

在初步设计时，柴油发电机组的功率容量通常按变压器容量的 10%～20%考虑，但实际上能否满足使用却很难肯定。实践经验证明，宜按照自备柴油发电机组的计算负荷选择，同时用大功率笼型异步电动机的启动条件进行校验。

1. 用电负荷的类型

智能建筑的用电负荷大致可分为以下三种类型：

（1）保安型负荷，即确保大楼自身安全及大楼内智能化设备安全、可靠运行的负荷，有消防水泵、消防电梯、防排烟设备、应急照明及大楼设备的管理计算机监控系统设备、通信系统设备、从事业务用的计算机及相关设备等。

（2）保障型负荷，既是保障大楼运行的基本设备负荷，也是大楼运行的基本条件，主要有工作区域的照明、部分通道照明、电梯等。

（3）一般负荷，除以上负荷外的负荷，例如空调、水泵及其他一般照明、电力设备等。

2. 发电机的容量计算

计算自备发电机容量时，保安型负荷必须考虑在内，保障型负荷是否考虑，应视城市电网情况及大楼的功能而定。如果城市的电网很稳定，能确保两路独立的电源供电，且大楼的功能要求不太高，则保障型负荷可以不考虑在内。虽然城市电网稳定，能确保两路独立的电源供电，但大楼的功能很高或级别相当高，那么应将保障型负荷计算在内，或部分计算在内。例如，银行、证券大楼的营业厅及主要职能部门房间的照明等。

如果将保安型和部分保障型负荷相叠加，选择发电机的容量将偏大。因此，在初步设计时，自备发电机的容量可以取变压器的总装机容量的10%～20%。设备容量统计出来后，根据实际情况选择需要系数（一般取0.8～0.9），计算出计算容量P_j，自备发电机的功率为：

$$P=\frac{KP_j}{\eta}$$

式中 P——自备发电机组的功率，kW；

P_j——负荷设备的计算容量，kW；

η——发电机并联运行不均匀系数，一般取0.9，单台取1；

K——可靠系数，一般取1.1。

3. 发电机组容量的校核

一般来讲，电动机功率越大，自备发电机的容量选择得也越大，否则会导致电动机启动困难，电动机绕组温升过高或发电机母线电压过低，使其保护开关动作。因此，按电动机的容量来检验自备发电机容量，实质上就是检验启动电动机时自备发电机母线上的电压降。

常用的校核方法是利用大功率笼型异步电动机的启动条件进行校核。由于在笼型异步电动机启动时，柴油发电机出线端将引起很大的电压降，按相关规定要求，此时柴油发电机配电屏母线上的电压应不低于额定电压的80%，否则将引起其他电气设备“跳闸”。如果电动机的功率过大，为了降低电压降，应首先采用降压启动的方法，而不应先增加自备发电动机的功率。

不同启动方式下，柴油发电机功率为被启动笼型异步电动机功率的最小倍数，见表8—2，所提供的数据可供参考。

表8—2　不同启动方式下柴油发电机功率为被启动笼型异步电动机功率的最小倍数

启动方式		全压启动	Y—△启动	自耦变压器		延边三角边	
				$0.65U_N$	$0.8U_N$	$0.71U_N$	$0.66U_N$
母线允许电压	20%	5.5	1.9	2.4	3.6	3.4	3.8
	10%	7.8	2.6	3.3	5.0	4.7	3.9

三、柴油发电机组的台数确定与选择

1. 柴油发电机组台数的确定

根据以上电动机启动容量的检验，发电机台数不能过多，否则单机容量小，启动电动机的能力差。根据工程实践经验，当容量不超过 800 kW 时，宜选用单机；当容量在 800 kW 以上时，宜选用两台机组，两台机组的各种物理参数最好相同，便于运行时并联运行。

2. 柴油发电机组的选择

（1）启动装置。由于自备发电机组均为应急所用，因此首先要选拥有自启动装置的机组，一旦城市电网中断，应在 15 s 内启动并供电。机组在市电停后延时 3 s 后开始启动发电机，启动时间约 10 s（总计不大于 15 s，如果第一次启动失败，第二次再启动，共有三次自启动功能，总计不大于 30 s），发电机输出主开关闭合供电。当市电恢复后，机组延时 2～15 min（可调）不卸载运行，5 min 后，主开关自动断开，机组再空载冷却运行约 10 min 后自动停止。

（2）外形尺寸。机组的外形尺寸要小，结构要紧凑，质量要轻，辅助设备也要尽量减小，以缩小机房的面积和层高。

（3）自启动方式。自启动方式尽可能用电启动，启动电压为直流 24 V。用压缩空气启动须装设一套压缩空气装置，比较麻烦，应尽量避免使用。

（4）冷却方式。在有足够的进风、排风通道情况下，应尽可能采用闭式水循环及风冷的整体机组。这样耗水量很少，只要每年更换几次水并加少量防锈剂即可。在没有足够进、排风通道的情况下，可将排风机、散热管与柴油机主体分开，单独放在室外，用水管将室外的散热管与室内地下层的柴油主机相连接。发电动机宜选用无刷型自动励磁的方式。

四、柴油发电机组的功率匹配

柴油发电机组由柴油机和发电机两部分组成，与发电机相配套柴油机的标记功率有两种，即 12 h 功率和持续功率。通常，持续功率为 12 h 功率的 90%。

选择机组容量时，应使机组的运行功率不大于标定功率，同时要考虑用户经常出现的最低负荷，使该负荷不低于一台机组的 50%。为保证发电机在额定转速下输出额定功率 P_g，配套的柴油机的最小输出功率 P 应为

$$P=\frac{1}{\alpha}\left(\frac{P_g}{\eta}+N\right) \text{ 或 } P=KP_g$$

式中 α——柴油机功率修正系数；

P_g——发电机输出的额定功率，kW；

N——柴油机风扇损耗，kW；

η——发电机效率；

K——匹配比（估算时，可按表 8—3 考虑）。

表 8—3 匹配比 K

类型（kW）		功率标定（h）	匹配比	允许海拔（m）
移动电站	≤200	12	1.8～2.0	最高1 000～1 500
	>200～1 500	12	1.6～1.8	≤1 000
固定电站 120～5 000		12 或持续	1.5～1.6	0～1 000
船用电站		持续	1.5～1.6	≈0

第二节 柴油发电机组安装

→ 了解柴油发电机组的组成和配电方案
→ 掌握柴油发电机组安装的施工方法和技术要求

一、柴油发电机组的组成与配电方案

1. 柴油发电机组的组成

柴油发电机组的整套机组一般由柴油机、发电机、控制箱、燃油箱、启动和控制用蓄电瓶、保护装置、应急柜等部件组成。柴油发电机组安装程序一般分为机组的基础验收、设备开箱检查、机组安装、燃料系统安装、排烟系统安装、通风系统安装、排风系统安装、冷却水系统安装、蓄电池充电检查、机组实验等步骤。

2. 柴油发电机组的配电方案

柴油发电机组作为大楼的自备应急电源，其配电系统应在正常电源故障停电后，能迅速地对重要负荷供电，减少由于市电故障而导致的损失。在低压配电系统中，对不需要由机组供电的一般负荷，不能接在应急母线上，对允许短时停电的较重要的负荷（如营业厅照明），可以手动合闸。柴油发电机组常用的配电方案主要有下列两种：

（1）一路市电与自备电源的连接

在一些重要负荷较少的建筑中，常采用一路市电与一路自备电源相连接的配电方案，其配电系统图如图 8—1 所示。这种配电方案的特点是接线简单、供电可靠，用电设备末端市电和应急电源回路两路自动切换，正常情况下，两路电源只有市电回路带电，应急电源回路为冷备用。

（2）两路市电与自备电源的连接。当城市电网较稳定时，对于大楼或某些重要负荷较多的工程多采用这种配电方式，如图 8—2 所示。其特点为：两个电源的双重切换，正常情况下，消防设备等用电设备为两路市电同时供电，末端自动切换；应急

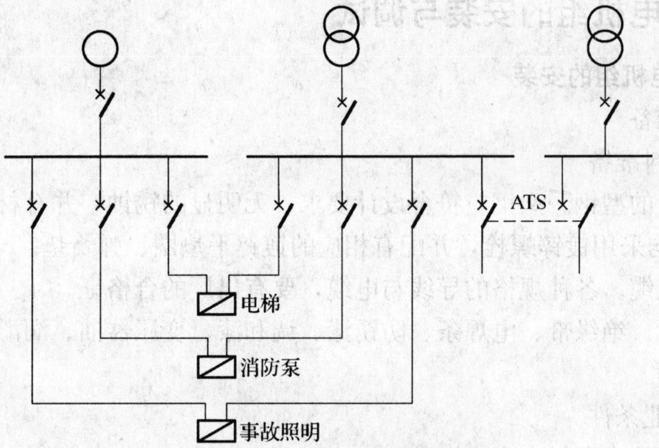

图 8—1　一路市电与一路自备电源的配电系统图

母线的电源由其中一路市电供给。当两路市电中失去一路时，可以通过两路市电中间的联络开关闭合，恢复大部分设备的供电；当两路市电全部失去时，自动启动机组，双电源自动切换开关 ATS 自动转换，应急母线由机组供电，保证消防设备等重要负荷的供电。此时，对大厅照明等稍重要的负荷，由于配电开关上装有失压脱扣器，在市电故障时已全部断开，然后可以根据机组负荷情况手动闭合。例如，此时若无火灾，这些负荷可以全部闭合，而一旦发生火灾，这些回路开关应根据消防系统发出的指令自动断开。

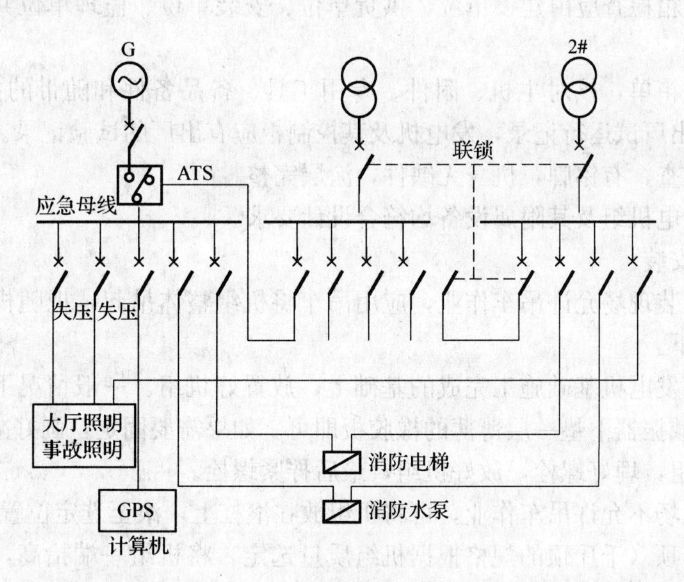

图 8—2　两路市电与自备电源的配电系统图

二、柴油发电机组的安装与调试

1. 柴油发电机组的安装

（1）施工准备

1）安装材料准备

①各种规格的型钢。型钢应符合设计要求、无明显的锈蚀，并有材质证明。

② 螺栓。均采用镀锌螺栓，并配有相应的镀锌平垫圈、弹簧垫。

③导线与电缆。各种规格的导线与电缆，要有出厂的合格证。

④其他材料。绝缘带、电焊条、防锈漆、调和漆、变压器油、润滑油、清洗剂、氧气瓶、乙炔瓶等。

2）施工作业条件

①施工图与技术资料齐全。

②土建工程基本施工完毕，门窗封闭好。

③在室外安装的柴油发电机组应有防雨措施。

④柴油发电机组的基础、地脚螺栓孔、沟道、电缆管线的位置应符合设计要求。

⑤柴油发电机组的安装场地应清理干净，道路应畅通。

2. 施工工艺

（1）基础验收。柴油发电机组本体安装前，应根据设计图样、产品样本或柴油发电机组本体实物对设备基础进行全面检查，看其是否符合设计尺寸要求。

（2）设备开箱检查

1）设备开箱检查应由建设单位、供货单位、安装单位、监理单位共同进行，并做好记录。

2）依据货箱单，核对主机、附件、专用工具、备品备件和随带的技术资料文件，查验合格证和出厂试运行记录，发电机及其控制柜应有出厂的试验记录。

3）外观检查，有铭牌，机身无缺件，涂层完整。

4）柴油发电机组及其附属设备均符合设计要求。

（3）机组安装

1）如果安装现场允许吊车作业，应用吊车将机组整体吊起，把随机配的减振器装在机组的底座下。

2）在柴油发电机基础施工完成的基础上，放置好机组。一般情况下，减振器无需固定，只需在减振器下垫一层薄薄的橡胶板即可。如果需要固定，画好减振器的地脚孔位置，吊起机组，埋好螺栓，放好机组，最后拧紧螺栓。

3）如果现场不允许吊车作业，可将机组放在滚杠上，滚至选定位置。

4）用千斤顶（千斤顶的规格根据机组质量选定）将机组一端抬高，注意机组两边的升高保持一致，直至底座下的间隙能安装抬高一端的减振器。

5）释放千斤顶，再抬机组另一端，装好剩余的减振器，撤出滚杠，释放千斤顶。

（4）燃料系统安装。供油系统一般由储油罐、日用油箱、油泵和电磁阀、连接管路构成，当储油罐位置低于或高于它们所能承受的压力时，必须采用日用油箱，日用油箱上有液位显示及浮子开关（自动供油箱装备），油泵系统的安装要求参照水系统设备的安装规范要求。

（5）排烟系统的安装

1）排烟系统一般由排烟管道、排烟消声器以及各种连接件组成。

2）将导风罩按设计要求固定在墙壁上。

3）将随机法兰与排烟管连接（排烟管长度及数量根据机房大小及排烟走向确定），焊接时注意法兰之间的配对关系。

4）根据消声器及排烟管的大小和安装高度配置相应的套箍。

5）用螺栓将消声器、弯头、垂直方向排烟管、波纹管按图样连接好，保证各处密封良好。

6）将水平方向排烟管与消声器出口用螺栓连接好，保证接合面的密封性。

7）排烟管外围包裹一层保温材料。

8）柴油发电机组与排烟管之间的连接通常使用波纹管，所有排烟管的管道质量不允许由波纹管承受，波纹管应保持自由状态。

（6）通风系统的安装

1）将进风预埋铁框预埋至墙壁内，用混凝土护牢，待干燥后装配。

2）安装进风口百叶或风阀，用螺栓固定。

3）通风管道的安装详见相关工艺标准。

（7）排风系统的安装

1）测量机组的排风口的坐标位置尺寸。

2）计算排风口的有关尺寸。

3）预埋排风口。

4）安装排风机、中间过渡体、软连接、排风口，有关工艺标准见相关专业规范要求。

（8）冷却水系统的安装

冷却水系统分为随机安装散热水箱和热交换器。

1）热交换器

①核对水冷柴油机组的热交换器的进、出水口，与带压的冷却水源压力方向一致，连接进水管和出水管。

②冷却水进、出水管与发电机组本体的连接应使用软管隔离。

2）随机安装散热水箱

①核对水冷柴油发电机组的散热水箱加水口和放水口处是否留有足够空间，便于日常维护。

②检查风扇传动带的张紧程度。

（9）蓄电池充电检查。按产品技术文件要求对蓄电池充液（免维护蓄电池除外）、充电。

3. 机组试验

（1）交接试验。由柴油发电机至配电室或经配套的控制柜至配电室的馈电线路，应使用绝缘电线或电力电缆，通电前应按规定进行试验；如馈电线路是封闭母线，则应按封闭母线的验收规定进行检查和试验。柴油发电机在安装后应按表 8—4 的内容做交接试验。

表 8—4　　发电机交接试验

序号	部位		试验内容	试验结果
1	静态试验	定子电路	测量定子绕组的绝缘电阻和吸收比	绝缘电阻大于 0.5 MΩ 沥青浸胶及烘卷云母绝缘吸收比大于 1.3，环氧粉云母绝缘吸收比大于 1.6
2			在常温下，绕组表面温度与空气温度在±3℃范围内测量绕组直流电阻	各相直流相互间差值不大于最小值 2%，与出厂值在同温度下比差值不大于 2%
3			交流工频耐压试验 1 min	试验电压为（$1.5U_N+750$）V，无闪络击穿现象，U_N 为发电机额定电压
4		转子电路	用1 000 V 绝缘电阻表测量转子绝缘电阻	绝缘电阻大于 0.5 MΩ
5			在常温下，绕组表面温度与空气温度在±3℃范围内测量绕组直流电阻	数值与出厂值在同温度下比差不大于 2%
6			交流工频耐压试验 1 min	用2 500 V 绝缘电阻表测量绝缘电阻替代
7			退出励磁电路电子器件后，测量励磁电路的线路设备的绝缘电阻	绝缘电阻大于 0.5 MΩ
8		励磁电路	退出励磁电路电子器件后，进行交流工频耐压试验 1 min	试验电压1 000 V，无击穿闪络现象
9			有绝缘轴承的用1 000 V 绝缘电阻表测量轴承绝缘电阻	绝缘电阻大于 0.5 MΩ
10		其他	测量检温计（埋入式）绝缘电阻，校验检温计精度	用 250 V 绝缘电阻表检测不短路，精度符合出厂规定
11			测量灭磁电阻，自同步电阻器的直流电阻	与铭牌相比较，其差值为±10%以内
12	运转试验		发电机空载特性试验	按设备说明书比对，符合要求
13			测量相序	相序与出线标识相符
14			测量空载和负载后轴电压	按设备说明书比对，符合要求

（2）空载试运行

1）断开柴油发电机组负载侧的断路器或 ATS。

2）将机组控制屏的控制开关设定到“手动”位置，按启动按钮。

3）检查机组电压、电池电压、频率是否在误差范围内，否则进行适当调整。

4）检查机油压力表。

5）以上一切正常，可接着完成正常停车与紧急停车试验。

（3）机组负载试验。

1）发电机空载运行合格以后，切断负载“市电”电源，按“机组加载”按钮，由机组向负载供电。

2）检查发电机运行是否稳定，频率、电压、电流、功率是否保持在正常允许范围内。

3）待一切正常后，发电机停机，控制屏的控制开关置于“自动”状态。

4）自启动柴油发电机应做自启动试验，并符合设计要求。

4. 施工质量控制要求

柴油发电动机组安装质量控制要点如下：

（1）发电机交接试验必须符合表 8—4 的规定。

（2）发电机组至低压配电柜馈电线路的相间、相对地之间的绝缘电阻值应大于 0.5 MΩ；塑料绝缘电缆馈电线路直流耐压试验为 2.4 kV，时间为 15 min，泄漏电流稳定，无击穿现象。

（3）柴油发电机馈电线路连接好后，两端的相序必须与原供电系统的相序一致。

（4）发电机中性线（工作零线）应与接地干线直接连接，螺栓可靠、零件齐全，且有标识。

（5）验证出厂试验的锁定标记应无位移，有位移应重新按制造厂要求试验标定。发电机随机的控制柜接线应正确，紧固件紧固状态良好，无遗漏脱落。开关、保护装置的型号、规格正确。

（6）发电机本体和机械部分的可接近裸露导体应保护接零（PE）或工作接零（PEN）可靠，且有标识。

（7）受电侧低压配电柜的开关设备、自动或手动切换装置和保护装置等试验合格，应按设计的自备电源使用分配预案进行负载试验，机组连续运行 12 h 无故障。

第三节 不间断电源的供电方式与选择

→ 了解不间断电源的原理和分类
→ 熟悉不间断电源的供电方式
→ 掌握不间断电源选用方法

一、不间断电源（UPS）简介

不间断电源装置（Uninterruptible Power System，UPS）是一种含有储能装置，以逆变器为主要组成部分的恒压恒频的不间断电源。主要用于给单台计算机、计算机网络系统或其他电力电子设备提供不间断的电力供应。当市电输入正常时，UPS 将市电稳压后供应给负载使用，此时的 UPS 就是一台交流市电稳压器，同时它还向机内电池充电；当市电中断（事故停电）时，UPS 立即将机内电池的电能通过逆变转换的方法向负载继续供应 220 V 交流电，使负载维持正常工作并保护负载软、硬件不受损坏。

UPS 不但直接用于计算机上，凡配有计算机的设备（如医学上的 CT 机、供应站的仪表等）、雷达站、军事通信系统、程控电话系统、外科手术室等，均使用 UPS 代替发电机作后备供电。

UPS 的发展经历了由动态到静态的过程。采用不间断电源供电可以保证电压和频率的稳定，改进电网质量，防止波形畸变和高频噪声对电网用户的侵扰，防止瞬时停电或事故停电对用户造成的危害。

二、不间断电源的分类

在我国，不间断电源的发展较为迅速，其应用的类型大致有以下三种。

1. 简单不间断电源系统

简单不间断电源系统就是在正常情况下，将市电变成直流电后，一方面给蓄电池充电；另一方面向逆变器供电，由逆变器将直流电变成交流电后提供给负载。当市电出现故障或突然中断后，蓄电池提供的储能通过逆变器继续对负载供电，如图 8—3 所示。

2. 有静态开关的不间断电源系统

有静态开关的不间断电源系统有两种类型，即在线式不间断电源和后备式不间断电源。

（1）在线式不间断电源。在此系统中，当逆变器出现故障时，市电可通过静态开关直接向负载供电。待逆变器正常后，可重新由逆变器供电。有静态开关的在线式不间断电源系统如图 8—4 所示。

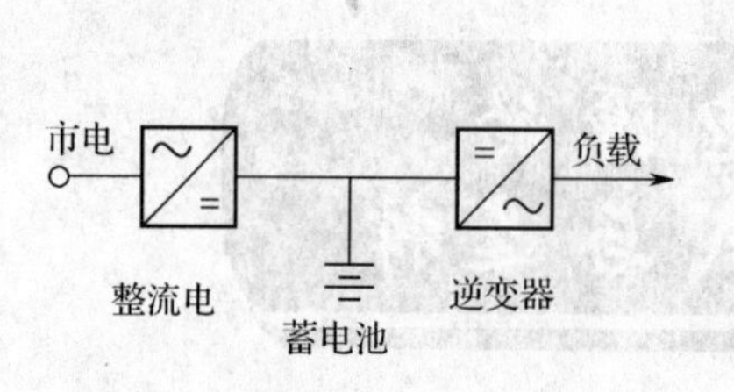

图 8—3　最简单的不间断电源系统

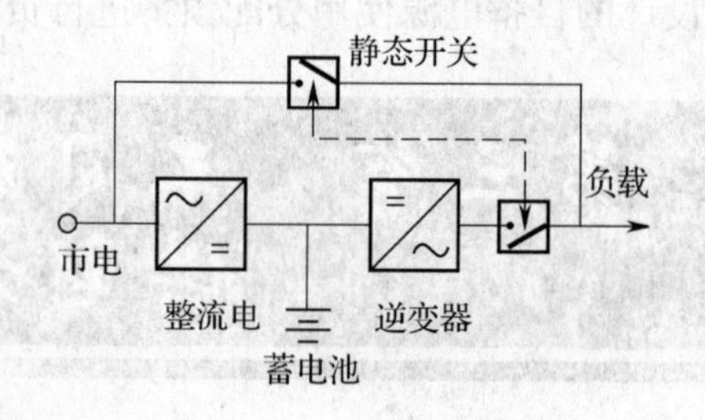

图 8—4　有静态开关的在线式不间断电源系统

（2）后备式不间断电源。从工作原理上看，后备式 UPS 同在线式 UPS 的主要区别在于，后备式 UPS 在有市电时仅对市电进行稳压，逆变器不工作，处于等待状态；当市电异常时，后备式 UPS 会迅速切换到逆变状态，将电池电能逆变成为交流电对负载继续供电。因此，后备式 UPS 在由市电转逆工作时会有一段转换时间，一般小于 10 ms。而在线式 UPS 开机后逆变器始终处于工作状态，因此在市电异常转电池放电时没有中断时间，即 0 中断。通常，由于在线式不间断电源系统易于实现稳压、稳频供电，明显比后备式不间断电源系统优越，但后者具有效率高、噪声小及价格低等优点。在工程中，可根据实际情况对这两种产品予以选用。有静态开关的后备式不间断电源系统如图 8—5 所示。

（3）并联式不间断电源系统。为了解决切换过程中引发的电压波动或短暂的供电中断现象，可采用如图 8—6 所示的两台不间断电源系统并联运行方式，以提高供电的可靠性。

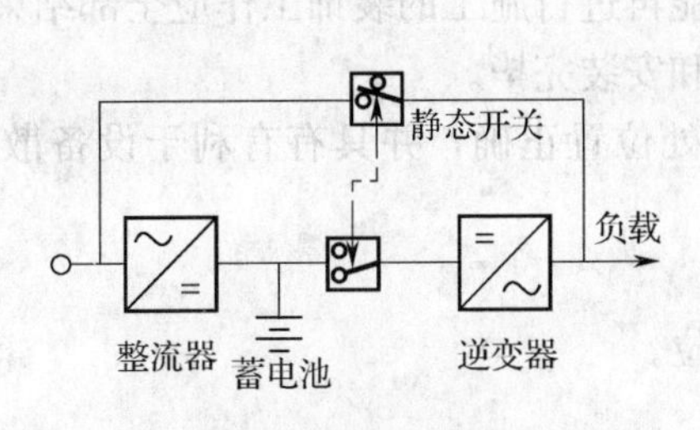

图 8—5　有静态开关的后备式不间断电源系统

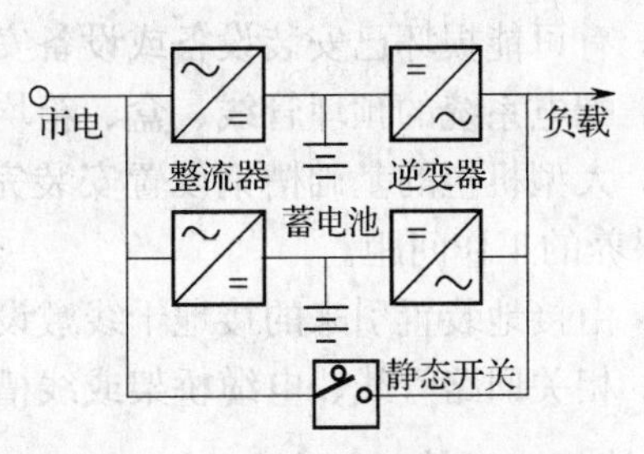

图 8—6　并联式不间断电源系统

三、不间断电源的供电方式

按 UPS 的布置位置可分为集中供电和分散供电两种方式。

1. 集中供电方式

将蓄电池及直流电源装置仍按机房方式设计在一起（可以在交流低压配电室附近），给分布在楼内的各类电信设备、计算机及办公设备供电。总 UPS 机房的电源应有双路交流电，可以互换，其装置有大型的整流设备、充电装置、蓄电池、逆变器等。

2. 分散供电方式

这就是将可靠的交流电源直接送到各用电设备机房，确保电源可靠供电的整流器、逆变器、蓄电设备（即小型 UPS）设置在用电设备机房内或者设备旁边。有时，一台设备可以配置一台小型 UPS 电源装置。

第四节　不间断电源的安装

→ 熟悉不间断电源安装施工前的准备工作
→ 掌握不间断电源安装的施工方法和技术要求
→ 掌握不间断电源安装施工工序的质量控制要点

不间断电源由整流装置、逆变装置、静态开关和蓄电池四部分组成，其安装具有独特性，即供电质量和其他技术指标是由设计根据负荷性质对产品提出的特殊要求，因而对设备规格型号的核对和内部线路的检查非常重要。

一、施工准备

1. 施工图样及技术资料齐全。

2. 屋顶、楼板施工完毕、无渗漏。

3. 机房室内地面完成，门窗齐全。

4. 预埋件及预留孔符合设计要求。

5. 有可能损坏已安装设备或设备安装后不能再进行施工的装饰工作应全部结束。

6. 配电系统的预埋管线、盒、箱均已敷设和安装完毕。

7. 大型机柜的基础槽钢设置安装完成，所处位置正确，并具有有利于设备散热及维修保养的工作间距。

8. 由接地装置引来的接地干线敷设到位。

9. 相关回路管线、电缆桥架或线槽敷设到位。

二、施工工艺

1. 大型UPS设备的布置

（1）电池室布置要求

1）酸性和碱性蓄电池与采暖、散热器的净距应不小于0.75 m。

2）在酸性蓄电池室内敷设的电气线路或电缆应具有耐酸性能。室内地面下，不应通过无关的沟道和管线。

3）酸性蓄电池室走道宽度和导电部分间距应不小于表8—5中所列数据。

表8—5　酸性蓄电池室走道宽度和导电部分间距

布置方式	走道宽度（m）	导电部分间距	
		正常电压（V）	间距（m）
一侧有蓄电池	0.85	65～250	0.80
两侧有蓄电池	1.00	＞250	1.00

4）碱性蓄电池与酸性蓄电池应严格分开使用。

（2）UPS设备装置室布置要求

1）整流器柜、逆变器柜、静态开关柜等的安装距离和通道宽度，不宜小于下列数据：

①柜顶距顶棚净距为1.20 m。

②离墙安装时，柜后维护通道为1 m。

③柜前巡视通道为1.5 m。

2）不间断电源装置室与蓄电池室应分开设置，在不间断电源装置附近应设有检修电源。

3）整流器柜、逆变器柜、静态开关柜宜布置在下面有电缆沟或电缆夹层的楼板上。底部周围应采取防止鼠、蛇类小动物进入柜中的措施。

4）不间断电源装置室的控制电缆应与主回路电缆分开敷设。如果分开敷设有困难，控制线应采用屏蔽线或穿钢管敷设。

5）不间断电源装置室宜接近负荷中心，进、出线方便。

2. 铅蓄电池安装

（1）安装要求。固定式铅蓄电池安装时，其基本要求应符合以下规定：

1）蓄电池需设在专用室内，室内的门窗、墙、木架、通风设备等需涂有耐酸油漆保护，地面需铺耐酸砖，并保持一定温度。室内应有上、下水道。

2）电池室内应保持严密，门窗上的玻璃应为毛玻璃或涂以白色油漆。

3）照明灯具的装设位置，需考虑维修方便，所用导线或电缆应具有耐酸性能。采用防爆型灯具和开关。

4）取暖设备在室内不准有法兰连接和气门，距离蓄电池不得小于 750 mm。

5）风道口应设有过滤网，并有独立的通风道。

6）充电设备不准设在蓄电池室内。

7）固定型开口式铅蓄电池木台架的安装应符合下列要求：

①台架应由干燥、平直、无大木节及贯穿裂缝的多树脂木材（如红木）制成，台架的连接不得用金属固定。

②台架应涂耐酸漆或焦油沥青。

③台架应与地面绝缘，可采用绝缘子或绝缘垫。

④台架的安装应平直，不得歪斜。

（2）防酸隔爆型铅蓄电池安装

1）安装前检查。防酸隔爆型铅蓄电池安装前，应对其进行必要的检查，其要求如下：

①蓄电池槽应无裂纹、损伤，槽盖应密封良好。

②蓄电池的正、负端柱应极性正确，无变形，标识清晰。

③防酸隔爆栓等部件和零配件应齐全，无损伤。防酸隔爆栓的孔应无堵塞。

④对透明的蓄电池槽，应检查极板是否有严重受潮和变形现象，槽内部件应齐全，无损伤。

⑤连接条、螺栓及螺母应齐全。

2）安装就位。蓄电池槽就位于台架上的瓷绝缘子上，槽和瓷绝缘子之间要加橡胶垫或铅垫。安装蓄电池室时，应使内部装有温度计和比重计的一面朝向便于观察的一方。

3）蓄电池连接。蓄电池安装间距应按制造厂的说明书规定确定，一般为 25 mm。正、负极分别用连接条、连接螺栓串联时，应在连接的螺栓上涂以中性凡士林油；螺栓连接应紧固。

4）圆铜螺母连接。圆铜母线与蓄电池连接时，可在母线端部焊一块铜接线板，用螺栓连接。铜接线板应搪锡。

5）电缆敷设。蓄电池引出线采用电缆时，除应符合电缆敷设的有关条例外，尚应满足下列要求：

①宜采用塑料外护套电缆；当采用裸铠装电缆时，其室内部分应剥掉铠装。

②电缆的引出线应用塑料相色带标明正、负的相色。

③电缆穿出蓄电池室的孔洞及保护管的管口处，应用耐酸材料密封。

6）蓄电池槽。由合成树脂制作的槽，不得沾有芳香族化合物、煤油等有机溶剂。

（3）固定型开口式铅蓄电池安装

1）安装前检查。开口式铅蓄电池的玻璃槽应透明，厚度均匀，无裂纹及直径5 mm以上的气泡，并应无渗漏现象；蓄电池的极板应平直，无弯曲、受潮及剥落现象；隔板及隔棒应完整无破损，销钉应齐全。

2）安装要求。固定型开口式铅蓄电池的安装要求如下：

①蓄电池槽与台架之间应用绝缘子隔开，并在槽与绝缘子之间垫有铅质或耐酸材料的软质垫片。

②绝缘子应按台架中心线对称安装，并尽量靠近槽的四周。

③极板之间的距离应相等，并相互平行，边缘对齐。

④极板的焊接不得有虚焊、气孔；焊接后不得有弯曲、歪斜及破损现象。

⑤隔板上端应高出极板，下端应低于极板。

⑥蓄电池极板组两侧的铅弹簧（或耐酸的弹性物）的弹力应充足，以便压紧极板。

⑦组装极板时，每只蓄电池的正、负极片数应符合产品的技术要求。

⑧注酸前应彻底清除槽内的污垢、焊渣等杂物。

⑨每个蓄电池均应有略小于槽顶面的磨砂玻璃盖板。

3）母线安装。蓄电池室内裸硬母线的安装，除应符合硬母线安装的有关规定外，还应符合下列要求：

①母线支持点的间距应不大于2 m。

②母线的连接应用焊接；母线和蓄电池正、负极柱连接时，接触应平整紧密；母线端头应搪锡；母线表面应涂以中性凡士林。

③当母线用绑线与绝缘子固定时，铜母线应用铜绑线，绑线截面面积应不小于2.5 mm^2；钢母线应用铁绑线，绑线截面面积不宜小于14号铁线。绑扎应牢固，绑线应涂以耐酸漆。

④母线应排列整齐平直，弯曲度应一致；母线之间、母线与建筑物或其他接地部分之间的净距应不小于50 mm。

⑤母线应沿其全长涂以耐酸相色油漆，正极为赭色，负极为蓝色；钢母线上应在耐酸涂料外再涂一层凡士林；穿墙接线板上应注明“+”极的标号。

4）电缆敷设。同“防酸隔爆型铅蓄电池安装”要求。

（4）碱性镉镍蓄电池安装

1）安装前检查。电池槽表面应无损坏、裂缝和变形，并应检查气塞橡胶套管的弹性。蓄电池正、负柱应无松动，端柱接触面应擦拭干净，并涂上中性凡士林。注液孔上的自动阀或螺塞应完好，孔道应畅通无堵塞。

2）蓄电池安装。蓄电池安装前应将槽体擦拭干净。安装在台架上的电池要排列整齐，两蓄电池的间距不小于50 mm，并应注意相邻蓄电池正、负极交替的正确性。电池槽下应垫以瓷垫。

3）母线连接。母线与电池极柱连接时接触应平整紧密，母线接触面应涂以中性凡士林。

3. 注电解液

（1）酸性蓄电池。向蓄电池注电解液时，应遵守下列规定：

1）电解液温度不宜高于30℃。

2）对于注入蓄电池的电解液液面高度，防酸隔爆式蓄电池液面应在高低液面标志线之间。

3）全部灌注工作应在2 h内完成。

（2）碱性蓄电池

1）配置好的电解液应静置4 h，待其澄清后使用。

2）往电池槽中灌注电解液时，电解液温度不得超过±30℃。注入蓄电池后的液面应高出极板5～12 mm。为防止二氧化碳进入电解液内，应在每只蓄电池中加入数滴液态石蜡，使电解液表面形成保护层。蓄电池静置2 h后检查每只蓄电池的电压，若无电压，可再静置10 h；如仍无电压，则该蓄电池应换掉。

4. 不间断电源配线

（1）为防止运行中的相互干扰，确保屏蔽可靠，引入或引出不间断电源装置的主回路电线、电缆和控制电线、电缆应分别穿保护管敷设，在电缆支架上平行敷设应保持150 mm的距离；电线、电缆的屏蔽护套接地连接可靠，与接地干线就近连接，紧固件齐全。

（2）不间断电源输出端的中性线（N极），必须与由接地装置直接引来的接地干线相连接，做重复接地。

注：水泥面台架上应涂过聚乙烯地面涂料；台架应保持平整；台架的详细做法应将尺寸提交土建专业人员另出详图。

不间断电源输出端的中性线（N极）通过接地装置引入干线做重复接地，有利于遏制中性点漂移，使三相电压均衡度提高。同时，当引向不间断电源供电侧的中性线意外断开时，可确保不间断电源输出端不会引起电压升高而损坏由其供电的重要用电设备，以保证整幢建筑物的安全使用。

（3）不间断电源装置的可接近裸露导体应与PE线或PEN线可靠连接，且有标识。

5. 蓄电池组试验

（1）充电和浮充电装置检查

1）检查充电用的晶闸管整流装置或其他直流电源装置，应符合有关规定。

2）检查充电和浮充电系统的接线和极性应正确，在充电或浮充电时，有关仪表和继电器的接线、指示和动作正确。

（2）电压切换器检查

1）检查蓄电池组各抽头与切换器的连接应正确，切换器的可动触头与固定端的接触在全范围内应良好，且移动灵活，有足够的压力。

2）检查切换器的放电电阻应在切换时接入；切换器进行切换时，应无短路和开路现象。

（3）绝缘电阻及绝缘检测装置检查

1）绝缘电阻应不小于以下数值：

48 V蓄电池组为0.1 MΩ；110 V蓄电池组为0.1 MΩ；220 V蓄电池组为0.2 MΩ。

2）检查绝缘检测装置，在正常和故障情况下，其指示均符合要求。

(4) 蓄电池组的维护和浮充电

1) 蓄电池组的初充电和放电工作一般由电气安装人员进行，电气调整人员配合；在充放电过程中，应核对其放电容量是否符合设计要求。

2) 在充、放电后和调试工作中，调试人员应经常注意维护，及时检测各电池的电压、相对密度与液面高度，必要时进行调配和补充充电，使之符合产品规定要求。

3) 一般在使用中应经常对蓄电池组进行浮充电，不应有过放电现象，浮充电电流应符合产品规定。

6. 运行中蓄电池检查

(1) 检查直流母线电压是否正常，浮充电电流是否适当，有无过充电或欠充电现象。

(2) 测量蓄电池电压、电解液的相对密度及液温。

(3) 检查极板的颜色是否正常，有无断裂、弯曲、短路、生盐及有效物脱落等现象。

(4) 木隔板、铅卡子应完整，无脱落。

(5) 电解液面应高出极板 10～20 mm。

(6) 蓄电池外壳应完整，无倾斜，表面应清洁。

(7) 各接头应紧固，无腐蚀现象，并涂以凡士林。

(8) 室内无强烈气味，通风设备及其他附属设备应完好。

(9) 对碱性蓄电池应检查蓄电池盖是否拧好，出气孔应畅通。

7. 不间断电源测试

(1) 不间断电源的整流、逆变、静态开关各个功能单元都要单独试验合格，才能进行整个不间断电源的试验。

(2) 不间断电源的输入、输出各级保护系统和输出的电压稳定性、波形畸变系数、频率、相位、静态开关的动作等各项技术性能指标试验调整必须符合产品技术文件要求，且符合设计文件要求。

(3) 不间断电源试验可根据供货协议在工厂或安装现场进行，以安装现场试验为最佳选择，因为如无特殊要求，在制造厂试验一般使用的是电阻性负载。无论采用何种方式，都必须符合工程设计文件和产品技术条件的要求。

(4) 不间断电源装置间连接的线间、线对地之间的绝缘电阻值均应大于 0.5 MΩ。

(5) 不间断电源正常运行时产生的 A 声级噪声应不大于 45 dB；输出额定电流为 5 A级以下的小型不间断电源噪声应不大于 30 dB。对噪声的规定，既考虑产品制造质量，又维护了环境质量，有利于保护有人值班的变配电室工作人员的身体健康。

三、施工工序质量控制要点

1. 不间断电源的整流装置、逆变装置和静态开关装置的规格、型号必须符合设计要求。内部接线连接正确，紧固件齐全、可靠、不松动，焊接连接无脱落现象。

2. 不间断电源的输入、输出各级保护系统和输出的电压稳定性、波形畸变系数、频率、相位、静态开关的动作等各项技术性能指标试验调整必须符合产品技术文件要求，且符合设计要求。

3. 不间断电源装置间连接的线间、线对地之间绝缘电阻值应大于 0.5 MΩ。

4. 不间断电源输出端的中性线（N 极），必须与由接地装置直接引来的接地干线相连接，做重复接地。

5. 安装不间断电源的机架组装应横平竖直，水平度、垂直度偏差应不大于 1.5‰，紧固件齐全。

6. 引入或引出不间断电源装置的主回路电线、电缆和控制电线应分别穿保护管敷设，在电缆支架上平行敷设应保持 150 mm 的距离。电线、电缆的屏蔽护套接地连接可靠，与接地干线接地连接，紧固件齐全。

7. 不间断电源的可接近裸露导体应保护接零（PE）或工作接零（PEN）可靠，且有标识。

8. 不间断电源正常运行时产生的 A 声级噪声应不大于 45 dB；输出额定电流为 5 A 级以下的小型不间断电源噪声应不大于 30 dB。

第五节　应急电源安装技能训练

→柴油发电机组并列操作

参观操作表演，40 kW 柴油发电机组的并列操作，有条件的学校，可组织学生（员）在教师的指导下进行柴油发电机组安装、运行与维护的学习。

【实训内容】

（1）了解柴油发电机的构造、工作原理、电气接线等。

（2）准确掌握手动同步法进行柴油发电机组并列操作的方法。

（3）一般故障的判断、分析和处理。

【准备要求】

（1）常用电工工具。

（2）万用表、双臂电桥、同步指示设备（灯泡、整步表）等。

【操作步骤】

步骤 1　画接线图

按图标规定的图形符号和文字符号画出现场同步发电机组并列运行的接线图。

步骤 2　并列步骤

用文字或口述表达并列运行的操作步骤及应注意的事项。

步骤 3　故障排除

设置故障，要求在规定的时间内排除。

→发电机组故障排除

【实训内容】诊断和排除柴油机不能启动的故障

【准备要求】

柴油机在常温下，一般应在几秒内能顺利启动，有时需要反复1～2次才能启动是正常的。如果经过3～4次反复启动，柴油机仍不能着火时，应视为启动故障，需查明原因，待故障排除后，再行开启。

【操作步骤】

步骤1　启动系统的故障

这种故障表现为不能驱动旋转或启动无力、转速低，故障原因、排除方法，见表8—6。

表8—6　**启动系统故障一览表**

故障现象	故障原因	排除方法
柴油机不能启动	启动用蓄电池电力不足	更换电力充足的蓄电池或增加蓄电池并联使用。
	启动系统电路接线错误或电气零件接触不良	检查启动电路接线是否正确和牢靠
	启动电动机的电刷与整流子接触不良	修整或更换炭刷，用木砂纸清理整流子表面，并吹净灰尘

步骤2　燃料供给系统的故障

柴油机不能启动，且经检查启动系统电路或各零部件均为良好，应检查燃料供给系统，如果它出了故障，表现为燃料系统不供油或供油不正常，柴油机不着火或着火后不能转入正常运行，此类故障的原因和排除方法，见表8—7。

表8—7　**燃料供给系统故障一览表**

故障现象	故障原因	排除方法
柴油机不能启动	燃料系统内有空气	检查燃油管路接头是否松弛。①旋开喷油泵及燃油滤清器上的放气螺塞，用手泵把燃油压到溢出螺塞不带气泡为止，然后旋紧螺塞，并将手泵旋紧。②松开高压油管在喷油器一端的螺帽，撬喷油泵弹簧，当管口流出的燃油中无气泡时，旋紧螺帽，再撬喷油泵弹簧几次，直到使各喷油器内均充满燃油为止

续表

故障现象	故障原因	排除方法
柴油机不能启动	燃油管路或滤清器堵塞	检查管路各段，找出故障部位使其畅通。若燃油滤清器阻塞，应清洗或更换滤芯
	输油泵不供油或断续供油	检查进油管是否漏气，如果排除进油管漏气后，仍不供油，应检修输油泵
	喷油压力大	调整喷油器的喷油压力。
	喷油量很少或喷不出油	将喷油器拆卸下来，仍接在高压油管上，撬喷油泵弹簧，观察喷油嘴的雾化是否良好

单元测试题

一、填空题（请将正确的答案填在横线空白处）

1. 柴油发电机组是一种自备的应急电源，分为普通型、________和全自动化型三种。

2. 拥有自启动装置的柴油发电机组，一旦城市电网中断，应在________s内启动且供电。

3. 柴油发电机组的整套机组一般由________、发电机、________、燃油箱、启动和控制用蓄电瓶、保护装置、应急柜等部件组成。

4. 不间断电源正常运行时产生的A声级噪声，不应大于________dB；输出额定电流为5 A级以下的小型不间断电源噪声不应大于30 dB。

5. 不间断电源由整流装置、________、________和蓄电池四部分组成。

6. 不间断电源装置的可接近裸露导体应与________线或PEN线连接可靠，且有标识。

二、简答题

1. 常用应急备用电源有哪些？

2. 不间断电源装置安装应符合哪些要求？

3. 试述后备式UPS与在线式UPS的主要区别。

单元测试题答案

一、填空题

1. 应急自启动型　2. 15　3. 柴油机　控制箱　4. 45　5. 逆变装置　静态开关　6. PE

二、简答题

1. 答：常用应急备用电源有：不间断电源（UPS）、蓄电池组、柴油发电机组等。

2. 答：不间断电源装置安装应符合以下规定：

（1）不间断电源的整流装置、逆变装置和静止开关装置的规格、型号必须符合设计要求。内部接线连接正确，紧固件齐全，可靠不松动，焊接连接无脱落现象。

（2）引入或引出不间断电源装置的主回路电线、电缆和控制电线、电缆应分别穿保护管敷设，在电缆支架上平行敷设时应保持 150 mm 的距离；电线、电缆的屏蔽护套接地连接可靠，与接地干线就近连接，紧固件齐全。装置间连线的线间、线对地间绝缘电阻值应大于 0.5 MΩ。

（3）不间断电源输出端的中性线（N），必须与由接地装置直接引来的接地干线相连接，做重复接地。装置的可接近裸露导体应接地（PE）或接零（PEN）可靠，且有标识。

（4）不间断电源的输入、输出各级保护系统和输出的电压稳定性，波形畸变系数、频率、相位、静态开关的动作等各项技术性能指标试验调整必须符合产品技术文件要求。

（5）不间断电源正常运行时产生的 A 声级噪声，不应大于 45 dB；输出额定电流为 5 A 及以下的小型不间断电源噪声，不应大于 30 dB。

3. 答：从原理上看，后备式 UPS 同在线式 UPS 的主要区别在于，后备式 UPS 在有市电时仅对市电进行稳压，逆变器不工作，处于等待状态，当市电异常时，后备式 UPS 会迅速切换到逆变状态，将电池电能逆变成为交流电对负载继续供电，因此后备式 UPS 在由市电转逆工作时会有一段转换时间，一般小于 10 ms，而在线式 UPS 开机后逆变器始终处于工作状态，因此在市电异常转电池放电时没有中断时间，即 0 中断。通常由于在线式不间断电源系统易于实现稳压稳频供电，明显比后备式不间断电源系统优越。但后者具有效率高、噪声小及价格低等优点。

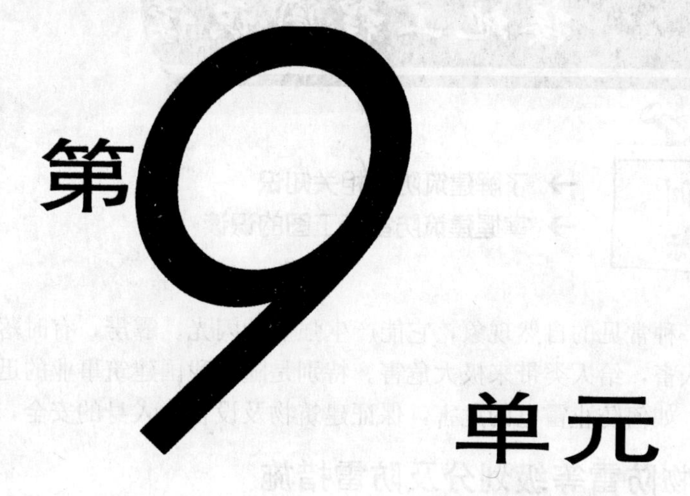

第9单元

防雷及接地工程施工

第一节 建筑物防雷及接地工程图识读

→ 了解建筑防雷相关知识
→ 掌握建筑防雷施工图的识读

雷电是一种常见的自然现象，它能产生强烈的闪光、霹雳，有时落到地面上，击毁房屋、伤害人畜，给人类带来极大危害。特别是随着我国建筑事业的迅猛发展，高层建筑日益增多，如何防止雷电的危害，保证建筑物及设备、人身的安全，显得尤为重要。

一、建筑物防雷等级划分及防雷措施

1. 建筑防雷等级的划分

（1）雷电危害形式。云层之间的放电现象虽然有很大声响和闪电，但对地面上的物品危害并不大，只有云层对地面的放电现象或极强的电磁感应作用才会产生破坏。雷击的破坏作用可归纳为以下三个方面：

1）直接雷击。当雷云离地面较近时，由于静电感应作用，使离云层较近的地面上的凸出物（如树木、山头、各类建筑物和构筑物等）感应出异种电荷，故会在云层强电场作用下发生尖端放电现象，即发生云层直接对地面物体放电。因雷云上聚集的电荷量极大，放电瞬时的冲击电压与放电电流均很大，可达几百万伏和 200 kA 以上数量级，所以往往会引起火灾、房屋倒塌和人身伤亡事故。

2）感应雷击。当建筑物上空有聚集电荷量很大的云层时，由于极强的电磁感应作用，将会在建筑物上感应出与雷云所带负电荷性质相反的正电荷。这样，在雷云之间放电或带电云层飘离后，虽然带电层与建筑物之间的电场已经消失，但这时屋顶上的电荷还不能立即疏散掉，致使屋顶对地面还有相当高的电位。所以，往往会造成对室内的金属管道、大型金属设备和电线等放电，引起火灾、电气线路短路和人身伤亡等事故。

3）高电位引入。当架空线路上某处受到雷击或与被雷击设备相连时，便会将高电位通过输电线路而引入室内，或者雷云在线路的附近对建筑物等放电而感应产生高电位引入室内，均会造成室内用电设备或控制设备承受严重过电压而损坏，或引起火灾和人身伤害事故。

（2）建筑防雷等级的划分。按 GB 50057—2010《建筑物防雷设计规范》的规定，将建筑物防雷等级分为三类。

1）第一类防雷建筑物

①凡制造、使用或储存炸药、火药、起爆药、火工品等大量爆炸物质的建筑物，因电火花而引起爆炸，会造成巨大的破坏和人身伤亡者。

②具有 0 或 10 区爆炸危险环境的建筑物。

③具有 1 区爆炸危险环境的建筑物，因电火花而引起爆炸，会造成巨大的破坏和人身伤亡者。

2）第二类防雷建筑物

①国家级重点文物保护的建筑物。

②国家级的会堂、办公建筑物、大型展览和博览建筑物、大型火车站、国家宾馆、国家级档案馆、大型城市的重要给水水泵房等特别重要的建筑物。

③国家级计算中心、国际通信枢纽等对国民经济有重要意义且有大量电子设备建筑物。

④制造、使用或储存爆炸物质的建筑物，且电火花不易引起爆炸或不至造成巨大破坏和人身伤亡者。

⑤具有 1 区爆炸危险环境的建筑物，且电火花不易引起爆炸或不致造成巨大破坏和人身伤亡者。

⑥具有 2 区或 11 区爆炸危险环境的建筑物。

⑦工业企业有爆炸危险的露天钢质封闭气罐。

⑧预计雷击次数大于 0.06 次/a 的部、省级办公建筑物及其他重要或人员密集的公共建筑物。

⑨预计雷击次数大于 0.3 次/a 的住房、办公楼等一般性民用建筑。

3）第三类防雷建筑物

①省级重点文物保护的建筑物及省级档案馆。

②预计雷击次数大于或等于 0.012 次/a，且小于或等于 0.06 次/a 的部、省级办公建筑物及其他重要或人员密集的公共建筑物。

③预计雷击次数大于或等于 0.06 次/a，且小于或等于 0.03 次/a 的住宅、办公楼等一般民用建筑物。

④预计雷击次数大于或等于 0.06 次/a 的一般性工业建筑物。

⑤根据雷击后对工业生产的影响及产生的后果，并结合当地气象、地形、地质及周围环境等因素，确定需要防雷的 21 区、22 区、23 区火灾危险环境。

⑥在平均雷暴日大于 15 d/a 的地区，高度在 15 m 及以上的烟囱、水塔等孤立的高耸建筑物；在平均雷暴日小于或等于 15 d/a 的地区，高度在 20 m 及以上的烟囱、水塔等孤立的高耸建筑物。

2. 建筑防雷措施

通过以上对雷电形成的原因和危害以及雷击或雷害产生途径的分析，必须对建筑物和电气设备采取有效防雷措施，以保护国家和人民的生命财产安全，将经济损失减少到最低程度。

(1) 防直击雷的措施。防直击雷采取的措施是引导雷云对避雷装置放电，使雷电流迅速流入大地，从而保护建（构）筑物免受雷击。防直击雷的避雷装置有避雷针、避雷带、避雷网、避雷线等。对建筑物屋顶易受雷击部位，应装避雷针、避雷带、避雷网进行直击雷保护。

（2）防雷电感应的措施。防止建筑物内金属物上雷电感应的方法是将金属设备、管道等金属物，通过接地装置与大地作可靠连接，以便将雷电感应电荷经避雷带引入大地，避免雷害。

（3）防雷电流侵入的措施。防止雷电波沿架空供电线路侵入建筑物，可安装避雷器将雷电波引入大地，以免危及电气设备。但对于有易燃易爆危险的建筑，当避雷器放电时线路上仍有较高的残压要进入建筑物，还是不安全，采用地埋电缆供电方式，可从根本上避免雷电波侵入的可能性。

（4）防止雷电反击的措施。所谓反击，就是当防雷装置接受雷击时，在接闪器、引下线和接地体上都产生很高的电位，如果防雷装置与建筑物内、外的电气设备、电线或其他金属管线之间的绝缘距离不够，它们之间就会发生放电，这种现象称为反击。反击也会造成电气设备绝缘破坏或金属管道烧穿，甚至引起火灾和爆炸。

防止反击的措施有两种，一种是将建筑物的金属体（含钢筋）与防雷装置的接口、引下线分隔开，并且保持一定的距离；另一种是当防雷装置不易与建筑物内的钢筋、金属管道分隔开时，则将建筑物内的金属管道系统，在其主干管道处与靠近的防雷装置相

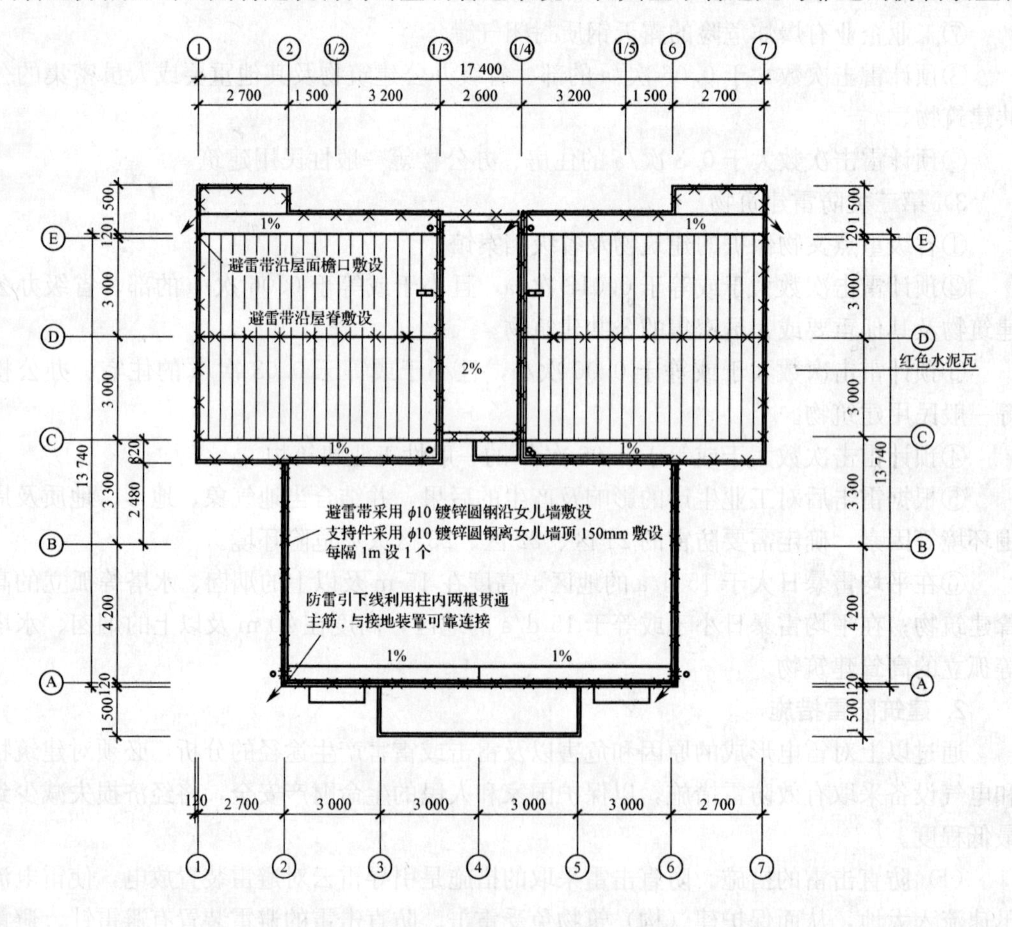

图 9—1　某七层建筑屋面防雷平面图（1∶100）

连接，有条件时，宜将建筑物每层的钢筋与所有的防雷引下线连接。

二、建筑防雷施工图的识读

建筑防雷施工图一般由屋面防雷平面图、基础接地平面图及设计说明等组成。施工的具体要求设计者均会在图样上用文字进行说明，识读图样时要仔细阅读。

1. 典型多层建筑防雷施工图

图 9—1 所示为某七层建筑屋面防雷平面图，图 9—2 所示为该建筑基础接地平面图。

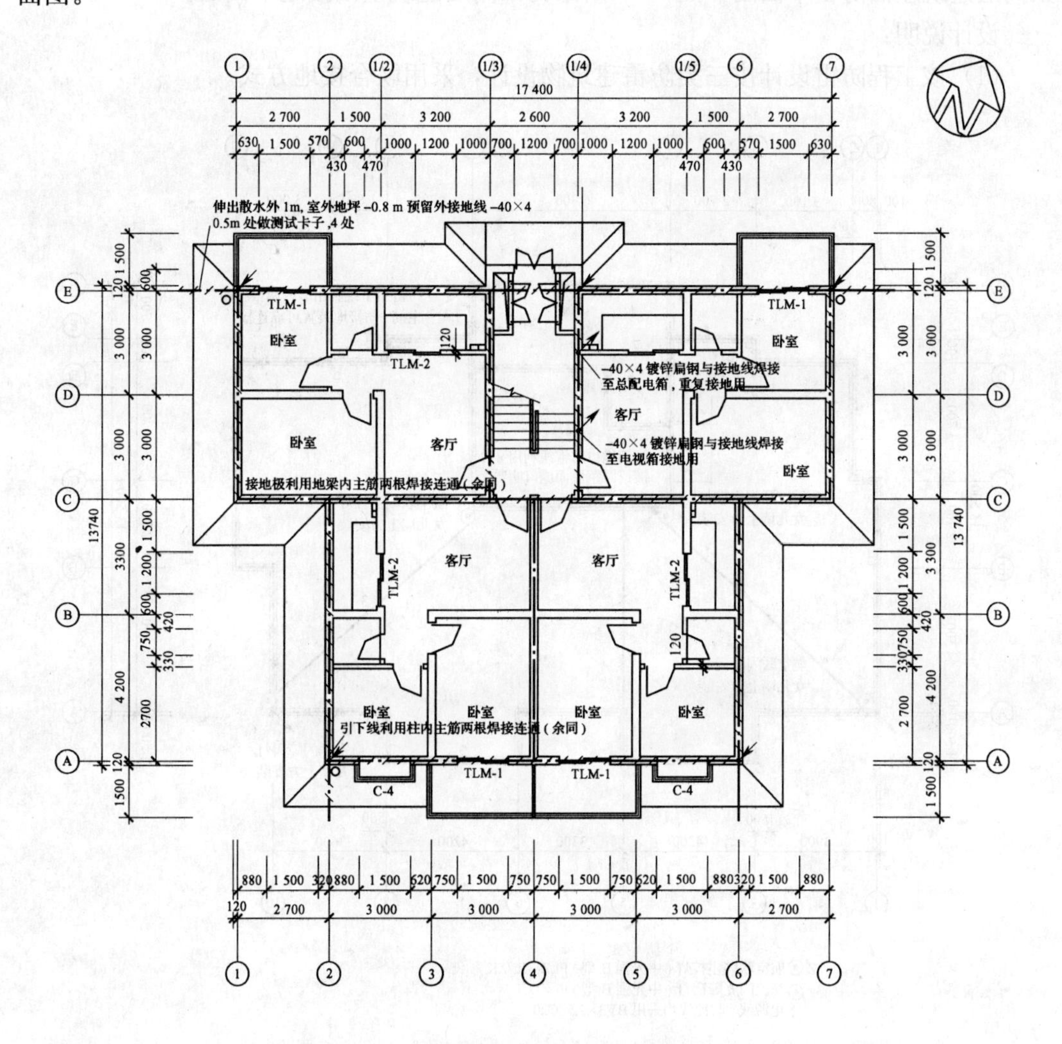

图 9—2　某七层建筑基础一层接地平面图（1∶100）

设计说明：

（1）该工程防雷按三类防雷建筑物设计，引线利用构造柱内对角主筋两根，在屋顶女儿墙上明装避雷带作为接闪器，屋面暗敷成不大于 20 m×20 m 或 24 m×16 m 的避雷网格。

（2）接地采用TN—S系统防雷接地、重复接地、弱电接地共用接地装置，综合接地电阻不大于1 Ω。预留四个测试点，实测不够时，应增加人工接地体。

（3）卫生间预留等电位连接端子板，距地0.3 m。局部等电位连接详见等电位联结安装标准图集02D501—2。等电位连接线均采用BV—1×4 mm^{2}铜线在地面内或墙内穿塑料管暗敷，并就近与地面内钢筋网或构造柱内钢筋连接。

2. 典型高层建筑防雷施工图

高层建筑防雷等级一般都较高，其避雷措施设计比多层建筑复杂，图9—3所示为某高层建筑屋面防雷平面图，图9—4所示为某高层建筑基础接地平面图。

设计说明：

（1）该工程防雷设计按三类防雷建筑物设计，采用联合接地方式。

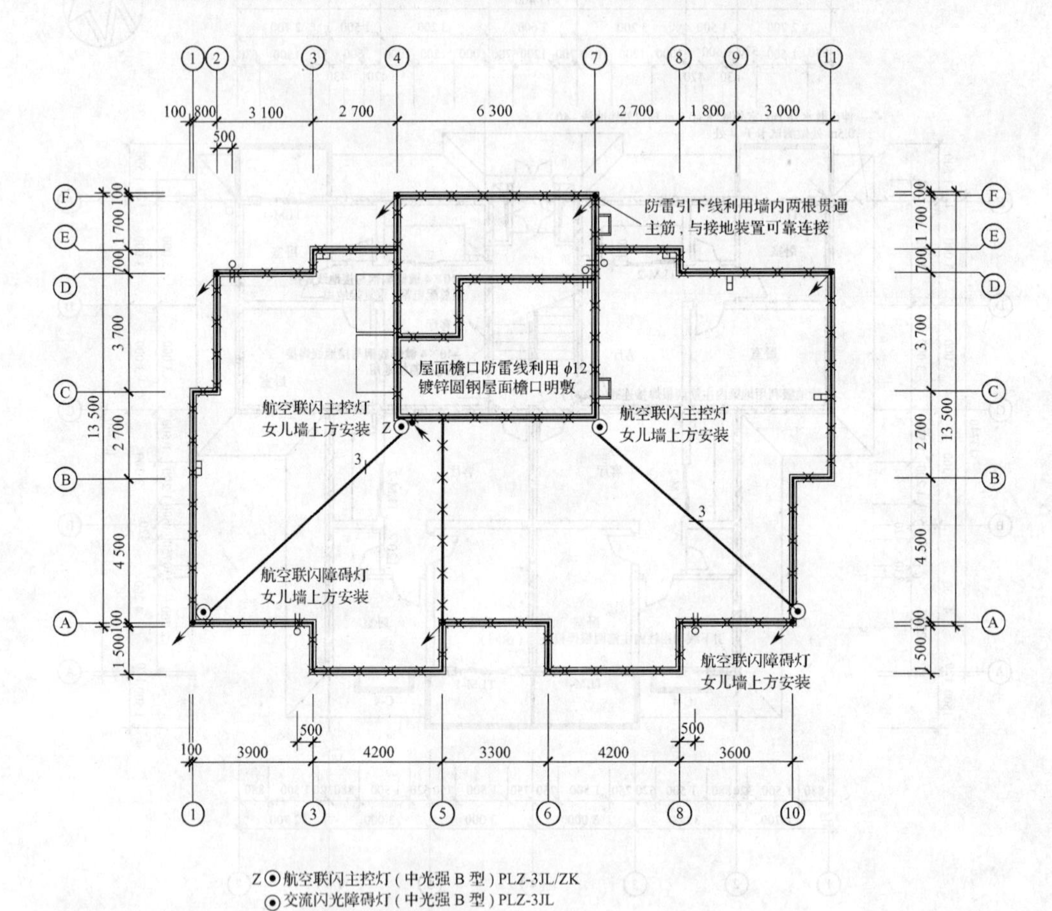

图9—3　某高层屋面防雷图（1∶100）

（2）在屋顶女儿墙装饰架上明装避雷带为接闪器，屋面暗敷成不大于20 m×20 m或24 m×16 m的避雷网格。

利用建筑物内两根不少于ϕ16 mm的主筋作引下线，建筑物基础钢筋网作为接地装

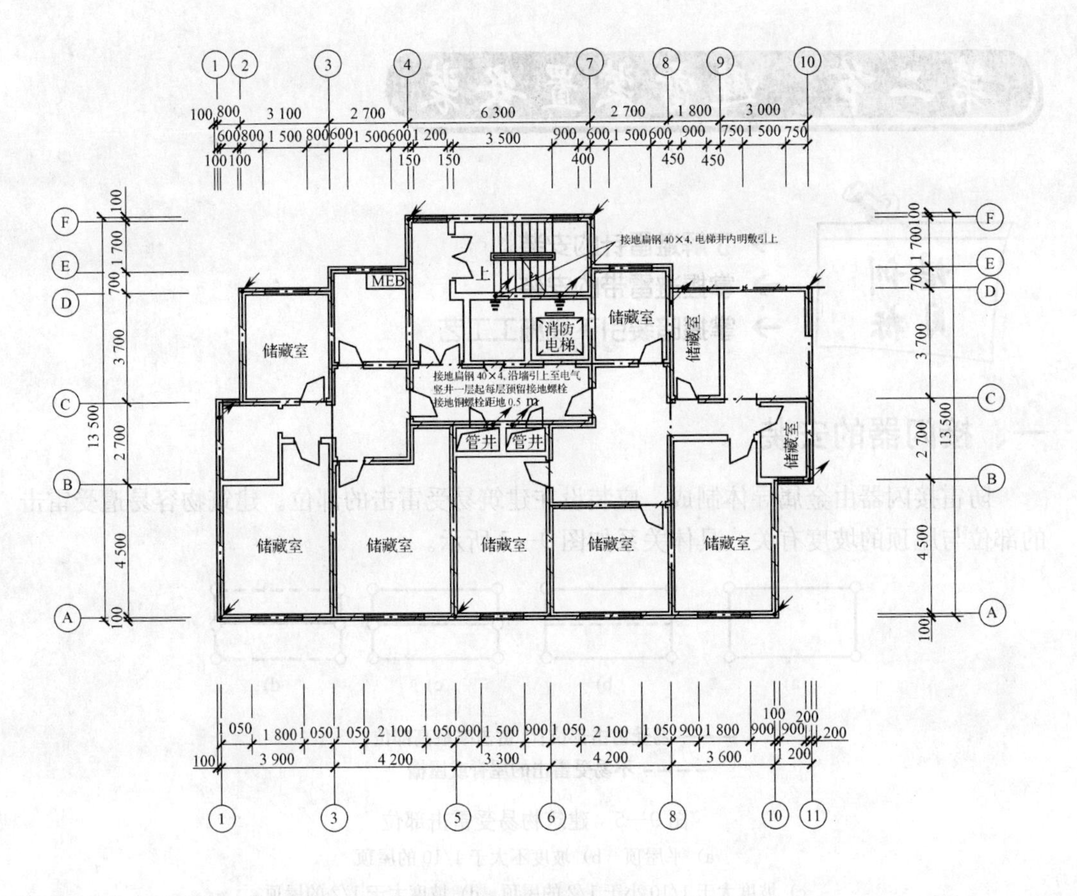

图 9—4　某高层基础接地平面图（1∶100）

置，三者可靠焊接连接组成防雷系统。接地电阻要求小于 1 Ω，实测不够时应增补人工接地极。

（3）所有凸出屋面的金属物体应与屋面避雷带可靠连接。

（4）将本工程 45m 及以上部分外墙上的金属栏杆、金属门窗等每三层与圈梁的钢筋与引下线焊接，以防止侧面雷击。

（5）每层利用外墙结构圈梁水平钢筋与引下线焊接成闭合体均压环，所有引下线、建筑物内的金属结构及金属门窗等均与均压环连接（均压环由一层开始）。

（6）竖直敷设的金属管道及金属物的顶端和底端与防雷装置连接。

（7）该工程配电系统接地形式为 TN－S 系统，楼内做总电位联结，地下一层设置总等电位联结端子箱（MEB），距地面 0.5 m 明装，等电位连接端子板分别引出等电位连接线与低压配电柜 PE 母排，进出楼内水、暖金属干管，电梯导轨，建筑物内所有用电设备不带电的金属外壳、各强、弱电穿线钢管外皮、电缆金属铠装及金属线槽等连接。

第二节　避雷装置安装

→ 了解避雷针的安装
→ 掌握避雷带的安装
→ 掌握暗装引下线施工工艺

一、接闪器的安装

防雷接闪器由金属导体制成，应装设在建筑易受雷击的部位。建筑物容易遭受雷击的部位与屋顶的坡度有关，具体关系如图 9—5 所示。

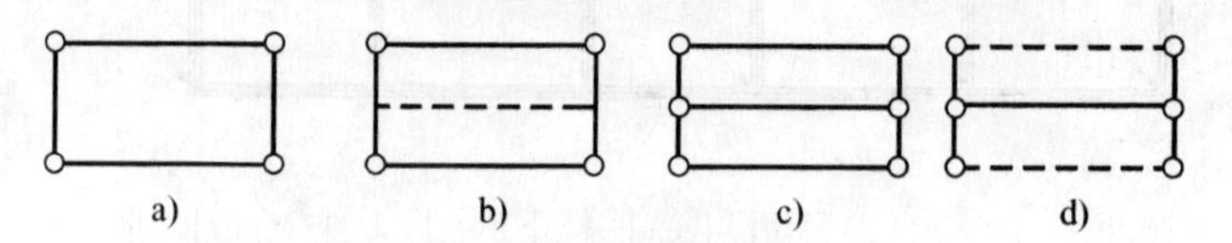

——易受雷击部位；○ 雷击率最高部位；
- - - - 不易受雷击的屋脊或屋檐

图 9—5　建筑物易受雷击部位

a）平屋顶　b）坡度不大于 1/10 的屋顶

c）坡度大于 1/10 小于 1/2 的屋顶　d）坡度大于 1/2 的屋顶

1. 避雷带的安装

避雷带主要装设在建筑物的屋脊、屋檐、屋顶边沿及女儿墙等易受雷击的部位。高层建筑屋顶上避雷带的布置如图 9—6 所示。

避雷带一般采用直径大于 8 mm 的镀锌圆钢或截面积不小于 48 mm^2、厚度不小于 4 mm的扁钢沿女儿墙及电梯机房或水池顶部的四周敷设，避雷带用支架进行固定，支架间距为 1 m 左右，支架与避雷带转角处的距离为 0.5 m。明装避雷带应平直、牢固，距离建筑物表面高度应一致，平直度每 2 m 检查段允许偏差 3%，但全长不得超过 10 mm。避雷带弯曲处不得小于 90°，弯曲半径不得小于圆钢直径的 10 倍。

多层建筑不上人屋顶上避雷带的做法如图 9—7 所示。各支架间最大尺寸 L 为 1 000 mm，L_1 为 500 mm，L_2 为1 000 mm，H 为 500 mm，H_1 为 150 mm。图 9—7 中避雷带在屋檐上沿支架敷设，在屋顶可沿混凝土支座敷设。如用混凝土支座明敷设，将混凝土支座按图 9—7 所示预制好并分档摆好，两端拉直线，然后将其他支座用砂浆找平、找直并固定。

避雷带还可利用镀锌扁钢暗敷放在建筑物屋顶的防水保护层内，并与暗敷的避雷网和防雷引下线焊接。

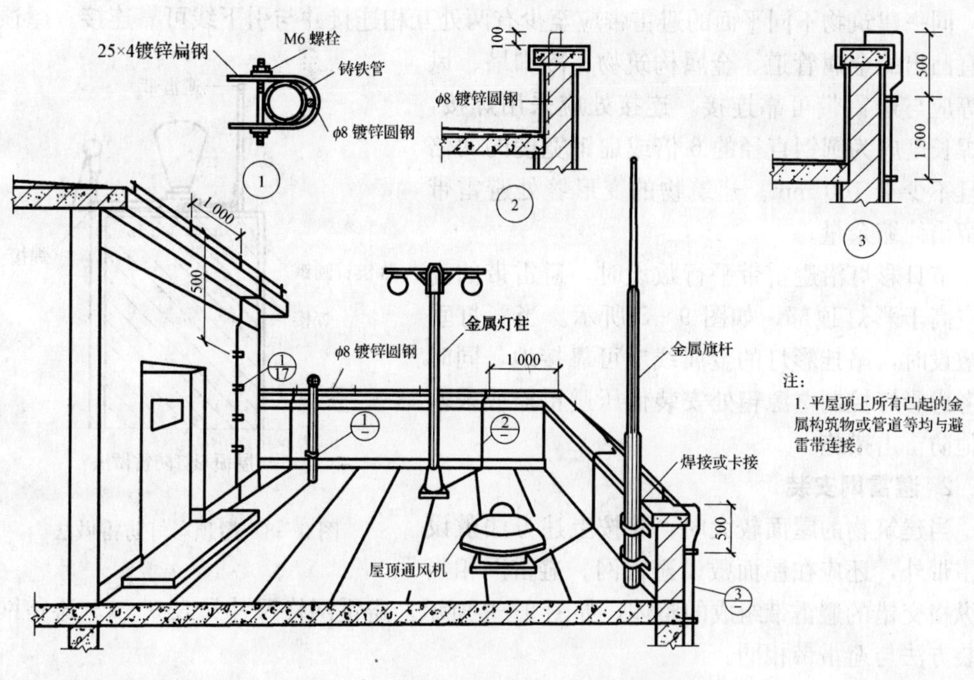

图 9—6　高层建筑屋顶上避雷带布置

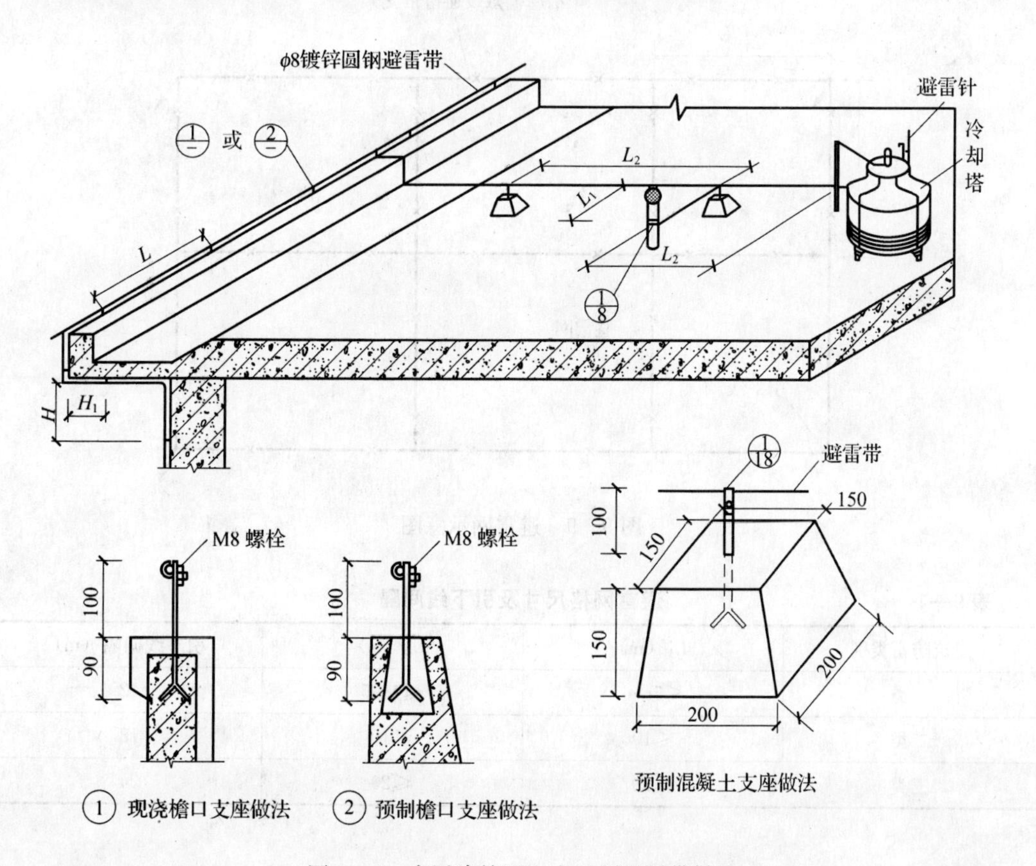

图 9—7　多层建筑不上人屋顶避雷带做法

同一建筑物不同平面的避雷带应至少有两处互相连接并与引下线可靠连接。屋顶上所有凸出的金属管道、金属构筑物、冷却塔、风机等应与避雷带可靠连接。连接处应采用焊接，搭焊长度应为圆钢直径的 6 倍或扁钢宽度的两倍并且不少于 100 mm。建筑物的变形缝处避雷带应留出伸缩余量。

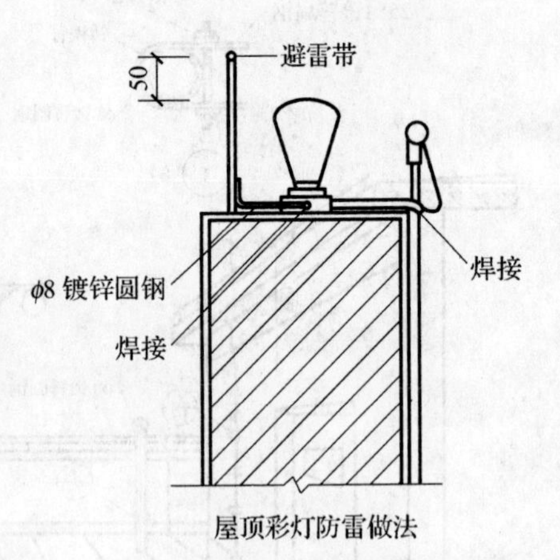

图 9—8　屋顶彩灯防雷做法

节日彩灯沿避雷带平行敷设时，避雷带的高度应高于彩灯顶部，如图 9—8 所示。当彩灯垂直敷设时，吊挂彩灯的金属线应可靠接地，同时应考虑彩灯控制电源箱处安装低压避雷器或采取其他防雷击措施。

2. 避雷网安装

当建筑物的屋面较大时，除按上述方法敷设避雷带外，还应在屋面敷设避雷网。避雷网相当于纵横交错的避雷带组成的整体，如图 9—9 所示。避雷网格尺寸见表 9—1。避雷网的安装方法与避雷带相同。

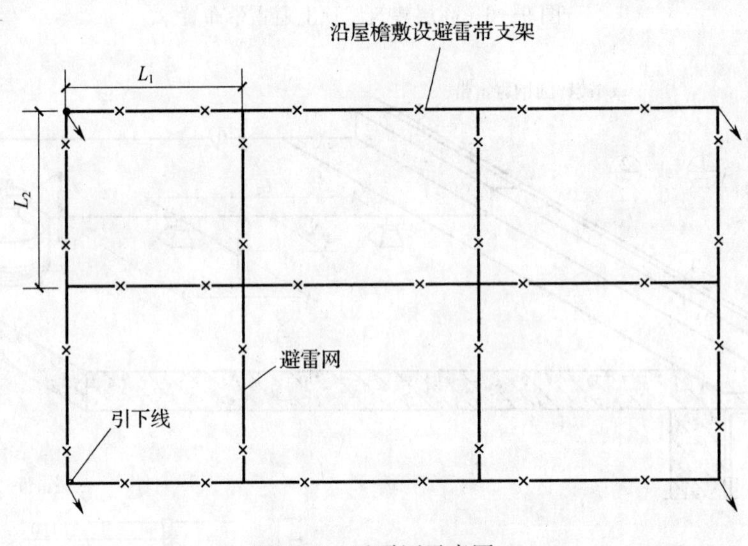

图 9—9　避雷网示意图

表 9—1　**避雷网格尺寸及引下线间隔**

建筑防雷类别	L_1（m）	L_2（m）	引下线间隔（m）
一类	≤5～6	≤4～5	12
二类	≤10	≤10	18
三类	≤20	≤20	24

3. 避雷针的安装

（1）避雷针制作。避雷针一般采用圆钢或钢管制成，其直径应不小于下列数值：

1）独立避雷针一般采用直径为 19 mm 的镀锌圆钢。

2）避雷针用直径 12 mm 镀锌圆钢或截面为 100 mm^2、厚度大于等于 4 mm 的镀锌扁钢。

3）用镀锌钢管制作针尖，管壁厚度不得小于 3 mm，针尖刷锡长度不得小于 70 mm。

（2）避雷针安装

1）避雷针应垂直安装牢固，垂直度允许偏差为 0.3%。建筑物屋顶避雷针可分为在屋面上安装（见图 9—10）和在山墙上安装（见图 9—11）两种，在屋面上安装时要先将钢板底座固定在屋面预埋的地脚螺栓上，焊上一块肋板，将避雷针立起，调整好垂直度，进行点焊固定，然后将其他 3 块肋板与避雷针和底座焊牢。最后将引下线焊在底板上，清除药皮刷防锈漆。

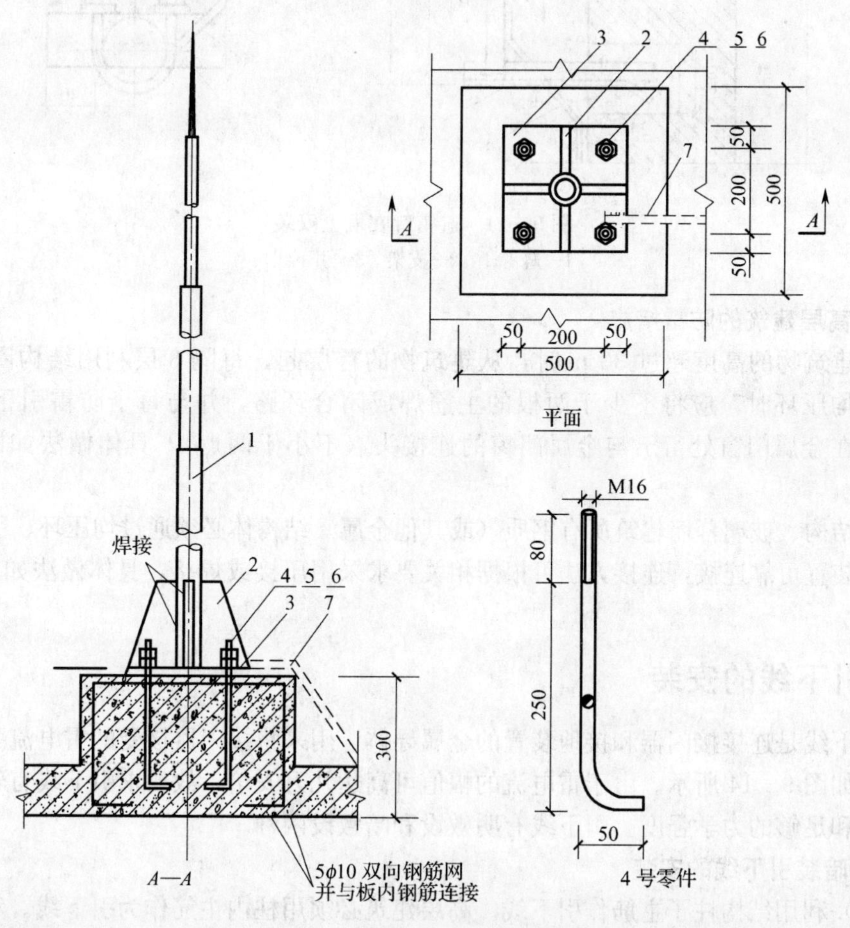

图 9—10 避雷针在屋面上安装

1—避雷针 2—肋板（钢板 100 mm×200 mm×8 mm） 3—底板（钢板 300 mm×300 mm×8 mm） 4—地脚螺栓（ϕ16 mm L=380 mm） 5—螺母 M16 6—垫圈 7—引下线

2）水塔、屋顶冷却塔安装避雷针时，可将避雷针直接固定在塔周围的栏杆上，将避雷针与防雷引下线焊好。

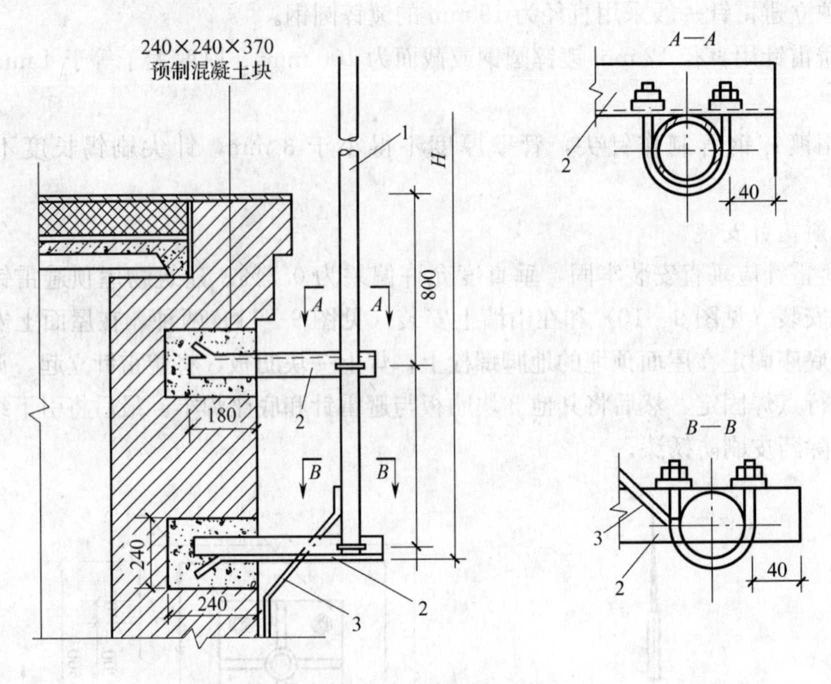

图 9—11　避雷针在墙上安装

1—避雷针　2—支架　3—引下线

4. 高层建筑的防雷措施

当建筑物的高度超过 30 m 时，从建筑物的首层起，每隔 3 层利用结构圈梁里的主筋做均压环时，应将不少于两根的主筋焊成闭合环路，并与每个防雷引下线焊接牢固。在金属门窗处留出与金属门窗的连接头（不小于两点），具体做法如图 9—12 所示。

钢结构、玻璃幕墙建筑所有钢质（或其他金属）结构体必须通过均压环、引下线等与避雷装置可靠连接，连接方法可根据相关要求采用压接或焊接，具体做法如图 9—13 所示。

二、引下线的安装

引下线是连接接闪器和接地装置的金属导体，用来将接闪器接受的雷电流引到接地装置，如图 9—14 所示。由于雷电流的幅值可高达几万安培，故要求引下线有较好的导电能力和足够的力学强度。引下线有明敷设和暗敷设两种。

1. 暗装引下线的安装

（1）利用结构柱子主筋作引下线。高层建筑必须用柱内主筋作为引下线。利用结构柱子主筋作引下线时，当钢筋直径不小于 16 mm 时，应利用柱内至少两根钢筋作为引下线；当钢筋直径为 10～16 mm 时，应利用 4 根钢筋作为一组引下线。

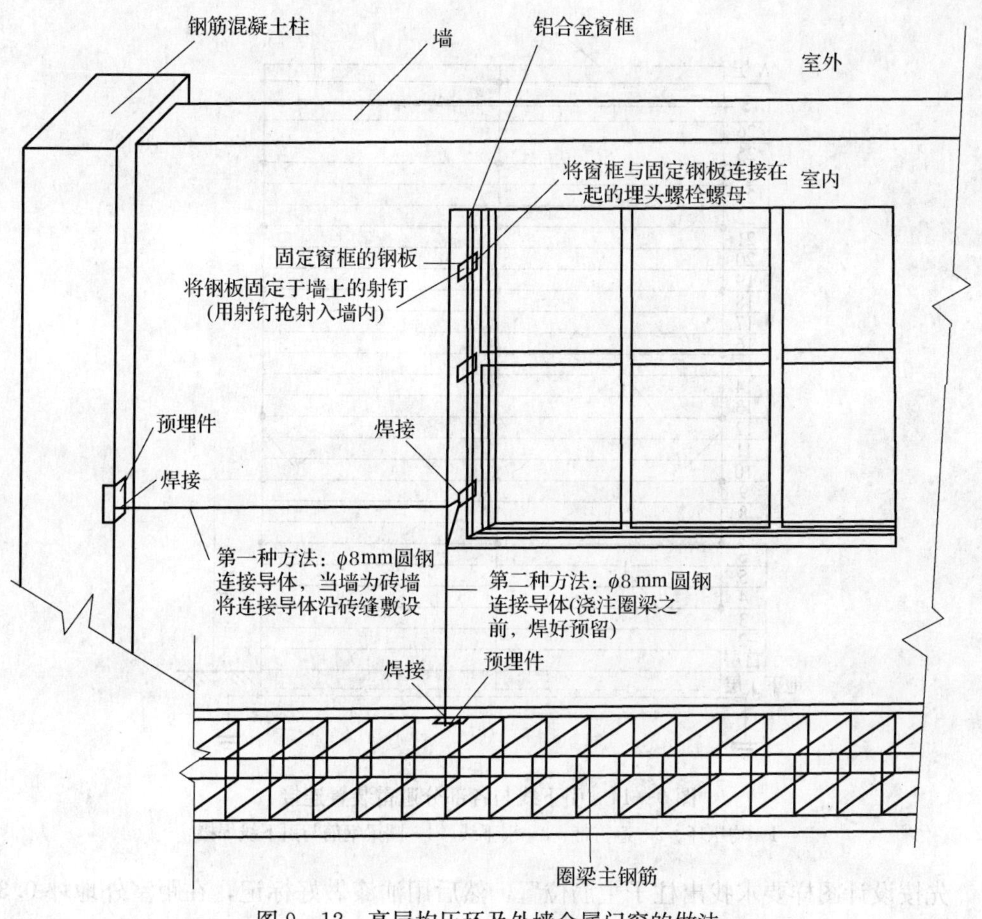

图 9—12　高层均压环及外墙金属门窗的做法

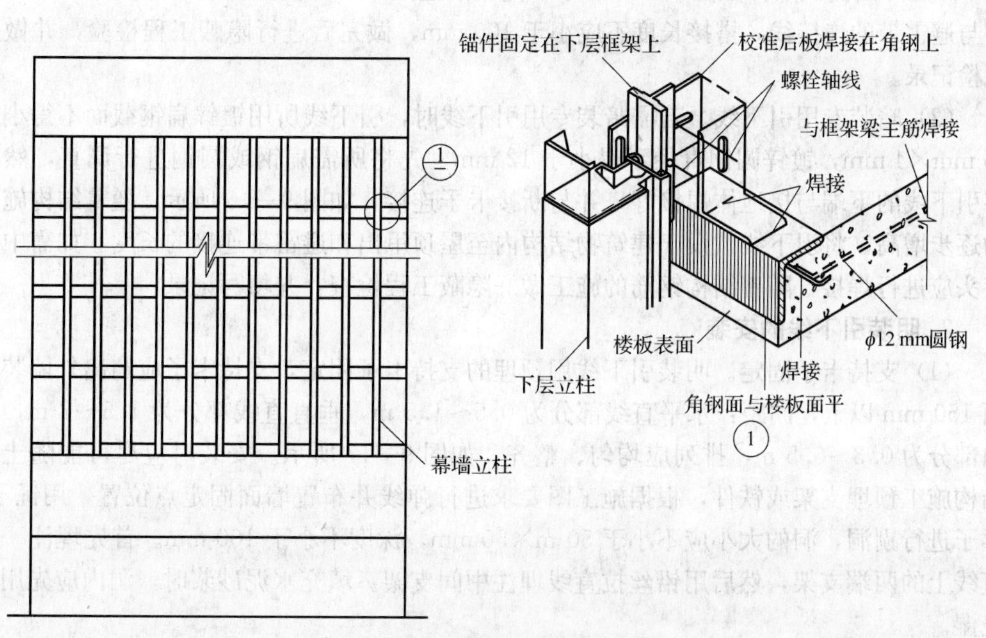

图 9—13　高层建筑玻璃幕墙避雷做法

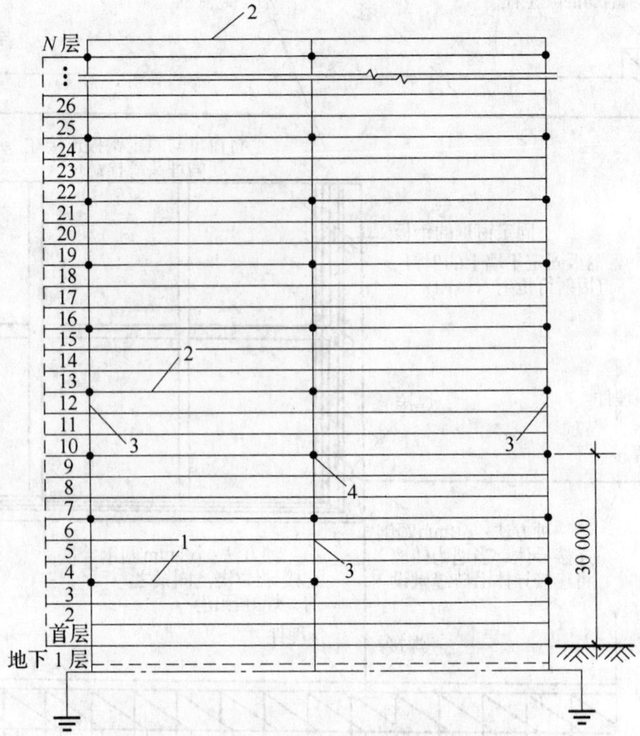

图 9—14　引下线与各部分避雷装置连接
1—均压环　2—避雷带　3—引下线　4—圈梁钢筋与引下线焊接

先按设计图样要求找出柱子主筋位置，然后用油漆做好标记，在距室外地坪 0.3～0.5 m 处焊出测试点，如图 9—15 所示，随钢筋逐层串联焊接至顶层，焊接出一定长度的与避雷带的连接线，搭接长度不应小于 100 mm，做完后进行隐蔽工程检验，并做好隐检记录。

（2）暗装专用引下线。若需暗装专用引下线时，引下线所用镀锌扁钢截面不得小于 25 mm×4 mm，镀锌圆钢直径不得小于 12 mm。先将所需扁钢或圆钢进行调直，然后将引下线的下端与接地体焊接好，并与断接卡子连接，如图 9—16 所示。随着结构施工的逐步增高，将引下线敷设于建筑物结构内至屋顶甩出和避雷带连接的长度。如需中间接头应进行焊接，随着结构钢筋的施工做好隐蔽工程检查，并填写记录。

2. 明装引下线的安装

（1）支持卡子固定。明装引下线用预埋的支持卡子固定，支持卡子应凸出外墙装饰面 150 mm 以上，间距：水平直线部分为 0.5～1.5 m，垂直直线部分为 1.5～3 m，弯曲部分为 0.3～0.5 m，排列应均匀、整齐，如图 9—17 所示。安装时应尽可能随土建结构施工预埋支架或铁件，根据施工图要求进行弹线并布置墙面固定点位置，用锤子、錾子进行剔洞，洞的大小应不小于 50 m×50 mm，深度不小于 100 mm。首先埋注一条直线上的两端支架，然后用铅丝拉直线埋注中间支架。填充水泥砂浆时，洞内应先用水浇湿。

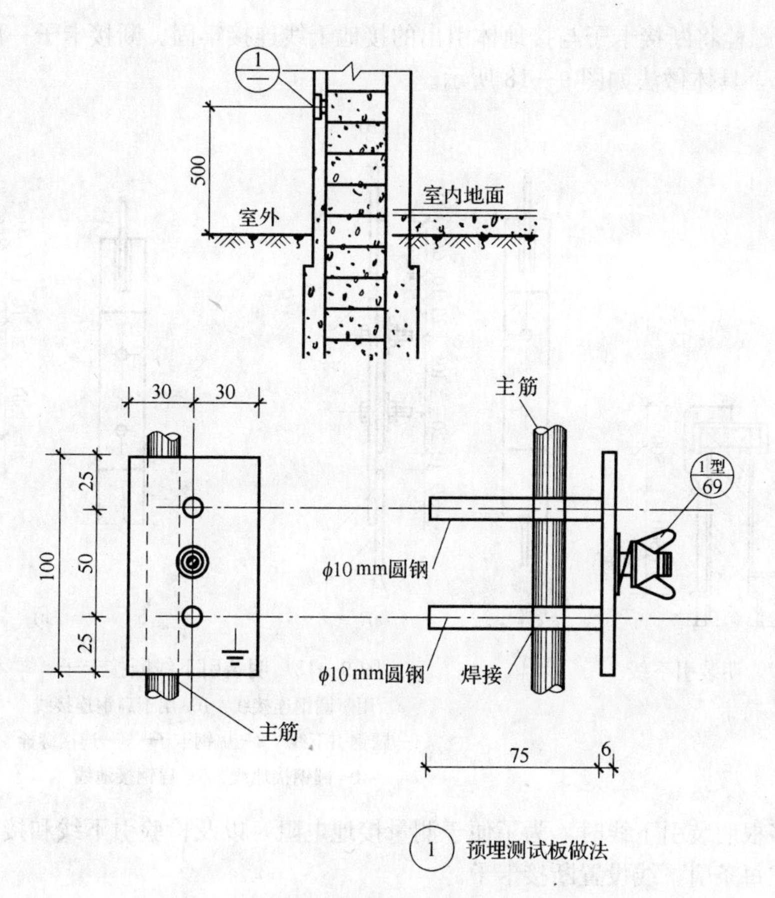

图 9—15 利用构造柱主筋引下线做法

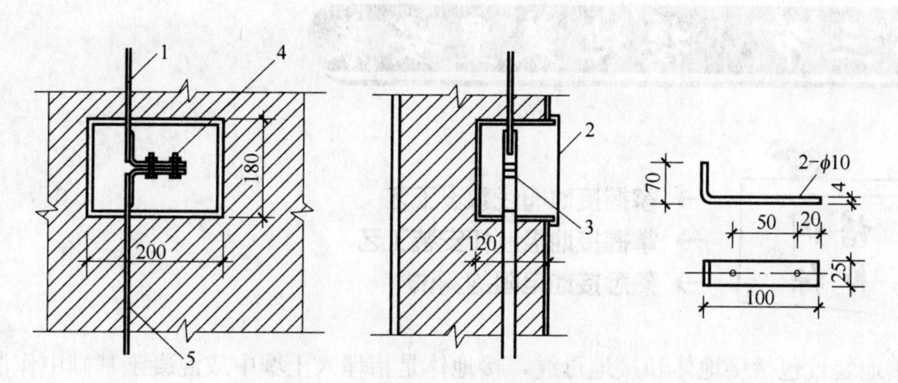

图 9—16 暗装专用引下线断接卡子做法

1—暗装专用引下线 2—暗装接线盒 3—断接卡子 4—连接螺栓 5—接地母线

（2）引下线安装。引下线安装前，必须先将扁钢或圆钢调直，将引下线用大绳提升到最高点，放入每个支架卡子内，从断接卡处由下而上将卡子螺栓拧紧。断接卡子处应进行焊接。焊接后，清除药皮，刷防腐漆。防雷引下线及接地体的连接应采用焊接，焊接处应补涂防腐剂。

用镀锌螺栓将断接卡子与接地体引出的接地干线连接牢固。断接卡子一般距地面为 0.3～0.5 m，具体做法如图 9—18 所示。

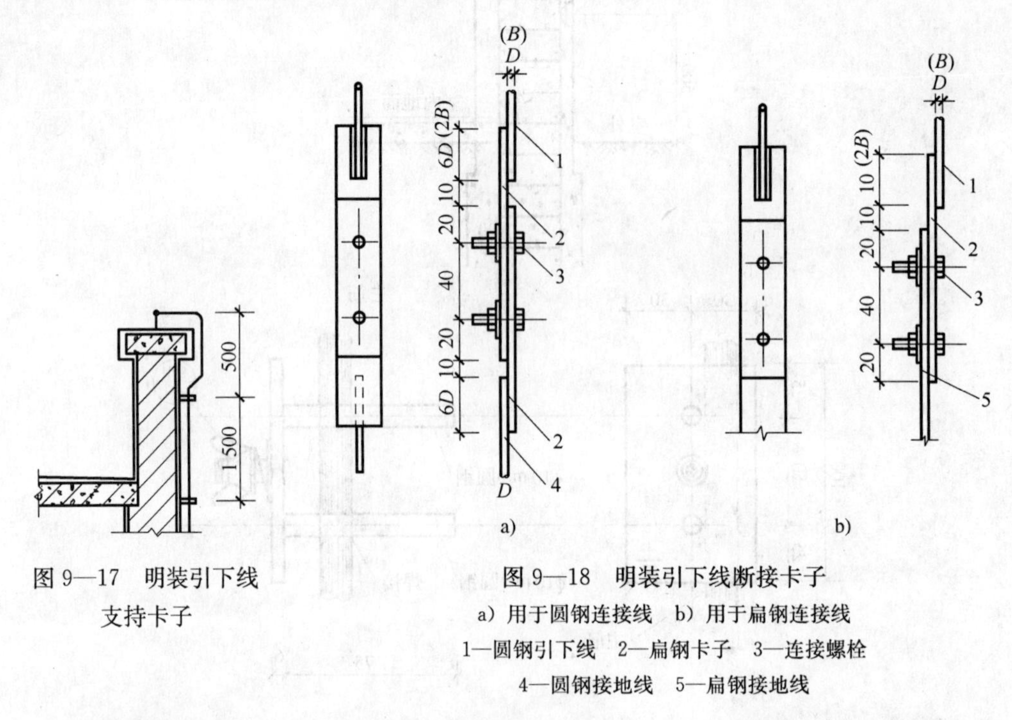

图 9—17　明装引下线支持卡子

图 9—18　明装引下线断接卡子
a）用于圆钢连接线　b）用于扁钢连接线
1—圆钢引下线　2—扁钢卡子　3—连接螺栓
4—圆钢接地线　5—扁钢接地线

采用多根明装引下线时，为了便于测量接地电阻，以及检验引下线和接地线的连接状况，应在每条引下线设置断接卡子。

第三节　接地装置安装

→ 掌握接地母线敷设工艺
→ 掌握接地极制作安装工艺
→ 熟悉接地电阻的测试

接地装置包括接地体和接地母线，接地体是指埋入土壤中或混凝土基础中作散流用的导体，接地母线是指从引下线断接卡子或测试处至接地体的连接导线。接地装置的材料要求见表 9—2。根据施工图要求分为利用土建基础的自然接地装置和电气专业另外使用钢材制作的人工接地装置两种类型。

一、接地母线的敷设

1. 接地母线的敷设

接地母线根据安装的场所分为室内接地母线和室外接地母线两种类型。

接地母线包括从引下线断接卡或换线处至接地体的连接导体；或从接地端子、等电位连接带至接地体的连接导体。接地母线应在两个以上不同点与接地装置相连接。

表 9—2　　接地装置最小允许规格、尺寸

种类、规格及单位		敷设位置及使用类别			
		地上		地下	
		室内	室外	交流电流回路	直流电流回路
圆钢直径/mm		6	8	10	12
扁钢	截面/mm²	60	100	100	100
	厚度/mm	3	4	4	6
角钢厚度/mm		2	2.5	4	6
钢管壁厚度/mm		2.5	2.5	3.5	4.5

（1）室外接地母线敷设。首先将接地干线调直、测位、打眼、煨弯，并将断接卡子及接地端子装好。然后根据设计要求的尺寸位置挖沟，挖好后将扁钢放平埋入。回填土应压实但不需打夯，接地干线末端露出地面应不超过 0.5m，以便连接引下线。

（2）室内明敷设接地母线。如图 9—19 所示，室内接地干线用螺栓连接或焊接方法固定在距地 250～300 mm 的支持卡子上，支持件的间距如下：水平直线部分 1～1.5 m；转弯或分支处 0.5 m；垂直部分 1.5～2 m；转弯处间距为 0.5 m。

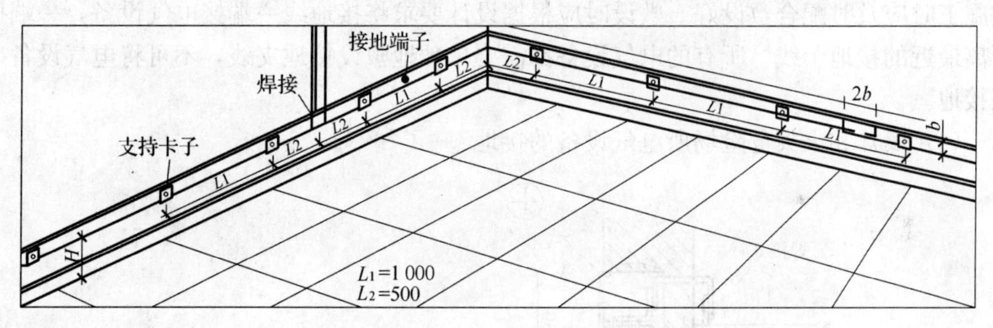

图 9—19　室内接地母线敷设

1）支持卡子的做法。图 9—20 为支持卡子的做法示意，在房间内，为了便于维护和检查，母线与墙面应有 10～15 mm 的距离。图中 b 等于接地扁钢宽度。

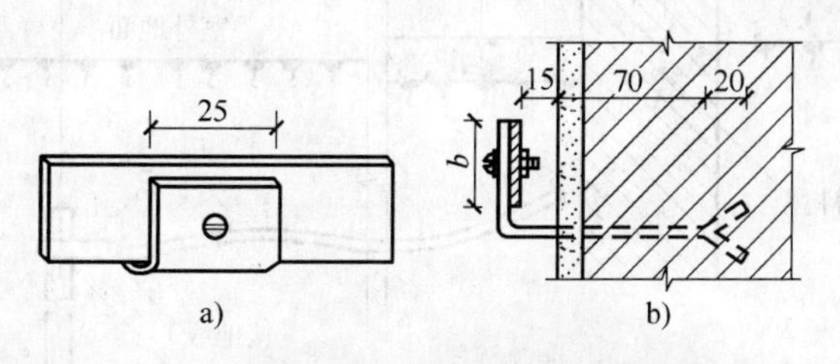

图 9—20　室内接地母线支持卡子

a）支持卡子　b）支持卡子安装图

2）如图 9—21 所示，室内接地母线过建筑物沉降缝和伸缩缝处，应留有伸缩余量；并分别距伸缩缝（或沉降缝）两端各 200～400mm 加以固定。

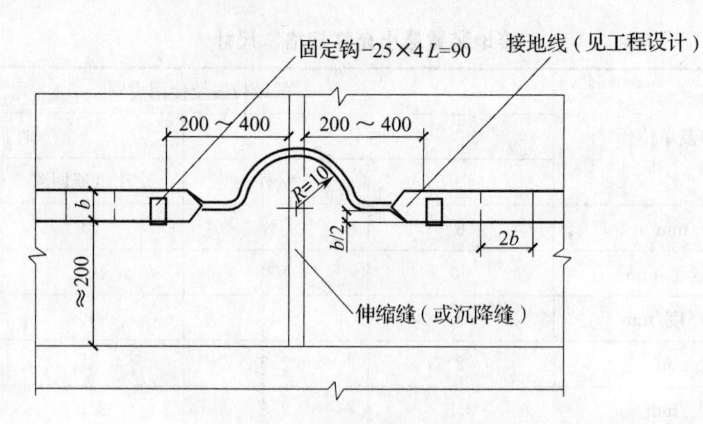

图 9—21　室内接地母线过伸缩缝做法

3）接地线在穿过墙壁时，应通过明孔、钢管或其他坚固的保护套。因多层建筑物电气设备需分层安装，接地线又需穿楼板，这时应留洞或预埋钢管。接地线安装后应在墙洞或钢管两端用沥青棉纱封严。

4）接地线由室内引向室外接地网的做法如图 9—22 所示。

（3）接地支线做法。接电气设备的接地支线往往需要在混凝土地面中暗敷设，在土建施工时应及时配合敷设好。敷设时应根据设计要求将接地线一端接电气设备，一端接距离最近的接地干线。所有的电气设备都需要单独地敷设接地支线，不可将电气设备串联接地。

（4）爆炸和火灾危险场所电气设备的接地

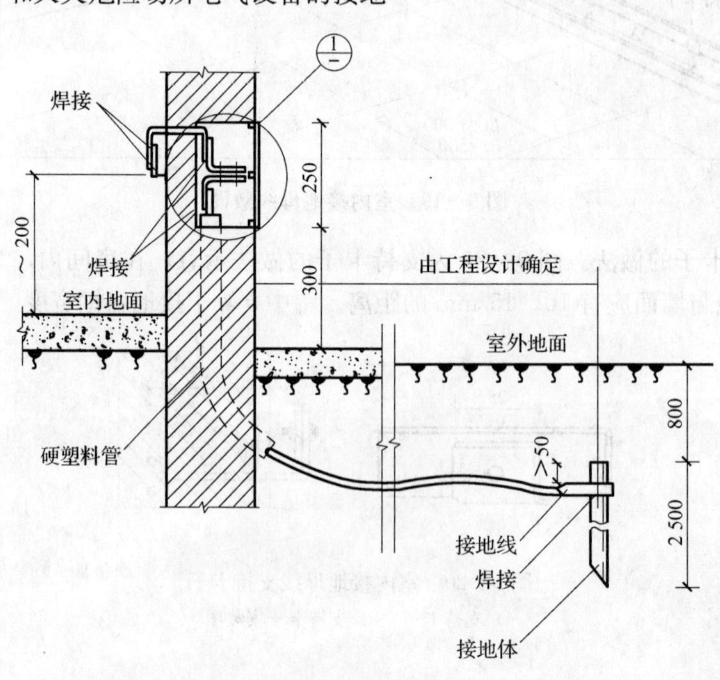

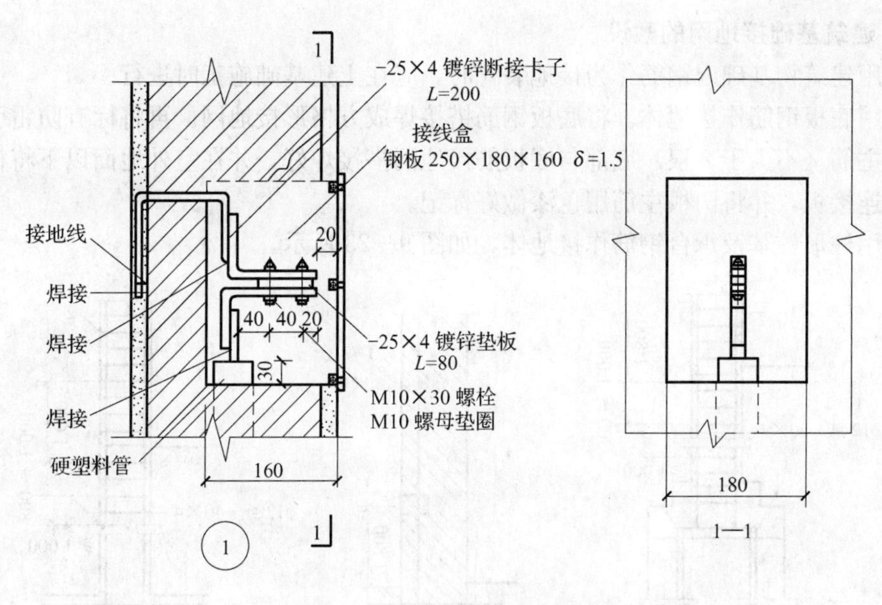

图 9—22　室外接地线引入室内做法

1）电气设备的金属外壳和金属管道、容器设备及建筑物结构均应可靠地接地或接零；管道接头处应作跨接线。

2）在爆炸危险场所的不同方向上，接地和接零干线与接地装置相连应不少于两处；一般应在建筑物两端与接地体相连。

3）在爆炸危险场所内，中性点直接接地的低压电力网中，所有电气装置的接零保护，不得接在工作零线上，应接在专用的接地零线上。

4）防静电接地线应单独与接地干线相连，不得相互串联接地，铜芯绝缘导线应有硬塑料管保护，镀锌扁钢宜有角钢保护。

5）爆炸场所内的金属管线及电缆的金属外皮，只作辅助接地线。

（5）明敷接地线的标志和防腐，按下列要求刷漆

1）涂黑漆。明敷的接地线表面应涂黑漆。如按建筑物的设计要求需涂其他颜色，则应在连接处及分支处涂以各宽 15 mm 的两条黑带，其间距为 150 mm。

2）涂紫色带黑色条纹。中性点接地与接地网的明设接地线，应涂以紫色带黑色条纹。

3）涂黑带。在三相四线网络中，如接有单相分支线并用其零线做接地线时，零线在分支点应涂黑色带以识别。

4）标黑色接地标号。在接地线引向建筑物内的入口处，一般应标以黑色接地记号，标在建筑物的外墙上。

5）刷白色漆后标黑色接地记号。室内干线专门备有检修用的临时接地点处，应刷白色底漆后标以黑色记号。

（6）变压器室、高低压开关室内的接地干线应有不少于 2 处与接地装置引出干线连接。

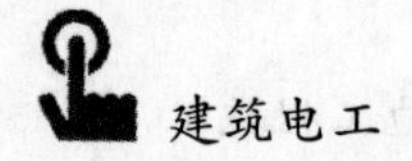

2. 建筑基础接地网的敷设

利用建筑物基础内钢筋作为接地装置时，应在土建基础施工时进行。

利用底板钢筋作接地体。将底板钢筋搭接焊成方格形接地网。再将标有防雷引下线的柱内主筋（不少于2根）底部与底板筋接地网搭接焊好，并在室外地面以下将柱内主筋焊好连接板，并将两根主筋用色漆做好标记。

利用柱形桩基及承台钢筋作接地体，如图9—23所示。

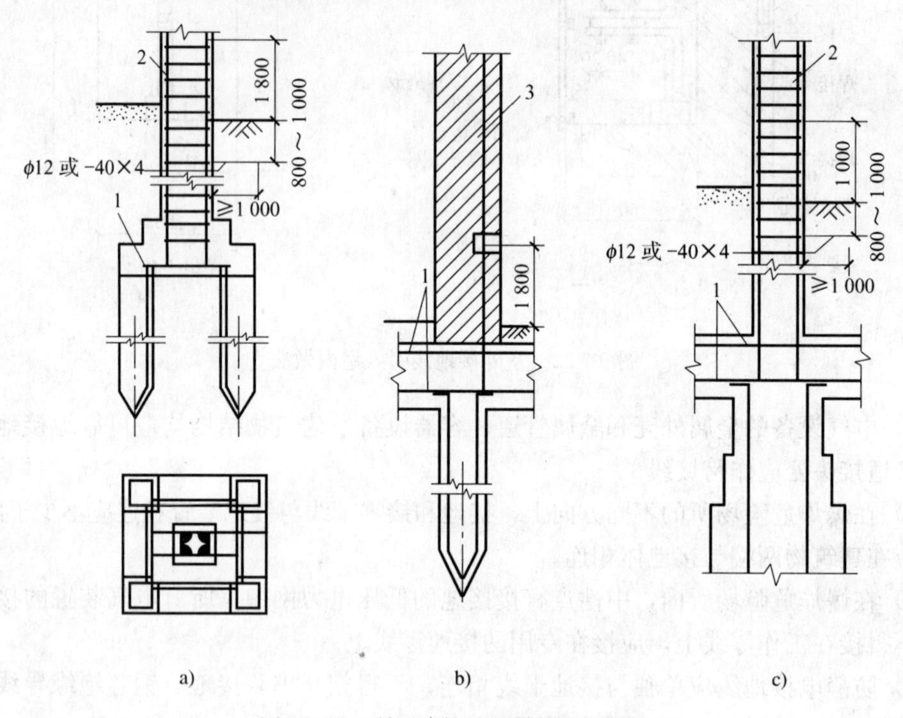

图9—23　利用建筑基础做接地网做法

a）独立式桩基　b）方桩基础　c）挖孔桩基础

桩基钢筋和承台上层钢筋做法如图9—24所示，找好桩基组数位置，把每组桩基周围主筋搭接封焊（如果每组桩基超过4根时可只连接四角的四根桩基），再与承台上主筋和柱内主筋（不少于2根）焊好，并在室外地面以下将柱内主筋预埋好接地连接板，清除药皮，并将2根主筋用色漆做好标记，便于引出和检查，做好隐蔽检查，填写隐蔽工程检验记录。

二、接地极的制作安装

1. 接地极的制作

垂直接地体一般使用长2.5 m的钢管或角钢，其端部应按图9—25加工。

2. 接地极的安装

接地极的安装如图9—26所示，接地极安装前，应按要求进行土沟的开挖，沟挖好后，应及时安装接地体和焊接接地干线。以上工作完成后将接地极打入土中。如装设接地极处土质较坚硬，为防止将接地体顶端打劈，可在顶端加护帽或焊一块钢板加以保

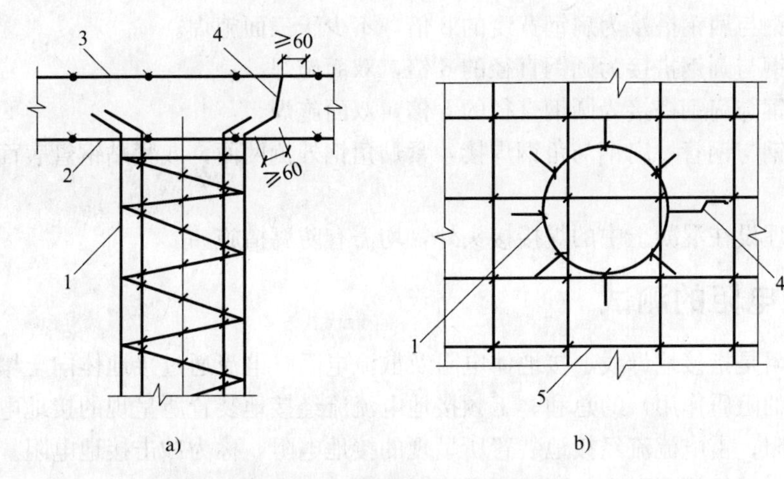

图 9—24　桩基与承台钢筋连接

a）桩基与承台钢筋连接正视图　b）桩基与承台钢筋连接俯视图

1—桩基钢筋　2—承台下层钢筋　3—承台上层钢筋

4—连接导体（≥ϕ10 mm 钢筋或圆钢）　5—承台钢筋

护。当接地体顶端距离地面 600 mm 时停止打入。

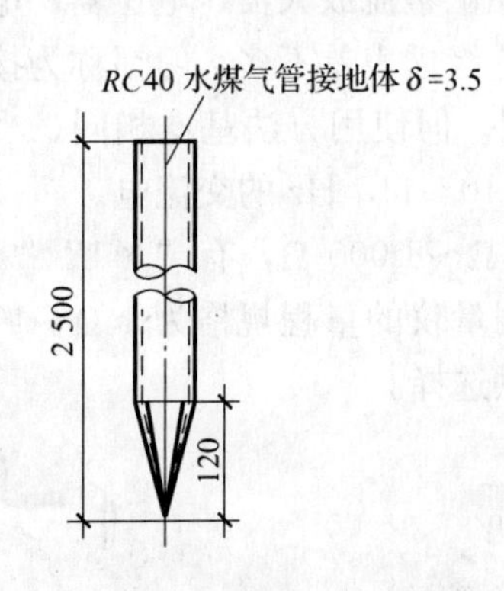

图 9—25　垂直接地体的制作

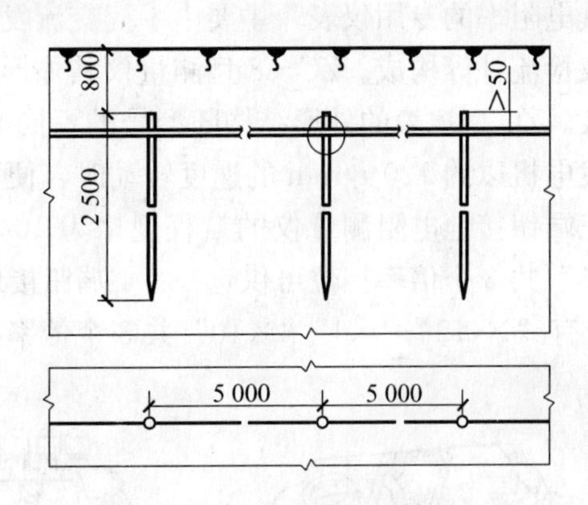

图 9—26　接地极安装

垂直接地体间多用扁钢作为接地母线连接。当接地体打入地中后，即可将扁钢放置于沟内，依次焊接扁钢与接地体。扁钢应侧放而不可平放，这样既便于焊接，也可减小其散流电阻。接地母线和接地极的连接可如图 9—27 所示。

接地体及其引出线均应做防腐处理；焊接部分应补刷防腐漆。

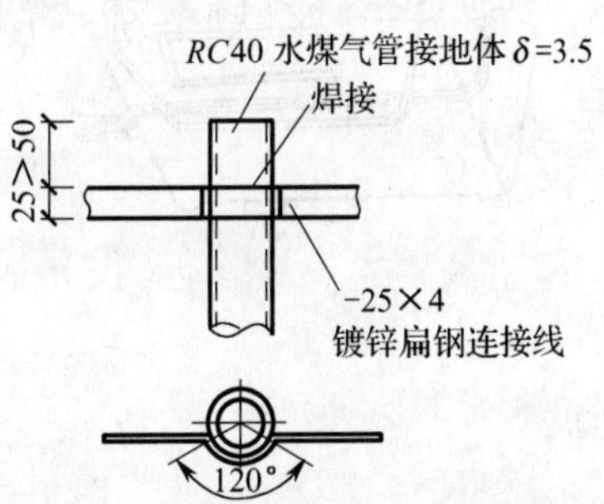

图 9—27　钢管接地极与接地母线连接

当设计无要求时，接地装置顶面埋设深度不应小于 0.6 m。圆钢、角钢及钢管接地极应垂直埋入地下，间距不应小于 5 m。接地装置的焊接应采用搭接焊，搭接长度应符合下列规定：

（1）扁钢与扁钢搭接为扁钢宽度的 2 倍，不少于三面施焊。

（2）圆钢与圆钢搭接为圆钢直径的 6 倍，双面施焊。

（3）圆钢与扁钢搭接为圆钢直径的 6 倍，双面施焊。

（4）扁钢与钢管，扁钢与角钢焊接，紧贴角钢外侧两面，或紧贴钢管表面，上下两侧施焊。

（5）除埋设在混凝土中的焊接接头外，均需有防腐措施。

三、接地电阻的测试

接地电阻是指接地母线、接地体电阻及散流电阻（电流通过接地体向土壤散开时土壤对该电流的阻碍作用）的总和。工频接地电流流经接地装置所呈现的接地电阻，称为工频接地电阻；雷电流流经接地装置所呈现的接地电阻，称为冲击接地电阻。接地体安装完毕后，应对接地电阻进行测试。合格后方可进行回填，分层夯实，并应做好电阻测试记录及电气接地装置隐蔽记录。

1. 接地电阻测试仪的使用

市场上出售的接地电阻测试仪种类繁多，可分为数字式和模拟式，其中，ZC－8 系列用途较为广泛，如图 9—28 所示，ZC－8 型接地电阻测量仪是一种直接测量接地电阻及土壤电阻率的专用仪表，主要由手摇交流发电机、相敏整流放大器、电位器、电流互感器及检流计等构成。ZC－8 型测量仪其外形与普通绝缘摇表差不多，习惯称为接地电阻摇表。ZC 型摇表的外形结构随型号的不同略有区别，但使用方法基本相同。当手摇交流发电机以约 120 r/min 的速度转动时，便可产生 110～115 Hz 的交流电。

三端钮接地电阻测量仪的量程规格为 10 Ω～100 Ω～1 000 Ω，有“×1”“×10”“×100”共 3 个倍率挡位可供选择。4 端钮接地电阻测量仪的量程规格为 1 Ω～10 Ω～100 Ω 有“×0.1”“×1”“×10”共 3 个倍率挡位可供选择。

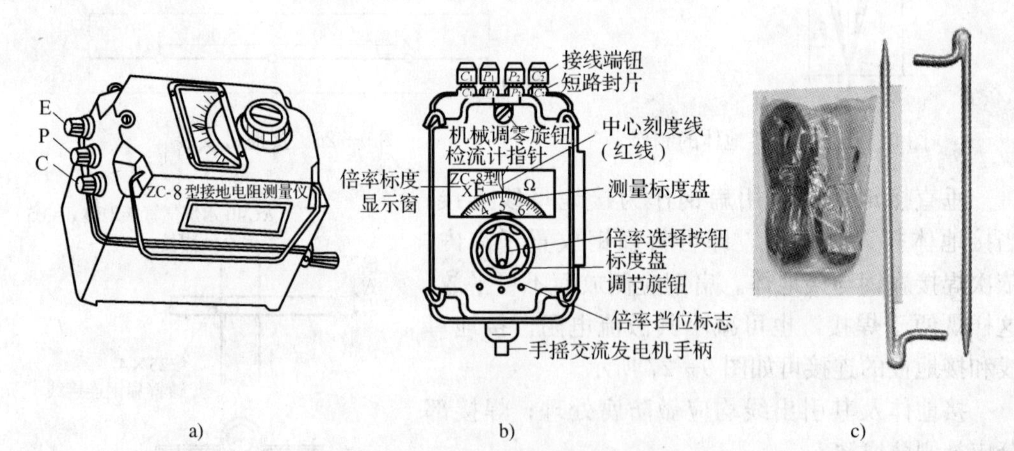

图 9—28　ZC－8 型接地电阻测量仪

a）三端钮测试仪　b）四端钮测试仪及面板　c）接地探测棒及导线

2. 接地电阻的测试

部分接地装置的接地电阻规定见表 9—3。

表 9—3　　部分接地装置的接地电阻

接地类型		允许接地电阻最大值
TN、TT 系统中变压器中性点接地（其低压侧零线、外壳应接地）	单台容量为 100 kV·A 以上	4 Ω
	单台容量为 100 kV·A 以下	10 Ω
低压系统重复接地（重复接地不少于三处）	变压器工作接地电阻为 4 Ω	10 Ω
	变压器工作接地电阻为 10 Ω	30 Ω
燃油系统设备及管道防静电接地		30 Ω
电子设备接地	直流设备	4 Ω
	交流设备	4 Ω
	防静电接地	30 Ω
建筑物防雷接地	一类防雷建筑物	10 Ω
	二类防雷建筑物	20 Ω
	三类防雷建筑物	30 Ω
共用建筑物基础钢筋作接地装置时		1 Ω

具体测试方法如下：

（1）如图 9—29 所示，拆开接地干线与接地体的连接点，或拆开接地干线上所有接地支线的连接点。

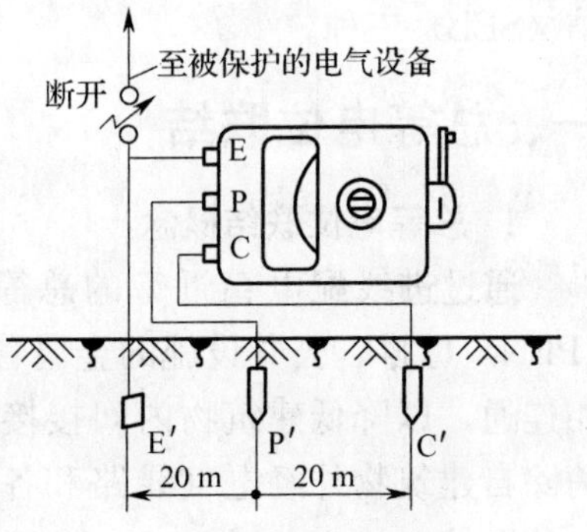

图 9—29　接地电阻测试

（2）将两根接地棒一根距离接地体 40 m，另一根距离接地体 20 m，分别插入地面 400 mm 深。

（3）把摇表置于接地体近旁平整的地方，然后进行接线。

1）用一根连接线连接表上接线桩 E 和接地装置的接地体 E′。

2）用一根连接线连接表上接线桩 C 和离接地体 40 m 远的接地棒 C′。

3）用一根连接线连接表上接线桩 P 和离接地体 20 m 远的接地棒 P′。

（4）根据被测接地体的接地电阻要求，调节好倍率选择旋钮（有三挡可调范围）。

（5）以 120 r/min 的速度均匀地摇动摇表。当表针偏转时，随即调节标度盘调节旋钮，直至表针居中为止。以标度盘调节旋钮调定后的测量标度盘读数，去乘以倍率选择旋钮定位倍数，即是被测接地体的接地电阻。例如测量标度盘读数为 0.6，倍率选择旋钮定位倍数是 10，则被测的接地电阻是 6 Ω。

（6）为了保证所测接地电阻值的可靠性，应改变方位重新进行复测。取几次测得值的平均值作为接地体的接地电阻。

第四节　等电位联结

→ 了解等电位联结技术

→ 掌握总等电位及局部等电位联结工艺

等电位联结是将建筑物内的金属构架、金属装置、电气设备不带电的金属外壳和电气系统的保护导体等与接地装置做可靠的电气连接。用作等电位联结的保护线称为等电位联结线。

等电位联结能够减少发生雷击时各金属物体、各电气系统保护导体之间的电位差；能减少电气系统漏电或接地短路时电气设备金属外壳及其他金属物体与地之间的电压；有利于消除外界电磁场对保护范围内电子设备的干扰。

高层建筑或电气系统采用接地故障保护的建筑物内应实施总等电位联结。

等电位联结分为总等电位联结（MEB）、局部等电位联结（LEB）、辅助等电位联结（SEB）三种。

一、总等电位联结

1. 总等电位联结概念

通过进线配电箱近旁的总等电位联结端子板（接地母排）将进线配电箱的 PE（PEN）母排、公共设施的金属管道、建筑物的金属结构及人工接地的接地引线等互相连通，以降低建筑物内间接接触电击的接触电压和不同金属部件间的电位差，并消除自建筑物外经电气线路和各种金属管道引入的危险故障电压的危害，称为总等电位联结。

2. 总等电位联结施工工艺

（1）材料要求

1）等电位联结线和等电位联结端子板宜采用铜质材料。

2）总等电位联结线的截面要求见表 9—4。

表 9—4　　**等电位联结线的截面要求**

类别取值	总等电位联结线	辅助等电位联结线	
一般值	不小于 0.5×进线 PE（PEN）线截面	两电气设备外露导电部分间	1×较小 PE 线截面
		两电气设备与装置外可导电部分间	0.5×PE 线截面

续表

类别取值	总等电位联结线	辅助等电位联结线	
最小值	6 mm 铜线或相同电导值导线	有机械保护时	2.5 mm^2 铜线或 4 mm^2 铝线
		无机械保护时	4 mm^2 铜线
	热镀锌钢 圆钢直径 10 mm 扁钢 25 mm×4 mm	热镀锌钢圆钢直径 8 mm扁钢 20 mm×4 mm	
最大值	25 mm^2 铜线或相同电导值导线	—	

3）等电位联结端子板的截面不得小于所连接等电位联结线截面。

4）热镀锌钢材（圆钢、扁钢等）辅材（电焊条、铜焊条、氧气、乙炔等）应有材质检验证明及产品出厂合格证。

（2）作业条件。等电位端子板（箱）施工前，土建墙面应刮白结束。

（3）建筑物等电位联结工艺流程。总等电位端子箱→局部等电位端子箱→等电位联结线→连接工艺设备外壳等。

（4）施工要点

1）总等电位端子箱施工。根据设计图要求，确定各等电位端子箱位置，如设计无要求，则总等电位端子箱宜设置在电源进线或进线配电盘处。确定位置后，将等电位端子箱固定。

2）建筑物等电位联结干线施工。建筑物等电位联结干线施工应如图 9—30 所示，从与接地装置有不少于 2 处直接连接的接地干线或总等电位箱引出，等电位联结干线或局部等电位箱间的连接线形成环形网路，环形网路应就近与等电位联结干线或局部等电位箱连接，支线间不应串联连接。

当防雷设施（有避雷装置时）利用建筑物结构和基础钢筋作引下线和接地极后，总等电位联结 MEB 也对雷电过电压起均衡电位的作用，当防雷设施有专用引下线和接地极时，应将该接地极与 MEB 连接并与保护接地的接地极（如基础钢筋）相连通。

有电梯井道时，应将电梯导轨与 MEB 端子板连通。图 9—30b 中 MEB 线均为 40×4 镀锌扁钢或铜导线在墙内或地面内暗敷。MEB 端子板除与外墙内钢筋连接外，应与卫生间相邻近的墙或柱的钢筋相连接。

二、局部等电位联结

1. 局部等电位联结概念

当需在一局部场所范围内作多个辅助等电位联结时，可通过局部等电位联结端子板将母线、PE 干线、公共设施的金属管道及建筑物金属结构等部分互相连通，以简便地实现局部范围内的多个辅助等电位联结。

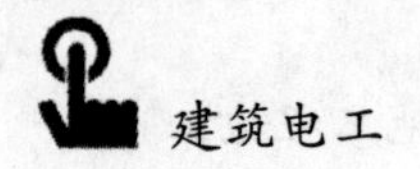

2. **局部等电位联结施工工艺**

（1）材料

1）等电位联结线和等电位联结端子板宜采用铜质材料。

2）局部总等电位联结线的截面要求见表 9—5。

表 9—5　　局部总等电位联结线的截面要求

	局部等电位联结线	
一般值	不小于 0.5×PE 线截面	
最小值	有机械保护时	2.5 mm^2 铜线或 4 mm^2 铝线
	无机械保护时	4 mm^2 铜线
	热镀锌钢圆钢直径 8 mm 扁钢 20 mm×4 mm	
最大值	25 mm^2 铜线或相同电导值导线	

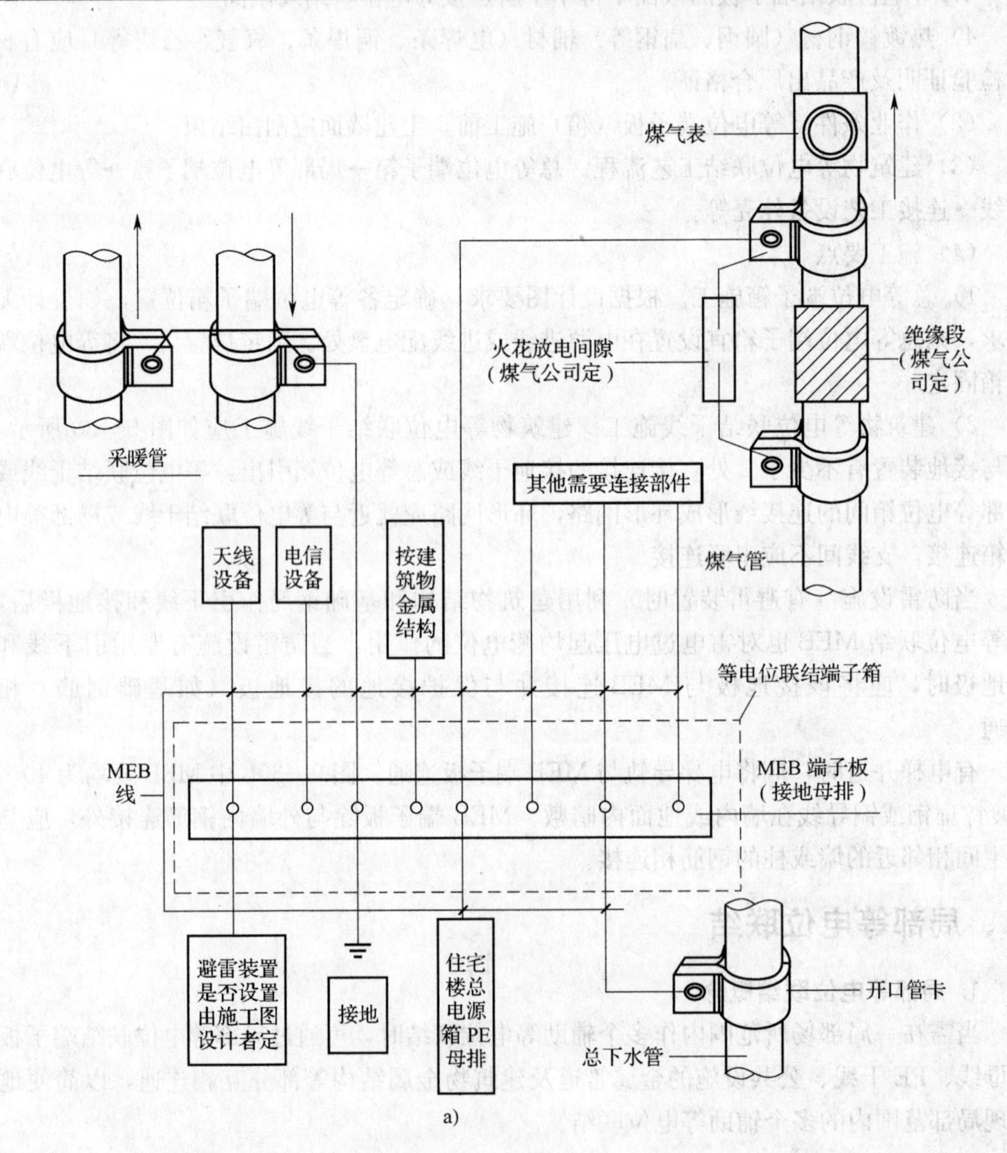

a)

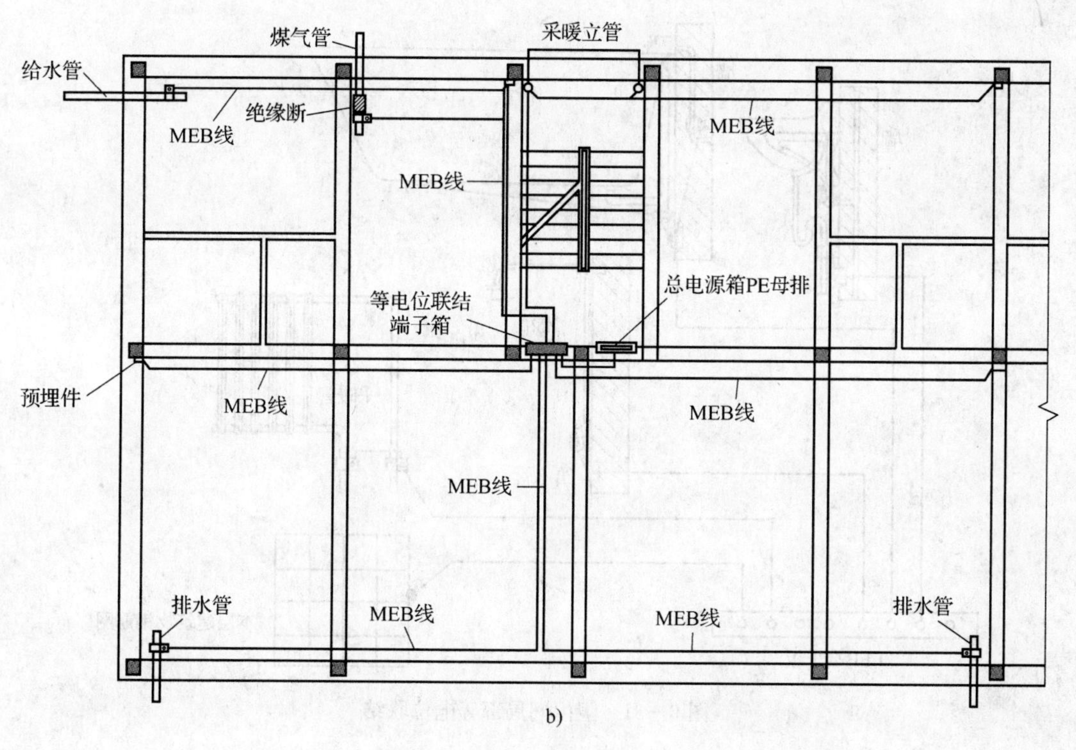

图 9—30　总等电位联结施工示意图

a）系统图　b）平面图

注：图中箭头方向表示水、气流动方向。当进、回水管道相距较远时，也可由 MEB 端子板分别用一根 MEB 线连接。

（2）作业条件。进行厨卫间、手术室等房间的等电位联结施工时，金属管道、厨卫设备等应安装结束；进行金属门窗等电位联结应在门窗框定位后，墙面装饰层或抹灰层施工之前进行。

（3）局部等电位施工流程。局部等电位端子箱→等电位联结线施工→连接等电位末端金属体等。

图 9—31 为局部等电位施工示意图。

1）厨房卫生间等电位施工。在厨房、卫生间内便于检测的位置设置局部等电位端子板，端子板与等电位联结干线连接。地面内钢筋网宜与等电位联结线连通，当墙为混凝土墙时，墙内钢筋网也宜与等电位联结线连通。厨房、卫生间内金属地漏、下水管等设备通过等电位联结线与局部等电位端子板连接。连接时抱箍与管道接触处的接触表面须刮拭干净，安装完毕后刷防锈漆。抱箍内径等于管道外径，抱箍大小依管道大小而定。等电位联结线采用 BVR－1×4 mm^2 铜导线穿过塑料管于地面或墙内暗敷设。

2）游泳池等电位施工。在游泳池内便于检测处设置局部等电位端子板，金属地漏、金属管等设备通过等电位联结线与等电位端子板连通，如图 9—32 所示。

如室内原无 PE 线，则不应引入 PE 线，将装置外可导电部分相互连接即可。为此，室内也不应采用金属穿线管或金属护套电缆。

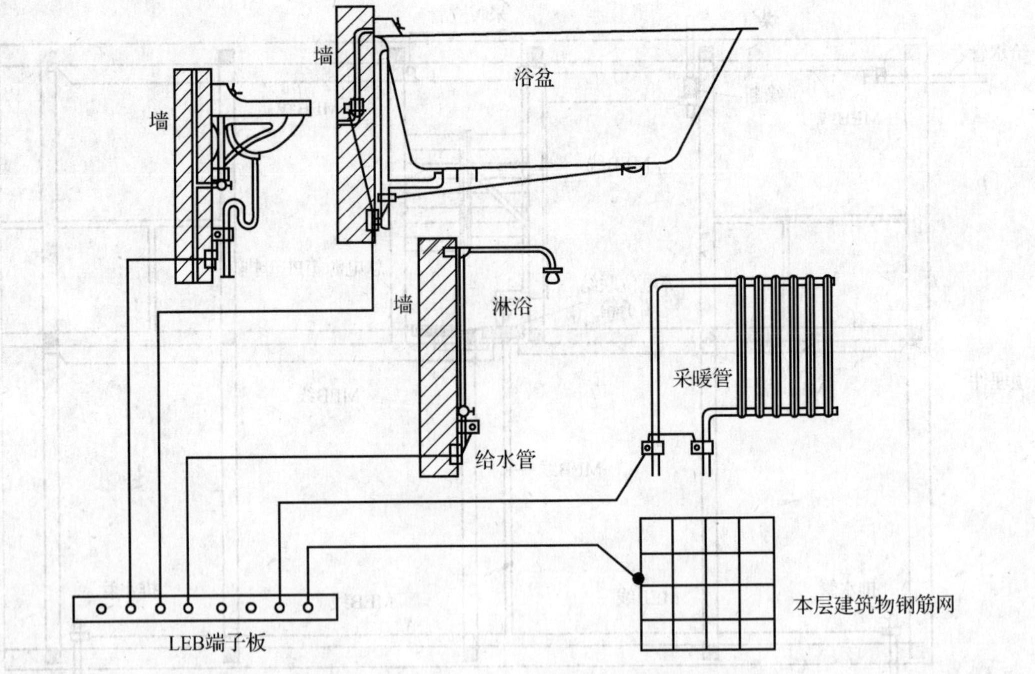

图 9—31　卫生间局部等电位联结

在游泳池边地面下无钢筋时，应敷设电位均衡导线，间距约为 0.6 m，最少在两处做横向连接。如在地面下敷设采暖管线，电位均衡导线应位于采暖管线上方。电位均衡导线也可敷设网格 150 mm×150 mm，直径 3 mm 的铁丝网，相邻铁丝网之间应相互焊接。

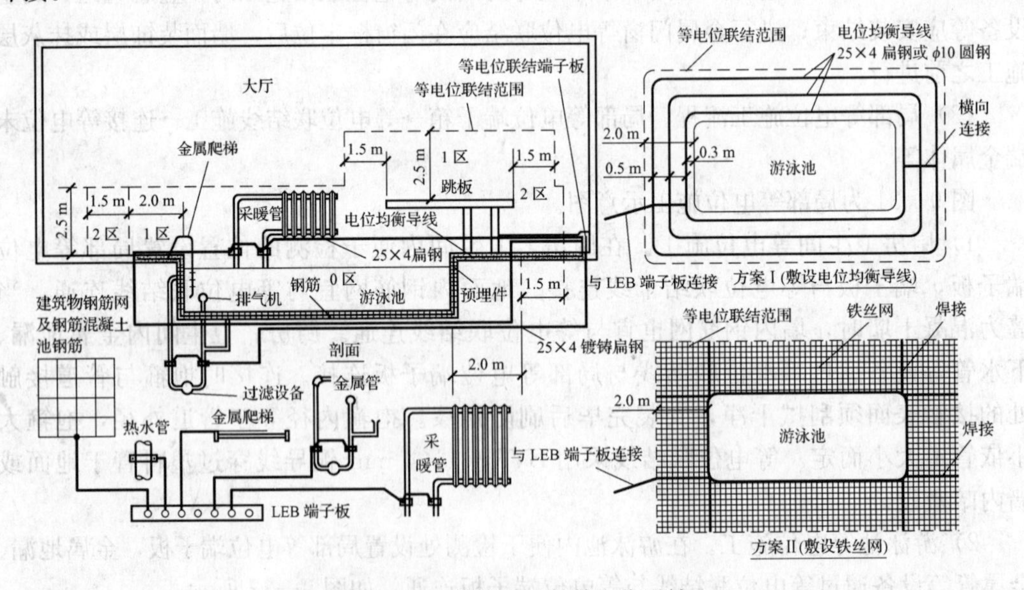

图 9—32　游泳池局部等电位联结

3）金属门窗等电位施工。根据设计图样位于柱内或圈梁内的预留埋件，设计无要求时应采用面积大于 100 mm×100 mm 的钢板，预埋件应预留于柱角或圈梁内与主筋焊接。

使用直径 10 mm 镀锌圆钢或 25 mm×4 mm 镀锌扁钢做等电位联结线连接预埋件与钢窗框、固定铝合金窗框的铁板或固定金属门框的铁板，连接方式采用双面焊接。采用圆钢焊接时，搭接长度不小于 100 mm。

如金属门窗框不能直接焊接时，则制作 100 mm×30 mm×30 mm 的连接件，一端采用不少于 2 套 M6 螺栓与金属门窗框连接，一端采用螺栓连接或直接焊接与等电位联结线连通。

当柱体采用钢柱时，则将连接导体的一端直接焊于钢柱上。

第五节　建筑防雷及接地工程技能训练

→高层建筑防雷施工图的识读

【实训内容】

高层建筑防雷施工图的识读

【准备要求】

1. 准备

（1）一套 18 层民用住宅的防雷施工图。

（2）建筑防雷施工相关视频资料。

（3）相关建筑防雷施工图集。

2. 要求

学生能够独立阅读高层建筑施工图。

【实训步骤】

步骤 1　指导教师播放建筑防雷施工相关视频资料。

步骤 2　阅读施工图，由指导教师说出图名，由学生找出图纸。

步骤 3　由学生列出该图屋面防雷平面图所需要材料，包括主材、辅材的详细表格，指导教师检查并指导。

步骤 4　由学生在标准图集中查出施工图中防雷引下线上设计的接地测试处的具体做法，然后指导教师讲解。

→避雷带的材料加工

【实训内容】

避雷带的材料加工

【准备要求】

1. 准备

（1）施工工具及机具

手动工具：锤子、压力案子、台钳。

电动工具：钢筋切割机。

（2）避雷带材料。根据图纸设计准备 ϕ10 mm 的镀锌圆钢 10 m，－25×4 镀锌扁钢 5 m。

2. 要求

掌握避雷带的加工方法。

【实训步骤】

步骤 1　指导教师绘制一张某建筑屋面周长不大于 10m 防雷模型图，标注出伸缩缝所在位置。

步骤 2　学生根据模型图，使 ϕ10 mm 的镀锌圆钢平正顺直，并在该模型伸缩缝处将避雷带根据规范进行弯曲。

步骤 3　正确计算支架个数及每个支架的尺寸，并画出支架布置图。

步骤 4　用钢筋切割机根据要求将扁钢下料。

【质量要求】

1. 避雷带应平正顺直。

2. 避雷带支架间距均匀，支架间距直线段不超过 1 m，拐弯处距离拐弯顶点不超过 0.5 m。

3. 伸缩缝处避雷带弯曲半径符合规范要求，且方向正确。

→接地电阻测试

【实训内容】

接地电阻测试

【准备要求】

1. 准备

ZC－8 型接地电阻测试仪 1 台；兆欧表 1 台。

2. 要求

能够正确使用接地电阻测试仪。

【实训步骤】

步骤 1　指导教师根据学校具体情况选定接地电阻测试场地。

步骤 2　由学生在准备的两种仪表中选择正确的仪表并检查。根据测量的任务内容选择正确的倍率标度。

步骤 3　根据图 9—29 进行连线。

步骤 4　以约 120 r/min 的速度均匀地摇动摇表。当表针偏转时，即调节标度盘调节旋钮，直至表针居中为止。以标度盘调节旋钮调定后的测量标度盘读数，去乘以倍率选择旋钮定位倍数，即为被测接地体的接地电阻。将测得的接地电阻值填入表 9—6 中。

表 9—6　　接地电阻测试记录表

测量类型	测量值	规范要求值	误差原因

【质量要求】

1. 能正确选用量程和判断兆欧表的好坏。
2. 能正确连线。
3. 操作方法正确，能正确读出仪表示数。

单元测试题

一、**填空题**（请将正确的答案填在横线空白处）

1. 对建筑物屋顶易受雷击部位，应装避雷针、________、避雷网进行直击雷保护。

2. 当设计无要求时，接地装置顶面埋设深度不应小于________ m，圆钢、角钢及钢管接地极应垂直埋入地下。

3. 建筑物顶部的避雷针、避雷带等必须与顶部外露的其他金属物体连成一个整体的电气通路，且与避雷引下线________。

4. 建筑物等电位联结干线应从与接地装置有不少于________处直接连接的接地干线或总等电位箱引出，等电位联结干线或局部等电位箱间的连接线形成环形网路，环形网路应就近与等电位连接干线或局部等电位箱连接。支线间不应串联连接。

5. 明装引下线用预埋的支持卡子固定，支持卡子应凸出外墙装饰面________ mm 以上。

6. 等电位联结分为总等电位联结（MEB）、________、________三种。

7. 高层建筑防雷装置由组成避雷针、避雷带、________、________等组成。

二、**判断题**（下列判断正确的请打“√”，错误的打“×”）

1. 接地装置的焊接应采用搭接焊，搭接长度应符合下列规定：扁钢与扁钢搭接为

扁钢宽度的 6 倍，不少于三面施焊。（　　）

2. 接地电阻测试所用仪表名称为兆欧表。（　　）

3. 垂直接地体的埋设有效深度不应小于 2 m。（　　）

4. 变压器室、高低压开关室内的接地干线应有不少于 2 处与接地装置引出干线连接。（　　）

5. 室内接地母线过建筑物沉降缝和伸缩缝处，应留有伸缩余量；并分别距伸缩缝（或沉降缝）两端各 200～400 mm 加以固定。（　　）

6. 省级重点文物保护的建筑物及省级档案馆是第二类防雷建筑物。（　　）

三、单项选择题（下列每题的选项中，只有一个是正确的，请将其代号填在横线空白处）

1. 无设计规定时，垂直接地极长度不应小于________ m，其相互之间的间距如设计无要求，一般不小于 5 m。

A. 5　　B. 2. 5　　C. 6　　D. 8

2. 接地装置的焊接应采用搭接焊，直径为 16 mm 的镀锌圆钢搭接长度应取________ mm。

A. 20　　B. 50　　C. 60　　D. 96

3. 总等电位联结的文字标注为________。

A. MEB　　B. LEB　　C. CT　　D. TC

4. 直击雷防雷装置的引下线应多利用结构柱内两根以上≥________ mm 主筋焊接做防雷引线。

A. ϕ14　　B. ϕ16　　C. ϕ18　　D. ϕ20

5. 人工接地体采用钢管的最小尺寸是________。

A. 4 mm　　B. 25 mm　　C. 8 mm　　D. 5 mm

6. 建筑供电系统一般采用（　　）系统

A. TN－C　　B. TN－S　　C. TT　　D. IT

四、简答题

1. 雷电的危害形式有哪些？

2. 简述避雷装置的组成。

3. 简述利用结构柱子主筋作引下线的做法。

4. 简述桩基钢筋和承台上层钢筋做法。

五、识图题

1. 说明图 9—33 的名称。

2. 并说明避雷网的安装工序及注意事项。

3. 该建筑引下线的做法是什么？引下线与避雷带之间如何连接？

六、技能题

接地电阻的测试。

1. 考核要求

（1）能正确选用量程和判断表的好坏。

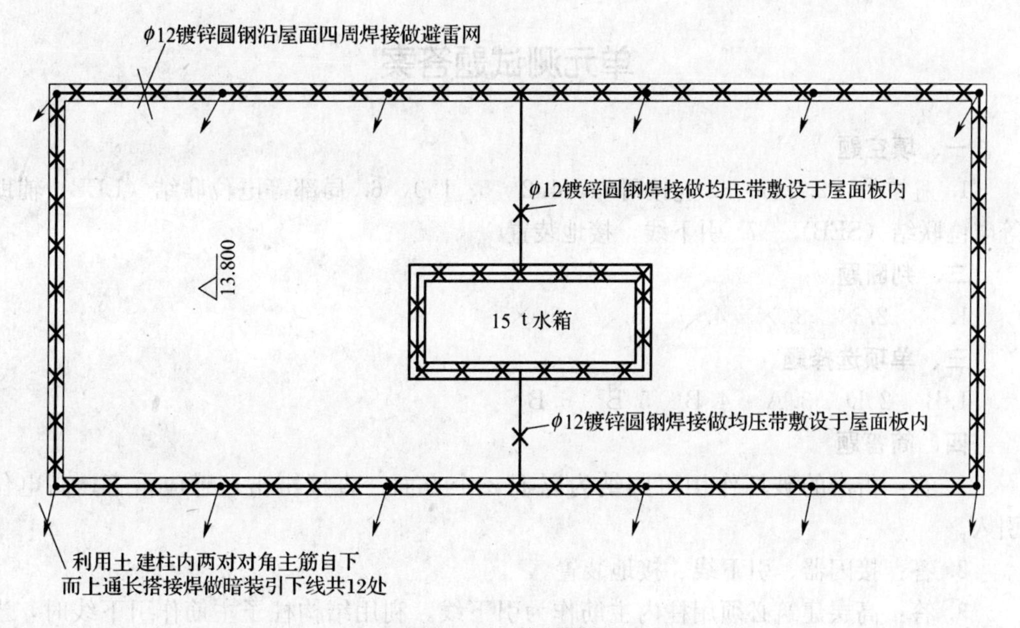

图 9—33　练习题图

（2）能正确连线。

（3）操作方法正确。

（4）能正确读出仪表示数。

2. 考核准备

（1）器材。接地电阻测试仪。

（2）场地。某建筑接地电阻测试点。

3. 成绩评定

考核内容及评分标准表

序号	主要内容	评分标准	配分	扣分	得分
1	接地电阻测试仪选择和检查	1）接地电阻测试仪选择不正确扣 10 分 2）接地电阻测试仪检查方法不正确和漏测扣 1 分	20		
2	连线	接错一处扣 15 分	25		
3	操作方法	每错一处扣 15 分	25		
4	读数	1）不能进行正确读数扣 20 分 2）读数的方法不正确扣 10～20 分 3）读数结果不正确扣 10～20 分	20		
5	安全文明生产	违反安全文明生产规程扣 5～10 分	10		
备注		合计	100		
	教师签字	年　月　日			

单元测试题答案

一、填空题

1. 避雷带　2. 0.6　3. 连接可靠　4. 2　5. 150　6. 局部等电位联结（LEB）辅助等电位联结（SEB）　7. 引下线。接地装置

二、判断题

1. ×　2. ×　3. ×　4. √　5. √　6. ×

三、单项选择题

1. B　2. D　3. A　4. B　5. B　6. B

四、简答题

1. 答：雷击的破坏作用可归纳为以下 3 个方面：直接雷击；感应雷害；高电位引入。

2. 答：接闪器、引下线、接地装置。

3. 答：高层建筑必须用柱内主筋作为引下线。利用结构柱子主筋作引下线时，当钢筋直径不小于 16 mm 时，应利用柱内至少两根钢筋作为引下线；当钢筋直径为 10～16 mm 时，应利用 4 根钢筋作为一组引下线。

先按设计图样要求找出柱子主筋位置，然后油漆做好标记，距室外地坪 0.3～0.5 m处焊出测试点，随钢筋逐层串联焊接至顶层，焊接出一定长度的与避雷带的连接线，搭接长度不应小于 100 mm，做完后进行隐蔽工程检验，并做好隐检记录。

4. 答：桩基钢筋和承台上层钢筋做法：找好桩基组数位置，把每组桩基周围主筋搭接封焊（如果每组桩基超过 4 根时可只连接四角的四根桩基），再与承台上主筋和柱内主筋（不少于 2 根）焊好，并在室外地面以下将柱内主筋预埋好接地连接板，清除药皮，并将 2 根主筋用色漆做好标记，便于引出和检查，做好隐蔽检查，填写隐蔽工程检验记录。

五、识图题

答：1. （1）该建筑屋面标高为 13.80 m。

（2）水箱顶部要求和屋檐一样用 ϕ12 mm 镀锌圆钢避雷网。

2. 该屋顶避雷带有两种做法，材料均为 ϕ12 mm 镀锌圆钢。

（1）一种是在屋面周围和 15 t 水箱间用预埋支架的形式所做避雷带；参照国家标准图集 03D501—1 和 03D501—4，首先在女儿墙上埋设支架，间距 1 m，转角处为 0.5 m，然后将避雷带与扁钢支架焊为一体。

（2）一种是在水箱间与屋面周围避雷带之间的预埋在屋面板内的避雷带。

3. 该建筑的引下线采用柱内两对对角主筋即四根主筋由上至下焊接通作为暗装引下线；柱主筋与屋沿避雷带支架之间采用镀锌圆钢跨接连接。

六、技能题

答案略。

第10单元

建筑施工现场供电

第一节　施工现场电气设备安装

→ 了解施工现场供电系统的组成

→ 掌握常用电气设备的安装和使用要求

一、施工现场供电系统的组成

施工现场供电是指为建筑施工工地现场提供电力，以满足建筑工程建设用电的需求。这种用电需求一般由两大部分组成：一种是建筑工程施工设备的用电；另一种是施工现场照明用电。当建设工程在正常进行时，这个供电系统必须能保证正常工作，以满足施工用电的要求；当建设工程施工完成时，这个供电系统的工作也告结束，它特别明显地具有临时供电的性质。所以，施工现场供电是临时性供电。

施工现场供电虽然是临时的，但从电源引进一直到用电设备，仍然形成了一个完整的供电系统。

施工现场的电能一般是由当地供电部门的高、低压线路上引进的，因此，它是电力系统的一部分，一般由电源、变电所、配电装置、配电线路及用电设备五大部分组成。

1. 电源

施工现场供电因具有临时性的特点，所以它的电源应该越简单越好，以减少建设投资。这种临时性的供电电源一般有几种方案可供选择。

一种是永久性的供电设施。对大型的建设工程，由于其本身需要建设变电所，所以，施工供电规划应尽量与永久性供电设施统一考虑，即可首先建造或部分建造设计中的永久性供电设施，包括变电所、配电室和送配电线路，确保施工临时电源能从配电室引出，这样可节约建设费用。第二种是借用附近的供电设施。这在施工现场用电量较小或附近供电设施的容量有较大余量时比较适用。第三种是安装临时变电所。当施工现场用电负荷较大，且附近供电设施又无法满足施工现场的供电需求时，就需利用附近的高压电网建立一临时变电所。还有一种是自备电源。

无论施工现场供电采用哪一种方案，它的电源来源一般可归纳为两种：一种是由工地附近电力部门的高、低压线路网上引来；另一种是由施工现场自备的柴油发电机提供。

（1）电网引入的电源。从电力局的电网上引入的电源分为两种：一种是直接从其高压电网上引入；另一种是直接从其低压电网上引入。

施工现场从高压电网上引入的电源电压一般为 10 kV，而从低压电网上引入的电源电压一般为 380 V/220 V。无论是采用高压还是低压进线，都必须向当地供电部门提出用电申请，供电部门根据施工现场提出的用电方案、设备容量等进行审查和核实批准后才允许挂表投入使用。

施工电源的选择通常从电力需用量和电能输送半径等方面进行考虑。

1）电力需用量较小时，即一般当用电设备容量在 250 kW 或需用变压器容量在 160 kV·A以下者宜采用 380 V/220 V 低压电网直接引入。在建设单位用电允许的情况下，也可从建设单位直接引入。特殊情况下也可采用高压供电方式。

2）当电力需求较大及供电半径也相对较大时，应考虑采用高压电网引入。

（2）自备电源。当施工现场远离供电部门电源或当地电力不足，工期又非常紧时，通常是在施工现场自备电源。自备电源一般采用柴油发电机，当施工现场既采用柴油发电机又使用供电部门的电能时，同样必须经供电部门审查同意方可进行供电。

总之，建筑施工用电电压应由当地供电部门从供电的安全、经济出发，根据电网规划、用电的性质、负荷容量、供电方式及现场供电条件等，进行较全面的技术比较后，与施工单位或建设单位协商确定。

2. 变电所

施工现场的电源是来自高压电网时，必须经降压配电后方可送至用电设备使用。所以，施工现场必须设置变电所，其作用是从高压电网接受电能，进行电压变换后向用电设备供电。

（1）变电所的组成。变电所以变压器为界划分，可认为由三部分组成，即高压部分、电力变压器、低压部分。如图 10—1 所示为一 6～10/0.4 kV 变电所电气系统图。

1）高压部分。高压部分一般由高压开关、避雷装置及变压器的高压侧组成。如图 10—1 中的 QS、QF、FV 和 T 的一次侧。

2）电力变压器。如图 10—1 中的 T 是一台额定电压为 10/0.4 kV 的变压器。

3）低压部分。低压部分由变压器的低压侧、低压开关、计量检测仪表、工作接地装置等组成。如图 10—1 所示的 Q2、Q3、TA2。

（2）变电所的主要形式。由于变电所在供电系统中具有特殊的重要作用，处于枢纽的地位，所以，变电所形式的选择确定，直接影响到供电的质量和工程投资大小等问题。

变电所的形式很多，应该根据不同的场合、不同的环境、负荷的大小、使用的时间等情况来选择变电所的形式。施工现场一般采用的是 10 kV 的变电所，该种变电所是将 10 kV 的高压电源引入，经降压至 400 V 后，再将低压电能分配输送到各用电点。

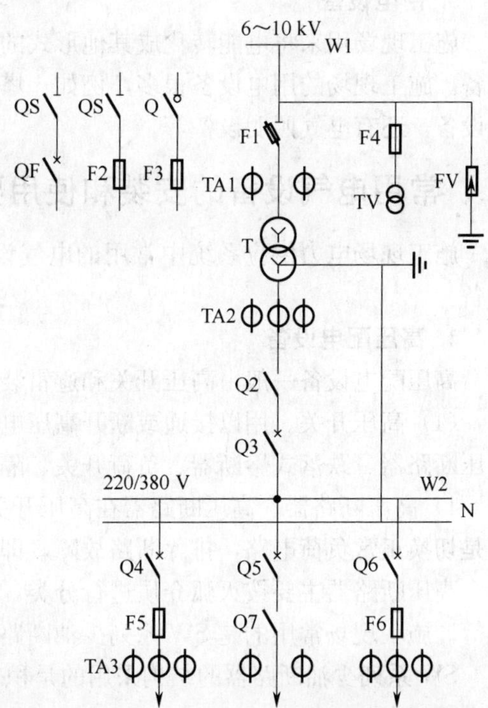

图 10—1　6～10/0.4 kV 变电所电气系统图

变电所按其安装位置可分为户内型、半户内型、户外型和箱型等几种。

(3) 变电所位置的选择。施工现场变电所位置的确定，必须根据以下几方面综合考虑。

1) 变电所应尽量靠近负荷中心，距离最大负荷点一般不超过 300 m，以最大限度地降低损耗，减少施工成本。

2) 应遵循施工组织设计总布局要求，采用不同配线形式以满足建筑施工的需求。

3) 尽量靠近高压供电线网，避免高压供电线路在施工现场穿梭。

4) 应避开有剧烈震动、低洼积水、腐蚀性物质的污秽地段。

5) 应考虑运输方便，便于变压器和其他电气设备的搬运，要考虑到扩建的可能，变电所的位置应不妨碍扩建施工。

总之，施工现场变电所的选择要从安全、可靠、节省投资及运行费用等方面进行综合考虑。

3. 配电装置

变压器低压侧进行电能再分配的装置称为配电装置。它由低压侧总开关、母线、各供电回路及配电系统的测量仪表等组成。

4. 配电线路

从配电装置到用电设备这段线路称为配电线路。施工现场的配电线路一般由架空线路和电缆线路构成。应根据施工现场环境的特点、施工状况，本着安全、节约的原则，选择采用架空输电线路还是采用电缆输电线路或二者兼而有之。

5. 用电设备

施工现场用来将电能转化成其他形式的能量，以满足施工生产需求的设备称为用电设备。施工现场的用电设备很多，例如：塔吊、升降机、卷扬机、搅拌机及电焊机等电力设备，还有电气照明设备等。

二、常用电气设备的安装和使用要求

施工现场电力供应系统中常用的电气设备包括高压配电设备、变压器和低压配电设备。

1. 高压配电设备

高压配电设备一般由高压开关和避雷装置等组成。

(1) 高压开关。用以接通或断开高压电路的设备称为高压开关。常用的高压开关有高压断路器、跌落式熔断器、负荷开关、隔离开关等。

1) 高压断路器。高压断路器在高压开关设备中是最重要、最复杂的一种。它的作用是切换正常负荷电路，排除断路故障，即它承担着控制和保护的双重功能。

高压断路器主要按灭弧介质进行分类，常用的有多油、少油、压缩空气及真空断路器等。施工现场常用的是 SW 系列少油断路器。

SW 系列少油断路器的结构采用的是积木式，它具有结构简单、制造方便、开断电流大等特点。

对高压断路器的选择一般有以下几方面的要求：①高压断路器在额定条件下，应能长期、可靠、安全地工作；②具有足够的断路能力，在短路故障发生时，应能快速可靠地切断电路；③结构简单，价格低廉，操作方便等。

2）高压跌落式熔断器。施工现场的变电所是户外型和半户外型时，高压开关一般采用高压跌落式熔断器。

RW系列为户外高压跌落式熔断器，常用于10 kV和630 kV·A以下高压送、配电线路及配电变压器高压侧作短路和过载保护，如图10—2所示。其由三大部分组成，即瓷绝缘子、触头系统和熔管。

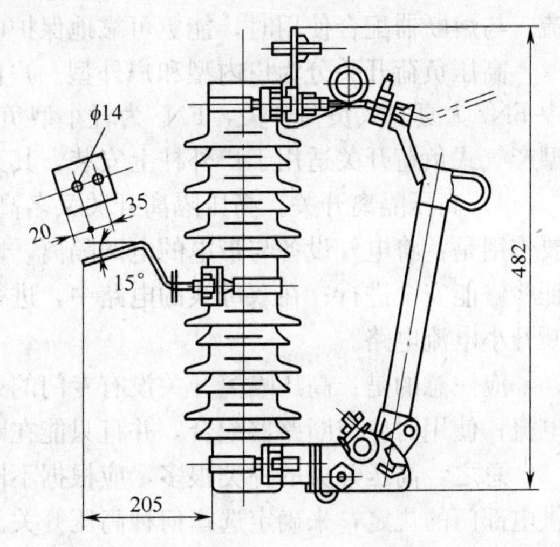

图10—2　RW3－10（G）型跌落式熔断器结构及外形尺寸

在正常工作时，熔丝使熔管上的活动关节锁紧，在上触头的压力下，熔管处于合闸状态。当熔丝熔断时，熔管内会产生强烈电弧，熔管内的消弧管在电弧作用下产生大量气体而熄灭电弧；同时，熔丝熔断使得活动关节张力释放，熔管下垂，并在上下触头的弹力和自重的作用下迅速跌落，故称为跌落式熔断器。

常用RW系列跌落式熔断器的技术数据见表10—1。

表10—1　　常用RW系列跌落式熔断器的技术数据

型号	额定电压（kV）	额定电流（A）	断路容量（MV·A）		单相质量（kg）
			上限	下限	
RW3－10/50	10	50	50	6	
RW3－10/100		100	100	10	5.7
RW3－10/200		200	200	20	7.7
RW3－10/100		100	75		
RW4－10G/50		50	89	7.5	4.8
RW4－10G/100		100	124	10	4.95
RW4－10/50		50	75		4.2
RW4－10/100		100	100		4.5
RW4－10/200		200	100	30	5.72

RW系列跌落式熔断器一般安装在电杆横担支架上，串接在高压进户线处，采用高压绝缘棒可以对其进行空载操作；用以接通或切断空载高压电路。在变压器进行检修时，拉开跌落式熔断器可起隔离开关的作用，以确保检修时的安全；而当变压器出现过载或短路故障时靠熔丝处熔断切断高压侧电路，以确保变压器安全。

选择高压跌落式熔断器时，应注意保护设备的选择性动作问题。当变压器低压侧有短路保护装置时，高压跌落式熔断器的熔体额定电流可以略大于变压器高压侧的额定电流。

3）高压负荷开关。高压负荷开关的作用是：切断和闭合额定电流及规定的过载电流，与熔断器配合使用时，能更可靠地保护电路。

高压负荷开关分为户内型和户外型。户内型有 FN_2、FN_3、FN_4、FN_5 等型号，其中 FN_4 为真空式负荷开关，FN_5 为轻小型负荷开关，这两种开关较为常用。FW_5 户外型产气式负荷开关适用于户外柱上安装，其灭弧采用固定产气元件。

4）高压隔离开关。高压隔离开关又名高压隔离刀闸，是高压开关的一种。它的主要作用是：将电气设备与带电的电网隔离，以确保被隔离的电气设备有明显的断点，保证检修能安全进行；在双母线的电路中，进行工作母线的切换，改变运行方式；接通或断开小电流电路。

应注意的是：高压隔离开关没有专门的灭弧装置，所以不能带负荷接通或切断电路电流；使用时应与断路器配合，并且只能在断路器断开后方能对隔离开关进行操作。

总之，高压开关的种类很多，应根据不同的建筑施工工程、不同的设计要求及当地供电部门的规定，来确定选择何种高压开关。在供电系统正常运行时，还需对它进行必要的监测、检查和维护，避免意想不到的事故发生，减少经济损失，避免给电网带来始料不及的危害。

（2）避雷装置。施工现场变电所一般采用的避雷装置是高压阀型避雷器。例如：FZ 系列阀型避雷器，一般用于保护 3～35 kV 变配电设备的绝缘，使之免受大气过电压的危害，其中 FS_{2-10} 型、FS_{3-10} 型、FS_{4-10} 型阀型避雷器的额定电压均为 10 kV，适用于 10 kV 变压器高压侧防雷保护。其技术数据见表 10—2。

表 10—2　　**FS 系列配电用阀型避雷器的技术数据**

<table>
<tr><th rowspan="3">型号</th><th rowspan="3">额定电压（kV）</th><th rowspan="3">灭弧电压（kV）</th><th colspan="2">工频放电电压有效值（kV）</th><th colspan="2">电导电流</th></tr>
<tr><th rowspan="2">不小于</th><th rowspan="2">不大于</th><th rowspan="2">直流试验电压（kV）</th><th rowspan="2">电流不大于（μA）</th></tr>
<tr></tr>
<tr><td>FS_{2-6}</td><td rowspan="6">6</td><td rowspan="6">7.6</td><td rowspan="6">16</td><td rowspan="6">19</td><td rowspan="6">7</td><td rowspan="6">10</td></tr>
<tr><td>FS_{3-6}</td></tr>
<tr><td>FS_{4-6}</td></tr>
<tr><td>FS_{4-6}GY</td></tr>
<tr><td>FS_{7-6}</td></tr>
<tr><td>FS_{8-6}</td></tr>
<tr><td>FS_{2-10}</td><td rowspan="6">10</td><td rowspan="6">12.7</td><td rowspan="6">26</td><td rowspan="6">31</td><td rowspan="6">10</td><td>5</td></tr>
<tr><td>FS_{3-10}</td><td rowspan="5">10</td></tr>
<tr><td>FS_{4-10}</td></tr>
<tr><td>FS_{4-10}GY</td></tr>
<tr><td>FS_{7-10}</td></tr>
<tr><td>FS_{8-10}</td></tr>
</table>

变压器高压侧安装阀型避雷器，其一端接在高压线上，另一端接接地装置。安装如图 10—3 所示。它的作用是把高压线路上的雷电流引入大地，防止变电所遭受雷击。

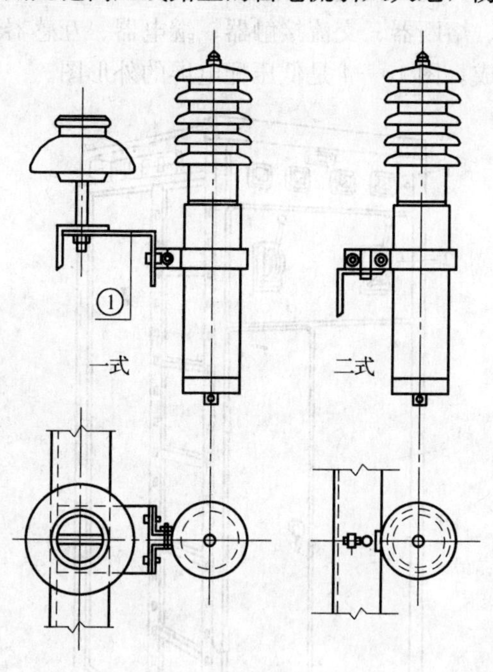

图 10—3　避雷器安装图

2. 低压配电设备

低压配电设备在施工现场承担着电能的控制、分配和保护的任务，其运行是否正常，将关系到用电设备能否正常运行，也将直接影响到变压器是否能正常工作。它在整个施工现场供电系统中占据着非常重要的地位。

低压配电设备一般由低压母线、各种低压开关、互感器等组成。

（1）低压母线。低压母线的作用是：将电能分配给各用电设备，在电气性能上只是一个电气节点，它汇聚了所有的电能进行再分配，所以又称它为汇流排。

低压母线一般采用铜或铝做成扁状导体，常用的型号为 LMY 硬铝母线，规格有：40 mm×4 mm、50 mm×5 mm、60 mm×6 mm、80 mm×8 mm、100 mm×8 mm 和 120 mm×10 mm 等。

安装是由变压器的二次侧，经低压侧总开关连接到低压母线上，再由低压母线向各用电设备供电。

（2）低压开关。低压开关种类很多，最常用的有：低压断路器和刀熔开关。低压开关在施工现场供电系统中的作用是：接通和断开低压供电电路，为用户设备提供电能或为其检修提供方便；同时，它又能在电路发生短路、过载时自动切断电路，保证用电设备的安全。

（3）互感器。低压配电设备中互感器的作用是：为二次回路中的各种测量仪表及保护电器提供监测和测量的各种信号。互感器分为电压互感器和电流互感器，其工作原理与变压器相同。

常用的低压配电设备是成套的。按一定的接线方案将各种有关的低压电器组装在一起的低压配电成套设备称为低压配电屏或低压配电柜。例如：PGL系列的低压配电屏是由刀开关、转换开关、熔断器、交流接触器、继电器、互感器、各种测量仪表、信号灯和金属框架等组合而成。图 10—4 是低压配电屏的外形图。

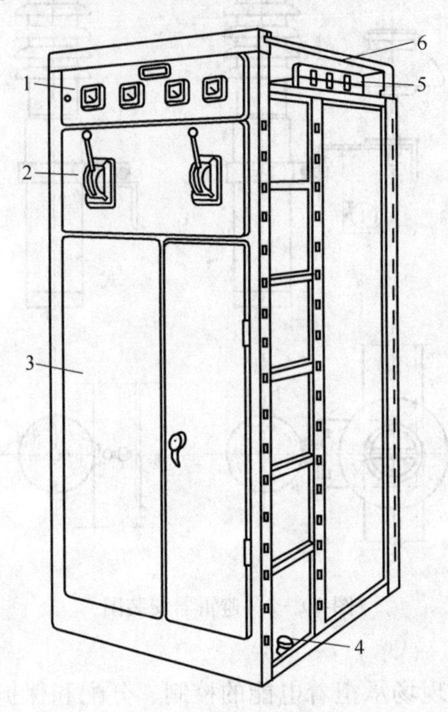

图 10—4　PGL 型低压配电屏

1—仪表板　2—操作板　3—检修门　4—中性母线绝缘子

5—母线绝缘框　6—母线防护罩

第二节　临时用电组织设计

- 了解临时用电施工组织设计要求和内容，掌握设计方法
- 了解施工现场电气设备用电情况，掌握施工现场电力负荷的计算方法
- 能正确选择确定现场供配电设备

一、临时用电施工组织设计要求

按照《施工现场临时用电安全技术规范》（JGJ 46—2005）的规定，临时用电设备在 5 台及 5 台以上或设备总容量在 50 kW 及 50 kW 以上者，应编制临时用电施工组织设计，临时用电设备在 5 台以下和设备总容量在 50 kW 以下者，应制定安全用电技术

措施及电气防火措施。这是施工现场临时用电管理应当遵循的第一项技术原则。

1. **施工现场临时用电组织设计的主要内容**

（1）现场勘测。

（2）确定电源进线、变电所或配电室、配电装置、用电设备位置及线路走向。

（3）进行负荷计算。

（4）选择变压器。

（5）设计配电系统

1）设计配电线路，选择导线或电缆。

2）设计配电装置，选择电器。

3）设计接地装置。

4）绘制临时用电工程图样，主要包括用电工程总平面图、配电装置布置图、配电系统接线图、接地装置设计图。

5）设计防雷装置。

6）确定防护措施。

7）制定安全用电措施和电气防火措施。

2. **施工现场临时用电组织设计要求**

（1）临时用电工程图样应单独绘制，临时用电工程应按图施工。

（2）临时用电组织设计及变更，必须履行“编制、审核、批准”程序，由电气工程技术人员组织编制，经相关部门审核及具有法人资格企业的技术负责人批准后实施。变更用电组织设计时应补充有关图样资料。

（3）临时用电工程必须经编制、审核、批准部门和使用单位共同验收，合格后方可投入使用。

（4）临时用电施工组织设计审批手续

1）施工现场临时用电施工组织设计必须由施工单位的电气工程技术人员编制，技术负责人审核。封面上要注明工程名称、施工单位、编制人并加盖单位公章。

2）施工单位所编制的施工组织设计，必须符合《施工现场临时用电安全技术规范》（JGJ 46—2005）中的有关规定。

3）临时用电施工组织设计必须在开工前 15 d 内报上级主管部门审核，批准后方可进行临时用电施工，施工时要严格执行审核后的施工组织设计，按图施工。当需要变更施工组织设计时，应补充有关图样资料，同样需要上报主管部门批准，待批准后，按照修改前、后的临时用电施工组织设计对照施工。

二、临时用电施工组织设计的编写要点

依据建筑施工用电组织设计的主要安全技术条件和安全技术原则，一个完整的建筑施工用电组织设计应包括现场勘测、负荷计算、变电所设计、配电线路设计、配电装置设计、接地设计、防雷设计、安全用电与电气防火措施、施工用电工程设计施工图等，内容很多，且各项编写要点不同。

1. 施工现场勘测

进行现场勘测，是为了编制临时用电施工组织设计而进行的第一个步骤的调查研究工作。现场的勘测也可以和建筑施工组织设计的现场勘测工作同时进行或直接借用其勘测的资料。

现场勘测工作包括调查、测绘施工现场的地形、地貌、地质结构、正式工程位置、电源位置、地上与地下管线和沟道位置以及周围环境、用电设备等。通过现场勘测可确定电源进线、变电所、配电室、总配电箱、分配电箱、固定开关箱、物料和器具堆放位置以及办公、加工与生活设施、消防器材位置和线路走向等。

现场勘测时最主要的就是既要符合供电的基本要求，又要注意到临时性的特点。

结合建筑施工组织设计中所确定的用电设备、机械的布置情况和照明供电等总容量，合理调整用电设备的现场平面及立面的配电线路；调查施工地区的气象情况，土壤的电阻率多少和土壤的土质是否具有腐蚀性等。

2. 负荷计算

计算现场用电设备的总用电负荷的目的，对低压用户来说可以依照总用电负荷来选择总开关、主干线的规格。通过对分路电流的计算，确定分路导线的型号、规格和设置分配电箱的个数。总之，负荷计算要将变、配电室情况，总、分配电箱及配电线路情况，接地装置的设计结合起来进行计算。

负荷计算时要注意：备用电设备不可能同时运行；各用电设备不可能同时满载运行；性质不同的用电设备，其运行特征各不相同；各用电设备运行时都伴随着功率损耗；用电设备的供电线路在输送功率时伴随有线路功率损耗。

(1) 施工现场用电量的计算。用电负荷的大小不但是选择变压器容量的依据，而且是选择供配电线路导线截面、控制及保护电器的依据。负荷计算正确与否，直接影响到变压器、导线截面和保护电气选择得是否合理，它关系到供电系统能否经济合理、可靠安全地运行。

目前较常用的负荷计算方法有：需要系数法和二项式法，有时也常采用估算法。在这里仅介绍需要系数法和估算法。

1) 需要系数法。设备的额定容量就是设备在额定条件下输出的最大功率。但是，用电设备实际上不一定同时运行，那些在运行的设备也不一定都是满负荷的，同时设备本身、配电线路等均有功率损耗，因此，不能把所有设备的容量作一个简单的加法来确定总负荷。考虑到以上诸多因素，根据实际检测比较，人们得到了一个需要系数 K_X，用于负荷计算。

①用电设备功率确定。在进行负荷计算时，首先需要将各用电设备按其性质分成不同的设备组，然后确定设备组功率。用电设备的额定功率 P_N 是指设备铭牌上的数据。而对于不同负载持续率下的额定功率，应换算为统一负载持续率下的有功功率，再按负荷分类计算。

a. 连续工作制电动机的设备功率等于额定功率，即：

$$P_S = P_N$$

b. 短时或周期工作制电动机的设备功率是指将额定功率换算到统一负载持续率下

的有功功率。即换算到负载持续率ε=25%时的有功功率，则：

$$P_s = P_N \sqrt{\frac{\varepsilon_N}{0.25}} = 2P_N \cdot \sqrt{\varepsilon_N}$$

当ε=25%时，$P_S = P_N$。

式中 P_N——电动机的额定功率，kW；

ε_N——电动机额定功率持续率；

P_S——用电设备的设备功率，kW。

c. 电焊机的设备功率：需换算到负载持续率为100%时的有功功率，即：

$$P_s = S_N \sqrt{\varepsilon_N} \cdot \cos\varphi$$

式中 S_N——电焊机的额定容量，kV·A；

$\cos\varphi$——电焊机的功率因数。

d. 电气照明设备功率。白炽灯的设备功率等于灯泡额定功率，即：

$$P_S = P_N$$

气体放电光源的设备功率为灯管额定功率加上镇流器的功率损耗，即：

荧光灯：$P_S = 1.2P_N$

高压钠灯、镝灯：$P_S = 1.08P_N$

e. 单相设备功率的确定。单相用电设备应尽可能均衡地分配到三相电网上，使各相计算负荷尽量接近。

当三相负荷与单相负荷同时存在时，首先将单相负荷换算到等效三相负荷，再与三相负荷相加，其等效方法如下：

只有单相负荷时，等效三相负荷取最大相负荷的3倍。即：

$$P_S = 3P_N$$

只有线间负荷时，将各线间负荷相加，选取较大两相进行计算。例如：$P_{AB} \geqslant P_{BC} \geqslant P_{CA}$时，则：

$$P_S = \sqrt{3}P_{AB} + (3-\sqrt{3})P_{BC} = 1.73P_{AB} + 1.27P_{BC}$$

当$P_{AB} = P_{BC}$时，$P_S = 3P_{AB}$

当只有P_{AB}时，$P_S = \sqrt{3}P_{AB}$

式中 P_{AB}、P_{BC}、P_{CA}——接于AB、BC、CA的线间负荷。

一般当多台单相用电设备功率小于计算范围内三相负荷设备功率的15%时，按三相平衡负荷计算，不必换算。

②需要系数法进行负荷计算

a. 用电设备组的计算负荷及计算电流。

有功功率：$P_{CZ} = K_X P_S$

无功功率：$Q_{CZ} = P_{CZ} \mathrm{tg}\varphi$

视在功率：$S_{CZ} = \sqrt{P_{CZ}^2 + Q_{CZ}^2}$

计算电流：$I_{CZ} = \dfrac{S_{CZ}}{\sqrt{3}U_N}$

式中 P_{CZ}——计算有功功率，kW；

Q_{CZ}——计算无功功率，kvar；

S_{CZ}——计算负荷，kV·A；

I_{CZ}——计算电流，A；

K_X——需要系数；

K_Σ——同时系数。

b. 配电干线或变电所的计算负荷。

有功功率：$P_{\Sigma CZ}=K_\Sigma \sum P_{CZ}=K_\Sigma \sum (K_X P_S)$

无功功率：$Q_{\Sigma CZ}=K_\Sigma \sum (P_{CZ}\,\mathrm{tg}\varphi)$

视在功率：$S_{\Sigma CZ}=\sqrt{P_{\Sigma CZ}^2+Q_{\Sigma CZ}^2}$

部分建筑工程用电设备的需要系数及功率因数见表 10—3。

表 10—3　部分建筑工程用电设备需要系数及功率因数

序号	用电设备名称	需要系数 K_X	功率因素 $\cos\varphi$
1	大批生产热加工电动机	0.3～0.35	0.65
2	大批生产冷加工电动机	0.18～0.25	0.5
3	小批生产热加工电动机	0.25～0.3	0.6
4	小批生产冷加工电动机	0.16～0.2	0.5
5	生产用通风机	0.7～0.75	0.8～0.85
6	卫生用通风机	0.65～0.7	0.8
7	单头焊接变压器	0.35	0.35
8	卷扬机	0.3	0.65
9	起重机、掘土机、升降机	0.25	0.6
10	吊车电葫芦	0.25	0.5
11	混凝土及砂浆搅拌机	0.65	0.65
12	锤式破碎机	0.7	0.75
13	振捣器	0.7	0.7
14	球磨机、筛砂机、碾砂机和洗砂机、电动打夯机	0.75	0.8
15	工业企业建筑室内照明	0.85～0.95	
16	仓库	0.65～0.75	
17	滤灰机	0.75	0.65
18	塔式起重机	0.7	0.65
19	室外照明	1	1

2）估算法。根据施工现场用电设备的组成状况及用电量的大小等，进行电力负荷的估算。一般采用下列经验公式：

$$S_\Sigma=K_{\Sigma 1}\frac{\sum P_1}{\eta\cos\varphi}+K_{\Sigma 2}\sum S_2+K_{\Sigma 3}\frac{\sum P_3}{\cos\varphi_3}$$

式中 S_{Σ}——施工现场电力总负荷，kV·A；

P_1、ΣP_1——分别为动力设备上电动机的额定功率及所有动力设备上电动机的额定功率之和，kW；

S_2、ΣS_2——分别为电焊机的额定容量及所有电焊机的额定容量之和，kV·A；

ΣP_3——所有照明电器的总功率，kW；

$\cos\varphi_1$、$\cos\varphi_3$——分别为电动机及照明负载的平均功率因数，其中 $\cos\varphi_1$ 与同时使用的电动机的数量有关，$\cos\varphi_3$ 与照明光源的种类有关。在白炽灯占绝大多数时，可取 1.0，具体见表 10—3；

η——电动机的平均效率，一般为 0.75～0.93；

$K_{\Sigma 1}$、$K_{\Sigma 2}$、$K_{\Sigma 3}$——同时系数，考虑到各用电设备不同时运行的可能性和不满载运行的可能所设的系数。

在使用以上公式进行建筑工程现场负荷计算时，还可以对施工现场照明用电负荷进行估算。在施工现场，往往是在动力负荷的基础上再加上 10%作为照明负荷。

3. 临时供电设备的选择

（1）电气设备选择的基本原则。各种电气设备的选择条件并不一样，但对它们的基本要求相同。要保证电气设备可靠地工作，必须按正常工作条件选择电气设备，同时按短路情况来校验热稳定和动稳定。

1）按正常工作条件选择电气设备的额定电压和额定电流

①按额定电压来选择电气设备。电气设备的额定电压就是铭牌标出的线电压，其额定电压应大于或等于电气设备装设点的电网额定电压。

②按额定电流来选择电气设备。电气设备的额定电流是指在周围一定的温度下电气设备允许长期通过的最大工作电流。电气设备的额定电流应大于或等于电路中在各种运行情况下可能的最大负荷电流，即计算电流。

设计电气设备时取周围空气温度为 40℃。因此，如果电气设备装设地点的气温大于 40℃，则因冷却条件较差，必须适当降低允许通过的最大负荷电流，否则，将使温升提高，影响绝缘寿命。如气温低于 40℃，则因冷却条件变得较好，允许通过的负荷电流可以略加增高。通常每低 1℃，允许负荷电流可增加额定电流的 5%，但增加总数不得大于额定电流的 20%。

2）按短路情况来检验电气设备的动稳定和热稳定。电气设备的动稳定、热稳定按三相短路来校验。

①校验电气设备的动稳定。当冲击短路电流通过电气设备时，在其内部如不产生妨碍继续工作的永久变形，就认为该电气设备在电动方面是稳定的。此外，当冲击电流流过时，触头不应熔接。

通常，电气设备的动稳定由制造厂用允许的极限通过电流的有效值和峰值来表示。

②校验电气设备的热稳定。当短路电流通过电气设备时，如果电气设备各部分的温度都不超过“规范”所规定的短时最高允许温度，就认为该电气设备在热方面是稳定的。

电气设备的热稳定用热稳定电流来表示，这个电流是在指定时间内（通常是 1.5 s

或 1.0 s）不使电气设备各部分加热到超过“规范”所规定的短路时最高允许温度的电流。

③按三相短路容量检验开关的断流能力。选择高压断路器时除根据额定条件外，还要求能可靠切断装设处的最大短路电流。这种断流能力用额定开断电流或额定断流容量来表示。

3）为保证高压电气在正常运行、检修、短路和过电压情况下的安全，选择高压电气设备时应进行校验。

（2）电气设备的选择

1）高压断路器的选择。选择高压断路器除按前述一般电气设备的条件选择外，还需根据其用途和工作条件来决定。

近年来，由于断路器的型式比较多，具体进行选择时，需进行技术比较来确定。

2）隔离开关的选择。选择隔离开关，应根据额定电压、长期发热情况、短路时的动稳定、短路时的热稳定及对隔离开关的要求、用途、工作条件等进行选择，其方法与一般电气设备的选择条件相同。不同之处在于隔离开关的选择不需校验其断流容量。

3）变压器的选择

①根据负荷性质选择变压器台数

a. 有大量一级或二级负荷时，宜装设二台以上变压器，当其中一台变压器断开时，其余变压器应能满足一级及二级负荷的用电。

b. 季节性负荷容量较大时，宜装设专用变压器。如大型民用建筑中的空调冷冻机负荷、采暖用电热负荷等。

c. 昼夜负荷变动较大时，宜装设两台变压器。

②根据使用环境选择变压器型号

a. 在正常介质条件下，可选用油浸式变压器或干式变压器，如工矿企业、农业的独立或附建变电所、小区独立变电所等。可供选择的变压器有 S8、S9、S10、SC(B) 9、SC(B) 10 等。

b. 在多层或高层主体建筑内，宜选用不燃或难燃型变压器，如 SC(B) 9、SC(B) 10、SCZ(B) 9、SCZ(B) 10 等。

c. 在多尘或有腐蚀性气体严重影响变压器安全运行的场所，应选封闭型或密封型变压器，如 BS9、S9－M_a^b、S10－M_a^b、SH12－M 等。

③根据用电负荷选择变压器容量。配电变压器的容量应综合各种用电设备的设施容量，求出计算负荷（一般不计消防负荷），补偿后的视在容量是选择变压器容量和台数的依据。即变压器的容量应大于或等于计算视在容量。一般变压器的负荷率宜在 85% 左右。

由于干式变压器一次投资比油浸式变压器一次投资高很多（接近 3∶1），运行 10 年以后，干式变压器的总费用仍较高。然而干式变压器具有难燃、防潮、占地面积小、安装简便、免维护等特点，在高层建筑、一类和二类低层主体建筑物内、隧道、地铁、车站、机场等场所，一般只能使用干式变压器，是油浸式变压器无法取代的。由于干式变压器的价格较贵，妨碍了它的广泛应用，这也是干式变压器不能完全取代油浸式变压器的主要原因。在介质正常、条件合适的场所，使用油浸式变压器仍是首选。价格低廉是油浸式变压器仍广泛使用的原因。

4）配电箱的选择。选择配电箱应从以下几方面考虑：

①根据负荷性质和用途，确定是照明配电箱还是电力配电箱，或计量箱、插座箱等。

②根据控制对象负荷电流的大小、电压等级以及保护要求，确定配电箱内主回路和各支路的开关电器、保护电器的容量和电压等级。

③ 应从使用环境和使用场合的要求，选择配电箱的结构形式。如确定选用明装还是暗装式，以及外观颜色、防潮、防火等要求。

在选择各种配电箱时，一般应尽量注意选用通用的标准配电箱，以利于设计和施工。但当建筑设计需要时，也可根据设计要求向有关生产厂订货加工非标准的配电箱。

4. 施工现场供电设计

（1）变电所设计。变电所设计主要是选择和确定变压器的位置、变压器容量、相关配电室位置与配电装置布置、防护措施、接地措施、进线与出线方式以及与自备电源（发电机组）的联络方法等。

变电所的选址应考虑以下问题：

1）接近用电负荷中心。

2）不被不同现场施工触及。

3）进、出线方便。

4）运输方便。

5）其他，如多尘、地势低洼、振动、易燃易爆、高温等场所不宜设置。

（2）配电线路设计。配电线路设计主要是选择和确定线路走向、配线种类（绝缘线或电缆）、敷设方式（架空或埋地）、线路排列、导线或电缆规格以及周围防护措施等。

设计线路走向时，应根据现场设备的布置、施工现场车辆、人员的流动、物料的堆放以及地下情况来确定线路的走向与敷设方法。一般线路设计应尽量考虑架设在道路的一侧，不妨碍现场道路通畅和其他施工机械的运行、装拆与运输。同时又要考虑与建筑物和构筑物、起重机械、构架保持一定的安全距离和防护问题。采用地下埋设电缆的方式，应在考虑地下情况的同时做好过路及进入地下和从地下引出处等处的安全防护。

配电线路必须按照三级配电两级保护进行设计，同时因为是临时性布线，设计时应考虑架设迅速和便于拆除，线路走向尽量短捷。

（3）配电装置设计。配电装置设计主要是选择和确定配电装置（配电柜、总配电箱、分配电箱、开关箱）的结构、电器配置、电器规格、电气接线方式和电气保护措施等。

确定变配电室位置时应考虑变压器与其他电气设备的安装、拆卸的搬运通道问题。进线与出线应方便无障碍。应尽量远离施工现场震动场所，周围无爆炸、易燃物品、腐蚀性气体。地势选择不要设在低洼区和可能积水处。

总配电箱、分配电箱在设置时要靠近电源，分配电箱应设置在用电设备或负荷相对集中的地方，分配电箱与开关箱距离不应超过 30 m。开关箱应装设在用电设备附近便于操作处，与所操作使用的用电设备水平距离不宜大于 3 m。总、分配电箱的设置，应考虑有两人同时操作的空间和通道，周围不得堆放任何妨碍操作、维修及易燃、易爆的物品，不得有杂草和灌木丛。

（4）接地设计。接地设计主要是选择和确定接地类别、接地位置以及根据对接地电阻值的要求选择自然接地体或设计人工接地体（计算确定接地体结构、材料、制作工艺和敷设要求等）。

（5）防雷设计。防雷设计主要是依据施工现场地域位置和其邻近设施防雷装置设置情况，确定施工现场防直击雷装置的设置位置，包括避雷针、防雷引下线、防雷接地的确定。在设有专用变电所的施工现场内，除应确定设置避雷针防直击雷外，还应确定设置避雷器，以防感应雷电波侵入变电所内。

5. 安全用电与电气防火措施

安全用电措施包括施工现场各类作业人员相关的安全用电知识教育和培训，可靠的外电线路防护，完备的接地接零保护系统和漏电保护系统，配电装置合理的电器配置、装设和操作以及定期检查维修，配电线路的规范化敷设等。

电气防火措施包括针对电气火灾的电气防火教育，依据负荷性质、种类大小合理选择导线和开关电器，电气设备与易燃、易爆物的安全隔离以及配备灭火器材、建立防火制度和防火队伍等，具体措施如下：

（1）施工组织设计时，根据电气设备的用电量正确选择导线截面，从理论上杜绝线路过负荷使用，保护装置要认真选择，当线路上出现长期过负荷时，能在规定时间内动作保护线路。

（2）导线架空敷设时，其安全间距必须满足规范要求，当配电线路采用熔断器作短路保护时，熔断器额定电流一定要小于电缆线或穿管绝缘导线允许载流量的 2.5 倍，或明敷绝缘导线允许载流量的 1.5 倍。

（3）经常教育用电人员正确执行安全操作规程，避免作业不当造成火灾。

（4）电气操作人员认真执行规范，正确连接导线，接线柱压牢、压实。各种开关触头压接牢固，铜铝连接时有过渡端子，多股导线用端子或刷锡后再与设备安装以防加大电阻引起火灾。

（5）配电室的耐火等级应大于三级，室内装置砂箱和绝缘灭火器，严格执行变压器的运行检修制度，每年进行不少于 4 次的停电清扫和检查。电动机严禁超负荷使用。电动机周围无易燃物，发现问题及时解决，保证设备正常运行。

（6）施工现场内严禁使用电炉。使用碘钨灯时，灯与易燃物间距应大于 300 mm。室内禁止使用功率超过 100 W 的灯泡，严禁使用床头灯。

（7）使用焊机时严格执行用火证制度，并有专人监护，施焊点周围不存有易燃物体，并备齐防火设备。电焊机存放在通风良好的地方，防止机温过高引起火灾。

（8）现场内高大设备（塔吊、电梯等）和有可能产生静电的电气设备应做好防雷接地和防静电接地，以免雷电及触电火花引起火灾。

（9）存放易燃气体、易燃物仓库内的照明装置，采用防爆型设备，导线敷设、灯具安装、导线与设备连接均符合临时用电规范要求。

（10）配电箱、开关箱内严禁存放杂物及易燃物体，并派专人负责定期清扫。

(11) 消防泵的电源由总箱中引出专用回路供电，此回路不设漏电保护器，并设两个电源供电，供电线路设在末端切换。

(12) 现场建立防火检查制度，强化电气防火领导体制，建立电气防火义务消防队。

(13) 现场一旦发生电气火灾时，按以下方法扑救：

1) 迅速切断电源，以免事态扩大；切断电源人员需戴绝缘手套，使用带绝缘柄的工具。当火灾现场离开关较远需剪断电线时，火线和零线分开错位剪断，以防在钳口处造成短路，并防止电源线掉在地上造成短路使人员触电。

2) 当电源线因其他原因不能及时切断时，一方面派人去供电端拉闸；另一方面在灭火时，人体的各部位与带电体保持安全距离，同时穿绝缘用品。

3) 扑灭电气火灾要用绝缘性能好的灭火剂（干粉、二氧化碳）或干燥的黄砂。严禁使用导电灭火剂进行扑救。

6. 建筑施工用电工程设计施工图

施工用电工程设计施工图主要包括用电工程总平面图、变配电装置布置图、配电系统接线图、接地装置设计图等。

编制施工现场临时用电施工组织设计的主要依据是《施工现场临时用电安全技术规范》(JGJ 46—2005) 以及其他的相关标准、规程等。

编制施工现场临时用电施工组织设计必须由专业电气工程技术人员来完成。

第三节　现场临时用电的组织措施

→ 了解施工现场临时用电组织措施的内容
→ 能按要求进行施工现场电气操作

一、工作票制度

工作票制度一般有两种。

1. 变电所第一种工作票使用的场合

(1) 在高压设备上工作需要全部停电或部分停电时。

(2) 在高压室内的二次回路和照明回路上工作，需要将高压设备停电或采取安全措施时。

2. 变电室第二种工作票使用的场合

(1) 在带电作业和带电设备外壳上的工作。

(2) 在控制盘和低压配电盘、配电箱、电源干线上工作。

(3) 在高压设备无需停电的二次接线回路上工作等。

变、配电所（室）停电工作票样式如下：

变、配电所（室）停电工作票　　　　　编号________

1. 工作负责人（监护人）：________职称：________班组：________工作班人员：________，共________人。

2. 工作地点和工作内容：________________________________

3. 计划工作时间：自________年____月____日____时____分至____月____日____时____分。

4. 安全措施：

①停电范围图（带电部分用红色，停电部分用蓝色）；

②安全措施：

应拉开的开关和刀开关（注明编号）：

应装接地线的位置（注明确实地点）：

应设遮栏、应挂标示牌的地点：

工作票签发人签名：________

收到工作票时间：____月____日____时____分

下列由工作许可人（变、配电所值班员）填写

已拉开的开关和刀开关（注明编号）：

已装接地线（注明接地线编号和装设地点）：

已设遮栏、已挂标示牌（注明地点）：

工作许可人签名____月____日

5. 许可工作开始时间：________年____月____日____时____分

工作负责人签名：________工作许可人签名：________

6. 工作负责人变动（工程过程中，更换工作负责人时填写）：

原工作负责人________离去，变更________为工作负责人，变动时间________年____月____日____时____分，工作负责人交接签名________

7. 工作票延期（工作需延期，安全措施不变时填此栏）：

工作票延期到________年____月____日____时____分

工作负责人签名________值班负责人签名________

8. 工作终结及送电：

(1) 工作班人员已全部撤离，现场已清理完毕。

(2) 接地线共________组已拆除。________号处接地刀开关已断开。

(3) 临时遮栏共________处已拆除，永久遮栏________处已恢复。

(4) 标示牌共________处已拆除，更换标示牌________处已换完。

(5) 全部工作于________年____月____日____时____分结束。

工作负责人（签名）________工作许可人（签名）________

9. 送电后评语：

____

____

根据不同的检修任务，不同的设备条件，以及不同的管理机构，可选用或制定适当格式的工作票。但是无论哪种工作票，都必须以保证检修工作的绝对安全为前提。

二、技术交底制度

1. 进行临时用电工程的安全技术交底，必须分部分项且按进度进行。不允许一次性完成全部工程交底工作。

2. 设有监护人的场所，必须在作业前对全体人员进行技术交底。

3. 对电气设备的试验、检测、调试前、检修前及检修后的通电试验前，必须进行技术交底。

4. 对电气设备的定期维修前、检查后的整改前，必须进行技术交底。

5. 交底项目必须齐全，包括使用的劳动保护用品及工具，有关法规内容，有关安全操作规程内容和保证工程质量的要求，以及作业人员活动范围和注意事项等。

6. 填写交底记录要层次清晰，交底人、被交底人及交底负责人必须分别签字，并准确注明交底时间。

三、操作制度

1. 禁止使用或安装木质配电箱、开关箱、移动箱。电动施工机械必须实行一闸一机一漏一箱一锁。且开关箱与所控固定机械之间的距离不得大于 5 m。

2. 严禁以取下（给上）熔断器方式对线路停（送）电。严禁维修时约时送电，严禁以三相电源插头代替负荷开关启动（停止）电动机运行。严禁使用 200 V 电压行灯。

3. 严禁频繁按动漏电保护器和私拆漏电保护器。

4. 严禁长时间超铭牌额定值运行电气设备。

5. 严禁在同一配电系统中一部分设备作保护接零，另一部分作保护接地。

6. 严禁直接使用刀开关启动（停止）4 kW 以上电动设备。严禁直接在刀开关上或熔断器上挂接负荷线。

四、电气维修制度

1. 只允许全部（操作范围内）停电工作、部分停电工作，不允许不停电工作。维修工作要严格执行电气安全操作规程。

2. 不允许私自维修不了解内部原理的设备及装置。不允许私自维修厂家禁修的安全保护装置，不允许私自超越指定范围进行维修作业。不允许从事超越自身技术水平且无指导人员在场的电气维修作业。

3. 不允许在本单位不能控制的线路及设备上工作。

4. 不允许随意变更维修方案而使隐患扩大。

5. 不允许酒后或有过激行为之后进行维修作业。

6. 对施工现场所属的各类电动机，每年必须清扫、注油或检修 1 次。对变压器、电焊机每半年必须进行清扫或检修 1 次。对一般低压电器、开关等，每半年检修 1 次。

五、工作监护制度

1. 在带电设备附近工作时必须设专人监护。

2. 在狭窄及潮湿场所从事用电作业时必须设专人监护。

3. 登高用电作业时必须设专人监护。

4. 监护人员应时刻注意工作人员的活动范围，督促其正确使用工具，并与带电设备保持安全距离。发现违反电气安全规程的做法应及时纠正。

5. 监护人员的安全知识及操作技术水平不得低于操作人。

6. 监护人员在执行监护工作时，应根据被监护工作情况携带或使用基本安全用具或辅助安全用具，不得兼做其他工作。

六、安全检测制度

1. 测试工作接地和防雷接地电阻值，必须每年在雨季前进行。

2. 测试重复接地电阻值必须每季至少进行 1 次。

3. 更换和大修设备或每次移动设备，应测试 1 次电阻值。测试接地电阻值工作前必须切断电源，断开设备接地端。操作时不得少于 2 人，禁止在雷雨时及降雨后测试。

4. 每年必须对漏电保护器进行 1 次主要参数的检测，不符合铭牌值范围时应立即更换或维修。

5. 对电气设备及线路、施工机械电动机的绝缘电阻值，每年至少检测 2 次。摇测绝缘电阻值必须使用与被测设备、设施绝缘等相适应的（按安全规程执行）绝缘摇表。

6. 检测绝缘电阻前必须切断电源，至少 2 人操作。禁止在雷雨时摇测大型设备和线路的绝缘电阻值。检测大型感性和容性设备前后必须按规定方法放电。

七、安全教育和培训制度

1. 安全教育必须包含用电知识的内容。

2. 没有经过专业培训、教育或经教育、培训不合格及未领到操作证的电工及各类主要用电人员不准上岗作业。

3. 专业电工必须 2 年进行 1 次安全技术复试。不懂安全操作规程的用电人员不准使用电动器具。用电人员变更作业项目必须进行换岗用电安全教育。

4. 各施工现场必须定期组织电工及用电人员进行工艺技能或操作技能的训练，坚持干什么，学什么，练什么。采用新技术或使用新设备之前，必须对有关人员进行知识、技能及注意事项的教育。

5. 施工现场每年至少进行 1 次吸取电气事故教训的教育。必须坚持每日上班前和下班后进行 1 次口头教育，即班前交底、班后总结。

6. 施工现场必须根据不同岗位，每年对电工及各类用电人员进行 1 次安全操作规程的闭卷考试，并将试卷或成绩名册归档。不合格者应停止上岗作业。

7. 每年对电工及各类用电人员的教育与培训，累计时间不得少于 7 天。

八、电器及电气料具使用制度

1. 对于施工现场的高、低压基本安全用具，必须按国家颁布的安全规程使用和保管。禁止使用基本安全用具或辅助安全用具从事非电工工作。

2. 现场使用的手持电动工具和移动式碘钨灯必须由电工负责保管、检修。用电人员每班用毕需交回。

3. 现场备用的低压电器及保护装置必须装箱入柜。不得到处存放、着尘受潮。

4. 不准使用未经上级鉴定的各种漏电保护装置。使用上级（劳动部门）推荐的产品时，必须到厂家或厂家销售部联系购买。不准使用假冒或劣质的漏电保护装置。

5. 购买与使用的低压电器及各类导线必须有产品检验合格证，且需为经过技术监督局认证的产品。并将类型、规格、数量统计造册，归档备查。

6. 专用焊接电缆由电焊工使用与保管。不准沿路面明敷使用，不准被任何东西压砸，使用时不准盘绕在任何金属物上，存放时必须避开油污及腐蚀性介质。

九、安全检查评估制度

1. 项目经理部的安全检查每月应不少于 3 次，电工班组安全检查每日进行 1 次。

2. 各级电气安全检查人员，必须在检查后对施工现场用电管理情况进行全面评估，找出不足并做好记录，每半月必须归档一次。

3. 各级检查人员要以法规、国家及行业标准为依据，以有关法规为准绳，不得与法规、标准或上级要求发生冲突，不得凭空杜撰或以个人好恶为尺度进行检查评估，必须按规定要求评分。

4. 检查的重点是：电气设备的绝缘有无损坏；线路的敷设是否符合规范要求；绝缘电阻是否合格；设备裸露带电部分是否有防护；保护接零或接地是否可靠；接地电阻值是否在规定范围内；电气设备的安装是否正确、合格；配电系统设计布局是否合理，安全间距是否符合规定；各类保护装置是否灵敏可靠、齐全有效；各种组织措施、技术措施是否健全；电工及各种用电人员的操作行为是否齐全；有无违章指挥等情况。

5. 电工的日常巡视检查必须按《电气设备运行管理准则》等要求认真执行。

6. 对各级检查人员提出的问题，必须立即制定整改方案进行整改，不得留有事故隐患。

十、工程拆除制度

1. 拆除临时用电工程必须定人员、定时间、定监护人、定方案。拆除前必须向作业人员进行交底。

2. 拉闸断电操作程序必须符合安全规程要求，即先拉负荷侧，后拉电源侧，先拉断路器，后拉刀开关等停电作业要求。

3. 使用基本安全用具、辅助安全用具、登高工具等作业，必须执行安全规程。操作时必须设监护人。

4. 拆除的顺序是：先拆负荷侧，后拆电源侧，先拆精密贵重电器，后拆一般电器。不准留下经合闸（或接通电源）就带电的导线端头。

5. 必须根据所拆设备情况，穿戴相应的劳动保护用品，采取相应的技术措施。

6. 必须设专人做好点件工作，并将拆除情况资料整理归档。

十一、其他有关规定

1. 当施工现场使用的动力源为高压时，必须执行交接班制度、操作票制度、巡检制度、工作票制度、工作间断及转移制度、工作终结及送电制度等。

2. 施工现场应根据国家颁布的安全操作规程，结合现场的具体情况编制各类安全操作规程，并书写清晰后悬挂在醒目的位置。

3. 对于使用自制或改装以及新型的电气设备、机具，制定操作规程后，必须经公司安全、技术部门审批后实施。

第四节　现场用电安全技术措施

→ 熟悉现场用电安全技术措施内容
→ 掌握安全操作的技术措施

一、停电制度

1. 在进行作业中带电设备与作业人员正常作业活动最大范围的距离应小于表10—4规定的安全距离。

表10—4　工作人员与带电设备间的安全距离

设备额定电压/kV	10及以下	20～35	44	60
设备不停电时的安全距离/m	0.7	1	1.2	1.5
工作人员工作时正常活动范围与带电设备的安全距离/m	0.35	0.6	0.9	1.5
带电作业时人体与带电体间的安全距离/m	0.4	0.6	0.6	0.7

2. 当带电设备的安全距离大于表10—4所规定的数值时，可不予停电，但带电体在作业人员的后侧或左右侧时，即使距离略大于表10—4中的规定，也可将该带电部分停电。

3. 停电时，对所有能够检修部分与送电线路，应注意要全部切断，而且每处至少要有1个明显的断开点，并应采用防止误合闸的措施。

4. 停电操作时，应执行操作票制度。必须先拉断路器，再拉隔离开关，严禁带负荷拉隔离开关。计划停电时，应先将负荷回路拉闸，再拉断路器，最后拉隔离开关。正常操作时，人身与带电体间的安全距离见表10—4。

5. 对于多回路的线路，还要注意防止其他方面的突然来电，特别要注意防止低压方面的反馈电。

6. 停电后断开的隔离开关操作手柄必须锁住，且挂标志牌。

二、验电制度

1. 对已停电的线路或设备，不能光看指示灯信号和仪表（电压表）上反映出无电就进行操作。均应进行必要的验电步骤。

2. 验电时所用验电器的额定电压，必须与电气设备（线路）电压等级相适应，且事先在有电设备上进行试验，证明是良好的验电器。

3. 电气设备的验电，必须在进线和出线两侧逐相分别验电，防止某种不正常原因导致出现某一侧或某一相带电而未被发现。

4. 线路（包括电缆）的验电，应逐相进行。

5. 验电时应戴绝缘手套，按电压等级选择相应的验电器。

6. 如果停电后，信号及仪表仍有残压指示，在未查明原因前，禁止在该设备上作业。

切记绝对不能凭经验办事，当验电器指示有电时，想当然认为系剩余电荷作用所致，就盲目进行接地操作，这是十分危险的。

三、放电制度

应放电的设备及线路主要有：电力变压器、油断路器、高压架空线路、电力电缆、电力电容器、大容量电动机及发电机等。放电的目的是消除检修设备上残存的静电。

1. 放电应使用专用的导线，用绝缘棒或开关操作，人手不得与放电导体相接触。

2. 线与线之间、线与地之间均应放电。电容器和电缆线的残余电荷较多，最好有专门的放电设备。

3. 放电操作时，人体不得与放电导线接触或靠近；与设备端子接触时不得用力过猛，以免撞击端子导致损坏。

4. 放电的导线必须良好可靠，一般应使用专用的接地线。

5. 接地网的端子必须是已做好的，并在运行中证明是接地良好的接地网；与设备端子的接触，与线路相的接触，应和验电的顺序相同。

6. 放电操作时，应穿绝缘靴、戴绝缘手套。

四、装设接地线制度

装设接地线的目的，是为了防止停电后的电气设备及线路突然有电而造成检修作业人员意外伤害的技术措施；其方法是将停电后的设备的接线端子及线路的相线直接接地短路。

1. 验电之前，应先准备好接地线，并将其接地端先接到接地网（极）的接线端子上；当验明设备或线路确已无电压且经放电后，应立即将检修设备或线路接地并三相短路。

2. 所装设的接地线与带电部分不得小于规定的允许距离。否则，会威胁带电设备的安全运行，并将可能使停电设备引入高电位而危害工作人员的安全。

3. 在装接地线时，必须先接接地端，后接导体端；而在拆接地线时，顺序应与以上顺序相反。装拆接地线均应使用绝缘棒或戴绝缘手套。

4. 接地线应用多股软铜导线，其截面应符合短路电流热稳定的要求，最小截面积不应小于 25 mm^2。其线端必须使用专用的线夹固定在导体上，禁止使用缠绕的方法进行接地或短路。

5. 变配电所内，每组接地线均应按其截面积编号，并悬挂存放在固定地点。存放地点的编号应与接地线的编号相同。

6. 变配电所（室）内装、拆接地线，必须做好记录，交接班时要交代清楚。

五、不停电检修制度

1. 不停电检修工作必须严格执行监护制度，保证有足够的安全距离。

2. 不停电检修工作时间不宜太长，对不停电检修所使用的工具应经过检查与试验。

3. 检修人员应经过严格培训，要能熟练掌握不停电检修技术与安全操作知识。

4. 低压系统的检修工作，一般应停电进行，如必须带电检修时，应制定出相应的安全操作技术措施和相应的操作规程。

六、装设遮栏制度

1. 在变配电所内的停电作业，一经合闸即可送电到作业地点的开关或隔离开关的操作手柄上，因此悬挂“禁止合闸，有人工作!”的标志牌，具体式样见表10—5。

2. 在开关柜内悬挂接地线以后，应在该柜的门上悬挂“已接地”的标志牌。

3. 在变配电所外线路上作业，其电源控制设备在变配电所室内的，应在控制线路的开关或隔离开关的操作手柄上悬挂“禁止合闸，线路上有人工作!”的标志牌，见表10—5。

4. 在作业人员上下用的铁架或铁梯上，应悬挂“由此上下!”的标志牌。在邻近其他可能误登的构架上，应悬挂“禁止攀登，高压危险!”的标志牌，见表10—5。

5. 在作业地点装妥接地线后，应悬挂“在此工作!”的标志牌，见表10—5。

表10—5　标示牌式样

序号	名称	悬挂处所	式样		
			尺寸/mm	颜色	字样
1	禁止合闸，有人工作!	一经合闸即可送电到施工设备的开关和刀开关操作把手上	200×100和80×50	白底	红字
2	禁止合闸，线路有人工作!	线路开关和刀开关把手上	200×100和80×50	红底	白字
3	在此工作!	室外和室内工作地点或施工设备上	250×250	绿底，中有直径210 mm白圆圈	黑字，写于白圆圈中
4	止步，高压危险!	施工地点临近带电设备的遮栏上，室外工作地点的围栏上，禁止通行的过道上，高压试验地点，室外构架上，工作地点临近带电设备的横梁上	250×200	白底红边	黑字，有红色箭头
5	从此上下!	工作人员上下的铁架、梯子上	250×250	绿底，中有直径210 mm白圆圈	黑字，写于白圆圈中
6	禁止攀登，高压危险!	工作人员上下的铁架和临近的可能上下的其他铁架上，运行中变压器的梯子上	250×200	白底红边	黑字

6. 标志牌和临时遮栏的设置及拆除，应按调度员的命令或作业票的规定执行。严格禁止作业人员在作业中移动、变更或拆除临时遮栏及标志牌。

7. 临时遮栏、标志牌、围栏是保证作业人员人身安全的安全技术措施。因作业需要必须变动时，应由作业许可人批准，但更动后必须符合安全技术要求，当完成该项作业后，应立即恢复原来状态并报告作业许可人。

8. 变配电室内的标志牌及临时遮栏由值班员监护，室外或线路上的标志牌及临时遮栏由作业负责人或安全员临护，不准其他人员触动。

第五节 施工现场电工安全操作

→ 了解和掌握现场电工安全操作技术要求

→ 了解和掌握安装电工安全操作技术要求

一、暂设电工和安装电工安全操作

1. 一般规定

（1）电工应经过专门培训，掌握安装与维修的安全技术，并经过考试合格后，方准独立操作。

（2）施工现场暂设线路、电气设备的安装与维修应执行《施工现场临时用电安全技术规范》。

（3）新设、增设的电气设备，必须由主管部门或人员检查合格后，方可通电使用。

（4）各种电气设备或线路，不应超过安全负荷，并要使用牢靠、绝缘良好和安装合格的熔断器，严禁用铜丝、铁丝等代替熔丝。

（5）放置及使用易燃液体、气体的场所，应采用防爆型电气设备及照明灯具。

（6）定期检查电气设备的绝缘电阻是否符合“不低于 1 kΩ/V（如对地 220 V 绝缘电阻应不低于 0.22 MΩ）”的规定，发现隐患，应及时排除。

（7）不可用纸、布或其他可燃材料做无骨架的灯罩，灯泡与可燃物应保持一定距离。

（8）变（配）电室应保持清洁、干燥。变电室要有良好的通风。配电室内禁止吸烟、生火及保存与配电无关的物品（如食物等）。

（9）当电线穿过墙壁、苇席或与其他物体接触时，应当在电线上套有磁管等非燃材料加以隔绝。

（10）电气设备和线路应经常检查，发现可能引起火花、短路、发热和绝缘损坏等情况时，必须立即处理。

（11）各种机械设备的电闸箱内必须保持清洁，不得存放其他物品，电闸箱应配锁。

（12）电气设备应安装在干燥处，各种电气设备应有妥善的防雨、防潮设施。

2. 现场电工安全操作

(1) 电工作业必须经专业安全技术培训，考试合格，持《特种作业操作证》方准上岗独立操作。非电工严禁进行电气作业。

(2) 电工接受施工现场暂设电气安装任务后，必须认真领会并落实临时用电安全施工组织设计（施工方案）和安全技术措施交底的内容，施工用电线路架设必须按施工图规定进行，凡临时用电使用超过 6 个月（含 6 个月）以上的，应按正式线路架设。改变安全施工组织设计规定，必须经原审批单位领导同意签字，未经同意不得改变。

(3) 电工作业时，必须穿绝缘鞋、戴绝缘手套，酒后不准操作。

(4) 所有绝缘、检测工具应妥善保管，严禁他用。并应定期检查、校验。保证正确可靠接地或接零。所有接地或接零处，必须保证电气连接可靠，保护线 PE 必须采用绿/黄双色线，严格与相线、工作零线相区别，不得混用。

(5) 电气设备的设置、安装、防护、使用、维修必须符合《施工现场临时用电安全技术规范》(JGJ 46—2005) 的要求。

(6) 在施工现场专用的中性点直接接地的电力系统中，必须采用 TN−S 接零保护。

(7) 电气设备不带电的金属外壳、框架、部件、管道、金属操作台和移动式碘钨灯的金属柱等，均应做保护接零。

(8) 定期和不定期对临时用电工程的接地、设备绝缘和漏电保护开关进行检测、维修，发现隐患应及时消除，并建立检测维修记录。

(9) 施工现场运电杆时，应由专人指挥。小车搬运，必须绑扎牢固，防止滚动。人抬时，前后要响应，协调一致，电杆不得离地过高，防止一侧受力扭伤。

(10) 人工立电杆时，应由专人指挥。立杆前检查工具是否牢固可靠（如叉木无伤痕，链子合适，溜绳、横绳、逮子绳、钢丝绳无伤痕）。地锚钎子要牢固可靠，溜绳各方向吃力应均匀。操作时，应互相配合、听从指挥、用力均衡；机械立杆、吊车臂下不准站人，上空（吊车起重臂杆回转半径内）所有带电线路必须停电。

(11) 电杆就位移动时，坑内不得有人。电杆立起后，必须先架好叉木，才能撤去吊钩。电杆坑填土夯实后才允许撤掉叉木、溜绳或横绳。

(12) 登杆作业应符合要求

1) 登杆组装横担时，活扳手开口要合适，不得用力过猛。

2) 登杆脚扣规格应与杆径相适应。使用脚踏板时，钩子应向上。使用的机具、护具应完好无损。操作时系好安全带并拴在安全可靠处，扣环扣牢，严禁将安全带拴在绝缘子或横担上。

3) 杆上作业时，禁止上下投掷料具。料具应放在工具袋内，上下传递料具的小绳应牢固可靠。人员递完料具后，要离开电杆 3 m 以外。

4) 杆上紧线应侧向操作，并将夹紧螺栓拧紧，紧有角度的导线时，操作人员应在外侧作业。紧线时装设的临时脚踏支架应牢固。如用大竹梯必须用绳将梯子与电杆绑扎牢固。调整拉线时，杆上不得有人。

5) 紧绳用的铅（铁）丝或钢丝绳，应能承受全部拉力，与电线连接必须牢固。紧线时导线下方不得有人。终端紧线时反方向应设置临时拉线。

6）遇大雨、大雪及六级以上强风天，应停止登杆作业。

（13）架空线路和电缆线路敷设、使用、维护必须符合《施工现场临时用电安全技术规范》（JGJ 46—2005）的要求。

（14）建筑工程竣工后，临时用电工程拆除，应按顺序先断电源，后拆除，不得留有隐患。

（15）三级配电两级保护

1）三级配电。配电箱根据其用途和功能的不同，一般可分为三级：总配电箱、分配电箱、开关箱。

①总配电箱（又称固定式配电箱）。总配电箱用符号“A”表示，是控制施工现场全部供电的集中点，应设置在靠近电源的地区。电源由施工现场用电变压器低压侧引出的电缆线接入，并装设电流互感器、有功电能表、无功电能表、电流表、电压表及总开关、分开关。总配电箱内的开关均应采用低压断路器（或漏电保护开关）。引入、引出线应穿管并有防水弯。

②分配电箱（又称移动式配电箱）。分配电箱用符号“B”表示。其中 1、2、3 表示序号。分配电箱是总配电箱的一个分支，控制施工现场某个范围的用电，应设在用电设备负荷相对集中的地区。箱内应设总开关和分开关，总开关应采用低压断路器，分开关可采用漏电开关或刀开关并配备熔断器。

③开关箱。直接控制用电设备。开关箱与所控制的固定式用电设备的水平距离不得大于 3 m，与分配电箱的距离不得大于 30 m。开关箱内安装漏电开关、熔断器及插座。电源线采用橡套软电缆线，从分配电箱引出，接入开关箱上闸口。

④配电箱及其内部开关、器件的安装应端正牢固。安装在建筑物或构筑物上的配电箱为固定式配电箱，其箱底距地面的垂直距离应大于 1.4 m，小于 1.6 m。移动式配电箱不得置于地面上随意拖拉，应固定在支架上，其箱底与地面的垂直距离应大于 0.8 m，小于 1.6 m。

⑤配电箱内的开关、电器，应安装在金属或非木质的绝缘电器安装板上，然后整体紧固在配电箱体内，金属箱体、金属电器安装板以及箱内电器不带电的金属底座、外壳等，必须做保护接零。保护零线必须通过零线端子板连接。

⑥配电箱和开关箱的进出线口，应设在箱体的下面，并加护套保护。进、出线应分路成束，不得承受外力，并做好防水弯。导线束不得与箱体进、出线口直接接触。

⑦配电箱内的开关及仪表等电器排列整齐，配线绝缘良好，绑扎成束。熔丝及保护装置按设备容量合理选择，三相设备的熔丝大小应一致。3 个及其以上回路的配电箱应设总开关，分开关应标有回路名称。三相胶盖刀开关只能作为断路开关使用，不得装设熔丝，应另加熔断器。各开关、触点应动作灵活、接触良好。配电箱的操作盘面不得有带电体明露。箱内应整洁，不得放置工具等杂物，箱门应有锁并用红色油漆喷上警示标语和危险标志，喷写配电箱分类编号。箱内应设有线路图。下班后必须拉闸断电，锁好箱门。

⑧配电箱周围 2 m 内不得堆放杂物。电工应经常巡视检查开关、熔断器的接点处是否过热。各接点是否牢固，配线绝缘有无破损，仪表指示是否正常等。发现隐患立即

排除。配电箱应经常清扫除尘。

⑨每台用电设备应有各自专用的开关箱，必须实行“一机一闸一漏一箱”制，严禁同一个开关电器直接控制 2 台及 2 台以上用电设备（含插座）。

2）两级漏电保护。总配电箱和开关箱中两级漏电保护器的额定漏电动作电流和额定漏电动作时间应合理配合，使之具有分级、分段保护的功能。

施工现场总配电箱、分配电箱上安装的漏电保护开关的漏电动作电流应为 50～100 mA；开关箱安装漏电保护开关的漏电动作电流应为 30 mA 以下。

漏电保护开关不得随意拆卸和调换零部件，以免改变原有技术参数。漏电保护开关应经常进行检查试验，发现异常，必须立即查明原因，严禁带病使用。

（16）施工照明

1）施工现场照明应采用高光效、长寿命的照明光源。工作场所不得只装设局部照明，对于需要大面积照明的场所，应采用高压汞灯、高压钠灯或碘钨灯，灯头与易燃物的净距离不小于 0.3 m。流动性碘钨灯采用金属支架安装时，支架应稳固，灯具与金属支架之间必须用不小于 0.2 m 的绝缘材料隔离。

2）施工照明灯具露天装设时，应采用防水式灯具，距地面高度不得低于 3 m。工作棚、场地的照明灯具，可分路控制，每路照明支线上连接灯数不得超过 10 盏，若超过 10 盏时，每个灯具上应装设熔断器。

3）室内照明灯具距地面不得低于 2.4 m。每路照明支线上灯具和插座数不宜超过 25 个，额定电流不得大于 15 A，并用熔断器或低压断路器保护。

4）一般施工场所宜选用额定电压为 220 V 的照明灯具，不得使用带开关的灯头，应选用螺口灯头。相线接在与中心触点相连的一端，零线接在与螺纹口相连的一端。灯头的绝缘外壳不得有损伤和漏电，照明灯具的金属外壳必须做保护接零。单相回路的照明开关箱内必须装设漏电保护开关。

5）现场局部照明用的工作灯，在室内抹灰、水磨石地面等潮湿的作业环境，照明电源电压应不大于 36 V。在特别潮湿，导电良好的地面、锅炉或金属容器内工作的照明灯具，其电源电压不得大于 12 V。工作手灯应用胶把和网罩保护。

6）36 V 的照明变压器，必须使用双绕组型，二次绕组、铁心、金属外壳必须有可靠保护接零。一次、二次侧应分别装设熔断器，一次线长度不应超过 3 m。照明变压器必须有防雨、防砸措施。

7）照明线路不得拴在金属脚手架、龙门架上，严禁在地面上乱拉、乱拖。灯具需要安装在金属脚手架、龙门架上时，线路和灯具必须用绝缘物与其隔离开，且距离工作面高度在 3 m 以上。控制刀开关应配有熔断器和防雨措施。

8）施工现场的照明灯具应采用分组控制或单灯控制。

（17）施工用电线路。施工用电线路从结构形式上可分为架空线路和电缆线路两大类型。

1）架空线路

①施工现场运电杆时，应由专人指挥。小车搬运，必须绑扎牢固，防止滚动。人抬时，前后要呼应，协调一致，电杆不得离地过高，防止一侧受力扭伤。

②人工立电杆时，应有专人指挥。立杆前检查工具是否牢固可靠（如叉木无伤痕，链子合适，溜绳、横绳、逮子绳、钢丝绳无伤痕）。地锚钎子要牢固可靠，溜绳各方向吃力应均匀。操作时应互相配合，听从指挥，用力均衡；机械立杆，吊车臂下不准站人，上空（吊车起重臂杆回转半径内）所有带电线路必须停电。

③电杆就位移动时，坑内不得有人，电杆立起后，必须先架好叉木，才能撤去吊钩。电杆坑填土夯实后才允许撤掉叉木、溜绳或横绳。

④电杆的梢径不小于 13 cm，埋入地下深度为杆长的 1/10 再加上 0.6 m。木质杆不得劈裂、腐朽，根部应刷沥青防腐。水泥杆不得有露筋、环向裂纹、扭曲等现象。登杆组装横担时，活扳手开口要适合，不得用力过猛；登杆脚扣规格应与杆径相适应。使用脚踏板，钩子应向上。使用的机具、护具应完好无损。操作时系好安全带，并拴在安全可靠处，扣环扣牢，严禁将安全带拴在绝缘子或横担上；杆上作业时，禁止上下投掷料具。料具应放在工具袋内，上下传递料具的小绳应牢固可靠。递完料具后，要离开电杆 3 m 以外。

⑤架空线路的干线架设（380/220 V）应采用铁横担、绝缘子水平架设，档距不大于 35 m，线间距离不小于 0.3 m。架空线路必须采用绝缘导线。架空绝缘铜芯导线截面积不小于 10 mm^2，架空绝缘铝芯导线截面积不小于 16 mm^2，在跨越铁路、管道的档距内，铜芯导线截面积不小于 16 mm^2，铝芯导线截面积不小于 35 mm^2。导线不得有接头；架空线路距地面一般不低于 4 m，过路线的最下一层不低于 6 m。多层排列时，上、下层的间距不小于 0.6 m。高压线在上方，低压线在中间，广播线、电话线在下方；干线的架空零线截面积应不小于相线截面积的 1/2。导线截面积在 10 mm^2 以下时，零线和相线截面积相同。支线零线是指干线到闸箱的零线，应采用与相线大小相同的截面；架空线路最大弧垂点至地面的最小距离见表 10—6。

表 10—6　　架空线路最大弧垂点至地面的最小距离

架空线路地区	线路负荷	
	1 kV 以下	1～10 kV
居民区	6	6.5
交通要道（路口）	6	7
建筑物顶端	2.5	3
特殊管道	1.5	3

架空线路摆动最大时与各种设施的最小距离：外侧边线与建筑物凸出部分的最小距离，1 kV 以下时为 1 m，1～10 kV 时为 1.5 m。在建工程（含脚手架）的外侧边缘与外电架空线路的边线之间的最小距离，1 kV 以下时为 4 m，1～10 kV 时为 6 m。

⑥杆上紧线应侧向操作，并将夹紧螺栓拧紧，紧有角度的导线时，操作人员应在外侧作业。紧线时装设的临时脚踏支架应牢固。如用大竹梯，必须用绳将梯子与电杆绑扎牢固。调整拉线时，杆上不得有人。

⑦紧绳用的铅（铁）丝或钢丝绳，应能承受全部拉力，与电线连接必须牢固。紧线

时导线下方不得有人。终端紧线时反方向应设置临时拉线。

⑧遇大雨、大雪及6级以上强风天，停止登杆作业。

2）电缆线路

①电缆干线应采用埋地或架空敷设，严禁沿地面明敷设，并应避免机械损伤和介质腐蚀。

②电缆在室外直接埋地敷设时，必须按电缆埋设图敷设，并应砌砖槽防护，埋设深度不得小于0.6 m。

③电缆的上下各均匀铺设不小于5 cm厚的细砂，上盖电缆盖板或红机砖作为电缆的保护层。

④地面上应有埋设电缆的标志，并应有专人负责管理。不得将物料堆放在电缆埋设地上方。

⑤有接头的电缆不准埋在地下，接头处应露出地面，并配有电缆接线盒（箱）。电缆接线盒（箱）应防雨、防尘、防机械损伤，并远离易燃、易爆、易腐蚀场所。

⑥电缆穿越建筑物、构筑物、道路、易受机械损伤的场所及引出地面从2 m高度至地下0.2 m处，必须加设防护套管。

⑦电缆线路与其附近热力管道的平行间距不得小于2 m，交叉间距不得小于1 m。

⑧橡套电缆架空敷设时，应沿着墙壁或电杆设置，并用绝缘子固定，严禁使用金属裸线作绑线。电缆间距大于10 m时必须采用铅丝或钢丝绳吊绑，以减轻电缆自重，最大弧垂距地面不小于2.5 m。电缆接头处应牢固可靠，做好绝缘包扎，保证绝缘强度，不得承受外力。

⑨在建建筑的临时电缆配电，必须采用电缆埋地引入。电缆垂直敷设时，位置应充分利用竖井、垂直孔洞。其固定点每楼层不得少于1处。水平敷设应沿墙或门口固定，最大弧垂距离地面不得小于1.8 m。

3. 安装电工安全操作

（1）设备安装

1）安装高压油开关、低压断路器等有返回弹簧的开关设备时，应将开关置于断开位置。

2）搬运配电柜时，应有专人指挥，步调一致。多台配电盘（箱）并列安装时，手指不得放在两盘（箱）的接合部位，不得触摸连接螺孔及螺钉。

3）露天使用的电气设备，应有良好的防雨性能或有可靠的防雨设施。配电箱必须牢固、完整、严密。使用中的配电箱内禁止放置杂物。

4）剔槽、打洞时，必须戴防护眼镜，锤子柄不得松动。錾子不得卷边、裂纹。打过墙、楼板透眼时，墙体后面，楼板下面不得有人靠近。

（2）内线安装

1）安装照明线路时，不得直接在板条顶棚或隔声板上行走或堆放材料；因作业需要行走时，必须在大楞上铺设脚手板；顶棚内照明应采用36 V低压电源。

2）在脚手架上作业，脚手板必须满铺，不得有空隙和探头板。使用的料具，应放入工具袋随身携带，不得投掷。

3）在平台、楼板上用人力弯管器煨弯时，应背向楼心，操作时面部要避开。大管径管子灌砂煨管时，必须将砂子用火烘干后灌入。用机械敲扣时，下面不得站人，人工敲打上下要错开，管口加热时，管口前不得有人停留。

4）管子穿带线时，不得对管子呼唤、吹气，防止带线弹出。两人穿线，应配合协调，一呼一应。高处穿线，不得用力过猛。

5）钢索吊管敷设，在断钢索及卡固时，应预防钢索头扎伤。绷紧钢索应用力适度，防止花篮螺栓折断。

6）使用套管机、电砂轮、台钻、手电钻时，应保证绝缘良好，并有可靠的接零、接地。漏电保护装置灵敏有效。

（3）外线安装

1）作业前应检查工具（铣、镐、锤、钎等）是否牢固可靠。挖坑时应根据土质和深度，按规定放坡。

2）杆坑在交通要道或人员经常通过的地上时，挖好后的坑应及时覆盖，夜间设红灯示警。底盘运输及下坑时，应防止碰手、砸脚。

3）现场运杆、立杆、电杆就位和登杆作业均应按要求进行安全操作。

4）架线时在线路的每 2～3 km 处，应设一次临时接地线，送电前必须拆除。大雨、大雪及六级以上强风天，停止登杆作业。

（4）电缆安装

1）架设电缆轴的地面必须平实。支架必须采用有底平面的专用支架，不得用千斤顶等代替。敷设电缆必须按安全技术措施交底内容执行，并设专人指挥。

2）人力拉引电缆时，力量要均匀，速度应平稳，不得猛拉猛跑。看轴人员不得站在电缆轴前方。敷设电缆时，处于拐角的人员，必须站在电缆弯曲半径的外侧。过管处的人员必须做到：送电缆时手不可离管口太近；迎电缆时，眼及身体严禁正对管口。

3）竖直敷设电缆，必须有预防电缆失控下溜的安全措施。电缆放完后，应立即固定、卡牢。

4）人工滚运电缆时，推轴人员不得站在电缆前方，两侧人员所站位置不得超过缆轴中心。电缆上、下坡时应采用在电缆轴中心孔穿铁管，在铁管上拴绳拉放的方法，平稳、缓慢进行。电缆停顿时，将绳拉紧，及时“打掩”制动。人力滚动电缆路面坡度不宜超过 15°。

5）汽车运输电缆时，电缆应尽量放在车头前方（跟车人员必须站在电缆后面），并用钢丝绳固定。

6）在已送电运行的变电室沟内进行电缆敷设时，电缆所进入的开关柜必须停电。并应采用绝缘隔板等措施。在开关柜旁操作时，安全距离不得小于 1 m（10 kV 以下开关柜）。电缆敷设完如剩余较长，必须捆扎固定或采取措施，严禁电缆与带电体接触。

7）挖电缆沟时，应根据土质和深度情况按规定放坡。在道路附近或较繁华地区进行电缆沟施工时，应设置栏杆和标志牌，夜间设红色标志灯。

8）在隧道内敷设电缆时，临时照明的电压不得大于 36 V。施工前应将地面进行清理，排净积水。

(5) 电气调试

1) 进行耐压试验装置的金属外壳，必须接地，被调试设备或电缆两端如不在同一地点，另一端应有专人看守或加锁，并悬挂警示牌。待仪表、接地检查无误，人员撤离后方可升压。

2) 电气设备或材料作非冲击性试验，升压或降压，均应缓慢进行。因故暂停或试验结束，应先切断电源，安全放电。并将升压设备高压侧短路接地。

3) 电力传动装置系统及高低压各型开关调试时，应将有关的开关手柄取下或锁上，悬挂标志牌，严禁合闸。

4) 用摇表测定绝缘电阻，严禁有人触及正在测定中的线路或设备，测定容性或感性设备材料后，必须放电，遇到雷电天气，应停止摇测线路绝缘。

5) 电流互感器禁止开路，电压互感器禁止短路和经升压方式进行。电气材料或设备需放电时，应穿戴绝缘防护用品，用绝缘棒安全放电。

(6) 施工现场变配电及维修

1) 现场变配电高压设备，不论带电与否，单人值班严禁跨越遮栏和从事修理工作。

2) 高压带电区域内部分停电工作时，人体与带电部分必须保持安全距离，并应有人监护。

3) 在变配电室内、外高压部分及线路工作时，应按顺序进行。停电、验电悬挂地线，操作手柄应上锁或挂标示牌。

4) 验电时必须戴绝缘手套，按电压等级使用验电器，在设备两侧各相或线路各相分别验电。验明设备或线路确定无电后，再检修设备或线路做短路接地。

5) 装设接地线，应由两人进行。先接接地端，后接导体端，拆除时顺序相反。拆接时均应穿戴绝缘防护用品。设备或线路检修完毕，必须在全面检查无误后，方可拆除接地线。

6) 接地线应使用截面不小于 25 mm^2 的多股软裸铜线和专用线夹。严禁使用缠绕的方法进行接地和短路。

7) 用绝缘棒或传统机构拉、合高压开关，应戴绝缘手套。雨天室外操作时，除穿戴绝缘防护用品外，绝缘棒应有防雨罩，应有专人监护。严禁带负荷拉、合开关。

8) 电气设备的金属外壳必须接地或接零。同一设备可同时做接地和接零。同一供电系统不允许一部分设备采用接零，另一部分采用接地保护。

9) 电气设备所用的熔丝（片）的额定电流应与其负荷量相适应。严禁用其他金属线代替熔丝（片）。

二、手持式电动工具和电动建筑机械的安全操作

施工现场用电人员应加强自我保护意识，特别是电动建筑机械的操作人员必须掌握安全用电的基本知识，以减少触电事故的发生。对于现场中一些固定机械设备的防护，操作人员开机前应检查：开关箱内的控制开关设备是否齐全有效，漏电保护器是否可靠，电气设备的接零保护线端子有无松动，严禁赤手触摸一切带电绝缘导线。发现问题及时向工长汇报，工长派电工处理。

1. **一般规定**

(1) 施工现场中电动建筑机械和手持式电动工具的选购、使用、检查和维修应遵守下列规定：

1) 选购的电动建筑机械、手持式电动工具及其用电安全装置符合相应的国家现行有关强制性标准的规定，且具有产品合格证和使用说明书。

2) 建立和执行专人专机负责制，并定期检查和维修保养。

3) 接地和漏电保护符合要求，运行时产生振动的设备的金属基座、外壳与 PE 线的连接点不少于 2 处。

4) 按使用说明书使用、检查、维修。

(2) 塔式起重机、外用电梯、滑升模板的金属操作平台及需要设置避雷装置的物料提升机，除应连接 PE 线外，还应做重复接地。设备的金属构件之间应保证电气连接。

(3) 手持式电动工具中的塑料外壳Ⅱ类工具和一般场所手持式电动工具中的Ⅲ类工具可不连接 PE 线。

(4) 电动建筑机械和手持式电动工具的负荷线应按其计算负荷选用无接头的橡胶护套铜芯软电缆。

(5) 电缆芯线数应根据负荷及其控制电器的相数和线数确定：三相四线时，应选用五芯电缆；三相三线时，应选用四芯电缆；当三相用电设备中配置有单相用电器具时，应选用五芯电缆；单相二线时，应选用三芯电缆。其中 PE 线应采用绿/黄双色绝缘导线。

(6) 每一台电动建筑机械或手持式电动工具的开关箱内，除应装设过载、短路、漏电保护电器外，还应装设隔离开关或具有可见分断点的断路器和控制装置。正、反向运转控制装置中的控制电器应采用接触器、继电器等自动控制电器，不得采用手动双向转换开关作为控制电器。

2. **安全操作要点**

(1) 起重机械

1) 塔式起重机的电气设备应符合现行国家标准《塔式起重机安全规程》(GB 5144—2006) 中的要求。

2) 塔式起重机应按《施工现场临时用电安全技术规范》(JGJ 46—2005) 做重复接地和防雷接地，轨道式塔式起重机接地装置的设置应符合下列要求：

①轨道两端各设一组接地装置。

②轨道的接头处做电气连接，两条轨道端部做环形电气连接。

③较长轨道每隔不大于 30 m 加 1 组接地装置。

3) 塔式起重机与外电线路的安全距离应符合《施工现场临时用电安全技术规范》(JGJ 46—2005) 第 4.1.4 条的要求。

4) 轨道式塔式起重机的电缆不得拖地移动。

5) 需要夜间工作的塔式起重机，应设置正对工作面的投光灯。

6) 塔身高于 30 m 的塔式起重机，应在塔顶和臂架端部设红色信号灯。

7) 在强电磁波源附近工作的塔式起重机，操作人员应戴绝缘手套和穿绝缘鞋，并应在吊钩与机体间采取绝缘隔离措施，或在吊钩吊装地面物体时，在吊钩上挂接临时接地装置。

8）外用电梯梯笼内、外均应安装紧急停止开关。

9）外用电梯和物料提升机的上、下极限位置应设置限位开关。

10）外用电梯和物料提升机在每日工作前必须对行程开关、限位开关、紧急停止开关、驱动机构和制动器等进行空载检查，正常后方可使用。检查时必须有防坠落措施。

（2）桩工机械

1）潜水式钻孔机电动机的密封性能应符合现行国家标准《外壳防护等级（IP代码）》（GB4208—2008）中的IP68级的规定。

2）潜水电动机的负荷线应采用防水橡胶护套铜芯软电缆，长度不应小于1.5 m，且不得承受外力。

3）配电箱、开关箱内的电器配置和接线严禁随意改动。熔断器的熔体更换时，严禁采用不符合原规格的熔体代替。漏电保护器每天使用前应启动漏电试验按钮试跳一次，如试跳不正常严禁继续使用。

（3）夯土机械

1）夯土机械开关箱中的漏电保护器必须符合潮湿场所选用漏电保护器的要求。

2）夯土机械PE线的连接点不得少于2处。

3）夯土机械的负荷线应采用耐气候型橡胶护套铜芯软电缆。

4）使用夯土机械必须按规定穿戴绝缘用品，使用过程应有专人调整电缆，电缆长度不应大于50 m。电缆严禁缠绕、扭结和被夯土机械跨越。

5）多台夯土机械并列工作时，其间距不得小于5 m；前后工作时，其间距不得小于10 m。

6）夯土机械的操作扶手必须绝缘。

（4）焊接机械

1）电焊机械应放置在防雨、干燥和通风良好的地方。焊接现场不得有易燃、易爆物品。

2）交流弧焊机变压器的一次侧电源线长度不应大于5 m，其电源进线处必须设置防护罩。发电机式直流电焊机的换向器应经常检查和维护，应消除可能产生的异常电火花。

3）电焊机械开关箱中的漏电保护器必须符合要求，交流电焊机械应配装防二次侧触电保护器。

4）电焊机械的二次线应采用防水橡胶护套铜芯软电缆，电缆长度不应大于30 m，不得采用金属构件或结构钢筋代替二次线的地线。

5）使用电焊机械焊接时必须穿戴防护用品。严禁露天冒雨从事电焊作业。

（5）手持式电动工具

1）空气湿度小于75%的一般场所可选用Ⅰ类或Ⅱ类手持式电动工具，其金属外壳与PE线的连接点不得少于两处；除塑料外壳Ⅱ类工具外，相关开关箱中漏电保护器的额定漏电动作电流不应大于15 mA，额定漏电动作时间不应大于0.1 s，其负荷线插头应具备专用的保护触头。所用插座和插头在结构上应保持一致，避免导电触头和保护触头混用。

2）在潮湿场所或金属构架上操作时，必须选用Ⅱ类或由安全隔离变压器供电的Ⅲ类手持式电动工具。使用金属外壳Ⅱ类手持式电动工具时，开关箱和控制箱应设置在作业场所外面。在潮湿场所或金属构架上严禁使用Ⅰ类手持式电动工具。

3）狭窄场所必须选用由安全隔离变压器供电的Ⅲ类手持式电动工具，其开关箱和安全隔离变压器均应设置在狭窄场所外面，并连接PE线，漏电保护器的选择应符合使用于潮湿或有腐蚀介质场所漏电保护器的要求。操作过程中，应有人在外面监护。

4）手持式电动工具的负荷线应采用耐气候型的橡胶护套铜芯软电缆，并不得有接头。

5）手持式电动工具的外壳、手柄、插头、开关、负荷线等必须完好无损，使用前必须做绝缘检查和空载检查，在绝缘合格、空载运转正常后方可使用。绝缘电阻不应小于表10—7规定的数值。

表10—7　　手持式电动工具绝缘电阻限值

测量部位	绝缘电阻/MΩ		
	Ⅰ类	Ⅱ类	Ⅲ类
带电零件与外壳之间	2	7	1

注：绝缘电阻用500 V兆欧表测量。

6）使用手持式电动工具时，必须按规定穿戴绝缘防护用品。

（6）其他电动建筑机械

1）混凝土搅拌机、插入式振动器、平板振动器、地面抹光机、水磨石机，钢筋加工机械、木工机械、盾构机械、水泵等设备的漏电保护应符合《施工现场临时用电安全技术规范》（JGJ 46—2005）第8.2.10条的要求。

2）混凝土搅拌机、插入式振动器、平板振动器、地面抹光机、水磨石机、钢筋加工机械、木工机械、盾构机械的负荷线必须采用耐气候型橡胶护套铜芯软电缆，并不得有任何破损和接头。

3）水泵的负荷线必须采用防水橡胶护套铜芯软电缆，严禁有任何破损和接头，并不得承受任何外力。

4）盾构机械的负荷线必须固定牢固，距地高度不得小于2.5 m。

5）对混凝土搅拌机、钢筋加工机械、木工机械、盾构机械等设备进行清理、检查、维修时，必须首先将其开关箱分闸断电，呈现可见电源分断点，并关门上锁。

三、施工现场用电设备巡查作业

1. 安全措施

（1）电气操作人员在进行事故巡视检查时，应始终认为该线路处在带电状态，即使该线路确已停电，也应认为该线路随时有送电的可能。

（2）巡视检查配电装置时，进出配电室必须随手关门。配电箱巡视检查完毕需加锁。

（3）在巡视检查中，若发现有威胁人身安全的缺陷时，应采取全部停电、部分停电和其他临时性安全措施。

（4）电气操作人员巡视检查设备时，不得越过遮栏或围墙，严禁攀登电杆或配电变压器台架，也不得进行其他工作。

（5）在室外施工现场巡视检查时，必须穿绝缘靴，并不得靠近避雷器和避雷针。夜间巡视检查时，应沿线路的外侧行进；遇到大风时，应沿线路的上风侧行进，以免触及断落的导线。发生倒杆、断线，应立即设法阻止行人。当高压线路或设备发生接地时，室外在 8 m 以内不得接近故障点，室内在 4 m 以内不得接近故障点。进入上述范围必须穿绝缘靴，接触设备的外壳和构架时，应戴绝缘手套。现场应派人看守，同时应尽快将故障点的电源切断。

2. 定期巡查内容

（1）各种电气设施应定期进行巡视检查，并将每次巡视检查的情况和发现的问题记入运行日志内。

1）低压配电装置、低压电器和变压器，有人值班时，每班应巡视检查 1 次。无人值班时至少每周巡视检查 1 次。

2）配电盘应每班巡视检盘 1 次。

3）架空线路的巡视检查，每季不应少于 1 次。

4）工地设置的 1 kV 以下的分配电盘和配电箱，每季度应进行 1 次停电检查和清扫。

5）500 V 以下的封闭式负荷开关及其他不能直接看到的开关触点，应每月检查 1 次。

（2）室外施工现场供用电设施除应经常维护外，遇到大风、暴雨、冰雹、雪、霜、雾等恶劣天气时，应加强对电气设备的巡视检查。

（3）新投入运行或大修后投入运行的电气设备，在 72 h 内应加强巡视，无异常情况后，才能按正常周期进行巡视检查。

（4）供用电设施的检修和清扫，必须在采取各项安全措施后进行。每年不宜少于 2 次，其时间应安排在雨季和冬季到来之前。

3. 电气设备及线路的停电检修操作

（1）一次设备完全停电，切断变压器和电压互感器二次侧的开关及熔断器。

（2）设备或线路切断电源，且经验电确无电压（必要时要进行放电）后，才能装设临时接地线，然后进行操作。

（3）操作地点和送电柜上应悬挂相应的标志牌，必要时应有专人看护。

（4）带电操作或接近带电部位操作时应有专人监护，且遵守安全距离的有关规定。

第六节　施工现场供电技能训练

→ 建筑施工临时供电设计

【实训内容】

图 10—5 所示为某中学教学楼的施工组织平面布置图，表 10—8 所示为现场施工用电设备表。试为该工地做出施工组织供电设计。

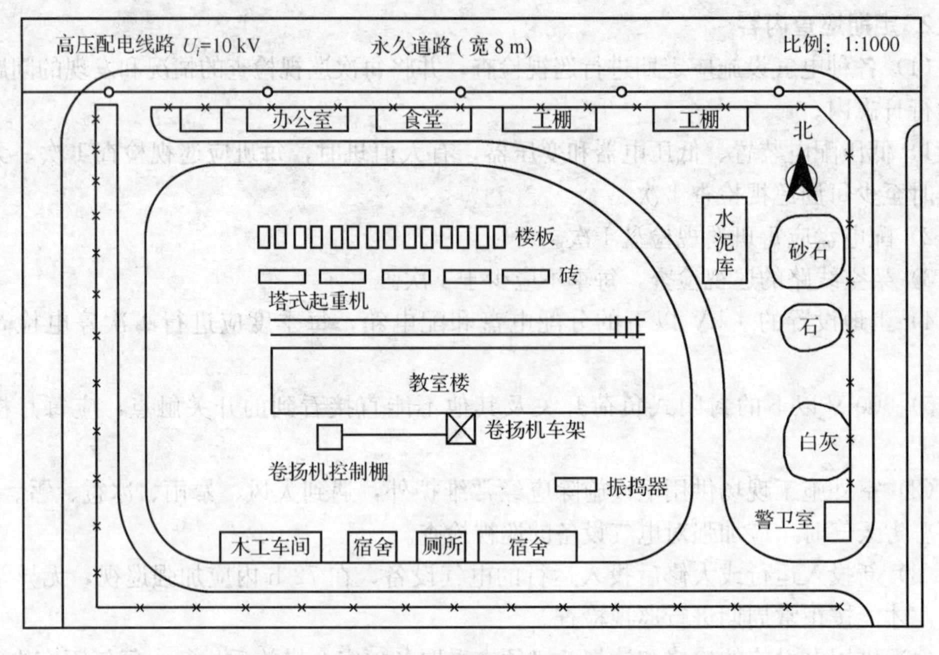

图 10—5　某中学教学楼施工组织平面布置图

表 10—8　　施工用电设备表

序号	用电设备名称	台数	每台电动机铭牌功率（kW）	总功率（kW）	备注
1	混凝土搅拌机（400 L）	1	10	10	三相、U_N=380 V
2	卷扬机	1	7.5	7.5	
3	滤灰机	1	2.8	2.8	
4	电动打夯机	3	1	3	
5	振捣器	4	2.8	11.2	
6	塔式起重机	1			ε=25%

续表

序号	用电设备名称	台数	每台电动机铭牌功率（kW）	总功率（kW）	备注
其中	起重电动机	1	22	22	三相、U_N=380 V
	行走电动机	2	7.5	15	
	回转电动机	1	3.5	3.5	
7	照明			10	U_N=220 V

【操作步骤】

步骤 1　收集原始资料，进行现场勘探

结合建筑施工总平面图，了解拟建工程的现场地理位置和周边环境情况；了解工地附近的电源情况及供电方式；了解工地的平面布置情况及用电设备的性质和容量大小等情况，列出用电设备清单，其中包括设备名称、型号、容量大小、数量等内容；另外还需了解当地气象及土壤情况。

步骤 2　电力负荷的计算

根据所列的动力、照明等用电设备清单，进行负荷计算，求出各部分和总的计算负荷。

步骤 3　确定供电方式、变配电所位置及线路走向

通过技术分析比较，确定最合理的电源进线方案及电源引入点位置；确定变电所、配电箱的位置；确定输配电线路的走向和敷设方式。

步骤 4　变电所设计

确定变压器的型号、容量、台数，拟定变配电所的一次电路，并进行变配电所设计，绘制整个工地的供电系统图。

步骤 5　低压配电线路设计

根据线路走向、敷设方式及其负荷大小，选择确定导线类型、截面。

步骤 6　绘制施工供电平面图

以施工平面图为基础，用国家规定的图形符号和文字符号，绘出建筑工地现场电源引入线和变配电所的位置、各配电箱和开关箱的位置、低压配电线路的具体走向和电杆的位置。

步骤 7　汇总设备材料。

步骤 8　制定安全用电技术措施和电气防火措施。

单元测试题

一、填空题（请将正确的答案填在横线空白处）

1. 施工现场的电能一般是由当地供电部门的高、低压线路上引进的。施工现场的电气系统一般由电源、变电所、________、________及用电设备等五大部分组成。

2. 施工现场变电所按其安装位置可分为户内型、________、户外型和________等几种。

3. 低压配电设备一般由________、各种低压开关、________等组成。

4. 施工现场变电所一般采用的避雷装置是________避雷器。

5. 目前较常用的负荷计算方法有：________法和________法，有时也常采用估算法。

6. 要保证电气设备可靠地工作，必须按正常工作条件选择电气设备，同时按短路情况来校验________稳定和________稳定。

7. 配电线路必须按照________级配电________级保护进行设计，同时因为是临时性布线，设计时应考虑架设迅速和便于拆除，线路走向尽量短和简洁。

8. 施工现场内严禁使用电炉子。使用碘钨灯时，灯与易燃物间距应大于________ mm。室内不准使用功率超过________ W的灯泡，严禁使用床头灯。

9. 配电线路采用熔断器作短路保护时，熔断额定电流一定要小于电缆线或穿管绝缘导线允许载流量的________倍，或明敷绝缘导线允许载流量的________倍。

10. 开关箱安装漏电保护开关的漏电动作电流应为________ mA以下。

二、简答题

1. 施工现场变电所位置的选择有什么要求？

2. 施工现场临时用电组织设计的主要内容有哪些？

3. 不停电检修制度的要点是什么？

4. 电工工作监护制度的内容有哪些？

5. 施工现场供电中采用三级配电两级保护的要求是什么？

单元测试题答案

一、填空题

1. 配电装置　配电线路　2. 半户内型　箱型　3. 低压母线　互感器　4. 高压阀型　5. 需要系数　二项式　6. 热　动　7. 三　两　8. 300　100　9. 2.5　1.5　10. 30

二、简答题

1. 答：施工现场变电所的选择要从安全、可靠、节省投资及运行费用等方面进行综合考虑：

(1) 变电所应尽量靠近负荷中心，距离最大负荷点一般不超过300 m，以最大限度地降低损耗，减少施工成本。

(2) 应遵循施工组织设计总布局要求，采用不同配线形式以满足建筑施工的需求。

(3) 尽量靠近高压供电线网，避免高压供电线路在施工现场穿梭。

(4) 应避开有剧烈震动、低洼积水、腐蚀性物质的污秽地段。

(5) 应考虑运输方便，便于变压器和其他电气设备的搬运，要考虑到扩建的可能，变电所的位置应不妨碍扩建施工。

2. 答：施工现场临时用电组织设计的主要内容有：

(1) 现场勘测。

（2）确定电源进线、变电所或配电室、配电装置、用电设备位置及线路走向。

（3）进行负荷计算。

（4）选择变压器。

（5）设计配电系统。

1）设计配电线路，选择导线或电缆。

2）设计配电装置，选择电器。

3）设计接地装置。

4）绘制临时用电工程图样，主要包括用电工程总平面图、配电装置布置图、配电系统接线图、接地装置设计图。

5）设计防雷装置。

6）确定防护措施。

7）制定安全用电措施和电气防火措施。

3. 答：不停电检修要点：

（1）不停电检修工作必须严格执行监护制度，保证有足够的安全距离。

（2）不停电检修工作时间不宜太长，对不停电检修所使用的工具应经过检查与试验。

（3）检修人员应经过严格培训，要能熟练掌握不停电检修技术与安全操作知识。

（4）低压系统的检修工作，一般应停电进行，如必须带电检修时，应制定出相应的安全操作技术措施和相应的操作规程。

4. 答：电工工作监护制度的内容有：

（1）在带电设备附近工作时必须设人监护。

（2）在狭窄及潮湿场所从事用电作业时必须设专人监护。

（3）登高用电作业时必须设专人监护。

（4）监护人员应时刻注意工作人员的活动范围，督促其正确使用工具，并与带电设备保持安全距离。发现违反电气安全规程的做法应及时纠正。

（5）监护人员的安全知识及操作技术水平不得低于操作人。

（6）监护人员在执行监护工作时，应根据被监护工作情况携带或使用基本安全用具或辅助安全用具，不得兼做其他工作。

5. 答：三级配电指的是总配电箱、分配电箱、开关箱三级控制；两级保护指的是在总配电箱和开关箱中安装漏电保护装置，两级漏电保护器的额定漏电动作电流和额定漏电动作时间应合理配合，使之具有分级、分段保护的功能。禁止使用或安装木质配电箱、开关箱、移动箱。电动施工机械必须实行一闸一机一漏一箱一锁。且开关箱与所控固定机械之间的距离不得大于 5 m。

第 11 单元

建筑电气安全

电是现代化生产和生活中不可缺少的重要能源，建筑施工现场在用电过程中，必须注意电气安全。如果稍有疏忽或麻痹，就可能造成电源中断、设备损坏，严重的还会引起人身触电事故，或者引发火灾、爆炸等，因此，安全用电具有极其重要的意义。

第一节 安全用电

→ 了解电流对人体安全的影响及安全电压的规定

→ 了解电工安全操作的各项规程，掌握电工安全操作的各项技术措施

→ 掌握电气火灾的灭火措施

一、电气安全

1. 人体电阻与安全电压

（1）人体电阻。人体电阻包括皮肤电阻和肢体电阻（内部组织电阻）两部分。皮肤电阻主要由角质层决定。角质层越厚，电阻值就越大。皮肤在干燥、洁净、无破损的情况下，电阻可以高达几千欧，而潮湿的皮肤，特别是有破损的皮肤，其电阻可降至1 kΩ以下。人体内部组织的电阻是固定不变的，并与接触电压和外部条件无关，一般为500 Ω左右。人体的电阻值还与接触电压的高低、触电时间的长短及与带电体的接触面积、压力、周围环境湿度等因素有关，通常取800 Ω～2.0 kΩ。

（2）电压对人体的影响。从安全的角度来看，确定对人体的安全条件通常不是确定供电电流，而是确定供电电压，因为影响电流变化的因素很多，而电力系统的供电电压比较稳定。

我国现行的安全电压等级有36 V、24 V、12 V和6 V等几级。

当人体接触电压后，随着电压的升高，人体电阻会有所降低。若接触了高电压，则因皮肤受损破裂而使人体电阻下降，通过人体的电流也就会随之增大。在高电压情况下即使不接触高电压，只要接近它，势必受到感应电流的影响，因而也会引起危险。经过实验证实，电压对人体的影响及允许接近的最小安全距离见表11—1。

2. 电流对人体的影响

电流对人体的伤害是电气事故中最主要的事故之一。它的伤害是多方面的，其热效应会造成电灼伤，其化学效应会造成电烙印及皮肤金属化，其电磁辐射会使人头晕、乏力及引起神经衰弱等。电流对人体伤害的程度与通过人体电流的大小、频率、持续时间，通过人体的路径及人体的电阻大小等多种因素有关。

（1）电流大小对人体的影响。通过人体的电流越大，人体的生理反应就越明显，感应越强烈，引起心室颤动所需的时间就越短，致命的危害就越大。人体工频电流试验的典型资料见表11—2。按照通过人体电流的大小和人体所呈现的不同状态，可将预期通过人体的工频交流电流分为3个级别。

表 11—1　电压对人体的影响及允许接近的最小安全距离

接触时的情况		允许接近的安全距离	
电压/V	对人体的影响	电压/kV	设备不停电时的安全距离/m
10	全身在水中时跨步电压界限为 10 V/m	10 及以下	0.7
20	湿手的安全界限	20～35	1.0
30	干燥手的安全界限	44	1.2
50	对人的生命无危险境界	60～110	1.5
100～200	危险性急剧增大	154	2.0
200 以上	对人的生命产生威胁	220	3.0
1000	被带电体吸引	330	4.0
1000 以上	有被弹开而脱险的可能	500	5.0

表 11—2　单手—双脚电流途径的实验数据　单位：mA

感觉情况	被试者百分数		
	5%	50%	95%
手表面有感觉	0.9	2.2	3.5
手表面有麻痹似的针刺感	1.8	3.4	5.0
手关节有轻度压迫感，有强烈的连续针刺感	2.9	4.8	6.7
前肢有受压迫感	4.0	6.0	8.0
前肢有受压迫感，足掌开始有连续针刺感	5.3	7.6	10.0
手关节有轻度痉挛，手动作困难	5.5	8.5	11.5
上肢有连续针刺感，腕部特别是手关节有强烈痉挛	6.5	9.5	12.5
肩部以下有强烈连续针刺感，肘部以下僵直，还可以摆脱带电体	7.5	11.0	14.5
手指关节、踝骨、足跟有压迫感，手指全部痉挛	8.8	12.3	15.8
只有尽最大努力才可能摆脱带电体	10.0	14.0	18.0

1）感知电流。指引起人体感觉的最小电流。成年男性的平均感知电流为1.1 mA，成年女性约为 0.7 mA。感知电流一般不会对人体造成伤害，但电流增大时，感觉明显增强，反应变大，可能造成坠落等间接事故。

2）摆脱电流。当通过人体的电流超过感知电流时，肌肉收缩、刺痛的感觉明显增强，感觉的部位扩展。当电流增大到一定程度时，由于中枢神经反射和肌肉收缩、痉挛，触电人将不能自行摆脱带电体。在一定的概率下，人体触电后能自行摆脱带电体的最大电流称为该概率下的摆脱电流。摆脱电流的概率曲线如图 11—1 所示。概率为50%时，成年男性与成年女性的摆脱电流分别为 16 mA、10.5 mA。

摆脱电流是人体可以忍受、尚未造成不良后果的电流，电流超过摆脱电流以后，触电者会感到异常痛苦、恐慌和难以忍受。如果时间过长，则可能导致昏迷、窒息，甚至死亡。因此，可以认为摆脱电流是人体承受危险电流的上限。

3）致命电流。通过人体引起心室发生纤维性颤动、危及生命的最小电流称为致命电流。人体电击致死的原因是比较复杂的。在高压触电事故中，可能因为强电弧或很大的电流造成烧伤导致死亡。在低压触电事故中，因为心室颤动，可能因窒息时间过长导致死亡，一旦发生心室颤动，数分钟内即可导致死亡。实验证明，室颤电流与电流持续时间有较大的关系，如图 11—2 所示。当电流持续时间超过心脏搏动周期时，人的室颤电流约为 50 mA，当电流持续时间短于心脏搏动周期时，人的室颤电流约为 100 mA。

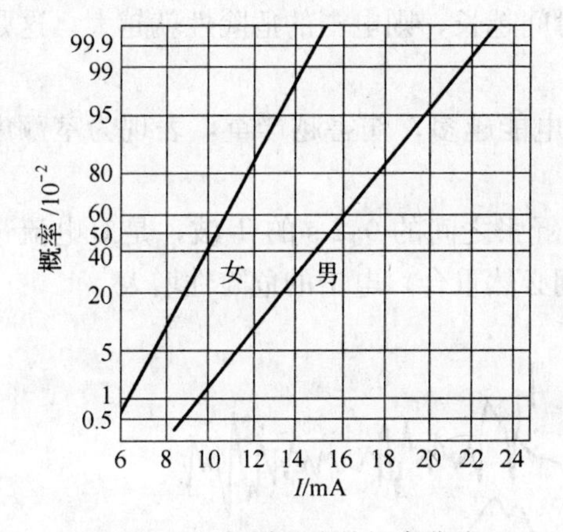

图 11—1　摆脱电流的概率曲线

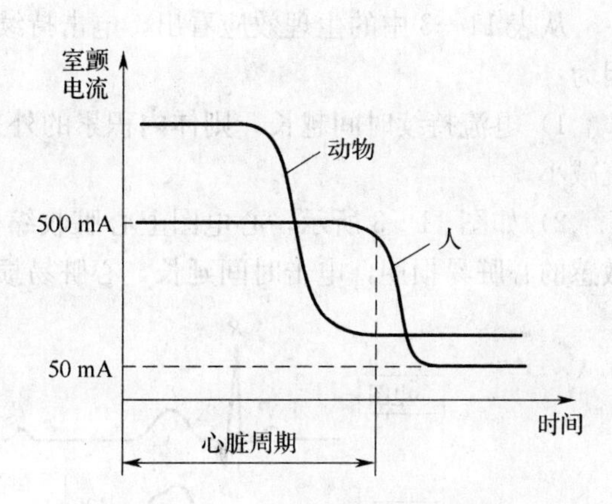

图 11—2　室颤电流的“Z”形曲线

通常把摆脱电流看作人体最大允许电流。当线路及设备装有防止触电的速断保护装置时，人体的最大允许电流可以按 30 mA 考虑；在高空或水中作业时可能因电击而导致摔死或淹死的场合，则应按不引起痉挛的 5 mA 考虑。

（2）电流频率的影响。一般认为 40～60 Hz 的交流电流对人体最危险。随着频率的增加，危险性有所降低。当电源频率大于 20 kHz 时，所产生的损害明显减小，但是高频高压的电流对于人体却是十分危险的。

（3）电流持续时间的影响。工频电流的持续时间对人体的影响见表 11—3。

表 11—3　　工频电流对人体的影响

电流范围	电流/mA	电流持续时间	生理效应
0	1～0.5	连续通电	没有感觉
A1	0.5～5	连续通电	开始有感觉，手指手腕等处有麻感，没有痉挛，可以摆脱带电体
A2	5～30	数分钟以内	痉挛，不能摆脱带电体，呼吸困难，血压升高，是可以忍受的极限
A3	30～50	数秒至数分	心脏跳动不规则，昏迷，血压升高，强烈痉挛，时间过长即引起心室颤动

续表

电流范围	电流/mA	电流持续时间	生理效应
B1	50～数百	低压心脏搏动周期	受强烈刺激，但未发生心室颤动
		超过心脏搏动周期	昏迷，心室颤动，接触部位留有电流通过的痕迹
B2	超过数百	低于心脏搏动周期	在心脏易损期触电时，发生心室颤动，昏迷，接触部位留有电流通过的痕迹
		超过心脏搏动周期	心脏停止跳动，昏迷，发生可能致命的电灼伤

从表 11—3 中的生理效应看出，电击持续时间越长，则电击的危险性就越大。这是因为：

1）电流持续时间越长，则体内积累的外来电能越多，伤害越严重，表现为室颤电流减小。

2）如图 11—3 所示，心电图上心脏收缩与舒张之间的 0.2 s 的 T 波，是对电流最敏感的心脏易损期，电击时间延长，心脏易损期必然重合，电击的危险性增大。

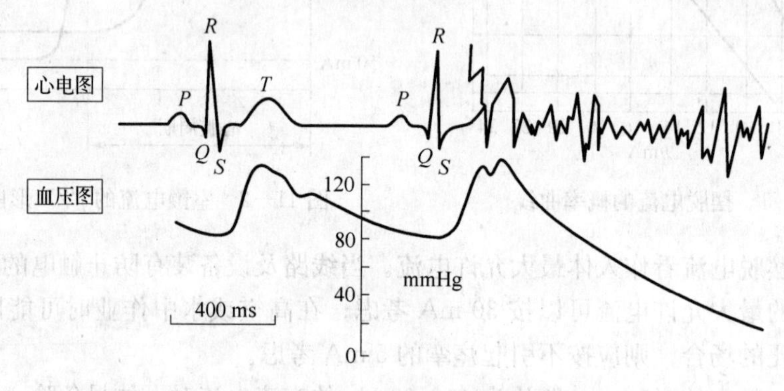

图 11—3　心电图与血压图

3）随着电击持续时间的延长，人体电阻由于出汗使角质层被击穿、电解而下降。若接触电压不变，则流经人体的电流必然增加，电击的危险性随之增大。

4）电击时间越长，则中枢神经反射越强烈，电击的危险性越大。

（4）个体特征的影响。身体健康、肌肉发达者摆脱电流较大；室颤电流与心脏质量成正比。患有心脏病、中枢神经系统疾病、肺病的人遭受电击后的危险性较大。精神状态、心理因素对电击的后果也有影响。女性的感知电流和摆脱电流约为男性的 2/3。儿童遭受电击后的危险性比成人更大。

（5）电流途径的影响。电流通过心脏会引起心室颤动直至心脏停止跳动而导致死亡，电流流过相关部位，会引起中枢神经强烈失调而导致死亡；电流通过头部，严重损伤大脑，亦可使人昏迷不醒而死亡；电流通过脊髓会引起人截瘫；电流通过人的局部肢体亦可能引起中枢神经强烈反射而导致严重后果。

不同电流途径对人体的危险程度可粗略用心脏电流因数来衡量，见表 11—4。从表 11—4 中可以看出，左手至前胸、右手至前胸、双手至双脚、单手至单脚、单手至双脚是最危险的途径。除表中列举的各种途径以外，头至手、头至脚、左脚至右脚的电流途径也是相当危险的途径，这些途径还可能使人站立不稳而导致电流通过全身，大幅增加电击的危险性。局部肢体电流途径的危险性较小，但可能引起中枢神经强烈反射而导致严重后果或造成其他的二次事故。

表 11—4　　心脏电流因数

电流途径	心脏电流因数	电流途径	心脏电流因数
左手—左脚、右脚或双脚	1.0	背—右手	0.3
双手—双脚	1.0	胸—左手	1.5
右手—左脚、右脚或双脚	0.8	胸—右手	1.3
左手—右手	0.4	臀部—左手、右手或双手	0.7
背—左手	0.7		

二、建筑电工安全操作

1. 电工安全措施

检修电路时，不允许带电操作，必须在拉下总闸或拔下熔丝盒盖后才能操作。若电工带电检修电路，就有可能发生如图 11—4 所示的 3 种触电事故。

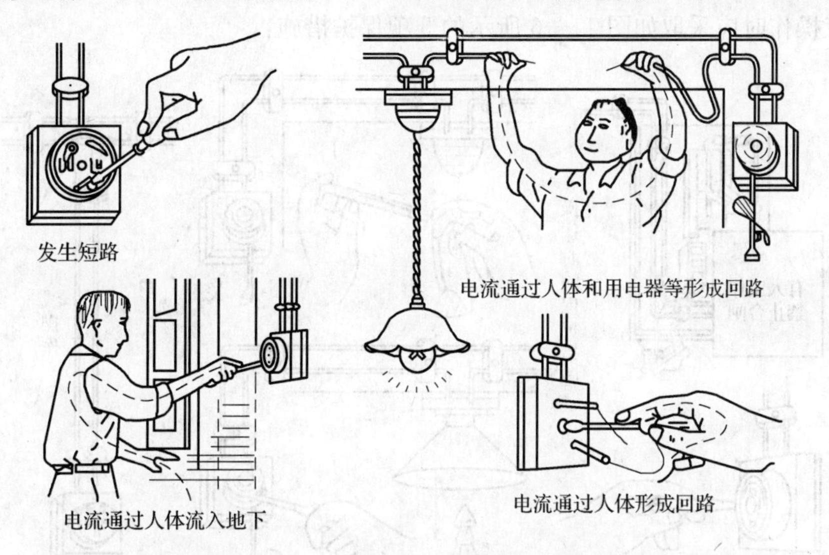

图 11—4　带电操作可能发生的触电事故

（1）人体同时接触两断开带电导线的端点或开关的两个接线头。

（2）人体一只手接触相线，另一只手无意碰到砖墙、大地。

（3）人体同时接触相线和零线，这时电流会流经人体而造成伤害。

2. 电工操作前的预防措施

电工操作前应采取如图 11—5 所示的 4 项措施：

（1）穿上电工绝缘胶鞋。

（2）站在干燥的木板或木凳子上。

（3）避免和与大地没有绝缘的人体接触。

（4）避免和与大地没有隔离的建筑物接触。

图 11—5　电工操作前的预防措施

3. 电工操作时应采取的保护措施

电工操作时应采取如图 11—6 所示的 5 项保护措施：

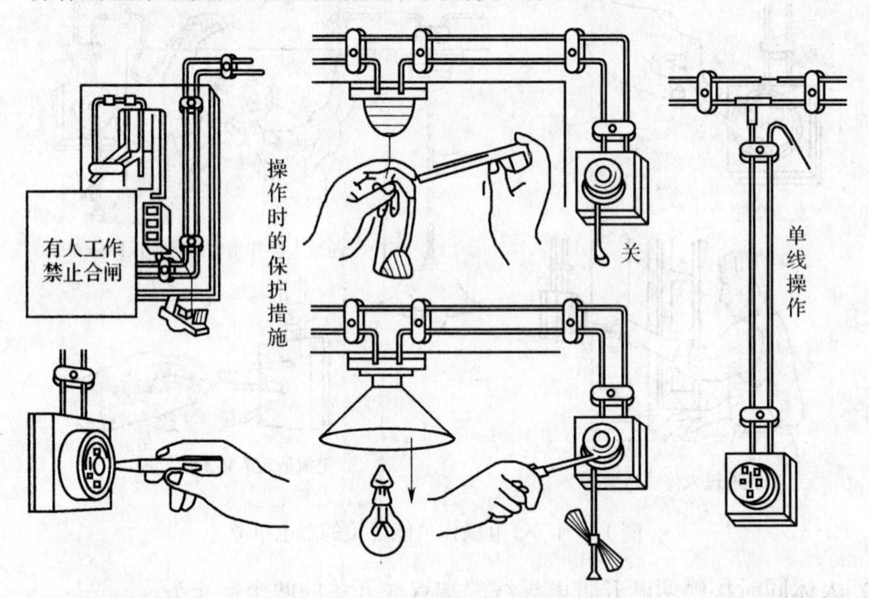

图 11—6　电工操作时的保护措施

（1）将用户的熔丝盒盒盖拔下。

（2）在已拉闸的显眼位置悬挂“有人工作、禁止合闸”的警示牌，以防他人误把总闸合上。

（3）动手检修前，应断开负荷。

(4) 动手检修前，先用测电笔在电路上的带电触点上测试一下，确认电路上无电后，方可进行操作。

(5) 具体操作时，要坚持单线操作（即人体不可同时接触相线与零线、相线与相线的两个线头或接线桩头)。

4. 安全用电规程

(1) 使用合格的电气装置。开关、灯头、插座等电气装置须经检验合格后方可使用。建筑工地上非专业电工在安装电气装置时，往往会存在如图 11—7 所示的安全隐患。

1) 不装绝缘木台。将开关、插座或暗线（不穿管）直接装在建筑物上，在建筑物受潮时，容易造成漏电事故。

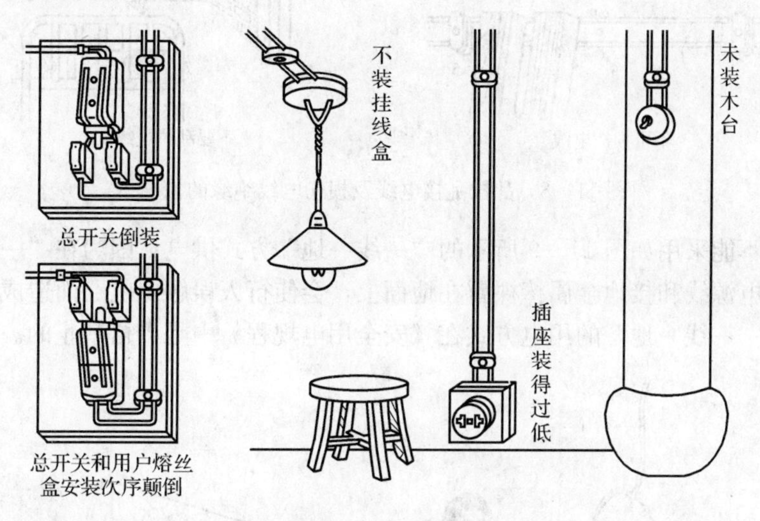

图 11—7　几种存在安全隐患的电气装置

2) 电源插座过低。离地面太近的插座既容易受潮造成短路事故，又容易被小孩触摸到而造成事故。

3) 刀开关倒装。刀开关倒装，稍有振动就容易导致自动合闸，在检修电路时极不安全。

4) 灯头不装挂线盒。不但容易裸露线头，而且由于导线接头不能承重易引发事故。

(2) 禁止乱拉乱接电线及避免操作电线的绝缘。禁止乱拉乱接电线，避免操作导线的绝缘，如图 11—8 所示的 6 种情况容易损伤导线的绝缘。

1) 用金属丝将两根导线捆扎在一起。

2) 在电线上钩挂重物。

3) 电线的支撑物（线卡或瓷夹板、瓷绝缘子等）脱落。

4) 将重物压在电线上。

5) 使电线长时间受潮。

6) 乱拉乱接电线。乱拉乱接电线极易造成碰断电线或磨破电线绝缘层的情况。

(3) 禁止“一线一地”的用电方式。任何照明灯具，务必使用一根相线和一根零线

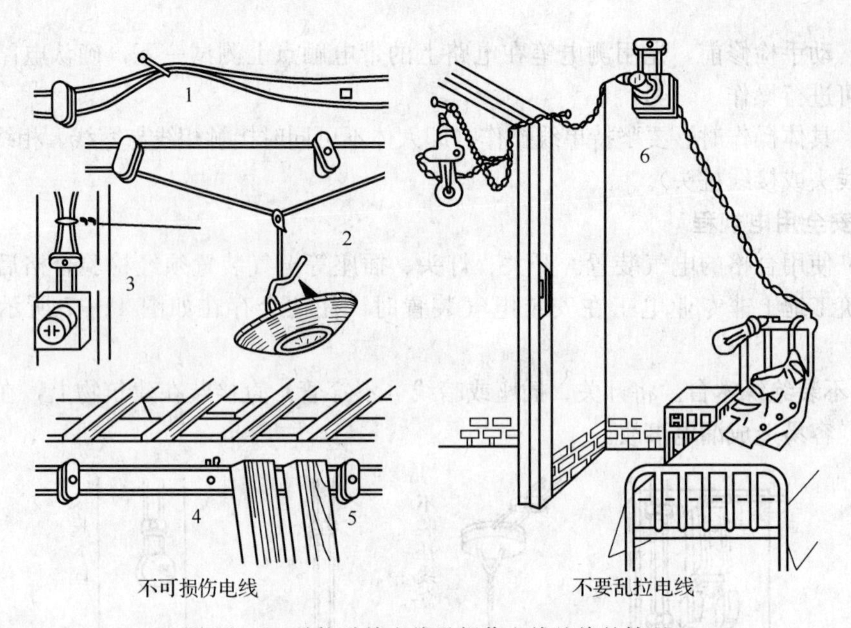

图 11—8　乱拉乱接电线及损伤电线绝缘的情况

供电，绝对不能采用如图 11—9 所示的“一线一地”方式供电。因为在“一线一地”供电方式中，电源线和接地金属棒裸露在地面上，会使行人误触及电路而造成触电，极不安全，所以“一线一地”的用电方式在《安全用电规程》中是严格禁止的。

图 11—9　“一线一地”供电方式的危害

三、建筑施工工地上的电气安全管理

实践证明，组织措施与技术措施配合不当是造成事故的根本原因，没有组织措施，技术措施就难以保证；没有技术措施，组织措施也只是一纸空文。因此，必须同时重视电气安全技术措施，做好电气安全管理工作。

1. 电气安全工作基本要求

（1）建立健全规章制度。合理的规章制度是人们从长期的生产实践中总结出来的，是保证安全生产的有效措施。安全操作规程、电气安装规程、运行管理和维护检修制度及其他规章制度都与电气安全有直接的关系。

（2）配备管理机构和管理人员。安全管理部门、动力部门（或电力部门）等必须相互配合，安排专人负责这项工作。专职管理人员应具备必需的电工常识和电气安全知识，并根据建筑工地的实际情况制订安全措施计划，使安全工作有计划地进行。

（3）每季度进行安全检查。电气安全检查包括检查施工电气设备的绝缘有无损坏，绝缘电阻是否合格，设备裸露部分是否有防护措施；保护接零或保护接地是否正确、可靠，保护装置是否符合要求；照明灯、手提灯的电压是否安全或采取了其他安全措施；安全用具、电气灭火器材是否齐全，电气设备安装是否合格、安装位置是否合理，制度是否健全等内容。

（4）加强安全教育。使职工懂得电的基本知识，认识安全用电的重要性，掌握安全用电的基本方法。

（5）组织事故分析。通过分析事故的原因，吸取教训，制定防止事故的措施。

（6）建立安全资料。安全技术资料是做好安全工作的重要依据，应该注意收集和保存。

2. 保障电气安全的组织措施

（1）工作票制度。在电气设备上工作应填工作票或按命令执行，其方式有 3 种，其中一种工作票见表 11—5。工作票一式填两份，一份保存在工作地点，由工作负责人收执，另一份由值班人收执，在无人值班的设备上工作时，第二份工作票由工作许可人收执。

表 11—5　　　　第二种工作票

1. 工作负责人（监护人）：______

班组：______

工作人员：______

2. 工作任务：______

3. 计划工作时间：自______年____月____日____时____分

至______年____月____日____时____分

4. 工作条件（停电或不停电）：______

5. 注意事项（安全措施）：______

工作票签发人签名：______

6. 许可开始工作时间：______年____月____日____时____分

工作许可人（值班员）签名：______

工作负责人签名：______

7. 工作结束时间：______年____月____日____时____分

工作许可人（值班员）签名：______

工作负责人签名：______

8. 备注：______

（2）工作许可制度。工作许可人（值班员）在完成施工现场的安全措施设置以后，还应会同工作负责人到现场检查所做的安全措施，用验电器测试，证明检修设备确无电压后，同工作负责人分别在工作票上签名，完成上述手续后，在二次回路上的工作方可进行。

（3）工作监护制度。工作负责人（监护人）必须始终在二次回路现场，认真监护操作人员的安全状况，及时纠正违反安全规程的操作。

（4）工作间断、转移和终结制度。

3. 保障电气安全的技术措施

（1）停电。将检修的电气设备停电，必须把各个方面的电源完全断开（任何运行中的星形联结设备的中性点，必须视为带电设备）。

（2）验电。验电前，应先将验电器在有电设备上进行试验，确认验电器良好后，再在检修设备上进行验电。

（3）装设接地线。当验明确无电压后，应立即将检修的电气设备接地并将三相短路。这是操作电工在工作地点防止突然来电的可靠安全措施，同时设备断开部分的剩余电荷，可因接地而放尽。

（4）悬挂警示牌和装设遮栏。在施工电气设备或一经合闸即可通电的工作地点，均应悬挂“禁止合闸，线路上有人工作（或设备上有人工作）”的警示牌。部分设备停电的工作，安全距离小于表 11—6 规定数值的未停电设备，应装设临时遮栏。临时遮栏可用干燥的木材、橡胶或其他坚韧绝缘材料制成，装设应牢固，并悬挂“止步、电压危险”的警示牌。

表 11—6　　电气设备不停电时的安全距离

电压等级/kV	10 及以下	20～35	44	60～110	154	220	330
安全距离/m	0.7	1.00	1.20	1.50	2.00	3.00	4.00

四、电气防火与防爆

电气设备发生火灾有两大特点：一是当电气设备着火或引起火灾后没有与电源断开，设备仍然带电。二是电气设备本身充油（例如电力变压器、油断路器等）发生火灾时，可能发生喷油甚至爆炸事故。

电气火灾爆炸事故具有发生几率大、蔓延速度快、损失严重等特点，所以做好防火防爆工作非常重要。

1. 电气火灾和爆炸的原因

（1）危险温度。危险温度是电气设备过热引起的，而电气设备过热的主要原因是由电热造成的。电气设备运行时总会发出热量，当电气设备的正常运行遭到破坏时，发热量还会增加，温度升高，在一定条件下会引起火灾。引起电气设备过度发热的不正常运行情况有：短路、过载、接触不良及散热不良等。

电气设备在运行中的超载，设备自身的缺陷、损坏、焊接过程中的火花飞溅，都是可能造成危险的火源。

另外民工宿舍内违规使用的电炉、电加热器、冬季的电热毯也都是危险的火源。

（2）电火花和电弧。电火花是由电极间击穿放电而形成的，电弧是由大量密集的电火花汇集而成的。

一般电火花的温度都很高，特别是电弧，其温度可高达3 000～6 000℃。因此，电火花和电弧不仅能引起可燃物燃烧，还能使金属熔化、飞溅，构成危险的火源。在有爆炸性危险的场所，电火花和电弧更是十分危险。

电火花大体包括工作电火花和事故电火花两类。

（3）违反安全操作规程。如在带电设备、变压器、油开关等附近使用喷灯；在火灾与爆炸危险场所使用明火；在可能发生火灾的设备或场所用汽油擦洗设备等。

2. 电气火灾和爆炸的预防

（1）防火防爆安全管理制度

1）建立防火防爆知识宣传教育制度。

2）建立定期消防技能培训制度。

3）建立现场明火管理制度。

4）存放易燃易爆材料的库房建立严格的管理制度。

5）建立定期防火检查制度。

（2）电气设备防火防爆预防措施

1）要严格按规定选用与电气设备的用电负荷相匹配的开关、电器，线路的设计与导线的规格也要符合规定，以保护装置的完好。在火灾和爆炸危险场所，电气线路应符合防火防爆的要求。

2）合理选用保护装置。

3）电源开关使用的熔体额定电流不应大于负荷的50%，更不得用铁丝、铜丝、铝丝等替代。

4）电炉、电烙铁等电热工器具使用时，必须符合有关安全规定和要求。

5）不得乱拉临时电源线，严禁过多地接入负荷，禁止非电工拆装临时电源、电气线路设备。

6）电气设备要严格按其性能运行，不准超载运行，做好经常性的检修保养使设备能正常运行，并保持通风良好。

7）屋外变、配电装置与建筑物、堆场之间的防火间距应符合规定要求。

8）在有易燃易爆危险的场所，使用电气设备时应符合防爆要求，并采取防止着火、爆炸等的安全措施。

9）变配电所应根据变压器的容量及环境条件确定耐火等级。

3. 电气火灾的扑救

根据电气火灾的特点，电气灭火必须依据实际情况，采取相应的扑救措施。

（1）切断电源。当发生火灾时，若现场尚未停电，首先应想办法切断电源，这是防止火灾范围扩大和避免触电事故的重要措施，切断电源要注意5个方面：

1）若线路带有负荷，应先断开负荷，再切断火场电源。

2）切断电源的地点要选择合适，防止切断电源后，影响灭火工作和扩大停电范围。

3）火灾发生后，由于受潮或烟熏，开关设备的绝缘性能会降低，切断电源时，必须使用可靠的绝缘工具，防止发生触电事故。

4）剪断导线时，非同相导线应在不同部位剪断，以免造成人为短路。

5）剪断电源线时，剪断位置应选在电源方向的瓷绝缘子附近，以免造成断线头下落时发生接地短路或触电伤人事故。

6）高压应先操作油断路器，而不应先操作隔离开关切断电源；低压应先操作电磁启动器，而不应先操作刀开关切断电源，以免引起弧光短路。

（2）灭火机灭火

1）当一时无法切断电源时，为争取时间，就需要采取带电灭火措施。带电灭火剂有：二氧化碳、四氯化碳、二氟一氯一溴甲烷（简称1211）、二氧二溴甲烷或干粉灭火剂，都是不导电的。泡沫灭火器的泡沫既可能损害电气设备绝缘，又具有一定的导电性能，带电灭火严禁使用。具体可参考表11—7。

表11—7　各种灭火器的主要性能

种类	规格	药剂	用途	效能	使用方法	保管与检查
二氧化碳	2 kg以下 2～3 kg 5～7 kg	瓶内装有压缩成液态的二氧化碳	不导电，扑救电气设备、精密仪器、油类和酸类火灾，不能扑救钾、钠、镁、铝等物质火灾	接近着火点，保持3 m距离	一手拿好喇叭筒对着火源；另一手打开开关即可	保管： （1）置于取用方便的地方； （2）注意使用期限； （3）防止喷嘴堵塞； （4）冬季防冻，夏季防晒。 检查： （1）对于二氧化碳灭火机，每月测量1次，重量减少1/10时，应充气； （2）对于四氯化碳灭火机，应检查压力情况，低于规定压力时，应充气
四氯化碳	2 kg以下 2～3 kg 5～8 kg	瓶内装有四氯化碳液体，并加有一定压力	不导电，扑救电气设备火灾，不能扑救钾、钠、铝、镁、乙炔、二硫化碳等火灾	3 kg喷射时间30 s，射程7 m	只要打开开关，液体就可喷出	同二氧化碳
干粉	8 kg 50 kg	钢筒内装有钾盐或钠盐干粉，并备有盛装压缩气体的小钢瓶	不导电，可扑救电气设备火灾，但不宜扑救旋转电机火灾，可扑救石油产品、油漆、有机熔剂、天然气和天然气设备火灾	8 kg喷射时间14～18 s，射程4.5 m；50 kg喷射时间50～55 s，射程6～8 m	提起圆环，干粉即可喷出	置于干燥通风处，防受潮、日晒，每月检查1次干粉是否受潮或结块；小钢瓶内的气压压力，每半年检查一次，如重量减少1/10，应换气
1211	1 kg 2 kg 3 kg	铜管内装有二氟一氯一溴甲烷，并充填压缩氮	不导电，扑救油类、电气设备、化工、化纤原料等初起火灾	1 kg喷射时间6～8 s，射程2～3 m	拔下铅封或横销，用力压下压把即可	置于干燥处，勿摔碰，每年检查1次重量

续表

种类	规格	药剂	用途	效能	使用方法	保管与检查
泡沫	10 L 65～130 L	筒内装有碳酸氢钠、发沫剂和硫酸铝熔液	扑救油类或其他易燃液体火灾，不能扑救忌水和带电物体火灾	10 L 喷射时间 60 s，射程 8 m；65 L 喷射时间 170 s，射程 13.5 m	倒过来稍加摇动或打开开关，药剂即喷出	1 年检查 1 次，泡沫发生倍数低于本身体积 4 倍时，应换药

注：1211 指二氟一氯一溴甲烷。

2）当用水枪灭火时，宜采用喷雾水枪，因为这种水枪通过水柱的泄漏电流比较小，带电灭火比较安全。

3）用普通直流水枪灭火时，为防止通过水柱的泄漏电流流过人体，可将水枪喷嘴接地；也可让灭火人员穿戴绝缘手套或绝缘靴，或穿戴均压服工作。用水枪灭火时，水枪嘴与带电体间的距离：电压为 110 kV 以下者，应大于 3 m，220 kV 以上者，应大于 5 m。

4）用 CO_2 等不导电灭火器灭火时，机体喷嘴至带电体应大于 2 m 的距离。

5）对架空线路等高空设备灭火时，人体位置与带电体间的仰角不得超过 45°，以防止导线断落时危及灭火人员的安全。

6）带电导线断落地面时，为防止跨步电压伤人，要划出一定的警戒区。

（3）带电灭火注意事项

1）充油电气设备的灭火

①充油设备外部着火时，可用 CO_2、1211（二氟一氯溴甲烷）、干粉等灭火器灭火；若火势较大，务必立即切断电源，用水灭火。

②若充油设备内部着火，除应立即切断电源外，有事故储油坑的应设法将油放入储油坑；灭火可用喷雾水枪，也可用砂子、泥土等。地上流出的油可用泡沫灭火器灭火。

2）旋转电机的灭火

①电动机、发电机等旋转电机着火时，为防止轴和轴承变形，可让其慢慢转动，用喷雾水枪灭火，并帮助其均匀冷却。

②也可以用 CO_2、CCl_4、1211 和蒸汽等灭火，但不宜用干粉、砂子、泥土等灭火，以免损坏电机内绝缘。

值得注意的是：用 CCl_4 灭火时，灭火人员应站在上风侧，防止中毒，灭火后要及时注意通风。

3）电缆的灭火

①电缆灭火必须先切断电源。灭火时一般常用水枪喷雾、二氧化碳、1211 等，也可用干粉、砂子、泥土等灭火。

②电缆着火时，在未确认停电和放电前，严禁用手直接接触电缆外皮，更不准移动电缆。必要时，应带绝缘手套，穿绝缘靴，用绝缘拉杆操作。

③电缆沟、井、隧道内电缆着火时，应先将起火电缆周围的电缆电源切断，再用手提式干粉灭火机、二氧化碳、1211 灭火，也可用喷雾水枪、干砂、黄土（必须干燥）灭火。

④当沟内电缆较少而距离较短时，可将两端井口堵住封死窒息灭火。

⑤当电缆沟内火势较大，一时难以扑灭时，先将电源切断，再向沟内灌水，直到将着火点用水封住，火便会自行熄灭。

第二节 触电与触电急救

→ 了解触电的形式及原因
→ 掌握触电急救的方法
→ 了解和掌握防止触电的技术措施

一、触电的形式与原因

1. 触电事故的季节性与类型

统计资料表明，每年第2、第3季度触电事故较多，特别是6～9月，事故最集中。主要原因是，这段时间天气炎热，人体衣单而多汗，触电危险性增大；其次是这段时间多雨、潮湿，地面导电性能增强，容易构成电击电流的回路，而且电气设备的绝缘电阻降低，容易漏电；再次是这段时间大部分建筑工地施工繁忙，用电量增加，使触电事故增多。

人体触及带电体后，电流对人体的伤害，有电击和电伤两种类型。

（1）电击。电击是指电流通过人体内部，破坏人体内部组织，影响呼吸系统、心脏及神经系统的正常功能，甚至危及生命。电击致伤的部位主要在人体内部，它可以使肌肉抽搐，内部组织损伤，造成发热、发麻、神经麻木等，严重时将引起昏迷、窒息，甚至心脏停止跳动而死亡。数十毫安的工频电流可能对人造成致命的伤害。

（2）电伤。电伤是指由电流的热效应、化学效应、机械效应及电流本身作用而造成的人身伤害。电伤会在人体皮肤表面留下明显的伤痕，常见的有灼伤、烙伤和皮肤金属化等现象。在触电事故中，电伤常伴随电击发生。

2. 常见的触电形式

（1）直接触电。直接触电是指人体直接接触带电体而引起的触电。直接触电可分为单相触电和双相触电两种情况。

1）单相触电。当人站在地面上或其他接地体上，人体的某一部位触及一相带电体时，电流通过人体流向大地（或中性线），称为单相触电，如图11—10所示。若人体与高压带电体的距离小于规定的安全距离，高压带电体将对人体放电，造成触电事故，这也称为单相触电。

2）双相触电。双相触电是指人体有两处同时接触带电设备或带电导线中的两相带电体，或在高压系统中，人体与高压带电体小于规定的安全距离，造成电弧放电时，电流从一相线经人体流入另一相线，如图11—11所示。两相触电加在人体上的电压为线电压，因此不论电网中性点接地与否，其触电的危险性都最大。

图 11—10　人体单相触电

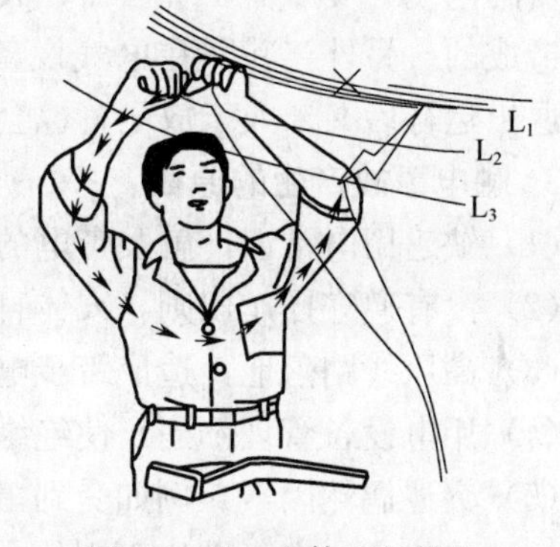

图 11—11　人体双相触电

（2）跨步电压触电。当电源相线或运行中的电气设备由于绝缘损坏或其他原因造成接地短路故障时，接地电流通过接地点向大地流散。在以接地故障点为中心，20 m 为半径的范围内形成分布电位。当人站在接地点周围，两脚之间（按 0.8 计算）的电位差称为跨步电压 U_K，如图 11—12 所示。由此引起的触电事故称为跨步电压触电。如图 11—12 所示，跨步电压的大小取决于人体站立点与带电体接地点间的距离。距离越小，跨步电压则越大；当距离超过 20 m 时，可以认为跨步电压为零，不会发生触电的危险。

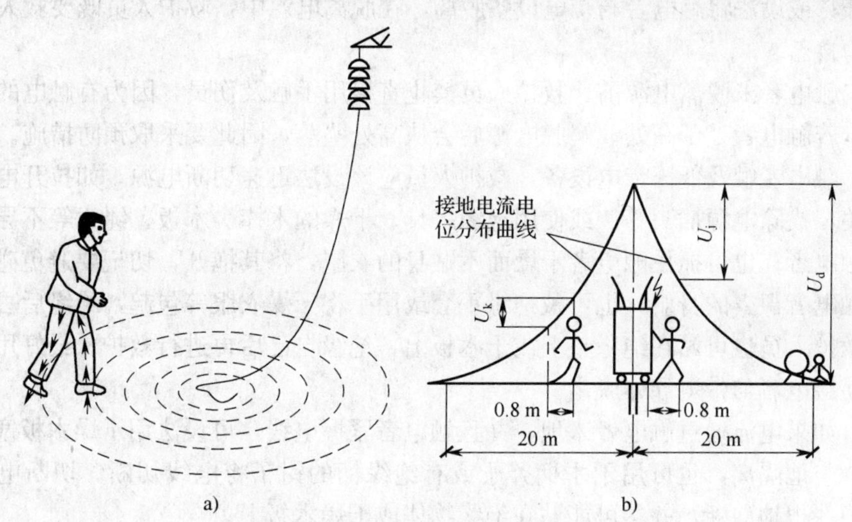

图 11—12　跨步电压及其电位分布

a）跨步电压示意图　b）跨步电压的电位分布图

（3）感应电压触电。当人体触及带有感应电压的电气设备与线路时所造成的触电事故称为感应触电。例如，一些停电后的线路由于雷电活动会产生感应电荷。另外，停电后的一些可能感应电压的电气设备与线路由于未接临时接地线，对地存在感应电压也可能使人触电，产生危险。

（4）剩余电荷触电。当人体触及带有剩余电荷的停电电气设备时，该设备通过人体对地泄放剩余电荷而造成的触电事故，称为剩余电荷触电。电气设备带有剩余电荷，通常是由于检修电工在检修过程中使用绝缘电阻表（即兆欧表），测量停电后并联有电力电容器的电缆、变压器、补偿器、大功率的电动机设备时，维修前、后没有对其充分放电所造成的。另外，并联在电气设备上的电力电容器因其电路发生故障而不能及时放电，退出运行后又未人工放电，也会导致电容器极板上带有大量的剩余电荷。

3. 触电事故产生的原因

（1）缺乏用电常识，触及带电的导线。

（2）没有遵守操作规则，人体直接与带电体部分接触。

（3）高压线路落地，造成跨步电压对人体的伤害。

（4）用电设备管理不当，使绝缘损坏，发生漏电，人体触及漏电设备外壳。

（5）突遇偶然因素，例如受到雷击等。

（6）检修中，安全措施不到位，接线错误，造成触电事故。

二、触电急救

1. 脱离电源

触电急救，首先要使触电者迅速脱离电源，越快越好。因为电流作用的时间越长，对触电者的伤害越严重。

（1）脱离电源就是要将触电者接触的那一部分带电设备的开关、刀开关或其他断路设备断开；或设法将触电者与带电设备脱离，在脱离电源中，救护人员既要救人，又要注意保护自己。

（2）触电者未脱离电源前，救护人员禁止直接用手触及伤员，因为有触电的危险。

（3）若触电者处于高处，解脱电源后会从高处坠落，因此要采取预防措施。

（4）触电者触及低压带电设备，救护人员应该设法迅速切断电源，如拉开电源开关或刀开关，拔除电源插头等。或使用绝缘工具、干燥的木棒、木板、绳索等不导电的物体解脱触电者；也可抓住触电者干燥而不贴身的衣服，将其拖开，切记要避免碰到金属物体和触电者裸露的身躯；也可戴绝缘手套或用手将干燥衣服等包起，绝缘后去解脱触电者；救护人员也可站在绝缘垫上或干木板上，绝缘自己后再进行救护。最好用一只手操作，使触电者与带电导体脱离。

（5）如果电流通过触电者入地，并且触电者紧握电线，可设法用干燥木板塞到触电者身下，与地隔离，也可用干木柄斧子或有绝缘柄的钳子将电线切断。切断电线要分相，一根一根地剪断，并尽可能站在绝缘物体或干燥木板上。

（6）触电者触及高压带电设备，救护人员应迅速切断电源，或用适合于该电压等级的绝缘工具（戴绝缘手套，穿绝缘靴并用绝缘棒）解脱触电者。救护人员在抢救过程中应注意保持自身与周围带电部分必要的安全距离。

（7）如果触电发生在低压带电线路的架空线杆塔上，若可能应立即切断线路电源，或者由救护人员迅速登杆，束好自己的安全带后，用带绝缘胶柄的钢丝钳、干燥的不导电物体或绝缘物体将触电者拉离电源。如果触电发生在高压带电线路上，又不可能迅速断开电源开关，可采用抛挂足够长度、适当截面的金属短路线的方法，使电源开关跳闸。抛挂前，将短路线一端固定在铁塔或接地引下线上，另一端系重物，但抛掷短路线时，应注意防止电弧伤人或断线危及人员安全。不论是在何级电压线路上触电，救护人员在使触电者脱离电源时都要注意防止发生高处坠落的可能与再次触及其他有电线路的可能。

（8）若触电者触及断落在地上的带电高压导线，且尚未断定线路无电，救护人员在未做好安全措施（如穿好绝缘靴或临时双脚并紧跳跃地接近触电者）前，不能接近断线点周围 10 m 范围内，防止跨步电压伤人。触电者脱离带电导线以后应迅速将其带到离导线落地点 10 m 以外的地方进行急救。只有在断定线路无电后，方可在触电者离开导线后，立即就地进行急救。

（9）救护触电伤员切断电源时，有时会同时使照明失电，因此应考虑应急灯等临时照明，临时照明要符合使用场所的防火、防爆要求，但不能因此延误切断电源及进行急救。

2. 伤员脱离电源后的处理

（1）伤员的应急处置。触电伤员如神志清醒，应使其就地躺平，严密观察，暂时不要站立或走动。触电伤员如神志不清，应就地仰面躺平，且确保气道畅通，并用 5 s 时间，呼叫伤员或轻拍其肩部，以判定伤员是否意识丧失。禁止摇动伤员头部呼叫伤员。

（2）呼吸、心跳情况的判定。如触电伤员意识丧失，应在 10 s 内，用看、听、试的方法，判定伤员的呼吸、心跳情况，如图 11—13 所示。

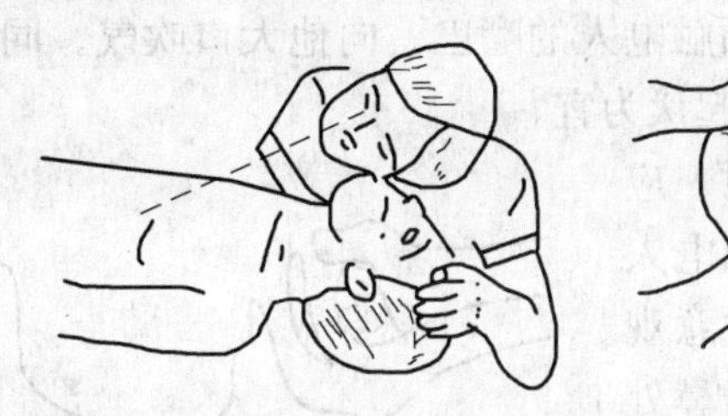

图 11—13　看、听、试

看——看伤员的胸部、腹部有无起伏动作。

听——耳贴近伤员的口鼻处，听有无呼气声音。

试——试测口鼻有无呼气的气流。再用两手指轻试一侧（左或右）喉结旁凹陷处的颈动脉有无搏动。

若看、听、试的结果，既无呼吸又无颈动脉搏动，可判定其呼吸、心跳停止。

3. 心肺复苏法

（1）口对口人工呼吸法。人的生命的维持，主要靠心脏跳动而产生血液循环，通过呼吸完成氧气的吸入与废气的呼出。若触电人伤害较严重，失去知觉停止呼吸，但心脏微有跳动，就应采用口对口人工呼吸法，如图 11—14 所示。

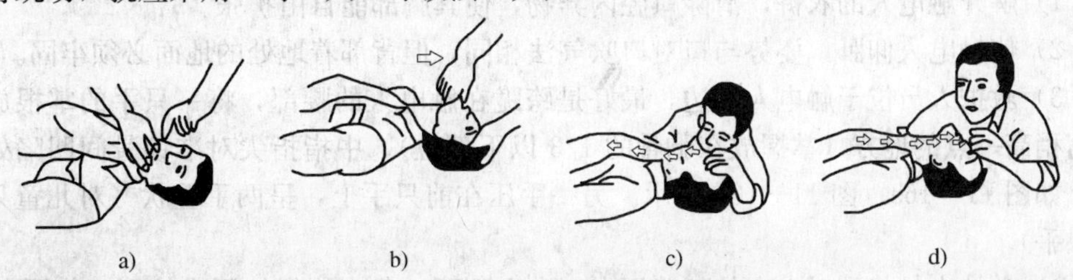

图 11—14　口对口（鼻）人工呼吸法

a）使触电人胸部能自由扩张　b）使其头部后仰、呼吸畅通　c）大口吹气　d）观察触电人胸部起伏变化的情况具体做法是：

1）迅速解开触电人的衣服、裤带，松开上身衣服和围巾等，使其胸部能自由扩张，不妨碍呼吸。

①使触电人胸部能自由扩张。

②使其头部后仰、呼吸畅通。

③大口吹气。

④观察触电人胸部起伏变化的情况。

2）使触电人仰卧，不垫枕头，头先侧向一边清除其口腔内的血块、假牙及其他异物等。若舌根下隐，应将舌头拉出，使其呼吸畅通。若触电者牙关紧闭，救护人员应以双手托住其下巴的后部，将大拇指放在下巴角的边缘，用手持下巴骨慢慢向前推移，使下牙移到上牙之前。也可用开口钳、小木片、金属片等，小心地从嘴角处伸入牙缝撬开牙齿后，清除口腔异物。然后将其头部扳正，使之尽量后仰，鼻朝天，使呼吸畅通。

3）救护人员位于触电人头部的左边或右边，用一只手捏紧其鼻孔，保证不漏气，另一只手将其下巴拉向前下方，使其嘴巴张开，嘴上可盖上一层纱布，准备接受吹气。

4）救护人员做深呼吸后，紧贴触电人的嘴巴，向他大口吹气。同时观察触电人胸部隆起的程度，一般应以胸部略有起伏为宜。

5）救护人员吹气至需要换气时，应立即离开触电人的嘴巴，并放松触电人的鼻子，让其自由换气。这时应注意观察触电人胸部的复原情况，倾听口鼻处有无呼吸声，从而检查呼吸是否阻塞，如图 11—15 所示。按照上述方法对触电人反复吹气、换气，成人每分钟 14～16 次，约每 5 s 一个循环，吹气约 2 s，呼气约 3 s。对儿童吹气，每分钟 10～18 次。

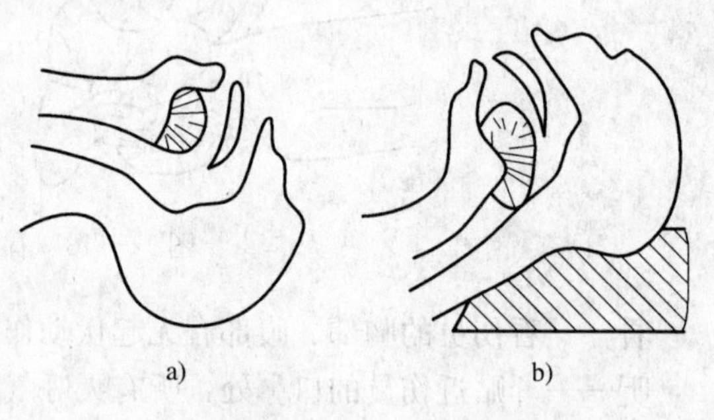

图 11—15　气道状况

a）触电人气道畅通　b）触电人气道阻塞

（2）人工胸外按压法。若触电人伤势相当严重，心跳和呼吸都已停止，人完全失去知觉，则需要同时采用口对口的人工呼吸和人工胸外按压两种方法。如果现场仅有一个人抢救，可交替使用两种方法。先胸外按压心脏 4～6 次，然后口对口呼吸 2～3 次，再按压心脏，又反复循环进行操作，人工胸外按压的具体操作如下：

1）解开触电人的衣裤，清除口腔内异物，使其胸部能自由扩张。

2）使触电人仰卧，姿势与口对口吹气法相同，但背部着地处的地面必须牢固。

3）救护人员位于触电人一边，最好是跨跪在触电人的腰部，将一只手的掌根放在心窝稍高一点的地方（掌握放在胸骨的 1/3 以下部位），中指指尖对准锁骨间凹陷处边缘，如图 11—16a、图 11—16b 所示。另一手压在前只手上，呈两手叠状（对儿童只用一只手）。

4）救护人员找到触电人的正确压点，自上而下，垂直均衡地用力挤压，如图 11—16c、图 11—16d 所示，压出心脏里的血液，注意用力适当。

5）按压后，掌根迅速放松（但手掌不能离开胸部），使触电人胸部自动复原及扩张，血液又回到心脏。

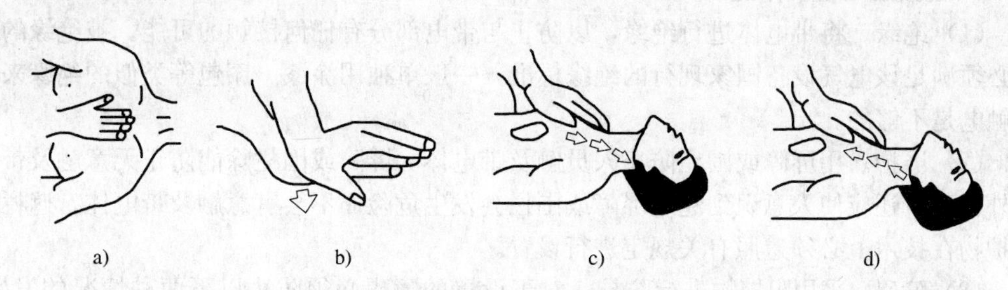

a)　　b)　　c)　　d)

图 11—16　心脏的按压法

a）掌根放置位置　b）两手叠加状态　c）均衡用力按压　d）压出心脏里的血液

按照上述方法反复地对触电人的胸部进行按压和放松，每分钟 60 次，挤压时定位要准确，用力要适当。在施行人工呼吸以及按压时，救护人员应密切观察触电人的情况，只要发现触电人有苏醒的症状，如眼皮微动或嘴微动，就应终止操作几秒钟，让触电人自行呼吸和心跳。

三、防止触电技术措施

触电分为直接触电和间接触电。直接触电是指直接触及或过分接近正常运行的带电体；间接触电是指触及正常时不带电而发生故障时带电的金属导体。

1. 间接触电防护措施

（1）自动断开电源。自动切断供电电源的保护是根据低压配电网的运行方式和安全需要，采用适当的自动化元件和连接方法，使得发生故障时能够在预期时间内自动切断供电电源，防止接触电压的危害。对于不同的配电网，可根据其特点采取过电流保护（包括接零保护）、漏电保护、故障电压保护（包括接地保护）、绝缘监测器等保护措施。

为了防止上述保护失灵，辅以总等电位联结，可大幅度降低接地故障时人所遭受的接触电压。

（2）加强绝缘。采用双重绝缘或加强绝缘的电气设备。Ⅱ类电工产品具有双重绝缘或加强绝缘的功能，因此采用Ⅱ类低压电气设备可以起到防止间接接触触电的作用，而且不需要采用保护接地的措施。

（3）不导电环境。这种措施是防止设备工作绝缘损坏时人体同时触及不同电位的两点。电气设备所处使用环境的墙和地板均系绝缘体，当发生设备绝缘损坏时，可能出现不同的电位，若不同电位的两点之间的距离若超过 2 m，即可满足这种保护条件。

（4）等电位环境。对于无法或不需要采用自动切断供电电源防护的装置中的某些部分，要将所有容易同时触及的外露可导电部分，以及装置外可导电的部分用等电位联结线互相连接起来，从而形成一个不接地的局部等电位环境，以防止危险的接触电压。

（5）电气隔离。采用隔离变压器或同等隔离性能的发电机供电，以实现电气隔离，防止裸露导体故障带电时造成电击。被隔离的回路电压不超过 500 V，其带电部分不能同其他回路或大地相连，以保持隔离要求。

(6) 安全电压。采用符合环境要求的安全电压供电。

2. 直接触电防护措施

(1) 绝缘。将带电体进行绝缘，以防止与带电部分有任何接触的可能。被绝缘的设备必须满足该电气设备国家现行的绝缘标准，一般单独用涂漆、漆包等类似的绝缘来防止触电是不够的。

(2) 屏护。用屏障或围栏防止人员触及带电体。屏障或围栏除能防止无意触及带电体外，至少还应使人意识到超越屏障或围栏会发生危险而不会有意触及带电体。遮栏和外护物在技术上必须遵照有关规定进行设置。

(3) 障碍。采用阻挡物进行防护。对于设置的障碍必须防止以下两种情况的发生：一是身体无意识地接近带电部分；二是在正常工作中，无意识地触及运行中的带电设备。

(4) 间距。为了防止人和其他物体触及或接近电气设备造成事故，要求带电体与地面、带电体与其他设施的设备之间、带电体与带电体之间必须保持一定的安全距离。凡能同时触及不同电位的两部位间的距离，严禁在伸臂范围以内。在计算伸臂范围时，必须将手持较大尺寸的导电物体考虑在内。

(5) 漏电保护装置。这是一种后备保护措施，可与其他措施同时使用。在其他保护措施失效或者使用者不小心的情况下，漏电保护装置会自动切断供电电源，从而保证工作人员的安全。

3. 间接接触与直接接触兼顾的保护

通常采用安全超低压的防护方法，其通用条件是供电电压值的上限不得超过 50 V（有效值），在使用中应根据用电场所的特点，采用相应等级的安全电压。一般条件下，采用了超低电压供电，即可认为间接接触触电和直接接触触电防护都有了保证。

第三节 电气安全装置使用

- 能熟练进行漏电保护器的安装与接线
- 了解绝缘监视装置和联锁保护装置的作用及使用
- 掌握常用电气设备的安全运行要求
- 掌握安全保护用具的正确使用方法

一、漏电保护器的安装和接线

1. 漏电保护器的分类与工作原理

低压配电线路的故障主要是三相短路、两相短路及接地故障。由于相间短路会产生很大的短路电流，故可用熔断器、断路器等开关设备来自动切断电源。由于其保护动作值按躲过正常负荷电流整定，故动作值很大，因此一般情况下接地故障靠熔断器、断路器难以自动切除，或者说灵敏度满足不了要求。由于电气线路或电气设备发生单相接地短路故障时会产生剩余电流，可以利用这种剩余电流来切断故障线路或设备电源的保护器，即为通常所称的漏电保护器，GB6829—2005 中称为“剩余电流动作保护器”，简称“剩余电流保护器”，英文缩写 RCD。由于漏电保护器动作灵敏，切断电源时间短，因此只要能合理选用和正确安装、使用漏电保护器，对于保护人身安全、防止设备损坏和预防火灾产生会有明显的作用。

（1）漏电保护器的分类

1）从名称上分。分为触电保护器、漏电开关、漏电继电器等。凡称“保护器”“漏电器”“开关”者均带有自动脱扣器。凡称“继电器”者，则需要与接触器或低压断路器配套使用，间接动作。

2）按工作类型分。分为开关型、继电器型、单一型漏电保护器、组合型漏电保护器。组合型漏电保护器是由漏电开关与低压断路器组合而成的。

3）按相数或极数分。分为单相一线、单相两线、三相三线、三相四线。

4）按结构原理划分。分为电压动作型、电流型（零序电流型、漏电电流型、交流脉冲型等）。目前，普通使用的是电流动作型，它被称为漏电电流动作保护器。按动作电流划分有：0.001 A、0.006 A、0.015 A、0.03 A、0.05 A、0.075 A、0.1 A、0.2 A、0.3 A、0.5 A、1 A、3 A、5 A、10 A 和 20 A 等级别。其中，电流 30 mA 以下者属于高灵敏度保护器，30 mA～1 A 的属中等灵敏度保护器，1 A 以上的属低灵敏度保护器。电流型漏电保护器可分为电磁式和电子式两种。电磁式保护器可靠性好，一般动作电流不小于 30 mA。电子式保护器可以把检测到的漏电电流放大，指挥快速跳闸，灵敏度高，动作电流有 15 mA、30 mA 及 50 mA 等。缺点是有时间死区，可能出现误动作。集成电路有抗干扰能力，被广泛采用。

5）按动作时间划分。动作时间不超过 0.1 s 的为快速型，动作时间不超过 2 s 的为延时型，动作时间与通过其中电流成反比的为反时限型。

（2）漏电保护器的工作原理。漏电保护器的种类虽然很多，但其基本原理大致相同，一般都是以线路上出现的非正常不平衡电流为动作信号。电流型漏电保护器的工作原理如图 11—17 所示。

图 11—17 中左侧的零序电流互感器是检测信号用的，正常时，通过互感器的三相电源导线中的电流在铁心中产生的磁场相互抵消，互感器二次侧不产生感应电动势，也没有电流，图 11—17 中右侧的极化电磁铁 T 的吸力克服反作用弹簧的拉力，使衔铁保持在闭合位置，线路开关不动作。当设备漏电时，在通过互感器的三相电源导线中出现零序电流（三相电流不平衡时的相量和），互感器二次侧产生感应电动势，极化电磁铁绕组中有电流流过，并产生交变磁通，这个磁通与永久磁铁中的磁通叠加，叠加的结果是使电磁铁失磁，从而使其对衔铁的吸力减小，于是衔铁被弹簧的反作用力拉开，脱扣机构 TK 动作，并通过开关装置断开电源。

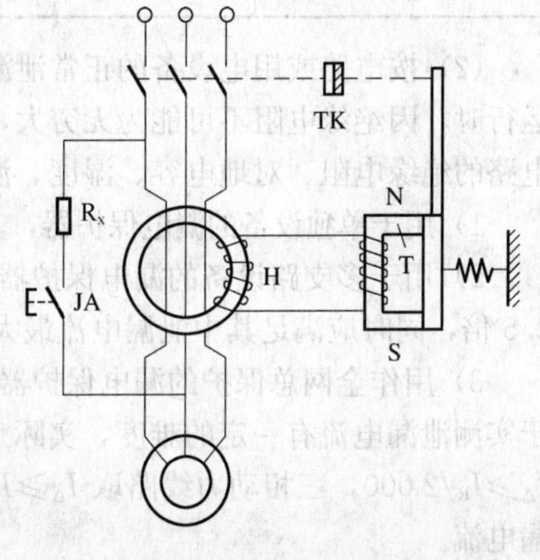

图 11—17　电流型漏电保护器线路图

装有零序电流互感器的漏电保护器可用于中性点接地系统，也可用于中性点不接地系统。在三相四线制系统中，如果设备同时采用了保护接零，则零线不应作为互感器的一次侧，以便使互感器能反映漏电引起的零序电流。但是如果开关用于小容量电流线路，则由于线路上可能有不平衡的单相负荷，零线应该与三条相线一起作为互感器的一次侧，否则只要负荷不平衡，漏电保护器就会动作。

漏电保护器一般应安装在分支回路上。几台设备利用共同接地线接地时，为了防止发生波及事故，接有这些设备的各分支回路都需分别安装漏电保护器。

漏电保护器在使用前应利用开关上的实验按钮检验开关的动作是否正常。使用中漏电保护器动作后，电工要及时查明动作原因。在故障没有排除前不得再次投入动作。故障排除后，开关再次投入运行前仍需利用试验按钮再次进行检验。

2. 漏电电流保护器的选择

漏电电流保护器的类型很多，按工作原理不同可分为电压动作型和电流动作型，其主要形式有漏电开关、漏电继电器及静电保护插座等。漏电电流保护器的主要参数是动作电流和动作时间。

（1）按电气设备的接地电阻不同来选择漏电保护器。对于 380 V/220 V 的固定式电气设备，如水泵、碾米机、磨粉机和洗衣机等及所有金属外壳容易和人体接触的设备，为防止发生绝缘损坏危及人体安全，要求漏电保护器的动作电流 $I_{\Delta}\leqslant\frac{U_{L}}{R}$，式中，$U_{L}$ 为允许接触电压，R 为设备的接地电阻，见表 11—8。

单元 11

表 11—8　按金属外壳接地电阻不同来选择漏电保护器

保护设备外壳的接地电阻 R/Ω	漏电保护器的动作特性		举例
	动作电流/mA	动作时间/s	
$R<500$	30～50	$\Delta t<0.1$	洗衣机、电冰箱、电熨斗等
$R<100$	200～500	$\Delta t<0.1$	水泵、碾米机、磨粉机等
$100<R<500$	50～100	$\Delta t<0.1$	手电钻、电锤、电锯等
医疗电气设备	6	$\Delta t<0.1$	

（2）按电路或用电设备的正常泄漏电流来选择漏电保护器。电路或用电设备在正常运行时，因绝缘电阻不可能为无穷大，因此不可避免地都存在泄漏电流，且泄漏电流随电路的绝缘电阻、对地电容、湿度、温度和气候等因素的改变而改变。选用原则如下：

1）用于单独设备的漏电保护器，其动作电流应大于正常运行时实测泄漏电流的 4 倍。

2）用于多支路设备的漏电保护器，其动作电流应大于正常运行时实测泄漏电流的 2.5 倍，同时应满足其中泄漏电流最大的一台设备的泄漏电流的 4 倍。

3）用作全网总保护的漏电保护器的动作电流按大于实测泄漏电流的 2 倍选择。由于实测泄漏电流有一定的难度，实际工作中往往应用经验公式来估算。单相照明电路取 $I_{\Delta}\geqslant I_{R}/2\,000$，三相动力线路取 $I_{\Delta}\geqslant I_{R}/1\,000$。式中，$I_{R}$ 是实际最大供电电流，I_{Δ}是泄漏电流。

根据不同的环境条件选择漏电保护器也可参考表 11—9。

表 11—9 选择漏电保护器参考表

使用环境	环境举例	用途	结构	机种	额定漏电动作特性	
潮湿有水气的地方	农村户外变压器下，雨露可以侵袭的地方	作电网触电漏电总保护	带通风的防雨外壳	延时型、判别动作型	100～500 mA、0.2～2 s 漏电 200 mA、0.1 s 触电 30 mA	
	处于易导电环境中的设备，浴室、游泳池	作终端触电保护	漏电保护插座携带式触电保护器	快速动作型、反时限型	≤10 mA、0.1 s	
	地下工程、建筑、矿井等潮湿地带使用的移动式或手持电动工具	快速动作型、反时限型	防水防潮型触电保护器	快速动作型、反时限型	≤30 mA、0.1 s	
室外	露天、屋檐下、简易遮棚	进线处漏电保护或室外电气设备作触电保护用	通风良好的防雨结构	快速动作型、反时限型	≤30 mA、0.1 s	
室内	电能表下、房间、厨房、办公室	作触电保护用	家用漏电断路器漏电保护插座	快速动作型、反时限型	≤30 mA、0.1 s	
难以接地的地方	木结构房屋、车载电气设备	作触电保护用	漏电断路器	快速动作型、反时限型	≤30 mA、0.1 s	
可接地的地方	固定电气设备、金工车间、水泵房、公共食堂的厨房	作间接接触保护用	漏电断路器	快速动作型	安全电压大于 65 V	≤100 mA、0.1 s 时接地电阻 $R<500\ \Omega$ ≤200 mA、0.1 s 时接地电阻 $R<250\ \Omega$ ≤500 mA、0.1 s 时接地电阻 $R<100\ \Omega$
	相对湿度＞85%（25℃时）或暂时可达 100% 的室外电气设备、锅炉房	作间接接触保护用	防潮型触电保护器或漏电断路器	快速动作型、反时限型	安全电压为 36 V	≤50 mA、0.1 s 时接地电阻 $R<500\ \Omega$ ≤100 mA、0.1 s 时接地电阻 $R<250\ \Omega$ ≤200 mA、0.1 s 时接地电阻 $R<100\ \Omega$
	相对湿度常处于 100% 的漂染车间、洗衣作坊	作直接接触保护用、作间接接触保护用	防水型	快速动作型、反时限型	安全电压小于 12 V	≤30 mA、0.1 s 时接地电阻 $R<500\ \Omega$ ≤50 mA、0.1 s 时接地电阻 $R<250\ \Omega$ ≤100 mA、0.1 s 时接地电阻 $R<100\ \Omega$

续表

使用环境	环境举例	用途	结构	机种	额定漏电动作特性
雷电活动频繁的地区	雷暴日大于60日的南方地区		优选纯电磁式	过电压冲击不动作型	按实际需要定
电磁干扰强烈的地方	电加工车间、无线电发射台周围		优选纯电磁式		
冲击振动强烈的地方	发射场、操作力较大的接触器旁、振动型电动工具及电气设备上		优选电子式结构产品		
有腐蚀性气味的地方	化工厂、电镀车间		防腐蚀型漏电断路器		
尘埃较大（水泥厂、采石场）的地区		防尘结构的漏电断路器			

3. 漏电保护器的安装要求

（1）安装前必须检查漏电保护器的额定电压、额定电流、短路通断能力、漏电动作电流、漏电不动作电流以及漏电动作时间等是否符合要求。

（2）漏电保护器安装接线时，要根据配电系统保护接地形式按表 11—10 所示的接线图进行接线。接线时分清相线和零线。

表 11—10　　　　漏电保护器的接线形式

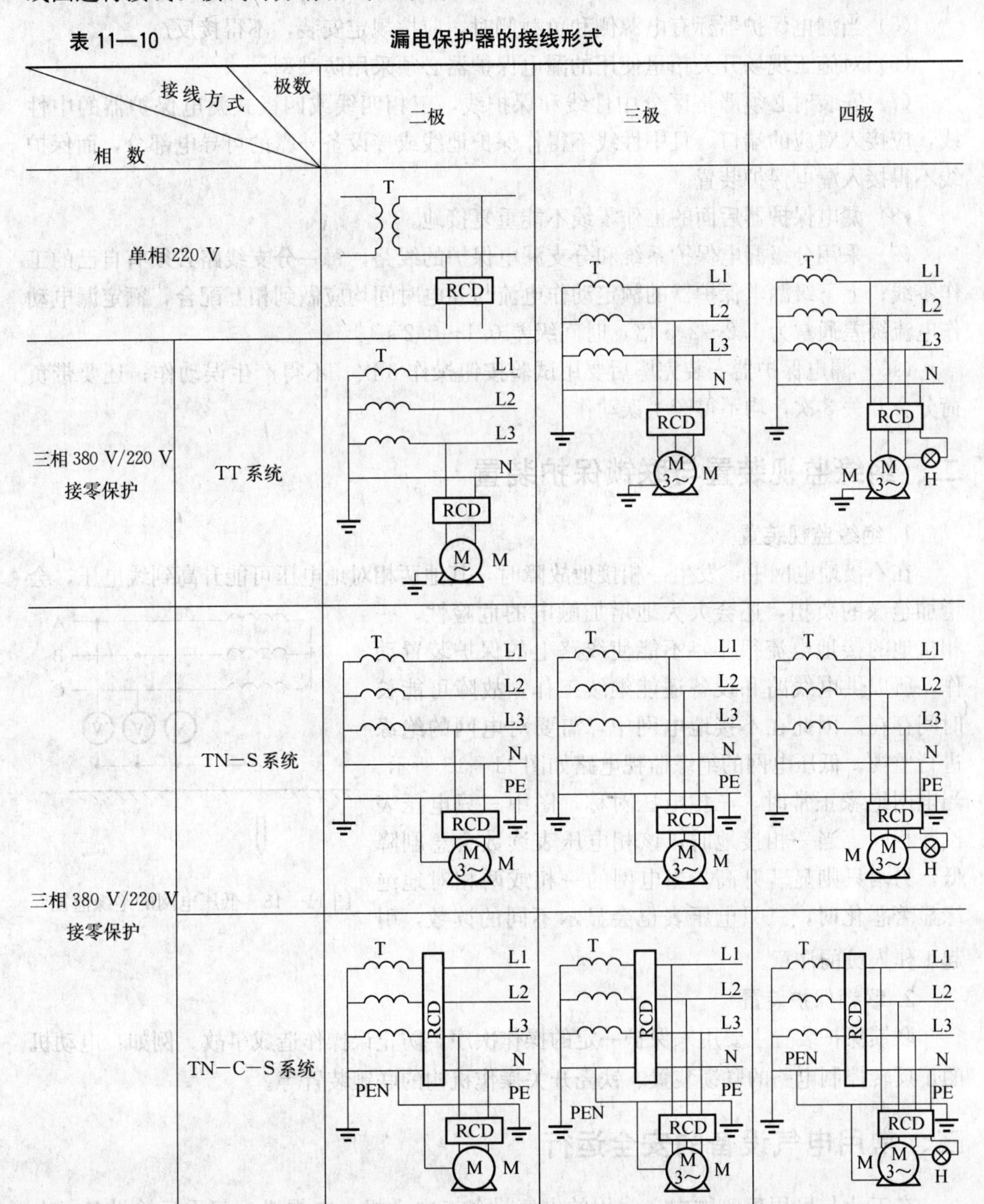

(3) 组合式漏电保护器外部连接的控制回路，应使用铜导线，其截面积不得小于 1.5 mm²。

(4) 安装带有短路保护的漏电保护器时，在分断短路电流时，位于电源侧的排气孔往往有电弧喷出，必须保证在电弧喷出方向有足够的飞弧距离，飞弧距离大小按生产厂家的规定确定。

(5) 当漏电保护器标有电源侧和负载侧时，应按规定安装，不得接反。

(6) 对施工现场开关箱里使用的漏电保护器必须采用防溅型。

(7) 安装时必须严格区分中性线和保护线，三相四线或四极式漏电保护器的中性线，应接入对应的端口，且中性线不得作保护地线或接设备外露的可导电部分，而保护线不得接入漏电保护装置。

(8) 漏电保护器后面的工作零线不能重复接地。

(9) 采用分级漏电保护系统和分支漏电保护的线路，每一分支线路必须有自己的工作零线；上下级漏电保护器的额定动作电流与漏电时间均应做到相互配合，额定漏电动作电流级差通常为 1.2～2.5 倍，时间级差 0.1～0.2 s。

(10) 漏电保护器安装完毕后要用试验按钮操作 3 次，不得产生误动作；还要带负荷分合开关 3 次，均不得产生误动作。

二、绝缘监视装置与联锁保护装置

1. 绝缘监视装置

在不接地电网中，发生一相接地故障时，其他两相对地电压可能升高到线电压，会增加绝缘的负担，还会大大地增加触电的危险性。一相接地的接地电流很小，不能使线路上的保护装置动作，所以供电线路和设备还能继续工作，故障可能长时间存在。因此在不接地电网中，需要对电网的绝缘进行监视。低压电网的绝缘监视电路如图 11—18 所示。当电网绝缘正常时，三相电压对称，图中三只电压表读数相同。当一相接地时，该相电压表读数会急剧降低，另两只则显著升高。当电网的一相或两相对地绝缘显著恶化时，三只电压表也会显示不同的读数，引起工作人员的注意。

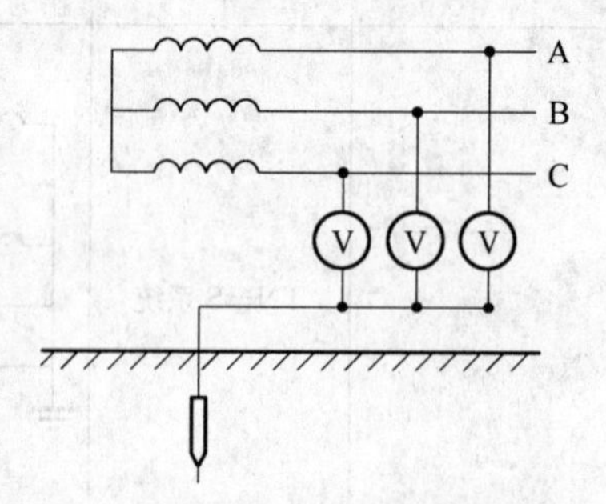

图 11—18　低压电网的绝缘监视

2. 联锁保护装置

联锁保护装置主要用来保护一定的操作次序，防止误操作造成事故。例如：电动机的正反转控制电路的联锁装置、铁壳开关操作机构的联锁装置等。

三、常用电气设备的安全运行

在工业与民用建筑物内，常用的电气设备有电动机、电焊机、起重运输设备、电热设备和日用电器等，对其采取安全措施，有非常重要的意义。对于大型的建筑电气设备，例如塔式卷扬机有时还要考虑电气联锁，以免造成人身事故和设备损坏。

1. **电动机**

电动机是最广泛采用的设备，除主回路要采取安全措施外，控制回路也必须采取安全措施，如图 11—19 所示。工作中往往由于控制回路处理不当，造成错误动作而引起事故。

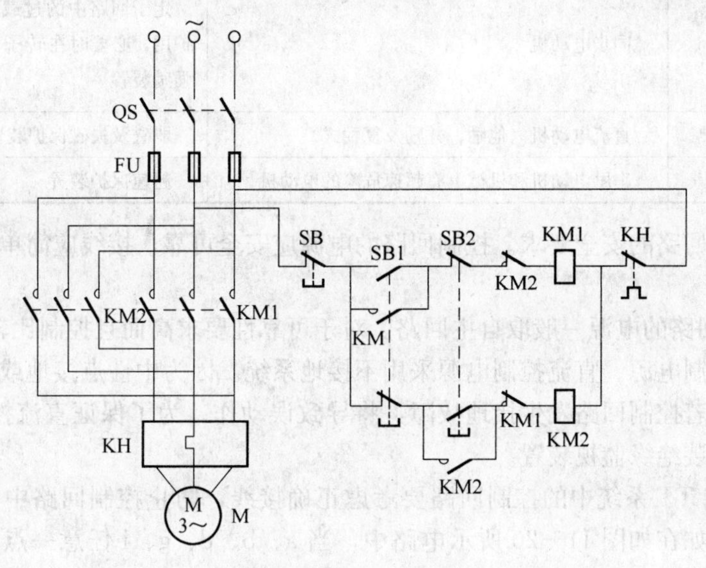

图 11—19　按钮、接触器互锁的正反转控制电路

（1）电动机主回路的保护。当电动机发生故障时，应切断电源或发出信号防止事故扩大。电动机采用的保护措施、适用范围及所采用的保护设备，见表 11—11。

表 11—11　**电动机的保护措施**

保护种类	适用范围	采用的设备
短路保护	全部交、直流电动机	熔断器、断路器的瞬时过电流脱扣器、带瞬动元件的过电流继电器
接地故障保护	全部交、直流电动机	熔断器、低压断路器、剩余电流保护装置
过载保护	连续运行的电动机，突然断电时导致比过载损失更大时不装	热继电器、长延时过电流脱扣器、反时限继电器
堵转保护	短时工作或断续周期工作制的交、直流电动机	热继电器、长延时过电流脱扣器、反时限继电器
断相保护	三相连续运行的交流电动机，3 kW 及以下不装设	带断相保护的热继电器和熔断器

续表

保护种类	适用范围	采用的设备
低电压保护	不允许自启动的电动机，以及次要电动机；为了保证重要电动机在电压恢复后自启动	断路器的欠电压脱扣器、接触器的失压电磁线圈
失步保护	同步电动机	定子回路中的过载保护兼作失步保护用，必要时在转子回路中加失磁和强励装置
弱磁及失磁保护	直流电动机（他励、并励及复励式）	弱磁及失磁保护装置
超速保护	串励电动机和机械上有超速危险的电动机	超速保护装置

（2）控制回路的安全要求。控制回路的电源应安全可靠，接线应简单实用，不至于造成误动作。

1）控制回路的电源一般取自主回路。对于可靠性要求高而且控制比较复杂的网路，可采用直流控制电源。直流控制电源采用不接地系统。因为中性点接地或一点接地的直流控制电源，若控制回路发生接地故障，将导致误动作。为了保证直流控制回路可靠，一般还要求安装绝缘监视装置。

2）TN 或 TT 系统中的控制回路要考虑正确接线，防止控制回路中发生接地故障造成事故。例如在如图 11—20 所示电路中，当 a、b、d、g、i 任意一点接地时，相应的熔断器熔断，电动机被迫停止运行。当 e、h 点接地时，将使控制点短接，电动机失控，可能造成在运行中的电动机不能停止或不工作的电动机意外启动。

3）对于要求比较高的交流控制回路，应装设隔离变压器，由二次侧控制线路供电。采取该措施后，任何一点接地，电动机仍能继续工作，且不会造成电动机意外启动或不能停止的故障。

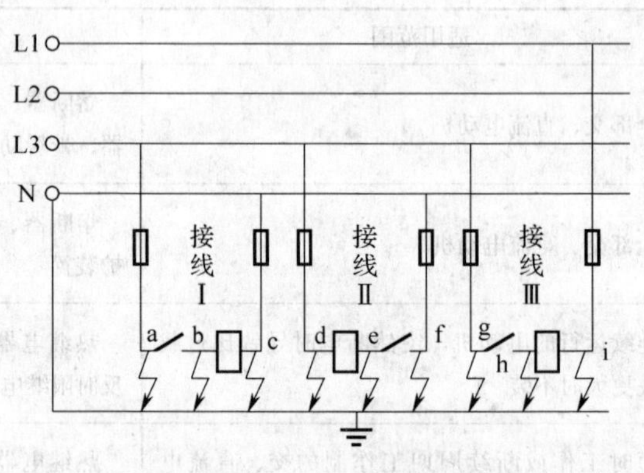

图 11—20　控制回路接线举例

2. 电焊机

常用的电焊机有电弧焊机、电阻焊机和电渣焊机。

（1）隔离、控制和保护。手动交流、直流弧焊机上仅装有焊接电流的调节装置和指示器，因此需要安装符合隔离要求的控制电器和短路保护装置。直流电焊机的电动发电机组不带启动装置，因此除了安装隔离电器、短路保护装置以外，还要配置启动控制装置：自动电焊机、电渣电焊机、电阻电焊机多数带有成套的控制保护设备，所以只需要安装保护装置与隔离装置即可。对于自带保护装置的电焊机，应考虑保护要求。

（2）供应电源的连接。多台单相电焊机应尽可能均匀地接在三相线路上。容量较大的自动焊机，包括电渣焊一电阻焊机等可采用专线供电。

（3）安全措施

1）为了防止高压窜入低压，二次侧接待焊工件的一端应接地，但焊接钳一端不接地。

2）在电击危险性特别高的环境中进行电焊时，应采用特殊结构的安全焊钳，保证更换焊条在无电压的条件下进行。

3）中、小型电焊机停焊或更换焊条时，存在对人体危险的空载电压，因此，对于空载运行次数较多和空载持续时间超过 5 min 者，应安装空载自动断电装置，这种装置还可以达到节能的目的。

3. 电梯和自动扶梯

工业建筑、公共建筑和住宅建筑中常用的电梯和电力驱动的自动扶梯的载重量往往大于 300 kg，其安全措施如下：

（1）电源线路。电梯的电源线路不能敷设在电梯井内，其他线路也不能沿电梯井敷设，只有电梯的专用线路才能敷设在电梯井内。敷设在电梯井内的明敷电缆和电线应是阻燃的而且是耐潮的。暗敷线用的管、槽也都应是阻燃的。轿厢的照明电源，可从电力电源的隔离电器的上桩头取得，并安装隔离电器和保护电器。

（2）接地。机房和轿厢内的电气设备与建筑物电气设备共同接地。利用电缆芯线作为轿厢接地线时，不能少于两根。轿厢和井道内装置的外导电部分相互连接。

（3）隔离和保护。每台电梯或自动扶梯都应在机房内便于操作和维修的地点，都要安装单独的隔离装置和短路保护器。若有过载的可能性，则应安装过负荷保护装置，过负荷保护用的发热元件的时间常数必须与电梯工作的程序相适应。对于非调频调压的交流电梯，过负荷保护元件的整定电流或熔断器的熔断电流应略大于铭牌工作 1 h 额定电流的 1.4～1.6 倍。对于直流电梯和自动扶梯，则为其连续工作模式额定电流的 1.5 倍左右。

（4）设备的容量和载流量。交流电梯的设备容量为电梯的电动机额定功率加上其他附属电器功率之和。直流电梯的设备容量为驱动发电机的功率。交流电梯供电线路的载流量为铭牌连续工作模式额定电流的 115%，或铭牌 1 h 工作额定电流的 80%。自动扶梯供电线路的载流量按其驱动电动机的额定电流选取。当向多台电梯供电时，还应计入表 11—12 所示的同时工作系数。

表 11—12　　多台电梯的同时工作系数

同型号电梯台数	1	2	3	4	5	6
同时工作系数	1	0.93	0.85	0.80	0.76	0.72

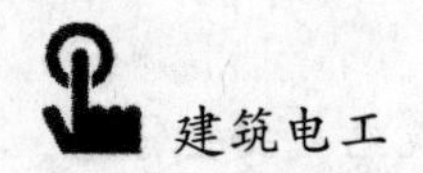

四、安全保护用具的使用

电工安全用具分为：绝缘安全用具和一般防护用具。

其中绝缘安全用具又分为基本绝缘安全用具和辅助绝缘安全用具。基本绝缘安全用具的绝缘强度能长时间承受电气设备的工作电压，如绝缘杆、绝缘夹钳等；辅助绝缘安全用具的绝缘强度不能承受电气设备的工作电压，只能加强基本安全用具的保安作用，或用来防止跨步电压触电或电弧灼伤，如绝缘手套、绝缘靴、绝缘垫、绝缘站台、验电器等。因此，不能用辅助绝缘安全用具直接操作高压电气设备。

一般防护用具包括登高作业安全用具、临时接地线、遮栏和标示牌等。

登高作业安全用具包括梯子、高凳、安全腰带、脚扣、登高板等。

1. 使用前的外观检查

电工安全用具是直接保护人身安全的，必须保持良好的性能。因此，使用前应对其进行以下外观检查：

（1）安全用具是否符合规程要求。

（2）安全用具是否完好，表面有无损坏和是否清洁；有灰尘的应擦拭干净；损坏的和有炭印的不得使用。

（3）安全用具中的橡胶制品，如橡胶制的绝缘手套、绝缘靴和绝缘垫不得有外伤、裂纹、漏洞、气泡、毛刺、划痕等缺陷，发现有缺陷的应停止使用。

（4）安全用具的瓷元件，如绝缘台的支持瓷瓶有裂纹或破损的不许使用。

（5）检查安全用具的电压等级与拟操作设备的电压等级是否相符（安全用具的电压等级应等于或高于拟操作电气设备的电压等级）。

2. 使用电工安全用具的要求

（1）操作高压开关或其他带有传动装置的电器，通常需使用能防止接触电压及跨步电压的辅助安全用具。除这些操作外，任何其他操作均需使用基本安全用具，并同时使用辅助安全用具。辅助用具中的绝缘垫、绝缘台、绝缘靴在操作时使用其中的任何一种即可。

（2）潮湿天气的室外操作，不允许使用无特殊防护装置的绝缘夹。

（3）无特殊防护装置的绝缘杆，不得在下雨或下雪时在室外使用。

（4）使用绝缘手套时，应将上衣袖口套入手套筒口内，并在外面套上一幅纱、布或皮革手套，以免胶面受损，但所罩手套的长度不得超过绝缘手套的腕部；穿绝缘靴时应将裤管塞入靴筒内；穿绝缘鞋时，裤管不宜长及鞋底外沿，更不得长及地面，同时应保持鞋帮干燥。

（5）安全用具不得任意作为他用，更不能用其他工具代替安全工具。例如不能用医疗或化工手套代替绝缘手套；不能用普通防雨胶鞋代替绝缘靴；不能用短路法代替临时接地线；不能用不合格的普通绳带代替安全腰带等。

（6）按规定定期进行安全用具的检验。

第四节　建筑电气安全技能训练

→ 触电急救

【实训内容】

现场触电急救。

【实训器材】

（1）各种工具（含绝缘工具和非绝缘工具）。

（2）模拟的低压触电现场。

（3）心肺复苏急救模拟人。

（4）体操垫一床。

【操作步骤】

步骤 1　使触电者尽快脱离电源

（1）在模拟的低压触电现场，让一学生模拟被触电的各种情况，要求学生两人一组选择正确的绝缘工具，使用安全快捷的方法使触电者脱离电源。

（2）将已脱离电源的模拟触电者按急救要求放置在体操垫上，学习“看、听、试”的判断方法。

步骤 2　心肺复苏急救方法

（1）要求学生在急救场地练习胸外按压急救方法和口对口人工呼吸法的动作和节奏。

（2）让学生用心肺复苏法对模拟触电人进行心肺复苏训练，根据打印机输出的训练结果检查学生急救手法的力度和节奏是否符合要求（若采用的模拟人无打印输出，可由指导教师计时并观察学生的手法来判断其正确性），直至学生掌握为止。

→ 电气灭火

【实训内容】

电气火灾的扑灭。

【实训器材】

模拟电气火灾现场，二氧化碳、四氯化碳、干粉、黄砂及 1211 灭火器。

【操作步骤】

步骤 1　在模拟电气火灾发生后，先切断电源再灭火。

步骤 2　由于二氧化碳、四氯化碳、干粉及 1211 灭火器内的灭火剂都是不导电的，可带电对一般电气设备和充油电气设备进行灭火。在灭火过程中，操作人员应站在上风侧，以防中毒，灭火后应进行充分通风。若旋转电动机发生火灾，为了防止其主轴变形，应断开电源，让电动机停转，再用二氧化碳或四氯化碳或 1211 灭火，严禁用干粉、黄砂等灭火，因为硬性粉颗粒状物质落入旋转电动机内部后会损坏绝缘和轴承。

步骤 3　常用国产灭火器的使用和保管方法见表 11—13。

表 11—13　　常用灭火器的使用和保管方法

<table>
<tr><th>种类</th><th>使用方法</th><th>保管方法</th></tr>
<tr><td>二氧化碳</td><td>离火点 3 m 远，一手拿喇叭筒，另一手打开开关</td><td rowspan="2">1. 定点定时安放和更换
2. 注意喷嘴不要堵塞
3. 冬季防冻，夏天防晒
4. 每月检查二氧化碳灭火器，重量小于标准的 90%应充气
5. 按时检查四氯化碳灭火器，小于规定压力时应充气</td></tr>
<tr><td>四氯化碳</td><td>打开开关，液体即可喷出</td></tr>
<tr><td>干粉</td><td>提起圈环，干粉即可喷出</td><td>1. 放于干燥通风处，防晒，每年检查一次干粉是否受潮结块
2. 每半年检查一次钢瓶气体压力，重量标准的小于 90%时，应充气</td></tr>
<tr><td>1211</td><td>拔下铅封或横锁，用力压下压把即可</td><td>放于干燥通风处，不得摔撞，每年测重一次</td></tr>
</table>

单元测试题

一、填空题（请将正确的答案填在横线空白处）

1. 我国的安全电压按国家标准规定，分为 42 V、36 V、________V、________V 和 6 V 五级。

2. 常见的触电形式有直接触电、________触电 、感应电压触电和________触电。

3. 保障电气安全的技术措施主要有停电、________、________、悬挂警示牌和装设遮栏。

4. 用 CO_2 等不导电灭火器灭火时，机体喷嘴至带电体应大于________的距离。

5. ________灭火器中的灭火材料既可能损害电气设备绝缘，又具有一定的导电性能，带电灭火时严禁使用。

6. 直接触电防护措施主要有绝缘、________、障碍、________、漏电保护装置。

7. 对触电人进行人工呼吸，成人每分钟约________次。

8. 若触电人心脏和呼吸都已停止，人完全失去知觉，则需要同时采用口对口人工呼吸和人工胸外按压两种方法。先胸外按压心脏______次，然后口对口人工呼吸______次，再按压心脏，反复循环进行操作。

二、简答题

1. 触电对人的危害程度与哪些因素有关？

2. 电气安全工作的基本要求有哪些？

3. 试述漏电保护器的安装和接线要点。

4. 常用的电气安全用具分哪几类？各类安全用具有什么基本要求？

5. 发现有人触电，应如何进行急救处理？

单元测试题答案

一、填空题

1. 24　12　　2. 跨步电压触电　剩余电压触电　　3. 验电、装设临时接地线　　4. 2 m　　5. 泡沫　　6. 屏护　间距　　7. 14～16　　8. 4～6　2～3

二、简答题

1. 答：(1) 电流大小；(2) 电流频率；(3) 电流持续时间；(4) 人体状况；(5) 电流途径。

2. 答：(1) 建立健全规章制度。

(2) 配备管理机构和管理人员。

(3) 每季度进行安全检查。

(4) 加强安全教育。

(5) 组织事故分析。

(6) 建立安全资料。

3. 答：(1) 安装前必须检查漏电保护器的额定电压、额定电流、短路通断能力、漏电动作电流、漏电不动作电流以及漏电动作时间等是否符合要求。

(2) 漏电保护器安装接线时，要根据配电系统保护接地形式按接线图进行接线。接线时分清相线和零线。

(3) 组合式漏电保护器外部连接的控制回路，应使用铜导线，其截面积不得小于 1.5 mm^2。

(4) 安装带有短路保护的漏电保护器时，在分断短路电流时，位于电源侧的排气孔往往有电弧喷出，必须保证在电弧喷出方向有足够的飞弧距离，飞弧距离大小按生产厂家的规定确定。

(5) 当漏电保护器标有电源侧和负载侧时，应按规定安装，不得接反。

(6) 对施工现场开关箱里使用的漏电保护器必须采用防溅型。

(7) 安装时必须严格区分中性线和保护线，三相四线或四极式漏电保护器的中性线，应接入对应的端口，且中性线不得作保护接地线或接设备外露的可导电部分，而保护线不得接入漏电保护装置。

(8) 漏电保护器后面的工作零线不能重复接地。

(9) 采用分级漏电保护系统和分支漏电保护的线路，每一分支线路必须有自己的工作零线；上下级漏电保护器的额定动作电流与漏电时间均应做到相互配合，额定漏电动作电流级差通常为1.2～2.5倍，时间级差0.1～0.2 s。

(10) 漏电保护器安装完毕后要用试验按钮操作3次，不得产生误动作；还要带负荷分合开关3次，均不得产生误动作。

4. 答：电工安全用具分为：基本绝缘安全用具和一般防护用具。

使用电工安全用具的要求：

(1) 操作高压开关或其他带有传动装置的电器，通常需使用能防止接触电压及跨步电压的辅助安全用具。除这些操作外，任何其他操作均需使用基本安全用具，并同时使用辅助安全用具。辅助用具中的绝缘垫、绝缘台、绝缘靴在操作时使用其中的任何一种即可。

(2) 潮湿天气的室外操作，不允许使用无特殊防护装置的绝缘夹。

(3) 无特殊防护装置的绝缘杆，不得在下雨或下雪时在室外使用。

(4) 按规定穿戴绝缘手套和绝缘鞋。

(5) 安全用具不得任意作为他用，更不能用其他工具代替安全工具。

(6) 按规定定期进行安全用具的检验。

5. 答：首先应安全迅速地使触电者脱离电源，然后根据触电者情况，一方面通知医疗急救单位，一方面实施现场心肺复苏的急救处理。

理论知识模拟试卷一

一、单项选择题（本题共 20 小题；每小题 1 分，共 20 分）

1. 交流电的有效值和最大值之间的关系为________。

A. $I_m=\sqrt{2}I$　　B. $I_m=\sqrt{2}I/2$　　C. $I_m=I$　　D. $I_m=I/2$

2. 铜芯塑料绝缘线的型号是________。

A. LJ　　B. LGJ　　C. BLV　　D. BV

3. 变压器额定容量的单位是________。

A. kV・A　　B. kW　　C. kM　　D. kvar。

4. 室内吊灯高度一般不低于________ m。

A. 2　　B. 2. 2　　C. 2. 5　　D. 3

5. 在下列灯具中，发光效率较高的是________。

A. 白炽灯　　B. 日光灯　　C. LED 光源　　D. 节能灯

6. 在电动机过载保护的控制线路中，必须接有________。

A. 熔断器　　B. 热继电器

C. 时间继电器　　D. 电流继电器

7. 交流电流表、电压表指示的数值是________。

A. 平均值　　B. 最大值　　C. 最小值　　D. 有效值

8. 电缆埋入非农田地下的深度不应小于________ m。

A. 0. 6　　B. 0. 7　　C. 0. 8　　D. 1. 0

9. 摇表测量低压电缆的绝缘电阻时，应使用________的摇表。

A. 500 V　　B. 1 000 V　　C. 2 000 V　　D. 2 500 V

10. 表达线路沿墙暗敷设的代号为________。

A. WC　　B. WE　　C. FC　　D. TE

11. 同一建筑物、构筑物的电线绝缘层颜色选择应一致，即保护地线（PE 线）应是________线，零线应是淡蓝色。

A. 黄色　　B. 绿色

C. 红色　　D. 黄绿相间双色

12. 电工上岗必须具有________。

A. 特种行业操作证　　B. 电工等级证

C. 高中以上学历证　　D. 健康证

13. 低压电气交接试验中，潮湿场所其绝缘电阻值应大于等于________。

A. 0. 5 Ω　　B. 1 Ω　　C. 0. 5 MΩ　　D. 1 MΩ

14. 暗配线管时，当有一个弯曲且线管长度超过________时，应在中间适当位置增设过路接线盒。

A. 8 m　　B. 15 m　　C. 20 m　　D. 30 m

15. 利用扁钢做接地线时，应采用搭接方式连接，搭接长度不应小于扁钢宽度的

________倍。

A. 1　　B. 2　　C. 4　　D. 6

16. 避雷器的作用是防止________危害建筑物及内部设备。

A. 直接雷击　　B. 感应雷击

C. 雷电过电压侵入　　D. 各种雷击

17. 提高用电设备功率因数的方法是并联________。

A. 电阻器　　B. 电容器　　C. 电感器　　D. 电抗器

18. 施工现场临时用电，应采用________方式进行供电。

A. 三相三线制　　B. 三相四线制

C. 三相五线制　　D. 三相六线制

19. 较潮湿或油烟、灰尘较大的场合应选用________灯具。

A. 开启式　　B. 闭合式　　C. 防爆式　　D. 密闭式

20. TN－S安全性要求较高的建筑应采用________接地系统。

A. TN－C　　B. TN－S

C. TN－C－S　　D. IT

二、填空题（本大题共 10 小题；每小题 2 分，共 20 分）

1. 电路常出现的三种状态是________、________和短路。

2. 欧姆定律主要说明了电路中________、电压和________三者之间的关系。

3. 正弦交流电的三要素是________、频率和________。

4. 避雷装置主要由接闪器、________和________组成。

5. 用来敷设电线的钢管必须良好接地，钢管连接处的接地跨接线的选择方法为：管径在 32 mm 以内使用________；管径为 40 mm 时用________。

6. 建筑等电位联结分为________、辅助等电位联结和________。

7. 一般情况下，低压电器的静触头应接________，动触头应接________。

8. 常见的建筑电气工程有变配电工程、________、________、动力工程、接地和防雷工程及弱电工程等。

9. 防雷装置的接地电阻不能满足设计要求时，可采取增加接地极、________、________、更改设计等方法解决。

10. 建筑供电常用的应急电源有柴油发电机组、________、________等。

三、判断题（本大题共 20 小题；每小题 1 分，共 20 分）

1. 导体的电阻只与导体的材料有关。（　）

2. 通电导线周围具有磁场。（　）

3. 零线应接在螺口灯头的中间端子上。（　）

4. 单相三孔插座的安装要求是：左相右零上接地。（　）

5. 导线接头接触不良往往是电气事故的根源。（　）

6. 40 W 的灯泡，每天用电 5 h，5 月份共用电 6 kW·h。（　）

7. 电动机铭牌的额定功率指的是其耗电功率。（　）

8. 漏电保护器的作用是保护短路。（　）

模拟试卷

9. 钢芯铝绞线的型号是 LGJ。（ ）

10. 图纸比例为 1∶100 时，图纸中 1 cm 代表实际距离 1 m。（ ）

11. 配电箱安装高度为 1.5 m 是指配电箱上沿距地面的高度。（ ）

12. 电气设备的金属外壳与大地连接称为保护接零。（ ）

13. 金属电缆桥架及其支架全长应不少于 2 处与接地（PE）或接零（PEN）干线连接。（ ）

14. 照明配电箱内，分别设置零线和保护地线汇流排，零线和保护地线经汇流排配出。（ ）

15. 除敞开式灯具外，灯泡容量在 150 W 以上者采用瓷质灯头。（ ）

16. 低压树干式配电比放射式配电的可靠性高。（ ）

17. 利用建筑主筋做避雷装置引下线且无设计要求时，应选用靠建筑外侧的 2 根主钢筋。（ ）

18. 触电危害的程度与触电时间、触电电压及触电者本人的身体状况等因素有关。（ ）

19. 建筑照明配电系统通常按照“三级配电”的方式进行，由照明总配电箱、楼层配电箱、房间开关箱及配电线路组成。（ ）

20. 发现触电者心脏停止跳动时，应采用人工呼吸法现场急救。（ ）

四、简答题（本大题共 6 小题；每小题 4 分，共 24 分）

1. 使用万用表应注意哪些问题？

2. 试述电气配管工程施工的工艺要求。

3. 如何划分建筑用电负荷的等级？对不同等级的负荷供电时有什么要求？

4. 照明配电系统图、电气照明平面图中应表达哪些内容？

5. 试述电缆直埋地敷设的施工步骤及工艺要求。

6. 简述人工接地装置的组成及施工要求？

五、综合题（本大题共 2 小题；每小题 8 分，共 16 分）

1. 有一台容量为 10 kV·A 的单相变压器，电压为 3 300 V/220 V。变压器在额定状态下运行，试求：

（1）一次侧和二次侧的额定电流。

（2）二次可接 40 W、220 V 的白炽灯多少盏？

（3）二次改接 40 W、220 V、$\cos\phi=0.44$ 的日光灯，可接多少盏？

2. 某电气照明平面图中，灯具旁的标注为“$8-YG_{2-2}\frac{2\times40}{2.8}ch$”，说明该标注的意义是什么？

模拟试卷

理论知识模拟试卷一答案

一、单项选择题

1. A　2. D　3. A　4. B　5. C　6. B　7. D　8. C　9. A　10. A
11. D　12. A　13. C　14. C　15. C　16. C　17. B　18. C　19. D
20. B

二、填空题

1. 通路　开路　2. 电流　电阻　3. 最大值　初相位　4. 引下线　接地极
5. Φ6 mm 的圆钢　Φ8 mm 的圆钢　6. 总等电位联结　局部等电位联结　7. 电源　负载　8. 室内配线工程　照明工程　9. 加降阻剂　换土　10. 蓄电池组　UPS

三、判断题

1. ×　2. √　3. ×　4. ×　5. √　6. √　7. ×　8. ×　9. √
10. √　11. ×　12. ×　13. √　14. √　15. ×　16. ×　17. √
18. √　19. √　20. ×

四、简答题

1. 答：(1) 注意选择正确的挡位。

(2) 注意选择正确的量程。

(3) 测电阻时，应先断电并放电。

(4) 测量电流应串联，测量电压应并联。

(5) 测量直流量时，应注意表笔的极性。

(6) 测量完毕后，应将转换开关放在 OFF 挡或电压挡的最大量程。

2. 答：(1) 管子弯曲角度不小于 90°。

(2) 管子弯曲半径要求：

1) 明配：$r \geqslant 6d$（d=管子直径）

2) 暗配：砖墙结构：$r \geqslant 6d$　混凝土现浇结构：$r \geqslant 10d$

(3) 导线的总截面不大于管子有效截面的 40%。

(4) 线管长度超过下列情况时，应在中间适当位置增加接线盒：

1) 直线超过 30 m 时。

2) 有一个弯曲线段超过 20 m 时。

3) 有两个弯曲线段超过 15 m 时。

4) 有三个弯曲线段超过 8 m 时。

(5) 线管墙内暗敷时，距墙体表面不小于 15 cm；

(6) 金属线管应做接地。

3. 答：Ⅰ类负荷：采用双独立电源供电。

Ⅱ类负荷：采用双回路供电。

Ⅲ类负荷：无特殊要求。

4. 答：照明配电系统图主要描述了整个照明工程的配电形式、供电方式及几

模拟试卷

个主要配电装置的连接关系，表达了各回路配线的型号、规格、根数及敷设方式等。

电气照明平面图是在建筑平面的基础上，描绘了电气装置布置的位置、安装要求及相互接线关系等。

5. 答：(1) 施工准备。

(2) 挖电缆沟样洞。

(3) 放样划线。

(4) 开挖电缆沟：1～2 根电缆，无设计深度要求时，按下口宽 0.4 m，上口宽 0.6 m，深 0.9 m 开挖电缆沟。

(5) 铺设下垫层：铺设约 10 cm 的细沙土。

(6) 埋设电缆保护管。

(7) 铺设电缆：按波形敷设，附加长度不小于 1.5%。

(8) 铺设上垫层：铺设约 10 cm 的细沙土。

(9) 盖水泥保护管或盖砖。

(10) 回填土，捣实。

(11) 设置电缆标示牌。

6. 答：人工接地装置主要由接地线和接地极组成。

人工接地装置的施工要求：

(1) 接地线截面不小于。

(2) 人工接地装置应采用镀锌材料制作。

(3) 人工接地极距建筑外墙不小于 3 m。

(4) 利用钢管或角钢制作接地极，长度不小于 2.5 m。

(5) 垂直接地极顶端距地面不小于 0.7 m。

(6) 接地极间距不小于 5m。

五、综合题

1. 解：(1) $I_{N1}=10\times10^3\div3\,300=3.03$ (A)

$I_{N2}=10\times10^3\div220=45.45$ (A)

(2) $10\times10^3\div40=250$ (盏)

(3) $10\times10^3\times0.44\div40=110$ (盏)

2. 答：八套型号为 YG_{2-2} 型的双管 40 W 荧光灯，链吊安装，距地 2.8 m。

模拟试卷

理论知识模拟试卷二

一、单项选择题（本大题共 20 小题；每小题 1 分，共 20 分）

1. 在一电压恒定的电路中，电阻值增大时，电流就随之________。

A. 减小　B. 增大　C. 不变　D. 不确定的改变

2. 电动机采用 Y—△启动时，其启动电流是直接启动的________倍。

A. 1/2　B. 1/3　C. 1/4　D. 1/5

3. 电动机控制电路中，熔断器的作用主要是________。

A. 保护短路　B. 保护过载

C. 保护过流　D. 保护短路和过载

4. 隔离开关的主要作用是________。

A. 通断负荷电路　B. 切断过负荷电路

C. 切断短路电流　D. 隔离电源

5. 新装和大修后的低压移动设备的绝缘电阻不应小于________MΩ。

A. 0.1　B. 0.2　C. 0.5　D. 2.5

6. 护套线配线的固定间距宜为________mm。

A. 100～150　B. 150～200　C. 100～200　D. 200～250

7. 安装照明电路时，________线应进开关控制。

A. 相　B. 零　C. 保护　D. 地

模拟试卷

8. 一段导线，其电阻为 R，将其从中对折合并成一段新的导线，则其电阻为________。

A. $R/2$　B. $R/4$　C. $R/8$　D. R

9. 电气设备或线路未经验电，一律视为________。

A. 有电，不准用手触及　B. 无电，可以用手触及

C. 无危险电压　D. 安全

10. 线路发生短路时，________。

A. 电流增大，电压增大　B. 电流增大，电压减小

C. 电流增大，电压不变　D. 电压增大，电流不变

11. 大于________kg 的灯具应采用链吊，且软电线编叉在吊链内，使电线不受力。

A. 0.5　B. 1　C. 1.5　D. 3

12. 建筑物±0.000 表示________。

A. 室外地面高度　B. 室内底层地面高度

C. 地下室地面高度　D. 海平面高度

13. 焊接钢管在电气施工图纸中的文字符号是________。

A. TC　B. PC　C. SC　D. SR

14. 四芯铜芯交联聚乙烯电力电缆的型号是________。

A. YJV－3×185＋1×95　B. KVV－4×2.5

C. YJLV 4×10　　　　　　　　　　D. VLV4×10

15. 表达线路沿墙明敷设的代号为________。

A. WC　　B. WE　　C. FC　　D. BE

16. 角钢或钢管制作的人工接地极应垂直砸入地下，顶端距地面不小于________。

A. 1 m　　B. 0.8 m　　C. 0.7 m　　D. 0.5 m

17. 测量绝缘电阻应采用________。

A. 万用表　　B. 接地电阻测量仪　　C. 兆欧表　　D. 钳形电流表

18. 建筑施工现场供电一般采用________方式进行。

A. 两级配电，两级保护　　　　B. 三级配电，三级保护

C. 三级配电，两级保护　　　　D. 四级配电，三级保护

19. 建筑施工场合的安全电压规定为________。

A. 220 V　　B. 50 V　　C. 36 V　　D. 24 V

20. 通电线圈中插入铁心后，它的磁场会________。

A. 增强　　B. 减弱　　C. 不变　　D. 不一定

二、填空题（本大题共 10 小题；每小题 2 分，共 20 分）

1. 通常把传输和处理信号的电路称作________，传输电能的电路称作________。

2. 导线的电阻主要与其材料、________和________有关。

3. 我国交流电的频率是________ Hz。

4. 在三相四线制的供电线路中，________之间的电压叫做相电压，相线与________之间的电压叫做线电压。

5. 电缆的埋地敷设方法主要有________和________。

6. 日光灯电路主要由荧光灯管、________和________组成。

7. 开关应有明显的开合位置，一般向上为________，向下为________。

8. 垂直接地极间距应不小于________。

9. 接地装置的主要组成有：________和________。

10. 油浸式变压器中的油的作用是________、________。

三、判断题（本大题共 20 小题；每小题 1 分，共 20 分）

1. 电热器是根据电流的热效应原理制作的。（　　）

2. 电流互感器在运行时不能短路，电压互感器在运行时不能开路。（　　）

3. 在用兆欧表测试前，必须使被测设备带电，这样，测试结果才准确。（　　）

4. 任何一种电力电缆的结构都是由导电线芯、绝缘层及保护层三部分组成。（　　）

5. 铜导线的电阻会随周围环境温度升高而增加。（　　）

6. VV－3×185 是带铠装的塑料电缆。（　　）

7. 单相三孔插座的接线要求是：面向插座的右孔与零线连接，左孔与相线连接，上孔与保护零线连接。（　　）

8. 接地装置和引下线应施工完成，才能安装接闪器，且与引下线连接。（　　）

9. 暗配的导管，埋设深度与建筑物、构筑物表面的距离不应小于 5 mm。（　　）

10. 防雷接地的人工接地装置的接地干线埋设，经人行通道处埋设深度不应小于1 m。（　　）

11. 人工接地极安装地点距建筑物外墙不小于1 m。（　　）

12. 当判定触电者呼吸正常、心跳停止时，应立即用口对口人工呼吸法进行抢救。（　　）

13. 金属线管严禁口对口熔焊连接。（　　）

14. 为了用户安全，浴室、游泳池等处应装设总等电位联结。（　　）

15. 干包式电缆头制作主要用于10 kV以上的塑料电缆。（　　）

16. 应急照明应用独立的配电线路进行供电，或采用带可充电的蓄电池的灯具。（　　）

17. 导线截面越大，则允许通过的电流就越大。（　　）

18. 电动机空载运行2 h，正常后，再进行带负荷运行。（　　）

19. 带有漏电保护的回路，漏电保护装置动作电流不大于30 mA，动作时间不大于1 s。（　　）

20. 额定电压为220 V三相异步电动机应采用△形接线。（　　）

四、简答题（本大题共4小题；每小题6分，共24分）

1. 何为电路？它由哪几个基本部分组成？每部分分别起什么作用？
2. 试述建筑供配电系统的组成。
3. 大容量电动机为什么要采取降压启动？常用降压启动的方法有哪些？
4. 直埋电缆施工在哪些路段应套过路保护管？
5. 减小供电线路损耗的方法主要有哪些？
6. 试述管内穿线施工的工艺要求。

五、综合题（本大题共2小题；每小题8分，共16分）

1. 有一台三相异步电动机，额定功率为2.2 kW，额定电压为380 V，功率因数为0.86，效率为0.88，求该电动机的额定电流。

2. 某配电线路标注为“BV－500 V（3×16＋2×10）－SC25－WC”，说明该标注的含义是什么？

理论知识模拟试卷二答案

一、单项选择题

1. A　2. B　3. A　4. D　5. C　6. B　7. A　8. B　9. A　10. B　11. A　12. B　13. C　14. A　15. B　16. C　17. C　18. C　19. C　20. A

二、填空题

1. 弱电电路　强电电路　2. 长度　截面　3. 50　4. 相线　零线　5. 直接埋地敷设　电缆沟敷设　6. 镇流器　启辉器　7. 断开　接通　8. 5 m　9. 接地线　接地极　10. 冷却　绝缘

三、判断题

1. √　2. ×　3. ×　4. √　5. √　6. ×　7. ×　8. √　9. √　10. √　11. ×　12. ×　13. √　14. ×　15. ×　16. √　17. √　18. √　19. ×　20. ×

四、简答题

1. 答：电流流经的路径称为电路。

电路的基本组成有：电源、负载、开关和导线。电源主要提供电能，负载主要将电能转换成其他能，开关起控制作用，导线连接各电气设备。

2. 答：(1) 电源引电。

(2) 变压器变电。

(3) 低压配电。

(4) 低压输电。

(5) 建筑内配电。

(6) 低压设备用电。

3. 答：因为大容量电动机启动时启动电流较大，会造成线路电压降低，甚至可能造成保护装置误动作。因此要求大容量电动机必须采用降压启动。

常用降压启动的方法有：串电阻降压启动、利用自耦变压器降压启动、Y－△转换降压启动等。

4. 答：(1) 穿越公路、铁路：两端伸出路基各 2 m。

(2) 穿过水沟：伸出沟壁 1 m。

(3) 进建筑物地基：伸出外墙不小于 1 m。

(4) 垂直进出地面：高出地面 2 m。

5. 答：(1) 提高输电电压。

(2) 减少线路电阻。

(3) 提高用电设备的功率因数。

6. 答：(1) 管内不允许有导线接头，若需连接，应在灯头盒、开关盒等处进行，或另设接线盒。

(2) 不允许单根导线穿在一个钢管中，即同一回路导线必须穿在一个钢管中。

(3) 不同回路的导线可以穿在同一钢管中，但最多只能穿 8 根。

(4) 不同电压等级、不同性质的导线严禁穿在同一管中。

(5) 管内导线的总截面（包括绝缘层）不能超过管内有效截面的 40%。

五、综合题

1. 解：$P_N = \sqrt{3}U_N \cdot I_N \cdot \cos\phi \cdot \eta$

$I_N = \sqrt{3}U_N \cdot \cos\phi \cdot \eta \div P_N = \sqrt{3} \times 380 \times 0.86 \times 0.88 \div 2\,200 = 0.25(A)$

2. 答：铜芯塑料绝缘导线，耐压 500 V，其中 3 根 16 mm² 和 2 根 10 mm²，穿 DN25 焊接钢管沿地暗敷。